普通高等教育“十一五”国家级规划教材
21世纪交通版高等学校教材

土木工程计算机绘图基础

（第二版）

袁　果　尚守平　主编
陈锦昌　谢步瀛　主审

人民交通出版社

内 容 提 要

本书为普通高等教育"十一五"国家级规划教材、21世纪交通版高等学校教材。本书以最新的国家技术制图标准和建筑制图标准以及课程教学大纲为指导性文件，结合大量土木工程绘图实例，系统地介绍了国际通用绘图软件AutoCAD的功能及其在土木工程绘图中的应用方法和技巧。全书共4篇18章，主要包括：土木工程计算机绘图概论，计算机绘图系统的硬件和软件，图形变换及程序设计，AutoCAD概述，二维图形绘制，二维图形修改，辅助绘图方法，图案填充、面域、文字与表格，块及外部参照，土木工程图形的尺寸标注，正投影图和轴测图的绘制，建筑施工图的绘制，土木工程图的绘制，图样输出，三维绘图和实体造型，房屋的三维模型设计，三维图形渲染及AutoLISP开发环境等内容。

本书可作为高等院校土木工程及相关专业计算机绘图、计算机图形学、计算机辅助设计等课程的教材，也可作为继续教育同类专业的教材及广大工程技术人员、计算机爱好者的自学参考书。

图书在版编目(CIP)数据

土木工程计算机绘图基础/袁果，尚守平主编. —2版. —北京：人民交通出版社，2011.1（2024.8重印）

普通高等教育"十一五"国家级规划教材 21世纪交通版高等学校教材

ISBN 978-7-114-08876-6

Ⅰ.①土… Ⅱ.①袁… ②尚… Ⅲ.①土木工程-建筑制图：计算机制图-高等学校-教材 Ⅳ.①TU204-39

中国版本图书馆CIP数据核字(2011)第016279号

书　　名：土木工程计算机绘图基础（第二版）
著 作 者：袁　果　尚守平
责任编辑：沈鸿雁　郑蕉林
出版发行：人民交通出版社
地　　址：(100011)北京市朝阳区安定门外外馆斜街3号
网　　址：http://www.ccpcl.com.cn
销售电话：(010)59757973
总 经 销：人民交通出版社发行部
经　　销：各地新华书店
印　　刷：北京虎彩文化传播有限公司
开　　本：787×1092　1/16
印　　张：24.5
字　　数：611千
版　　次：2001年1月　第1版　2011年2月　第2版
印　　次：2024年8月　第2版　第10次印刷　累计第14次印刷
书　　号：ISBN 978-7-114-08876-6
定　　价：45.00元

前　　言

随着计算机技术的发展和应用的普及，计算机绘图技术已成为一种实用技术，广泛应用于土木、建筑、机械、电子、服装、船舶等工程领域，并交叉渗透到各个应用学科，极大地提高了工程技术人员的工作效率。

本教材根据创新型、复合型人才培养目标以及课程的基本要求，针对国内大多数工科院校计算机绘图教学的实际情况，结合作者多年的教学和工程实践经验编写而成。本书以工程实际为出发点，全面、深入地讲述了使用 AutoCAD 的各种功能实现工程设计的方法，特别是在土木、建筑等工程领域的二维和三维图形绘制的实际运用。本教材主要有以下特点。

1. 遵循国标，科学规范

教材贯彻最新的技术制图标准、建筑制图标准和道路制图标准，介绍运用 AutoCAD 软件进行土木工程设计和绘图的方法。

2. 内容翔实，循序渐进

全书由计算机绘图基础理论、AutoCAD 绘制工程图、三维模型设计及渲染、计算机绘图高级开发技术四个部分组成，由浅入深讲述计算机绘图技术在土木建筑工程中的应用，适合各种层次的读者使用。

3. 注重理论与实践相结合

教材选用近年交付使用的工程图纸作为实例，从工程实际出发，将 AutoCAD 的基本技巧和工程实际结合起来，详细讲述了操作步骤和特殊技巧，使读者在了解 AutoCAD 基本概念的基础上，逐步掌握 AutoCAD 进行建筑、结构、给水排水、道路、桥梁施工图和三维建筑模型绘制的方法和技巧。

4. 通俗易懂，可操作性强

教材结构层次分明，条理清楚，先二维绘图后三维建模，先绘图理论后高级开发技术，反映了内容的内在联系及本课程的特有思维方式。在内容编排上难点分散，深入浅出，每章都附有上机实验和思考题，利于学生的学习和掌握。

本书由袁果、尚守平任主编。第一、二章由尚守平编写，第三、六、八、十二、十四、十五章由袁果编写，第四、七、十一、十三章由陈美华编写，第五章由王英姿编写，第九、十八章由杨洪波编写，第十章由聂旭英编写，第十六、十七章由邹丹编写。华南理工大学陈锦昌教授、同济大学谢步瀛教授对本书进行了认真细致的审阅和订正，在此表示万分感谢。

本书编写过程中参阅了有关文献，在此对这些文献的作者表示衷心的感谢。

由于作者水平有限，时间仓促，不足之处恳请广大读者批评指正。

编　者

2010 年 9 月

目　　录

第一篇　计算机绘图基础理论

第二篇　AutoCAD 绘制工程图

第三篇　三维模型设计及渲染

第四篇　计算机绘图高级开发技术

第一篇　计算机绘图基础理论

第一章　土木工程计算机绘图概论

计算机绘图是计算机辅助设计(CAD)的重要内容之一,是土木工程技术人员必须掌握的基本技能。计算机绘图技术还广泛运用于电子、机械、航空、航海、轻工、产品设计、广告影视制作等领域。

第一节　概　　述

计算机绘图技术的出现到现在不过短短50年的历史,但随着计算机硬件和软件技术的飞速发展,它本身及它所影响的计算机辅助设计领域产生了迅猛的变化。这体现在从20世纪60年代简单的人机交互式绘图技术发展到了如今大规模集成化的CAD系统。计算机图形技术和CAD对土木工程领域传统的人工计算、手工绘图的设计方式产生了深刻的变革和影响。

计算机绘图技术除了在CAD领域应用最为活跃和广泛外,还在其他领域得到了广泛应用。这是因为现代的"绘图"一词其含义已不再是传统意义上的"在纸上画图",已扩展为在显示屏上显示图形、在打印机上打印图形、人机交互式绘图或用程序自动生成图形文件等。除了在二维空间绘图外,甚至还可在三维空间"绘图",例如控制刀具按既定程序切削出三维型体。

计算机绘图典型的应用领域如下。

(1)办公自动化系统中的图形图表制作。

(2)管理工作中的图形,如工作规划图、生产进度图、统计图(扇形图、直方图)、分布图等。直观明了的图形能使管理人员或决策人员对所涉及的事物一目了然。

(3)勘测图形,如气象卫星云图、矿物分布图、人口密度分布图、航测地形图、水文资料图、环境污染监测图等。

(4)数值信息图形可视化,如应力场分布、电场分布、应变分布、温度场分布等,常用"彩云图"通过颜色的深浅反映场中不同位置量值的大小,将数值可视化。

(5)商业广告及影视动画制作,甚至包括数字摄影中画面配景、编辑等后期制作的应用。

(6)过程控制中的图像辅助功能以及三维型体的全自动加工切削。

(7)计算机辅助教学和仿真模拟。例如,我们可以在屏幕上模拟一根钢筋混凝土梁从加载到开裂直至破坏的全过程,而无须学生亲临试验室去做试验。学生可以在计算机上自由地设置梁的尺寸、配筋的多少和加荷的大小。

(8)计算机辅助设计中的图形生成和图形输出。主要可分为交互式绘图和非交互式绘图。前者通过人机对话,输入绘图的基本信息生成图形,例如工程师通过人机交互输入建筑平面图,然后由计算机程序自动生成剖面图和立面图;后者主要是对于那些量大面广、又具有规律性和重复性的图形,程序根据少量的控制参数,自动生成图形。例如钢筋混凝土连续梁的结构施工图,就可以仅根据少量原始信息,由程序进行力学计算、自动配筋构造设计直至自动生成全部施工图。

第二节　计算机绘图的历史与发展

计算机绘图技术的发展是与计算机及其外围设备的发展密切相关的。早期的图形显示器是基于阴极射线管的示波器而产生的。如美国 MIT 于 1950 年研制的旋风 1 号计算机,就配置了这种用示波器改造的图形显示器,而笔式绘图仪是在 x-y 函数记录仪的基础上发展而成的,较早的有美国 CALCOMP 公司于 1958 年研制的滚筒式绘图仪和 GERBER 公司研制的平板式绘图仪。在硬件设备的基础上,计算机绘图的软件技术也得到长足的发展。1962 年,Ivan E. Sutherland 首次提出了交互式计算机绘图的概念,并发表了博士论文"Sketchpad:一个人机通信的图形系统"。

1963 年,Doug Engelbart 在斯坦福研究所制造出了第一个木制鼠标器,他的思想极大地影响了以后交互式绘图技术的发展。20 世纪 70 年代初,Xerox 公司发明了第一个数字化鼠标器,并在 1975 年宣布了鼠标器的规范。

1983 年,Microsoft 公司生产出了鼠标器的新一代产品——总线型鼠标器,它连接在一块装有 Intel 8255 芯片的插件板上。1984 年,Microsoft 设计出了串行口鼠标器,它不需要独立的电源,CMOS 处理器可以从 RS-232 口中获得足够的动力。在随后的三年中,Microsoft 公司陆续推出了第二代、第三代鼠标器,分辨率大大提高,可以连接在串行口上或 PS/II 机器的接口上。今天的鼠标器不但有机械式的,还有光电式的,它的重要性已不亚于键盘。

20 世纪 70 年代中期出现的光栅扫描图形显示器,可以更高的频率对屏幕图形刷新,分辨率不断得以提高,使得计算机交互式绘图技术得以更快的发展。

同时,高速高精度的绘图仪也相继问世,平板式、滚筒式、笔式、喷墨式、单色和彩色绘图仪相继出现,性能不断提高,价格不断下降。

第三节　计算机绘图的基本方法

计算机绘图并不是计算机自己绘图,而是通过人类控制的计算机辅助绘图。比如说,人与计算机之间以交互式问答的方式绘图;人编程序来控制计算机绘图或人为设置参数通过某通用程序来绘图等。

从绘图的介质媒体来区分,可以把计算机绘图分成如下几类。

1. 计算机驱动绘图机在纸上绘图——笔式或喷墨式绘图机

这种绘图方式是矢量式绘图,由 x 增量和 y 增量确定的矢量控制笔的移动。x 和 y 是由绘图机在纵横两个方向的最小坐标寻址(步长)组成。

以往的绘图机,纸是固定在平板上的,笔是靠大、小车的移动而运动定位。近年来,普遍采用的是滚筒式绘图机,纸在滚筒上滚动,笔是靠小车在另一个方向移动而运动的。

由于绘图机在两个方向的精度都比较高,故一般可在 x、y 两个方向反复移动纸或笔绘图,而不会影响图素的位置和尺寸。

近年来,笔式绘图机已逐渐被喷墨式绘图机替代。喷墨式绘图机没有笔,由喷头喷出墨点组成图形,它不仅消除了纸和笔的机械摩擦而导致划纸的可能性,而且图形线条的质量非常好,绘图速度快。喷墨绘图实际上是将计算机输出的信息先在绘图机的内存(虚拟屏幕)上绘图,所形成的点阵映像最后被逐行扫描输出到纸上。因此,喷墨绘图机的纸是一个方向前进,而不倒退的。

2. 计算机驱动打印机在纸上打印图形——点阵式打印绘图

打印机通常用于打印字符文档，但也可以被用于打印图形。只要在打印机换码序列中输入点阵位映像模式指令，打印机即进入图形位映像工作状态。过去的打印机主要有9针和24针两种。9针打印机一行打印9个点的高度，24针打印机一行打印24个点的高度。

打印机打印图形与喷墨式绘图机类似，纸是只前进，不倒退。因此必须先在一个虚拟屏幕上绘图，实际上是记录点阵位映像，最后将虚拟屏幕上的点阵位映像逐行输出打印出来。不同的只是通常打印机的内存较小，往往需要利用计算机的内存作为虚拟屏幕。

近年来喷墨打印机已逐渐代替机械式打印机，在打印机上绘图的质量已经很好。一些小的图纸往往可以在喷墨打印机上直接输出。

3. 在显示器屏幕上绘图或显示图形——点阵式显示绘图

在计算机屏幕上绘图实际上也是点阵式绘图，图形线条由一个一个的点阵像素组成，只不过由于软件的控制，使得用户在绘图的时候，形式上是用矢量的方式输入。

在屏幕上绘图，从土木工程的角度看，通常是生成工程图纸的一个前过程或准备过程。在屏幕上绘图是通过鼠标器交互式作图或用程序控制显示已形成的图形，待确认可以后，再向绘图机或打印机输出。

由于目前有的显示器分辨率不太高，所以在屏幕上显示的图形线条往往不及绘图机输出的清晰光滑，加上屏幕尺寸比图纸尺寸小得多，因此往往还要将图形局部放大显示，才能看清其内容。

从绘图的方式来区分，可将计算机绘图分成如下几类。

1. 交互式绘图

在某个交互式绘图软件的环境中，采用人机交互问答的方式绘图，一般是用鼠标器作为图形输入设备，将图形元素（点、线、圆、弧）一个一个地绘制在屏幕上。实际上是计算机程序记录输入图形元素的信息，并同时实时地显示在屏幕上。所不同的是计算机绘图可以利用许多计算机的特有功能辅助绘图，如擦除、延伸、截断、镜像、复制、阵列、分层、尺寸自动标注等，这些实际上是交互式绘图的辅助子程序。这种绘图方式灵活方便，通用性好，但效率相对较低，要靠人来将图素逐个输入而组成图形。组成的图形最后可通过绘图机或打印机输出到图纸上。

2. 非交互式绘图

对于某些量大面广，具有一定规律性的图形，编制专用程序，在少量参数的控制下，自动生成图形，实际上是生成一个图形文件，并同时在屏幕上显示图形。

这种绘图方式主要依靠程序绘图，效率高，但适用面专而窄。

3. 半交互式绘图

半交互式绘图是处于交互式与非交互式绘图之间的一种计算机绘图方式，需要用户输入较多的控制参数，然后由计算机程序生成图形。这种方式绘出的图形一般能较好地符合工程师的要求，因为工程师的具体意图已体现在输入的大量参数中，而且由于是用程序生成图形，故效率仍比交互式绘图高。

不论是哪种绘图方式，从图形学的方法来看，无非是用控制点在空间（三维空间或二维空间）的位置来确定图形的大小、角度、位置和形状等。计算机图形学的基本方法是通过齐次坐标变换对组成图形的点进行比例变换、平移变换、旋转变换、错切变换、对称变换和投射变换等,通过变换矩阵实现图形的缩放、平移、旋转、拉伸,以及生成各种视图(包括轴测图和透视图)。

高级的绘图方法,还涉及裁剪消隐、曲线拟合、阴影、渲染和材质表现、光照效果等。

这些绘图方法,不仅需要用到许多数学方法,还需要很大的计算内存和高速计算机显示硬件的支持。

第四节　计算机绘图在土木工程中的应用

计算机绘图在土木工程中的应用非常广泛,主要有以下几方面。

1. 在计算机辅助设计(CAD)中的应用

计算机绘图在CAD系统中除了用于工程施工图的绘制之外,还用于各种图形可视化文档。如结构设计中的荷载简图、内力图、变形图、振型图等;也用于CAD软件运行中各个环节,如图形交互式输入及可视化输出。建筑方案设计中各种三维图形及渲染图的绘制和输出。

目前国内流行的土木工程CAD软件主要如下。

1)建筑设计软件

天正TARCH、House,德克赛诺ARCH-T,中国建研院的APM、ABD,匈牙利GRAHPISOFT公司的ARCHICAD等。

2)结构CAD软件

中国建研院的PK、PM、TBSA、TAT、SATWE、TBSA-F、TBFL、LT、PLATE、BOX、EF、JCCAD、ZJ等。

湖南大学的HBCAD、FBCAD、BSAD、BENTCAD、FDCAD、NDCAD、SBSIA、BRCAD、BGCAD、SLABCAD等。

清华大学的TUS,北京市建筑设计院的BICAD,德克赛诺的AUTO-FLOOR、AUTO-LINK等。

3)给排水CAD软件

WPM、PLUMBING、鸿业给排水软件GPS、天正给排水TWT、浩辰给排水IGP、理正给排水软件等。

4)暖通CAD软件

HPM、CPM、HAVC、SPRING、[美]AEDOT、[欧]COMBINE、天正暖通THVAC、鸿业暖通ACS、浩辰暖通INT等。

5)电气CAD软件

TELEC、ELECTRIC、EPM、EES、INTER-DQ、SEE Electrical、理正电气CAD、IDq、CCES、Eplan电气设计软件、Engineering Base、天正电气CAD等。

2. 在土木工程管理中的应用

在工程监理、概算、预算、质量与进度控制领域,计算机绘图被广泛用于绘制工程进度形象图、资金控制图及统筹网络图等方面。

3. 在工程计算机分析可视化中的应用

(1)力学有限元分析方面:单元网格划分的图像显示;应力彩云图;应变彩云图;变形图。

(2)温度场方面:如大体积混凝土蓄热及冷却过程的三维温度场用温度彩云图的可视化显示。

(3)建筑室内采暖通风温度场分布彩云图。

(4)流体力学分析结果的图形化显示:如流速图、气流分布图和水流分布图、空气动力效应等。用于高层建筑的风荷载体型系数分析、风振效应分析、给水排水设备效应分析等方面。

4. 在工程振动分析和抗震设计中的可视化运用

如频谱分析,振型曲线图,等震线图,结构在罕遇地震作用下的变形时程关系图等。

总之,计算机绘图是一门应用非常广泛的技术,在土木工程的各个领域都占有很重要的地位,因此,它是一门很重要的技术基础课,同学们应认真学习,努力掌握计算机绘图的基本原理和应用技巧,为今后的工作和学习打下扎实的基础。

思 考 题

1. 计算机绘图是什么时候出现的?
2. 计算机绘图的基本方法有哪些?
3. 计算机绘图在土木工程中有哪些应用?

第二章　计算机绘图系统的硬件和软件

计算机绘图(CG)系统包括硬件系统和软件系统两部分。硬件系统由电子计算机(Computer)及其外围设备(Peripheral)组成,它是计算机绘图的物质基础。软件系统是计算机绘图的核心,它决定计算机绘图系统的功能。研究和开发计算机绘图技术必须具备一定的硬件和软件方面的知识。

第一节　计算机绘图的硬件

计算机绘图系统的硬件(Hardware)通常由主机和输入/输出设备、外存储设备等组成,如图 2-1 所示。下面分别对各个部分进行简单的介绍。

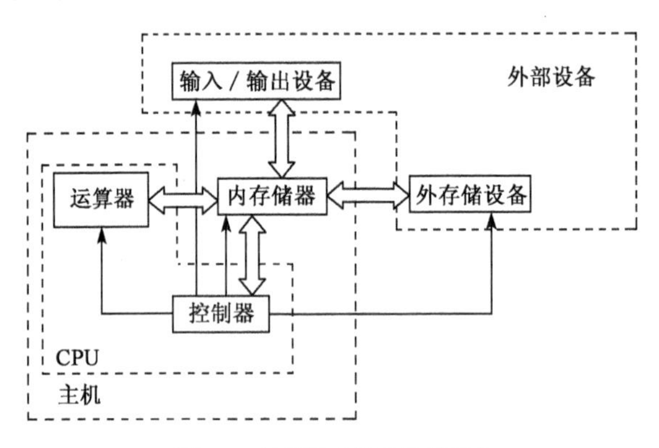

图 2-1　计算机主机和外部设备

一、主机

主机主要是指计算机的中央处理机 CPU(Central Processing Unit)和内存储器(简称内存)两部分。它是控制和指挥整个系统运行并执行实际运算、逻辑分析的装置,是系统的核心。

1. 中央处理机

中央处理机包括控制器和运算器两类部件,它协调和控制所有其他部件的活动,使之按预先编制好的程序完成对各种数据的处理。其中,控制器用于读取指令,对每条指令进行翻译并决定如何及何时执行这些指令。而运算器主要完成各种算术和逻辑运算,它包括算术、逻辑单元和累加器两部分。算术、逻辑单元由一些能执行规定的算术运算和逻辑运算功能的电器所组成。而累加器则是用于存放中间计算结果的寄存器。寄存器是一种能接收、保存、传送数据的存储单元,包括若干二进制存储元件。

2. 内存储器

内存储器(Internal Memory)用于存放正在 CPU 处理的部分程序和数据。对内存储器的要求是存储容量大,存取速度快。所谓存储器的容量是指存储器中所包含的字节数,一般用 KB

(1KB = 1024 个字节)、MB(1MB = 1024KB) 和 GB(1GB = 1024MB) 作为容量单位。内存储器按其工作方式的不同可以分为随机存取存储器 RAM(Random Access Memory) 和只读存储器 ROM(Read Only Memory)。其中,RAM 是指 CPU 可随时从中读出或写入数据,主要用于存放用户的程序和数据,在系统断电后,RAM 中的数据将会丢失。而 ROM 中的数据只能被读出,而不能写入新的内容,系统断电后,ROM 中的数据不会丢失,常用于存放系统程序和数据。

3. 主机性能的评价指标

主机性能的主要评价指标为:主机内存容量、字节和运算速度。

1) 内存容量

内存的最小存储单元为字节(Byte),每个字节均为 8 个二进制位和固定的地址。内存容量越大,主机能够容纳和处理的信息量就越大,处理速度也越快。随着计算机信息量的增加,主机内存容量也有不断增加的趋势。

2) 字长

所谓字长是 CPU 能够同时处理的数据的二进制位数,它直接关系到计算机的计算精度和速度。通常有 32 位机、64 位机。

3) 运算速度

这一指标指的是 CPU 在单位时间(s)内平均要"动作"的次数,以兆赫(MHz)为单位,时钟频率越高,则运算速度越快。

二、输入设备

输入设备的主要任务是把程序、数据、图表及其符号等信息送入计算机内,常用的输入设备有键盘、鼠标器、点定位设备和扫描仪等。

1. 键盘(Keyboard)

键盘是计算机系统的基本设备,可以用来输入数据、字符、程序和控制命令。它分为三方面的键:字符键、功能键和控制键。其中,字符键是标准的英文打字键盘,功能键是程序中定义的、用来代表某些特殊功能的专用键,控制键是用来完成一些控制功能,如光标移动方向控制、中止程序等的专用键。

键盘的工作原理是每按下一键就由键盘控制电路检测所按下的键代码,然后将代码输送到主机内,由主机解释成 ASCII 码进行存储。

2. 鼠标器(Mouse)

鼠标器是一种手持式控制光标移动和光标位置的装置,它通过一根电缆与主机相连,把鼠标上的平面移动信息和按键信息传送给主机,用以实现选图和跟踪。

鼠标器有机械式、光电式等多种形式,一般有三个按钮。机械式鼠标器在底部有可向任意方向滚动的小球,小球滚动时带动两个方向的光传感器检测滚过的弧长,然后转换成电信号再送至主机,主机控制使显示屏上的十字光标跟随鼠标器作同步移动。光标的位移量取决于鼠标器在平板或桌面上的相对位移量,而与它的绝对坐标无关。光电式鼠标器的工作原理与机械式类似,只是它的底部不是滚动小球,而是光电接收管,它是直接接收台面的反光来反映移动量的。

3. 点定位设备

1) 跟踪球

跟踪球相当于一个翻过来的鼠标,与鼠标的最大区别在于不用移动鼠标而是用手指操纵小球使光标移动，因而可以节省一些桌面空间。

2）跟踪杆

1992 年 10 月 IBM 推出的跟踪杆（Track point）是突出于键盘上 G、H、B 键之间的一个小橡皮杆，可以用手指沿一定方向摩擦其顶端使光标往相应方向移动，用力越重，移动越快。跟踪杆操作方便，定位精度高，越来越受到用户的青睐。

3）跟踪板

跟踪板（Track Pad）是近年发展起来的一种点定位设备，是一块约 1in × 2in 的、对电磁场敏感的小板，通过电容效应感应手指在板面上的运动来控制光标移动，手指敲击板面即可代替按键动作。

4. 扫描仪（Scanner）

扫描仪能把各种图像、图纸资料输入计算机，并通过专门的图像数据处理软件进行各种处理。它是集光、电、机一体化的高科技产品，有手持式、平台式等多种类型。其工作原理是光源发出的光线通过原稿进入一个耦合光敏元件或 CCD 接光采样点，并将每个采样点的光波转换成一系列电压脉冲，再由模拟数字转换器将电压脉冲信号转换成计算机能识别的信号。控制扫描仪的扫描软件读入这些数据形成图像文件。扫描仪的性能可由分辨率、解析度、扫描速度等指标来衡量。

三、输出设备

输出设备是用来显示或记录程序、计算结果、图形及符号等信息的设备，常用的有显示器、绘图仪和打印机等。

1. 显示器（Display）

显示器是计算机绘图系统中必不可少的人机交互、图形显示的窗口。按显示的颜色分，可分为单色和彩色显示器。同时，显示器通常还配有显示适配卡，它通过信号线控制显示屏上的字符及图形的输出。有彩色图形适配卡 CGA、增强图形适配卡 EGA 和视频图形阵列适配卡 VGA 等规格。

显示器按成像原理来分，有随机扫描式、随机扫描存储管式和光栅扫描式三种。这三种显示器尽管内部结构不同，但都是基于阴极射线管 CRT 的原理。

随机扫描式显示器的电子束可按照指令给出的坐标信号在屏幕上任意移动，以矢量画法产生图像，同时采用刷新管维持图像的稳定。这种显示器具有高度的动态性能，反应速度快，图形精度高，但控制电路复杂，体积大，成本高。

随机扫描存储管式显示器产生图像的方法与随机扫描式显示器基本相同，也以矢量画法产生图像，但其维持图像的方法是通过存储管以物理方式维持图像的稳定。这类显示器的优点是分辨率较高，图形稳定，成本较低，但动态修改能力差，显示速度慢。

光栅扫描式显示器把整个屏幕划分为像素（光点）组成的矩阵，每一光点可以随机地存取，电子束不断地从左到右、从上至下地扫描整个屏幕，图像是由电子束扫描到多个像素点时产生不同亮度的光点而形成的，其维持图像的方式也采用刷新管方式。这类显示器图形稳定，真实感强，可动态显示，成本较低，但显示分辨率较低，图形精度较差，它是目前主要使用的显示器。

2. 绘图机（Plotter）

绘图机是计算机绘图系统中产生工程图纸最常用的图形输出设备，它分为滚筒式、平板式、静电式等几种类型。

滚筒式绘图机是用两台步进电机分别带动绘图纸和绘图笔运动。绘图纸卷在一个滚筒上由一台步进电机带动,前后滚动实现 X 方向的运动,而绘图笔装在位于滚筒上方的笔架上,由另一台步进电机带动沿垂直于纸的运动方向作往返的 Y 向运动,同时由主机控制其抬落笔动作,X、Y 两方向运动合成产生所需的图形。这种绘图机结构简单,体积小,价格便宜,易于操作,但精度较低。

平板式绘图机有一个水平放置固定图纸的平台,平台上有导轨和一根垂直于导轨的横梁,由两台步进电机分别控制横梁对于平板作 X 方向的直线运动以及画笔相对于横梁作 Y 方向的直线运动,这两个方向运动的合成及配合抬落笔便可绘出图形。这种绘图机绘图速度快,精度较高,且绘图过程中可监视全部图形,但体积较大,价格也较贵。

静电式绘图机是采用光栅扫描法产生图形,只有供纸和调色盒作机械运动,其余都是电子线路。它的工作原理是,当程序控制的电压作阵列式输出,并作用在管头的管针尖上时,被选中的针尖就在管头下面通过的纸上产生极小的静电点,以产生图形或字符。这种绘图机能够输出具有明暗度的图形,分辨率较高,噪声小,但价格较贵,且绘图过程对计算机是一个很重的负载,因此常常采用脱机工作方式。

3. *打印机*(Printer)

打印机也是计算机绘图系统重要的输出设备,目前用得最多的打印机有针式点阵打印机、喷墨打印机和激光打印机。

针式点阵打印机的主要部件是打印头。打印头上装有多个钢针,有 9 针、16 针、24 针等,钢针在电路控制下撞击色带,在打印纸上留下墨点。此打印机速度较快,价格便宜,但打印质量较差,噪声大。

喷墨打印机也采用点阵式工作方式,其打印头上有多个喷嘴,墨水经喷嘴喷到打印纸上印出文字和图形。其优点是打印质量高,噪声小,价格也较便宜,但打印速度慢,喷嘴容易被墨水堵住。

激光打印机是通过硒鼓曝光,把墨粉压到打印纸上,经加热定型产生文字、符号和图形。其优点是打印文字、图形美观,操作时噪声小,速度快,但价格较贵。

四、外存储设备

外存储设备是弥补内存储器不足的一种辅助存储器装置,用来存放大量的暂时不用的程序和数据。计算机绘图系统在工作中要进行图形、数据、文字的信息处理,图形在系统内也要转化为数据和字符形式的几何信息和属性信息,所以系统对存储设备要求存储量大、存取效率高。目前常用的外存储设备有磁盘、磁带和光盘。

1. *磁盘*

磁盘是最常用的外存储器,有软盘、U 盘、硬盘和移动硬盘等。

软盘(Floppy Disk):软盘按尺寸分有 5.2in 和 3.5in 两种,按容量分,5.25in 盘有 360KB(低密度)和 1.2MB(高密度)两种,而 3.5in 盘有 720KB(低密度)和 1.44MB(高密度)两种,由于软盘容量小,读写速度慢,容易损坏,目前基本被淘汰。

U 盘(Flash Disk):U 盘即 USB 盘的简称,是闪存的一种,因此也叫闪盘。最大的特点就是:小巧便于携带、存储容量大、价格便宜,是移动存储设备之一。一般的 U 盘容量有 1G、2G、4G、8G、16G、32G、64G、128G、256G 等。从容量上讲,突破了软驱 1.44M 的局限性。从读写速度上讲,U 盘采用 USB 接口标准,读写速度较软盘大大提高。目前,U 盘是应用最广泛的移动存储设备。

硬盘(Hard Disk):硬盘按尺寸分类有 5in 和 3in 两种规格,大多由多个涂有固铁氧化物薄膜的铝盘片组成,盘片与记录头均封装在密闭容器内,使得硬盘不易划损和受污染,其可靠性比软盘高,读写速度也比软盘快,而且存储容量也相当大。

移动硬盘(Movable Hard Disk):移动硬盘最大的特点就是存储容量大、价格便宜,是目前容量最大的移动存储设备。一般的移动硬盘盘容量有 80G、120G、160G、200G、250G、320G、500G、640G、750G、1TB、1.5TB、2TB 等。从容量上讲,突破了 U 盘的局限性,从读写速度上讲,同 U 盘一样采用 USB 接口标准,大大提高了读写速度。目前,移动硬盘是应用最广泛的大容量可移动存储装置。

2. 磁带

磁带的成本低,存储容量很大,可支持脱机打印、绘图以及与外部系统传送信息,也是常用的外存储设备,但由于磁带是顺序存储方式,不便于随机访问存储的数据,故一般用于存储批量大,使用不频繁的数据和用于备份保存数据。

3. 光盘

光盘(CD-ROM、DVD-ROM)是一种比磁盘容量更大、更可靠、更经济的先进存储器。它是由光盘驱动器、控制器和电源组成的一个独立的光盘系统,通过总线接口与主机连接。光盘容量一般为 600MB 以上,从数据传输速率上划分有双倍速、4 倍速、8 倍速、24 倍速等多种类型。随着多媒体技术的发展,光盘的应用已越来越广泛。

典型的计算机绘图系统的硬件示意框图如图 2-2 所示。

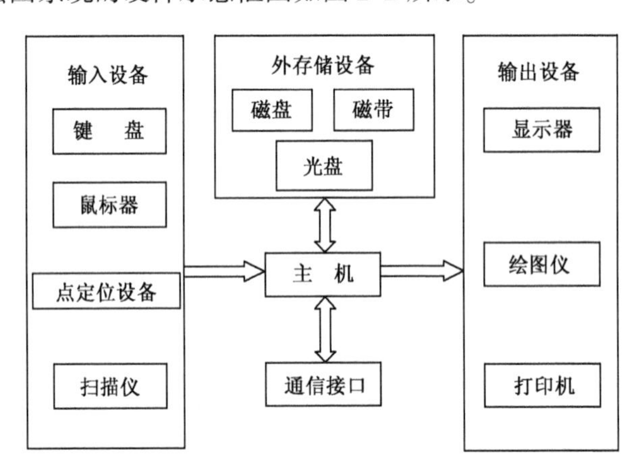

图 2-2 计算机绘图系统的硬件

第二节 计算机绘图系统的软件

所谓软件(Software),IEEE 组织给它下的定义为:软件是与计算机程序、方法、规则相关的文档以及在计算机上运行时所必需的数据。整个计算机系统的工作过程都是由软件来控制和实现的。软件的水平是决定系统性能优劣、功能强弱、使用方便与否的关键因素。在不同的计算机绘图系统中,对软件的要求也不同。这些软件的开发设计,一般需要由计算机的软件人员和专业领域的设计人员密切合作,才能取得满意的效果。

计算机绘图系统软件按功能分为三个层次，如图 2-3 所示，它们是系统软件、支撑软件和面向用户的应用软件。下面分别对它们进行介绍。

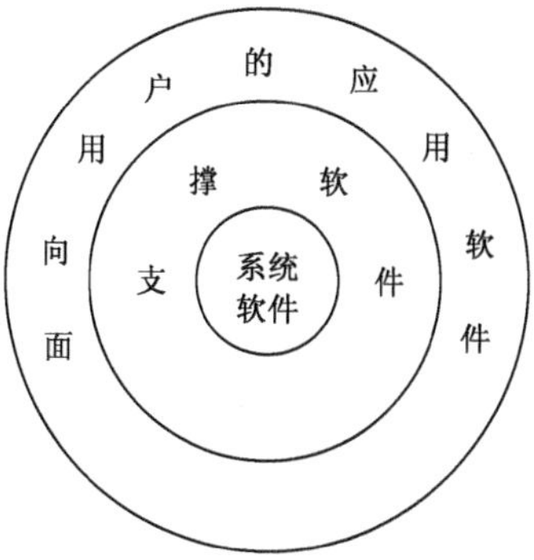

图 2-3　计算机绘图系统的软件

一、系统软件

系统软件作为用户与计算机之间的一个接口，为用户使用计算机提供了方便，同时它对计算机的各种资源进行有效的管理与控制，从而能最大限度地发挥计算机的效率。系统软件主要包括操作系统及面向计算机维护的程序。

1. 操作系统

操作系统是对计算机进行自动管理和控制的中心，通过对计算机软、硬件资源的合理使用，使之协调一致并且高效地完成各种任务。它的功能主要包括存储管理、CPU 管理、设备管理和文件管理，目前计算机绘图系统中流行的操作系统有 DOS、WINDOWS、UNIX 等多种类型，它们得到不同用户的广泛欢迎。

2. 面向计算机维护的程序

面向计算机维护程序，主要包括错误诊断和故障检查程序，自动纠错程序，测试程序，计算机联调和分调程序，软件调试工具等，该程序能对计算机进行调试、纠错，以保证其正常工作。

二、支撑软件

支撑软件是计算机绘图系统的核心部分，起承上启下的作用。一方面它以系统软件为基础，开发出满足计算机绘图系统所需的各种通用软件；另一方面它又是面向用户的应用软件的开发基础。计算机绘图系统的支撑软件主要包括交互式图形支撑系统、工程数据库和语言处理系统三大部分。

1. 交互式图形支撑系统

交互式图形处理是计算机绘图最主要的特色和基本的功能，它包括几何建模软件包和图形软件包两部分。其中，几何建模软件包的主要任务是建立计算机绘图系统中的几何模型，建立相应的数学模型及数据结构，把几何形体以数据文件的形式存放在数据库中。目前使用的几何建模软件包建立的模型主要有三种：线框模型、表面模型及实体模型。而实体模型最复杂，它包含的信息比其他两种几何模型要丰富得多。

图形软件包的主要任务就是提供绘图功能。用户无需使用高级语言编程，只要输入参数就可绘制各种基本图形元素，如线、圆、弧、文本等，并且具有强大的图形编辑功能，能对图形进行各种处理，如几何变换、尺寸标注、画剖面线等，还可通过输出命令绘制出符合工程要求的图纸。

目前国内外各种图形软件很多，主要有 AutoCAD、CADKEY、PD 等软件包。由美国 Autodesk 公司开发的交互式图形软件包 AutoCAD 是目前在微机上最为流行的图形软件，据有关刊物统计，世界范围内微机绘图系统中有 44% 采用 AutoCAD 软件。本书将在以后章节对该软件作详细介绍。

CADKEY 软件包是由美国 Micro Control System 公司开发的，也是一个具有三维图形绘制功能的交互式图形软件包。它能够实现二维和三维图形的任意转换，并可生成网络图形进行有限元分析。它包含 CADL 语言,便于用户进行二次开发。用 CADKEY 生成的图形文件可通过.DXF 文件与 AutoCAD 进行数据转换。

PD(Personal Designer)软件包是由美国 Computer Vision(CV)公司于 20 世纪 80 年代中期从大型软件系统 CADDS 中移植出来的,具有设计、绘图、分析功能的三维软件包。其三维曲面造型功能很强,并内含 UPL(用户编程语言),便于二次开发。

2. 工程数据库系统

工程数据库及其管理系统是支撑软件的另一个重要内容,也是计算机绘图系统的基础。数据库管理是关于如何有效地存储、传送、检索、管理、使用信息的一门技术。它的主要特点是由数据库管理系统集中管理数据,减少冗余数据;保持数据与程序,数据与存储设备的独立性;支持多用户交叉访问和共享数据资源。在计算机绘图系统运行过程中会生成、存储和处理大量的数据和图形信息,允许不同的用户方便地检索、存取、修改这些信息,并保持它们的一致性和完整性,为各种应用程序提供数据接口及传递和转换数据,这些工作必须建立在工程数据库管理系统的基础上。目前在我国微机上使用最广泛的数据管理系统有 FOXBASE+、FOXPRO 等。

3. 语言处理系统

支撑软件中的语言处理系统主要是指各种计算机语言及其编译程序、解释程序或汇编程序等。计算机语言可分为机器语言、汇编语言和高级语言。机器语言直接用机器指令编程,难懂难看,编程困难,一般不采用。汇编语言采用一些符号来代替机器指令,可读性良好,执行速度快,但需控制计算机的各步操作,不宜编写大型程序。高级语言采用与自然语言接近的形式来编写程序,编程方便,程序容量较大,但执行速度稍慢。目前普遍采用高级语言编程。高级语言种类很多,解释型语言有 BASIC、LISP 等,它们是每执行一句就把它翻译成机器码,使用方便,但运行速度较慢,不宜编写大程序。编译型语言有 FORTRAN、PASCAL、C 语言等,它们采取预先用编译器把程序全部翻译成机器码,然后再运行。其运行速度快,效率高,开发大型系统一般均采用编译型语言。

三、应用软件

计算机绘图系统的功能最终反映在解决具体设计问题的应用软件上,如天正建筑软件 TARCH 等。应用软件是在系统软件和支撑软件基础上,针对某种特定任务发展起来的。这类软件具备以下特点:

(1)能够现实可行地解决具体工程问题,给出直接用于设计的最终结果。

(2)符合规范、标准和工程设计中的习惯。

(3)充分利用计算机绘图系统的软件资源,具有较高的效率。

(4)具有较好的硬件无关性和数据存储无关性,便于移值以及与不同软件的连接。

(5)使用方便,维护简单,运行可靠。

(6)具有良好的人机交互界面,较高的人机友好程度。

面向用户的应用软件的开发,也称为"二次开发",这种开发项目由于专业性强,涉及领域广泛,往往由软件工作者与用户联合开发。所以,二次开发应用软件是用户的一项重要任务,尤其是对从国外引进的软件系统,二次开发是必不可少的。

第三节 计算机绘图系统的形式

随着微电子技术的迅猛发展,机器进一步小型化、微型化,品种日益增多,功能越来越强,计算机绘图系统的构成形式也日新月异。这些系统功能各异,各具特色,可适用于多层次的需要,是计算机技术和通信技术在一定发展阶段的产物。就系统的配置和终端与主机间的构成方式来观察,计算机绘图系统主要有下列几种形式。

一、集中型系统

这类系统以大中型通用机为主机,同时把磁盘、绘图仪、打印机等外部设备均直接连接在主机上。由于主机通用性强,计算能力大,通常连接几十个设计终端,并可利用大型数据库。因此除担负系统的分析计算、图形处理外,还可兼作科学管理、数据处理等各种应用处理。

这种集中型系统的优点是结构简单明了,通用性强,其缺点是多用户分享主机,所以主机负载随终端用户的数量变化,响应不稳定,可靠性不高,当主机出现故障时,整个系统不能正常工作。

二、智能终端型系统

这种智能终端型系统是集中型系统的改进形式,主要是为了减轻大型通用机的负荷,使负荷分散在几个 CPU 上。具体构成时,在终端和通用主机之间再设置低一级的小型机或微机,例如在通用主机外,设置负责图形处理的微机(CPU)、负责分析计算的微机(APU)以及负责从矢量到视频图像转换的微机 VGU。上下两级计算机之间或直接连接或远程连接,并使终端与下级计算机相连。由于终端设备上直接采用了微机控制,因而使终端具有较强的信息处理能力,故把这类终端称为智能终端。

在这类系统中,大容量的分析计算,各种工程设计业务的应用、数据库的控制和管理由通用主机承担;有关通信控制、图形和非图形数据的处理,可由低一级小型机或微机承担,使上、下两级 CPU 的负荷大致平衡。系统既有较大的通用性、较强的运算能力,又因终端具有基本的应用处理能力,而使系统具有较高的处理速度和工作效率。

三、独立型系统

所谓独立型系统就是系统不依赖于大型通用机,仅用小型机或高性能微机直接与终端挂接,独立承担任务。系统配备应用软件、专用硬件与使用环境紧密相连。这时,决定计算机绘图系统水平高低的主要是所配置的应用软件的水平,而该软件是指一些经过较成熟的、专用于某种专业设计的软件。因此当所进行的应用处理与内部所配有的应用软件、专用硬件吻合时,系统显示出较高的效率和高度的响应性。缺点是这类系统针对性强,带有某种专用性质,应用范围有局限性。

四、独立工作站型系统

独立工作站型系统通常由高配置微机、图形显示器、数字化仪、键盘等构成,一般具有与中小型机相匹配的处理速度。这样的工作站系统,具有良好的可扩充性,可减少集中投资,见效快,经济效益高,深得中小企业和设计人员的重视。

五、网络型工作站系统

由于独立工作站资源有限，又常常处于闲置状态，可以被其他用户访问，这就促使独立工作站向网络型工作站方向发展。该系统由多台型号不同的工作站及有关的外部设备组成。工作站之间采用网络连接在一起，各工作站都有独立的 CPU，可以单独工作，同时各工作站之间又可以通过网络进行通信，共享资源。其中，主计算机起中心数据库的作用，还可以运行局部计算机难以处理的大型问题。这种配置方式便于系统扩充以接纳更多的用户，同时每个用户在各自的工作站工作时互不干扰，不会与其他用户发生冲突，可以保证实时响应，是计算机绘图系统发展的趋势。

思 考 题

1. 计算机硬件主要由哪些设备组成？
2. 计算机绘图系统的软件主要分为几个层次？
3. 计算机绘图系统的形式有哪些？

第三章　图形变换及程序设计

在二维空间里,点的位置可由直角系坐标(x,y)表示,也可用矩阵$[x \quad y]$或$[x \quad y]^T$表示;直线可用矩阵$\begin{bmatrix} x_1 & y_1 \\ x_2 & y_2 \end{bmatrix}$表示(即直线两端点坐标);三角形平面用矩阵$\begin{bmatrix} x_1 & y_1 \\ x_2 & y_2 \\ x_3 & y_3 \end{bmatrix}$表示(即三角形三个顶点坐标)。同理,三维空间里,$[x \quad y \quad z]$或$[x \quad y \quad z]^T$表示点;$\begin{bmatrix} x_1 & y_1 & z_1 \\ x_2 & y_2 & z_2 \end{bmatrix}$表示直线;$\begin{bmatrix} x_1 & y_1 & z_1 \\ x_2 & y_2 & z_2 \\ x_3 & y_3 & z_3 \end{bmatrix}$表示三角形平面。

由此可见,矩阵中每一行对应一个点的坐标。当对图形进行变换时,上述代表点坐标值的矩阵就会发生变化,因此对图形的变换是通过对上述矩阵实行某种运算来实现的,为讨论方便,本章处理各种具体变换时,往往先讨论一个点的变换。

第一节　二维图形变换

一、基本变换

变换前后的点分别用$[x \quad y]$,$[x' \quad y']$表示,矩阵$\boldsymbol{T}=\begin{bmatrix} a & b \\ c & d \end{bmatrix}$为变换矩阵,其元素取值不同,可获得各种不同的变换。

1. 恒等变换

若变换矩阵$\boldsymbol{T}=\begin{bmatrix} 1 & 0 \\ 0 & 1 \end{bmatrix}$,显然:$[x' \quad y']=[x \quad y]\begin{bmatrix} 1 & 0 \\ 0 & 1 \end{bmatrix}=[x \quad y]$,这说明变换前后点的坐标未改变,因此图形也不会改变,这种变换称为恒等变换,相应地称$\boldsymbol{T}$(单位矩阵)为恒等变换矩阵。

2. 比例变换

若变换矩阵$\boldsymbol{T}=\begin{bmatrix} a & 0 \\ 0 & d \end{bmatrix}$,则:$[x' \quad y']=[x \quad y]\begin{bmatrix} a & 0 \\ 0 & d \end{bmatrix}=[ax \quad dy]$,可知变换后点的新位置取决于$a$、$d$的值,$a$、$d$分别为$x$、$y$向的比例因子(系数),$a$、$d$的取值不同,可产生不同的比例变换,如图3-1所示。

3. 对称变换(反射变换)

二维对称变换指图形变换前后对称于某一特定直线(如坐标轴、45°线)或特定点(如原点），这随变换矩阵 $\boldsymbol{T}$ 中的各元素赋值而定。现分述如下：当图形关于 x 轴对称时，其上各点 x 坐标不变，y 坐标异号，如图 3-2 所示，变换矩阵为：$\boldsymbol{T}=\begin{bmatrix}1 & 0\\0 & -1\end{bmatrix}$。同理可得出关于 y 轴、原点、45°直线对称的变换矩阵：

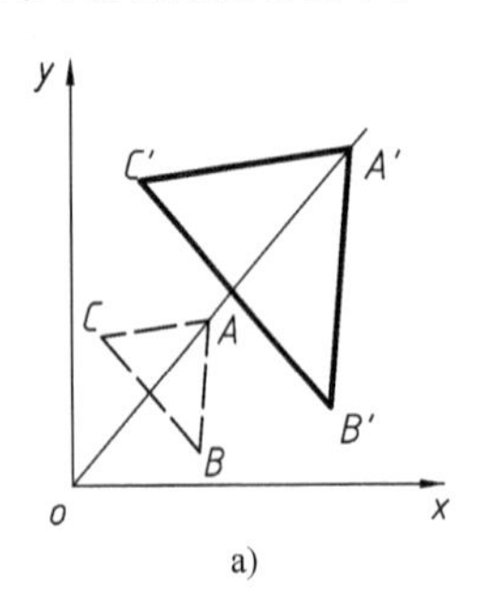

a)

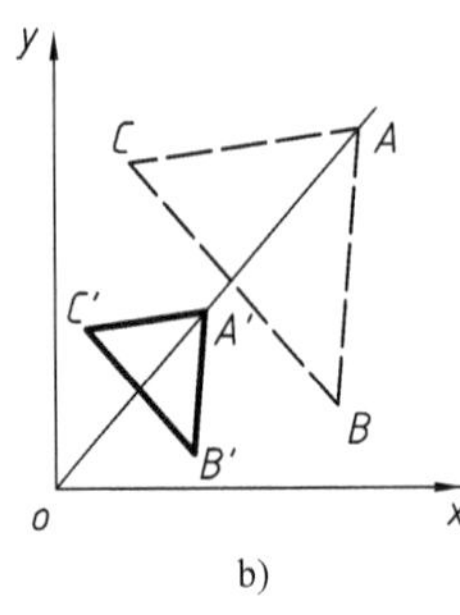

b)

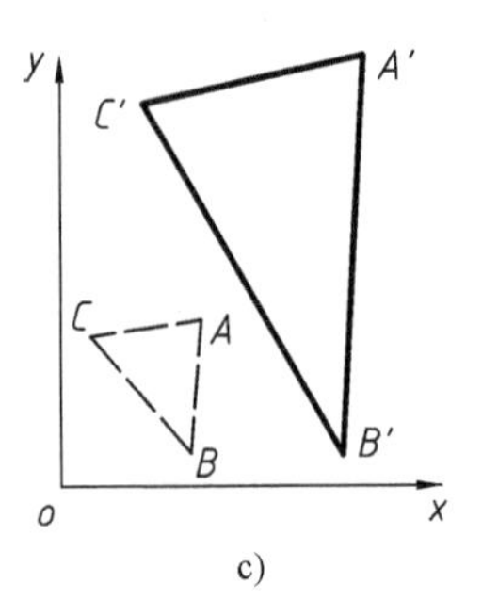

c)

图 3-1　图形的比例变换

a）$a=d>1$ 放大；b）$a=d<1$ 缩小；c）$a\neq d$ 畸变

关于 y 轴对称：　$\boldsymbol{T}=\begin{bmatrix}-1 & 0\\0 & 1\end{bmatrix}$

关于原点对称：　$\boldsymbol{T}=\begin{bmatrix}-1 & 0\\0 & -1\end{bmatrix}$

关于 45°直线对称：　$\boldsymbol{T}=\begin{bmatrix}0 & 1\\1 & 0\end{bmatrix}$

4. 旋转变换

旋转变换是坐标轴不动，$P(x,y)$ 点（线或图形）绕原点旋转一个角度 θ 的过程（图 3-3），θ 规定逆时针方向为正，顺时针方向为负。旋转变换矩阵为：

$$\boldsymbol{T}=\begin{bmatrix}\cos\theta & \sin\theta\\-\sin\theta & \cos\theta\end{bmatrix}$$

θ 取值不同，可得出不同的旋转变换矩阵。

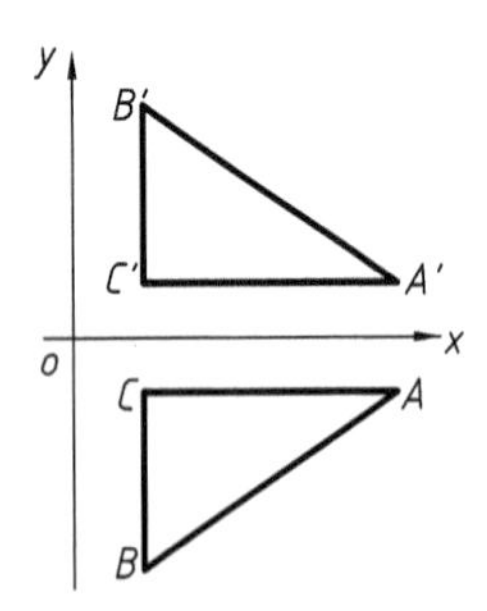

图 3-2　图形关于 x 轴对称

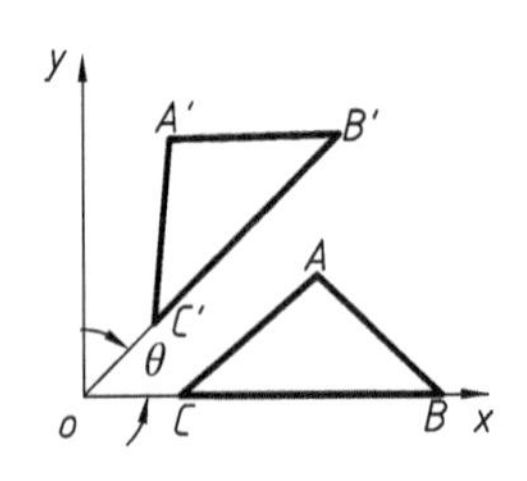

图 3-3　旋转变换

5. 错切（移）变换

错切变换是图形沿某坐标轴方向产生不等量的移动而引起图形变形的一种变换。

（1）沿 x 方向错切，变换矩阵 $\boldsymbol{T}=\begin{bmatrix}1 & 0\\c & 1\end{bmatrix}$，如图 3-4a）所示。点变换后，$y$ 坐标不变，x 坐标依初始坐标（$x\quad y$）呈线性变化。因此，凡平行 x 轴的直线变换后仍平行 x 轴，凡平行 y 轴的直线变换后沿 x 方向错切成与 y 轴成 θ 角的直线，且 $\tan\theta=c$，而 x 轴上的点为不动点。

(2)沿 y 方向错切,变换矩阵 $\boldsymbol{T}=\begin{bmatrix}1 & b\\ 0 & 1\end{bmatrix}$,如图 3-4b)所示。

(3)同时沿 x、y 两个方向错切,变换矩阵 $\boldsymbol{T}=\begin{bmatrix}1 & b\\ c & 1\end{bmatrix}$,如图 3-4c)所示。$c>0,b>0$ 时,沿 x、y 轴正向错切;$c<0,b<0$ 时,则沿 x、y 轴负向错切。

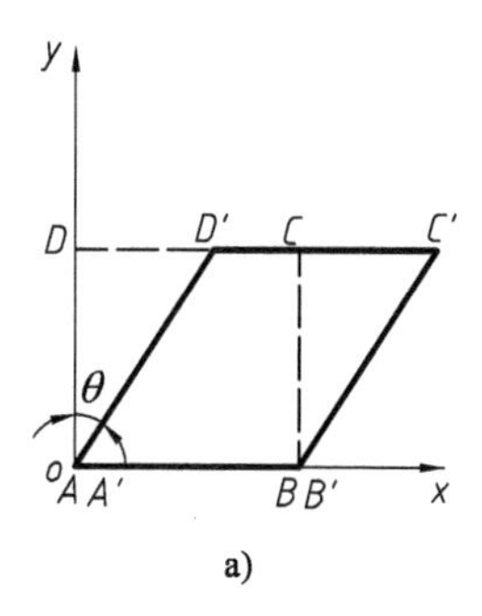

a)

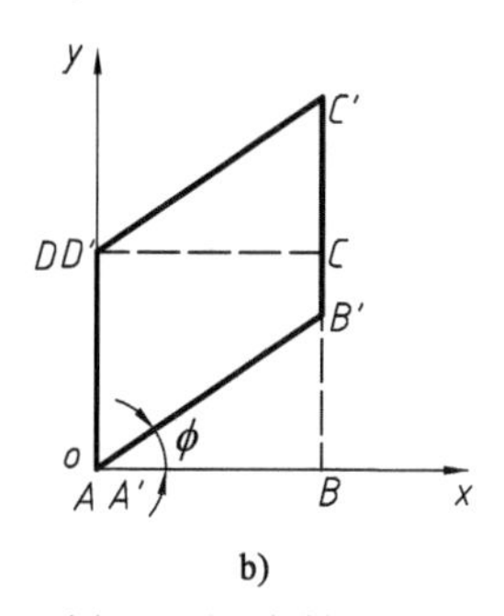

b)

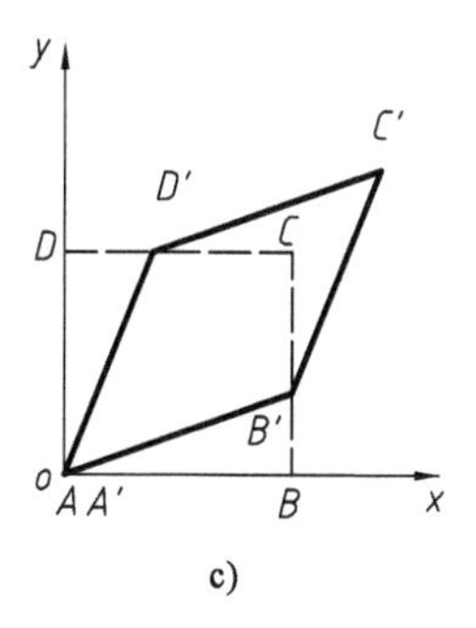

c)

图 3-4 图形错切变换

a)沿 x 向错切;b)沿 y 向错切;c)沿 x,y 向错切

二、二维平移变换与齐次坐标

1. 平移变换矩阵

如图 3-5 所示,图形上点 P 沿 x 方向移动 l,沿 y 方向移动 m 之后达到点 P',则点 P'坐标为:

$$\begin{cases}x'=x+l\\ y'=y+m\end{cases}$$

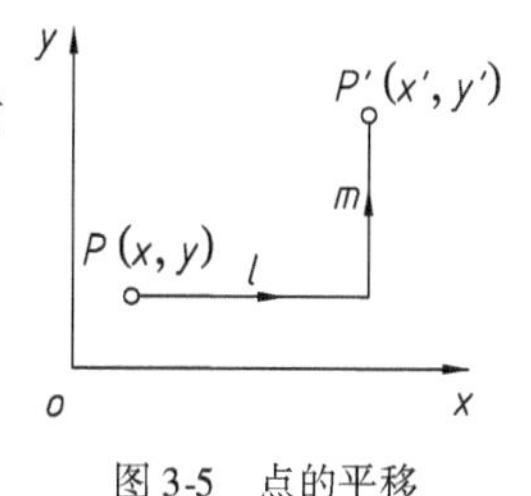

图 3-5 点的平移

可将前述变换矩阵 $\boldsymbol{T}_{2\times2}=\begin{bmatrix}a & b\\ c & d\end{bmatrix}$,扩展为 $\boldsymbol{T}_{3\times2}$矩阵,即:

$$\boldsymbol{T}_{3\times2}=\begin{bmatrix}a & b\\ c & d\\ l & m\end{bmatrix}$$

但根据矩阵乘法定义,二维点$[x \quad y]$需增加一个附加坐标使其成为三维点$[x \quad y \quad 1]$,才可以与扩展矩阵 $\boldsymbol{T}_{3\times2}$进行运算。

$$[x' \quad y']=[x \quad y \quad 1]\begin{bmatrix}a & b\\ c & d\\ l & m\end{bmatrix}=[ax+cy+l \quad bx+dy+m]$$

式中,令 $a=1,b=0,c=0,d=1$,则可获得平移变换矩阵为:

$$\boldsymbol{T}=\begin{bmatrix}1 & 0\\ 0 & 1\\ l & m\end{bmatrix}$$

2. 齐次坐标概念

由上述可知,二维点引入附加坐标后,并未因变换矩阵增加了第三行而使变换受到影响。为了使变换矩阵具有更多的功能,使变换后的点也成为带有附加坐标的三维点$[x' \quad y' \quad 1]$,

将上述 3×2 阶变换矩阵增加第三列元素，成为 3×3 阶变换矩阵：$\boldsymbol{T} = \begin{bmatrix} 1 & 0 & 0 \\ 0 & 1 & 0 \\ l & m & 1 \end{bmatrix}$，则 $[x \quad y]$ 平移变换结果是：$[x' \quad y' \quad 1] = [x \quad y \quad 1]\begin{bmatrix} 1 & 0 & 0 \\ 0 & 1 & 0 \\ l & m & 1 \end{bmatrix} = [x+l \quad y+m \quad 1]$。

这种用三维向量 $[x \quad y \quad 1]$ 表示二维向量 $[x \quad y]$，并推而广之以 $(n+1)$ 维向量表示 n 维向量的方法称为齐次坐标表示法。

在二维向量中，点的齐次坐标表示为 $[xH \quad yH \quad H]$。当 $H=1$ 时，二维点的齐次坐标为 $[x \quad y \quad 1]$；当 $H=2$ 时，则为 $[2x \quad 2y \quad 2]$，即在二维空间里，点没有唯一的齐次坐标表示，例如齐次坐标 $[3 \quad 2 \quad 1]$、$[6 \quad 4 \quad 2]$、$[12 \quad 8 \quad 4]$ 都表示普通坐标点 $(3,2)$。由此可见，只有当 $H=1$ 时，点齐次坐标的 x、y 坐标值才与普通坐标的 x、y 值相等，即普通二维点的坐标：

$$\begin{cases} x = xH(\text{齐次坐标})/H \\ y = yH(\text{齐次坐标})/H \end{cases}$$

这种用 H 去除齐次坐标而求得普通坐标的过程，称为齐次坐标的正常化（标准化）。

3. 齐次坐标的几何意义

引入齐次坐标后，可将二维图形的变换矩阵扩展为 3×3 阶矩阵，其一般形式为：

$$\boldsymbol{T} = \begin{bmatrix} a & b & p \\ c & d & q \\ l & m & s \end{bmatrix}$$

此变换矩阵可以完成绝大部分几何图形变换，现将其分为四个子矩阵：

$\begin{bmatrix} a & b \\ c & d \end{bmatrix}$——使图形产生比例、错切、对称、旋转变换；

$[l \quad m]$——使图形产生平移变换，l、m 分别为 x、y 向的平移量；

$[s]$——使图形产生全比例变换，如：

$$[x \quad y \quad 1]\begin{bmatrix} 1 & 0 & 0 \\ 0 & 1 & 0 \\ 0 & 0 & s \end{bmatrix} = [x \quad y \quad s] \xrightarrow{\text{正常化}} \left[\frac{x}{s} \quad \frac{y}{s} \quad 1\right] = [x' \quad y' \quad 1]$$

通过齐次坐标的正常化，使二维图形产生等比例放大或缩小，即 $s>1$ 时，等比例缩小；$0<s<1$ 时，等比例放大；$s=1$ 为恒等变换。

$[p \quad q]^T$——产生透视变换，现通过讨论齐次坐标的几何意义来说明。

为单独讨论 p、q，令变换矩阵为：

$$\boldsymbol{T} = \begin{bmatrix} 1 & 0 & p \\ 0 & 1 & q \\ 0 & 0 & 1 \end{bmatrix}$$

齐次坐标标点的变换如下：

$$[x \quad y \quad 1]\begin{bmatrix} 1 & 0 & p \\ 0 & 1 & q \\ 0 & 0 & 1 \end{bmatrix} = [x \quad y \quad px+qy+1]$$

在变换中，x、y 的值变换前后未改变，而 H 值由 1 变到 $px+qy+1$，如图 3-6 所示。$H=1$ 和

$H=px+qy+1$ 分别表示两个平面，因此该变换相当于把 $H=1$ 平面上的点$(x,y,1)$变换为$H=px+qy+1$ 平面上的点$(x \quad y \quad px+qy+1)$，即将 $H=1$ 平面上的$\triangle A_1B_1C_1$变换成 $H=px+qy+1$ 平面上的$\triangle A_2B_2C_2$。

从图 3-6 中可看出，$\triangle A_2B_2C_2$可视为$\triangle ABC$ 为底的直棱柱与平面 $H=px+qx+1$ 的截交线，即此变换是在三维空间内完成的。但我们要研究的不是$\triangle A_2B_2C_2$的空间位置本身，而是用齐次坐标表示的二维图形$\triangle ABC$ 在 $H=1$ 平面内的变换，为此需将空间位置的$\triangle A_2B_2C_2$再返回到 $H=1$ 平面内来，这一过程可通过对齐次坐标进行正常化而得到。

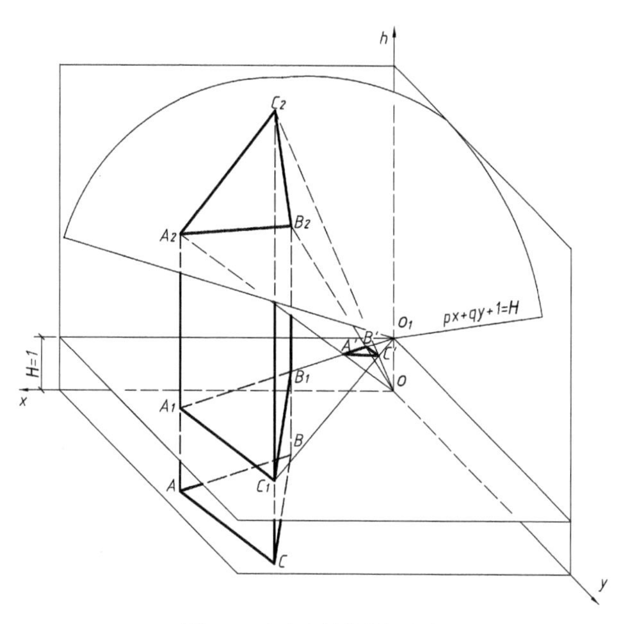

图 3-6　齐次坐标的几何意义

$$[x \quad y \quad px+qy+1] \xrightarrow{\text{正常化}} \left[\frac{x}{px+qy+1} \quad \frac{y}{px+qy+1} \quad 1\right] = [x' \quad y' \quad 1]$$

上述正常化的过程在几何上相当于以坐标原点 o 为顶点，以$\triangle A_2B_2C_2$为底的三棱锥被 $H=1$平面所截得$\triangle A'B'C'$的过程。$\triangle A'B'C'$才是所要研究的$\triangle ABC$ 在 $H=1$ 平面内的一种变换结果，而该过程正好符合几何透视变换的效果，从而说明了$[p \quad q]^T$的作用是在 $H=1$ 的平面内产生一个以原点 o 为中心的中心投影变换，即平面图形产生的透视变换。

采用齐次坐标表示后，二维图形的各种基本变换矩阵均需扩展成为 3×3 阶矩阵。

三、组合变换

上述比例、对称、错切、旋转等变换均为一次变换，我们称之为基本变换。但在实际应用中，一个变换过程往往会连续使用几个基本变换，这种由若干个基本变换组合成的一个几何变换过程称为组合变换或级联变换。

1. 图形绕任意点的二维旋转

如图 3-7 所示，点 A 绕任意点 $P_0(x_0 \quad y_0)$旋转 θ 角而达到点 A'，该变换可通过三次基本变换实现。

(1)假设将旋转中心 $P_0(x_0 \quad y_0)$平移到坐标原点（点 A 随之等量平移至点 A_1），见图3-7b)。

(2)使点 A_1 绕坐标原点旋转 θ 角(点 A_1 旋转至点 A_2),见图 3-7c)。

(3)旋转中心(原点)再平移回原来位置 $P_0(x_0 \quad y_0)$(点 A_2 随之等量平移至点 A'),见图3-7d)。

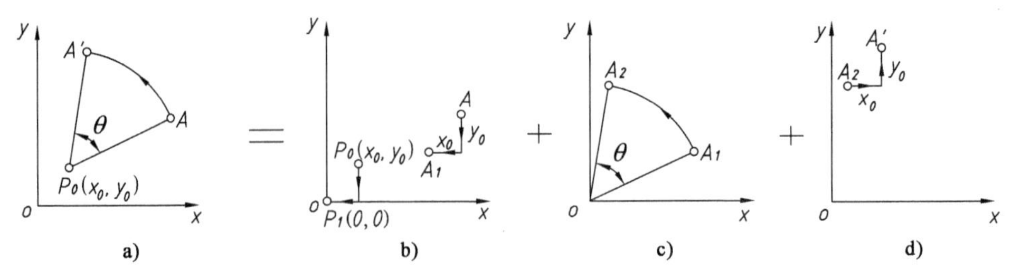

图 3-7 图形绕任意点旋转

因此,绕任意点旋转 θ 角的变换矩阵为:

$$
\boldsymbol{T}=\begin{bmatrix}1 & 0 & 0\\ 0 & 1 & 0\\ -x_0 & -y_0 & 1\end{bmatrix}\begin{bmatrix}\cos\theta & \sin\theta & 0\\ -\sin\theta & \cos\theta & 0\\ 0 & 0 & 1\end{bmatrix}\begin{bmatrix}1 & 0 & 0\\ 0 & 1 & 0\\ x_0 & y_0 & 1\end{bmatrix}
$$

(1) (2) (3)

$$
=\begin{bmatrix}\cos\theta & \sin\theta & 0\\ -\sin\theta & \cos\theta & 0\\ x_0(1-\cos\theta)+y_0\sin\theta & -x_0\sin\theta+y_0(1-\cos\theta) & 1\end{bmatrix}
$$

2. 二维图形对任意轴的对称变换

如图 3-8 所示,任意轴用直线 $Ax+By+C=0$ 表示,该直线在 x、y 轴上的截距分别为 $-C/A$ 和 $-C/B$,直线与 x 轴正向的夹角为 α,且 $\alpha=\arctan(-A/B)$。

该变换可通过下述步骤来实现:

(1)沿 x 方向平移 C/A,使对称轴(直线)通过原点。

(2)绕坐标原点旋转 $-\alpha$ 角,使对称轴与 x 轴重合。

(3)关于 x 轴进行对称变换。

(4)绕坐标原点旋转 α 角。

(5)沿 x 向平移 $-C/A$,使对称轴回到原来位置,二维图形随对称轴同时变换。故此变换的变换矩阵为:

图 3-8 图形关于任意轴对称

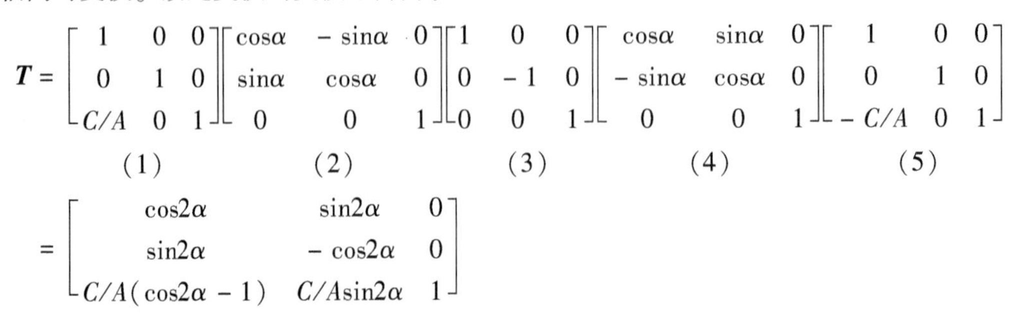

$$
\boldsymbol{T}=\begin{bmatrix}1 & 0 & 0\\ 0 & 1 & 0\\ C/A & 0 & 1\end{bmatrix}\begin{bmatrix}\cos\alpha & -\sin\alpha & 0\\ \sin\alpha & \cos\alpha & 0\\ 0 & 0 & 1\end{bmatrix}\begin{bmatrix}1 & 0 & 0\\ 0 & -1 & 0\\ 0 & 0 & 1\end{bmatrix}\begin{bmatrix}\cos\alpha & \sin\alpha & 0\\ -\sin\alpha & \cos\alpha & 0\\ 0 & 0 & 1\end{bmatrix}\begin{bmatrix}1 & 0 & 0\\ 0 & 1 & 0\\ -C/A & 0 & 1\end{bmatrix}
$$

(1) (2) (3) (4) (5)

$$
=\begin{bmatrix}\cos2\alpha & \sin2\alpha & 0\\ \sin2\alpha & -\cos2\alpha & 0\\ C/A(\cos2\alpha-1) & C/A\sin2\alpha & 1\end{bmatrix}
$$

上述的变换步骤并不是唯一的,读者也可通过其他的步骤来实现此变换。另外,由于矩阵乘法不满足交换律,即 $AB\neq BA$,因此,进行组合变换时,各基本变换的顺序是不能颠倒的;否则,交换顺序不同,组合变换矩阵就不同,因而变换的结果也不同,这一点读者可在实践中自己验证。

第二节　三维图形变换

以二维变换为基础，很容易引申到三维变换。空间三维点的位置向量用齐次坐标 $[x \quad y \quad z \quad 1]$ 表示，相应的变换矩阵也要扩展成方阵 $\boldsymbol{T}_{4\times4}$ 式。在以后的讨论中规定：

$[x \quad y \quad z \quad 1]$——变换前点的位置向量；

$[x \quad y \quad z \quad H]$——变换后点的位置向量；

$[x' \quad y' \quad z' \quad 1]$——经变换并进行正常化处理后点的位置向量。

变换矩阵 $\boldsymbol{T}_{4\times4}$ 方阵的一般表达式：

$$\boldsymbol{T}_{4\times4}=\begin{bmatrix} a & b & c & p \\ d & e & f & q \\ h & i & j & r \\ l & m & n & s \end{bmatrix}$$

其中：$\begin{bmatrix} a & b & c \\ d & e & f \\ h & i & j \end{bmatrix}$——产生比例、对称、旋转、错切变换；

$[l \quad m \quad n]$——对应产生沿 x、y、z 三个轴向的平移变换；

$[p \quad q \quad r]^T$——产生透视变换；

$[s]$——产生全比例变换。

一、比例变换

变换矩阵 $\boldsymbol{T}=\begin{bmatrix} a & 0 & 0 & 0 \\ 0 & e & 0 & 0 \\ 0 & 0 & j & 0 \\ 0 & 0 & 0 & s \end{bmatrix}$，其中 a、e、j 为 x、y、z 三个方向的缩放系数。

(1)当 $a\neq e\neq j$ 时，各向缩放比例不同，产生局部比例变换。

(2)当 $a=e=j=1$，$s=1$ 时，产生恒等变换。

(3)当 $a=e=j=1$，$s\neq1$ 时，产生全比例变换，如图 3-9 所示。

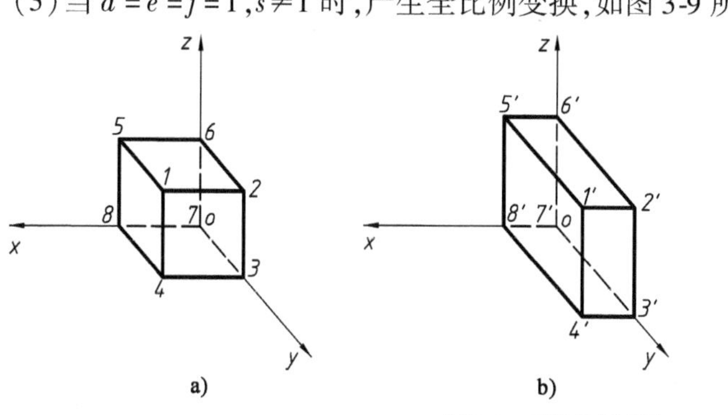

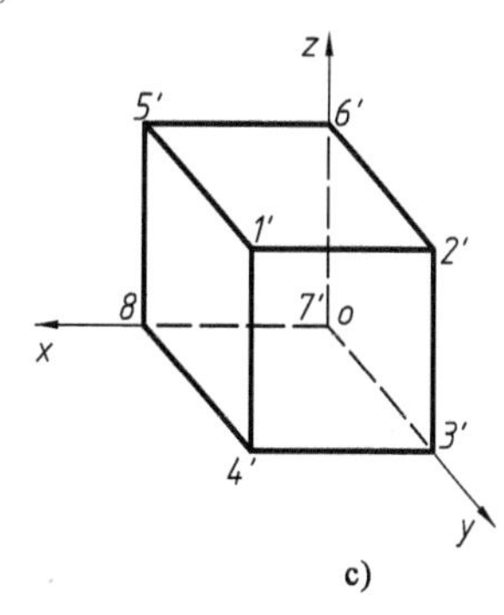

图 3-9　三维比例变换

a)变换前；b) $a\neq e\neq j$；c) $a=e=j$

二、对称变换

三维对称变换包括对坐标原点、坐标轴及坐标平面的对称，下面主要介绍对坐标面的对称变换。

若形体对称于 xoz 平面，则形体上点的 x、z 坐标不变，仅 y 坐标异号，故只需将恒等变换矩阵中主管 y 向变化的对角元素异号即可，即：

$$\boldsymbol{T}_{\mathrm{xoz}}=\begin{bmatrix}1 & 0 & 0 & 0\\0 & -1 & 0 & 0\\0 & 0 & 1 & 0\\0 & 0 & 0 & 1\end{bmatrix}$$

如图 3-10 所示。

同理，可建立关于 xoy 面，yoz 面对称的变换矩阵：

$$\boldsymbol{T}_{\mathrm{xoy}}=\begin{bmatrix}1 & 0 & 0 & 0\\0 & 1 & 0 & 0\\0 & 0 & -1 & 0\\0 & 0 & 0 & 1\end{bmatrix}\qquad \boldsymbol{T}_{\mathrm{yoz}}=\begin{bmatrix}-1 & 0 & 0 & 0\\0 & 1 & 0 & 0\\0 & 0 & 1 & 0\\0 & 0 & 0 & 1\end{bmatrix}$$

三、平移变换

平移变换指立体在空间平行移动一定距离，而不改变形体自身的大小和形状，如图 3-11 所示。其变换矩阵为：

$$\boldsymbol{T}=\begin{bmatrix}1 & 0 & 0 & 0\\0 & 1 & 0 & 0\\0 & 0 & 1 & 0\\l & m & n & 1\end{bmatrix}$$

其中，l、m、n 分别为 x、y、z 向的平移量。

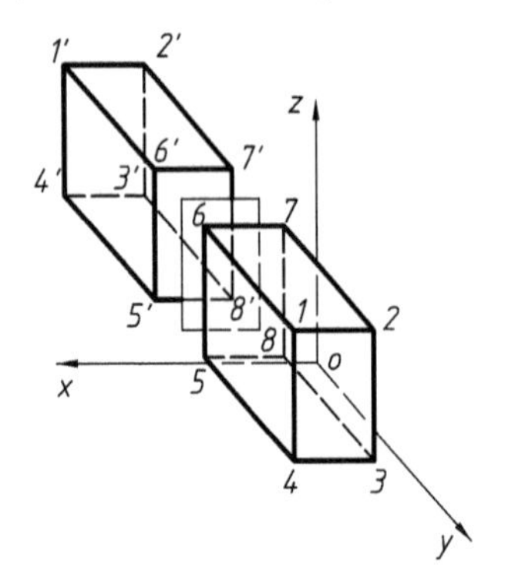

图 3-10　关于 xoz 面对称

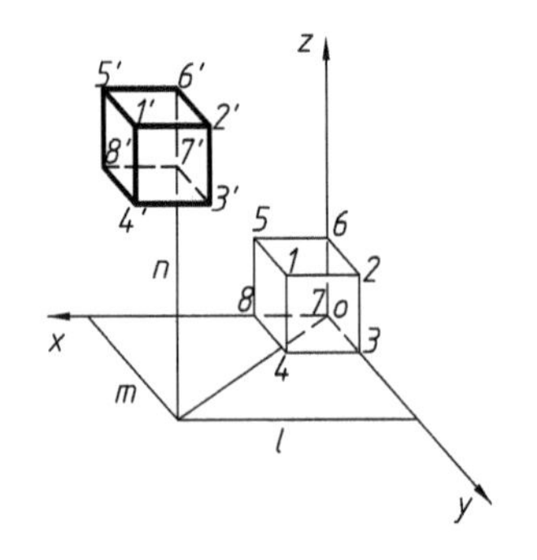

图 3-11　三维平移变换

四、旋转变换

三维旋转变换是指形体绕固定旋转轴旋转一定角度 θ 的过程，可分为绕坐标轴旋转和绕任意轴旋转两大类，本节只介绍绕坐标轴旋转。旋转角 θ 的正负按右手定则确定（图 3-12），即右手大拇指指向旋转轴的正向，其余四指弯曲方向表示旋转方向，符合者为正，反之为负。

当形体绕 x 轴旋转 θ 角时，形体上点的 x 坐标不变，y、z 坐标变化，如图 3-13 所示。变换矩阵为：

$$\boldsymbol{T}_x = \begin{bmatrix} 1 & 0 & 0 & 0 \\ 0 & \cos\theta & \sin\theta & 0 \\ 0 & -\sin\theta & \cos\theta & 0 \\ 0 & 0 & 0 & 1 \end{bmatrix}$$

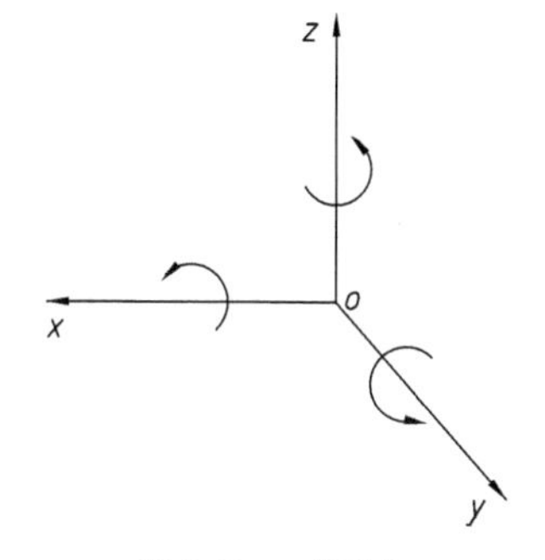

图 3-12　θ 角正向

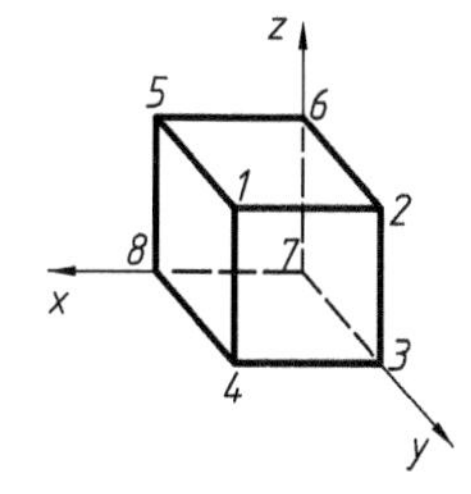

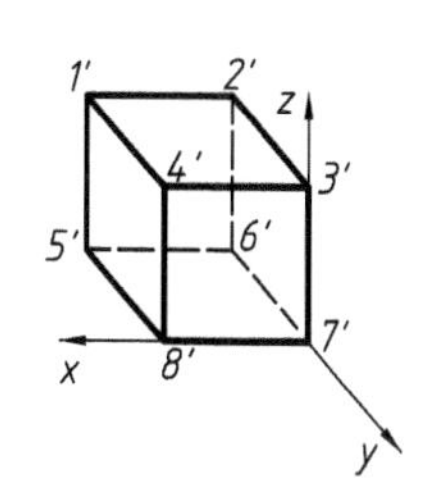

图 3-13　绕 x 轴正向转 90°

同理可得形体绕 y、z 轴旋转 θ 角时的变换矩阵：

$$\boldsymbol{T}_y = \begin{bmatrix} \cos\theta & 0 & -\sin\theta & 0 \\ 0 & 1 & 0 & 0 \\ \sin\theta & 0 & \cos\theta & 0 \\ 0 & 0 & 0 & 1 \end{bmatrix} \qquad \boldsymbol{T}_z = \begin{bmatrix} \cos\theta & \sin\theta & 0 & 0 \\ -\sin\theta & \cos\theta & 0 & 0 \\ 0 & 0 & 1 & 0 \\ 0 & 0 & 0 & 1 \end{bmatrix}$$

从变换矩阵中可看出，形体绕坐标轴旋转时并无平移、透视和比例变换。

五、错切变换

三维错切是形体的某一面沿坐标轴方向移动，而与它相对的面则保持不动。在计算机绘图中，错切变换是进行斜轴测投影变换的基础。

错切变换的矩阵特点是：主对角线元素全为 1，第 4 行和第 4 列的其余元素为 0，即：

$$\boldsymbol{T} = \begin{bmatrix} 1 & b & c & 0 \\ d & 1 & f & 0 \\ h & i & 1 & 0 \\ 0 & 0 & 0 & 1 \end{bmatrix}$$

根据矩阵中 b、c、d、f、h、i 六个元素之一不为 0，可产生六种不同的错切变换。

（1）沿 x 轴移动且离开 y 轴（$d \neq 0$），如图 3-14a）所示，其变换矩阵：

$$\boldsymbol{T}_{x(y)} = \begin{bmatrix} 1 & 0 & 0 & 0 \\ d & 1 & 0 & 0 \\ 0 & 0 & 1 & 0 \\ 0 & 0 & 0 & 1 \end{bmatrix} \quad \begin{pmatrix} d>0 \text{ 沿 } x \text{ 轴正向错切；} \\ d<0 \text{ 沿 } x \text{ 轴负向错切} \end{pmatrix}$$

（2）沿 x 轴移动且离开 z 轴（$h \neq 0$），如图 3-14b）所示。其变换矩阵：

$$T_{x(z)} = \begin{bmatrix} 1 & 0 & 0 & 0 \\ 0 & 1 & 0 & 0 \\ h & 0 & 1 & 0 \\ 0 & 0 & 0 & 1 \end{bmatrix} \quad \begin{matrix}(h>0\text{ 沿 }x\text{ 轴正向错切;} \\ h<0\text{ 沿 }x\text{ 轴负向错切)}\end{matrix}$$

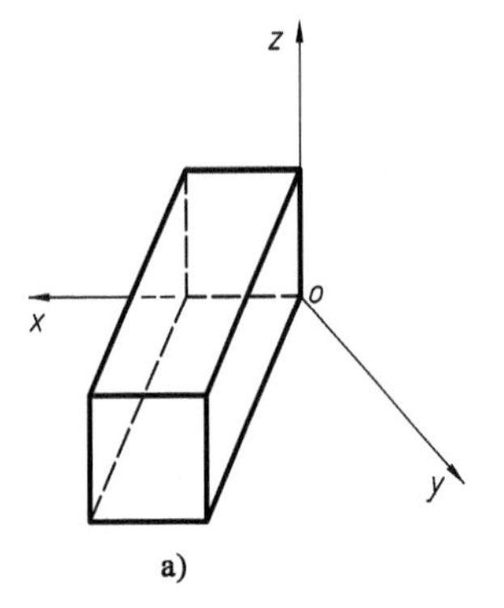

a)

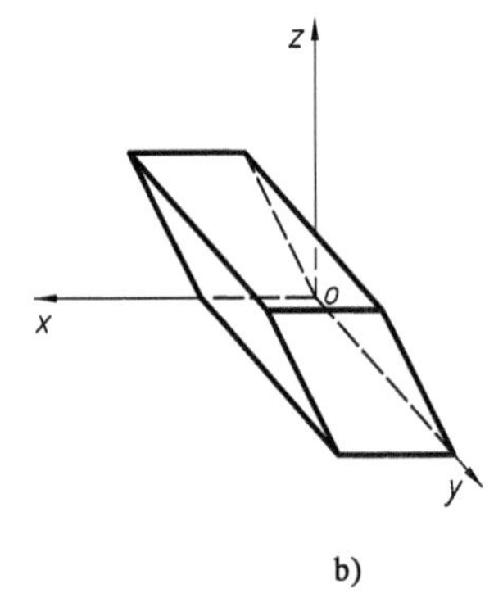

b)

图 3-14　错切变换

除上述两种错切变换外,还有沿 y 轴移动且离开 z、x 轴;沿 z 轴移动且离开 x、y 轴四种情况,其变换矩阵分别为:

$$T_{y(z)} = \begin{bmatrix} 1 & 0 & 0 & 0 \\ 0 & 1 & 0 & 0 \\ 0 & i & 1 & 0 \\ 0 & 0 & 0 & 1 \end{bmatrix} \qquad T_{y(x)} = \begin{bmatrix} 1 & b & 0 & 0 \\ 0 & 1 & 0 & 0 \\ 0 & 0 & 1 & 0 \\ 0 & 0 & 0 & 1 \end{bmatrix}$$

$$T_{z(x)} = \begin{bmatrix} 1 & 0 & c & 0 \\ 0 & 1 & 0 & 0 \\ 0 & 0 & 1 & 0 \\ 0 & 0 & 0 & 1 \end{bmatrix} \qquad T_{z(y)} = \begin{bmatrix} 1 & 0 & 0 & 0 \\ 0 & 1 & f & 0 \\ 0 & 0 & 1 & 0 \\ 0 & 0 & 0 & 1 \end{bmatrix}$$

第三节　投影变换

一、正投影变换

1. V 面投影变换矩阵

工程习惯上以 xoz 坐标面($y=0$)为 V 面,将形体上点向 V 面作正投影,可得 V 面投影图,故其变换矩阵只须令单位矩阵中主管 y 向变化的第二列元素为零即可得:

$$T_V = \begin{bmatrix} 1 & 0 & 0 & 0 \\ 0 & 0 & 0 & 0 \\ 0 & 0 & 1 & 0 \\ 0 & 0 & 0 & 1 \end{bmatrix}$$

2. H 面投影变换矩阵

将形体上点向 $z=0$ 的 xoy 面(即 H 面)投射,可令单位矩阵中主管 Z 向变化的第三列元素全为零来实现;接着绕 x 轴旋转 $-90°$,使 H 面与 V 面在同一平面上;最后沿 z 轴负向平移 n,使 V 和 H 投影保持间距 n。其变换矩阵为:

$$
\boldsymbol{T}_{\mathrm{H}}=\underset{\text{向 }H\text{ 面投射}}{\begin{bmatrix}1&0&0&0\\0&1&0&0\\0&0&0&0\\0&0&0&1\end{bmatrix}}\underset{\text{绕 }x\text{ 轴转 }-90^{\circ}}{\begin{bmatrix}1&0&0&0\\0&0&-1&0\\0&1&0&0\\0&0&0&1\end{bmatrix}}\underset{\text{沿 }z\text{ 轴负向平移 }n}{\begin{bmatrix}1&0&0&0\\0&1&0&0\\0&0&1&0\\0&0&-n&1\end{bmatrix}}
$$

$$
=\begin{bmatrix}1&0&0&0\\0&0&-1&0\\0&0&0&0\\0&0&-n&1\end{bmatrix}
$$

3. W 面投影变换矩阵

将形体上点向 $x=0$ 的 yoz 面(即 W 面)投射,再绕 z 轴旋转 90°,使之与 V、H 面在同一平面上;然后沿 x 轴负向平移 l,以使 V 和 W 投影保持间距 l。故其变换矩阵为:

$$
\boldsymbol{T}_{\mathrm{W}}=\underset{\text{向 }W\text{ 面投射}}{\begin{bmatrix}0&0&0&0\\0&1&0&0\\0&0&1&0\\0&0&0&1\end{bmatrix}}\underset{\text{绕 }z\text{ 轴旋转 }90^{\circ}}{\begin{bmatrix}0&1&0&0\\-1&0&0&0\\0&0&1&0\\0&0&0&1\end{bmatrix}}\underset{\text{沿 }x\text{ 轴负向平移 }l}{\begin{bmatrix}1&0&0&0\\0&1&0&0\\0&0&1&0\\-l&0&0&1\end{bmatrix}}
$$

$$
=\begin{bmatrix}0&0&0&0\\-1&0&0&0\\0&0&1&0\\-l&0&0&1\end{bmatrix}
$$

【例 3-1】 试画出图 3-15 所示平面立体的三面投影图。

解:此例中立体模型顶点数 $M=23$,矩阵行数 $L=4$,矩阵列数 $N=4$;$A(M-1,L-1)$——立体数学模型(它为 23×4 的顶点齐次坐标矩阵);$T(L-1,N-1)$——投影变换矩阵,不同视图中 T 的元素取值不同;$[A]\cdot[T]=P(M-1,N-1)$——二维绘图信息。

程序文本如下。

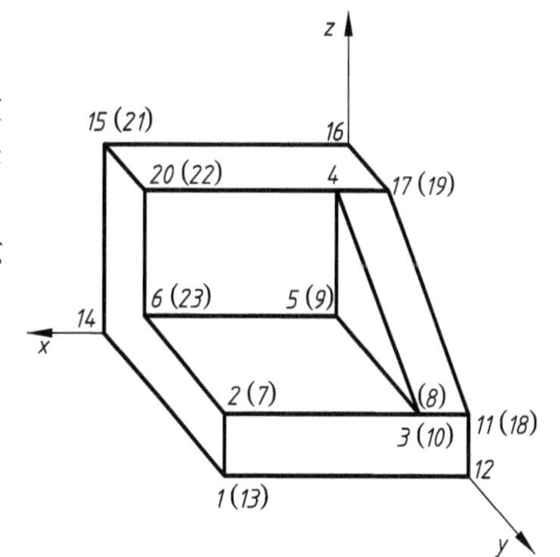

图 3-15 走笔顺序

```
     SCREEN 2,1:CLS
     READ M,L,N      (立体模型顶点赋初值)
     DATA 23,4,4
     GOSUB 7100
7040 END
     DATA 90,56,0,1,90,56,20,1,30,56,20,1,30,28,60,1,
30,28,20,1,90,28,20,1,90,56,20,1,30,56,20,1,30,28,20,1,30,56,20,1,0,56,20,1,0,56,0,1,90,56,0,1,90,0,
0,1,90,0,60,1,0,0,60,1,0,28,60,1,0,56,20,1,0,28,60,1,90,28,60,1,90,0,60,1,90,28,60,1,90,28,20,1
   REM FRONT VIEW,TOP VIEW,LEFTSIDE VIEW
7100 DIM A(M-1,L-1),T(L-1,N-1),P(M-1,N-1),X(M),Y(M),X1(M),Y1(M)GOSUB11000
     INPUT"X,Y,S =",X,Y,S
     P = 1
```

```
7120  FOR I=0 TO L-1:FOR J=0 TO N-1 (变换矩阵赋值)
      T(I,J)=0
      NEXT J:NEXT I
      IF P>3 GOTO 7300
      IF P= 2 GOTO 7190
      IF P= 3 GOTO 7205
      T(0,0)=1:T(2,2)=1:T(3,3)=1
      GOSUB 10000
      GOTO 7220
7190  T(0,0)=1:T(1,2)= -1:T(3,2)= -20:T(3,3)=1
      GOSUB 10000
      GOTO 7220
7205  T(1,0)= -1:T(2,2)=1:T(3,0)= -20:T(3,3)=1
      GOSUB 10000
      GOTO 7220
7220  FOR I=0 TO M-1      (根据计算结果抬笔到线的起点)
      X(I)=140-P(I,0):X1(I)=500-P(I,0)
      Y(I)=80-P(I,2):Y1(I)=P(I,2)
      NEXT I
      PSET(S*X(0)+X,S*Y(0)+Y)
      FOR I=1 TO M-1     (根据计算结果画线)
      LINE-(S*X(I)+X,S*Y(I)+Y)
      NEXT I
      P=P+1:GOTO 7120
7300  RETURN
10000  REM SUBROUTINE TO CALULATE MATRIX
       FOR I=0 TO M-1     (矩阵相乘得各顶点变换后坐标值)
       FOR J=0 TO N-1
       P(I,J)=0
       FOR K=0 TO L-1
       P(I,J)=P(I,J)+A(I,K)*T(K,J)
       NEXT K:NEXT J:NEXT I
       RETURN
11000  FOR I=0 TO M-1
11010  FOR J= 0 TO L-1
11020  READ A(I,J)
11030  NEXT J
11040  NEXT I
       RETURN
```

图 3-16　输出图形

运行结果如图 3-16 所示。

二、轴测投影变换

1. 正轴测投影

1）正轴测投影的变换矩阵

为获得形体的正轴测投影图，可先将形体绕 z 轴正转 θ 角，再绕 x 轴反转 ϕ 角，然后向轴

测投影面 V（xoz 面）作正投射，便得到形体的正轴测投影，其变换矩阵为：

$$T_{正} = \begin{bmatrix} \cos\theta & 0 & -\sin\theta\sin\phi & 0 \\ -\sin\theta & 0 & -\cos\theta\sin\phi & 0 \\ 0 & 0 & \cos\phi & 0 \\ 0 & 0 & 0 & 1 \end{bmatrix}$$

只要任意给定一组 θ、ϕ 值，便可得到形体的一种正轴测图。

2）轴向伸缩系数和轴间角

（1）轴向伸缩系数——空间坐标轴的单位长度与其投影长度（即对应轴测坐标轴长度）之比。x、y、z 方向三个轴向伸缩系数为 p、q、r：

$$P = \sqrt{\cos^2\theta + \sin^2\theta\sin^2\phi} \qquad q = \sqrt{\sin^2\theta + \cos^2\theta\sin^2\phi} \qquad r = \cos\phi$$

（2）轴倾角——轴测坐标轴 $o'x'$、$o'y'$ 与水平线的夹角，分别为 α_x、α_y，有：

$$\tan\alpha_x = \frac{\sin\theta\sin\phi}{\cos\theta} = \tan\theta\sin\phi \qquad \tan\alpha_y = \frac{\cos\theta\sin\phi}{\sin\theta} = \mathrm{ctan}\theta\sin\phi$$

3）正等测投影变换

所谓正等测投影就是沿 x、y、z 三个方向的轴向变形系数相等，即 $p = q = r$。根据前述的推导关系可求得在正等测中各有关参数：

$$p = q = r = 0.82 \qquad \theta = 45° \qquad \phi = 35.26° \qquad \alpha_x = \alpha_y = 30°$$

其变换矩阵 $T_{正等测} = \begin{bmatrix} 0.7071 & 0 & -0.4082 & 0 \\ -0.7071 & 0 & -0.4082 & 0 \\ 0 & 0 & 0.8165 & 0 \\ 0 & 0 & 0 & 1 \end{bmatrix}$

4）正二测投影变换

正二测投影的 x、z 向伸缩系数相等，y 向伸缩系数为 x、z 向的一半，即 $p = r = 2q$，参照前述推导的关系式可得出正二测中各有关参数：

$$\theta = 20.7° \qquad \phi = 19.47° \qquad \alpha_x = 7.17° \qquad \alpha_y = 41.42° \qquad p = r = 0.94 \qquad q = 0.47$$

其变换矩阵为：$T_{正二测} = \begin{bmatrix} 0.9354 & 0 & -0.1178 & 0 \\ -0.3535 & 0 & -0.3118 & 0 \\ 0 & 0 & 0.9428 & 0 \\ 0 & 0 & 0 & 1 \end{bmatrix}$

2. 斜轴测投影

在斜轴测投影中，要保持立体上平行轴测投影面的平面不变形，就不能使立体旋转，故可先使立体错切变形，然后再投射。由于轴测投影面的选择不同，工程上常用的斜轴测投影可分为正面（V 面）斜轴测和水平面（H 面）斜轴测（鸟瞰图）两种。

1）正面斜等测投影变换

正面斜等测选用 V 面（xoz 坐标面）为轴测投影面，立体上与之平行的面其轴测投影反映实形。可将形体先沿 x 方向含 y 轴错切；再沿 z 向含 y 轴错切（即双向错切）；最后向 V 面正投射，其变换矩阵为：

$$T_{斜等测} = \underset{沿\,x\,含\,y\,错切}{\begin{bmatrix} 1 & 0 & 0 & 0 \\ d & 1 & 0 & 0 \\ 0 & 0 & 1 & 0 \\ 0 & 0 & 0 & 1 \end{bmatrix}} \underset{沿\,z\,含\,y\,错切}{\begin{bmatrix} 1 & 0 & 0 & 0 \\ 0 & 1 & f & 0 \\ 0 & 0 & 1 & 0 \\ 0 & 0 & 0 & 1 \end{bmatrix}} \underset{向\,V\,面正投射}{\begin{bmatrix} 1 & 0 & 0 & 0 \\ 0 & 0 & 0 & 0 \\ 0 & 0 & 1 & 0 \\ 0 & 0 & 0 & 1 \end{bmatrix}} = \begin{bmatrix} 1 & 0 & 0 & 0 \\ d & 0 & f & 0 \\ 0 & 0 & 1 & 0 \\ 0 & 0 & 0 & 1 \end{bmatrix}$$

上式中,d、f 选择不同,表示不同的投射方向,如图 3-17 所示。

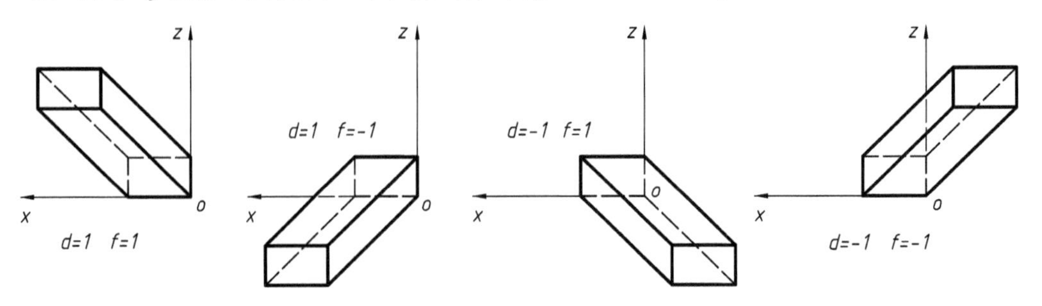

图 3-17 四种投射方向

轴向伸缩系数:$p = r = 1$;$q = \sqrt{d^2 + f^2}$。

轴间角:$x'o'z'$ 为 90°,设 y' 轴与水平方向夹角为 λ_y,则:

$\tan\lambda_y = f/d$,工程上常取 $\lambda_y = 30°$、45° 或 60°。

2)正面斜二测投影变换

工程上常取 $q = 0.5$,$p = r = 1$,若取 $\lambda_y = 45°$,则由上述推导可得:

$$f/d = 1,\ \sqrt{d^2 + f^2} = 0.5 \geqslant d \quad d = f = \pm 0.3535$$

将 d、f 代入 $\boldsymbol{T}_{斜等测}$ 中得斜二测变换矩阵:

$$\boldsymbol{T}_{斜二测} = \begin{bmatrix} 1 & 0 & 0 & 0 \\ 0.3535 & 0 & -0.3535 & 0 \\ 0 & 0 & 1 & 0 \\ 0 & 0 & 0 & 1 \end{bmatrix}$$

3)水平面斜等轴测投影变换

此种斜等测投影是以 H 面(xoy 面)为轴测投影面,形体上凡与之平行的平面,其投影仍反映实形。为此必须先使形体沿 x 方向含 z 轴错切;再沿 y 方向含 z 轴错切;最后向 H 面正投射,其变换矩阵为:

$$\boldsymbol{T}_{鸟瞰} = \underset{沿\,x\,含\,z\,轴错切}{\begin{bmatrix} 1 & 0 & 0 & 0 \\ 0 & 1 & 0 & 0 \\ h & 0 & 1 & 0 \\ 0 & 0 & 0 & 1 \end{bmatrix}} \underset{沿\,y\,含\,z\,轴错切}{\begin{bmatrix} 1 & 0 & 0 & 0 \\ 0 & 1 & 0 & 0 \\ 0 & i & 1 & 0 \\ 0 & 0 & 0 & 1 \end{bmatrix}} \underset{向\,H\,面正投射}{\begin{bmatrix} 1 & 0 & 0 & 0 \\ 0 & 1 & 0 & 0 \\ 0 & 0 & 0 & 0 \\ 0 & 0 & 0 & 1 \end{bmatrix}} = \begin{bmatrix} 1 & 0 & 0 & 0 \\ 0 & 1 & 0 & 0 \\ h & i & 0 & 0 \\ 0 & 0 & 0 & 1 \end{bmatrix}$$

【例 3-2】 绘制图 3-18 所示形体的两种正轴测图(正等测,正二测)。

解:此例中,B 代表 θ 角,C 代表 ϕ 角,P 代表顶点齐次坐标矩阵(本例 18 个顶点),T 代表投影变换矩阵;Z 代表变换后形体点集矩阵,其程序文本如下:

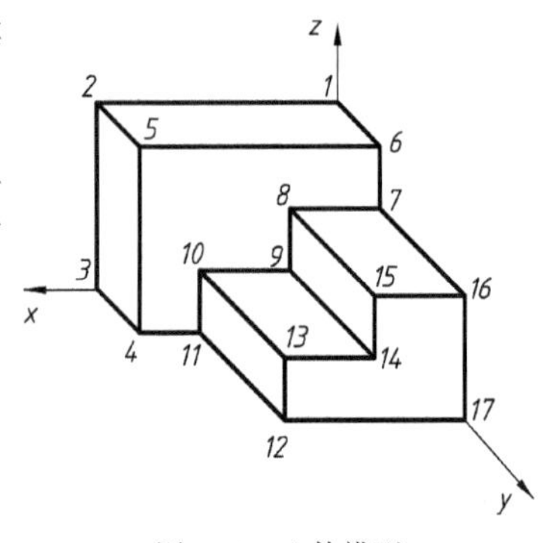

图 3-18 立体模型

```
SCREEN 2,1:CLS
DIM P(18,4),T(4,4),Z(18,4),X(18),Y(18)
PX=300:PY=100:MX=5:MY=2
FOR I=1 TO 18      (立体模型顶点赋初值)
```

```
FOR J = 1 TO 4
READ P(I,J)
NEXT J:NEXT I
DATA 0,0,30,1,40,0,30,1,40,0,0,1,40,10,0,1,40,10,30,1
DATA 0,10,30,1,0,10,20,1,15,10,20,1,15,10,10,1,30,10,10,1
DATA 30,10,0,1,30,30,0,1,30,30,10,1,15,30,10,1,15,30,20,1
DATA 0,30,20,1,0,30,0,1,0,0,0,1
GOSUB 200
INPUT "B = ",B        (根据不同轴测种类输入参数)
INPUT"C = ",C
B = B * 3.1415926# /180:C = C * 3.1415926# / 180
D = COS(B):E = SIN(B) * SIN(C)
G = SIN(B):H = COS(B) * SIN(C):K = COS(C)
T(1,1) = D:T(1,3) = - E:T(2,1) = - G (变换矩阵赋值)
T(2,3) = - H:T(3,3) = K:T(4,4) = 1
GOSUB300
LINE (PX + MX * X(1),PY + MY * Y(1)) - (PX + MX * X(6) , PY + MY * Y(6) ), 1  (根据计算结果画
线)
LINE (PX + MX * X(2),PY + MY * Y(2)) - (PX + MX * X(5) , PY + MY * Y(5)) , 1
LINE (PX + MX * X(7),PY + MY * Y(7)) - (PX + MX * X(16) , PY + MY * Y(16) ), 1
LINE (PX + MX * X(8),PY + MY * Y(8)) - (PX + MX * X(15) , PY + MY * Y(15) ), 1
LINE (PX + MX * X(9),PY + MY * Y(9)) - (PX + MX * X(14) , PY + MY * Y(14) ), 1
LINE (PX + MX * X(10),PY + MY * Y(10)) - (PX + MX * X(13) , PY + MY * Y(13) ), 1
LINE (PX + MX * X(4),PY + MY * Y(4)) - (PX + MX * X(11) , PY + MY * Y(11) ), 1
LINE (PX + MX * X(12),PY + MY * Y(12)) - (PX + MX * X(17) , PY + MY * Y(17) ), 1
END
200  FOR I = 1 TO 4     (变换矩阵初值全赋为 0)
     FOR J = 1 TO 4
     T(I, J) =0
     NEXT J: NEXT I
     ETURN
300  FOR I = 1 TO 18       (矩阵相乘得各顶点变换后坐标值)
     FOR J = 1 TO 4
     Z(I, J) = 0
     FOR K = 1 TO 4
     Z(I,J) =Z(I, J) +P(I, K) * T(K, J)
     NEXT K:NEXT J:NEXT I
     FOR I =1 TO 18      (从变换矩阵中读取画线的坐标值)
     X(I) = - Z(I,1): Y( I ) = -Z(I ,3)
     REM PRINT X(I),Y(I)
     NEXT I
     FOR I = 1 TO 16      (根据计算结果画线)
     LINE (PX + MX * X(I),PY + MY * Y(I)) - (PX + MX * X(I+1) ,PY + MY * Y(I+1) ), 1
     NEXT I
     RETURN
```

运行结果如图 3-19 所示。

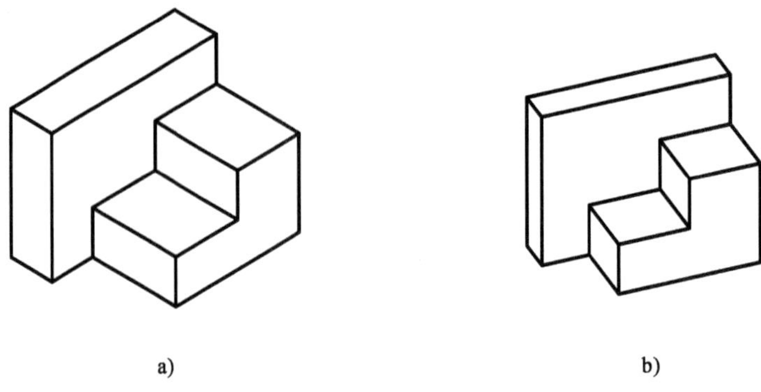

图 3-19　运行结果

a) 正等测：$B=45°$，$C=32.56°$；b) 正二测：$B=20.7°$，$C=18.4°$

三、透视变换与透视投影图

1. 基本概念、术语

假设在观察者与点 A 之间放置一透明的画面 V，透视投影中心即为人眼的位置 E，称之为视点；视点与点 A 的连线称为视线 EA，它与画面 V 的交点 A^0，即为点 A 的透视。

透视投影中常用的术语如下。

(1) 画面：即为 V 面，常用 xoz 坐标面作为画面。

(2) 基面：与画面垂直的面。

(3) 视距：视点至画面的距离 D。

(4) 灭点：直线上无穷远点的透视称为灭点，一组互相平行的直线只有一个(公共)灭点。

(5) 一点透视：又称平行透视，当物体上的正面平行于画面时，只有与画面垂直的那一组棱线有唯一的灭点，故称为一点透视，如图 3-20a) 所示。

(6) 两点透视：又称成角透视，当形体上只有一组棱线与画面平行，另两组棱线与画面倾斜时，则该两组棱线的透视相交于两个灭点，故称两点透视，如图 3-20b) 所示。

(7) 三点透视：又称斜透视，当形体上三组棱线均与画面倾斜时，则三组棱线的透视相交于三个灭点，故称三点透视，如图 3-20c) 所示。

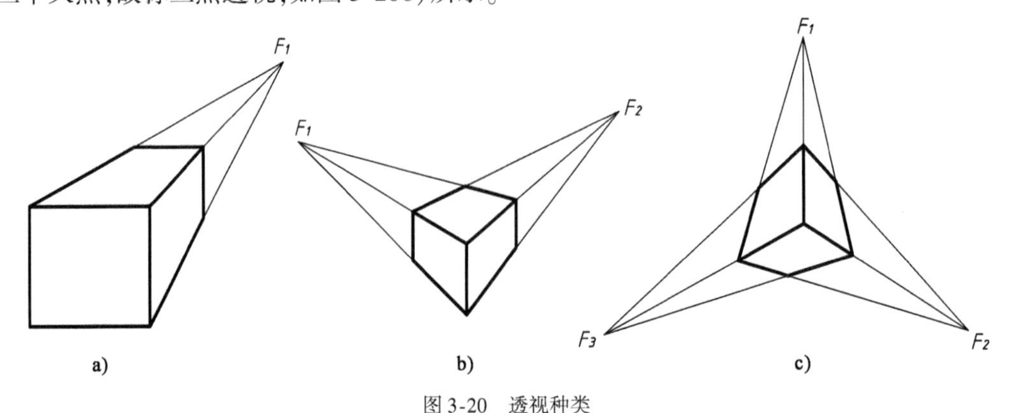

图 3-20　透视种类

a) 一点透视；b) 两点透视；c) 三点透视

2. 透视投影变换

透视变换矩阵为：$\boldsymbol{T}=\begin{bmatrix}1&0&0&0\\0&1&0&q\\0&0&1&0\\0&0&0&1\end{bmatrix}$，此时，视点 E 在 y 轴上，xoz 坐标面为画面，q 为视距 D 的负倒数，即 $q=-1/D$，q 的取值范围应为 $-1<q<0$。

1）一点（平行）透视

画形体一点透视图时，为使图形逼真、实用，应注意物体与画面的相对位置，通常将物体置于画面后；还应注意视距 D，使视点与画面保持一定的距离；另外，要注意视点高度（视高），当视点高于或低于形体时，则产生俯视或仰视的效果。为了增强形体的立体感，最好不要使立体表面在透视图上有积聚性。

因此，将立体在透视前作平移，在 x、y、z 方向的平移量分别为 l、m、n，各平移量的大小视要求而定，故一点透视的变换矩阵为：

$$\boldsymbol{T}_{透1}=\underset{平移}{\begin{bmatrix}1&0&0&0\\0&1&0&0\\0&0&1&0\\l&m&n&1\end{bmatrix}}\underset{一点透视}{\begin{bmatrix}1&0&0&0\\0&1&0&q\\0&0&1&0\\0&0&0&1\end{bmatrix}}\underset{向V面正投射}{\begin{bmatrix}1&0&0&0\\0&0&0&0\\0&0&1&0\\0&0&0&1\end{bmatrix}}=\begin{bmatrix}1&0&0&0\\0&0&0&q\\0&0&1&0\\l&0&n&mq+1\end{bmatrix}$$

2）两点（成角）透视

两点透视的变换顺序如下：

（1）将立体平移到适当位置；

（2）将立体绕 z 轴旋转 θ 角（按右手定则，$\theta<90°$）；

（3）进行透视投影；

（4）将透视后的立体向 V 面正投射，即得透视图。

其变换矩阵为：

$$\boldsymbol{T}_{透2}=\underset{平移}{\begin{bmatrix}1&0&0&0\\0&1&0&0\\0&0&1&0\\l&m&n&1\end{bmatrix}}\underset{旋转}{\begin{bmatrix}\cos\theta&\sin\theta&0&0\\-\sin\theta&\cos\theta&0&0\\0&0&1&0\\0&0&0&1\end{bmatrix}}\underset{透视}{\begin{bmatrix}1&0&0&0\\0&1&0&q\\0&0&1&0\\0&0&0&1\end{bmatrix}}\underset{向V面正投射}{\begin{bmatrix}1&0&0&0\\0&0&0&0\\0&0&1&0\\0&0&0&1\end{bmatrix}}$$

$$=\begin{bmatrix}\cos\theta&0&0&q\sin\theta\\-\sin\theta&0&0&q\cos\theta\\0&0&1&0\\l\cos\theta-m\sin\theta&0&n&ql\sin\theta+qm\cos\theta+1\end{bmatrix}$$

为了增强立体感，一般令 $q\sin\theta<0$，$q\cos\theta<0$。

3）三点（斜）透视

三点透视的变换顺序如下：

（1）将形体平移；

（2）将形体绕 z 轴旋转 θ 角（右手定则）；

（3）再绕 x 轴旋转 γ 角（视高小于形体 1/2 高度时，一般取正转角）；

(4)进行透视变换(选定最佳视距,即确定 q 值);

(5)向 V 面作正投影变换,其变换矩阵为:

$$
T_{透3}=\underset{平移}{\begin{bmatrix}1&0&0&0\\0&1&0&0\\0&0&1&0\\l&m&n&1\end{bmatrix}}\underset{绕 z 旋转 \theta 角}{\begin{bmatrix}\cos\theta&\sin\theta&0&0\\-\sin\theta&\cos\theta&0&0\\0&0&1&0\\0&0&0&1\end{bmatrix}}\underset{绕 x 旋转 \gamma 角}{\begin{bmatrix}1&0&0&0\\0&\cos\gamma&\sin\gamma&0\\0&-\sin\gamma&\cos\gamma&0\\0&0&0&1\end{bmatrix}}
$$

$$
\underset{透视}{\begin{bmatrix}1&0&0&0\\0&1&0&q\\0&0&1&0\\0&0&0&1\end{bmatrix}}\underset{向 V 面正投射}{\begin{bmatrix}1&0&0&0\\0&0&0&0\\0&0&1&0\\0&0&0&1\end{bmatrix}}=\begin{bmatrix}\cos\theta&0&\sin\theta\sin\gamma&q\sin\theta\cos\gamma\\-\sin\theta&0&\cos\theta\sin\gamma&q\cos\theta\cos\gamma\\0&0&\cos\gamma&-q\sin\gamma\\l&0&n&1+mq\end{bmatrix}
$$

式中,第四列元素均为非零元素,故能产生三点透视变换的效果。

【例 3-3】 求作图 3-21 所示房屋的二点透视图。

解:设计一个通用的二点透视图程序,取形体最多允许 100 个顶点,其程序文本如下。

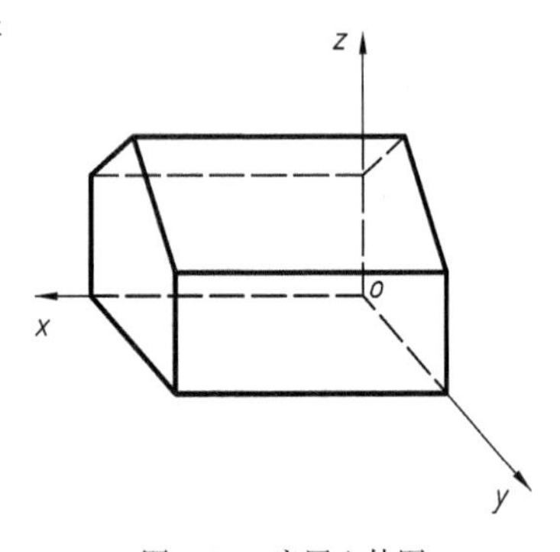

图 3-21 房屋立体图

```
SCREEN 2,1:CLS
DIM X(100),Y(100),Z(100),XT(100),YT(100)
INPUT "P=",P
FOR I=1 TO P
READ X(I),Y(I),Z(I)
NEXT I
DATA 40,60,0,40,60,40,20,60,55,0,60,40,0,60,0,40,60,0
DATA 40,0,0,40,0,40,20,0,55,20,60,55,40,60,40,40,0,40
INPUT"L,M,N,R,THETA=?",L,M,N,R,THETA
Q= -1/Y
TH=THETA* 0.0175
FOR I=1 TO P
  A=(X(I)+L)*COS(TH)
  B=(Y(I)+M)*SIN(TH)
  C=Q*(X(I)+L)*SIN(TH)+Q*(Y(I)+M)*COS(TH)+1
  D=Z(I)+N
  XT(I)=80-(A-B)/C
  YT(I)=50-D/C
NEXT I
INPUT"S=?",S
PSET(S*XT(1)*1.1,S*YT(1)*.8)
FOR I=2 TO P
  LINE-(S*XT(I)*1.1,S*YT(I).8)
NEXT I
END
```

运行结果如图 3-22 所示。

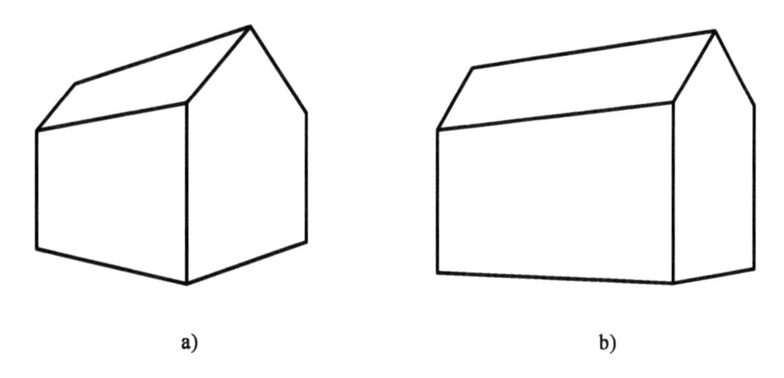

图3-22　运行结果

a) $P=12, S=2, L=-40, M=-30, N=-30, Y=100$, THEA $=30$; b) $P=12, S=2, L=-40, M=-30, N=-30, Y=150$, THEA $=60$

思　考　题

1. 二维、三维图形有哪些基本变换？为什么要用齐次坐标？
2. 正投影变换矩阵是怎样产生的？了解绘制正投影图的程序设计思路。
3. 了解轴测投影变换和透视变换矩阵。

第二篇　AutoCAD 绘制工程图

第四章　AutoCAD 概述

CAD(Computer Aided Design)的含义是计算机辅助设计,它是计算机技术应用于工程领域产品设计的新兴交叉技术。AutoCAD 是美国 Autodesk 公司开发的一种通用计算机辅助设计软件包,它在设计、绘图和相互协作方面展示了强大的技术实力。随着 CAD 技术的飞速发展和普及,越来越多的工程技术人员开始利用计算机绘图设计,由于 AutoCAD 具有易于学习、使用方便、体系结构开放等优点,深受广大工程技术人员的喜爱。

Autodesk 公司在 1982 年推出了 AutoCAD 的第一个版本 V1.0,随后经由 V1.2、V1.3、V1.4、V2.0、V2.17、V2.18、V2.5、V2.6、V3.0、R9、R10、R11、R12、R13、R14、2000、2002、2004、2005、2006、2007、2008 等多次典型版本更新,发展到目前的 AutoCAD 2009。在 20 多年的发展历程中,AutoCAD产品在不断适应计算机软硬件发展的同时,自身功能也日益增强且趋于完善。早期的版本只是绘制二维图形的简单工具,现在它已经集二维绘图、三维造型、数据库管理、渲染着色、互联网等功能于一体,并提供了丰富的工具集。用户能够轻松快捷地进行设计工作,还能方便地重复使用各种已有的数据,从而极大地提高了设计效率。AutoCAD 是当今世界上应用最为广泛和普及的图形软件,市场占有率位居世界第一,在土木工程、建筑、机械、电子、航天、造船、石油化工、冶金、气象、纺织、轻工等行业得到了广泛的应用。

本章将介绍 AutoCAD 2009 的主要功能、安装、系统配置、用户界面以及图形文件管理、图形的显示控制、命令和数据的输入等基本操作。

第一节　AutoCAD 的主要功能

一、绘制与编辑图形

AutoCAD 提供了丰富的绘图命令,可以方便地用各种方式绘制直线、构造线、多段线、圆、矩形、多边形、椭圆等基本图形,也可以将绘制的图形转换为面域,对其进行填充。AutoCAD 具有强大的图形编辑和修改功能,借助于编辑命令可以灵活方便地编辑和修改各种各样的二维图形。

对于一些二维图形,通过拉伸、设置标高和厚度等操作可以将其转换为三维图形。使用三维绘图命令,用户可以绘制圆柱体、圆锥体、球体、圆环、立方体、棱锥体和楔体等基本实体以及三维网格、旋转网格等曲面模型,同样,再结合编辑命令还可以编辑和修改出各种复杂的三维图形。

二、标注图形尺寸

AutoCAD 提供了一套完整的尺寸标注和编辑命令,使用这些命令可以创建各种类型的尺寸标注样式,也可以方便、快速地创建符合行业或项目标准的尺寸标注样式。

AutoCAD 提供了线性、径向(半径、直径和折弯)、坐标、弧长和角度 5 种基本的标注类型,可以进行水平、垂直、对齐、旋转、坐标、基线或连续等标注,还可以进行引线标注、公差标注,以及自定义粗糙度标注。标注的对象可以是二维图形或三维图形。

三、渲染三维图形

在 AutoCAD 中,可以运用雾化、光源和材质,将模型渲染为具有真实感的图像。如果是为了演示,可以渲染全部对象;如果时间有限,或显示设备和图形设备不能提供足够的灰度等级和颜色,就不必精细渲染;如果只需快速查看设计的整体效果,则可以简单消隐或设置视觉样式。

四、控制图形显示

AutoCAD 提供了多种方法来显示和观看图形。利用视图缩放和鸟瞰视图功能改变当前视口中图形的视觉尺寸,以便清晰观察图形的全部或局部的细节。对于三维图形,利用视点工具可以改变观察视点,从不同观看方向显示图形;也可以将绘图窗口分为多个视口,从而可以在不同的视口中以不同的方位显示同一图形,得到三维图形的多面正投影、轴测投影和透视投影;还可以利用三维动态观察器动态观察三维图形。

五、实用绘图工具

在 AutoCAD 中,可以方便地设置图形元素的图层、线型、线宽、颜色,以及文字标注样式,还可以对所标注的文字进行拼写检查。通过 AutoCAD 提供的正交、捕捉、极轴、对象捕捉、对象追踪等绘图辅助工具设置不同的绘图方式,提高绘图效率与准确性。利用直观、高效的 AutoCAD 设计中心,可以对图形文件进行浏览、查找以及管理有关设计内容等方面的操作。

六、数据交换和数据库管理功能

AutoCAD 提供了多种图形图像数据交换格式及相应命令。通过 DXF、IGES 等规范图形数据转换接口,可以与其他 CAD 系统或应用程序进行数据交换。

数据库连接管理器为用户管理和组织数据库连接的所有方面提供了一个中心控制。通过数据库连接管理器,可以将图形对象与外部数据库中的数据进行关联,而这些数据库是由独立于 AutoCAD 的其他数据管理系统(如 Access、Oracle、FoxPro)建立的。

七、二次开发功能

AutoCAD 允许用户定制菜单、工具栏和命令别名。AutoCAD 提供了多种编程接口,支持用户使用内嵌语言 AutoLISP、Visual Lisp、VBA、ADS、ARX 等进行二次开发。

八、Internet 功能

AutoCAD 提供了 Internet 工具,使设计者之间能够共享资源和信息,同步进行设计、讨论、演示、发布信息,即时获取业界新闻,获得有关帮助。

利用 AutoCAD 的 web 网络文件访问功能,可以直接从网站上打开 AutoCAD 图形文件,使用户更加方便地共享数据,并且可以将 AutoCAD 图形对象和其他对象(如文档、数据表格等)建立超级链接。使用 AutoCAD 公司提供的"WHIP!"插件可以在浏览器上浏览 DWF 格式的图形文件。

九、输出与打印图形

AutoCAD 不仅允许将所绘图形以不同样式通过绘图仪或打印机输出,还能够将不同格式的图形导入 AutoCAD 或将 AutoCAD 图形以其他格式输出。因此,当图形绘制完成之后可以使用多种方法输出图形。例如,可以将图形打印在图纸上,或创建成文件以供其他应用程序使用。

第二节　AutoCAD 的安装

使用 AutoCAD 之前,必须将其安装到计算机硬盘上。安装 AutoCAD 前,应关闭其他正在运行的应用程序(包括防病毒程序)。下面介绍在 Windows XP 下安装 AutoCAD 2009 中文版的过程。

(1)将 AutoCAD 2009 的光盘插入 CD-ROM/DVD 中,先将软件解压到硬盘上。

(2)双击"Setup. exe"文件,打开 AutoCAD 2009 的【开始安装】对话框,如图 4-1 所示。

(3)单击[安装产品(I)]按钮,打开安装向导的【选择要安装的产品】对话框,如图 4-2 所示,单击[下一步(N) >]按钮,并按提示配置安装参数,以默认方式进行安装。

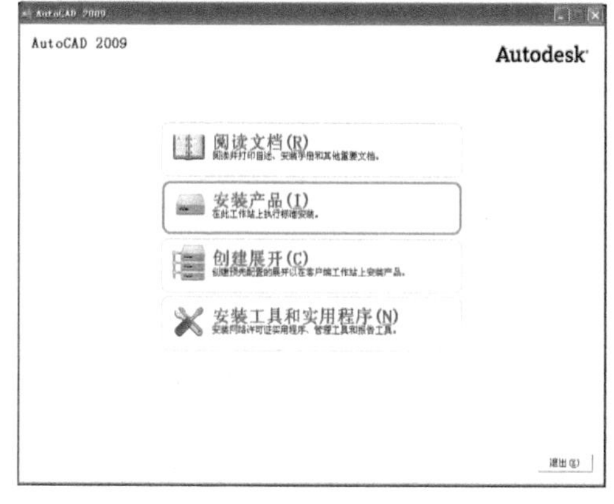

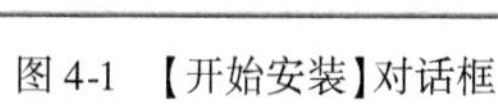
图 4-1 【开始安装】对话框

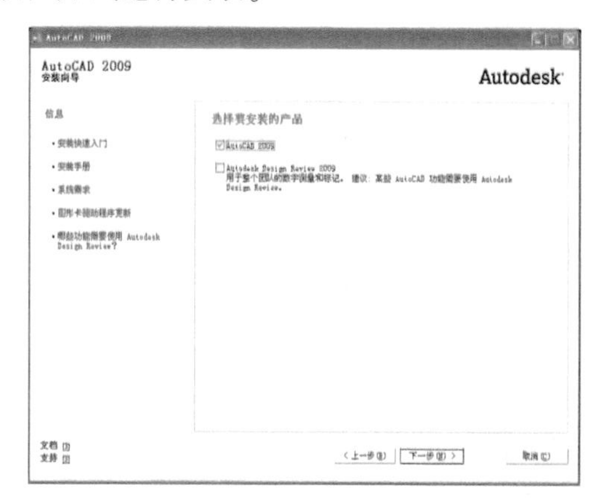

图 4-2 安装向导的【选择要安装的产品】对话框

安装程序时,显示安装向导的【安装进程】对话框,程序安装结束后,显示安装向导的【安装完成】对话框,单击[完成(F)]按钮,并重新启动计算机。

(4)注册激活:第一次启动 AutoCAD 2009 中文版时,将打开图 4-3 所示 AutoCAD 2009 的【产品激活】对话框,选中【激活产品】单选框,单击[下一步(N) >]按钮,在打开的如图 4-4 所示现在注册的【激活】对话框中,输入产品的序列号,并按照软件提示方法,向开发商索取激活码。

(5)将获取的激活码输入或粘贴到现在注册的【激活】对话框中,单击[下一步 >>]按钮,显示现在注册的【注册激活确认】对话框。单击[完成]按钮,即完成 AutoCAD 2009 中文版的安装。

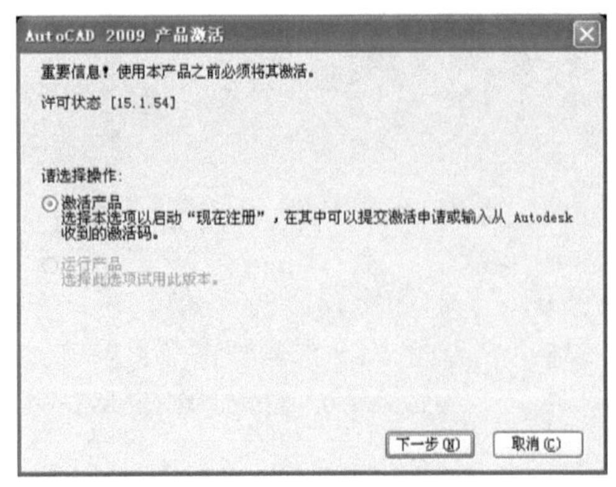

图4-3 【产品激活】对话框

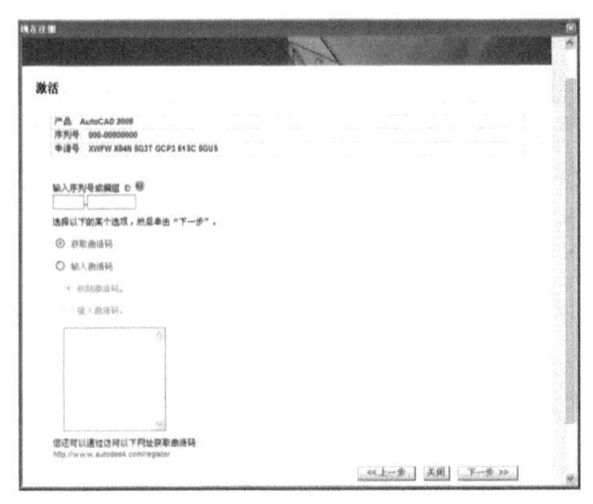

图4-4 现在注册的【激活】对话框

第三节 AutoCAD 系统配置

安装 AutoCAD 2009 时，程序自动检测 Windows 操作系统是 32 位版本还是 64 位版本后，将安装适当的 AutoCAD 2009 版本。为了保证 AutoCAD 2009 软件能够顺利运行，应保证计算机满足对硬件和软件的最低需求，下面是安装 AutoCAD 2009 时的配置需求。

一、32 位 AutoCAD 2009 的配置要求

(1)Intel Pentium 4 处理器或 AMD Athlon 处理器，2.2GHz 以上，也可以 Intel 或 AMD 双核处理器，1.6GHz 以上。

(2)Microsoft Windows Vista、Windows XP SP2 操作系统。

(3)1GB 内存(Microsoft Windows XP SP2)。

(4)750 MB 可用磁盘空间(用于安装)。

(5)1024 × 768 VGA，真彩色。

(6)Internet Explorer 6.0 SP1(或更高版本)浏览器。

(7)通过 CD 光盘和 DVD 光盘提供(特定国家和语言)。

(8)可选硬件：打印机或绘图仪，数字化仪，网络接口卡，调制解调器或其他访问 Internet 连接的设备。

二、64 位 AutoCAD 2009 的其他配置需求

(1)Windows XP Professional x64 Edition 或 Windows Vista 64 位。

(2)AMD 64 或 Intel EM64T 处理器。

(3)2GB 内存。

(4)750MB 可用磁盘空间(用于安装)。

三、Microsoft Windows Vista 或三维建模的配置要求

(1)Intel 或 AMD 单核处理器，最低 3.0GHz，也可以 Intel 或 AMD 双核处理器，最低 2.0GHz。

(2)2GB 内存(最低)。

(3)2GB 可用磁盘空间(不包括安装所需空间)。

(4)1280×1024 32 位彩色视频显示适配器(真彩色),具有 128MB 或更大内存,且支持 OpenGL 或 Direct3D 的工作站级显卡。对于 Windows Vista,需要具有 128MB 或更大内存,且支持 Direct3D 的工作站级显卡。

第四节　AutoCAD 的用户界面

一、初始用户界面

启动 AutoCAD 2009 后,打开如图 4-5 所示 AutoCAD 2009 的初始用户界面(二维草图与注释)。中文版 AutoCAD 2009 提供了【二维草图与注释】、【三维建模】和【AutoCAD 经典】3 种工作空间。AutoCAD 的各个工作空间的界面都包含菜单浏览器按钮、快速访问工具栏、标题栏、功能区选项板、绘图窗口、命令行窗口和状态栏等元素。菜单浏览器按钮、快速访问工具栏和功能区选项板是 AutoCAD 2009 新增的功能按钮。

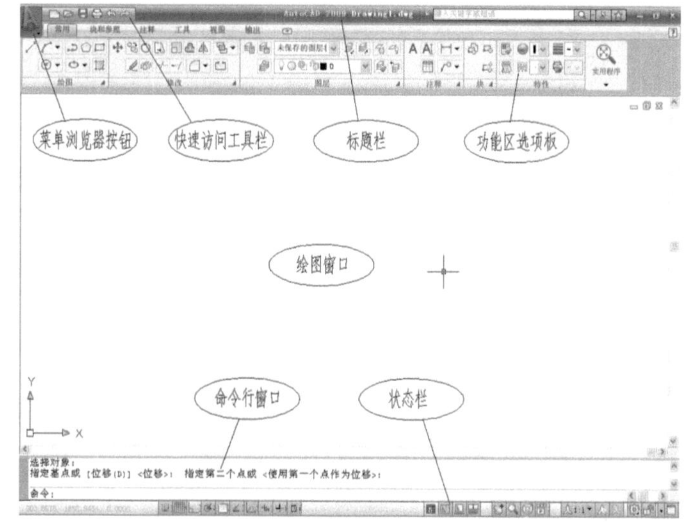

图 4-5　AutoCAD 2009 的初始用户界面

1. 菜单浏览器按钮

菜单浏览器按钮位于界面的左上角。单击按钮,菜单浏览器显示一个竖直的 AutoCAD 菜单列表,如图 4-6 所示,它代替以往水平显示在 AutoCAD 窗口顶部的下拉菜单。该菜单列表包含了 AutoCAD 的绝大部分功能和命令,用户可以选择一个菜单项来调用相应的命令。利用菜单浏览器还能够查看和访问最近打开的文档,可以以图标或小、中、大预览图来显示文档名,以便更好地分辨文档。

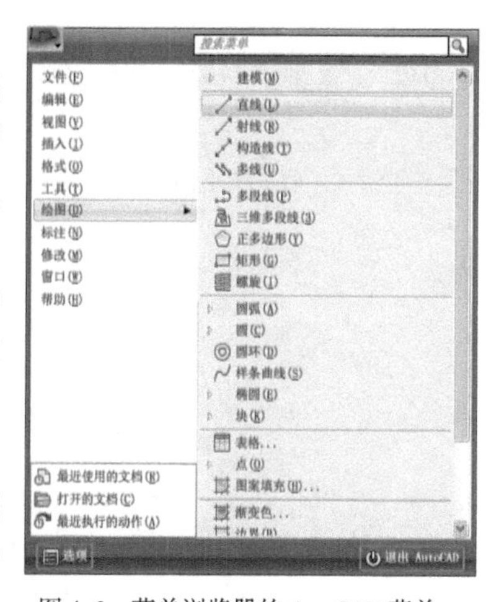

图 4-6　菜单浏览器的 AutoCAD 菜单

2. 快速访问工具栏

快速访问工具栏显示于界面(图 4-5)的左上方,位于菜单浏览器的右边。默认状态下,它包含 6 个常用的图标命令按钮:【新建】、【打开】、【保存】、【打印】、【撤消】

和【恢复】按钮,如图 4-7 左侧所示。

若要添加或删除其他图标命令按钮,可以右击快速访问工具栏,在快捷菜单中选择【自定义快速访问工具栏】选项,通过弹出的【自定义用户界面】对话框进行设置。

右击快速访问工具栏,在快捷菜单中选择【显示菜单栏】选项、【工具栏】选项【AutoCAD】后的子菜单可以打开/关闭菜单栏和工具栏,默认状态下菜单栏和工具栏是关闭的。

3. 标题栏

标题栏位于界面的顶部,如图 4-7 所示。最左端为菜单浏览器按钮和快速访问工具栏;中间显示该应用程序名及当前正在运行的图形文件名称;右边的【搜索】按钮、【通信中心】按钮和【收藏夹】按钮,可以提供多种信息来源;最右端的按钮,分别用来实现应用程序窗口的最小化、最大化(或还原)及关闭应用程序。

图 4-7 标题栏

4. 功能区选项板

功能区选项板位于标题栏的下方,由功能区面板组成,用来显示与基于任务的工作空间关联的按钮和控件,如图 4-8 所示。默认工作空间中,功能区选项板集成了【常用】、【块和参照】、【注释】、【工具】、【视图】和【输出】6 个选项卡,每个选项卡由多个面板构成,每个面板都包含多个图标命令按钮,单击图标命令按钮即可执行相应的绘制或编辑等操作。

图 4-8 功能区选项板

单击某个面板标题右下角的三角按钮,可以展开折叠区域中相应的图标命令按钮,如单击【绘图】标题右下角的按钮,展开的【绘图】面板如图 4-9 所示。单击某个图标命令按钮后面的三角按钮,可以弹出其他隐藏的图标命令按钮菜单,如单击【椭圆】按钮,弹出【椭圆】其他隐藏的按钮如图 4-10 所示。

右击功能区选项板,利用弹出的快捷菜单可以打开/关闭【显示面板标题】、删减【选项卡】和各选项卡对应的【面板】的数量;并且可以展开/折叠面板和面板标题,单击功能区选项板上方的按钮也可以展开/折叠面板和面板标题。

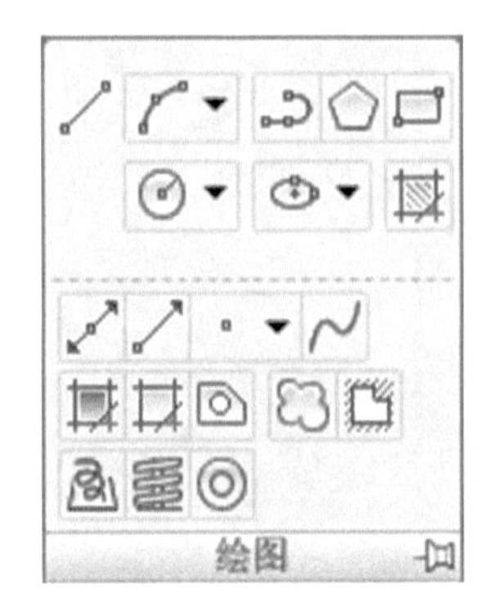

图 4-9 展开的【绘图】面板

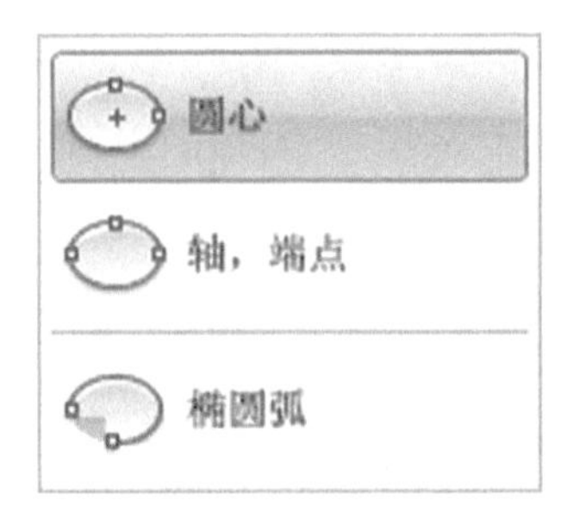

图 4-10 【椭圆】其他隐藏的按钮

5. 绘图窗口

绘图窗口是绘图工作区域,所有的绘图结果都将显示在该区域,用户可以根据需要打开/关闭某些窗口元素(如工具栏、选项板等),以便合理使用绘图区域。绘图窗口中的光标为十字光标,用于绘制图形和选择图形对象。绘图窗口的左下角显示坐标系图标,它显示系统当前所处的坐标系类型及坐标系的 X、Y、Z 轴的方向。

6. 命令行窗口和文本窗口

命令行窗口位于绘图窗口的下方,用于接受用户输入的命令,并显示 AutoCAD 的提示信息。用户在执行一个命令时都会出现相应的一系列提示信息,如图 4-11 所示。

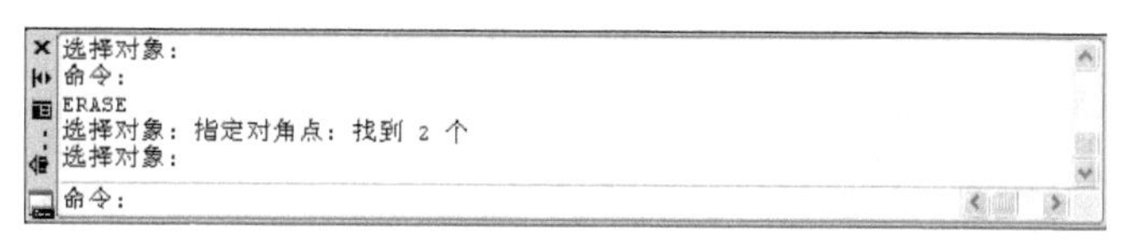

图 4-11 命令行窗口

AutoCAD 文本窗口是一个浮动窗口,可以在其中输入命令或查看命令提示信息,更便于查看执行的命令历史。单击菜单浏览器按钮中【视图】菜单列表的【显示】菜单项的【文本窗口】子菜单,输入“textscr”命令或按 F2 键都可以打开【AutoCAD 文本窗口】,如图 4-12 所示。

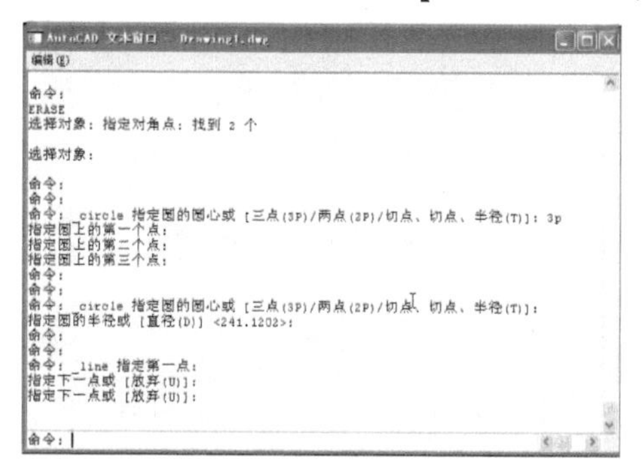

图 4-12 【AutoCAD 文本窗口】

7. 状态栏

状态栏位于 AutoCAD 窗口底部,用来显示 AutoCAD 当前的状态,如图 4-13 所示。左端显示光标当前的坐标值;中间为【捕捉】、【栅格】、【正交】、【极轴】、【对象捕捉】、【对象追踪】、【DUCS】、【DYN】、【线宽】和【QP】10 个状态转换按钮,单击任一按钮可以打开/关闭相应的状态。右端依次为【模型】/【布局】、【快速查看布局】、【快速查看图形】、【平移】、【缩放】、【StreeWheel】、【ShowMotion】、【注释比例】、【注释可见性】、【自动缩放】、【切换工作空间】、【锁定】、【状态栏菜单】和【全屏显示】等功能按钮。

图 4-13 状态栏

二、选择工作空间

AutoCAD 2009 提供的 3 种工作空间可以进行切换,单击菜单浏览器按钮中【工具】菜单列表的【工作空间】菜单项的子命令,单击状态栏中的【切换工作空间】按钮,在弹出的快捷菜单中(图 4-14),选择相应的选项即可切换 3 种工作空间。

1.【二维草图与注释】工作空间

默认状态下,打开【二维草图与注释】工作空间(图 4-5),其界面主要由菜单浏览器按钮、快速访问工具栏、标题栏、功能区选项板、绘图窗口、命令行窗口和状态栏等元素组成。利用功能区选项板中的【绘图】、【修改】、【图层】、【注释】、【块】、【特性】等面板可以方便地绘制二维图形。

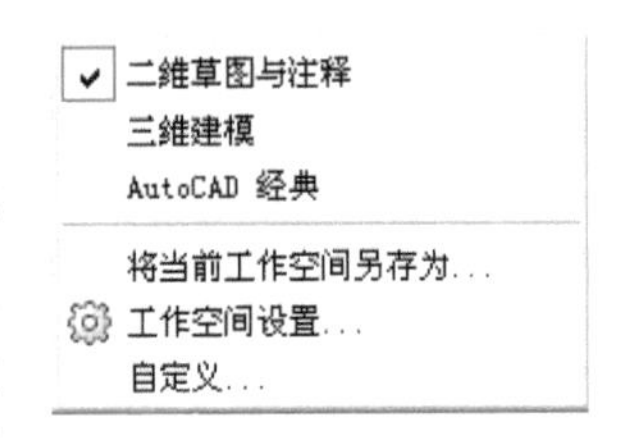

图 4-14 【切换工作空间】按钮菜单

2.【三维建模】工作空间

在【三维建模】工作空间中(图 4-15),利用功能区选项板中的【三维建模】、【视觉样式】、【光源】、【渲染】和【材质】等面板,可以更加方便地绘制和观察三维图形,创建动画,设置光源,为三维对象附加材质等操作提供了非常便利的环境。

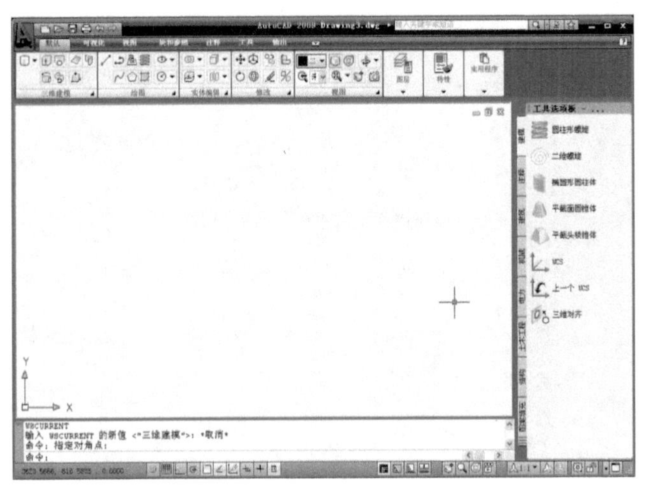

图 4-15 【三维草图与注释】工作空间

3.【AutoCAD 经典】工作空间

【AutoCAD 经典】工作空间适用于使用 AutoCAD 传统界面绘图的用户,其工作界面主要由菜单浏览器按钮、快速访问工具栏、标题栏、菜单栏、工具栏、绘图窗口、命令行窗口和状态栏等元素组成,如图 4-16 所示。

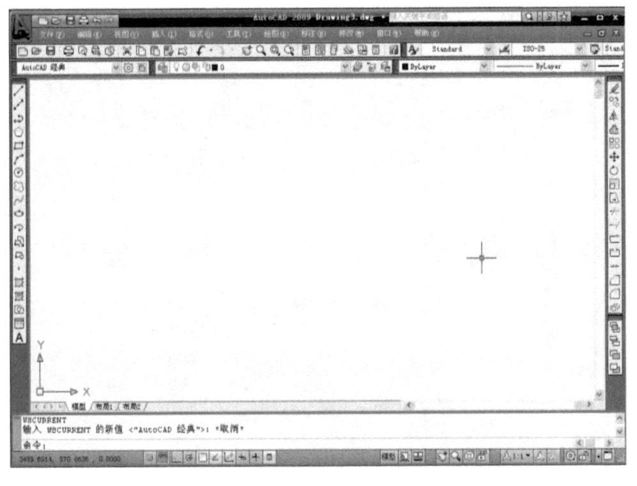

图 4-16 【AutoCAD 经典】工作空间

第五节　图形文件管理

AutoCAD 2009 的图形文件管理主要包括：新建、打开、保存、加密保护、关闭、检查和修复图形文件等操作。

一、新建图形文件

【新建】命令用来建立一个新的图形文件，以便开始绘制新图。

单击快速访问工具栏中的【新建】按钮，单击菜单浏览器按钮中【文件】菜单列表的【新建】菜单项，或在命令行中输入“new”命令，都可打开【选择样板】对话框，如图 4-17 所示。

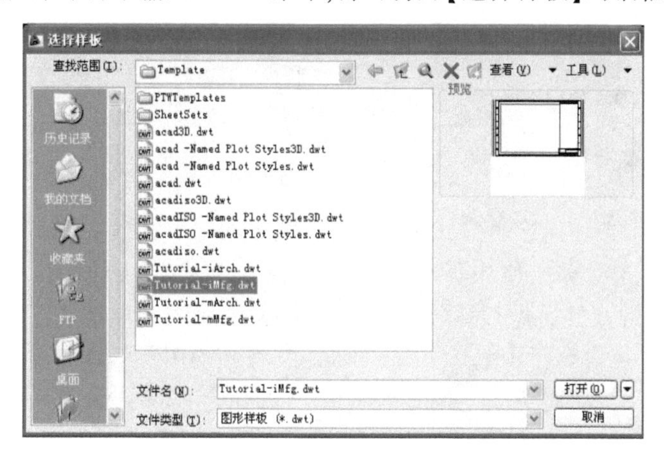

图 4-17　【选择样板】对话框

在【选择样板】对话框的文件列表中，选择某一个样板文件，在右侧的【预览】框中将显示该样板文件的预览图像，单击 打开(O) 钮，用户将选中的 AutoCAD 样板文件为样板，以系统默认的 drawing1.dwg 为文件名开始绘制新图。样板文件包括了与绘图相关的一些通用设置，如标题栏、线型、图层、文字样式和图框等，利用样板新建的图形文件不仅提高了绘图的效率，还保证了图形的一致性。

如果不从样板文件开始绘制新图，可单击 打开(O) 按钮后面的三角按钮，在快捷菜单中选择【无样板打开—公制】方式。

二、打开图形文件

【打开】命令用来打开已保存的图形文件。

单击快速访问工具栏中的【新建】按钮，单击菜单浏览器按钮中【文件】菜单列表的【打开】菜单项或在命令行中输入“open”命令都可打开【选择文件】对话框，如图 4-18 所示。

在【选择文件】对话框的文件列表中，选择需要打开的图形文件，在右侧的【预览】框中将显示该图形的预览图像，默认状态下打开的图形文件格式是.dwg 格式。

单击 打开(O) 按钮后面的三角按钮，在快捷菜单中用户可选择【打开】、【以只读方式打开】、【局部打开】和【以只读方式局部打开】4 种方式打开图形文件。如果以【打开】和【局部打开】方式打开图形文件时，用户可以对图形进行编辑；如果以【以只读方式打开】和【以只读方式局部打开】方式打开图形文件时，用户不能对图形进行编辑，只能以只读的方式浏览图形文件。

当以【局部打开】和【以只读方式局部打开】方式打开图形文件时，系统将打开如图4-19所示的【局部打开】对话框。

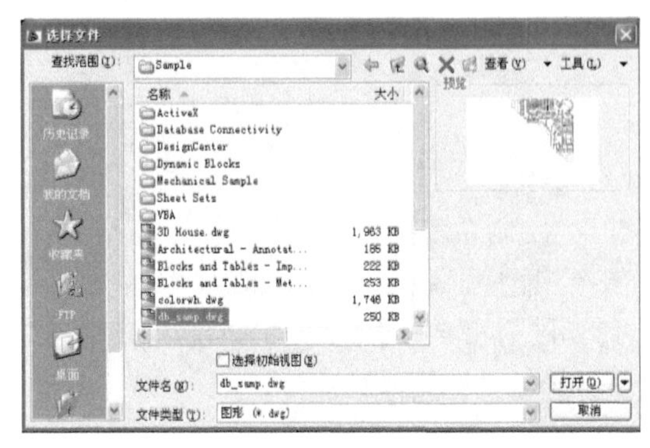

图4-18 【选择文件】对话框

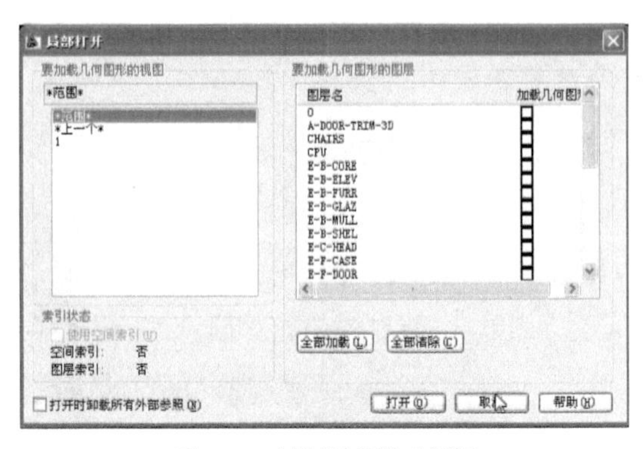

图4-19 【局部打开】对话框

三、保存图形文件

在AutoCAD中，可以使用多种方式保存所绘图形文件。单击快速访问工具栏中的【保存】按钮，单击菜单浏览器按钮中【文件】菜单列表的【保存】菜单项，或在命令行中输入"qsave"，以当前使用的文件名保存图形文件；也可单击菜单浏览器按钮中【文件】菜单列表的【另存为】菜单项或在命令行中输入"save/saveas"，将当前图形以新的名称保存。

第一次保存图形或另存图形时，系统打开【图形另存为】对话框，如图4-20所示。指定文件保存的路径和名称，并在【文件类型】列表中，选择图形文件(.dwg)、DXF文件(.dxf)和样板文件(.dwt)等格式后，单击 保存(S) 按钮即保存了图形文件。选择样板文件(.dwt)后，当前图形文件将自动保存为AutoCAD图形样板。

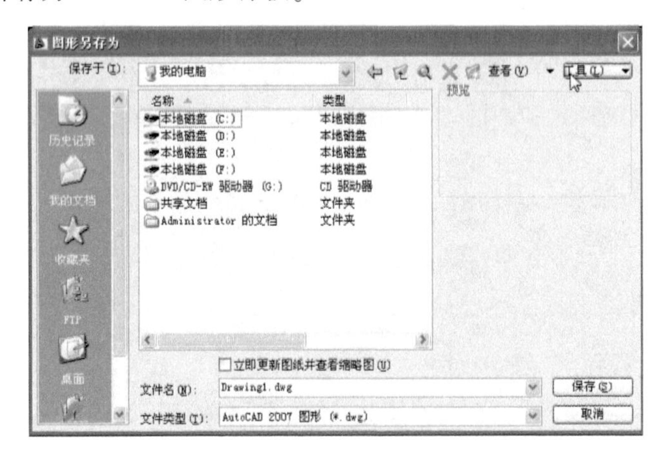

图4-20 【图形另存为】对话框

如果需要改变【文件类型】中保存图形文件的默认格式，可单击 工具(L) 按钮，在快捷菜单中选择【选项】选项(图4-20)，打开【另存为选项】对话框后进行设置。

四、加密保护图形文件

AutoCAD为用户提供了密码保护功能。用户在保存图形文件时，可以为图形文件设置保存密码，即对图形文件进行加密保护。

单击菜单浏览器按钮中【文件】菜单列表的【另存为】菜单项，或按 Ctrl + Shift + S 键，将打开【图形另存为】对话框(图 4-20)，单击 工具(L) 按钮，在快捷菜单中选择【安全选项】选项(图 4-21)，将打开【安全选项】对话框的【密码】选项卡，如图 4-22 所示。在【用于打开此图形的密码或短语】文本框中输入密码，然后单击 确定 按钮打开【确认密码】对话框，在该对话框的文本框中再次输入密码，如图 4-23 所示，最后单击 确定 按钮即可完成了图形文件的加密保存。

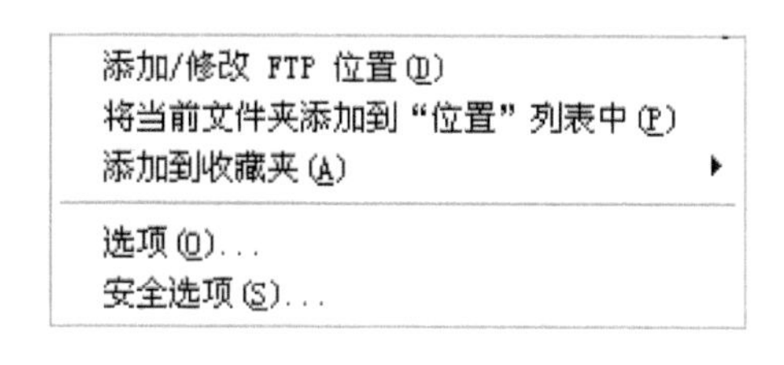

图 4-21 【工具】下拉列表

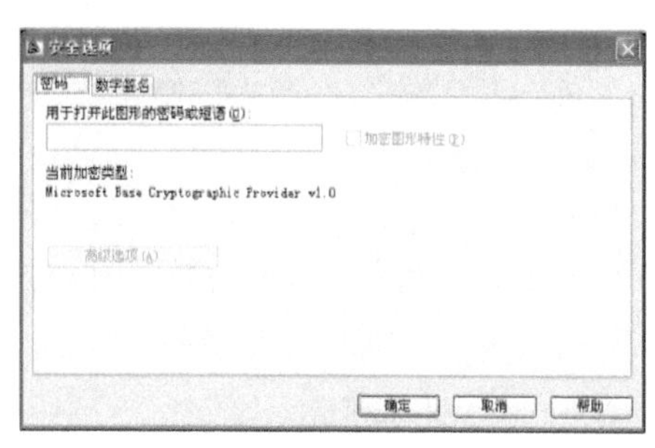

图 4-22 【安全选项】对话框

用户打开加密保护的图形文件时，系统将打开【密码】对话框，如图 4-24 所示，要求用户输入正确的密码，否则将无法打开文件。因此，用户必须牢记加密图形文件的密码。

用户不需保护图形文件时，保存图形文件按照原来方式指定文件保存路径和名称，直接单击 确定 按钮即可。

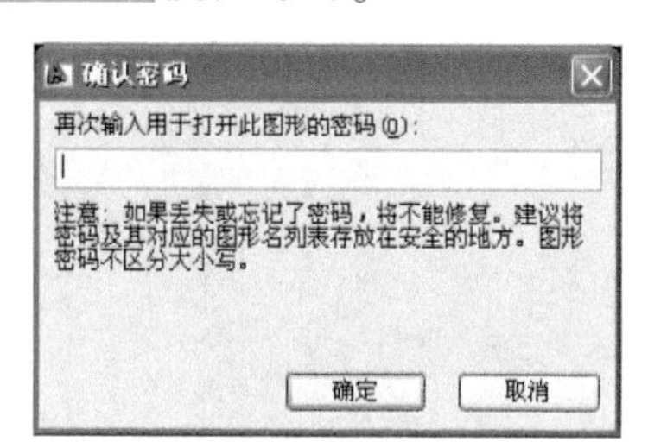

图 4-23 【确认密码】对话框

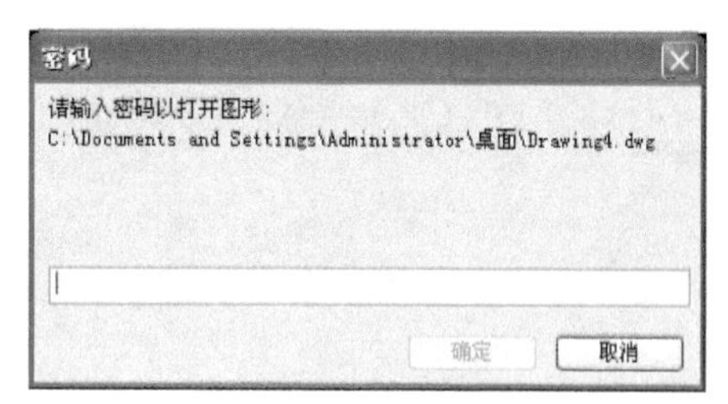

图 4-24 【密码】对话框

五、关闭图形文件

当用户结束绘图和编辑操作时，必须先退出 AutoCAD 系统。在 AutoCAD 2009 系统中，关闭图形文件和退出 AutoCAD 系统有如下几种方式：

(1)单击菜单浏览器按钮中【文件】菜单列表的【关闭】和【退出】菜单项；

(2)单击菜单浏览器按钮中【窗口】菜单列表的【关闭】菜单项菜单列表右下角的 退出 AutoCAD 按钮；

(3)在命令行中输入“close”和“quit”；

(4)单击绘图窗口右上角的 × 按钮和单击标题栏右侧的 × 按钮。

在执行上述操作时，如果当前图形文件尚未保存，系统将弹出【AutoCAD】对话框，如图4-25所示。单击 是(Y) 按钮或按 Enter 键，保存当前图形文件并将其关闭；单击 否(N) 按钮，关闭当前图形文件但不保存；单击 取消 按钮，系统将会取消此次操作，返回图形界面窗口。

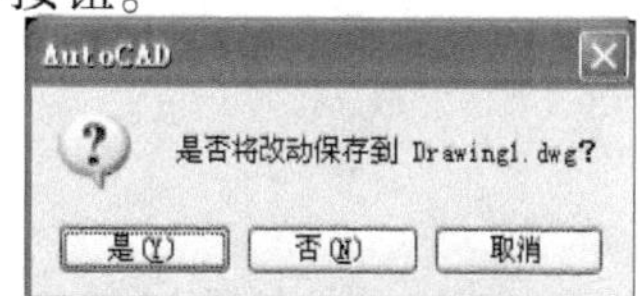

图 4-25 【AutoCAD】对话框

如果要关闭所有已打开的图形文件,有以下几种方式:

(1)单击菜单浏览器按钮中【窗口】菜单列表的【全部关闭】菜单项;

(2)在命令行中输入"closeall"。

在执行以上操作时,对于每一个未保存的图形文件,系统都会弹出【AutoCAD】对话框,用户可对每一个图形文件的保存与否进行选择。

六、核查和修复图形文件

已保存的图形文件有时会因为硬件或者软件的原因而遭到破坏,默认状态下,打开这些文件时,AutoCAD系统会自动执行错误核查并自动修复。

1. 核查图形文件

单击菜单浏览器按钮中【文件】菜单列表的【图形实用程序】菜单项的【核查】子命令,或在命令行输入"audit",都可以核查图形文件的错误,并对其进行修复,操作步骤如下。

```
命令:audit
是否更正检测到的任何错误? [是(Y)/否(N)] <N>:y      (更正检测到的错误)
```

2. 修复图形文件

【核查】命令不能修复的图形文件错误,可用【修复】命令进行修复。

单击菜单浏览器按钮中【文件】菜单列表的【图形实用程序】菜单项的【修复】子命令,或者在命令行输入"recover",都将打开【选择文件】对话框,在该对话框中选择需要修复的图形文件,单击 确定 按钮即可进行修复操作。修复结束后,将会弹出如图4-26所示的【AutoCAD消息】提示框进行确认。

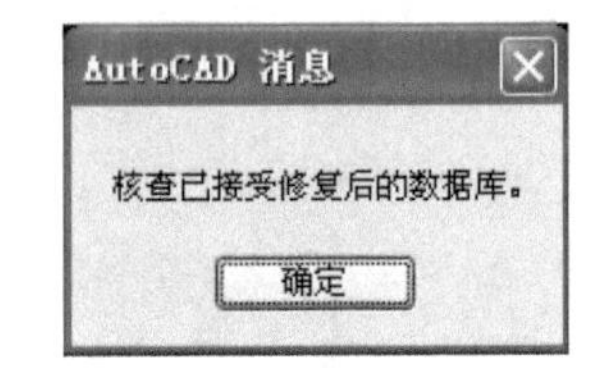

图4-26 【AutoCAD消息】提示框

第六节 图形的显示控制

对于一个较为复杂的图形来说,在观察整幅图形时往往无法对其局部细节进行查看和操作,而当在屏幕上显示一个细部时又看不到其他部分。为解决这类问题,AutoCAD提供了视图【缩放】(zoom)、【平移】(pan)、【鸟瞰视图】(dsviewer)等一系列图形显示控制命令,可以用来任意地放大、缩小或移动屏幕上的图形显示,或者同时从不同的角度、不同的部位来显示图形。

一、视图【缩放】命令

视图【缩放】命令类似于照相机的镜头,可以放大或缩小当前视口中图形的视觉尺寸,以便清晰地观察图形的全部或局部。

1. 操作

单击状态栏按钮,或在命令行中输入"zoom"均可执行视图【缩放】命令,操作步骤如下。

```
命令:_zoom
指定窗口的角点,输入比例因子(nX 或 nXP),或者
[全部(A)/中心(C)/动态(D)/范围(E)/上一个(P)/比例(S)/窗口(W)/对象(O)] <实时>:
```

2. 说明

单击菜单浏览器按钮中【视图】菜单列表的【缩放】菜单项也可打开视图【缩放】相应的命令选项,其含义摘要简介如下。

(1)【实时(R)】选项,放大或缩小当前视口中图形的外观尺寸,该选项是方便且常用的图形缩放手段。执行时屏幕上显示放大镜图标,按住拾取键并向上拖动,可将当前视口中的图形放大;向下拖动则图形缩小;按 Esc 键或 Enter 键可结束实时缩放。

(2)【窗口(W)】选项,按指定的矩形窗口缩放显示区域。执行时系统依次提示【指定第一个角点】、【指定对角点】,并根据用户输入的两点确定一矩形区域,并把矩形区域内的图形放大,调整至充满整个窗口。

(3)【范围(E)】选项,显示图形范围。把整幅图形以尽可能大的比例显示在当前视口中。

(4)【全部(A)】选项,显示图形范围或栅格界限。在平面视图中,所有图形将被缩放到当前范围和栅格界限两者中较大的区域中。在三维视图中,"zoom"的【全部】选项与【范围】选项等效,即使图形超出了栅格界限也能显示所有对象。

(5)返回【上一个(P)】选项,显示上一个视图,最多可恢复此前的 10 个视图。

(6)【比例(S)】选项,按指定的比例因子缩放显示。直接输入数值,表示指定相对于图形界限的比例;输入的值后面跟着 X,表示根据当前视图指定比例缩放图形;输入值后跟 XP,表示指定相对于图样空间单位的比例缩放图形。

二、【平移】命令

【平移】命令与使用照相机平移类似,在不改变图形显示大小的情况下,在当前视口中移动视图。

1. 操作

单击状态栏按钮或在命令行中输入"pan"命令均可执行【平移】命令,操作步骤如下。

命令:'_pan
按 Esc 或 Enter 键退出,或单击右键后显示快捷菜单。

2. 说明

屏幕上的鼠标指针将变成张开的手掌形状,此时可以通过拖动鼠标的方式移动整个图形,按 Esc 键或 Enter 键可以退出实时平移命令,或单击右键从快捷菜单中选择【退出】命令。除此之外,从快捷菜单中还可以选择其他与【缩放】和【平移】命令有关的命令。

三、鸟瞰视图

【鸟瞰视图】是一个与绘图窗口相对独立的窗口,但彼此的操作结果将同时在两个窗口中显示出来。【鸟瞰视图】为用户提供了一个更为快捷的缩放和平移控制方式,无论屏幕上显示的范围如何,都可以使用户了解图形的整体情况,并可随时查看任意部位的细节。

1. 操作

单击菜单浏览器按钮中【视图】菜单列表的【鸟瞰视图】菜单项,或在命令行中输入"dsviewer",均可执行【鸟瞰视图】命令,如图 4-27 所示。

2. 说明

(1)菜单栏:菜单栏中有【视图】、【选项】、【帮助】三个下拉菜单,它们的含义和功能如下:

【视图】菜单中有【放大】、【缩小】和【全局】三个命令。

【选项】菜单中有【自动视口】、【动态更新】和【实时缩放】三个命令。其中【自动视图】用于在确定视图区时是否自动更新【鸟瞰视图】窗口;【动态更新】用于控制在对当前视图进行编辑时是否动态更新【鸟瞰视图】窗口中的图形;【实时缩放】用来对图形进行缩放。

(2)工具栏:【鸟瞰视图】窗口中的工具栏中有放大 、缩小 和全局 三个按钮,分别用于图形的放大、缩小及显示整个图形等操作。

在【鸟瞰视图】窗口中右击,AutoCAD 系统会弹出一个快捷菜单,可以利用该菜单执行【鸟瞰视图】窗口的各项功能。

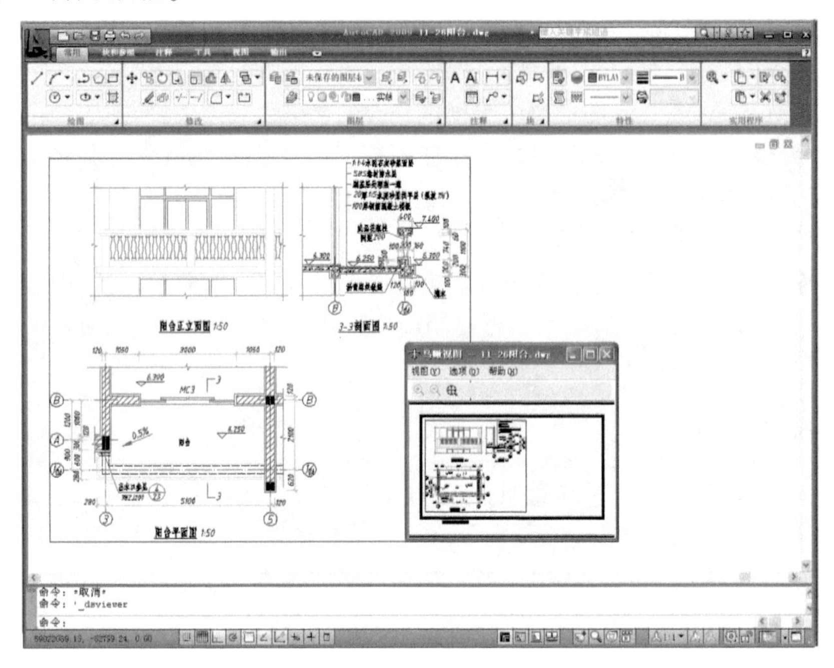

图 4-27 【鸟瞰视图】窗口

第七节 AutoCAD 命令和数据的输入

AutoCAD 系统中命令和数据的输入是通过用户界面和鼠标来实现的。用户界面是用户与程序进行对话的窗口,在第五节中已经进行了介绍,鼠标是用来控制光标的位置,这里主要介绍鼠标的作用及数据的输入。

一、鼠标的控制

在绘图窗口,光标通常显示为" + "字线形式。当光标移至菜单选项、工具栏或对话框内时,它会变成一个箭头。无论光标是" + "字线形式还是箭头形式,当单击或者按动鼠标键时,都会执行相应的命令或动作。现在常用的鼠标有三个按键,其定义如下。

(1)拾取键:一般是鼠标左键,主要用来选择菜单项和对象等。

(2)回车键:一般是鼠标右键,主要用于命令输入。它与键盘上的 Enter 键功能相同。

(3)缩放键:一般是鼠标滚轴,前后滑动鼠标滚轴可使视图中的图形放大或缩小。

(4)弹出键:弹出键为 Shift + 鼠标右键,它主要用于在鼠标指针处弹出菜单。

二、命令的输入方法

1. 使用键盘输入

大部分的 AutoCAD 命令都可以通过键盘输入，为便于输入命令，可用命令别名来代替命令，这样可以大大提高绘图的效率。命令别名在 ACAD. PGP 文件中设置，用任何文本编辑器均可编辑该文件。此外，键盘还是向 AutoCAD 系统输入文本对象、数值参数、点的坐标或进行参数选择的唯一方法。

2. 使用功能区选项板

功能区选项板集成了【常用】、【块和参照】、【注释】、【工具】、【视图】和【输出】等选项卡，在这些选项卡的面板中单击按钮即可执行相应的命令操作。

3. 使用菜单浏览器按钮

单击菜单浏览器按钮，在弹出的菜单列表中选择菜单项来调用相应的命令，同样可以执行相应的命令操作。

4. 使用菜单栏

菜单栏包含了 AutoCAD 2009 的大部分命令，一般可用鼠标来选择菜单栏进行命令输入。单击菜单栏后出现下拉菜单，通过选择菜单中的命令或子命令，可以执行相应的命令操作。当菜单标题有指向右侧的三角箭头时，表示还有下一级子菜单，可继续从子菜单中选择某个菜单项。当菜单标题右边有三点时，表示执行该命令可打开相应的对话框。

5. 使用工具栏

AutoCAD 系统的工具栏按钮提供了利用鼠标输入命令的简便方法。工具栏中的每个工具按钮与菜单栏中的菜单命令对应，单击该按钮与使用键盘输入命令的功能也是一样的。

6. 使用屏幕菜单

屏幕菜单是 AutoCAD 的另一种菜单形式，也包含 AutoCAD 2009 的大部分命令。用鼠标选择屏幕菜单的子菜单中的命令，可以执行相应的命令操作。默认情况下不显示屏幕菜单，单击菜单浏览器按钮中【工具】菜单列表的【选项】菜单项，打开【选项】对话框的【显示】选项卡，在【窗口元素】区域中勾选【显示屏幕菜单】复选框即可显示屏幕菜单。

三、数据的输入

在 AutoCAD 系统的二维直角坐标系中，规定 X 轴为水平轴，Y 轴为垂直轴，两条轴相交于原点。在 X 轴上，原点右方坐标值为正，左方为负；在 Y 轴上，原点上方坐标值为正，下方为负。

AutoCAD 系统数据的输入有两种工具：鼠标和键盘。使用鼠标选择位置比较直观，而键盘往往用于精确的数据输入。当启动 AutoCAD 命令后，往往还需要提供执行此命令所需要的信息。这些信息包括点坐标、数值、角度、位移等。数据输入一般不带单位，默认情况下，点坐标、数值、位移等以毫米为单位，也可选择任何其他真实的单位。

1. 点的输入

点是最基本的元素之一，在 AutoCAD 中，点是以坐标的形式输入的。设定一个原点，则平面上任一点均有唯一的一个坐标与之对应，这是 AutoCAD 中的绝对坐标；而任一点与另外一个特定点之间的位置关系也是确定的，这是 AutoCAD 中的相对坐标。

点的坐标常用以下两种格式输入：

(1)笛卡儿(直角)坐标格式。以(X,Y)形式表示点的坐标,每一个值代表了沿指定轴离开原点的距离。点的坐标输入形式为“X,Y”,两个坐标分量之间只能且必须用逗号隔开。例如:点的坐标(8,22)表示该点沿 X 轴到原点的距离为正 8 个单位,沿 Y 轴到原点的距离为正 22 个单位。输入形式为“8,22”。

(2)极坐标格式。极坐标采用距原点的距离和角度来定义,点的坐标输入形式为“$R<\alpha$”,距离和角度之间只能且必须用“<”隔开。默认情况下,角度按逆时针方向增大,按顺时针方向减小。要指定顺时针方向角度应输入负值。例如,输入“30<300”和“30<-60”代表相同的点。

坐标值可以按照绝对坐标和相对坐标形式输入:

(1)绝对坐标形式。绝对坐标是指相对于原点的坐标。点的绝对坐标输入形式为“X,Y”或“$R<\alpha$”。

(2)相对坐标形式。相对坐标是指相对参考点的坐标。相对于前一点的坐标增量为相对直角坐标,相对于前一点的距离和角度为相对极坐标。所有的相对坐标前都添加一个“@”符号。相对坐标点的输入形式为“@dX,dY”或“@$R<\alpha$”。

(3)直接输入距离形式。当执行某一个命令需要指定两个或多个点时,还可用输入距离的形式来确定下一个点。在指定了一点后,可以移动光标确定下一点的方向,然后输入与前一点的距离便可以确定下一点。这实际上就是相对极坐标的另一种输入方式。它只需要输入距离,而角度由光标的位置确定。

2. 数值的输入

在使用 AutoCAD 绘图时,提示要求输入数值,如高度、半径等。这些数值可由键盘输入,可以是正数或负数,也可以是整数或带有小数的数;某些数值也可通过输入两点来确定。此时,应先输入一点作为基点,然后在提示“指定第二点”下再输入第二点。其后,AutoCAD 自动将这两个点间的距离作为输入数值。

3. 角度的输入

通常 AutoCAD 中的角度以度(°)为单位,以从左向右的水平方向为0°,逆时针为正。根据具体要求,角度可设置为弧度或度、分、秒等。

角度既可像数值一样用键盘输入,也可通过输入两点来确定,即由第一点和第二点连线方向与0°方向所夹角度为输入的角度。

4. 位移量的输入

位移量是指某图形从一个地方平行移动到另一个地方的距离,其提示为“指定基点或位移”。位移量的输入方式有以下两种。

输入两个位置点的坐标,即由两点间的距离来确定位移量;输入两个位置点的坐标增量,即位移量。

四、动态输入

动态输入是 AutoCAD 2009 新增的功能,命令操作时在光标附近提供了一个命令界面,该信息会随着光标移动而动态更新,以帮助用户专注于绘图区域。单击状态栏上的“DYN”来打开和关闭动态输入,按 F12 键可以临时将其关闭。动态输入有三个组件:指针输入、标注输入和动态提示,如图 4-28 所示。

1. 指针输入

当启用指针输入且在命令执行时，将在光标附近的工具栏中显示坐标，同时可以在工具栏中输入坐标值，而不用在命令行中输入。第二个点和后续点的默认设置为相对极坐标而不需要输入“@”符号。如果需要使用绝对坐标，要使用“#”前缀，例如，要将对象移到原点，在提示输入第二个点时应该输入“#0,0”。

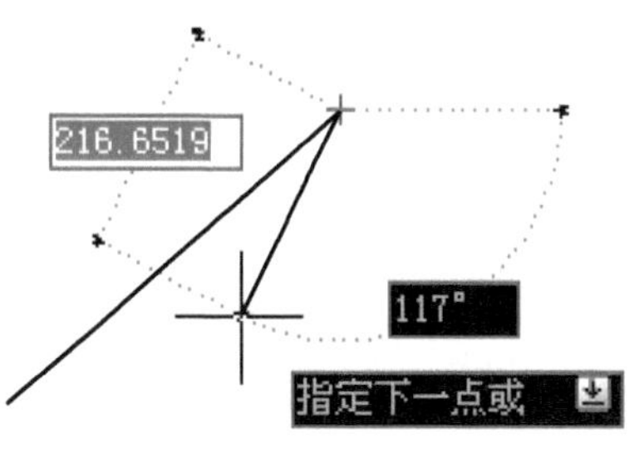

图 4-28　动态输入

2. 标注输入

启用标注输入时，当命令提示输入第二点时，工具栏提示将随着光标的移动动态地显示距离和角度值。

3. 动态提示

启用动态提示时，提示会显示在光标附近的工具栏提示中，用户可以在工具栏提示中输入响应。

思　考　题

1. AutoCAD 2009 的主要功能有哪些？

2. AutoCAD 2009 的初始用户界面包括哪几个部分？AutoCAD 2009 有几种工作空间？如何进行切换？

3. 在 AutoCAD 绘图环境中，如何打开/关闭菜单栏、工具栏和屏幕菜单？

4. 如何新建一个图形文件？怎样保存图形文件？如何对图形文件进行加密保护？

5. 如何缩放一幅图形，使之能够最大限度地充满当前视口？

6. 命令有哪些输入方式？数据有哪些输入方式？

第五章　二维图形绘制

二维图形的绘制包括线性对象、规则曲线对象、不规则曲线对象、点的绘制以及点的样式的设置等。AutoCAD 2009 提供了丰富的二维图形绘制命令，利用这些命令可以绘制出从简单的直线、圆到样条曲线、椭圆等多种的二维图形，在此基础上，可以组合构造出更多更复杂的图形对象。

本章将通过实例简洁而系统地介绍基本二维绘图命令，使读者有效地掌握这些命令并灵活应用。

第一节　绘制线性对象

线性对象的绘制命令包括直线、射线、构造线、多线、多段线、矩形、正多边形等。下面逐一介绍这些命令。

一、直线

直线是最基本的对象。本命令可通过指定的点绘制一条或多条连续的直线段。

1. 操作

单击功能区选项板中【常用】选项卡，选择【绘图】面板的【直线】按钮，单击菜单浏览器按钮中【绘图】菜单列表的【直线】菜单项，或在命令行输入命令“line”，都可绘制直线。如需绘制图5-1所示的矩形，直线起点坐标为(100,100)，矩形长为300，宽为200，其具体操作步骤如下。

```
命令:_line
指定第一点:100,100
指定下一点或[放弃(U)]:100,300
指定下一点或[放弃(U)]:@300,0
指定下一点或[闭合(C)/放弃(U)]:@0,-200
指定下一点或[闭合(C)/放弃(U)]:c
```

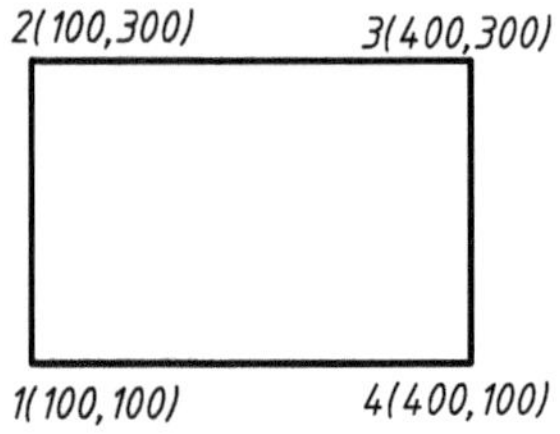

图5-1　直线的绘制

2. 说明

(1)执行【直线】命令并输入起始点的位置后，会在命令提示行出现【指定下一点或[放弃(U)]:】提示，在该提示下输入直线的端点并回车后，将出现由起点与端点连成的一条直线，此提示继续出现，可根据绘图需要输入一系列端点，则会画出由这些端点确定的连续折线。当在提示【指定下一点或[放弃(U)]:】下输入空格或回车时，命令执行结束。在使用【直线】命令确定端点位置时，用户可使用绝对坐标、相对坐标或极坐标来精确输入端点坐标值。

(2)在画连续折线的过程中，当在【指定下一点或[放弃(U)]:】提示下输入“u”时，将删除折线中最后绘制的直线段，这样可及时纠正绘图过程中出现的错误。多次输入“u”，则会删除多条相应的直线段。

(3)在【指定下一点或[放弃(U)]:】提示下输入“c”,AutoCAD 自动将最后一个端点与起点连接起来,形成封闭多边形并退出直线命令。注意:在执行该功能时,必须已画出由两条或两条以上的直线段组成的折线。

(4)【直线】命令还有一种附加功能,可使直线与直线连接或直线与弧线相切连接。比如刚绘制完一段圆弧,接下来想画直线与圆弧相切,操作如下。

命令:_line 指定第一点: (空回车响应,这时直线以圆弧终点作为起点)
直线长度:500 (沿弧线切线方向绘制直线,直线长度为500)
指定下一点或[放弃(U)]: (空回车响应或空格,结束命令,结果如图5-2所示)

图5-2 直线与圆弧相切

二、射线

射线是以指定点为起点,另一端无限延伸的直线。射线主要用于绘制辅助线。

1. 操作

选择功能区选项板中【常用】选项卡,单击 绘图 面板的小三角形,在弹出的面板中选择【射线】按钮,单击菜单浏览器按钮中【绘图】菜单列表的【射线】菜单项,或在命令行输入命令“ray”,都可绘制射线,如需绘制一条射线,起点为(10,20),通过另一点(50,70),具体步骤如下。

命令:_ray
指定起点:10,20
指定通过点:50,70
指定通过点:100,40
指定通过点: (空回车响应或空格,结束射线命令)

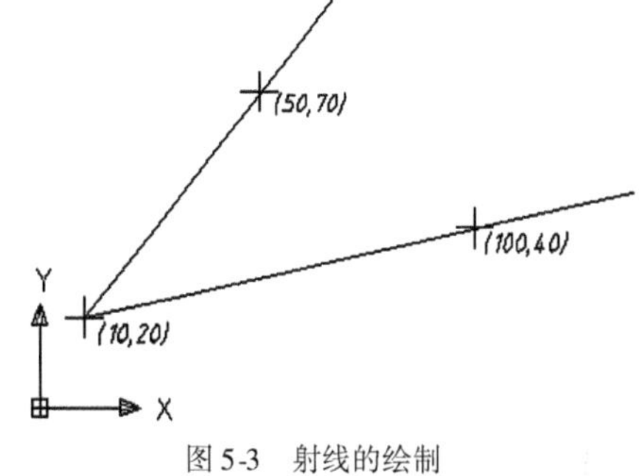

图5-3 射线的绘制

执行结果如图5-3所示,用户亦可根据需要继续输入相应的点绘制多条射线。

2. 说明

(1)通过输入起点和通过点确定了射线的起点和延伸的方向,从而确定了一条射线,射线在此方向上延伸到显示区域的边界。

(2)【射线】命令所绘制出来的射线具有直线的属性,比如颜色、线型、线宽等。

(3)绘制的射线同时也是一条“构造线”,相当于半无限的“构造线”,可以显示或者打印输入,但是又不会影响其延伸的区域。

三、构造线

构造线为两端可以无限延伸的直线,没有起点和终点,可以放置在二维或三维空间的任何地方,主要用于绘图时的辅助线。

1. 操作

选择功能区选项板中【常用】选项卡,单击 绘图 面板的小三角形,在弹出的面板中选择【构造线】按钮,单击菜单浏览器按钮中【绘图】菜单列表的【构造线】菜单项,或在命令行输入命令“xline”,都可绘制构造线。如需绘制两条起点为(10,20),一条通过点(50,70)、一条通过点(100,40)的构造线,具体步骤如下。

命令:_xline

指定点或[水平(H)/垂直(V)/角度(A)/二等分(B)/偏移(O)]:10,20　(指定起点)

指定通过点:50,70　(指定另一点以确定第一条构造线)

指定通过点:100,40　(指定另一点以确定第二条构造线)

指定通过点:　(空回车或空格响应,结束构造线绘制命令。执行结果如图 5-4 所示)

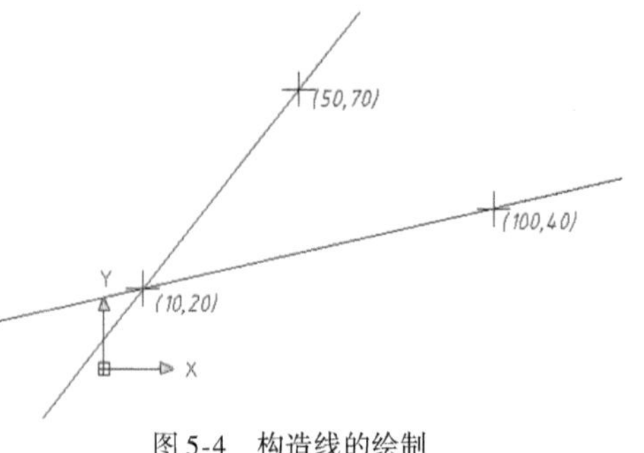

图 5-4　构造线的绘制

2. 说明

(1)在【构造线】命令中,当提示【指定通过点:】的时候,用户所指定的不同通过点将和最开始指定的起点分别确定一系列相交的构造线。

(2)选择【水平(H)】选项,系统将绘制通过起点的、平行于 X 轴的构造线。

(3)选择【垂直(V)】选项,系统将绘制通过起点的、垂直于 X 轴的构造线。

(4)选择【角度(A)】选项,系统将绘制指定角度的构造线,提示步骤如下。

命令:_xline

指定点或[水平(H)/垂直(V)/角度(A)/二等分(B)/偏移(O)]:a　(选择角度选项)

输入构造线的角度(0)或[参照(R)]:60　(指定构造线相对于 X 轴的倾斜角度)

指定通过点:400,700　(指定通过点后,系统将按指定角度作出过通过点的构造线)

指定通过点:　(继续输入通过点则得到一系列相应角度的平行构造线,空回车或空格响应,结束构造线绘制命令)

选择【角度(A)】选项后,如果选用【参照(R)】选项,系统将绘制与指定直线成一定角度的构造线,其操作步骤如下。

命令:_xline

指定点或[水平(H)/垂直(V)/角度(A)/二等分(B)/偏移(O)]:a

输入构造线的角度(0)或[参照(R)]:r

选择直线对象:　(选取指定直线)

输入构造线的角度 <0>:60　(构造线相对于直线旋转的角度值)

指定通过点:　(指定通过点将绘制出一条由先前确定的方向与通过点确定的构造线)

指定通过点:　(继续输入不同的通过点将绘制出一系列由先前确定的方向与通过点确定的构造线,空格或回车相应退出该命令)

(5)选择【二等分(B)】选项,系统将绘制一条平分相应角的构造线。

(6)选择【偏移(O)】选项,系统将绘制与指定直线平行并偏移指定距离的构造线。

四、多线

多线是一种由多条平行线组成的组合对象,最多可绘制出由 16 条平行线组成的多线。其平行线之间的间距和数目都是可以调整的。本命令常用于绘制建筑图中的墙体、电子线路图等平行线对象。

1. 操作

单击菜单浏览器按钮中【绘图】菜单列表的【多线】菜单项,或在命令行输入命令“mline”,都可绘制多线。如需绘制如图 5-5 所示的多线,具体步骤如下。

命令:_mline

当前设置:对正 = 无,比例 = 20.00,样式 = STANDARD
指定起点或[对正(J)/比例(S)/样式(ST)]:100,100
指定下一点:100,400
指定下一点或[放弃(U)]:600,400
指定下一点或[闭合(C)/放弃(U)]:600,100
指定下一点或[闭合(C)/放弃(U)]:c

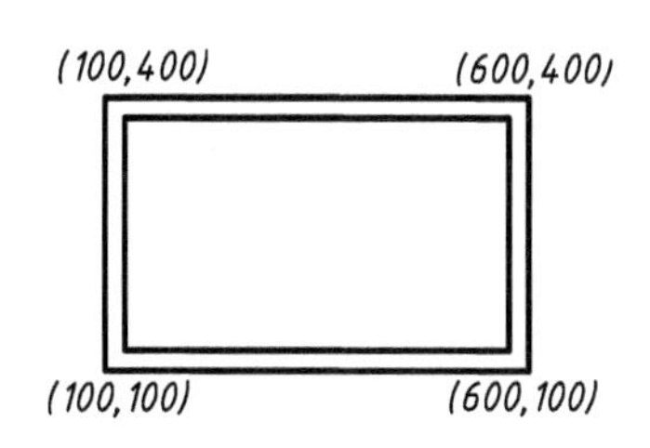

图 5-5　多线的绘制

2. 说明

(1)使用 mline 命令时,系统首先会提示当前所绘制多线的对正样式、比例及样式。【对正】用以确定将在光标的哪一侧绘制多线,或者是否位于光标的中心。【比例】用来控制多线的全局宽度,多线比例不影响线型比例。【样式】可以选择已设置的多线样式。

(2)【指定起点或[对正(J)/比例(S)/样式(ST)]:】提示的默认选项要求用户指定多线起点,其响应方式与绘制直线的方法类似,在此不再重复。

(3)选择【对正(J)】选项后,AutoCAD 将提示【输入对正类型[上(T)/无(Z)/下(B)]〈无〉:】。选择【上(T)】选项绘制多线时,指定点确定的线位于所作多线最上方;选择【无(Z)】选项时,指定点确定的线位于所作多线中央;选择【下(B)】项绘制多线时,指定点确定的线位于所作多线最下方。

(4)【比例(S)】选项用于确定多线中两条平行线之间的间距,以控制多线的全局宽度。该比例不影响线型比例。

(5)【样式(ST)】选项可以选择多线样式。

用户可自行创建、管理多线样式。单击菜单浏览器按钮中【格式】菜单列表的【多线样式】菜单项,或在命令行输入命令"mlstyle",系统将弹出如图 5-6 所示的【多线样式】对话框,利用此对话框可自行创建新多线样式或修改加载已有的多线样式。

单击该对话框的【新建】按钮,输入新的多线样式名称,即打开如图 5-7 所示的【新建多线样式】对话框,在【图元】选项组中的【偏移】编辑框中输入相应数值,设置新的多线样式。图 5-7 设置了"WALL"多线样式,选用 120、-120 作为墙厚偏移值。

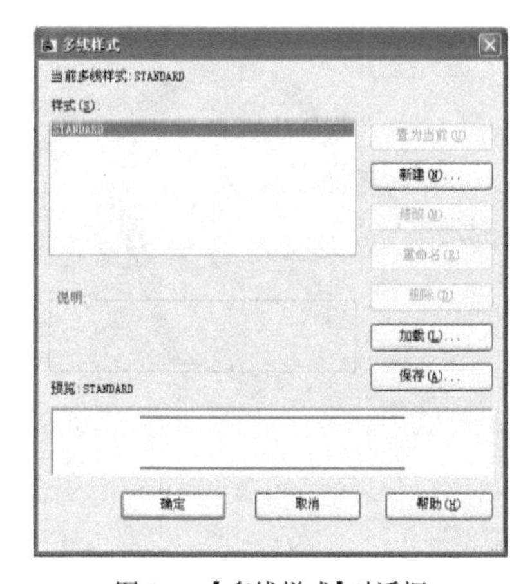

图 5-6　【多线样式】对话框

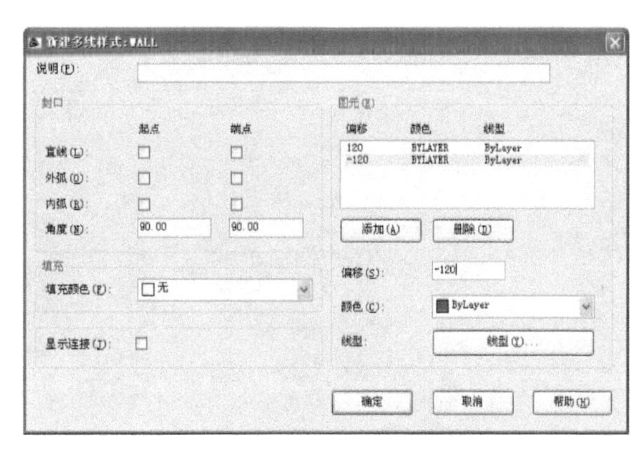

图 5-7　【新建多线样式】对话框

五、多段线

在 AutoCAD 中,多段线是一种非常有用的线段对象,它是由多段直线段或圆弧段组成的一个组合体,既可以一起编辑,也可以分别编辑,还可以具有不同的宽度。

1. 操作

单击功能区选项板中【常用】选项卡，选择【绘图】面板的【多段线】按钮，单击菜单浏览器按钮中【绘图】菜单列表的【多段线】菜单项，或在命令行输入命令“pline”，都可绘制多段线，具体步骤如下。

命令：_pline
指定起点：
当前线宽为 0.0000
指定下一个点或[圆弧(A)/半宽(H)/长度(L)/放弃(U)/宽度(W)]：
指定下一点或[圆弧(A)/闭合(C)/半宽(H)/长度(L)/放弃(U)/宽度(W)]：

2. 说明

(1)上述提示中【半宽(H)】选项可以确定所绘多段线的起始点半宽和终止点半宽。

(2)选择【长度(L)】选项将沿当前方向绘制长度为指定值的多段线。

(3)选择【宽度(W)】选项可确定所绘多段线的起始宽度和终止宽度。

(4)如选择了【圆弧(A)】选项，即输入字母“a”并回车，命令由画直线方式变为画圆弧方式，相应提示如下。

指定下一个点或[圆弧(A)/半宽(H)/长度(L)/放弃(U)/宽度(W)]：a
指定圆弧的端点或
[角度(A)/圆心(CE)/方向(D)/半宽(H)/直线(L)/半径(R)/第二个点(S)/放弃(U)/宽度(W)]：60,80
(指定圆弧端点)
指定圆弧的端点或
[角度(A)/圆心(CE)/方向(D)/半宽(H)/直线(L)/半径(R)/第二个点(S)/放弃(U)/宽度(W)]：80,140
(指定圆弧另一端点)
⋮
指定圆弧的端点或
[角度(A)/圆心(CE)/方向(D)/半宽(H)/直线(L)/半径(R)/第二个点(S)/放弃(U)/宽度(W)]：(空回车响应，结束命令)

3. 举例

绘制如图 5-8 所示图形，其具体操作如下。

图 5-8　多段线举例

命令：_pline
指定起点：45,55
当前线宽为 0.0000
指定下一个点或[圆弧(A)/半宽(H)/长度(L)/放弃(U)/宽度(W)]：w
指定起点宽度 <0.0000 >：1.000
指定端点宽度 <1.0000 >　(空回车相应)
指定下一个点或[圆弧(A)/半宽(H)/长度(L)/放弃(U)/宽度(W)]：95,65
指定下一点或[圆弧(A)/闭合(C)/半宽(H)/长度(L)/放弃(U)/宽度(W)]：w
指定起点宽度 <1.0000 >：(空回车相应)
指定端点宽度 <1.0000 >：3.0
指定下一点或[圆弧(A)/闭合(C)/半宽(H)/长度(L)/放弃(U)/宽度(W)]：100,80

指定下一点或[圆弧(A)/闭合(C)/半宽(H)/长度(L)/放弃(U)/宽度(W)]:a

指定圆弧的端点或

[角度(A)/圆心(CE)/闭合(CL)/方向(D)/半宽(H)/直线(L)/半径(R)/第二个点(S)/放弃(U)/宽度(W)]:w

指定起点宽度 <3.0000>: (空回车相应)

指定端点宽度 <3.0000>:1.5

指定圆弧的端点或

[角度(A)/圆心(CE)/闭合(CL)/方向(D)/半宽(H)/直线(L)/半径(R)/第二个点(S)/放弃(U)/宽度(W)]:80,90

指定圆弧的端点或

[角度(A)/圆心(CE)/闭合(CL)/方向(D)/半宽(H)/直线(L)/半径(R)/第二个点(S)/放弃(U)/宽度(W)]:s

指定圆弧上的第二个点:70,80

指定圆弧的端点:50,80

指定圆弧的端点或

[角度(A)/圆心(CE)/闭合(CL)/方向(D)/半宽(H)/直线(L)/半径(R)/第二个点(S)/放弃(U)/宽度(W)]:w

指定起点宽度 <1.5000>: (空回车相应)

指定端点宽度 <1.5000>: (空回车相应)

指定圆弧的端点或

[角度(A)/圆心(CE)/闭合(CL)/方向(D)/半宽(H)/直线(L)/半径(R)/第二个点(S)/放弃(U)/宽度(W)]:l

指定下一点或[圆弧(A)/闭合(C)/半宽(H)/长度(L)/放弃(U)/宽度(W)]:c

六、矩形

矩形命令可绘制出直角矩形、倒角矩形、圆角矩形和有厚度的矩形等多种矩形。

1. 操作

单击功能区选项板中【常用】选项卡,选择【绘图】面板的【矩形】按钮,单击菜单浏览器按钮中【绘图】菜单列表的【矩形】菜单项,或在命令行输入命令"rectang",都可绘制矩形。如要绘制宽度为0.8的带圆角($R=1.2$)的矩形,其具体步骤如下。

命令:_rectang

指定第一个角点或[倒角(C)/标高(E)/圆角(F)/厚度(T)/宽度(W)]:w

指定矩形的线宽 <0.0000>:0.8

指定第一个角点或[倒角(C)/标高(E)/圆角(F)/厚度(T)/宽度(W)]:f

指定矩形的圆角半径 <0.0000>:1.2

指定第一个角点或[倒角(C)/标高(E)/圆角(F)/厚度(T)/宽度(W)]: (输入矩形的第一角点,此为默认方式)

指定另一个角点或[面积(A)/尺寸(D)/旋转(R)]: (输入矩形的另一角点,此时即可生成以输入两点为对角点的,宽度为指定宽度,带圆角的矩形,执行结果如图5-9所示)

图5-9 矩形的绘制

2. 说明

(1)利用【矩形】命令绘制带圆角、倒角、线宽、厚度、旋转的矩形,都要先给出参数,再给出两个对角点,即"先设置再绘制",上述设置值会成为下一次【矩形】命令执行时的默认值。

(2)利用【矩形】命令所作的矩形实际上是一条封闭多段线,可以用多段线编辑命令"pedit"对其进行编辑,如需对某一线段进行单独编辑操作,可先用【分解】命令将其分解成多个对象。

(3)【倒角(C):】设置矩形的倒角距离,其详细操作格式如下。

命令:_rectang

指定第一个角点或[倒角(C)/标高(E)/圆角(F)/厚度(T)/宽度(W)]:c （选择绘制矩形倒角的方式）

指定矩形的第一个倒角距离 <0.0000>:5 （输入矩形的第一倒角距离）

指定矩形的第二个倒角距离 <0.0000>:10 （输入矩形的第二倒角距离）

指定第一个角点或[倒角(C)/标高(E)/圆角(F)/厚度(T)/宽度(W)]: （点取第一点）

指定另一个角点或[面积(A)/尺寸(D)/旋转(R)]: （点取对角点）

矩形第一倒角与第二倒角具体位置的区别如图 5-10 所示。

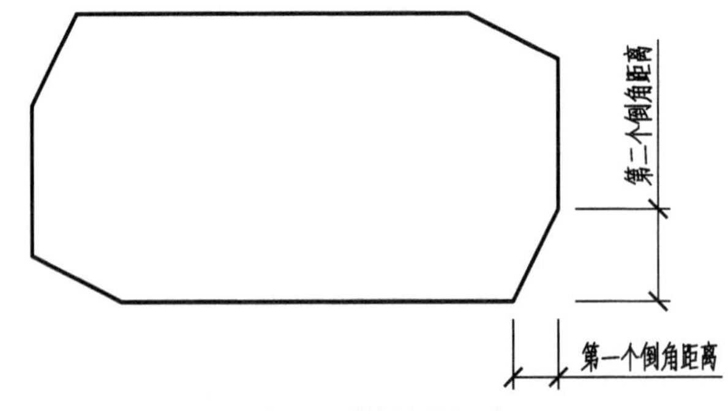

图 5-10 带倒角的矩形

(4)【圆角(F):】指定矩形的圆角半径。

(5)【宽度(W):】为要绘制的矩形指定多段线的宽度。

(6)【厚度(T)】与【标高(E)】选项适用于三维绘图。通过指定矩形的厚度生成的是一个空心的四棱柱体。标高是矩形相对于 *XOY* 平面的高度值,如标高值不为 0,则可绘制一个平行于 *XOY* 平面的矩形。

(7)【面积(A):】通过指定面积绘制矩形,其具体操作步骤如下。

命令:_rectang

指定第一个角点或[倒角(C)/标高(E)/圆角(F)/厚度(T)/宽度(W)]: （输入一个角点）

指定另一个角点或[面积(A)/尺寸(D)/旋转(R)]:a

输入以当前单位计算的矩形面积 <100.0000>: （输入需要绘制的矩形面积）

计算矩形标注时依据[长度(L)/宽度(W)] <长度>:l （可选择输入长度的方式或者宽度的方式输入）

输入矩形长度 <10.0000>: （按选择输入矩形长度）

(8)【尺寸(D):】通过输入矩形长度和宽度确定矩形。

(9)【旋转(R):】大多数情况下,矩形的绘制都是沿 *X*、*Y* 轴方向上绘制的,而在实际应用中,常常需要矩形沿相应方向绘制,此选项即可绘制沿不同方向的矩形。

七、正多边形

使用正多边形命令可以绘制边数为 3 ~ 1024 的正多边形。

1. 操作

单击功能区选项板中【常用】选项卡,选择【绘图】面板的【正多边形】⬠按钮,单击菜单浏览器按钮中【绘图】菜单列表的【正多边形】菜单项,或在命令行输入命令“polygon”,都可绘制正多边形,具体步骤如下。

命令:_polygon
输入边的数目 <4 >: (指定多边形的边数)
指定正多边形的中心点或[边(E)]: (指定正多边形的中心或边长)
输入选项[内接于圆(I)/外切于圆(C)] <C>: (选择内接于圆的方式或外切于圆的方式)
指定圆的半径: (输入圆的半径值)

2. 说明

(1)【输入边的数目 <4 >:】,边数只能是介于 3 和 1024 之间的整数值。

(2)如果以指定边的方式来作正多边形,步骤如下。

指定边的第一个端点:
指定边的第二个端点:

(3)以确定圆的方式作图时,若以“I”响应提示,则多边形的大小和位置由其外接圆确定,见图 5-11a);若以“C”响应提示,则多边形的大小和位置由其内切圆确定,见图 5-11b)。

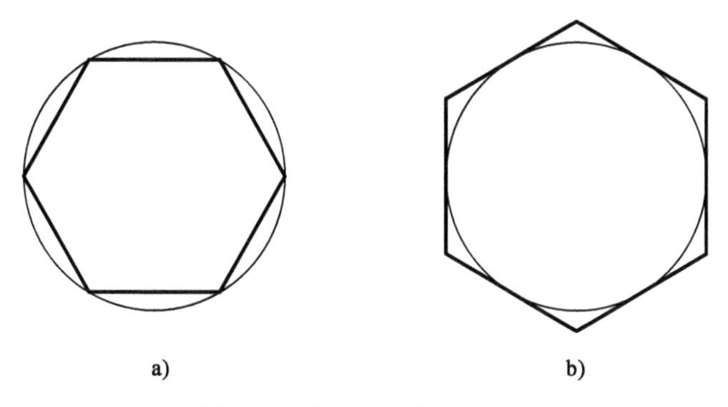

图 5-11 用圆确定正多边形边长
a)内接于圆(I);b)外切于圆(C)

(4)利用“polygon”命令所作的正多边形实际上是一条封闭的多段线,可以用多段线编辑“pedit”命令对其进行编辑。

第二节 绘制规则曲线对象

规则曲线对象的绘制命令包括圆、圆弧、圆环、椭圆、椭圆弧等。下面逐一对这些命令进行介绍。

一、圆

该命令在指定位置按照指定大小绘制圆。

1. 操作

单击功能区选项板中【常用】选项卡,选择【绘图】面板的【圆】按钮,单击菜单浏览器按钮中【绘图】菜单列表的【圆】菜单项,或在命令行输入命令“circle”,都可绘制圆,具体步骤如下。

命令:_circle
指定圆的圆心或[三点(3P)/两点(2P)/切点、切点、半径(T)]: (指定圆的心)
指定圆的半径或[直径(D)]: (指定半径)

2. 说明

AutoCAD 提供了 6 种画圆的方式(图 5-12),下面将分别进行介绍。

(1)【圆心、半径】:指定圆心位置和半径长度绘制圆,这种方法最为常见,具体步骤如上面介绍的操作过程。

(2)【圆心、直径】:指定圆心位置和直径长度绘制圆。

指定圆心位置后,如果选择【直径(D)】选项,输入“d”并回车,系统将要求用户指定直径长度来绘制圆。

(3)【两点(2P)】:将指定的两点作为直径的两端点绘制圆,具体步骤如下。

图 5-12 画圆的方式

命令:_circle
指定圆的圆心或[三点(3P)/两点(2P)/相切、相切、半径(T)]:2p
指定圆直径的第一个端点: (输入第一点)
指定圆直径的第二个端点: (输入第二点)

(4)【三点(3P)】:指定平面上不共线的任意三个点来绘制圆,具体步骤如下。

命令:_circle
指定圆的圆心或[三点(3P)/两点(2P)/相切、相切、半径(T)]:3p
指定圆上的第一个点: (输入第一点)
指定圆上的第二个点: (输入第二点)
指定圆上的第三个点: (输入第三点)

(5)【相切、相切、半径(T)】:根据已知半径绘制与另两个圆(或者一条直线和一个圆、或者两条直线)相切的圆。绘制图 5-13 的图形具体步骤如下。

命令:_circle
指定圆的圆心或[三点(3P)/两点(2P)/相切、相切、半径(T)]:t
指定对象与圆的第一个切点: (选取第一个被切对象)
指定对象与圆的第二个切点: (选取第二个被切对象)
指定圆的半径 <默认值>: (输入圆的半径)

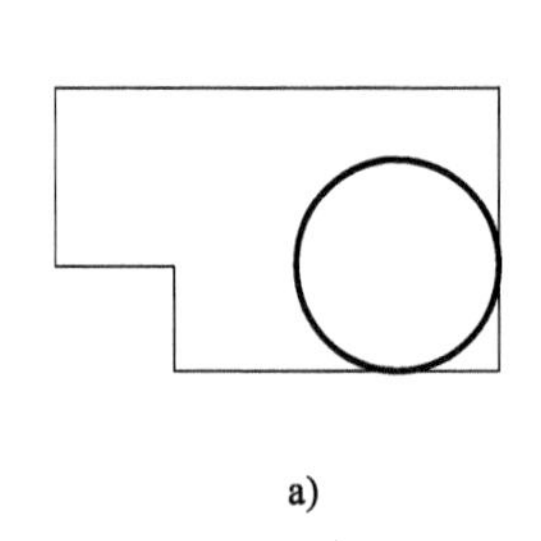

a)

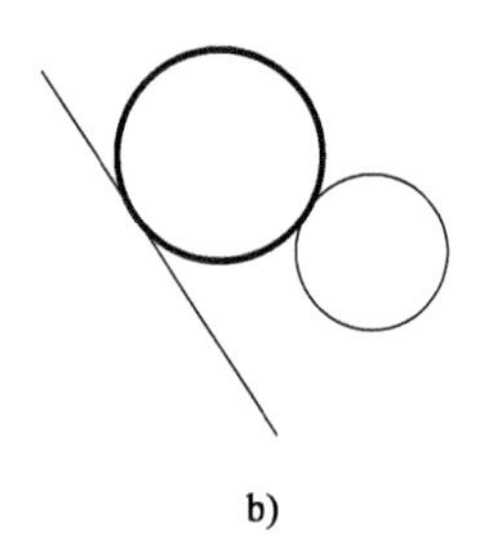

b)

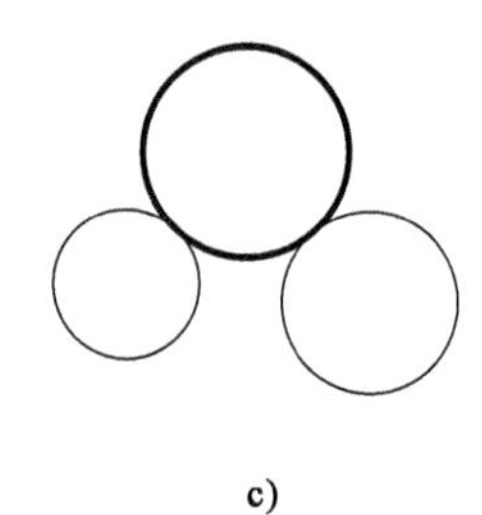

c)

图 5-13 以两切点及半径画圆

a)与两直线相切;b)与一直线和一圆弧相切;c)与两个圆弧相切

绘制一个圆与另外两个圆相切,切点的位置和相切圆的半径决定了是内切还是外切的形式,半径太小时不能出现内切的情况,如图 5-14 所示。

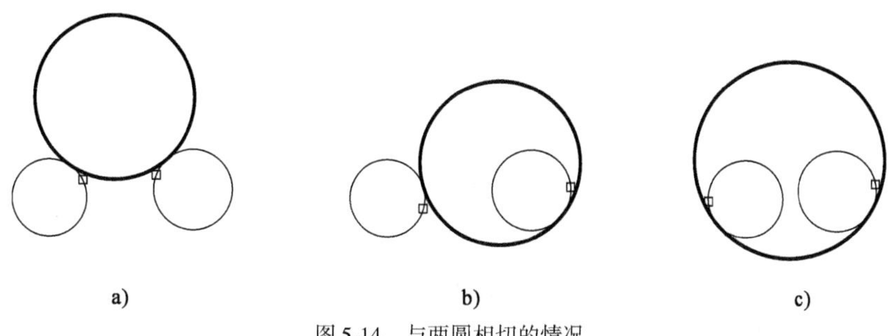

图 5-14　与两圆相切的情况

a）与两圆外切；b）与一圆外切和一圆内切；c）与两圆内切

（6）【相切、相切、相切（A）】：作与三个图形（圆、圆弧或者直线）公切的圆，具体步骤如下。

命令：_circle

指定圆的圆心或[三点(3P)/两点(2P)/切点、切点、半径(T)]：_3p

指定圆上的第一个点：_tan 到　（点取第一个与圆相切的对象）

指定圆上的第二个点：_tan 到　（点取第二个与圆相切的对象）

指定圆上的第三个点：_tan 到　（点取第三个与圆相切的对象）

二、圆弧

按照具体要求，根据不同给定参数绘制圆弧。AutoCAD 中提供了 11 种画圆弧的方式。

1. 操作

单击功能区选项板中【常用】选项卡，选择【绘图】面板的【圆弧】按钮，单击菜单浏览器按钮中【绘图】菜单列表的【圆弧】菜单项，或在命令行输入命令“arc”，都可绘制圆弧，具体操作如下。

命令：_arc

指定圆弧的起点或[圆心(C)]：（指定圆弧上的起点）

指定圆弧的第二个点或[圆心(C)/端点(E)]：（指定圆弧上第二点）

指定圆弧的端点：（指定圆弧上终点）

2. 说明

AutoCAD 提供了 11 种画圆的方式（图 5-15），下面将分别进行介绍。

（1）【三点（P）】：根据不共线的三点创建圆弧，指定圆弧的起点、圆弧上的任意一点位置以及圆弧的终止点位置，即可画出过这三点的圆弧。这是圆弧的默认绘制法。具体步骤如上面介绍的操作过程。

（2）【起点、圆心、端点（S）】：要求用户指定圆弧的起点、圆心和终点来绘制圆弧，要注意给出的终点不一定是圆弧终点，而只是用于提供圆弧结束的角度。

（3）【起点、圆心、角度（T）】：要求用户指定圆弧的起点、圆心和圆心角来绘制圆，要注意所给的圆心角为正值，系统将按逆时针方向绘制圆弧；所给圆心角如果为负值，系统将按顺时针来绘制圆弧。

（4）【起点、圆心、长度（A）】：要求用户指定圆弧的起点、圆心和圆弧所对应的弦长来绘制圆弧。系统总是按逆时针方向来绘制圆

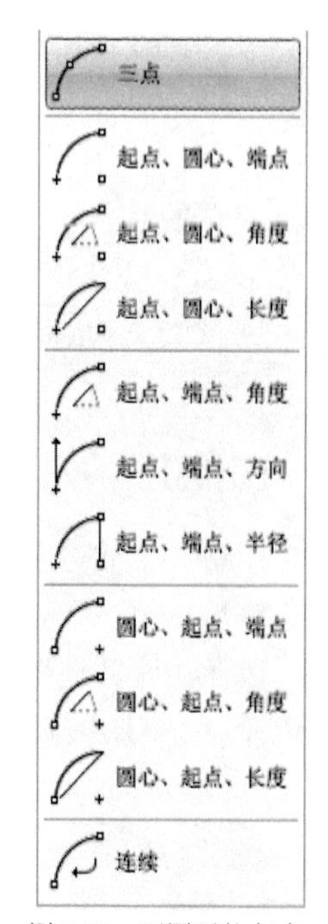

图 5-15　画圆弧的方式

弧。所给弦长为正值,则圆弧所对圆心角小于 180°;所给弦长为负值,圆弧所对圆心角大于 180°。

(5)【起点、端点、角度(N)】:要求用户指定圆弧的起点、端点和圆心角来绘制圆弧。

(6)【起点、端点、方向(D)】:要求用户指定圆弧的起点、端点和起点的切线方向来绘制圆弧。

(7)【起点、端点、半径(R)】:要求用户指定圆弧的起点、端点和圆弧的半径来绘制圆弧。注意系统按逆时针方向绘制圆弧。所给定半径如为正值,圆弧所对圆心角小于 180°;所给半径如为负值,圆弧所对圆心角大于 180°。

(8)【圆心、起点、端点(C)】:与【起点、圆心、端点(S)】的方法类似,所不同的只是先确定圆弧的圆心,再确定圆弧的起点和端点。

(9)【圆心、起点、角度(T)】:与【起点、圆心、角度(T)】的方法类似,所不同的只是先确定圆弧的圆心,再确定圆弧的起点和所对应的圆心角。

(10)【圆心、起点、长度(L)】:与【起点、圆心、长度(L)】的方法类似,所不同的只是先确定圆弧的圆心,再确定圆弧的起点和所对应的弦长。

(11)【连续(O)】:创建圆弧使其相切于上一次绘制的直线或圆弧。当执行【圆弧】命令,在【指定圆弧的起点或[圆心(C)]:】提示下直接回车时,AutoCAD 将以最后一次画线或画圆过程中最后确定的一点为新圆弧的起点,以最后所画线方向或圆弧终止点处的切线方向为新圆弧在起点处的切线方向,同时提示【指定圆弧的端点:】此时再确定一点,则可画出新的圆弧。

3. 注意

(1)在提示【指定包含角:】时,若输入正角度值(加或不加“+”号),则圆弧从起点绕着圆心沿逆时针方向绘制;如果输入负角度值(前面加“-”号),则从起点绕着圆心沿顺时针方向绘制。

(2)以顺时针方向点取起点、终点与以逆时针方向点取起点、终点所生成的弧其弯曲方向是不同的。

(3)当提示【指定圆弧的起点切向:】时,也可以通过拖动鼠标的方式,动态地确定圆弧在起点的切线方向与水平方向之夹角。方法是:拖动鼠标,当前光标点与圆弧起点之间会形成一条橡皮筋线,此线即为圆弧在起点处的切线,同时还会拖动出一条以给定两点为圆弧的起点与终点,以此线为起点处的切线的圆弧,此时按回车或空格即可得到相应的圆弧。

三、圆环

绘制一个或者多个指定内、外径并填充的圆环或实心圆。

1. 操作

选择功能区选项板中【常用】选项卡,单击 绘图 面板的小三角形,在弹出的面板中选择【圆环】按钮,单击菜单浏览器按钮中【绘图】菜单列表的【圆环】菜单项,或在命令行输入命令“donut”,都可绘制圆环,具体步骤如下。

```
命令:_donut
指定圆环的内径<0.0000>: (输入圆环的内径)
指定圆环的外径<0.0000>: (输入圆环的外径)
```

指定圆环的中心点或<退出>：（输入圆环的中心点位置1）

指定圆环的中心点或<退出>：（输入圆环的中心点位置2）

⋮

指定圆环的中心点或<退出>：（空回车或者空格响应，结束圆环绘制命令）

2. 说明

（1）在指定圆环内径、外径后，用户可以指定一系列圆环中心点，从而绘制出多个内径、外径相同的圆环，如图5-16a）所示。

（2）执行【圆环】命令，当提示【指定圆环的内径】时输入0，则可绘制出填充圆，如图5-16b）所示。

（3）圆环内部的填充模式取决于“fill”命令的当前设置。当“fill”命令取值为“ON”时，生成的是实心圆环，见图5-16a）、b）；当“fill”命令取值为“OFF”时，生成的是空心圆环，见图5-16c）。

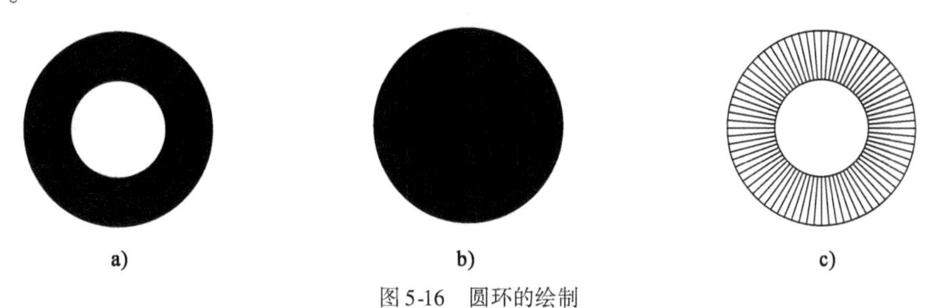

图5-16　圆环的绘制

a）实心圆环（fill ON）；b）实心圆（fill ON）；c）空心圆环（fill OFF）

四、椭圆和椭圆弧

在指定位置绘制椭圆或椭圆弧。

1. 操作

单击功能区选项板中【常用】选项卡，选择【绘图】面板的【椭圆】按钮，单击菜单浏览器按钮中【绘图】菜单列表的【椭圆】菜单项，或在命令行输入命令“ellipse”，都可绘制椭圆或椭圆弧。

AutoCAD提供的绘制椭圆的方法主要有3种（图5-17），下面分别进行介绍。

（1）【圆心】：首先确定椭圆的中心点坐标，具体操作如下。

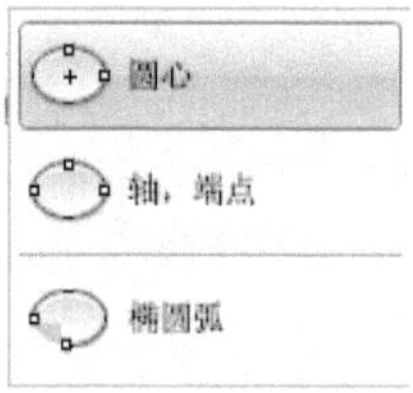

命令：_ellipse

指定椭圆的轴端点或［圆弧（A）/中心点（C）］：_c　（选择中心点方式）

指定椭圆的中心点：（输入椭圆中心点）

指定轴的端点：（输入椭圆某一轴上的任意一端点）

指定另一条半轴长度或［旋转（R）］：（输入另一轴的半长，完成椭圆绘制）

圆心

轴，端点

椭圆弧

图5-17　画椭圆的方式

在【指定另一条半轴长度或［旋转（R）］：】提示下输入“r”，系统提示如下。

指定绕长轴旋转的角度：（输入绕长轴的转角值，完成椭圆绘制）

（2）【轴，端点】：以椭圆某一轴上的两个端点的位置以及另一轴的半长绘制椭圆，具体操作如下。

命令:_ellipse
指定椭圆的轴端点或[圆弧(A)/中心点(C)]: (输入椭圆某一轴上的轴端点)
指定轴的另一个端点: (输入该轴上的另一端点)
指定另一条半轴长度或[旋转(R)]: (输入另一轴的半长,完成椭圆绘制)

同样也可以通过以椭圆某一轴上的两个端点的位置以及绕长轴的转角值绘制椭圆。

(3)【椭圆弧】:先绘出一个完整的椭圆,再通过指定起始角和终止角,或指定起始角及椭圆弧包含角来确定椭圆弧的长度。绘制如图5-18所示的椭圆弧具体操作如下。

命令:_ellipse
指定椭圆的轴端点或[圆弧(A)/中心点(C)]:a
指定椭圆弧的轴端点或[中心点(C)]:90,70
指定轴的另一个端点:120,50
指定另一条半轴长度或[旋转(R)]:20
指定起始角度或[参数(P)]:0
指定终止角度或[参数(P)/包含角度(I)]:180

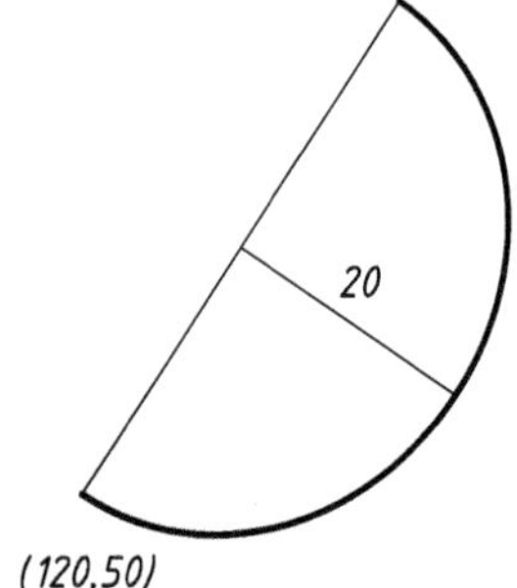

图5-18 椭圆弧的画法

2. 说明

(1)用【旋转】选项创建椭圆。系统提示【指定绕长轴旋转的角度:】,此时绕椭圆中心移动十字光标并单击或输入一个角度值绘制椭圆。

【旋转(R)】选项是指以第一条轴作为圆的直径,并以此为旋转轴,将圆转动一定的角度投影到屏幕上形成椭圆。

旋转角有效取值范围为0°~180°之间。该值(从0°~89.4°)越大,短轴对长轴的比例就越大。89.4°~90.6°之间的值无效,因为此时椭圆将显示为一条直线。这些角度值的倍数将每隔90°产生一次镜像效果。输入0°、180°或180°的倍数将定义为圆。

(2)单击菜单浏览器按钮中【工具】菜单列表的【草图设置】菜单项,打开【草图设置】对话框,选择【等轴测捕捉】类型,才可以画【等轴测圆】。等轴测圆所在的平面可以通过F5功能键切换,具体操作如下。

命令:_ellipse
指定椭圆轴的端点或[圆弧(A)/中心点(C)/等轴测圆(I)]:i (选择等轴测圆选项)
指定等轴测圆的圆心: (输入圆心)
指定等轴测圆的半径或[直径(D)]: (循环单击F5选择等轴测平面,输入半径)

三个等轴测平面的椭圆如图5-19所示。

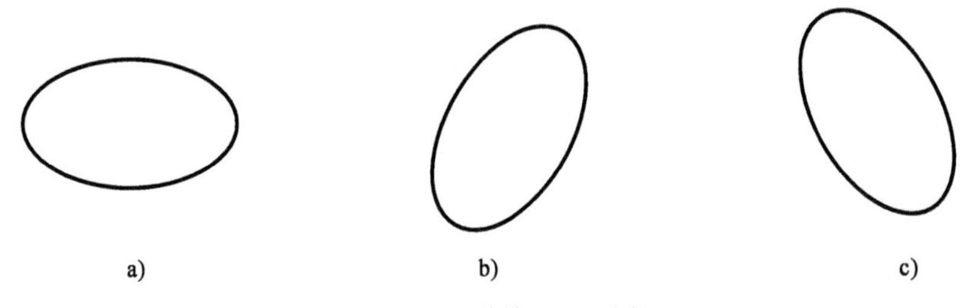

a) b) c)

图5-19 等轴测圆的绘制

a)俯视轴测面上椭圆;b)右视轴测面上椭圆;c)左视轴测面上椭圆

第三节　绘制点及点的样式设置

点的绘制包括单点、多点、等分点、等距点的绘制。点对象可用作捕捉和偏移对象的节点或参考点。

一、单点

在指定位置绘制单点。点可以作为捕捉对象的节点。可以指定点的全部三维坐标。如果省略 *Z* 坐标值，则假定为当前标高。

1. 操作

单击菜单浏览器按钮中【绘图】菜单列表【点】子菜单的【单点】菜单项命令行，或输入命令"point"都可绘制单点，具体步骤如下。

命令：_point

当前点模式：PDMODE =0 PDSIZE =0.0000

指定点：（用鼠标直接点取需要的点或输入点的坐标）

2. 说明

点的尺寸和形状分别由"PDMODE"和"PDSIZE"两参数的值来决定，该两参数的值一经改变，系统将按照最后一次改变的值来决定后面所生成的点的尺寸和形状。该参数的设置将在后面详细介绍。

二、多点

在指定位置按要求绘制一系列的点。

1. 操作

选择功能区选项板中【常用】选项卡，单击 绘图 面板的小三角形，在弹出的面板中选择【多点】按钮，单击菜单浏览器按钮中【绘图】菜单列表【点】子菜单的【多点】菜单项绘制多点。要绘制一系列的点，具体步骤如下。

命令：_point

当前点模式：　PDMODE =0 PDSIZE =0.0000

指定点：（点取一点或直接输入点的坐标）

指定点：（点取另一点或直接输入点的坐标）

⋮

指定点：（按 Esc 键结束该命令）

2. 说明

【多点】命令绘制点的尺寸和形状也和【单点】的情况一样，分别由"PDSIZE"和"PDMODE"两参数的值来决定，更改该两个参数后，现有点的外观将在下次重新生成图形时改变。

三、点的样式设置

显示当前点样式和大小并通过选择图标来修改点样式。

1. 操作

单击菜单浏览器按钮中【格式】菜单列表的【点样式】菜单项，或在命令行输入命令

"ddptype",都可对点样式进行设置。如要对某一点的大小、图案或者显示方式进行修改,其具体步骤如下。

命令:_ddptype

则出现点样式对话框(图 5-20),用户可按照自行要求进行修改。

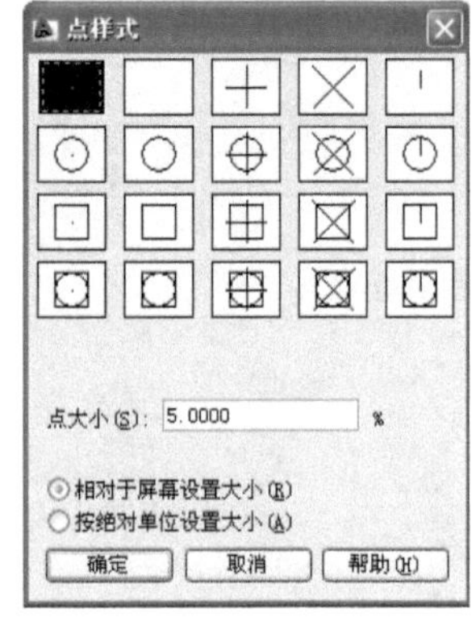

图 5-20 【点样式】对话框

2. 说明

(1)【点样式】对话框提供了 20 种点的图案,可根据需要进行设置。其默认值为一小点,可在对话框中选择所需要的点样式,点样式存储在"PDMODE"系统变量中。

(2)【点大小】确定点大小的百分比,按具体要求确定。设置点的显示大小,可以相对于屏幕设置点的大小,也可以用绝对单位设置点的大小。点的显示大小存储在"PDSIZE"系统变量中。以后绘制的点对象将使用新值。

四、定数等分

该命令将点对象或块沿对象的长度或周长等间隔排列。

1. 操作

选择功能区选项板中【常用】选项卡,单击 绘图 面板的小三角形,在弹出的面板中选择【定数等分】按钮,单击菜单浏览器按钮中【绘图】菜单列表【点】子菜单的【定数等分】菜单项,或在命令行输入命令"divide",都可定数等分对象。如要将直线 *AB* 等分成 6 份,具体步骤如下。

命令:_divide
选择要定数等分的对象: (点击直线 *AB*)
输入线段数目或[块(B)]:6 (输入等分的数目或块,结果如图 5-21所示)

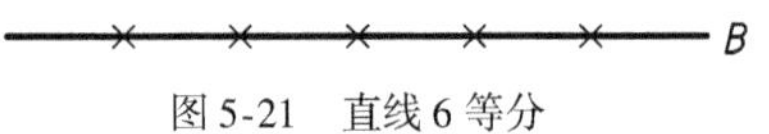

图 5-21 直线 6 等分

2. 说明

(1)等分的对象可以是直线、圆、圆弧、多段线等,但不能是填充图案、尺寸标注、块、文本等。

(2)提示【输入线段数目或[块(B)]:】时,系统默认为输入等分的数目,输入从 2 到 32767 之间的值。输入等分数目后,在等分点处有一个点的标记。默认状态下点的标记是一个小圆点,不容易看清楚,这时可以用【点样式】对话框重新选择点样式。

(3)选项【块(B)】表示在定数等分点上要插入块。若输入"b",系统将提示【输入要插入的块名:】,此时输入已经定义过的块名即可。之后系统继续提示【是否对齐块和对象?[是(Y)/否(N)]<是>:】,输入 y 则表示指定插入块的 *X* 轴方向与定数等分对象在等分点相切或对齐;输入 n 则表示按其法线方向对齐块。

(4)封闭多段线的第一个分段点是其初始顶点,圆的第一个分段点是在从圆心出发的 0° 方向上。

五、定距等分

该命令在指定间隔处放置点对象或块。

1. 操作

选择功能区选项板中【常用】选项卡,单击 绘图 面板的小三角形,在弹出的面板中选择【定距等分】按钮,单击菜单浏览器按钮中【绘图】菜单列表【点】子菜单的【定距等分】菜单项,或在命令行输入命令“measure”,都可定距等分对象。比如在道路两边每间隔 25m 等距离布置一组照明灯,如图 5-22 所示,具体步骤如下。

命令:_measure

选择要定距等分的对象: (点击道路边线)

指定线段长度或[块(B)]:25000 (输入灯具间隔长度,执行结果如图 5-22 所示)

图 5-22 道路照明灯的布置

2. 说明

(1)【定距等分】命令与【定数等分】命令参数含义类似,在这不再赘述。

(2)闭合多段线的定距等分从它们的初始顶点(绘制的第一个点)处开始。圆的定距等分从设置为当前捕捉旋转角的、自圆心的角度开始。如果捕捉旋转角为零,则从圆心右侧的圆周点开始定距等分圆。注意,该命令在使用过程中,不能将一点或指定的块放置在被测量对象的起点上。

第四节 绘制不规则曲线对象

绘制不规则曲线对象的方法主要有样条曲线和徒手绘图两种方法,下将对其一一进行介绍。

一、样条曲线

样条曲线是通过空间一系列给定点的光滑曲线。在工程实际应用中,某些曲线无法用标准的数学方程来表述,而只能通过拟合一系列已经测量得到的数据点来绘制,这些曲线即为样条曲线。图 5-23 的木材图例为样条曲线在工程上的应用。

1. 操作

选择功能区选项板中【常用】选项卡,单击 绘图 面板的小三角形,在弹出的面板中选择【样条曲线】按钮,单击菜单浏览器按钮中【绘图】菜单列表的【样条曲线】菜单项,或在命令行输入命令“spline”,都可绘制样条曲线。如要绘制如图 5-23 所示的样条曲线,其具体步骤如下。

命令:_spline

指定第一个点或[对象(O)]: (用鼠标单击 P_1 点,指定样条曲线起点)

指定下一点: (用鼠标单击 P_2 点,指定样条曲线拟合数据点)

指定下一点或[闭合(C)/拟合公差(F)]<起点切向>: (用鼠标单击 P_3 点,继续指定样条曲线拟合数据点)

指定下一点或[闭合(C)/拟合公差(F)]<起点切向>: (用鼠标单击 P_4 点)

指定下一点或[闭合(C)/拟合公差(F)]<起点切向>: (用鼠标单击 P_5 点)

指定下一点或[闭合(C)/拟合公差(F)]<起点切向>: (用鼠标单击 P_6 点)

指定下一点或[闭合(C)/拟合公差(F)]<起点切向>：（空回车响应,结束指定样条曲线的拟合数据点）

指定起点切向：（指定起点切线方向）

指定端点切向：（指定端点切线方向,执行结果如图 5-24 所示）

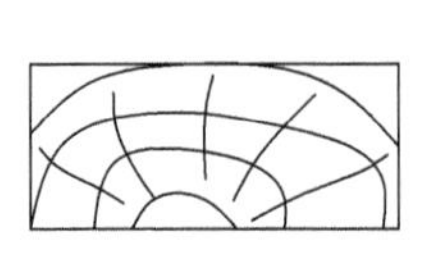

图 5-23　木材图例

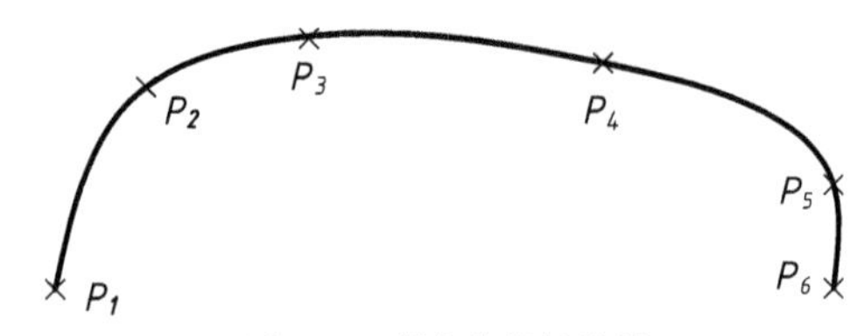

图 5-24　样条曲线的绘制

2. 说明

(1)【对象(O):】:该选项可以将一条 2D(二维)或 3D(三维)的多段线变成真实的样条曲线。

(2)【<起点切向>:】:系统默认选项。样条曲线的起点和光标之间有一条临时线段,用来指示起点切线的方向,执行该选项即提示【指定起点切向:】,点取起点切向方向即可。

(3)【闭合(C):】:该选项可以使样条曲线首尾相连形成闭合曲线。该曲线起点与终点相同,并有共同的切线方向,因此只要指定一个切线方向即可。选择该选项后,系统提示【指定切向:】,此时光标与样条曲线的起点之间出现一条橡皮线,拖动鼠标,即得到不同起点处的切线方向的样条曲线,此时可指定一点来定义切向矢量,或者使用【切点】和【垂足】对象捕捉模式使样条曲线与现有对象相切或垂直。

(4)【拟合公差(F):】:该选项可定义靠近拟合数据点的程度。拟合公差是指样条曲线与指定点之间所允许偏移距离的最大值。根据新公差以现有点重新定义样条曲线。可以重复更改拟合公差,但这样做会更改所有控制点的公差。不管选定的是哪个控制点,当公差设置为"0"时,样条曲线通过每一个给出的拟合数据点,公差越大越远离指定点。用户自行设置拟合公差后,样条曲线不一定通过每一个拟合数据点,但它会通过样条曲线的起点以及终点,这样的方法非常适合用于拟合数据点量比较大的情况。

二、徒手绘图

在实际图形设计中,绘制一些不规则的曲线图形,如绘制地图、进行美术设计等。

1. 操作

在命令行输入命令"sketch"即可进行徒手绘图。绘制如图 5-25 所示的曲线,具体步骤如下。

命令:_sketch

记录增量<1.0000>:2　(指定记录增量)

徒手画　画笔(P)/退出(X)/结束(Q)/记录(R)/删除(E)/连接(C):<笔落>　(移动光标到起点位置,单击鼠标左键开始画线)　<笔提>　(移动鼠标画线,再次单击鼠标左键结束画线)

已记录 56 条直线。

2. 说明

(1)徒手绘图时,定点设备就像画笔一样。单击定点设备将把"画笔"放到屏幕上,这时可以进行绘图,再次单击将提起画笔并停止绘图。徒

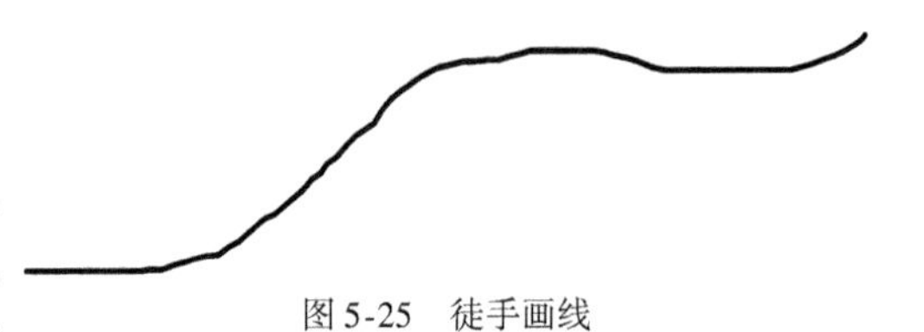

图 5-25　徒手画线

手画由许多条线段组成,每条线段都可以是独立的对象或多段线。可以设置线段的最小长度或增量。使用较小的线段可以提高精度,但会明显增加图形文件的大小。因此,要尽量少使用此工具。

(2)要注意"sketch"命令不接受坐标输入,只可用鼠标移动画线。

(3)【画笔(P)】选项:可控制画笔的提落,相当于单击鼠标左键。

(4)【退出(X)】选项:可将徒手绘制的线条作为永久线记录到数据库中,并报告徒手画线数目。

(5)【结束(Q)】选项:将放弃所有临时徒手绘制的线条,并结束"sketch"命令。

(6)【记录(R)】选项:可将正在绘制与已绘制好的临时徒手画线作为永久线保存到 CAD 数据库中,并提示记录的线段数量。此时,如果当前画笔处于<笔落>状态,可在记录之后继续画线,如果当前画笔处于<笔提>状态,单击鼠标可恢复徒手画线作图。

(7)【删除(E)】选项:将删除临时线的所有部分。在此模式下,无论光标在何处与徒手画线相交,交点到线末尾之间的部分都将被删除。如果当前画笔处于<笔落>状态,系统将自动转换到<笔提>状态。

要注意,已经记录过的徒手画线,无法通过"sketch"命令中的【删除】选项删除,而只能在完成绘图后利用"Erase"命令进行删除。

(8)【连接(C)】选项:将使画笔进入<笔落>状态,并继续从上次所画线的端点或上次删除线的端点开始画线。

第五节　上 机 实 验

实验一　利用有关绘图命令绘制如图 5-26 所示的图形

1. 目的要求

在图形的绘制过程中,综合运用并熟悉绘图命令。

2. 操作指导

首先分析图形各个部分是由那些基本的二维图形组成,再运用基本二维图形绘制命令进行绘制。

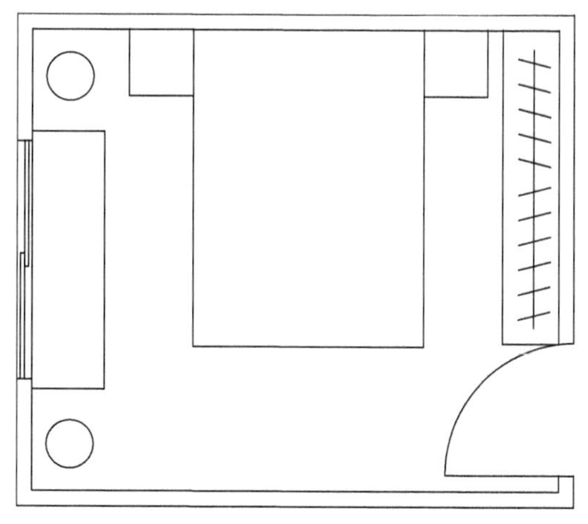

图 5-26　实验一

实验二　利用多段线命令绘制如图 5-27 所示的图形

1. 目的要求

在图形的绘制过程中,熟悉【多段线】命令。

2. 操作指导

注意使用【多段线】命令中的【宽度】选项,即可达到绘制各段不等宽的效果。

实验三　利用有关绘图命令绘制如图 5-28 所示的图形

1. 目的要求

在图形的绘制过程中,熟悉并掌握绘图命令中曲线类命令。

2. 操作指导

注意在实际操作过程中,如何用不同的绘图方法来达到相同的目的。

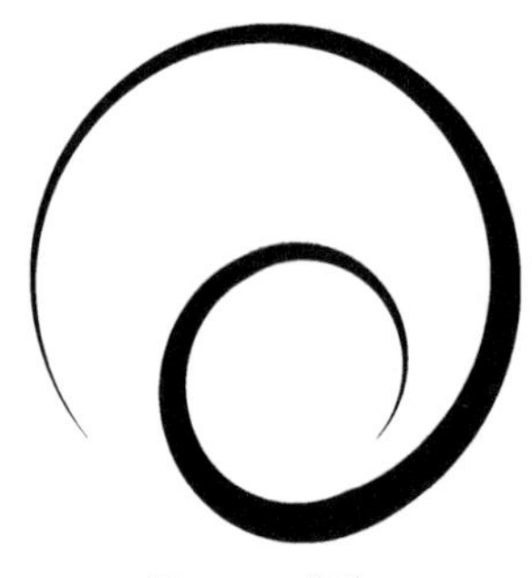

图 5-27　实验二

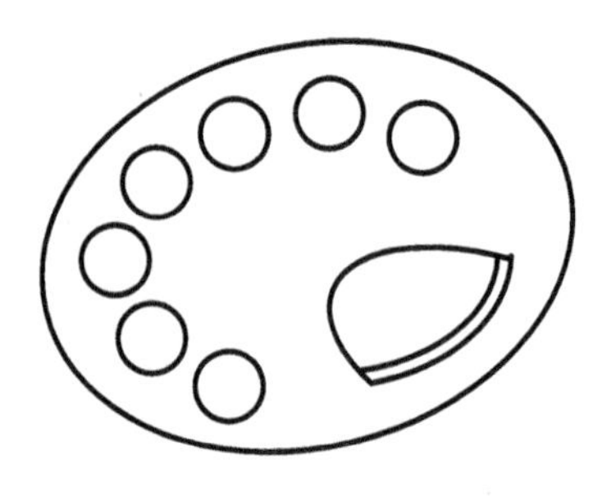

图 5-28　实验三

实验四　利用有关绘图命令绘制如图 5-29 所示的图形

1. 目的要求

在图形的绘制过程中,练习使用【样条曲线】命令以及【徒手绘图】命令。

2. 操作指导

注意在实际操作过程中,体会【样条曲线】命令以及【徒手绘图】命令的区别。

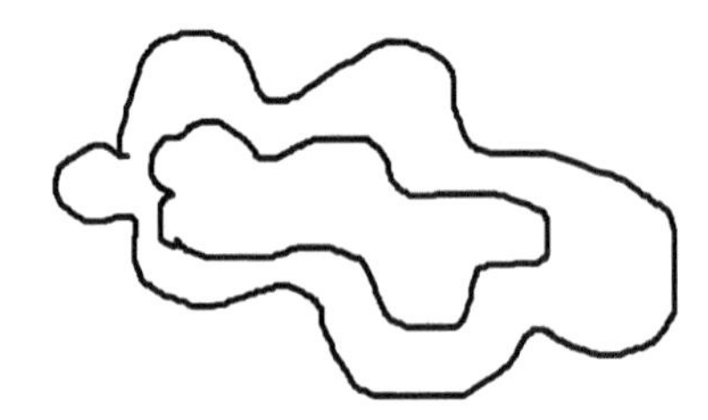

图 5-29　实验四

思　考　题

1. 射线与构造线有哪些相同点与不同点?

2. 除了【多线】命令外,还有什么方法来绘制一组平行直线? 你能说出运用【多线】命令绘制墙线时的优点吗?

3. 你能运用【多线段】命令绘制一个艺术字吗?

4. 在圆和其他对象相切时,如何控制内切与外切?

5. 如何绘制等轴测圆? 如何切换三个平面上的等轴测圆方向?

6. 如何利用定数等分点来绘制正八边形?

7. 简述【样条曲线】命令以及【徒手绘图】命令的区别。

第六章　二维图形修改

图形修改是对已有的图形进行移动、复制、旋转、镜像、删除等操作。AutoCAD 软件功能的强大不仅体现在它有强大的作图功能,更重要的是它具有强大的编辑修改功能,交替地使用这两种功能,就可以使用户以较少的绘图时间获得较为复杂的图形。

第一节　对象的选择

对图形中的一个或者多个对象进行修改时,都会涉及对象的选择。AutoCAD 系统提供了多种对象选择的方法,选择对象时,AutoCAD 系统自动建立一个对象选择集,该选择集可以由单个对象组成,也可以由多个对象组成。如果系统变量 HIGHLIGHT 为 1,则 AutoCAD 系统以亮显的方式(如变作虚线)来表示所选择的对象,使之与图形中的其他对象加以区别。

一、对象选择集的构成

当用户执行某个修改命令时,通常会出现如下的提示信息:【选择对象:】。该提示信息要求用户从当前已有的图形中选择要进行修改的对象,选中的对象将被放在选择集中,并且十字光标变成矩形拾取框。用户可以在执行修改命令之前构造选择集,也可以在选择修改命令之后构造选择集。

可以使用下列任意一种方法构造对象选择集。

(1)选择修改命令,然后选择对象并按 Enter 键。

(2)输入"select",然后选择对象并按 Enter 键。

(3)用定点设备选择对象。

在【选择对象:】提示信息后,如果用户的输入是无效的或输入"?",则 AutoCAD 显示以下提示。

需要点或窗口(W)/上一个(L)/窗交(C)/框(BOX)/全部(ALL)/栏选(f)/圈围(WP)/圈交(CP)/编组(g)/添加(a)/删除(R)/多个(M)/前一个(P)/放弃(U)/自动(AU)/单个(SI)

AutoCAD 系统提供了以上多种选择对象的方法,下面介绍几种主要方法。

1. 单个选择方式

该方式通过拾取或者输入点坐标的方法来选择对象,这是默认方式。拾取框或者坐标点要落在所选的对象上,用户一次只能选中一个对象,移动拾取框可多次选择,选择完成后按 Enter 键可结束对象的选择。

2. 窗口(window)方式

利用这种方式能选中包含在矩形窗口中的所有对象。按 w 键并按 Enter 键,将提示用户输入矩形窗口的两个对角点。完全属于矩形窗口内部的所有可见对象被选中，如图 6-1 所示。

另外，在【选择对象：】提示下，选一个空白点作为第一角点，然后从左向右拖动光标，选定第二角点，AutoCAD 系统也自动选择窗口（w）方式。

3. 窗交（crossing）方式

该方式与 w 窗口方式相似，按 c 键并按 Enter 键后，系统提示要求输入矩形窗口的两个对角点。但在该方式下，凡是与窗口相交的对象以及窗口内的对象都被选中在选择集中，如图 6-2 所示。

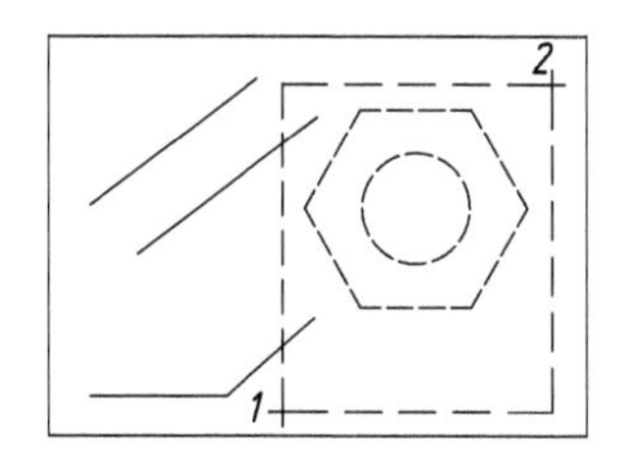

图 6-1　窗口（w）方式选择对象

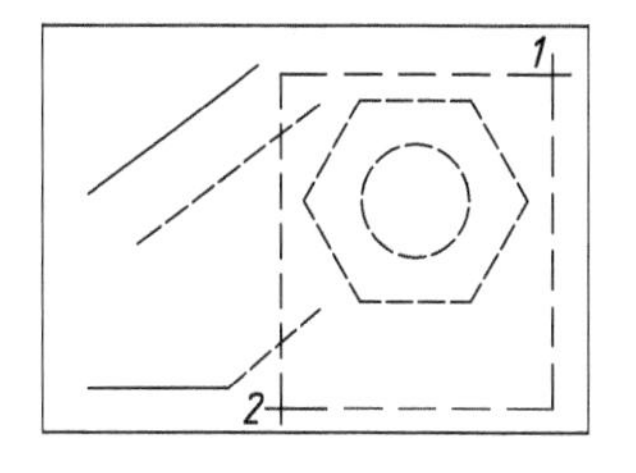

图 6-2　窗交（c）方式选择对象

另外，在【选择对象：】提示下，选择屏幕上的一个空白点，并将光标从右向左拖动组成矩形窗口，AutoCAD 系统将自动选择窗交（c）方式。

4. 全部（all）方式

该方式用来选择除冻结层以外的所有对象。

5. 圈围（wpolygon）方式

与窗口方式相似，但它不是矩形窗口，而是一个任意多边形区域。当输入“wp”并按 Enter 键后，给定多个点构成多边形。完全包含在多边形区域中的对象被选中并加入到选择集中，如图 6-3a）所示。

6. 圈交（cpolygon）方式

该方式与窗交方式相似，但它的窗口是任意多边形的区域。多边形区域的建立同圈围方式。凡是在多边形区域中的对象和与多边形区域边线相交的对象都为选中的对象，如图 6-3b）所示。

7. 栏选（fence）方式

该方式允许画一条不闭合的多边形栅栏来选择对象，凡是栅栏线所触及的对象都被选中。该方式类似于圈交方式，只不过多边形不闭合，如图 6-3c）所示。

如果要选择图 6-3 中小的多边形，可分别用圈围、圈交和栏选方式来选择，所用的选择框（或线）如图中虚线所示。

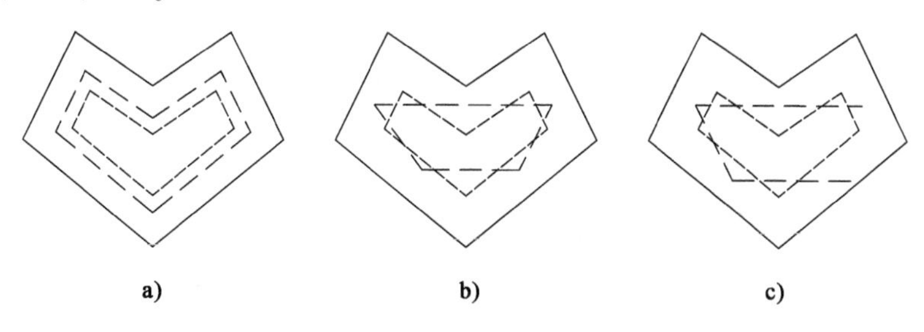

图 6-3　对象的选择

a）圈围方式；b）圈交方式；c）栏选方式

8. 多个(multiple)方式

先输入“m”,然后逐个拾取对象,指定某一对象时,并不立即醒目显示,直到对象选择完后按 Enter 键,多个对象同时改为醒目显示,表示这些对象已进入选择集。这种选择方式可减少画面的搜索次数,节省时间,加快绘图速度。

9. 放弃(undo)方式

该方式用来取消前一个对象选择操作,连续多次使用该选项取消整个选择操作。

10. 空回车方式

按空格键或按 Enter 键,则结束构造选择集的操作,进入指定的图形修改操作。

11. 中断(Esc)方式

在对象选择的操作中,按 Esc 键,则终止此次选择操作,并放弃该选择集。

上述多种对象选择的方式,各有其特点,用户可以针对具体情况,灵活地选用各种选择功能,以便迅速地构成所需的选择集。

二、对象选择的设置

对象选择集模式和拾取框的大小可以通过【选项】对话框进行设置。单击屏幕左上角的菜单浏览器按钮,在【工具】菜单列表中选中【选项】,弹出【选项】对话框,单击【选择集】标签,在【选择集】选项卡中可以设置选择集模式和拾取框大小,如图 6-4 所示。

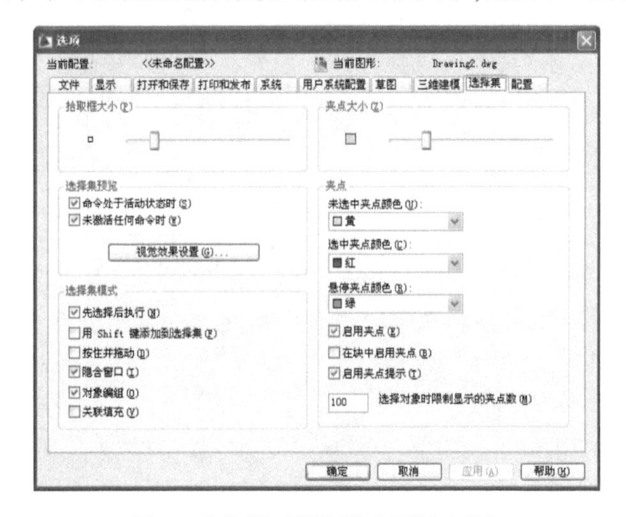

图 6-4 【选项】对话框的【选择集】选项卡

三、快速选择对象

快速选择对象可以同时选中具有相同特征的多个对象,并可以在对象特性管理器中建立并修改快速选择参数,操作过程如下。

单击菜单浏览器按钮,在【工具】菜单列表中选择【快速选择】,弹出【快速选择】对话框,如图 6-5 所示。例如,在【特性】区内选择【图层】,在【值】下拉列表框中选择【细点画线】,单击【确定】按钮,则图中位于点画线图层的对象全部选中,如图 6-6 所示。

在【快速选择】对话框中有以下选项。

(1)【应用到】:确定选择范围,可以是整个图形或当前选择集。

(2)【对象类型】:指定要包含在过滤条件中的对象类型。

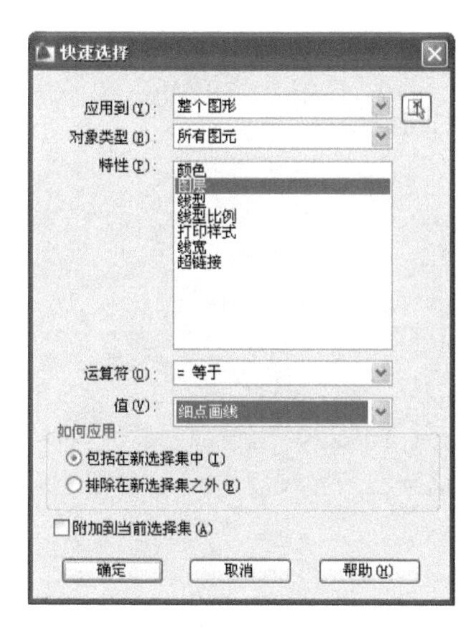

图 6-5 【快速选择】对话框

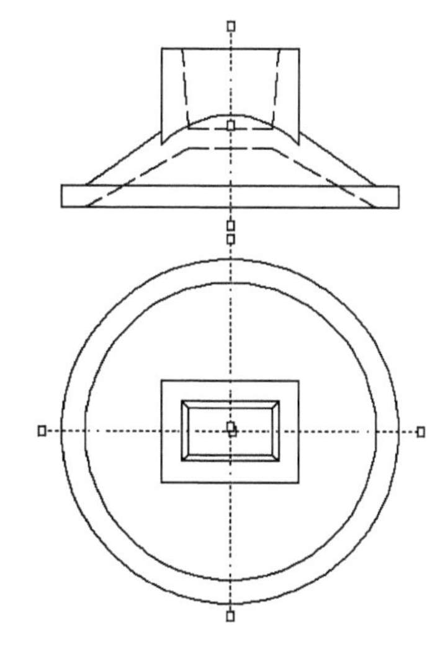

图 6-6 选择细点画线图层的对象

(3)【特性】:指定过滤器的对象特性。此列表包括选定对象类型的所有可搜索特性。

(4)【运算符】:控制过滤的范围。根据选定的特性,选项包括"等于"、"不等于"、"大于"、"小于"和"全部选择"等参数。

(5)【值】:根据所选特性,指定过滤器的特性值,也可以从列表中选取。

(6)【如何应用】:指定是将符合给定过滤条件的对象包括在新选择集内或是排除在新选择集之外。

(7)【附加到当前选择集】:指定是将创建的选择集替换当前选择集还是附加到当前选择集。

第二节　对象和命令的删除与恢复

对于不需要的对象在选中后可以删除,如果删除有误,还可以利用有关命令恢复。

一、删除对象

从已有的图形中删除选定的对象。

单击功能区选项板中【常用】选项卡,选择【修改】面板的【删除】按钮,单击菜单浏览器按钮中【修改】菜单列表的【删除】菜单项,或在命令行输入命令"erase",都可删除对象,具体步骤如下。

命令:_erase

选择对象: (选择要删除的对象)

二、恢复对象

恢复最近由"erase"命令所删除的对象,且只限于恢复前一次删除的对象。

在命令行键入命令"oops",上次删除的对象恢复,具体操作如下。

命令:oops

三、放弃命令

撤销上一条命令，连续使用可以逐步返回到绘图的初始状态。

1. 操作

单击快速访问工具栏【放弃】按钮或在命令行输入命令“u”都可取消命令，具体步骤如下。

命令：u

2. 说明

如果要取消刚执行的【放弃】命令，可紧跟其后执行【重做】命令，恢复【放弃】命令所撤销的各种操作。【重做】命令可单击快速访问栏【重做】按钮来实现。

四、打断对象

该命令通过指定点删除对象的一部分，或将一个对象断开为两个对象。

1. 操作

单击功能区选项板中【常用】选项卡，选择【修改】面板的【打断】按钮，单击菜单浏览器按钮中【修改】菜单列表的【打断】菜单项，或在命令行输入命令“break”，都可打断对象，具体步骤如下。

命令：_break
选择对象：（选择要打断的对象）
指定第二个打断点或[第一点(f)]：

2. 说明

（1）输入选择对象的第二个打断点，则该命令将删去两个输入点之间的部分，如果第二个打断点选在对象之外，则选择对象上与该点的最近点作为第二断点，如图6-7a）所示。

（2）选择【第一点(f)】选项，则说明前面选择对象的点仅是选择要截断的对象，而不作为第一个打断点。此时，显示如下提示。

指定第一个打断点：
指定第二个打断点：

于是将两个打断点间部分删去，如图6-7b）所示。

（3）输入“@”，表示第二断点与第一断点重合，只是将指定对象分解成两个对象，如图6-7c）所示。另外，单击功能区选项板中【常用】选项卡，选择【修改】面板的【打断于点】按钮，也可实现将一个对象分解成两个对象。

（4）断开圆时，【打断】命令从第一打断点到第二打断点按逆时针方向删除，从而使圆变成圆弧，如图6-7d）所示。

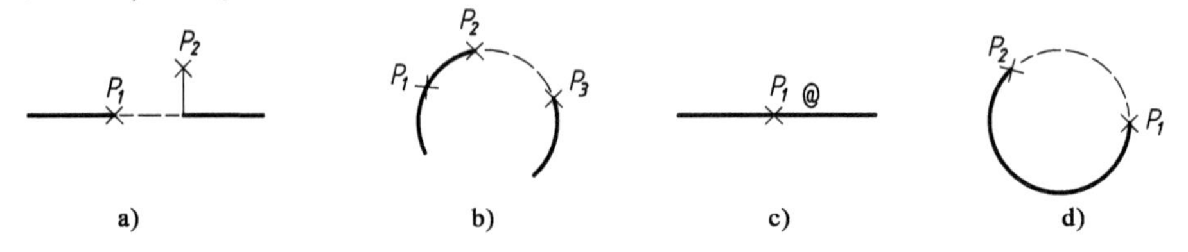

图6-7　打断命令断开图形

五、修剪对象

【修剪】命令可在由一个或多个对象所限定的边界处修剪图形中的对象。可以修剪的对象包括圆弧、圆、椭圆弧、直线、开放的二维和三维多段线、射线、样条曲线、图案填充和构造线。有效的剪切边对象包括二维和三维多段线、圆弧、圆、椭圆、布局视口、直线、射线、面域、样条曲线、文字和构造线。

1. 操作

单击功能区选项板中【常用】选项卡，选择【修改】面板的【修剪】 按钮，单击菜单浏览器 按钮中【修改】菜单列表的【修剪】菜单项，或在命令行输入命令“trim”，都可执行【修剪】命令。以图 6-8 为例说明具体操作步骤如下。

命令：_trim

当前设置：投影 = UCS，边 = 无

选择剪切边…

选择对象或 <全部选择>：找到 4 个 （拾取 P_1、P_2 点选择四条直线，如图 6-8b）所示）

选择对象：（按 Enter 键退出对象选择）

选择要修剪的对象，或按住 Shift 键选择要延伸的对象，或[栏选(F)/窗交(C)/投影(P)/边(E)/删除(R)/放弃(U)]：（选择直线上的点 *A*，如图 6-8c）所示）

选择要修剪的对象，或按住 Shift 键选择要延伸的对象，或[栏选(F)/窗交(C)/投影(P)/边(E)/删除(R)/放弃(U)]：（选择直线上的点 *B*）

选择要修剪的对象，或按住 Shift 键选择要延伸的对象，或[栏选(F)/窗交(C)/投影(P)/边(E)/删除(R)/放弃(U)]：（选择直线上的点 *C*）

选择要修剪的对象，或按住 Shift 键选择要延伸的对象，或[栏选(F)/窗交(C)/投影(P)/边(E)/删除(R)/放弃(U)]：（选择直线上的点 *D*）

选择要修剪的对象，或按住 Shift 键选择要延伸的对象，或[栏选(F)/窗交(C)/投影(P)/边(E)/删除(R)/放弃(U)]：（按 Enter 结束修剪，得到如图 6-8d）所示的结果）

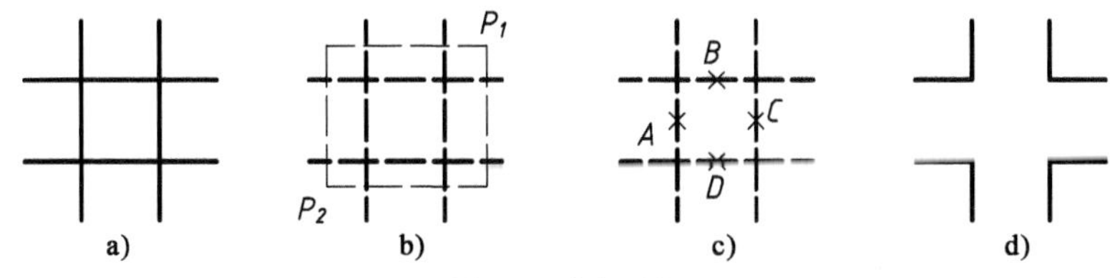

图 6-8 修剪对象

a）原图；b）用窗交方式选择切割边；c）选择修剪对象；d）修剪结果

2. 说明

（1）选择要修剪的对象可以采用点选、【栏选(F)】和【窗交(C)】的方式。

（2）选择要修剪的对象时，如果按住 Shift 键可变成选择要延伸的对象，此选项提供了一种在修剪和延伸之间切换的简便方法。

（3）【投影(P)】选项，让用户指定投影模式，如【无(N)】、【UCS(U)】、【视图(V)】。默认模式是【UCS(U)】，表示将对象和剪切边投影到当前用户坐标系的 *XY* 平面上，投影对象在三维空间无须与剪切边相交便可以进行修剪；【无(N)】表示修剪时无投影，对象必须与剪切边相交；【视图(V)】表示将对象沿当前视图方向投影到视图平面上，待修剪对象在三维空间中不用与剪切边相交。

（4）【边(E)】选项，确定剪切边与待修剪对象是直接相交还是延伸相交。延伸相交表示沿自身自然路径延伸剪切边使它与三维空间中的对象相交。

(5)【放弃(U)】选项,可以取消最近的一次修剪。

第三节　对象的移动、旋转、复制和缩放

对象的位置可以通过【移动】和【旋转】命令来进行改变;利用一个对象生成多个对象可利用【复制】、【阵列】、【偏移】和【镜像】命令来实现;要改变对象的大小可采用【缩放】命令。

一、移动对象

将选中的对象平移到新的指定位置,不改变对象的方向和大小,原位置的图形消失。

1. 操作

单击功能区选项板中【常用】选项卡,选择【修改】面板的【移动】按钮,单击菜单浏览器按钮中【修改】菜单列表的【移动】菜单项,或在命令行输入命令“move”,都可平移对象,具体步骤如下。

命令:_move
选择对象:(选择源对象)
选择对象:(按 Enter 键结束对象选择)
指定基点或[位移(d)] <位移>:
指定第二个点或 <使用第一个点作为位移>:

2. 说明

指定平移量的方法有以下三种。

(1)输入两点:所选对象将从第一点移到第二点。

(2)位移量的第二点以回车响应:则第一次输入的坐标值为相对坐标 ΔX、ΔY,选择的对象按第一点所提供的相对位移量移动。

(3)在指定基点或位移的提示下,输入“d”,命令行提示如下。

指定位移 <0,0,0>:(输入表示矢量的坐标)

输入的坐标值将指定相对距离和方向。

二、旋转对象

该命令可按指定的基点(旋转中心)和旋转角度,将选定的对象旋转,改变对象的方向。

1. 操作

单击功能区选项板中【常用】选项卡,选择【修改】面板的【旋转】按钮,单击菜单浏览器按钮中【修改】菜单列表的【旋转】菜单项,或在命令行输入命令“rotate”,都可旋转对象。以图6-9为例说明该命令的具体操作步骤。

命令:_rotate
UCS 当前的正角方向:ANGDIR = 逆时针 ANGBASE = 0
选择对象:(选择图 6-9a)所示的图形)
选择对象:(按 Enter 键退出对象选择)
指定基点:(选择中心点 A)
指定旋转角度,或[复制(C)/参照(R)] <0>:45 (结束命令,得到如图 6-9b)所示的图形)

2. 说明

旋转命令旋转角度有以下三种输入方法。

(1)直接指定旋转角度：选择的对象按该角度旋转，此方式为默认值。

(2)参照方式：输入“r”并按 Enter 键后提示如下。

指定参照角 <0>：（输入角 A_1 的值）

指定新角度或［点(P)］ <0>：（输入角 A_2 的值）

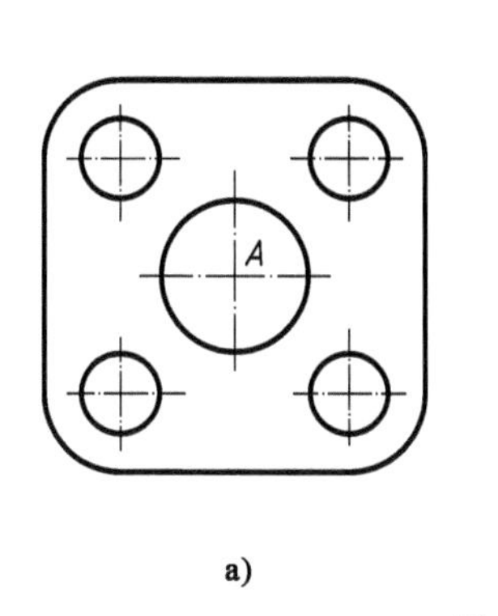

a)

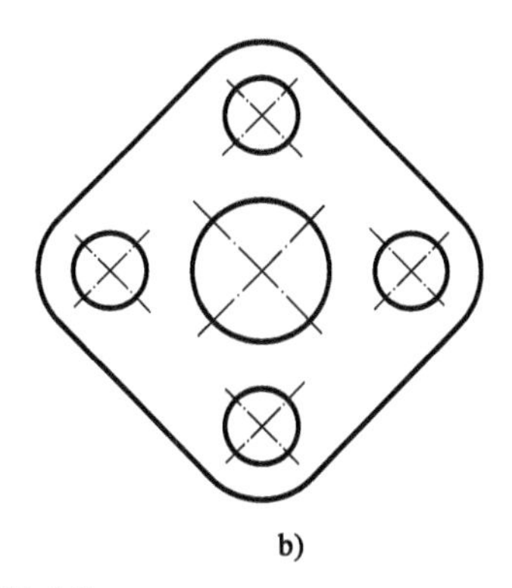

b)

图 6-9　旋转对象

a)旋转前；b)旋转后

先输入的参照角 A_1 表示参照方向与 X 轴正方向的夹角，再给出的新角度 A_2 表示旋转后的参照方向与 X 轴正方向的夹角，因此，旋转对象实际上的旋转角为 $A_2 - A_1$，如图 6-10 所示。如果输入“P”来响应新角度，则指定两点来确定新的绝对角度。

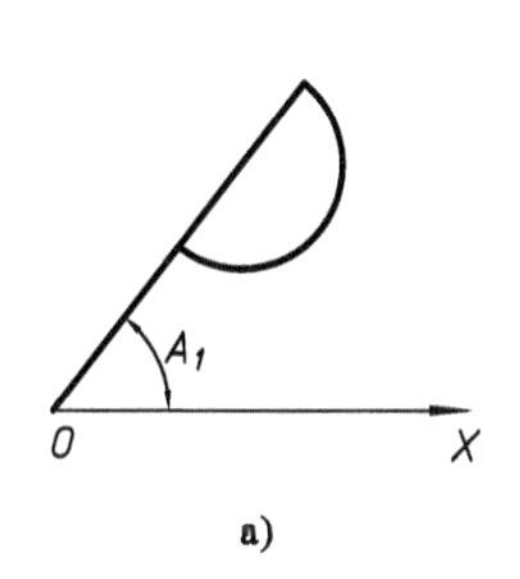

a)

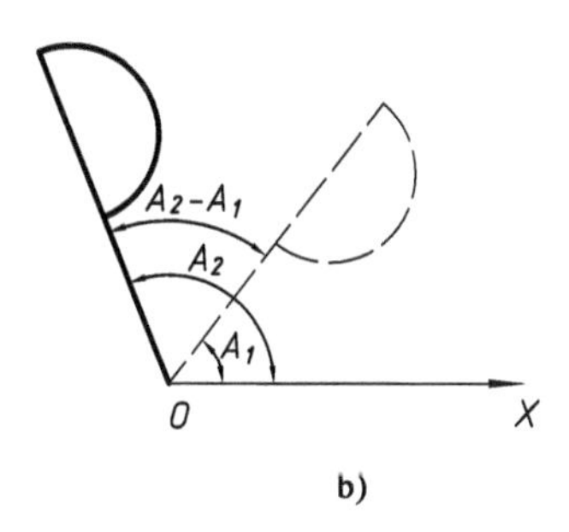

b)

图 6-10　参考方式旋转对象

a)旋转前；b)旋转后

(3)使用【复制(C)】选项，可以旋转选定的对象，并在指定的位置保留原来的图形。

三、复制对象

【复制】命令可将选定的对象在指定位置复制成一个或多个，且原图保持不变。新复制的对象与原图相同且保持独立，可以单独进行编辑处理。

1. 操作

单击功能区选项板中【常用】选项卡，选择【修改】面板的【复制】按钮，单击菜单浏览器按钮中【修改】菜单列表的【复制】菜单项，或在命令行输入命令“copy”都可将选定的对象进行复制。以图 6-11 为例说明该命令的具体操作步骤。

命令：_copy

选择对象：（由点 P_1、P_2 组成的窗口选择窗户图例）

选择对象：（按 Enter 键结束对象选择）
当前设置：复制模式 = 多个
指定基点或［位移(D)/模式(O)］<位移>：（选择窗户左下角点 A）
指定第二个点或 <使用第一个点作为位移>：（选择点 B）
指定第二个点或［退出(E)/放弃(U)］<退出>：（选择点 C）
指定第二个点或［退出(E)/放弃(U)］<退出>：e （结束命令）

2. 说明

(1)指定基点和位移的第二点：所选对象将从基点复制到第二点，当复制模式是【多个】时命令并不退出，继续指定第二点可将对象进行多重复制。

(2)位移量的第二点以回车响应：则以第一点的坐标值作为相对坐标 ΔX、ΔY 进行复制，且结束【复制】命令。

(3)在指定基点或位移的提示下，输入“d”，命令行提示如下。

指定位移 <0.0000,0.0000,0.0000>：（输入表示矢量的坐标）

输入的坐标值将指定复制的相对距离和方向。

(4)【模式(O)】选项控制是否自动重复该命令。输入“o”，命令行提示如下：

输入复制模式选项［单个(S)/多个(M)］<多个>：

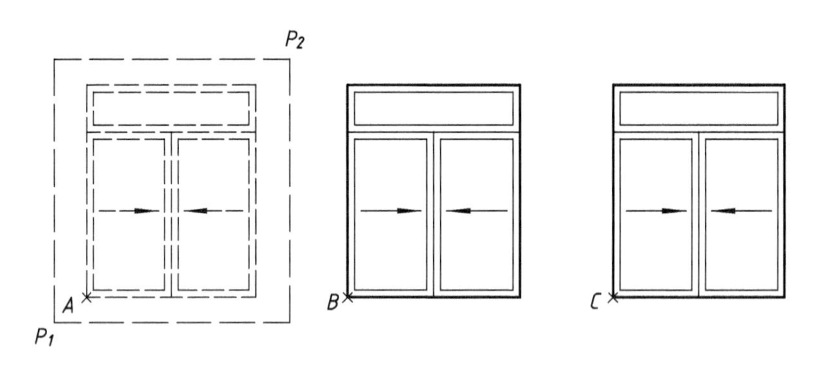

图 6-11 对象的复制

四、阵列对象

【阵列】命令可以对所选对象一次性按矩形或圆形的方式进行多重复制。复制以后，可对每个图形进行单独的编辑和处理。

1. 操作

单击功能区选项板中【常用】选项卡，选择【修改】面板的【阵列】按钮，单击菜单浏览器按钮中【修改】菜单列表的【阵列】菜单项，或在命令行输入命令“array”都可启动如图 6-12 所示的【阵列】对话框。

2. 说明

1)矩形阵列

图 6-12 处于【矩形阵列】状态。通过单击【选择对象】按钮返回绘图状态，可选择要阵列的对象，其他阵列参数如【行数】及【行偏移】、【列数】及【列偏移】以及【阵列角度】可通过文本框直接输入，其中偏移量和阵列角度也可单击文本框右边的按钮通过指定两点的方法输入。

注意:行数和列数包括原图本身,两者均是整数,但不能同时为 1。如果行偏移量取正值,则向上增加行数;取负值,则向下增加行数。如果列偏移量为正值,则向右增加列数;为负值,则向左增加列数。图 6-13 是以正五边形为源对象,按照 2 行、3 列、行偏移量 20、列偏移量 20、阵列角度 0°的相关参数矩形阵列所得到的图形。

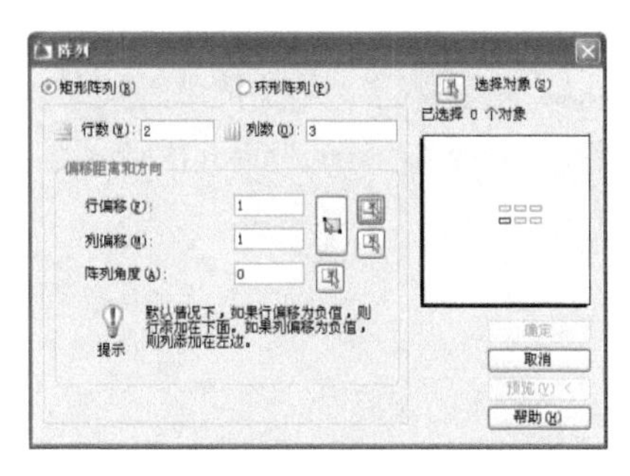

图 6-12 【阵列】对话框中【矩形阵列】

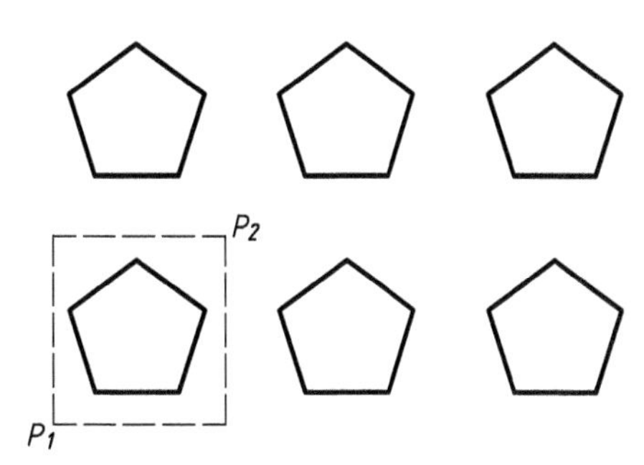

图 6-13 矩形阵列复制对象

2)环形阵列

若在【阵列】对话框中选中【环形阵列】单选按钮,则得到如图 6-14 所示的对话框,可在其中设置环形阵列相关参数。

【环形阵列】对话框中相关参数含义如下。

【选择对象】:单击按钮进入对象选择状态,选择对象选择后,返回【阵列】对话框,所选择的对象将作为阵列的源对象。

【中心点】:确定环形阵列的中心。

【方法】:设置定位对象所用的方法。

【项目总数】:设置在结果阵列中显示的对象数目,默认值为 4。

【填充角度】:通过定义阵列中第一个和最后一个元素的基点之间的包含角来设置阵列大小,正值指定逆时针旋转,负值指定顺时针旋转,默认值为 360,不允许为 0。

【项目间角度】:设置阵列对象的基点和阵列中心之间的包含角。

【复制时旋转项目】:复制对象在阵列的同时,自身也转动,其度数与阵列旋转角度一致。不勾该选项则被复制的对象自身不转动。

【预览】:若已选择源对象,系统将按对话框中设置的参数阵列源对象,并询问接受、修改或取消。

【确定】:系统将不询问用户而直接完成阵列并退出该命令。

图 6-15 反映以多边形为源对象,项目总数为 8,填充角度 360°,环形阵列所得到的图形,其中图 6-15a)是复制时旋转项目的情况,图 6-15b)是复制时不旋转项目的情况。

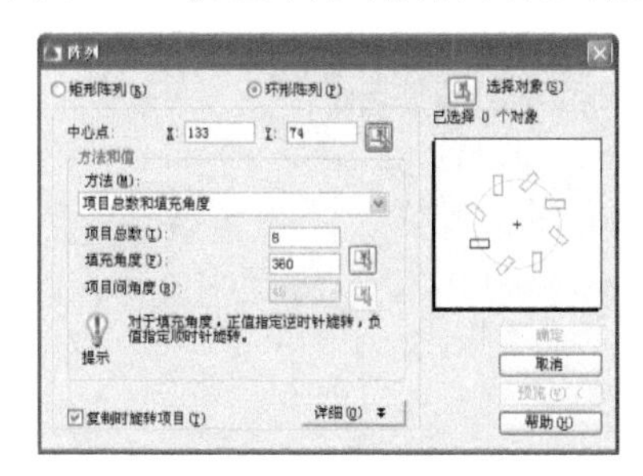

图 6-14 【阵列】对话框中【环形阵列】

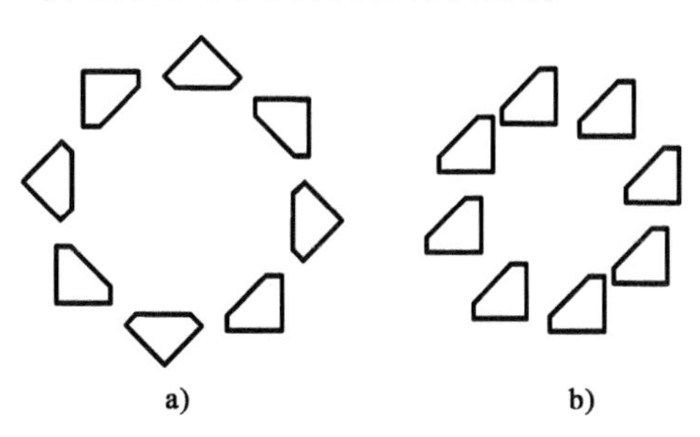

图 6-15 环形阵列复制对象

a)复制时旋转项目;b)复制时不旋转项目

五、偏移对象

【偏移】命令用来构造一个与指定对象平行并保持指定距离的新对象，如创建同心圆、平行线和平行曲线。

1. 操作

单击功能区选项板中【常用】选项卡，选择【修改】面板的【偏移】按钮，单击菜单浏览器按钮中【修改】菜单列表的【偏移】菜单项，或在命令行输入命令“offset”都可执行镜像操作。以图 6-16 为例说明具体操作步骤。

命令：_offset

当前设置：删除源 = 否 图层 = 源 OFFSETGAPTYPE = 0

指定偏移距离或［通过(T)/删除(E)/图层(L)］<通过>：10 （输入偏移距离）

选择要偏移的对象，或［退出(E)/放弃(U)］<退出>： （选择图 6-16a）中间的直线）

指定要偏移的那一侧上的点，或［退出(E)/多个(M)/放弃(U)］<退出>： （在直线上方输入一点）

选择要偏移的对象，或［退出(E)/放弃(U)］<退出>： （选择图 6-16a）中间的直线）

指定要偏移的那一侧上的点，或［退出(E)/多个(M)/放弃(U)］<退出>： （在直线下方输入一点，得到图 6-16a）

选择要偏移的对象，或［退出(E)/放弃(U)］<退出>：e （结束命令）

以同样的方法可以得到图 6-16b）的同心圆。

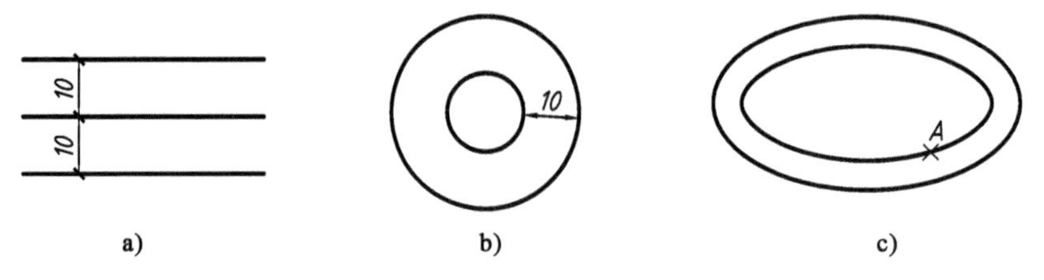

图 6-16 对象的偏移

a）直线偏移；b）圆偏移；c）曲线偏移

2. 说明

【偏移】命令有四种操作方法：

（1）通过指定新对象与已有对象之间的偏移距离来实现，例如上面的操作步骤。输入【多个(M)】偏移模式，可使用当前偏移距离重复进行偏移操作，并接受附加的通过点。

（2）【偏移】命令也可以通过指定点来建立新的偏移对象，操作步骤如下。

命令：_offset

当前设置：删除源 = 否 图层 = 源 OFFSETGAPTYPE = 0

指定偏移距离或［通过(T)/删除(E)/图层(L)］<10.0000>：t （指定用通过点的方式）

选择要偏移的对象，或［退出(E)/放弃(U)］<退出>： （选择图 6-16c）中的大椭圆）

指定通过点或［退出(E)/多个(M)/放弃(U)］<退出>： （输入点 A，得到图 6-16c）

选择要偏移的对象，或［退出(E)/放弃(U)］<退出>：e （结束命令）

（3）【删除(E)】选项，偏移对象后将源对象删除。输入“e”，命令行提示如下：

要在偏移后删除源对象吗？［是(Y)/否(N)］<当前>： （输入 y 或 n）

（4）【图层(L)】选项，确定将偏移对象创建在当前图层上还是源对象所在的图层上。输入“l”，命令行提示如下。

输入偏移对象的图层选项［当前(C)/源(S)］<当前>：（输入 c 或 s）

六、镜像对象

【镜像】命令可将选定的对象作对称复制，即产生对称图形，原来的对象可以保留或者删去，使用时需由两点指定镜像线(对称线)。

1. 操作

单击功能区选项板中【常用】选项卡，选择【修改】面板的【镜像】按钮，单击菜单浏览器按钮中【修改】菜单列表的【镜像】菜单项，或在命令行输入命令“mirror”，都可执行镜像操作。以图 6-17 为例说明镜像操作过程如下。

命令：_mirror

选择对象：（选择图 6-17a)所示的图形）

选择对象：（按 Enter 键退出对象选择）

指定镜像线的第一点：（选择对称线端点 A）

指定镜像线的第二点：（选择对称线端点 B）

要删除源对象吗？［是(Y)/否(N)］<N>：n （镜像命令结束得到图 6-17b)的图形）

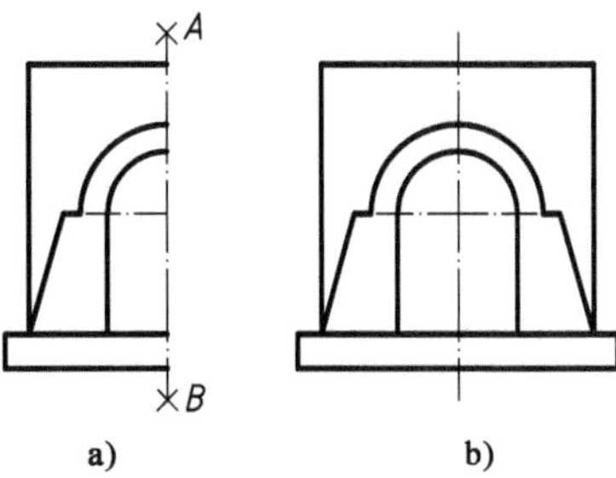

图 6-17 镜像复制图形

a)镜像前；b)镜像后

2. 说明

在将选择集作镜像处理时，如果所选择的对象中含有文本，也有可能产生镜像变换，从而得到反向书写的文字，这时阅读会带来困难。要处理文字对象的反射特性，可利用 MIRRTEXT 系统变量来控制。如果 MIRRTEXT 为 0，则不作反射或倒置，从而保持原有文本的可读性和对齐方向；MIRRTEXT 为 1 将导致文字对象同其他对象一样被镜像处理。图 6-18 对文本镜像作了说明。

图 6-18 文本镜像

a) MIRRTEXT = 0；b) MIRRTEXT = 1

七、缩放对象

【缩放】命令将选定的对象相对于指定的基点进行放大和缩小。如果已经在图形上标注了尺寸，这些尺寸将根据新的缩放比例改变。

1. 操作

单击功能区选项板中【常用】选项卡，选择【修改】面板的【缩放】按钮，单击菜单浏览器按钮中【修改】菜单列表的【缩放】菜单项，或在命令行键入命令“scale”，都可将对象进行缩放。以图 6-19 为例说明该命令的具体操作步骤。

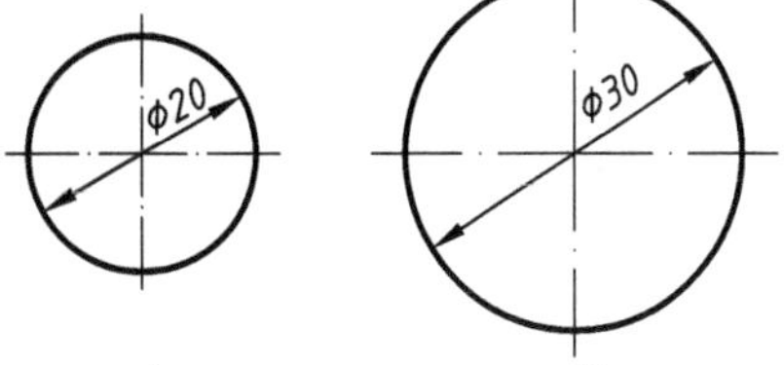

图 6-19 比例缩放图形

a)缩放前；b)缩放后

命令:_scale
选择对象: (选择直径20的圆)
选择对象: (按Enter键结束对象选择)
指定基点: (选择圆心作为缩放基点)
指定比例因子或[复制(C)/参照(R)] <1>:1.5 (结束【比例缩放】命令,圆的直径放大到30)

2. 说明

【缩放】命令的缩放倍数有以下三种输入方法。

(1)直接输入一个正数:该数作为对象的缩放比例因子。当缩放比例因子大于1,图形放大;缩放比例因子小于1,图形缩小。此方式为默认值。

(2)参考方式:输入"r"并按Enter键后提示如下。

指定参照长度 <1>: (输入参考长度L_1)
指定新长度或[点(P)]: (输入新的长度L_2)

比例因子为L_2/L_1,给定长度时,可以直接输入长度值,也可以给定两点,则两点之间的距离为其长度。

(3)使用【复制(C)】选项,可以缩放选定的对象,并在指定的位置保留原来的图形。

前面曾介绍过视图【缩放】(zoom)命令,它只改变对象的显示效果,并不改变对象的真实大小。但比例缩放与视图缩放有本质上的差别,例如图6-19中把直径20的圆比例放大1.5倍并标注尺寸缩放前后对比,可知比例缩放改变对象的真实大小。

八、对齐对象

【对齐】命令可以在二维和三维空间中同时移动、旋转和缩放一个对象,使其与另一个对象对齐。

1. 操作

单击菜单浏览器按钮中【修改】菜单列表【三维操作】的【对齐】菜单项,或在命令行输入命令"align",都可将对象对齐。以图6-20为例说明该命令的具体操作步骤。

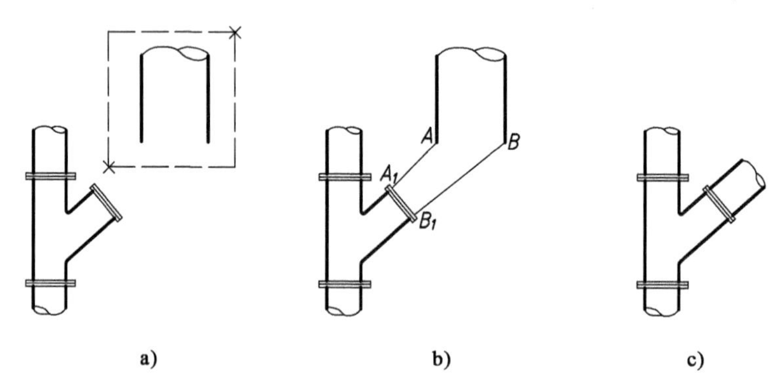

图6-20 两对源点和目标点的对齐
a)选择对象;b)指定四个点;c)结果

命令: _align
选择对象: (选择图6-20a)虚线框中的对象)
选择对象: (按Enter键退出对象选择)
指定第一个源点: (选择点A,如图6-20b)所示)
指定第一个目标点: (选择点A_1)

指定第二个源点：（选择点 B）

指定第二个目标点：（选择点 B_1）

指定第三个源点或 <继续>：（按 Enter 键退出选择）

是否基于对齐点缩放对象？[是(Y)/否(N)] <否>：y （得到如图 6-20c)所示的结果）

2. 说明

(1)【对齐】命令可以指定一对、两对或三对源点和目标点，以对齐选定对象。在二维绘图中仅需指定一对或两对源点和目标点。

(2)当只选择一对源点和目标点时，选定对象从源点移动到目标点。

(3)当选择两对点时，可以在二维或三维空间移动、旋转和缩放选定对象，以便与其他对象对齐。其中，第一对源点和目标点定义对齐的基点，第二对点定义旋转的角度。在输入了第二对点后，系统会给出缩放对象的提示。将以第一目标点和第二目标点之间的距离作为缩放对象的参考长度。

第四节　对象的部分修改和生成

为了对图形进行局部修改，可以利用【延伸】、【拉伸】、【拉长】、【圆角】、【倒角】、【分解】等命令来实现，也可利用这些命令生成部分对象。

一、延伸对象

【延伸】命令可当作是【修剪】命令的反向补充，它可延伸对象，使其端点精确地落在指定的边界上。待延伸对象上拾取点的位置决定了对象要延伸的部分。

1. 操作

单击功能区选项板中【常用】选项卡，选择【修改】面板的【延伸】按钮，单击菜单浏览器按钮中【修改】菜单列表的【延伸】菜单项，或在命令行输入命令“extend”，都可执行延伸操作，具体操作过程如下。

命令：_extend

当前设置：投影 = UCS，边 = 无

选择边界的边…

选择对象或 <全部选择>：（选择对象作为延伸边界）

选择对象：（按 Enter 键退出对象选择）

选择要延伸的对象，或按住 Shift 键选择要修剪的对象，或[栏选(F)/窗交(C)/投影(P)/边(E)/放弃(U)]：（选择要延伸的对象）

⋮

选择要延伸的对象，或按住 Shift 键选择要修剪的对象，或[栏选(F)/窗交(C)/投影(P)/边(E)/放弃(U)]：（按 Enter 键结束）

【延伸】命令的提示与【修剪】命令的提示类似，这里不再赘述。

2. 说明

(1)一次可选择多个对象作为边界线，但只能用单点方式、【栏选(F)】方式和【窗交(C)】方式选择延伸对象，延伸对象本身也可作为边界。

(2)要延伸对象的哪一端由延伸对象拾取点的位置决定，选中的对象以原方向延伸出来直到最靠近的一条边界线为止，如图 6-21a)所示。

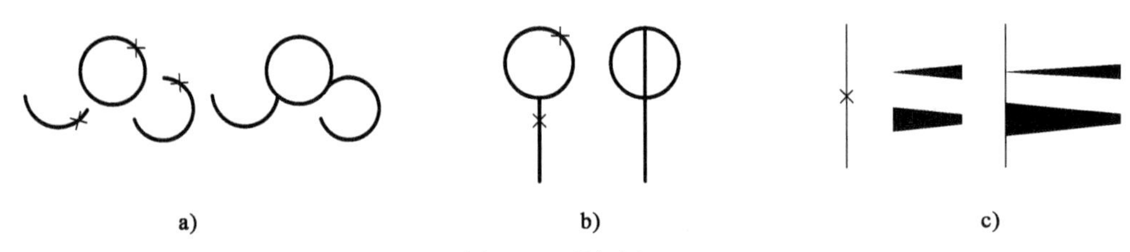

图 6-21　延伸对象

a)延伸对象拾取点位置决定延伸结果;b)延伸对象可穿透边界到达另一边界;c)有锥度多段线的延伸

(3)延伸对象与边界线相交时,对象可穿透边界线到达界线的另一边,如图 6-21b)所示。

(4)只有非闭合的多段线才可延伸。有宽度的多段线的延伸以中心线与边界线相遇为止,宽多段线的尾部总是方形的。延伸有锥度的多段线时,将自动调整延伸尾部的宽度,使其保持锥度直到与边界线相遇形成新端点为止,如图 6-21c)所示。

二、拉伸对象

【拉伸】命令用于拉伸图形中的指定部分,可使之拉长、缩短或改变形状,并保持与原图未动部分的连接。

1. 操作

单击功能区选项板中【常用】选项卡,选择【修改】面板的【拉伸】按钮,单击菜单浏览器按钮中【修改】菜单列表的【拉伸】菜单项,或在命令行输入命令"stretch",都可执行拉伸操作。下面以图 6-22 为例说明具体操作步骤。

命令:_stretch

以交叉窗口或交叉多边形选择要拉伸的对象…

选择对象:指定对角点:　(按图 6-22a)所示用交叉窗口选择拉伸对象)

选择对象:　(按 Enter 键退出选择对象状态)

指定基点或[位移(D)] <位移>:　(选择点 P_1,如图 6-22b)所示)

指定第二个点或 <使用第一个点作为位移>:　(选择点 P_2,得到如图 6-22c)所示的结果)

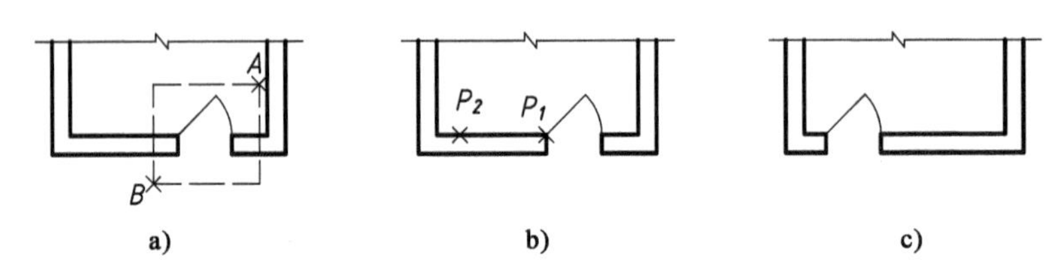

图 6-22　拉伸对象

a)用窗交方式选择拉伸对象;b)选择拉伸的位移量;c)拉伸结果

2. 说明

(1)必须用交叉窗口或交叉多边形选择拉伸对象,如果所有对象都在窗口内,使用【拉伸】命令将移动这些对象,功能类似于【移动】命令。

(2)如果对象部分与窗口相交,【拉伸】命令对不同类型的对象有着不同的作用。

直线:窗口外的端点不动,窗口内的端点移动,直线由此而改变长短和方向。

圆弧:与直线类似,但在圆弧改变过程中,圆弧的弦高保持不变,由此来调整圆心位置和圆弧所对应的圆心角。

多段线:逐段地当作直线段和圆弧段进行处理,但宽度、切线方向及曲线拟合的信息都不改变。

圆:若圆心在窗口内,则圆移动,否则不动。

文本:若文本基点在窗口内,则文本移动,否则不动。

三、拉长对象

【拉长】命令用于改变非封闭对象的长度或者圆弧的夹角。对于封闭的对象则无效。用户可以指定一个增量、总长度、长度的百分数或者动态拖动一个数值来改变长度和角度。

1. 操作

单击功能区选项板中【常用】选项卡,选择【修改】面板的【拉长】按钮,单击菜单浏览器按钮中【修改】菜单列表的【拉长】菜单项,或在命令行输入命令“lengthen”,都可执行拉长操作,具体操作步骤如下。

```
命令: _lengthen
选择对象或[增量(DE)/百分数(P)/全部(T)/动态(DY)]:
```

2. 说明

(1)选择要拉长的对象,则显示选定对象的长度或者角度。

(2)【增量(DE)】选项,通过指定增量来加长或者缩短对象,正值表示加长,负值表示缩短。可以指定长度值或者角度值。增量是从离拾取点最近对象端点开始量度的。输入 DE 并按 Enter 键后,将显示以下提示。

```
输入长度增量或[角度(A)] <0.0000>:
选择要修改的对象或[放弃(U)]:
```

其中,【长度增量】用于改变对象长度,如图 6-23a)所示;【角度(A)】增量用于改变圆弧的角度,如图 6-23b)所示。

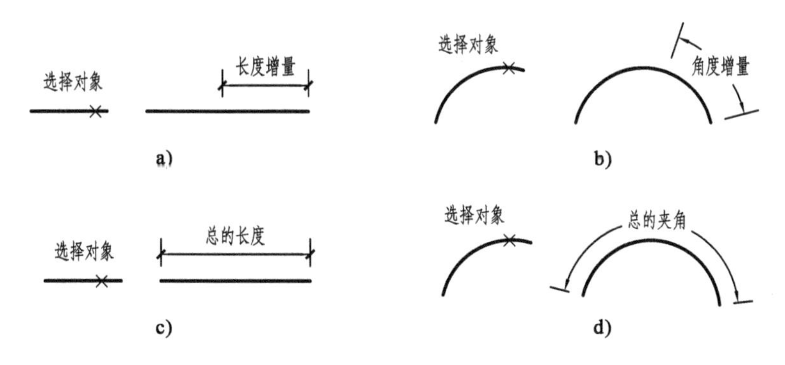

图 6-23　加长对象

a)输入直线长度增量;b)输入圆弧角度增量;c)输入直线总的长度;d)输入圆弧总的夹角

(3)【百分数(P)】选项:让用户指定占总长度的百分比来设置对象的长度。例如,200%是将对象加长为原来的 2 倍。

(4)【全部(T)】选项:让用户指定从固定端点开始的对象的确切长度。对直线而言,确定直线的总长,如图 6-23c)所示;对圆弧而言,确定圆弧夹角的总度数,如图 6-23d)所示。

(5)【动态(DY)】选项:动态拖动所选择对象的长度。与拾取点距离最近的对象端点被拖动到期望的长度或者角度位置,另一端点不动。

四、合并对象

【合并】命令可以将直线、多段线、圆弧、椭圆弧和样条曲线等独立的线段合并为一个对象。

1. 操作

单击功能区选项板中【常用】选项卡，选择【修改】面板的【合并】按钮，单击菜单浏览器按钮中【修改】菜单列表的【合并】菜单项，或在命令行输入命令"join"，都可合并对象，具体步骤如下。

命令:_join
选择源对象：（选择第一条直线）
选择要合并到源的直线:找到 1 个 （选择第二条直线）
选择要合并到源的直线：（按 Enter 键结束命令）
已将 1 条直线合并到源

2. 说明

(1)合并的源对象可以是一条直线、多段线、圆弧、椭圆弧或样条曲线，根据选定的源对象的不同，后续提示也有所不同。

(2)如果选择直线作为源对象，与之合并的一条或多条直线必须共线(位于同一无限长的直线上)，但是它们之间可以有间隙。

(3)如果选择多段线作为源对象，与之合并的对象可以是直线、多段线或圆弧，但对象之间不能有间隙，并且必须位于与 UCS 的 *XY* 平面平行的同一平面上。

(4)选择圆弧或椭圆弧作为源对象，与之合并的圆弧或椭圆弧必须位于同一假想的圆或椭圆上，但是它们之间可以有间隙，并且是从源对象开始按逆时针方向合并对象。如果在确定该源对象后选择【闭合】选项，可将圆弧或椭圆弧转换成圆或椭圆。

(5)选择样条曲线作为源对象，与之合并的一条或多条样条曲线应该位于同一平面内，并且首尾相邻。

五、圆角命令

【圆角】命令用于在两条直线、圆、圆弧、椭圆弧、多段线、射线、样条曲线或构造线等对象之间建立圆角。该命令也可为三维实体加圆角。如果 TRIMMODE 系统变量设置为 1，则【圆角】命令裁剪相交直线到圆角的端点，如果选择的直线不相交，则 AutoCAD 系统进行延伸或裁剪以便使其相交。如果指定的半径为 0，则不产生圆角而是将两个对象延伸直至相交。

1. 操作

单击功能区选项板中【常用】选项卡，选择【修改】面板的【圆角】按钮，单击菜单浏览器按钮中【修改】菜单列表的【圆角】菜单项，或在命令行输入命令"fillet"，都可执行圆角操作，具体操作步骤如下。

命令:_fillet
当前设置:模式 = 不修剪，半径 = 0.0000
选择第一个对象或 [放弃(U)/多段线(P)/半径(R)/修剪(T)/多个(M)]:
选择第二个对象，或按住 Shift 键选择要应用角点的对象:

2. 说明

(1)【选择第一个对象】选项,此项为默认项,让用户选择第一个对象,选择后提示【选择第二个对象】,选择对象后,AutoCAD 系统将以当前半径对两个对象进行圆角处理。

(2)在【选择第二个对象】时按住 Shift 键再选择对象,相当于用 0 值来替代当前的圆角半径。如果选定对象是二维多段线的两个直线段,则它们可以相邻或者被另一条线段隔开。如果它们被另一条多段线线段分隔,则【圆角】命令将删除此分隔线段并用圆角代替它。

(3)【放弃(U)】选项:恢复在命令中执行的上一个操作。

(4)【多段线(P)】选项:对指定的整条多段线进行圆角连接。

(5)【半径(R)】选项:指定圆角的半径。这里指定的值将对以后的【圆角】命令产生作用。

(6)【修剪(T)】选项:控制是否修剪选定的边使其延伸到圆角弧的端点,如图 6-24 所示。

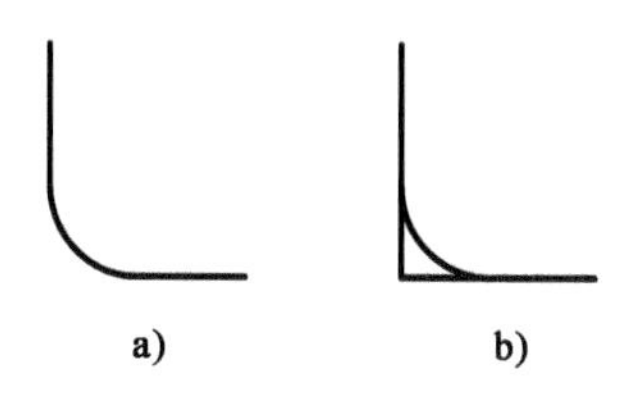

图 6-24 【圆角】命令的【修剪】选项
a)修剪模式;b)不修剪模式

(7)【多个(M)】选项:给多个对象集加圆角。AutoCAD 系统将重复显示主提示和【选择第二个对象】提示,直到用户按 Enter 键结束命令。

(8)用圆角连接两个对象时,系统将最靠近拾取点的端点作圆角连接。因此,选择对象的位置对延伸、修剪和放置圆角的位置有影响,如图 6-25 所示。

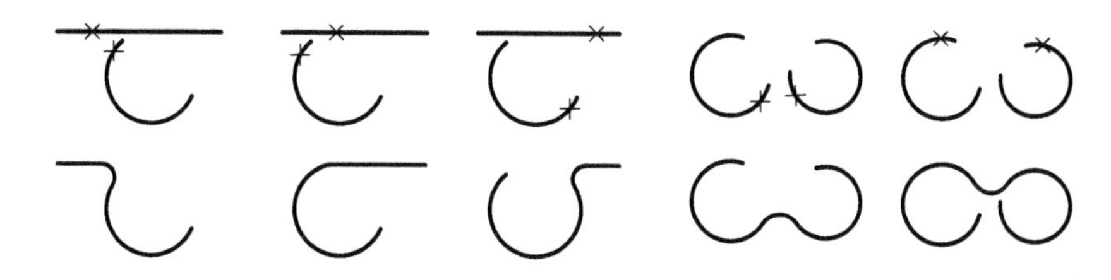
图 6-25 选择对象位置对圆角的影响

(9)用圆角连接的两个对象在同一图层上,圆角弧也位于该图层上;如果两个对象不在同一图层上,则圆角弧位于当前层上。有关圆角弧的颜色和线型的处理规则与此相似。

六、倒角命令

【倒角】命令可按指定的距离用一直线来连接两条直线,在两条直线或者多段线之间产生倒角。如果 TRIMMODE 系统变量设置为 1,则该命令裁剪相交直线到倒角的端点。如果选择的直线不相交,则 AutoCAD 系统进行延伸或者裁剪以便使其相交。

该命令与前面讲过的【圆角】命令很相似,其区别在于该命令用直线段连接,而【圆角】命令用圆弧连接。

1. 操作

单击功能区选项板中【常用】选项卡,选择【修改】面板的【倒角】按钮,单击菜单浏览器按钮中【修改】菜单列表的【倒角】菜单项,或在命令行输入命令“chamfer”,都可执行倒角操作,具体操作步骤如下。

```
命令:_chamfer
(“修剪”模式)当前倒角距离 1 = 10.0000,距离 2 = 10.0000
选择第一条直线或[放弃(U)/多段线(P)/距离(D)/角度(A)/修剪(T)/方式(E)/多个(M)]:
```

选择第二条直线,或按住 Shift 键选择要应用角点的直线:

2. 说明

(1)【选择第一条直线】、【放弃(U)】、【多段线(P)】、【修剪(T)】和【多个(M)】等选项的含义与【圆角】命令中的含义相似,这里不再赘述。

(2)【选择第二个直线】时按住 Shift 键再选择对象,相当于用 0 值来替代当前的倒角距离。如果选定对象是二维多段线的两个直线段,则它们可以相邻或者被另一条线段隔开。如果它们被另一条多段线线段分隔,则【倒角】命令将删除此分隔线段并用倒角代替它。

(3)【距离(D)】选项,指定倒角距离,输入"d"并按 Enter 键后,将显示如下提示。

指定第一个倒角距离 <10.0000>:20
指定第二个倒角距离 <20.0000>:10(如图 6-26a)所示)

如果倒角距离均为 0,系统将裁剪或延伸两直线直至相交,如图 6-26b)所示。

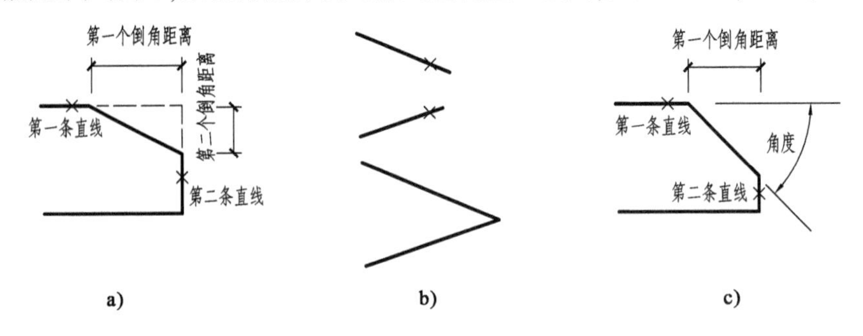

图 6-26 两直线间倒角

a)指定两个距离进行倒角;b)倒角距离等于 0;c)指定距离和角度进行倒角

(4)【角度(A)】选项,设置倒角的距离和角度,输入"a"并按 Enter 键后,将显示如下提示。

指定第一条直线的倒角长度 <0.0000>:15
指定第一条直线的倒角角度 <0>: 45 (如图 6-26c)所示)

(5)【方式(E)】选项,控制是用两个倒角距离方式还是用一个倒角距离和一个角度方式来建立倒角。

(6)如果两条直线在图形范围内无交点时,则拒绝执行该命令,并显示报错信息。

七、分解对象

【分解】命令可将一个复杂的对象分解成多个简单的基本对象。例如,该命令可以将多段线分解为简单的直线段或弧线段,分解后相关的宽度和切线信息将消失,所有直线段和弧线段都按多段线的中心线绘制。该命令还可以将块、尺寸标注、多线、三维实体、面域、多面体网格等对象分解为多个简单对象。

1. 操作

单击功能区选项板中【常用】选项卡,选择【修改】面板的【分解】按钮,单击菜单浏览器按钮中【修改】菜单列表的【分解】菜单项,或在命令行输入命令"explode",都可执行分解操作,具体操作步骤如下。

命令:_explode
选择对象: (选择要分解的对象)

2. 说明

(1)该命令一次只能分解一级对象。例如,图块中含有多段线,使用一次该命令只分解图块,而块中的多段线如果要再分解,则还需再使用一次【分解】命令。

(2)分解多段线等对象后,分解的对象位于同一图层,其颜色、线型与原对象相同。

第五节 特定对象的修改

对于多段线、多线、样条曲线等对象,AutoCAD 提供了专门的编辑命令,下面分别介绍这些命令的用法。

一、多段线的修改

修改多段线命令可以修改二维多段线、三维多段线和三维多边形网格。这里主要介绍二维多段线的编辑方法。

1. 操作

单击功能区选项板中【常用】选项卡,选择【修改】面板的【编辑多段线】按钮,单击菜单浏览器按钮中【修改】菜单列表【对象】子菜单的【多段线】菜单项,或在命令行输入命令"pedit",都可执行多段线修改命令,具体操作步骤如下。

命令:_pedit

选择多段线或[多条(M)]: (选择一条多段线)

输入选项[闭合(C)/合并(J)/宽度(W)/编辑顶点(E)/拟合(F)/样条曲线(S)/非曲线化(D)/线型生成(L)/放弃(U)]:

2. 说明

如果当前多段线是闭合的,则【闭合(C)】选项由【打开(O)】选项代替。

各选项的含义说明如下。

(1)【闭合(C)】或【打开(O)】选项,将多段线的最后一段与第一段连接起来形成闭合多段线,如图 6-27a)所示。或者将多段线首尾端点间的连接线段去掉,形成开多段线。

(2)【合并(J)】选项,找出与开多段线任意一端相遇的直线、圆弧或者多段线,并将它们加到该开多段线上,构成新的多段线,如图 6-27b)所示。

(3)【宽度(W)】选项,为整条多段线指定新的统一宽度。指定新的宽度后,多段线中各不同宽度的线(弧)段都将用新的宽度值重新确定,如图 6-27c)所示。

(4)【编辑顶点(E)】选项,提供一系列编辑多段线顶点及其相关线段的功能。选择该项后,将出现一些提示子选项,各项含义将在后面专门介绍。

(5)【拟合(F)】选项,用一条光滑曲线拟合多段线的所有顶点,这条曲线在多段线的相邻两个顶点间,由圆弧构成,如图 6-27d)所示。

(6)【样条曲线(S)】选项,可生成由多段线顶点控制的样条拟合曲线,如图 6-27e)所示。拟合样条曲线时,多段线各顶点当作曲线的控制点或框架,用样条曲线来逼近各控制点,控制点越多,逼近的精度就越高。样条曲线与前面讲过的拟合曲线不同,拟合曲线是由过各个顶点的圆弧组成。一般情况下,样条曲线要比拟合曲线的效果好些。

对多段线进行样条拟合时,其控制点信息被保存起来,为以后用【非曲线化】选项还原多段线时使用。一般情况下,样条边框不显示,如果要显示,需设置系统变量 SPLFRAME 为 1

(该变量的默认值为0),这样在随后生成样条拟合曲线时,将显示边框和样条曲线,如图6-27f)所示。

样条类型受系统变量SPLINETYPE控制,如果SPLINETYPE等于5,则生成二次B样条曲线;如果SPLINETYPE等于6,则生成三次B样条曲线,如图6-27g)所示。

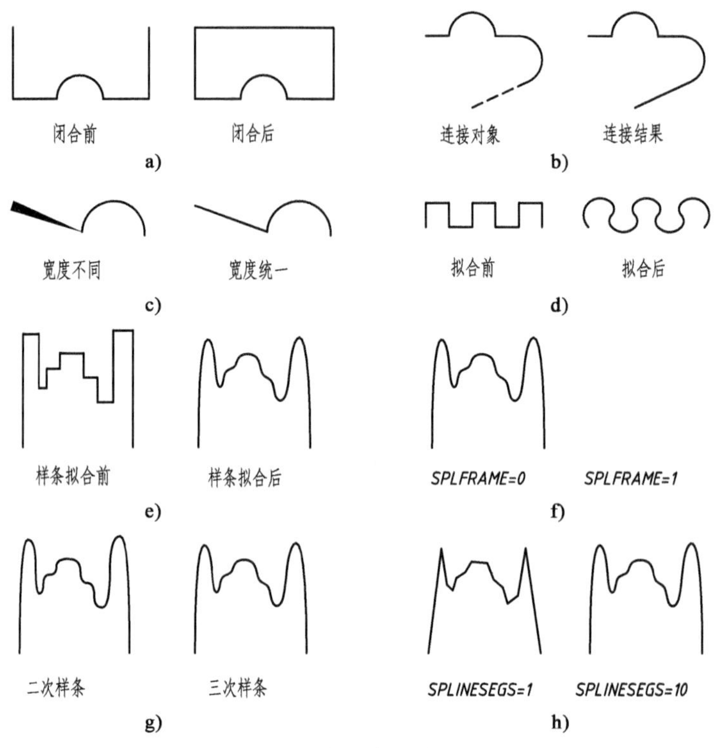

图6-27　多段线的编辑

系统变量SPLINESEGS用于设置样条曲线的逼近精度,默认值为8,表明每对控制点之间的曲线由8条线段组成。该变量取值越大,则逼近的样条曲线精度越高,而生成样条曲线所用的空间和时间开销就越大。图6-27h)所示为设置不同精度后的曲线。

(7)【非曲线化(D)】选项,用来解除由【拟合】和【样条曲线】选项产生的曲线,并恢复原来的多段线。

(8)【线型生成(L)】选项,按当前系统变量的设置值,通过多段线的顶点重新生成一条多段线。线型生成设置为off时,控制多段线在顶点间生成;线型生成设置为on时,控制多段线在端点之间生成。

(9)【放弃(U)】选项,用来取消上一次的编辑操作。连续使用该选项,可使图形一步步后退复原。

图6-27对多段线的编辑选项作了说明。

3. 多段线的顶点编辑

多段线的每一段都由顶点控制。如果要对多段线顶点进行编辑,需选择【编辑顶点(E)】选项。进入编辑顶点后,AutoCAD系统用"×"标记多段线的第一个顶点。如果已经为这个顶点指定了切线方向,则还将在该方向显示一个箭头。编辑顶点的子选项如下。

输入顶点编辑选项

[下一个(N)/上一个(P)/打断(B)/插入(I)/移动(M)/重生成(R)/拉直(S)/切向(T)/宽度(W)/退出(X)]<N>:

各选项的含义说明如下。

(1)【下一个(N)】选项,将当前顶点移到下一个顶点。该选项是默认选项。

(2)【上一个(P)】选项,用来把当前顶点前移一个。顶点标记"×"一次只能向前或向后移动一个顶点,即使是闭合多段线,顶点标记也不会从终点跳到起点。

(3)【打断(B)】选项,用来将多段线拆分为两条或从已存在的顶点处删除一段多段线。选择该项后,系统提示如下。

输入选项[下一个(N)/上一个(P)/执行(G)/退出(X)]<N>:

在该提示后输入【下一个(N)】或【上一个(P)】选项,可以选择第二个断开顶点的位置,这时顶点标记"×"作相应的移动。输入【执行(G)】选项表示执行断开,可以把第一断开顶点至第二断开顶点之间的部分删去,如图6-28a)所示。若没有选择第二断开顶点,则在第一断开顶点处将多段线分开。输入【退出(X)】选项,退出打断操作,返回到顶点编辑的提示行。

(4)【插入(I)】选项,可以在当前编辑的顶点后面,插入一个新的顶点,生成一条新的多段线,如图6-28b)所示。

(5)【移动(M)】选项,用来将当前顶点移动到一个新的位置。在使用该选项前需选好要移动的当前顶点,如图6-28c)所示。

(6)【重生成(R)】选项,可用来重新生成多段线,以便看到顶点编辑的效果。

(7)【拉直(S)】选项,可拉直两个顶点之间的多段线段,后续提示如下。

输入选项[下一个(N)/上一个(P)/执行(G)/退出(X)]<N>:

第一个拉直点为进入【拉直(S)】选项的顶点,第一个拉直点可以用【上一个】与【下一个】来获取。如果用户只指定一个顶点,则把该顶点后面的线段拉直,图6-28d)显示了选择两顶点用一条直线段代替的情况。

(8)【切向(T)】选项,为当前编辑的顶点指定一个切线方向,以便以后用于曲线拟合。切线方向用一个箭头显示在该项点处,如图6-28e)所示。

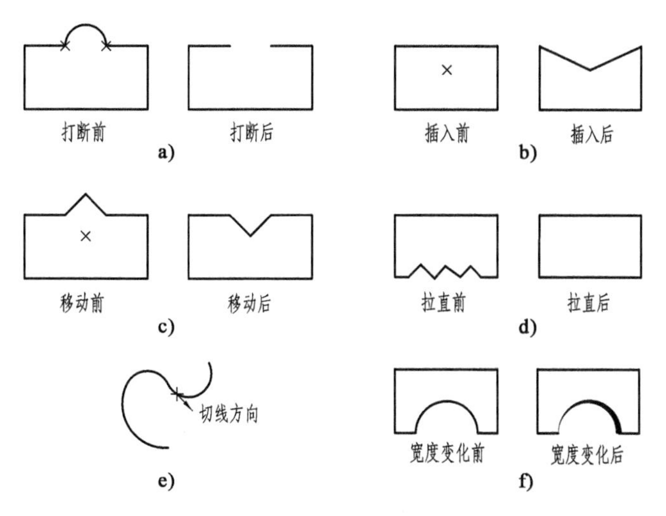

图6-28 多段线顶点编辑

(9)【宽度(W)】选项,用来改变当前顶点后面线段的起始宽度和终止宽度的值,如图6-28f)所示。

(10)【退出(X)】选项,用来退出顶点编辑,返回到“pedit”命令提示状态。

二、多线的修改

【多线编辑工具】用于修改多线的相交、交叉、角点、剪切等方式。

1. 操作

单击菜单浏览器按钮中【修改】菜单列表【对象】子菜单的【多线】菜单项,或在命令行输入命令“mledit”,都会打开如图6-29所示的【多线编辑工具】对话框。

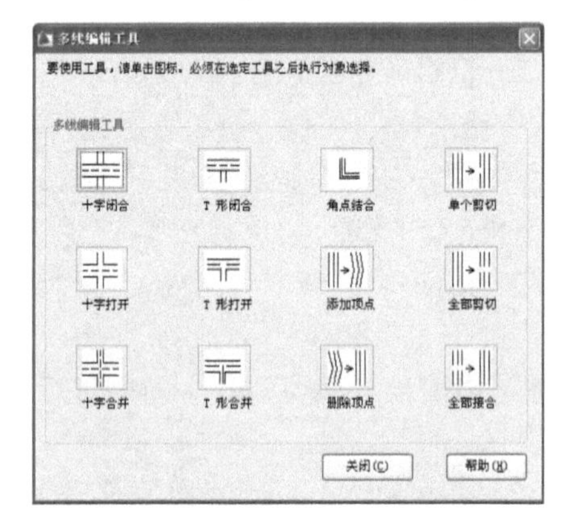

图6-29 【多线编辑工具】对话框

2. 说明

【多线编辑工具】对话框提供了三行四列共12个多线编辑工具。第一列称为十字交叉工具,包括【十字闭合】、【十字打开】、【十字合并】工具;第二列称为T形相交工具,包括【T形闭合】、【T形打开】、【T形合并】工具;第三列称为角(顶)点工具,包括【角点结合】、【添加顶点】、【删除顶点】工具;第四列称为剪切和接合工具,包括【单个剪切】、【全部剪切】、【全部接合】工具。

十字交叉工具、T形相交工具以及角(顶)点工具都要求“选择第一条多线、选择第二条多线”并修剪两根多线的结合处。图6-30 a)中点 A 处使用【角点结合】,点 B 处使用【十字合并】,点 C 处使用【T形合并】,点 D 处使用【全部剪切】,修剪结果如图6-30b)所示。十字交叉工具、角(顶)点工具对“第一条多线、第二条多线”没有次序要求,但T形相交工具要求“第一条多线”必须是处于字母T中“竖”位置的多线。

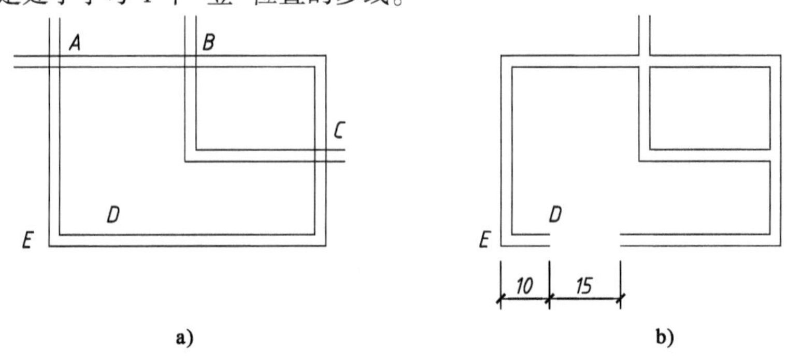

图6-30 多线编辑

a)多线编辑前;b)多线编辑后

单个剪切和全部剪切要求输入的参数与前面三类工具不同，它们要求"选择多线、选择第二个点"，并根据"选择多线时拾取框中心点的位置"以及第二点将多线部分剪断或全部剪断。可见，选择多线时拾取框中心点的位置是剪切的关键，下面是修剪图6-30b）中点 *D* 处缺口的一种方法。

命令：_mledit （启动【全部剪切】）
选择多线：（同时按 Shift 和鼠标右键，在弹出的捕捉菜单中选【自(F)】）
基点：（同时按 Shift + 鼠标右键，在弹出的捕捉菜单中选【端点(E)】，并捕获点 E）
<偏移>：@10,0
选择第二个点：@15,0 （按 Enter 键后修剪完毕）
选择多线或［放弃(U)］：（按 Enter 键退出）

三、样条曲线的修改

样条曲线编辑命令用于修改样条曲线上的点、精度和方向等参数。

1. 操作

单击功能区选项板中【常用】选项卡，选择【修改】面板的【编辑样条曲线】按钮，单击菜单浏览器按钮中【修改】菜单列表【对象】子菜单的【样条曲线】菜单项，或在命令行输入命令"splinedit"，均可执行样条曲线编辑，具体操作如下。

命令：_splinedit
选择样条曲线：
输入选项［拟合数据(F)/闭合(C)/移动顶点(M)/精度(R)/反转(E)/放弃(U)］：

2. 说明

"splinedit"命令可从五个方面对选定的样条曲线进行修改。

(1)【拟合数据(F)】：编辑样条曲线的拟合数据，包括添加、删除、移动数据点，修改起点、终点切点方向，修改拟合公差，封闭样条曲线等内容。

(2)【闭合(C)】/【打开(O)】：闭合开放的样条曲线，或打开闭合的样条曲线。

(3)【移动顶点(M)】：重新定位样条曲线的控制顶点并且清理拟合点。

(4)【精度(R)】：通过添加控制点、增高权值以及提高样条曲线阶数等修改样条曲线定义，并提高样条曲线的精度。

(5)【反转(E)】：修改样条曲线方向。

(6)【放弃(U)】：取消上一个编辑操作。

第六节 综合编辑

用户可以利用 AutoCAD 系统所提供的【特性】选项板、【特性匹配】、夹点编辑功能对图形进行编辑修改。

一、【特性】选项板修改对象

【特性】选项板可以显示选定对象或对象集的特性，同时可指定新值来修改任何能够更改的特性。

1. 操作

单击功能区选项板中【视图】选项卡，选择【选项卡】面板的【特性】按钮，单击菜单浏览器按钮中【修改】菜单列表的【特性】菜单项，或在命令行输入命令“properties”，都可弹出如图6-31所示的【特性】选项板。

2. 说明

(1)可以使用前面介绍的任意方法选择所需对象，【特性】选项板将显示选定对象的特性，而且可以在【特性】选项板中修改选定对象的特性。如果未选择对象，【特性】选项板将只显示当前图层和布局的基本特性、三维效果的材质和阴影显示、附着在图层上的打印样式表名称、视图特性和用户坐标系的相关信息。

(2)单击【特性】选项板右上角【切换PICKADD系统变量的值】的按钮，可以打开(变量值等于1)或关闭(变量值等于0)PICKADD系统变量。PICKADD打开时，每个选定对象都将添加到当前选择集中。PICKADD关闭时，选定对象将替换当前的选择集。

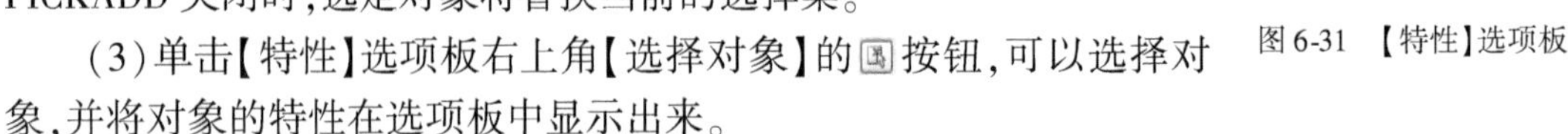

图6-31 【特性】选项板

(3)单击【特性】选项板右上角【选择对象】的按钮，可以选择对象，并将对象的特性在选项板中显示出来。

(4)单击【特性】选项板右上角【快速选择】的按钮，弹出【快速选择】对话框。使用【快速选择】创建基于过滤条件的选择集。

二、【特性匹配】修改对象

【特性匹配】可将一个对象的某些或所有特性复制到另一个或多个对象上。

1. 操作

单击功能区选项板中【常用】选项卡，选择【特性】面板的【特性】按钮，单击菜单浏览器按钮中【修改】菜单列表的【特性匹配】菜单项，或在命令行输入命令“matchprop”，都可执行【特性匹配】命令。以图6-32为例说明该命令的操作步骤。

命令：_matchprop

选择源对象：（选择图6-32a)中的源对象）

当前活动设置：颜色 图层 线型 线型比例 线宽 厚度 打印样式 标注 文字 填充图案 多段线 视口 表格材质 阴影显示 多重引线

选择目标对象或[设置(S)]：（选择图6-32b)中的目标对象，得到4-32c)所示的图形）

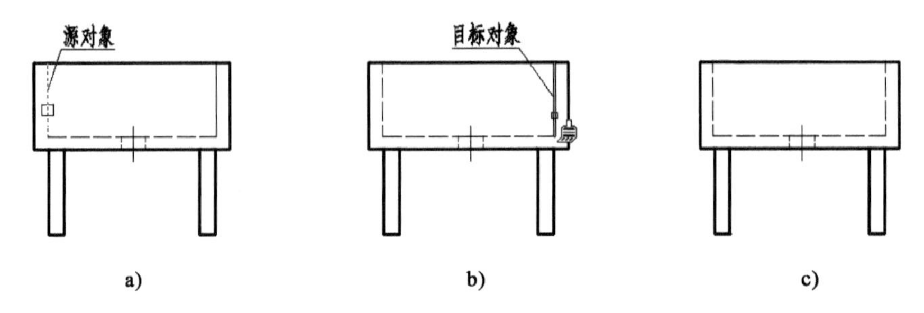

图6-32 利用【特性匹配】修改对象特性

a)选择【特性匹配】源对象；b)选择【特性匹配】目标对象；c)结果

如果在【选择目标对象或[设置(S)]】提示下输入“s”,则弹出如图6-33所示的【特性设置】对话框,利用该对话框可以改变特性匹配的设置。

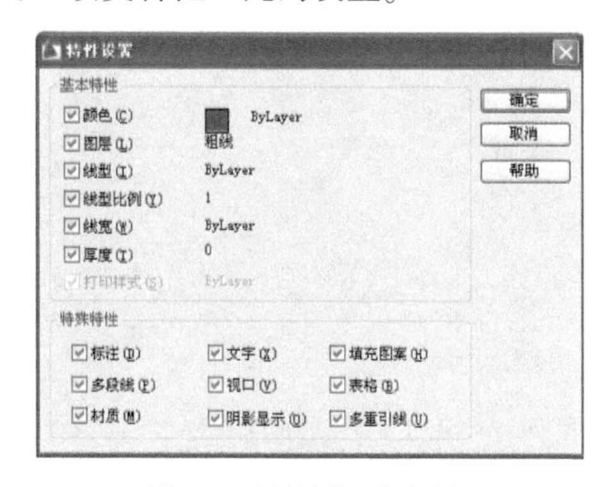

图6-33 【特性设置】对话框

2. 说明

【特性匹配】可以复制的特性包括图层、颜色、线型、线型比例、线宽、厚度,还包括尺寸标注、文字、图案填充、打印样式等特性。

三、夹点编辑对象

使用夹点功能可以方便地进行移动、旋转、缩放、拉伸、镜像等编辑操作。

1. 夹点的概念

夹点是一些实心的小方框,使用定点设备指定对象,对象将以“点线”的形式显示并在关键点上出现一些小方框,这就是夹点,如图6-34所示。通过拖动夹点可以直接而快速地编辑对象。

夹点的大小及颜色可以利用图6-4所示的【选项】对话框进行调整。若要移去夹点,可按Esc键。要从夹点选择集中移去指定对象,可以在选择前按下Shift键。

2. 操作

将十字光标的中心对准夹点并单击,此时夹点即成为基点,并且显示为实心红色小方块,命令行中将出现如下提示。

```
* * 拉伸 * *
指定拉伸点或[基点(B)/复制(C)/放弃(U)/退出(X)]:
```

【拉伸】是选择夹点后的默认操作。在图6-35a)、图6-35b)中,若先选择夹点A,然后指定B点作为拉伸点,结果如图6-35中粗实线所示。可见,选择不同的夹点其拉伸效果是不一样的。

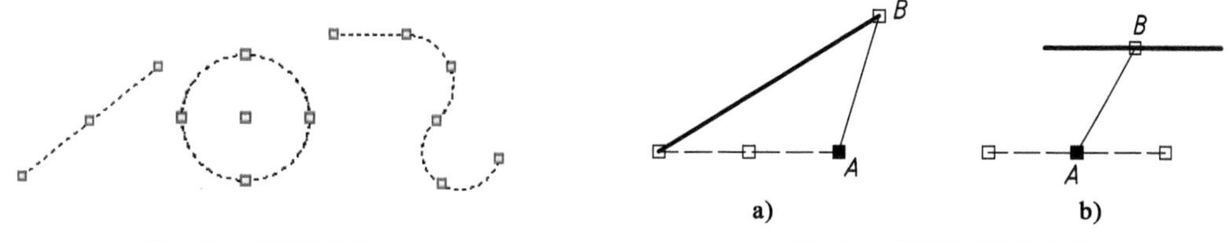

图6-34 对象的夹点

图6-35 利用夹点拉伸直线

利用夹点拉伸时,基点与拉伸点之间的距离确定对象的拉伸距离,系统默认的基点是被选择的夹点,选择【基点(B)】选项可重新设置基点;在一般情况下,完成一次拉伸后就退出了夹点编辑状态,若选择【复制(C)】选项,则进入重复拉伸状态;【放弃(U)】选项可以取消前面的操作;【退出(X)】选项即退出夹点编辑。

选择某夹点后用空格键、Enter 键或右击弹出快捷菜单,可循环切换到执行【移动】、【旋转】、【比例缩放】、【镜像】等命令,操作的提示如下。

```
* * 移动 * *
指定移动点或[基点(B)/复制(C)/放弃(U)/退出(X)]:

* * 旋转 * *
指定旋转角度或[基点(B)/复制(C)/放弃(U)/参照(R)/退出(X)]:

* * 比例缩放 * *
指定比例因子或[基点(B)/复制(C)/放弃(U)/参照(R)/退出(X)]:

* * 镜像 * *
指定第二点或[基点(B)/复制(C)/放弃(U)/退出(X)]:
```

由于这些命令在前面已作介绍,这里不详细讲解。

第七节　上 机 实 验

实验一　利用有关绘图和修改命令绘制图 6-36 所示的图形

1. 目的要求

熟练掌握绘图命令和修改命令是学习 AutoCAD 的关键,特别是合理运用修改命令,可以大大提高绘图效率。

2. 操作指导

对于对称图形,首先画出中心线以便定位。通过【修剪】、【镜像】等操作完成图 6-36a)。图 6-36b)可先通过【偏移】操作得到同心圆,再利用环形【阵列】得到均匀分布的小圆。图中图线可均绘成实线,尺寸自定。

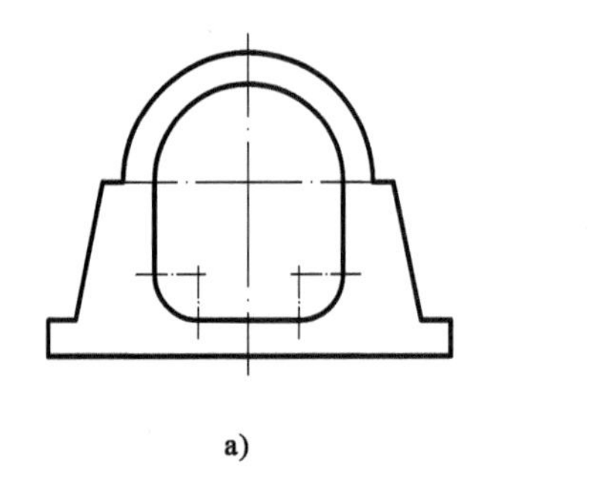

a)

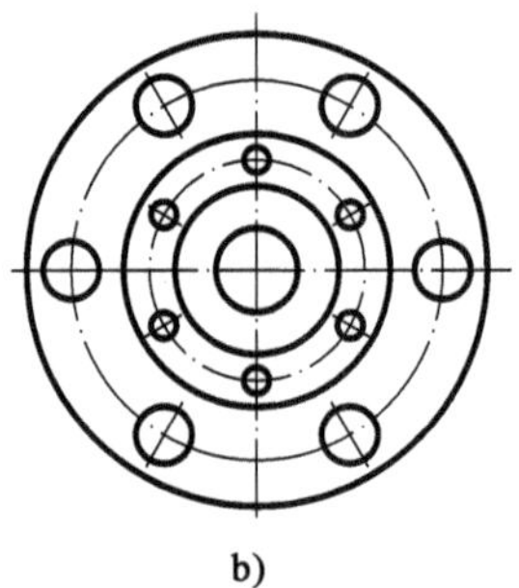

b)

图 6-36　实验一

实验二　利用有关绘图和修改命令绘制图 6-37 所示的图形

1. 目的要求

在绘图过程中,综合使用绘图命令和修改命令是快捷绘图的重要方法之一。读者通过绘制图 6-37 中的图形(尺寸自定),可以体会有关命令的应用特点和操作技巧,为绘制复杂的工程图形打好基础。

2. 操作指导

图 6-37a）先定出中心线后，画出中间小圆和矩形，在矩形左右两边画出相切的两个半圆，将中间的小圆、矩形和两端圆弧向外【偏移】相同距离，然后通过【修剪】命令去掉多余图线完成绘制。图 6-37b）可通过画直线、画圆命令以及【偏移】、【修剪】、【镜像】等编辑命令完成。

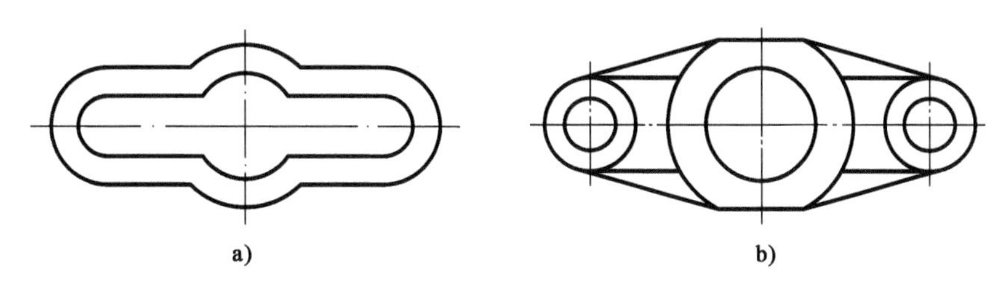

图 6-37　实验二

实验三　利用有关绘图和修改命令绘制图 6-38 所示的图形

1. 目的要求

对于有规律的图形，分析图形的特点，合理运用修改命令，可以大大加快绘图速度，减少重复劳动。

2. 操作指导

图 6-38a）是对称图形，可通过【直线】、【圆】、【椭圆】和【修剪】等命令先画出二分之一，再利用【镜像】命令完成全图。图 6-38b）中圆拱外形可先画出两端的斜线，然后用【圆角】命令，设置圆角半径为 160，完成直线与圆弧的连接。其余部分可通过【偏移】、【修剪】、【镜像】等命令实现。

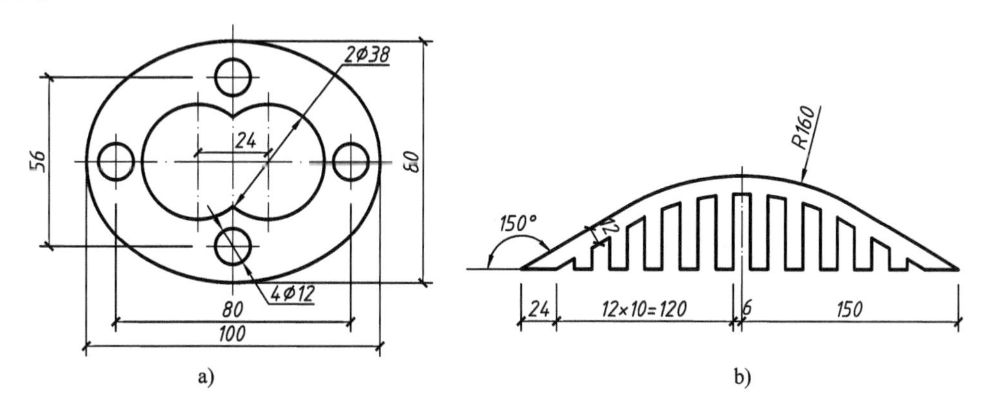

图 6-38　实验三

思　考　题

1. 对象选择集如何构成？窗口方式与窗交方式有什么异同点？

2. 什么是快速选择？

3. 如何控制文本镜像?

4.【打断】和【修剪】命令在功能上有何相似和不同点?

5. 在【拉伸】命令中用什么方法选择对象?

6. 增加某一线段的长度可以采用哪些方法? 如何操作?

7. 多段线如何修改?

8. 多线编辑有哪些工具? 如何应用?

9. 如何利用【特性】选项板修改对象特性?

10.【特性匹配】有什么作用? 简述【特性匹配】的方法。

11. 什么是夹点? 利用夹点功能可以进行哪些操作?

第七章　辅助绘图方法

用户在绘图和编辑图形时，常常需要在已画好的对象上拾取某些特殊点，如直线或圆弧的中点、端点、圆心等，单凭眼睛不可能非常准确地拾取这些点；一幅图一般由粗线、细线、虚线、单点长画线、文本、尺寸等内容组成，如何合理绘制和管理这些信息。利用 AutoCAD 系统提供的辅助绘图方法可以轻松解决问题。

本章将介绍 AutoCAD 系统提供的主要辅助绘图方法，包括图形界限和图形单位的设置，图层及其管理，捕捉、栅格、正交、极轴、对象捕捉、对象追踪等绘图辅助工具的使用。

第一节　设置图形界限和图形单位

一、设置图形界限

图形界限就是绘图工作区域的边界，可以控制栅格的显示范围。图形界限的设置方式一般有两种：一种是按照图形的实际尺寸设置，这样可采用 1∶1 的比例绘图，在图形输出时，根据不同的图纸规格设置不同的出图比例。另一种是按照图纸的图幅设置，如 A2 图幅的图形界限为 594 ×420。

1. 操作

单击菜单浏览器按钮中【格式】菜单列表的【图形界限】菜单项，或在命令行输入命令“limits”，都可以设置图形界限，控制界限检查功能，操作步骤如下。

```
命令：limits
重新设置模型空间界限：
指定左下角点或[开(ON)/关(OFF)]<0.0000,0.0000>：（指定左下角点）
指定右上角点〈420.0000,297.0000〉：（指定右上角点，重设图形界限尺寸）
```

设置的图形界限须执行“zoom”命令的【全部(A)】选项，才能全部显示在当前屏幕上。

2. 说明

(1)【开(ON)】选项，打开图形界限检查功能，不能在图形界限之外指定点和结束一个对象。如果指定点超出图形界限则出现：【＊＊超出图形界限】的警告，要求重新进行相应的操作。但指定两点画圆时，圆的一部分可以超出图形界限。

(2)【关(OFF)】选项，关闭图形界限检查功能，可以在图形界限之外指定点和绘制对象。

二、设置图形单位

AutoCAD 系统是一种适用于世界各地、各行各业的绘图软件，它对长度单位和角度单位提供了多种选择，用户根据需要设置绘图时使用的长度单位和角度单位的显示格式和精度。

1. 操作

（1）单击菜单浏览器按钮中【格式】菜单列表的【单位】菜单项，或在命令行输入命令"units"，都可打开【图形单位】对话框，如图 7-1 所示。

（2）在【长度】选项组中的【类型】和【精度】下拉列表中，选择测量单位的当前格式和线性测量值显示的小数位数及分数大小，默认设置为小数和小数位数为 4。在测量单位的格式中，"工程"和"建筑"格式是以英尺和英寸显示并假定每个图形单位表示 1in。其他格式每个图形单位可表示任何真实的单位。

（3）在【角度】选项组中的【类型】和【精度】下拉列表中，选择当前角度格式和角度显示的精度，默认设置为十进制度数和小数位数为 0。默认情况下，正角度方向为逆时针方向，若选中【顺时针】复选框，则以顺时针方向为角度正方向。

（4）在【用于缩放插入内容的单位】下拉列表中，选择插入到当前图形中的块和图形的测量单位，默认单位为毫米。如果块和图形创建时使用的单位与该选项指定的单位不同，则在插入这些块和图形时，将其按比例缩放。插入比例是源块或图形使用的单位与目标图形使用的单位之比。如果插入块时不按指定的单位缩放，可以选择"无单位"选项。

（5）在【用于指定光源强度的单位】下拉列表中，选择当前图形中光度控制光源强度的测量单位。

（6）单击 方向(D)... 按钮，弹出【方向控制】对话框，如图 7-2 所示。在此对话框中可以设置基准角度（0°）的方向。默认情况下，基准角度方向是指向正东方向。

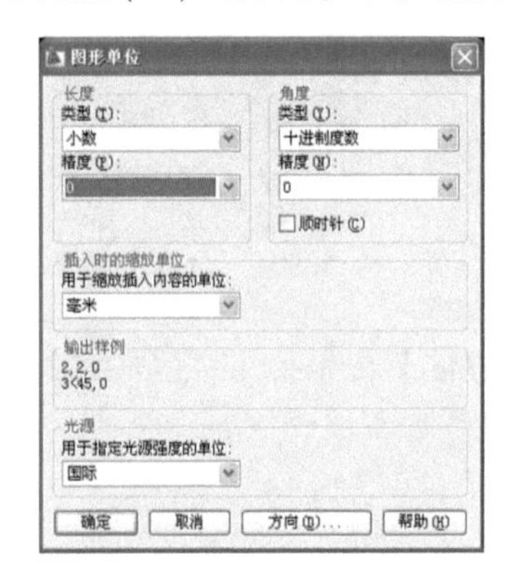

图 7-1 【图形单位】对话框

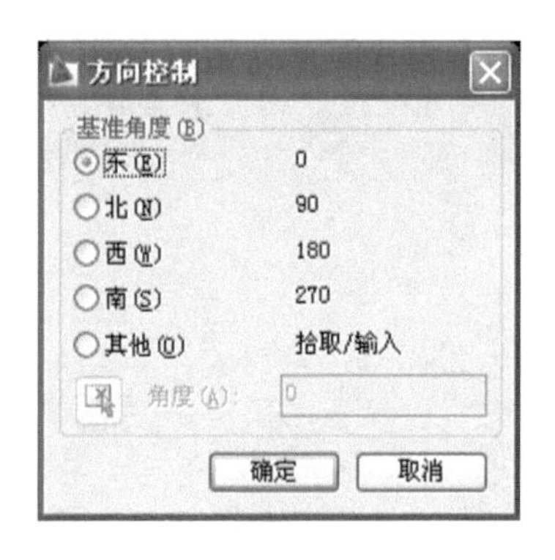

图 7-2 【方向控制】对话框

2. 举例

将长度单位设为小数点后两位，角度单位设为十进制度数后一位小数，基准角度的方向为 45°，操作步骤如下。

（1）单击菜单浏览器按钮中【格式】菜单列表的【单位】菜单项，或在命令行输入命令"units"，打开【图形单位】对话框。

（2）在【长度】选项组中的长度【类型】下拉列表中选择"小数"，在【精度】下拉列表中选择"0.00"。

（3）在【角度】选项组中的角度【类型】下拉列表中选择"十进制度数"，在【精度】下拉列表中选择"0.0"。

（4）单击 方向(D)... 按钮，弹出【方向控制】对话框。在【准角度】选项组中，选中【其他】单选框，在【角度】文本框中输入"45"。

(5)单击 确定 按钮,依次关闭【方向控制】和【图形单位】对话框,完成绘图单位设置。

第二节 图层及其管理

一、图层的概念和特点

1. 图层的概念

图层是 AutoCAD 系统中的一个特定概念,每一个图层相当于没有厚度的透明纸,在每层透明纸上绘制工程图的同类信息,一张工程图由多层透明纸重叠在一起,各层之间完全对齐。如在建筑施工图中,可以将轴线、墙体、门窗、文本、尺寸、标题栏等信息绘制在不同的图层上,将所有图层的信息叠加在一起组成一幅建筑施工图。

用户可以使用图层来组织和管理图形。AutoCAD 图形对象必须绘制在某个图层上,可以指定图层的颜色、线型和线宽等特性;且可以单独对各个图层进行修改,不会影响到其他图层。绘图过程中,可以关闭不相关图层,以便观察和编辑图形;冻结和锁定已绘图的图层,可以提高显示效率和防止对图形进行误操作。

2. 图层的特点

(1)每个图层对应有一个图层名,AutoCAD 系统默认图层为"0"层,其余图层由用户根据需要命名创建,图层数量不限,但不宜过多。

(2)每个图层容纳的对象数量不受限制。

(3)各图层具有相同的坐标系、图形界限和显示缩放倍数。各图层之间精确地互相对齐,用户可对位于不同图层上的对象同时进行编辑操作。

(4)当前作图使用的图层称为当前层。当前层只有一个,可以切换当前层。

(5)每个图层中指定一种颜色、线型和线宽等特性。新建图层的默认设置为"白色"或"黑色"(由背景决定)、"Continuous"线型和"默认"线宽(0.25mm)。图层的颜色、线型和线宽可以修改。

(6)图层具有关闭/打开、冻结/解冻、锁定/解锁等状态。同一图层上的对象处于同种状态,用户可以改变图层的状态。

二、图层的操作

利用 AutoCAD 提供的图层特性管理器,用户可以方便地对图层进行操作。

1. 创建和使用图层

单击功能区选项板中【常用】选项卡,选择【图层】面板的【图层特性】按钮,单击菜单浏览器按钮中【格式】菜单列表的【图层】菜单项,或在命令行输入命令"layer",都可打开【图层特性管理器】选项板,如图 7-3 所示。

该选项板的左边是图层过滤器树状列表,右边显示与左边过滤条件相对应的图层列表。

1)创建图层

单击图层列表上方的【新建图层】按钮,图层列表中将自动添加名称为"图层 n"(n 为自然数)的新图层。新建图层将继承"0"层或选择的某一图层的状态、颜色、线型和线宽。新添加的图层呈高亮显示状态,用户可以更改图层名,即单击"图层 n"文本框,输入新图层名后按 Enter 键。

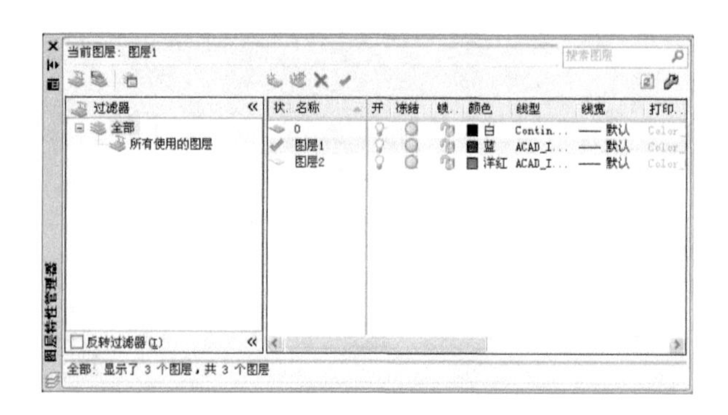

图 7-3 【图层特性管理器】选项板

连续单击【新建图层】按钮或单击【新建图层】按钮,在"图层 n" 文本框中输入新图层名后按","(中文输入方式无效),再输入新图层名均可连续创建新图层。

单击另一个【新建图层】按钮,也可以创建新图层,但该图层在所有视口中都被冻结。

2)删除图层

在图层列表中选中要删除的图层,单击图层列表上方的【删除图层】按钮,即可删除多余图层。但"0"层、当前层、包含对象的图层和依赖外部参照的图层不能被删除。

3)置为当前

在图层列表中选中某一图层,单击图层列表上方的【置为当前】按钮,即可将该层设置为当前图层。此时,用户绘制的对象就在该图层上,且具有该图层的特性。

4)图层操作快捷菜单

右击图层列表中的任一图层,系统将弹出图层操作快捷菜单,如图 7-4 所示,利用该菜单中的各命令也可以进行置为当前、新建图层、全部选择或全部清除图层等操作。

图 7-4 图层操作快捷菜单

2. 控制图层状态

在【图层特性管理器】选项板的图层列表中,列出了用户指定范围的所有图层及其设置。图层列表内容包括图层状态和图层特性两部分,图层打开、冻结、锁定、打印和在新视口中自动冻结表示图层状态;图层颜色、线型、线宽和打印样式表示图层特性。右击图层列表上方的标题栏,利用弹出的快捷菜单可以显示或隐藏图层标题栏列数。下面介绍控制图层状态的方法。

1)状态

显示图层和过滤器的状态。其中,当前图层的标记为,已被使用的图层为蓝色标记,未被使用图层为灰色标记。

2)打开/关闭

单击小灯泡图标,可以打开或关闭图层。默认情况下,各图层都是打开的,小灯泡图标呈黄色,图层上图形可以显示,也可以在输出设备上打印。图层关闭后,小灯泡图标呈灰色,图层上的图形不能显示,也不能打印输出。关闭当前层时,系统显示【图层—关闭当前图层】消息对话框。

3)冻结/解冻

单击太阳或雪花图标,可以冻结或解冻图层。默认情况下,各图层都是解冻的,呈太阳图标，图层上的图形对象能够被显示、打印输出和编辑修改。图层冻结后，呈雪花图标，图层上的图形对象不能被显示、打印输出和编辑修改。

不能冻结当前层，也不能将冻结层置为当前层。被冻结图层和被关闭图层的可见性相同，也不能被打印输出。但被冻结图层上的对象不参加处理过程中的运算，而被关闭图层上的对象则要参加运算。关闭图层是为了便于观察，而冻结图层是为了提高图形处理速度。

4）锁定/解锁

单击小锁图标，可以锁定或解锁图层。默认情况下，各图层部是解锁的，小锁图标呈打开状态。图层锁定后，小锁图标呈关闭状态。锁定的图层仍可以显示和打印输出，但锁定图层上的对象不能被编辑修改。

当前层也可以被锁定，且可以在该层上继续绘图，但绘制的图形对象立即被锁定。

5）打印

单击打印机图标，可以设置图层是否能够被打印。可被打印图标呈状态，不可被打印图标呈状态。

3. 图层过滤

当图形中设置了许多图层时，用户使用图层过滤功能可以方便操作图层。

1）新建特性过滤器

单击【图层特性管理器】选项板中的【新建特性过滤器】按钮，可打开【图层过滤器特性】对话框，如图 7-5 所示。利用该对话框，用户可根据图层状态和图层特性创建图层过滤器。

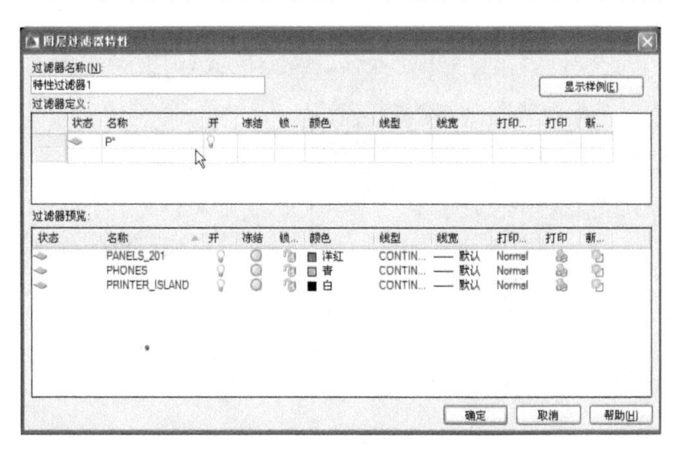

图 7-5 【图层过滤器特性】对话框

对话框各选项的操作方法如下：

（1）在【过滤器名称】文本框中，输入过滤器名称。默认名称为“特性过滤器 1”。

（2）在【过滤器定义】列表中，设置过滤条件。单击列表中的文本框，用户可从弹出的下拉列表或对话框中设置过滤条件。用户可以设置多行列表，每一行的条件分别代表一种过滤图层的条件。指定图层的名称时，可用标准的“?”和“*”等通配符，即“?”表示任意一个字符，“*”表示任意多个字符。

（3）在【过滤器预览】列表中，列出所有符合过滤器条件的图层。

例如调用样板文件“AutoCAD 2009\Sample\db_samp. dwg”，打开【图层过滤器特性】对话框，默认过滤器名称为“特性过滤器 1”，在【过滤器定义】列表中设置过滤条件：图层名称“P*”、“状态”列标记、“开”列标记，则符合过滤器条件的图层显示在【过滤器预览】列表中,如图 7-5 所示。单击 确定 按钮,系统返回到【图层特性管理器】选项板,将在过滤器树状列表上添加了一个名称为“特性过滤器 1”的特性过滤器;单击“特性过滤器 1”, 在选项板右边的图层列表中,则列出了符合过滤器条件的所有图层。

2)新建组过滤器

单击【图层特性管理器】选项板的【新建组过滤器】按钮,在过滤器树状列表中增加了一个默认名称为“组过滤器 1”的过滤器,用户可以更改其名称。单击过滤器树的“所有使用的图层”或其他过滤器,图层列表中显示对应的图层,用户可将需要分组过滤的图层拖放到新建的组过滤器中。

4. 保存与恢复图层状态

1)保存图层状态

可以将设置好的图层状态和图层特性进行保存,其操作方法如下:

(1)单击【图层特性管理器】选项板(图 7-3)的【图层状态管理器】按钮;或单击【图层】面板的【图层状态管理器】按钮都可打开【图层状态管理器】对话框,如图 7-6 所示。在【图层状态】列表中显示当前图形已保存的和从外部输入的图层状态名称。

(2)单击 新建(N)... 按钮,弹出【要保存的新图层状态】对话框,如图 7-7 所示,在【新图层状态名】和【说明】文本框中输入图层状态名称及说明,单击 确定 按钮即保存了当前图层状态。在【要恢复的图层特性】选项组中,如果更改了是否全部恢复图层的状态和特性设置后,需单击 保存(V) 按钮进行覆盖保存。

此外,右击【图层特性管理器】选项板的图层列表中要保存的图层,从弹出的快捷菜单中,选择【保存图层状态】命令,可直接打开【要保存的新图层状态】对话框保存图层状态。

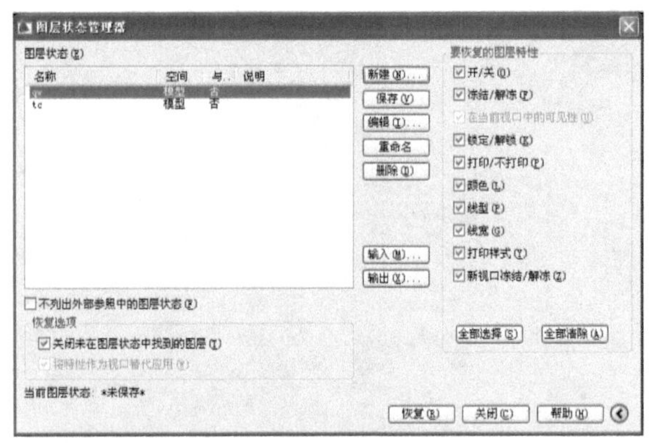

图 7-6 【图层状态管理器】对话框图

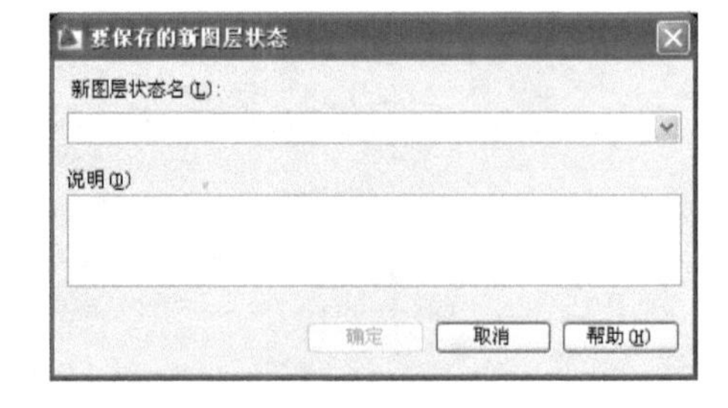

图 7-7 【要保存的新图层状态】对话框

2)恢复图层状态

可以将图形中所有图层的状态和特性设置恢复为以前保存的设置。

单击功能区选项板中【常用】选项卡,选择【图层】面板的【图层状态管理器】按钮,或单击【图层特性管理器】选项板的【图层状态管理器】按钮或右击图层列表中要恢复的图层,从图层操作快捷菜单中,选择【恢复图层状态】菜单项都可打开【图层状态管理器】对话框,从【图层状态】列表中,选中要恢复的图层状态名称,单击 恢复(R) 按钮,可以将图层状态和特性设置恢复到当前图形中。

5. 使用【图层】面板

单击功能区选项板中【常用】选项卡,选择【图层】面板中的图标按钮,可以方便、快捷地管理图层。展开的【图层】面板如图 7-8 所示。

图 7-8 展开的【图层】面板

【图层】面板中的常用图标按钮的功能如下：

(1)图层隔离/取消图层隔离。单击【图层】面板上的按钮，将选定对象的图层隔离，即隐藏或锁定除选定对象的图层之外的所有图层。单击按钮，恢复由"隔离"命令隔离的图层。

(2)图层冻结。单击【图层】面板上的按钮，将选定对象的图层冻结。

(3)图层关闭。单击【图层】面板上的按钮，将选定对象的图层关闭。

(4)将对象的图层设为当前图层。单击【图层】面板上的按钮，将选定对象所在的图层置为当前图层。

(5)置为当前。单击【图层】面板上右侧的按钮，在下拉列表中，单击欲设为当前图层的图层名称，即可将该图层置为当前图层。使用 AutoCAD 系统绘图时，经常需要切换当前图层，采用这种方法置为当前比在【图层特性管理器】选项板中置为当前更快捷方便。

(6)更改图层状态。单击【图层】面板上右侧的按钮，在下拉列表中显示图层状态图标。若需更改图层状态，可在打开该列表中，单击相应图标即可改变图层状态。

(7)更改已有对象图层。选择欲修改的对象，单击【图层】面板上右侧的按钮，在下拉列表中选取要放置的图层名称，即可将选择的图形对象更改到该图层上。

(8)图层匹配。单击【图层】面板上的按钮，将选定对象图层更改为与目标图层相匹配。

(9)上一个图层。单击【图层】面板上的按钮，将放弃对图层设置的上一个(或上一组)更改。

三、颜色的设置

颜色在图形中具有非常重要的作用，用户可为图形对象设置不同的颜色。颜色的设置有随层(ByLayer)、随块(ByBlock)和指定对象颜色三种方式。"随层"方式是指对象与所在图层的颜色一致。"随块"方式是指对象创建时具有系统默认设置的颜色(白色)，对象又随着图块插入到图形中，根据插入层的颜色而改变。"指定对象颜色"方式是指对象的颜色脱离于图层和图块单独设置。绘制同一图层的图形对象时，一般使用"随层"的颜色，必要时也可以使用单独的颜色。下面分别为图层和对象设置颜色。

1. 设置图层颜色

图层的颜色是图层中图形对象的颜色。为了区别不同的图层，用户最好为不同的图层设置不同的颜色，设置图层颜色的步骤如下。

(1)在【图层特性管理器】选项板的图层列表中，单击与该图层关联的颜色 ■白 图标，弹出【选择颜色】对话框，如图 7-9a)所示。

(2)在该对话框中，用户可以根据需要使用【索引颜色】、【真彩色】和【配色系统】3 个选项卡设置图层颜色。选择所需要的颜色后，单击 确定 按钮即完成对该图层颜色的设置。

【索引颜色】选项卡中有 255 种 AutoCAD 标准颜色(ACI)供选择。在 AutoCAD 颜色索引(ACI)列表中，每种颜色用一个 ACI 编号标识(1-255)。选中颜色后，在【颜色】文本框中显示该颜色的名称或 ACI 编号。

一般使用【索引颜色】选项卡即可满足用户的需要。为了增强色彩效果,用户还可以使用【真彩色】和【配色系统】选项卡设置颜色,如图 7-9b)、图 7-9c)所示。【真彩色】选项卡使用 24 位颜色定义显示 16M 色。【配色系统】选项卡使用 Pantone 配色系统。

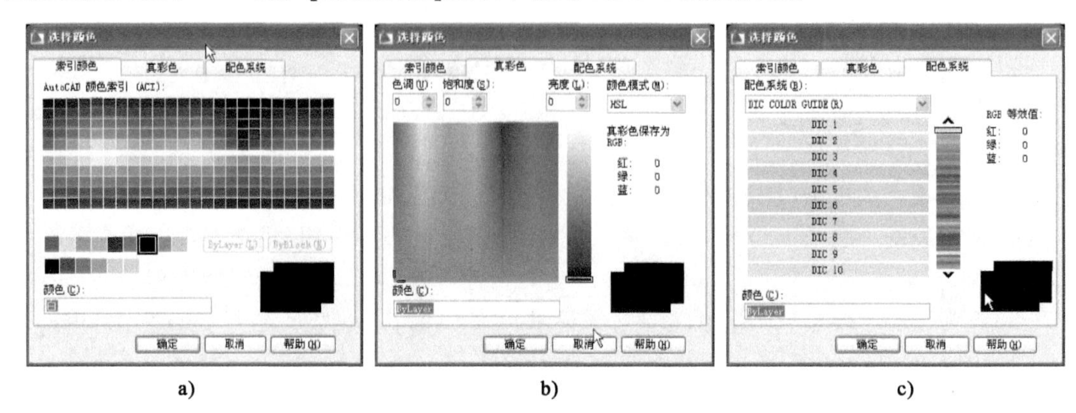

a) b) c)

图 7-9 【选择颜色】对话框

a)【索引颜色】选项卡;b)【真彩色】选项卡;c)【配色系统】选项卡

2. 设置对象颜色

可以更改已绘制对象颜色或设置新建对象颜色。

1)更改对象颜色

单击功能区选项板中【常用】选项卡,选择【特性】面板的 BYLAYER 右侧的按钮,通过打开的【选择颜色】下拉列表(图 7-10)更改对象的颜色。即先选定要修改颜色的对象,然后从下拉列表中选择所需要的颜色,则该对象的颜色更改为所选颜色。

图 7-10 【选择颜色】下拉列表

2)设置新建对象颜色

单击功能区选项板中【常用】选项卡,直接从【特性】面板的【选择颜色】下拉列表中选定颜色,即置为当前颜色;也可单击菜单浏览器按钮中【格式】菜单列表的【颜色】菜单项或在命令行输入命令“color”弹出【选择颜色】对话框(图 7-9),选择一种颜色为当前颜色。AutoCAD 将以选定颜色绘制新对象。

四、线型的设置

AutoCAD 提供了多种线型,有 ISO 线型、AutoCAD 线型和组合线型三大类,分别包含在线型文件 acadiso. lin、acad. lin 和 ltypeshp. lin 中。在公制测量系统中,使用线型文件 acadiso. lin;在英制测量系统中,使用线型文件 acad. lin。

工程图采用实线、虚线、单点长画线等多种线型绘成,用户可根据需要为图形对象设置不同的线型。线型的设置有随层、随块和指定对象线型三种方式。为了方便绘图,可将相同线型的图形对象放在同一图层上绘制,并使用“随层”的线型;图形对象也可以具有单独的线型。下面分别为图层和对象设置线型。

1. 设置图层线型

每一个图层可设置一种线型,默认情况下,线型为“Continuous”。设置图层线型的步骤如下:

(1)在【图层特性管理器】选项板的图层列表中,可单击与该图层关联的线型 Continuous 图标,打开【选择线型】对话框,如图 7-11 所示。在【已加载的线型】列表中选择线型,即可应用到图层中。默认情况下,该对话框的【已加载的线型】列表中只有“Continuous”线型,必须将线型文件加载到该列表中,才能选择其他线型。

(2)单击 加载(L)... 按钮,打开【加载或重载线型】对话框,如图 7-12 所示。该对话框列出了线型文件中的所有线型,从列表中选择一种或多种(按下 Ctrl 键或 Shift 键)需要加载的线型,然后单击 确定 按钮返回【选择线型】对话框,此时,加载的线型显示在【已加载的线型】列表中。

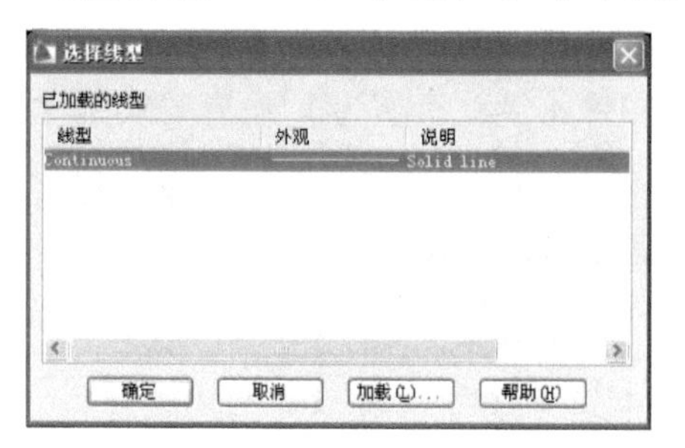

图 7-11 【选择线型】对话框

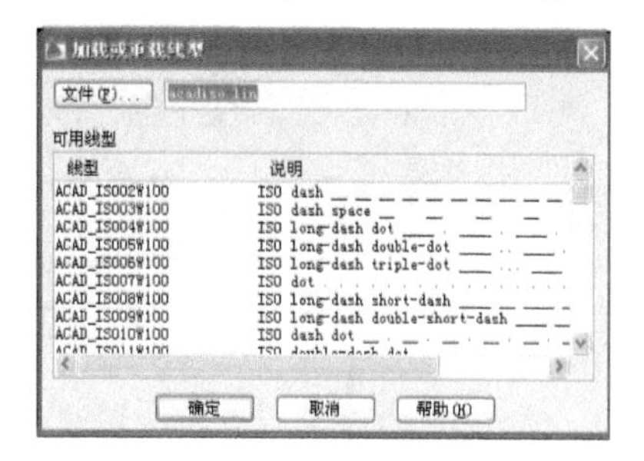

图 7-12 【加载或重载线型】对话框

(3)在【选择线型】对话框中选择所需线型,单击 确定 按钮,即完成图层线型的设置。

2. 设置对象线型

可以更改已绘制对象线型或设置新建对象线型。

1)更改对象线型

单击功能区选项板中【常用】选项卡,通过【特性】面板的【选择线型】下拉列表(图 7-13)更改对象的线型。选定要修改线型的对象后,从下拉列表中选择所需要的线型,则该对象的线型更改为所选线型。默认情况下,该下拉列表中只有 AutoCAD 默认的“ByLayer”、“ByBlock”、“Continuous”三种线型。如果没有所需线型,可单击 其他... 图标,打开【线型管理器】对话框(图 7-14),单击 加载(L)... 按钮加载所需线型,然后再进行选择。

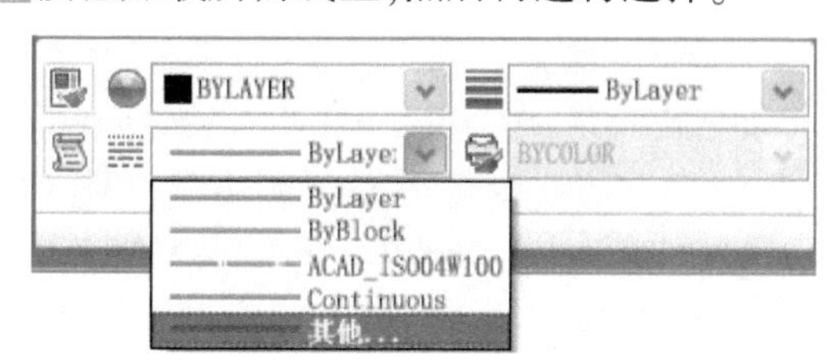

图 7-13 【选择线型】下拉列表

2)设置新建对象线型

单击功能区选项板中【常用】选项卡,从【特性】面板的【选择线型】下拉列表中选定线型,即置为当前线型;也可单击菜单浏览器按钮中【格式】菜单列表的【线型】菜单项,或在命令行输入命令“linetype”打开【线型管理器】对话框。在线型列表中选择一种线型后,单击 当前(C) 按钮,则选定的线型为当前线型。AutoCAD 将以选定线型绘制新对象。

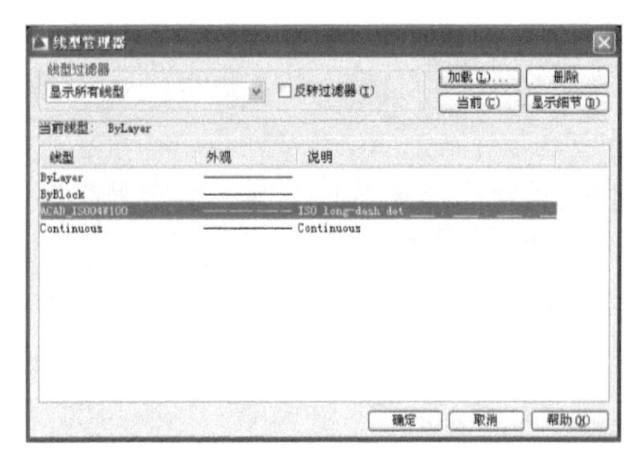

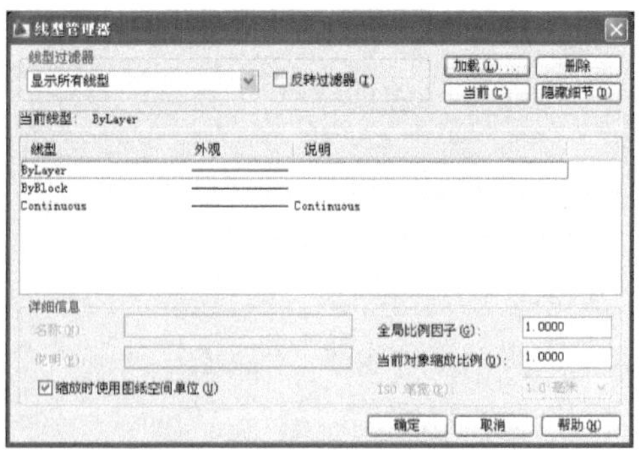

图 7-14 【线型管理器】对话框

3)设置线型比例

AutoCAD 的非连续线型包括重复的短线、间隔和点,更改线型比例(短线、间隔和点的相对比例)可改变非连续线型的外观,如图 7-15 所示。线型比例默认值为 1,设置的线型比例应与绘图比例相协调。

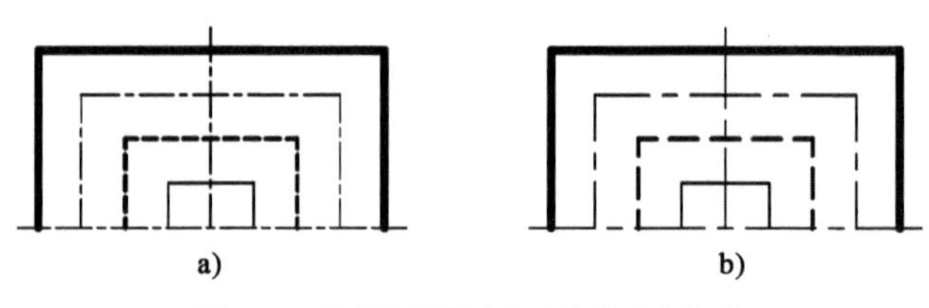

图 7-15 线型比例影响非连续线型的外观

a)【全局比例因子】为 1;b)【全局比例因子】为 2

在【线型管理器】对话框中,单击 显示细节(D) 按钮,打开【详细信息】选项组,如图 7-14 右图所示。在【全局比例因子】和【当前对象缩放比例】的文本框中输入线型比例值。

【全局比例因子】用于设置图样中所有非连续线型的线型比例,其对应的系统变量为 LTSCALE(或 LTS),用户也可以通过改变系统变量值大小改变全局比例因子。【当前对象缩放比例】用于设置图样中新绘制的非连续线型的线型比例,不影响设置前绘制的对象。【当前对象缩放比例】对应的系统变量为 CELTSCALE。

【全局比例因子】和【当前对象缩放比例】同时影响非连续线型对象的线型比例,最终生成的线型比例是全局比例因子和当前对象缩放比例因子的乘积。

五、线宽的设置

工程图中一般有粗、中、细三类线宽,用 AutoCAD 绘图时,根据需要为图形对象设置不同的线宽。线宽的设置有随层、随块和指定对象线宽三种方式。绘制在同一图层的图形对象,一般使用“随层”的线宽,也可以具有单独的线宽。下面分别为图层和对象设置线宽。

1. 设置图层线宽

每一个图层可设置一种线宽,默认情况下,线宽为默认设置,即 0.25mm。要更改图层线宽,可在【图层特性管理器】选项板的图层列表中,单击与该图层关联的线宽 —— 默认 图标,弹出【线宽】对话框,如图 7-16 所示。从对话框的线宽列表中选择所需线宽后,单击 确定 按钮即完成图层线宽的设置。

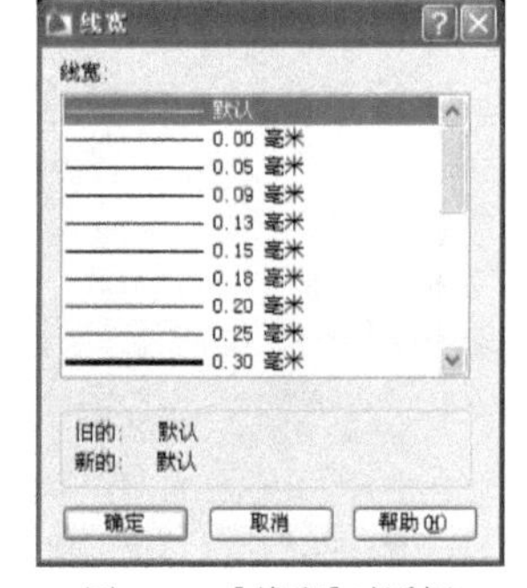

图 7-16 【线宽】对话框

由于线宽属于打印设置，默认情况下，系统不显示线宽设置效果。单击状态栏上的【线宽】按钮，可在绘图区域显示线宽设置效果。

2. 设置对象线宽

单击功能区选项板中【常用】选项卡，通过【特性】面板的【选择线宽】下拉列表(图 7-17)更改已绘制对象线宽或设置新建对象线宽。也可单击菜单浏览器按钮中【格式】菜单列表的【线宽】菜单项打开【线宽设置】对话框，如图 7-18 所示。利用对话框可设置新建对象线宽，还可设置线宽的显示比例。

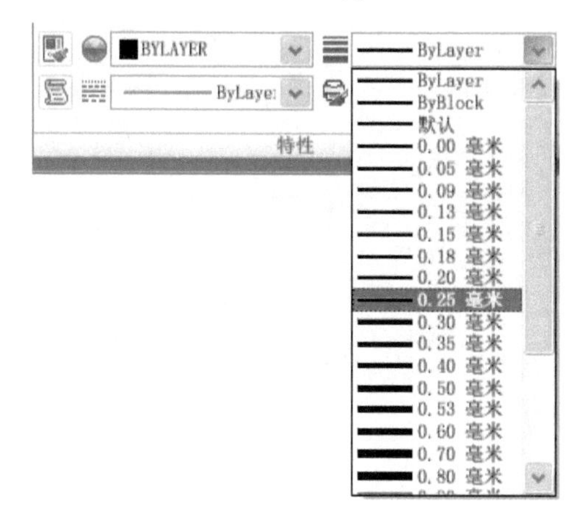

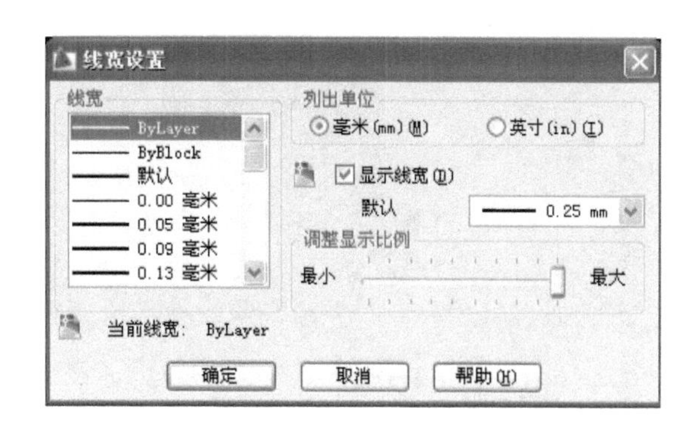

图 7-17 【选择线宽】下拉列表

图 7-18 【线宽设置】对话框

必须注意：采用指定对象颜色、线型和线宽方式新建对象或更改对象，其颜色、线型和线宽不能随层修改，这样可能会给后面绘制和编辑图形带来不便。所以，建议将【特性】面板上【选择颜色】、【选择线型】和【选择线宽】3 个下拉列表都设置为"ByLayer"的默认设置，即默认设置图层时选择的颜色、线型和线宽。若要改动，应在【图层特性管理器】选项板中进行修改。

3. 举例

在如图 7-15 所示图形中，创建 4 个图层，分别为：轮廓线层，蓝色、线型为 Continuous、线宽为 0. 70mm；中心线层，红色、线型为 CENTER、线宽为 0. 18mm；细实线层，绿色、线宽为 0. 18mm；虚线层，洋红色、线型为 DASHED、线宽为 0. 35mm，操作步骤如下。

(1)单击功能区选项板中【常用】选项卡，选择【图层】面板的【图层特性】按钮，单击菜单浏览器按钮中【格式】菜单列表的【图层】菜单项，或在命令行输入命令"layer"，打开【图层特性管理器】选项板。

(2)连续 4 次单击【新建图层】按钮，选中图层后单击"图层 *n*"文本框，更改图层名为"轮廓线"、"中心线"、"细实线"和"虚线"，创建 4 个图层。

(3)设置图层颜色：分别单击与各图层关联的颜色 ■白 图标，将各图层设置为"蓝色"、"红色"、"绿色"和"洋红色"。

(4)设置线型：单击与"虚线"及"中心线"图层关联的线型 Continuous 图标，打开【选择线型】对话框，单击 加载(L)... 按钮，打开【加载或重载线型】对话框，按下 Ctrl 键后在线型列表中选择"DASHED"、"CENTER"线型，然后单击 确定 按钮，两种线型加载到【选择线型】对话框的线型列表中。单击该列表中对应的线型，即可将"虚线"、"中心线"图层线型分别设置为"DASHED"或"CENTER"。

(5)设置线宽：单击与各图层关联的线宽—— 默认 图标，打开【线宽】对话框，分别设置线宽为0.70mm、0.35mm和0.18mm。

(6)在【图层特性管理器】选项板中单击左上角的按钮,则创建了如图7-19所示的图层。

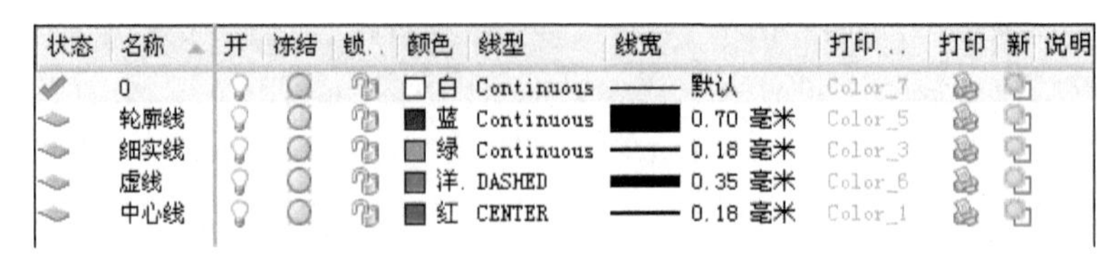

状态	名称	开	冻结	锁...	颜色	线型	线宽	打印...	打印	新	说明
	0				白	Continuous	默认	Color_7			
	轮廓线				蓝	Continuous	0.70 毫米	Color_5			
	细实线				绿	Continuous	0.18 毫米	Color_3			
	虚线				洋	DASHED	0.35 毫米	Color_6			
	中心线				红	CENTER	0.18 毫米	Color_1			

图7-19　创建图层练习

第三节　绘图辅助工具

绘图辅助工具本身不能生成对象,也不能编辑对象,而是为绘制对象提供一种良好的工作环境。为了让用户绘图更方便、更准确,AutoCAD提供了多种绘图辅助工具,包括捕捉、栅格、正交、极轴、对象捕捉、对象追踪等。使用绘图辅助工具,能提高绘图精度,加快绘图速度。

一、设置栅格与捕捉

栅格是由点构成的用来精确定位的网格,可以提供直观的距离和位置参照。其作用类似于手工绘图用的坐标纸。栅格是一种视觉辅助工具,用户可以控制它的可见性和显示范围,但不能打印输出。

捕捉用于控制光标移动的间距,以便准确绘图。打开捕捉功能,十字光标被强制按设定的间距值跳跃式移动。用户在精确绘图时,通常将捕捉与栅格配合使用。

1.操作

(1)右击状态栏中的【捕捉】或【栅格】按钮,选择快捷菜单的【设置】选项,单击菜单浏览器按钮中【工具】菜单列表的【草图设置】菜单项,或在命令行输入命令“dsettings”弹出【草图设置】对话框的【捕捉和栅格】选项卡,如图7-20所示。利用该对话框设置栅格和捕捉参数,打开或关闭栅格和捕捉功能。

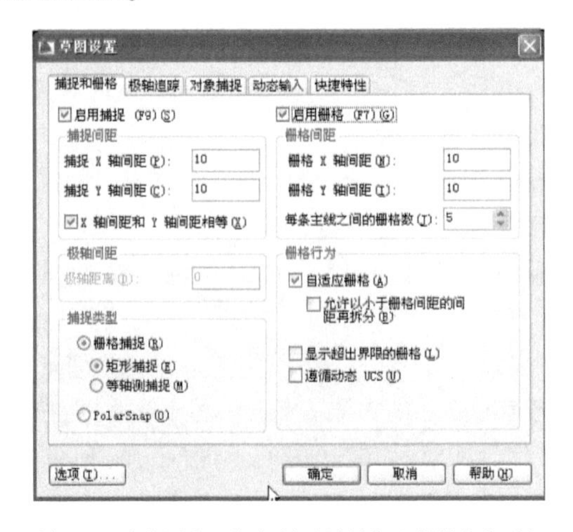

图7-20　【草图设置】对话框的【捕捉和栅格】选项卡

(2)【捕捉间距】选项组,设置捕捉 X 向间距和 Y 向间距。

(3)【栅格间距】选项组,设置栅格 X 向间距和 Y 向间距。栅格 X、Y 向间距值为 0 时,则栅格采用捕捉 X、Y 向间距值。

(4)【捕捉类型】选项组,设置捕捉类型和样式,包括【栅格捕捉】或【PolarSnap】(极轴捕捉)两种。

①【栅格捕捉】单选框,设置捕捉样式为栅格。【矩形捕捉】为标准"矩形"捕捉模式,光标呈十字形状;【等轴测捕捉】为"等轴测"捕捉模式,即绘制正等轴测的绘图环境。光标呈 30°、90°、150°任两种角度交叉形状。两种【栅格捕捉】的栅格和光标如图 7-21 所示。

②【PolarSnap】单选框,设置捕捉样式为极轴捕捉。在【极轴间距】文本框设置极轴捕捉增量距离,如果该值为 0,则【极轴间距】采用"捕捉 X 向间距"的值。【极轴间距】的设置应与极轴追踪和对象捕捉追踪结合使用(图 7-28),打开捕捉后,若两种追踪功能都未启用,则【极轴间距】设置无效。

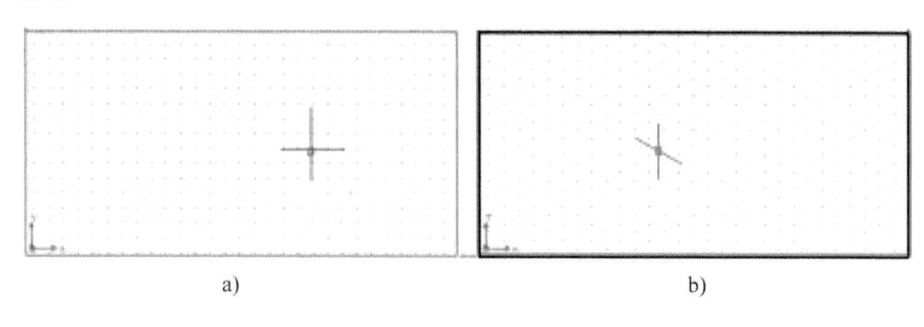

图 7-21 【栅格捕捉】的栅格和光标

a)【矩形捕捉】;b)【等轴测捕捉】

(5)【栅格行为】选项组,用于设置【视觉样式】下栅格线的显示样式(三维线框除外)。

①【自适应栅格】复选框,用于缩小时限制栅格的密度。

②【允许以小于栅格间距的间距再拆分】复选框,用于放大时生成更多间距更小的栅格线。

③【显示超出界限的栅格】复选框,用于确定是否显示超出图形界限的栅格。

④【遵循动态 UCS】复选框,栅格平面将跟随动态 UCS 的 XY 平面更改。

2. 说明

打开或关闭栅格和捕捉的方法:

(1)在【草图设置】对话框的【捕捉和栅格】选项卡中,勾选或取消【启用栅格】和【启用捕捉】复选框;

(2)单击状态行上的【栅格】或【捕捉】按钮;

(3)按 F7 键打开或关闭栅格,按 F9 键打开或关闭捕捉;

(4)在命令行输入命令"grid"和"snap",则以命令方式设置栅格和捕捉功能。

二、正交模式

正交模式用来辅助绘制水平线和铅垂线。打开【正交】模式,将光标限制在水平轴和铅垂轴上,使用户可以准确地绘制水平线和铅垂线。在【正交】模式下光标的移动方向与当前的 UCS 和栅格捕捉的设置有关。关闭【正交】模式,才可画任意方向的线。

1. 打开或关闭正交模式

(1)单击状态栏上的【正交】按钮;

(2)按 F8 键;

(3)在命令行中输入命令“ortho”,具体步骤如下。

命令:_ortho
输入模式[开(ON)/关(OFF)]<关>:on (打开正交模式,选择 off 则关闭正交模式)

2. 说明

状态栏上的【正交】和【极轴】按钮不能同时打开。打开【正交】模式后,将自动关闭【极轴】功能。

第四节 设置对象捕捉

对象捕捉是 AutoCAD 系统精确定位于对象上某个点的一种重要方法,它可以迅速、准确地捕捉到图形对象的中点、端点、圆心等特殊点和位置,从而提高绘图精度和绘图速度。

一、对象捕捉模式

AutoCAD 系统提供的对象捕捉模式的图标、名称、功能、对应的捕捉标记和命令见表 7-1。

“对象捕捉”模式 表 7-1

图标	名称	功能	捕捉标记	命令
	临时追踪点	创建对象捕捉所使用的临时点		TT
	捕捉自	在命令中获取某个点相对于参照点的偏移		FROM
	捕捉两点之间的中点	捕捉两点之间的中点		M2P
	捕捉到端点	捕捉到对象的最近端点	□	ENDP
	捕捉到中点	捕捉到对象的中点	△	MID
	捕捉到交点	捕捉到两个对象的交点	×	INT
	捕捉到外观交点	捕捉到两个对象的外观交点,包括外观交点和延伸外观交点。外观交点是指对象在三维空间内不相交,但可能在当前视图中看起来相交的交点;延伸外观交点是指两个对象假想延长后的交点	⊠	APPINT

续上表

图　标	名　　称	功　　能	捕捉标记	命　令
	捕捉到延长线	捕捉到直线或圆弧的延长线上的点。当光标经过对象的端点时,显示临时延长线,以便用户指定延长线上的点		EXT
	捕捉到圆心	捕捉到圆弧、圆、椭圆或椭圆弧的中心点	○	CEN
	捕捉到象限点	捕捉到圆弧、圆、椭圆或椭圆弧的象限点	◇	QUA
	捕捉到切点	捕捉到圆弧、圆、椭圆、椭圆弧或样条曲线的切点		TAN
	捕捉到垂足	捕捉到垂直于对象的点		PER
	捕捉到平行线	捕捉到指定直线的平行线	//	PAR
	捕捉到插入点	捕捉到文字、块或属性等对象的插入点		INS
	捕捉到节点	捕捉到由【点】、【定数等分】和【定距等分】命令绘制的点对象		NOD
	捕捉到最近点	捕捉到线段、圆、圆弧、射线、多段线、样条曲线等对象上离光标最近的点		NEA
	无捕捉	禁止对当前选择执行对象捕捉		NON
	对象捕捉设置	设置执行对象捕捉模式。单击该按钮,弹出【草图设置】对话框		OSNAP

表7-1中【两点之间的中点】捕捉没有图标。当用户需要捕捉两点之间的中点时,可用快捷菜单或直接在命令行输入命令的方法执行捕捉。

二、对象捕捉模式的执行方式

对象捕捉模式的执行方式包括覆盖捕捉方式和运行捕捉方式。

1. 覆盖捕捉方式

在绘图过程中,当系统要求用户指定点时,临时调用对象捕捉功能,此时它覆盖当前的运行捕捉方式,称为覆盖捕捉方式。此方式只对当前点有效,操作一次后自动关闭对象捕捉。常用以下方法启用覆盖捕捉方式。

1)使用【对象捕捉】工具栏

当系统要求用户指定点时,用户可在图 7-22 所示的【对象捕捉】工具栏中,单击所需特征点的图标按钮。然后将光标移动到要捕捉对象上的特征点附近,系统将自动捕捉该特征点。

图 7-22 【对象捕捉】工具栏

2)使用【对象捕捉】快捷菜单

当系统要求用户指定点时,按下 Ctrl 键或 Shift 键, 单击鼠标右键在当前光标处弹出【对象捕捉】快捷菜单,如图 7-23 所示。从中选择需要的子命令后,再把光标移到要捕捉对象上的特征点附近,会出现相应的捕捉标记,单击鼠标左键即可捕捉到相应的对象特征点。

3)直接输入命令

当系统要求用户指定点时,可以直接在命令行输入一种或多种对象捕捉模式命令(如 MID、CEN、PER 等参见表 7-1),然后按 Enter 键,再把光标移到要捕捉对象上的特征点附近,也可捕捉到相应的对象特征点。

2. 运行捕捉方式

运行捕捉方式就是事先选择一种或多种对象捕捉模式。当打开运行捕捉方式时,设置的对象捕捉模式始终起作用,当用户把光标移到对象上,系统将自动捕捉到该对象上所有符合条件的几何特征点,并显示相应的捕捉标记。如果需要连续用某种捕捉模式拾取一系列对象,采用覆盖捕捉方式显得十分繁琐,而采用运行捕捉方式比较方便。

1)操作

右击状态栏中的【对象捕捉】按钮,选择快捷菜单的【设置】选项,单击菜单浏览器按钮中【工具】菜单列表的【草图设置】菜单项,或在命令行输入命令“osnap”,都可打开【草图设置】对话框的【对象捕捉】选项卡,如图 7-24 所示。勾选一个或多个对象捕捉模式的复选框,单击 确定 按钮,即设置了运行捕捉方式。

图 7-23 【对象捕捉】快捷菜单

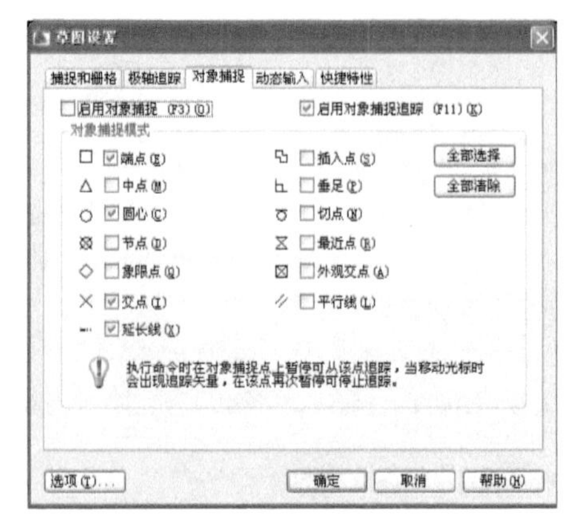

图 7-24 【对象捕捉】选项卡

2)打开或关闭运行捕捉方式的方法

(1)在【草图设置】对话框的【对象捕捉】选项卡中,勾选或取消【启用对象捕捉】复选框;

(2)按 F3 键;

(3)单击状态栏中的【对象捕捉】按钮。

3. 举例

(1)利用垂足捕捉和切点捕捉的递延捕捉功能,绘制图 7-25 所示的图形。

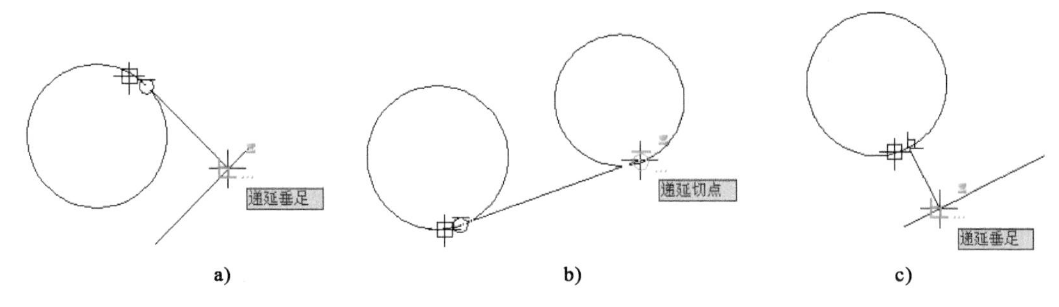

图 7-25 启用延迟捕捉功能绘图

启用【直线】命令,绘制直线与圆相切且与已知直线垂直,如图 7-25a)所示,具体操作如下。

命令:_line 指定第一点:tan 到 (将鼠标指针移至圆上,出现 标记和递延切点后单击鼠标)

指定下一点或[放弃(U)]: _per 到 (单击【对象捕捉】工具栏的 按钮,将鼠标指针移至直线上,出现 标记和递延垂足提示后单击鼠标)

指定下一点或[放弃(U)]: (按 Enter 键结束命令)

重复【直线】命令,采用切点递延捕捉功能,绘出两圆的公切线,如图 7-25b)所示;采用垂足递延捕捉功能,绘出圆与直线的公垂线,如图 7-25c)所示。

(2)利用对象捕捉功能绘制图 7-26 所示的图形,其中 $BC//EF$,操作步骤如下:

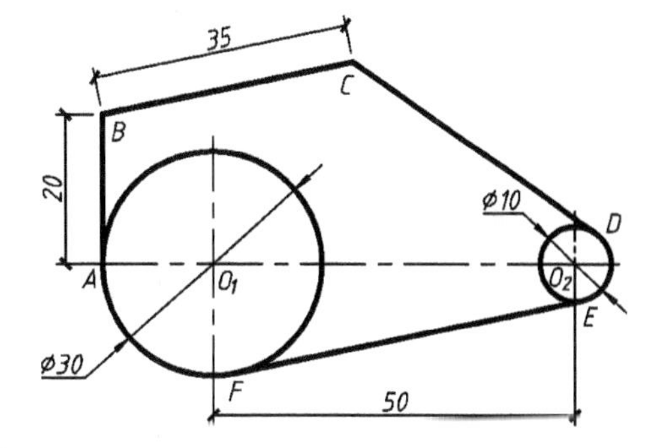

图 7-26 启用对象捕捉绘平面图形

①创建“中心线”和“粗实线”图层,将中心线层置为当前层。

②右击状态栏中的【对象捕捉】 按钮,在快捷菜单上选择【设置】选项,打开【草图设置】对话框,勾选【端点】、【交点】、【切点】、【平行线】等对象捕捉模式的复选框。

③按 F8 键打开【正交】模式,启用【直线】命令,按照已知尺寸绘制中心线。

④将粗实线层置为当前层,按 F3 键打开运行捕捉方式。

⑤启用【圆】命令绘出直径为 $\phi30$ 的圆。

命令:_circle 指定圆的圆心或[三点(3P)/两点(2P)相切、相切、半径(T)]: (捕捉交点 O_1)

指定圆的半径或[直径(D)]<8.0000>:15 (输入圆半径)

重复上述操作,绘出另一个直径为 $\phi10$ 的圆,绘图结果如图 7-27a)所示。

⑥启用【直线】命令,采用切点递延捕捉功能,绘出两圆的公切线 EF;再绘出定长竖直线 AB、EF 的平行线 BC 和圆 O_2 的切线 CD。

命令:_line 指定第一点: (捕捉交点 A)

指定下一点或[放弃(U)]:20 (用鼠标橡皮筋设定画线方向, 确定点 B)

指定下一点或[放弃(U)]:35 (将鼠标指针移至 EF 线上方,出现平行线捕捉标记后,再将鼠标指针移至要画的平行线附近,十字光标处出现通过 B 点且平行于 EF 的辅助线,如图 7-27b)所示,此时输入平行线长度,确定点 C)

指定下一点或[放弃(U)]：tan 到　(捕捉切点 D)

指定下一点或[闭合(C)/放弃(U)]：(按 Enter 键结束命令,结果如图 7-27c)所示)

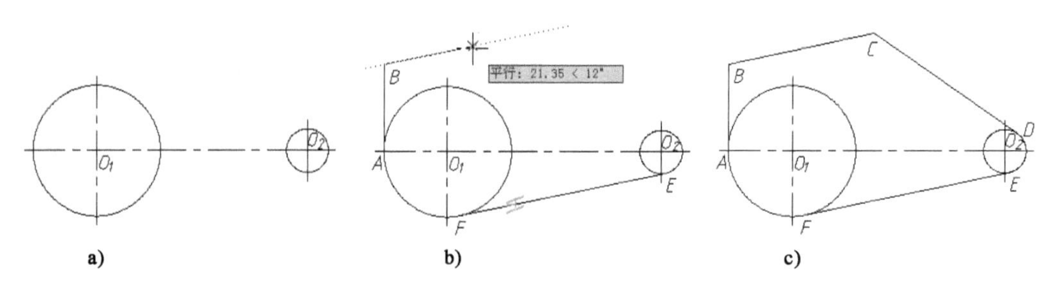

图 7-27　启用对象捕捉的绘图过程

a)画圆;b)画公切线和平行线;c)画切线

第五节　设置自动追踪

AutoCAD 系统提供的自动追踪功能,可以帮助用户按指定角度绘制对象,或者绘制与其他对象有特定关系的对象。自动追踪分为极轴追踪和对象捕捉追踪两种, 两种追踪方式可以同时使用。

一、设置极轴追踪

极轴追踪是按事先设定的角度增量来追踪点。在 AutoCAD 系统要求指定一个点时,系统按预先设置的角度增量显示一条辅助线及光标点的极坐标提示,用户可根据辅助线追踪得到光标点。

1. 操作

(1)右击状态栏中的【极轴】按钮,选择快捷菜单的【设置】选项,单击菜单浏览器按钮中【工具】菜单列表的【草图设置】菜单项打开【草图设置】对话框的【极轴追踪】选项卡,如图 7-28 所示。

(2)在【极轴角设置】选项组的【增量角】下拉列表中,选择极轴角的增量值。如果要选择预设值以外的极轴角增量值,需勾选【附加角】复选框,激活【附加角】列表,然后单击 新建(N)... 按钮,在列表中输入角度增量值,最多可以添加 10 个附加极轴追踪角度。如果要删除附加角度值,则选中角度值后单击 删除 按钮。若设定极轴增量角为 45°,附加角为 18°、55°,则用户打开极轴追踪功能定位点时,光标除了沿 0°、45°、90°、135°等 45°倍数角方向进行追踪外,还可沿 18°、55°方向进行追踪。

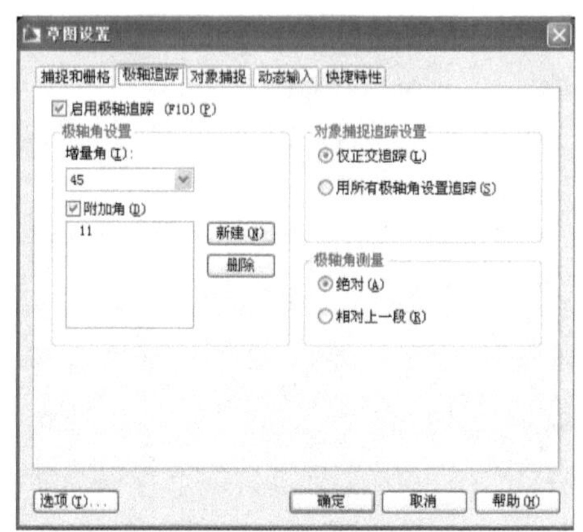

图 7-28　【极轴追踪】选项卡

(3)在【极轴角测量】选项组中,选择角度测量方式。选中【绝对】单选框,则以当前坐标系的 X 轴作为计算极轴角的基准线。该选项为默认设置。选中【相对上一段】单选框,则以最后所绘图线为基准线计算极轴角度。

此外,单击 选项(T)... 按钮,在弹出的【选项】对话框的【草图】选项卡中进行自动捕捉的相关设置。

2. 说明

(1)打开或关闭极轴追踪的方法:

①在【极轴追踪】选项卡中,勾选或取消【启用极轴追踪】复选框;

②按 F10 键;

③单击状态栏中的【极轴】按钮。

(2)【正交】模式和【极轴】功能不能同时打开,打开【极轴】功能后,将自动关闭【正交】模式。

(3)极轴捕捉的使用:

打开【捕捉和栅格】选项卡(图 7-20),选择【捕捉类型】选项组中的【PolarSnap】单选框,在【极轴间距】的文本框中输入极轴捕捉增量距离。单击状态栏中的【极轴】和【捕捉】按钮,打开极轴追踪和捕捉功能,则可进行极轴捕捉。

如图 7-29 a)所示,使用十字光标沿极轴追踪辅助线方向精确定位点;若极轴间距设为 50,用户在 45°方向上就可以捕捉 50 < 45°、100 < 45°、150 < 45°等位置的点,如图 7-29b)所示。

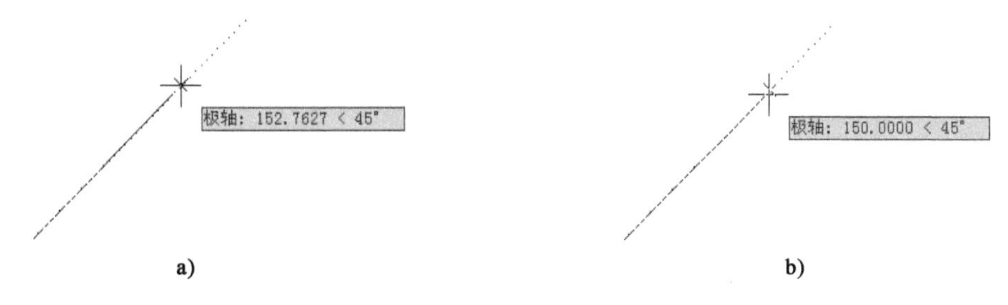

图 7-29　启用极轴追踪画线

a)仅启用极轴追踪;b)同时启用极轴追踪和极轴捕捉

(4)追踪角度的替代

在极轴追踪的过程中,用户可以在命令执行中重新设置一个追踪角度,用来覆盖一次预先设置的追踪角度。输入重置追踪角度时,要在数值前加一个" < "符号。

3. 举例

使用极轴追踪功能绘制图 7-30 所示图形,操作步骤如下:

(1)打开【草图设置】对话框的【极轴追踪】选项卡,将增量角设置为 30°。单击状态栏上的【极轴】按钮,打开极轴追踪功能。

(2)启用【直线】命令,绘制图 7-30 所示多边形。

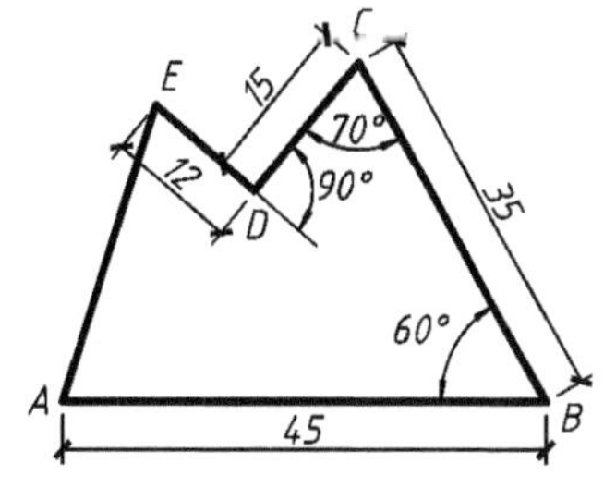

图 7-30　启用极轴追踪画图

命令: _line 指定第一点: (指定点 *A*)

指定下一点或[放弃(U)]: <正交 开>45 (打开正交模式,输入 *AB* 长度 45 确定点 *B*)

指定下一点或[放弃(U)]: <正交 关>35 (关闭正交模式,将十字光标移至与水平线成 120°角附近,会出现一条 120°辅助线,输入 BC 长度 35 确定点 *C*)

指定下一点或[闭合(C)/放弃(U)]: < -130 (重置追踪角度)

角度替代: 230

指定下一点或[闭合(C)/放弃(U)]: 15 (输入 *CD* 长度)

指定下一点或［闭合(C)/放弃(U)］：>> （透明打开【极轴追踪】选项卡，在【极轴角测量】选项组选中【相对上一段】单选框）

正在恢复执行 LINE 命令。

指定下一点或[闭合(C)/放弃(U)]:12 （出现270°辅助线时输入 *CD* 长度确定点 *D*）

指定下一点或［闭合(C)/放弃(U)］：C （闭合线段，结束命令）

二、对象捕捉追踪

对象捕捉追踪是按与对象的特定关系来追踪的，它将沿着基于对象捕捉点的辅助线方向追踪。打开对象捕捉追踪功能之前必须先打开对象捕捉功能。

1. 操作

在【极轴追踪】选项卡(图7-28)的【对象捕捉追踪设置】选项组中，选中【仅正交追踪】单选框，则表示只在水平或垂直方向上显示追踪辅助线，该选项为系统默认设置。选中【用所有极轴角设置追踪】单选框，则会在水平、垂直和所设定的任一极轴角方向显示追踪辅助线。

2. 说明

打开或关闭对象捕捉追踪的方法：

(1)在【对象捕捉】选项卡(图7-24)中，勾选或取消【启用对象捕捉追踪】复选框；

(2)按 F11 键；

(3)单击状态栏中的【对象追踪】按钮。

3. 举例

已知直线 *L* 及点 *A*，过点 *A* 作直线 *AB* 垂直于直线 *L*，且与过直线 *L* 中点的水平线相交。操作过程如下：

(1)单击状态栏上的【对象捕捉】和【对象追踪】按钮，打开对象捕捉和对象捕捉追踪功能，且设置了【垂足】、【中点】捕捉的运行捕捉方式。

(2)启动【直线】命令，命令窗口提示如下。

命令：_line 指定第一点： （确定点 *A* 的位置）

指定下一点或［放弃(U)］： （将光标移到出现捕捉标记附近，让光标在该点处停顿一下，待捕捉光标出现一个"+"号时，表示 AutoCAD 已获取了垂足的信息，然后将光标从垂足点缓缓移开，屏幕上将出现一条通过点 *A* 和垂足点的临时辅助线(虚线)。再将光标移动到直线 *L* 中点附近，显示过中点的水平临时辅助线；移动光标到点 *B* 附近显示相交两条临时辅助线，交点即为满足与已有两个对象特定关系的点 *B*，单击左键即确定了点 *B* 的位置，如图7-31 a)所示)

指定下一点或［放弃(U)］： （按 Enter 键结束命令）

此外，还可以沿临时辅助线移动光标，直接输入距离指定符合要求的点，如图7-31b)所示。

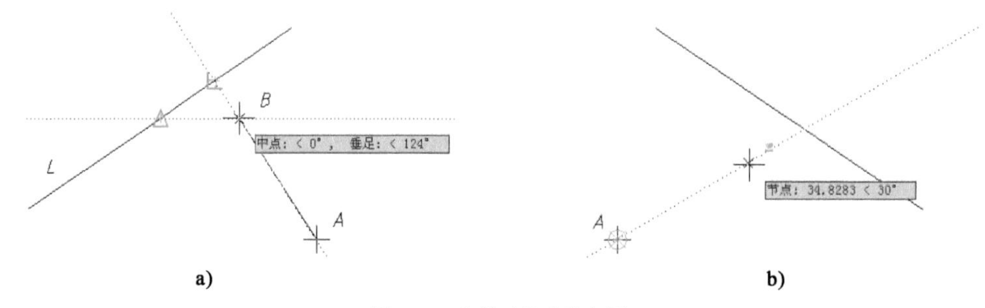

图7-31 启用对象追踪实例

a)用两条临时辅助线的交点确定点；b)沿辅助线方向直接输入距离指定点

第六节　使用快捷方式

在 AutoCAD2009 中，新增了快捷特性功能。使用快捷特性、快捷菜单和快捷键作图，可以加快绘图速度。

一、快捷特性

当用户单击鼠标左键选择对象时，根据对象类型显示【快捷特性】面板如图 7-32 所示。利用该面板可以方便地修改对象的属性。

打开/关闭快捷特性面板的方法：

(1)在【草图设置】对话框【快捷特性】选项卡中(图 7-33)，勾选或取消【启用快捷特性】复选框。利用该对话框还可以设置【快捷特性】面板的属性。

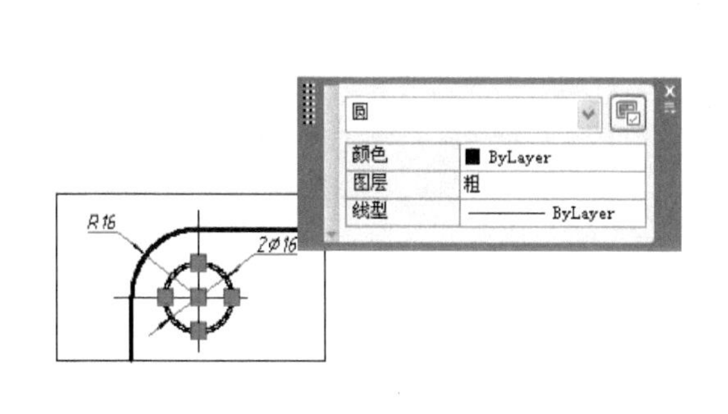

图 7-32　【快捷特性】面板

图 7-33　【快捷特性】选项卡

(2)按 Ctrl + Shift + P 键。

(3)单击状态栏中的【快捷特性】按钮。

二、快捷菜单

在特定对象或屏幕区域上单击鼠标右键时会显示快捷菜单，根据对象类型显示不同的快捷菜单，如图 7-34 所示为选择文本和不选择对象时显示的快捷菜单。利用该快捷菜单可以对不同的对象进行相应操作。

三、快捷键

在使用 AutoCAD 绘图时，可以用快捷键快速、方便地改变状态和执行命令。

AutoCAD 2009 系统自身设定常用的功能键和最基本的 Windows 系统自身的快捷键见表 7-2。

常 用 的 快 捷 键　　　　表 7-2

键　名	功　能	键　名	功　能
Ctrl + N	新建图形文件	F1	帮助
Ctrl + O	打开图形文件	F2	文本/图形窗口切换

续上表

Ctrl + S	保存图形文件	F3	对象捕捉开关
Ctrl + P	打印图形文件	F4	数值化仪开关
Ctrl + Z	撤消上一步操作	F5	等轴测平面循环
Ctrl + Y	重复撤消操作	F6	动态 UCS 开关
Ctrl + X	剪切	F7	栅格显示开关
Ctrl + C	复制	F8	正交模式开关
Ctrl + V	粘贴	F9	捕捉模式开关
Ctrl + K	超链接	F10	极轴追踪开关
Ctrl + 1	特性	F11	对象捕捉追踪开关
Ctrl + 2	设计中心	F12	动态输入开关
Ctrl + 9	命令行窗口开关	Delete	删除

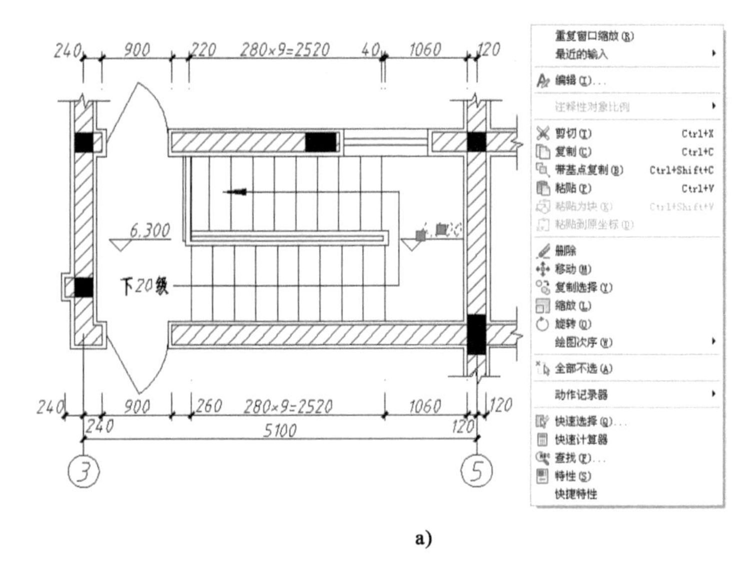

a)

b)

图 7-34　不同形式的快捷菜单

a)选择文本的快捷菜单;b)不选择对象的快捷菜单

第七节　上 机 实 验

实验一　利用【草图设置】对话框设置绘图辅助功能

1. 目的要求

熟悉打开【草图设置】对话框的各种方式,掌握利用【草图设置】对话框设置捕捉和栅格、对象捕捉和极轴追踪的方法,了解与捕捉和栅格、对象捕捉、极轴追踪有关的快捷键与状态栏。

2. 操作指导

(1)右击状态栏中的【捕捉模式】▦或关联按钮,选择快捷菜单的【设置】选项,单击菜单浏览器◣按钮中【工具】菜单列表的【草图设置】菜单项,或在命令行输入命令“dsettings”,打开

【草图设置】对话框。

(2)在【捕捉和栅格】选项卡中,设置捕捉和栅格功能。如选择【启用捕捉】和【启用栅格】,并在【捕捉】栏内设置 X、Y 轴的捕捉间距均为100,在【栅格】栏内设置 X、Y 轴的栅格间距也为100。

(3)在【对象捕捉】选项卡中,设置对象捕捉功能。

(4)在【极轴追踪】选项卡中,设置自动追踪功能。单击 确定 按钮完成绘图辅助功能设置。

实验二　设置图层绘制图形

1. 目的要求

了解图层的概念和特点,重点掌握图层的创建方法和操作技巧、设置图层的颜色和线型、图层状态的控制、图层的切换;掌握使用对象捕捉、自动追踪等绘图辅助功能精确绘图。

2. 操作指导

(1)设置绘图环境:根据图7-35图形的尺寸设置图形界限,并将长度单位设为显示小数点后"0"位。

(2)设置4个新图层:粗实线层,蓝色,线型为Continuous,线宽为0.70mm;中心线层,红色,线型为CENTER,线宽为0.18mm;细实线层,绿色,线宽为0.18mm;虚线层,洋红色,线型为DASHED、线宽为0.35mm。

(3)在不同的图层上,利用对象捕捉、自动追踪等绘图辅助工具绘制图7-35所示图形(可不标注尺寸,图中未注尺寸读者自定)。

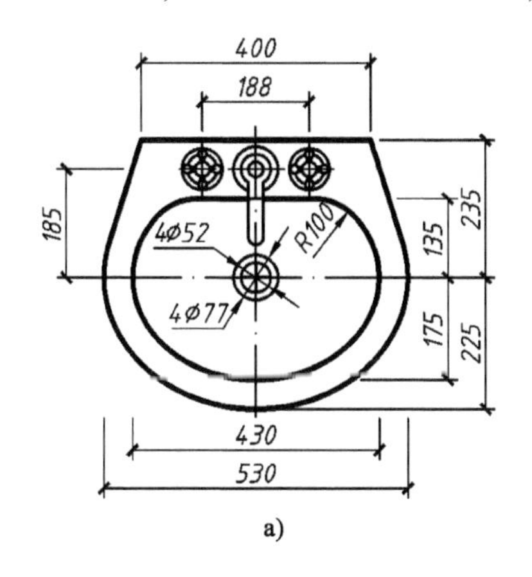

a)

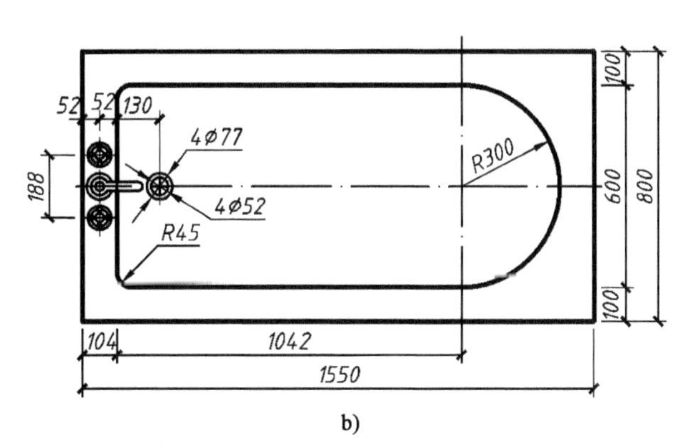

b)

图7-35　实验二
a)洗脸盆;b)浴盆

思　考　题

1. 什么是图层?如何控制图层状态?

2. 如何设置图层的颜色、线型和线宽?如何设置对象的颜色、线型和线宽?两者有什么区别?颜色、线型和线宽的默认设置是什么?

3. 能否删除AutoCAD中的所有图层?

4. 如何将对象修改到指定图层上？
5. 什么是线型比例？如何设置线型比例？
6. 什么是捕捉和栅格？如何设置捕捉和栅格？
7. 正交模式一般什么情况下使用？
8. 什么是对象捕捉？对象捕捉模式的执行方式包括哪几种？各有什么特点？
9. 什么是自动追踪？极轴追踪和对象捕捉追踪有什么区别？
10. 简述快捷特性、快捷菜单和快捷键的用途。

第八章　图案填充、面域、文字与表格

在工程设计与制图中,为了使图样简明清晰,除了绘制图形外,还需要对图形中的某个区域填充特定的剖面线——图案,用以表示物体的质地和被剖切物体所使用的材料。同时,需要用文字和表格来描述图样的有关内容,如设计说明、楼地面做法和明细表等。

第一节　图　案　填　充

在实际设计中,人们常常要把某种图案(如建筑设计中的剖面线)填入某一指定的区域内,这种操作称为图案填充。在进行图案填充时,用户需要确定的内容有三个:一是填充的区域,二是填充的图案,三是图案填充的方式。

一、图案填充的操作

(1)绘制需要填充的图形,如图8-1a)所示的条形基础。

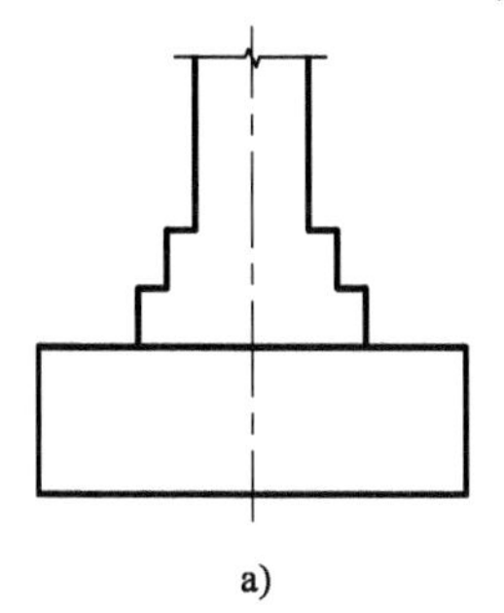

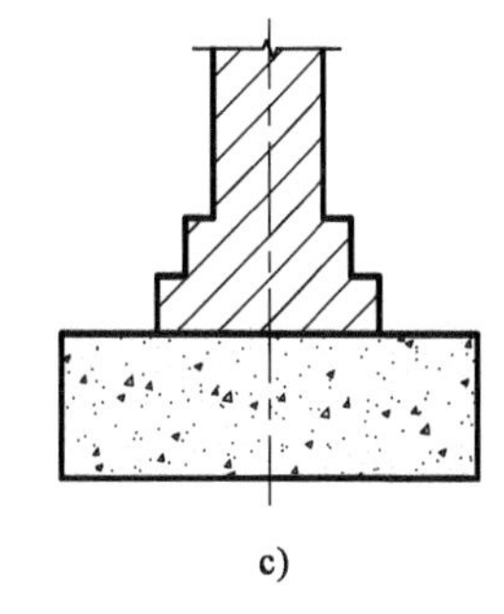

a)　　b)　　c)

图8-1　图案填充的过程

a)绘制需要填充的图形;b)选择填充区域;c)填充结果

(2)单击功能区选项板中【常用】选项卡,选择【绘图】面板的【图案填充】按钮,单击菜单浏览器按钮中【绘图】菜单列表的【图案填充】菜单项,或在命令行输入命令"hatch",都可出现如图8-2所示的【图案填充和渐变色】对话框。

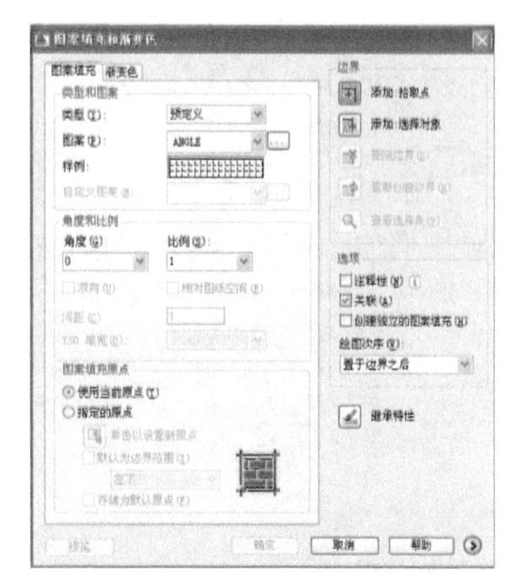

图8-2　【图案填充和渐变色】对话框

(3)单击【图案填充和渐变色】对话框中的【图案】右边的按钮,出现【填充图案选项板】,如图8-3a)所示。

(4)单击【填充图案选项板】上方的选项卡,选择需要填充的图案类型,例如选择【ANSI31】图形作为填充图案,则双击该图案,如图8-3b)所示。

(5)回到【图案填充和渐变色】对话框中,单击【拾取点】按钮,然后在需要填充的区域内任意拾取一点,如图

8-1b)中点“A”和点“B”,此时可以看到两个封闭区域的边界线变成虚线。

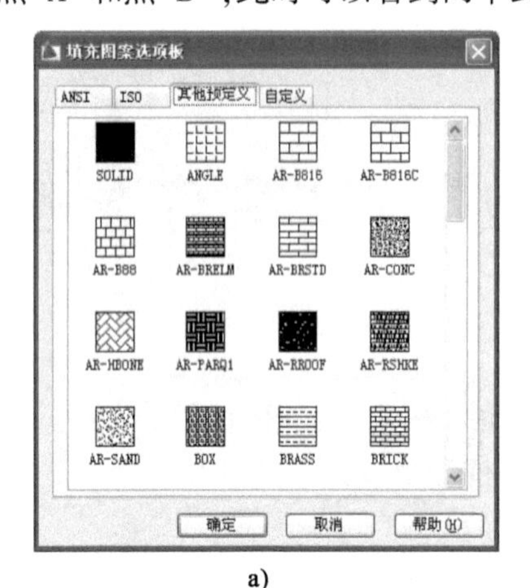

a)

b)

图 8-3 【填充图案选项板】

(6)在【图案填充和渐变色】对话框中的角度和比例栏,分别输入需要填充图形的角度和比例,然后单击【预览】,查看填充效果,再单击右键回到【图案填充和渐变色】对话框。若效果满意,则单击【确定】按钮,完成图案填充。若效果不佳,则可修改角度和比例,直到满意为止。

(7)条形基础下方采用混凝土材料,可以按照上述方法选择混凝土图案进行填充,填充结果如图 8-1c)所示。

二、确定填充图案

【图案填充和渐变色】对话框(图 8-2)的【类型和图案】列表中包含【预定义】(Predefined)、【用户定义】(User defined)和【自定义】(Custom)三个类型,它决定用户可使用的图案。

1. 预定义类型

预定义图案存储在 Autocad 提供的 acad. pat 或 acadiso. pat 文件中。单击【图案】右边的按钮,出现【填充图案选项板】(图 8-3),可在该选择板中选择图案。【预定义】类型图案分为四大类:【ANSI】、【ISO】、【其他预定义】以及【自定义】。

常用图案【ANSI31】(斜线或剖面线)属于【ANSI】类,【AR-CONC】(混凝土)属于【其他预定义】类。【ISO】是与国际标准化组织制定的标准一致的填充图案,当用户选择 ISO 图案时,可在对话框内【ISO 笔宽】列表中指定一个笔宽,它决定了图案中线的宽度。【自定义】中保存用户按 AutoCAD 规范自己定义的图案。

2. 用户定义类型

【用户定义】是指用当前线型、设定的间距和角度的平行线作为填充图案。虽然预定义中也提供类似的图案,但用户定义的剖面线更容易控制。

3. 自定义类型

【自定义】中保存用户按 AutoCAD 规范自己定义的图案。

三、确定填充区域

1. 有关概念

1)边界

边界可以是直线、圆、圆弧、二维多段线、椭圆、椭圆弧、样条曲线、块和图纸空间视口的任何组合。每个边界组成部分至少应该是部分处于当前视图内。默认时,AutoCAD 通过分析当前视图的所有封闭对象来定义边界。

2)孤岛

在图案填充中,位于填充区域内部的封闭区域称为孤岛。孤岛内的封闭区域也是孤岛,即孤岛可以嵌套。

2. 确定填充区域的方法

1)【拾取点】

【图案填充和渐变色】对话框中【拾取点】按钮用于单击内部点的方式确定填充边界。单击该按钮,系统临时关闭对话框,并在命令行提示【拾取内部点】,此时用户在填充区域内任意拾取一点,系统会自动确定填充边界,且边界以高亮显示。如果不能形成一个封闭的填充边界,则系统会给出一个错误信息。确定了一个或多个内部点后,回车即可重新显示对话框。

2)【选择对象】

【图案填充和渐变色】对话框中【选择对象】按钮用于以选择对象方式确定填充边界。单击该按钮,系统临时关闭对话框,并在命令行提示【选择对象】,此时用户可根据需要选择对象,组成填充边界。在该方式下,即使所选择对象构成不封闭区域,系统也能填充。

3. 删除边界

在【图案填充和渐变色】对话框中,当选择了填充区域,【删除边界】按钮由灰显变成正常显示。单击该按钮,可以删除已选好的边界中的孤岛,则该孤岛不填充。

特别要说明的是,以普通方式填充时,如果填充边界内有文字、属性等特殊对象,并且在选择填充边界时也选择了它们,填充图案会在这些对象处自动断开,就像用一个比它们略大的看不见的框保护起来一样,使这些对象更加清晰。

图 8-4a)显示没有删除任何边界的填充结果,填充图案遇到文字"土木"自动断开;图 8-4b)显示删除了矩形边界后的填充结果,内部的矩形区域不填充;图 8-4c)显示删除文字"土木"孤岛的填充结果,图案遇到文字不断开。

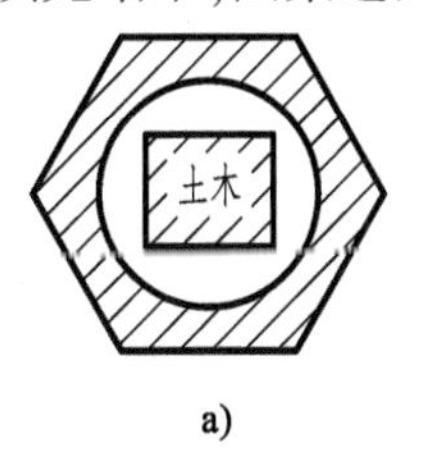

a)

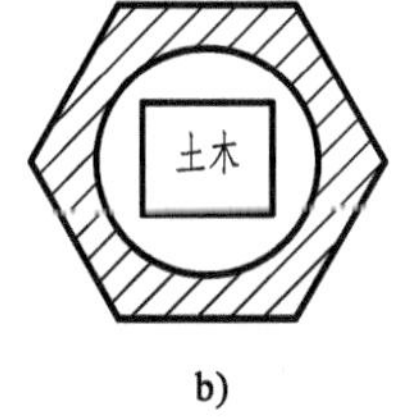

b)

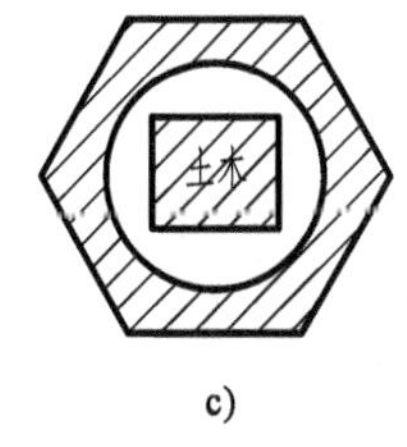

c)

图 8-4 包含孤岛的图案填充

a)不删除任何边界的填充结果;b)删除矩形边界的填充结果;c)删除文字边界的填充结果

四、确定图案填充方式

AutoCAD 提供了三种图案填充方式:普通、外部和忽略。单击【图案填充和渐变色】对话框中右下方的箭头,展开该对话框,如图 8-5 所示。【孤岛显示样式】中用图形的方式表达了设置孤岛的填充方式。选择【普通】选项表示从拾取点所在的外部边界向内填充,当遇到内部封闭区域时,系统将停止填充,直到遇到下一个封闭区域时再继续填充;选择【外部】选项表示从拾取点所在的外部边界向内填充,当遇到封闭区域时,将不再继续填充;选择【忽略】选项表示从拾取点所在的外部边界向内进行所有封闭区域的填充,内部所有封闭区域将被忽略。

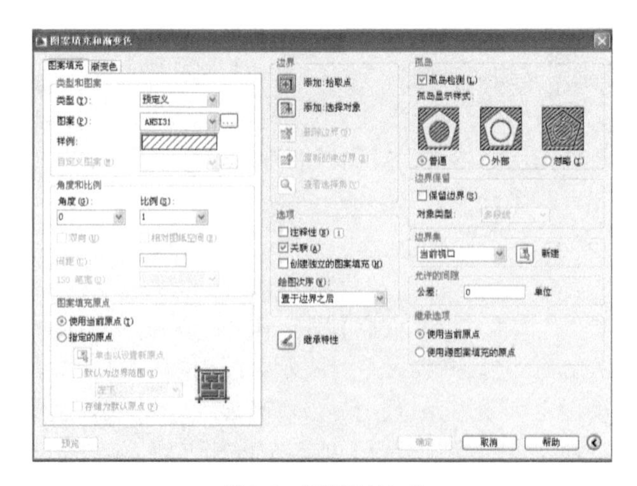

图 8-5　图案填充方式

五、设置渐变色填充

图案填充不仅可以对相关区域进行特定的符号填充，还可以使用单色或双色形成的渐变色对选定的区域(包括已填充的图案)进行图案填充，其具体操作步骤如下：

(1)绘制需要着色的图形；

(2)在【图案填充和渐变色】对话框中单击【渐变色】，出现如图 8-6 所示选项卡。根据图案填充需要，选择【单色】或【双色】；

(3)在【双色】选项卡上分别单击【颜色 1】和【颜色 2】上面的 [...] 按钮，出现如图 8-7 所示的【选择颜色】对话框，单击右边的色块选定填充的颜色，然后单击【确定】；

(4)在【渐变色】选项卡中，点击【添加:拾取点】按钮或【添加:选择对象】按钮，选择需要填充的图形区域，然后【确定】，完成渐变色填充。

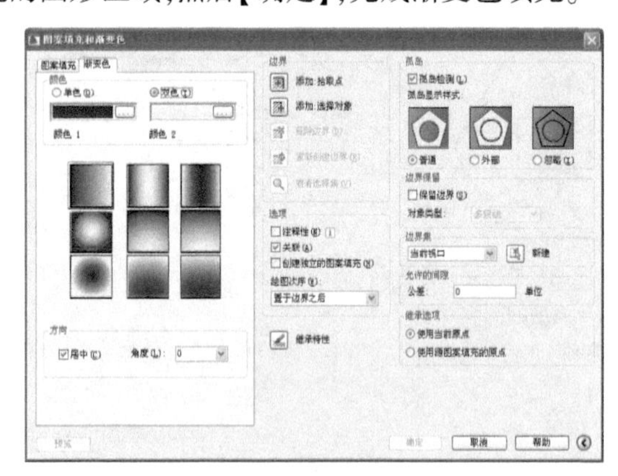

图 8-6　【渐变色】选项卡

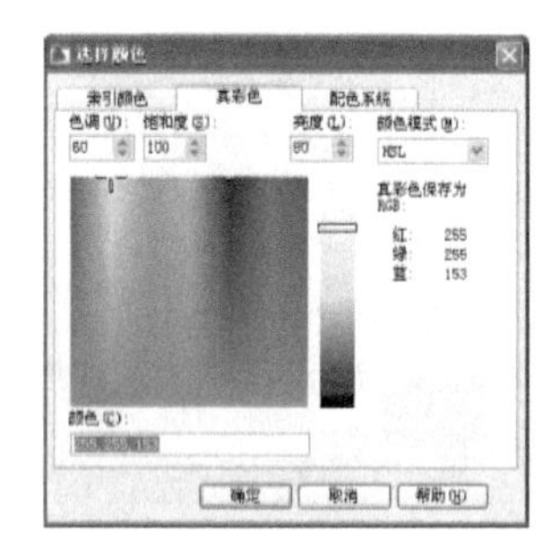

图 8-7　【选项颜色】选项卡

六、编辑图案填充

对于已填充的图案，可以使用图案填充编辑命令更换图案和修改图案的比例和转角。若要修改填充边界，则可利用填充图案的关联性进行修改。

选择功能区选项板中【常用】选项卡，单击 修改 ▲ 面板的小三角形，在弹出的面板中选择【编辑图案填充】按钮，单击菜单浏览器按钮中【修改】菜单列表【对象】子菜单的

【图案填充】菜单项,或在命令行输入命令“hatchedit”,选择要修改的填充图案后,会弹出【图案填充编辑】对话框,它与【图案填充和渐变色】对话框基本一样,在对话框中,可根据需要进行填充图案的编辑。

第二节　面 域 造 型

面域是用闭合的形状或环创建的二维区域。其边界可以是闭合的折线或一系列相连的曲线,组成边界的对象可以是闭合的直线、多段线、圆、圆弧、椭圆、椭圆弧和样条曲线和宽线等。

面域可以通过拉伸或旋转的方法来创建复杂三维实体。面域还可以进行图案填充和着色,并可分析其几何特征(如面积)和物理特征(如质心、惯性距等)。

一、创建面域

单击功能区选项板中【常用】选项卡,单击 绘图 面板的小三角形,在弹出的面板中选择【面域】按钮,单击菜单浏览器按钮中【绘图】菜单列表的【面域】菜单项,或在命令行输入命令“region”,都可将一个或多个封闭图形转换为面域。

单击功能区选项板中【常用】选项卡,单击 绘图 面板的小三角形,在弹出的面板中选择【边界】按钮,单击菜单浏览器按钮中【绘图】菜单列表的【边界】菜单项,或在命令行输入命令“boundary”,都可打开【边界创建】对话框(图 8-8)。在该对话框【对象类型】下拉列表框中选择【面域】选项,单击【确定】按钮后创建的图形是一个面域,而不是边界。

值得注意的是,圆、多边形等封闭图形属于线框模型,而面域属于实体模型,它们在选中时表现的形式是不同的,图 8-9 为选中圆与圆形面域时的效果。

面域可以进行复制、移动等编辑操作。在创建面域时,如果将 DELOBJ 系统变量设置为 1,【面域】命令将在把原始对象转换为面域之后删除这些对象,如果原始对象是图案填充对象,那么图案填充的关联性将丢失。要恢复图案填充关联性,需重新填充此面域。DELOBJ 系统变量设置为 0,则不删除原始对象。【分解】面域可以将面域转换成线、圆等对象。

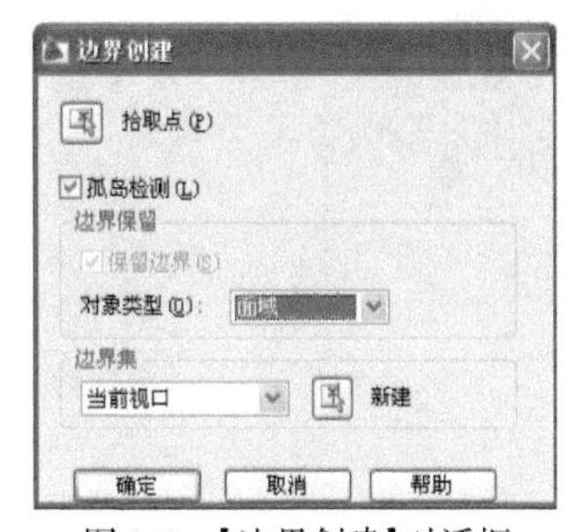

图 8-8　【边界创建】对话框

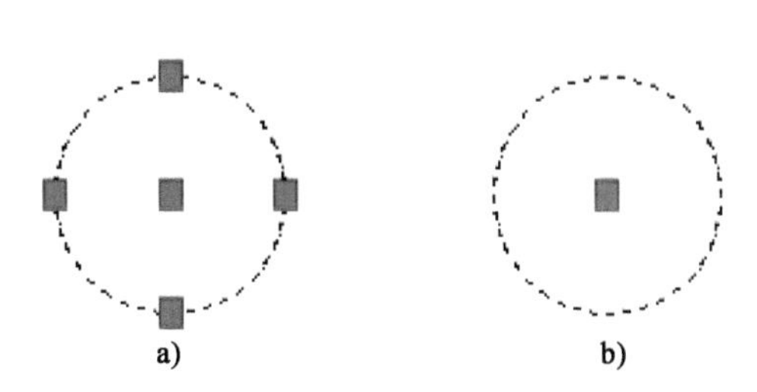

图 8-9　选中圆与圆形面域时的效果

a)圆;b)圆形面域

二、面域的布尔运算

布尔运算是数学上的一种逻辑运算。在 AutoCAD 中绘图使用布尔运算,可以提高绘图效率,尤其在绘制比较复杂的图形时。布尔运算的对象只能是实体和共面的面域,对于普通的线条图形对象,则无法使用布尔运算。

面域的布尔运算包括并集运算、差集运算和交集运算三种。单击菜单浏览器按钮中【修改】菜单列表【实体编辑】子菜单的【并集】、【差集】或【交集】菜单项可以进行布尔运算。

(1)并集运算:创建面域的并集,需要连续选择要进行并集操作的面域对象,直到按下回车键,即可将选择的多个面域合并为一个新面域。

(2)差集运算:创建面域的差集,从一个面域中减去其他面域,从而生成一个新的面域。

(3)交集运算:创建多个面域的交集,需要选择两个及两个以上面域,将它们的公共部分构成一个新的面域。

三种布尔运算的效果如图 8-10 所示。

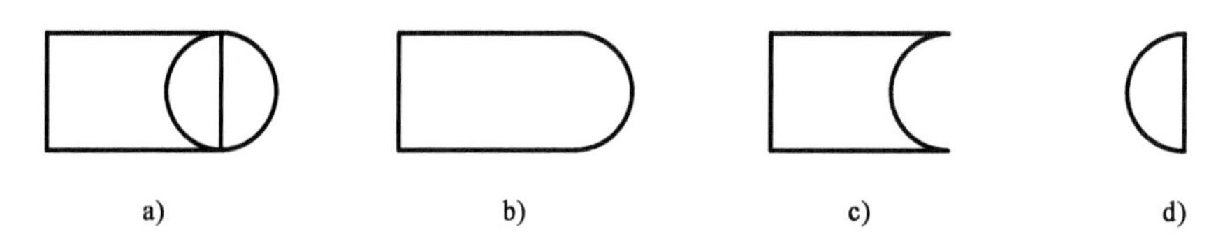

图 8-10　面域的布尔运算

a)原有面域;b)面域的并集运算;c)面域的差集运算;d)面域的交集运算

三、面域的数据提取

从表面上看,面域和一般的封闭线框没有区别,实际上,面域是二维实体模型,它不仅包含边的信息,还有边界内的信息。可以利用这些信息计算工程属性,如面积、周长、质心、惯性距等。

单击功能区选项板中【工具】选项卡,选择【查询】面板的【面域/质量特性】按钮,单击菜单浏览器按钮中【工具】菜单列表的【查询】子菜单中【面域/质量特性】菜单项,或在命令行输入命令“massprop”,选择面域后,系统自动切换到【AutoCAD 文本窗口】(图 8-11),显示面域对象的有关信息,并询问是否将分析结果写入一个文件。若输入“y”后回车,弹出【创建质量与面积特性文件】对话框,可将面域对象的数据特性存入文件。

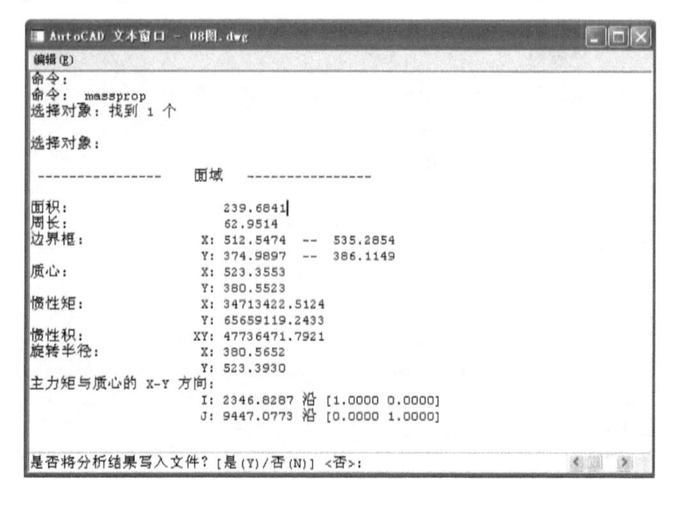

图 8-11　面域对象的数据

第三节　设置文字样式

在 AutoCAD 中，所有文字都有与之相关联的文字样式，默认的文字样式为“Standard”。在注写文字之前，应根据不同风格的文字来定义新的文字样式，从而控制注写文本的外观。文字样式主要定义文字的字体、高度、宽度比例、倾斜角度、颠倒、反向或垂直等参数。

一、文字样式的定义步骤

(1)单击功能区选项板中【注释】选项卡，选择【文字】面板的【文字样式】按钮，单击菜单浏览器按钮中【格式】菜单列表中【文字样式】菜单项，或在命令行输入“style”命令，系统弹出【文字样式】对话框。

(2)在该对话框中，单击【新建】按钮，弹出【新建文字样式】对话框，建立“工程字”文字样式名，如图 8-12 所示，单击【确定】后回到【文字样式】对话框。

(3)在字体名选项框中，单击箭头，在下拉列表中选择“gbeitc. shx”字体；勾选【使用大字体】单选框，在【大字体】选项框中，单击箭头，在下拉列表中选择大字体“gbcbig. shx”(简体中文字体)，如图 8-13 所示。

(4)设置文字样式【高度】；在【效果】选项区域设置文字的显示效果；在预览区域查看文字样式效果；单击【应用】完成文字样式的定义。

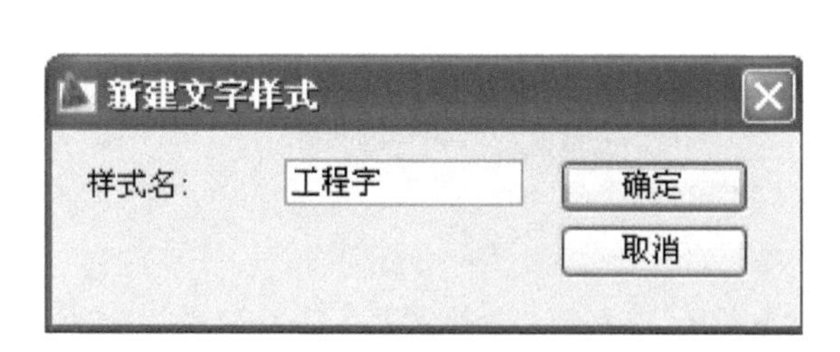

图 8-12　【新建文字样式】对话框

图 8-13　【文字样式】对话框

二、选项说明

(1)在 AutoCAD 中有两种不同类型的字体文件：TrueType 字体和 AutoCAD 编译的形(SHX)字体。只有在字体名中指定 SHX 文件，才能使用【大字体】。

(2)工程图样中的汉字字体也可以选择 TrueType 字体中的“仿宋 GB2312”字体，并将【宽度因子】设为 0.75，满足长仿宋体的要求。

(3)在【文字样式】对话框中，单击【新建】，可以根据图纸设计需要定义不同的文字样式名；【删除】按钮可以删除已有的文字样式名，但 Standard 样式和在使用中的样式不能删除。

(4)如果在【大小】选项区中的【高度】框内文字高度设置为 0，在使用 dtext 命令标注文字时，命令行提示用户【指定高度】；如果已经指定了文字高度，在使用该命令时将不再提示【指定高度】。

(5)【效果】选项区，【颠倒】复选框表示文字是否倒写；【反向】复选框表示文字是否反写；

【垂直】复选框表示文字是否沿垂直方向书写;【宽度因子】复选框可设宽度比例因子,默认值为1,若输入值小于1,则文本变窄,否则,文本变宽;【倾斜角度】复选框表示文字相对于90°方向的倾斜角。

第四节　创建与编辑文字

在制图过程中,文字传递了很多设计信息,它可能是一个很长很复杂的说明,也可能是一个简短的文字信息。当标注文字不太长时,可以创建单行文字;当需要标注比较长和复杂的文字信息时,可以创建多行文字。

一、创建单行文字

在工程设计图中指定点进行文字标注。单行文字可以由字母、单词或完整的句子组成。

1. 操作

单击功能区选项板中【常用】选项卡,选择【注释】面板的【单行文字】A 按钮,单击菜单浏览器按钮中【绘图】菜单列表的【文字】子菜单中【单行文字】菜单项,或在命令行输入“dtext”,都可执行该命令,具体操作如下。

命令:_dtext
当前文字样式:“工程字” 文字高度:2.5000 注释性:否 (系统提示)
指定文字的起点或[对正(J)/样式(S)]:(在屏幕上拾取一点,作为文字起点)
指定高度 <2.5000>:10 (指定文字高度)
指定文字的旋转角度<0>:(指定文字旋转角度,此时在屏幕上出现工字形光标,可以输入文字,英文字符可以直接输入,如果输入汉字,则需要切换输入法)

文字输入完毕,连续两次回车即结束命令。

2. 说明

(1)在【指定文字的起点或[对正(J)/样式(S)]:】提示下,如果选择【对正】(键入选项“J”),系统将在命令行给出如下提示信息。

输入选项
[对齐(A)/布满(F)/居中(C)/中间(M)/右对齐(R)/左上(TL)/中上(TC)/右上(TR)/左中(ML)/正中(MC)/右中(MR)/左下(BL)/中下(BC)/右下(BR)]:

其中,【对齐(A)】选项表示文字在选定的两点之间自动对齐;【布满(F)】选项表示按指定的高度通过改变宽度比例在两点之间注写文字。其他对正方式如图8-14所示。

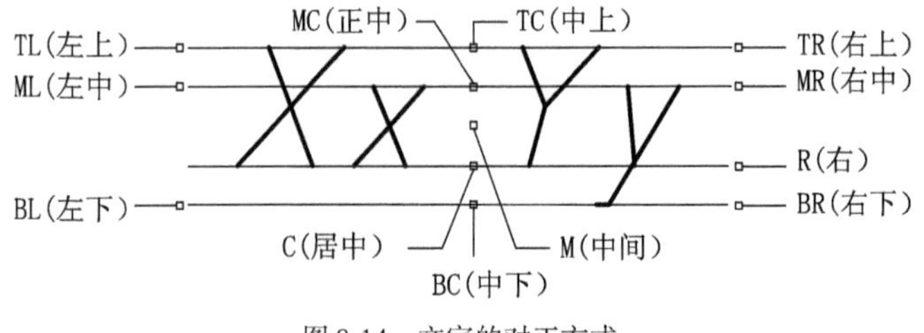

图8-14　文字的对正方式

(2)在【指定文字的起点或[对正(J)/样式(S)]:】提示下,如果选择【样式】(键入选项“S”),系统提示如下。

输入样式名或［?］<工程字>：

此时输入当前要使用的文字样式的名称；如果输入"?"后按两次回车键，则显示所有的文字样式；若直接按回车键，则使用默认文字样式。在没有定义文字样式时，系统的默认样式是"Standard"。

(3)控制码与特殊字符：实际绘图时，有时需要标注一些特殊字符，如在一段文本的上方或下方加线、标注"°"(度)、"±"、"ϕ"等，以满足特殊需要。由于这些特殊字符不能从键盘上直接输入，为此，AutoCAD 提供了各种控制码，用来实现这些要求。AutoCAD 的控制码由两个百分号(%%)以及在后面紧接一个字符构成，用这种方法可以表示特殊字符。常用的控制码见表 8-1。

常用控制码一览表 表 8-1

符　　号	功　　能	符　　号	功　　能
%%O	打开或关闭文字上画线	%%P	标注"正负公差"符号(±)
%%U	打开或关闭文字下画线	%%C	标注"直径"符号(ϕ)
%%D	标注"度"符号(°)	%%%	标注出"百分比"符号(%)

二、创建多行文字

在指定的边界内创建一行或多行文字及文字段落，系统将多行文字视为一个整体对象。

1. 操作

单击功能区选项板中【常用】选项卡，选择【注释】面板的【多行文字】按钮，单击菜单浏览器按钮中【绘图】菜单列表的【文字】子菜单中【多行文字】菜单项，或在命令行输入"mtext"，都可执行该命令，具体操作如下。

命令：_mtext 当前文字样式："长仿宋" 文字高度：5 注释性：否

指定第一角点：（在绘图区选择一点单击，此点即为多行文字的起点）

指定对角点或［高度(H)/对正(J)/行距(L)/旋转(R)/样式(S)/宽度(W)/栏(C)］：（拾取另一点，即形成多行文字的边界并进入如图 8-15 所示的文字输入窗口）

图 8-15　文字输入窗口

在文字输入窗口输入需要标注的文字段落，单击【确定】完成操作。

2. 说明

(1)在命令行的提示中，【高度】用于指定新的文字高度；【对正】用于指定矩形边界中文字的对正方式和文字的走向；【行距】用于指定行与行之间的距离；【旋转】用于指定整个文字边界的旋转角度；【样式】用于指定多行文字对象所使用的文字样式；【宽度】通过键入或拾取图形中的点指定多行文字对象的宽度;【栏】可以设置多行文字对象的格式为多栏。

(2)在文字输入窗口可以使用上方的工具栏及快捷菜单,对多行文字进行更多的设置。

三、编辑文字

对写好的文字可以进行修改内容、改变文字大小和对正方式等编辑。单行文字和多行文字的修改过程基本相同,只是单行文字不能使用 explode 命令来分解,而该命令可以将多行文字变为单行文字对象。

1. 使用 ddedit 命令编辑文字

单击菜单浏览器按钮中【修改】菜单列表的【对象】子菜单中【文字】下的【编辑】菜单项,在命令行输入“ddedit”,或双击文字对象,都可执行该命令。

命令:_ddedit
选择注释对象或[放弃(U)]:

选择需要编辑的文字即可以修改。如果编辑的对象是多行文字,系统将显示与创建多行文字时相同的窗口界面,其编辑和修改也是在文本输入窗口中进行,但是如果要修改文字的大小和字体的属性,须先选中要修改的文字,然后选取新的字体或输入新的字体高度值。

2. 使用特性窗口编辑文字

单击功能区选项板中【视图】选项卡,选择【选项卡】面板的【特性】按钮弹出【特性】选项板,利用该选项板不仅可以修改文字本身的内容,还可以修改文字的其他特性,如文字的颜色、图层、插入点、高度、旋转角度、宽度比例、特殊效果、倾斜角度、对齐方式等。如果要修改多行文字对象的文字内容,必须先点击【文字】选项区的【内容】,然后单击【内容】右侧的按钮,然后在创建文字时的界面中编辑文字。

第五节　设置表格样式

利用 AutoCAD 提供的自动创建表格的功能,可以方便地在设计图样中创建表格,如图纸目录、门窗表、材料表、零件明细表等。

创建表格首先要定义表格样式,用于定义表格的外观,控制表格中的字体、颜色和文本的高度、行距等特性。

一、表格样式的定义步骤

(1)单击功能区选项板中【注释】选项卡,选择【表格】面板的【表格样式】按钮,单击菜单浏览器按钮中【格式】菜单列表中【表格样式】菜单项,或在命令行输入“tablestyle”命令,系统将弹出如图 8-16 所示的【表格样式】对话框。

(2)在【表格样式】对话框中单击【新建】按钮,系统弹出如图 8-17 所示的【创建新的表格样式】对话框,在对话框中的【新样式名】文本框中输入新的表样式名,如“table1”,在【基础样式】下拉列表中选择一种基础样式作为模板,新的样式将在该样式的基础上进行修改。单击【继续】按钮,系统弹出如图 8-18 所示的【新建表格样式】对话框。

(3)在【新建表格样式】对话框中,可以在【单元样式】选项区域的下拉列表框中选择【数据】、【标题】和【表头】选项,分别设置表格的数据、标题和表头对应的样式。设置完新的样式后,点击【确定】按钮,然后再在【表格样式】对话框中单击【置为当前】按钮,新的样式将成为今后的默认样式。

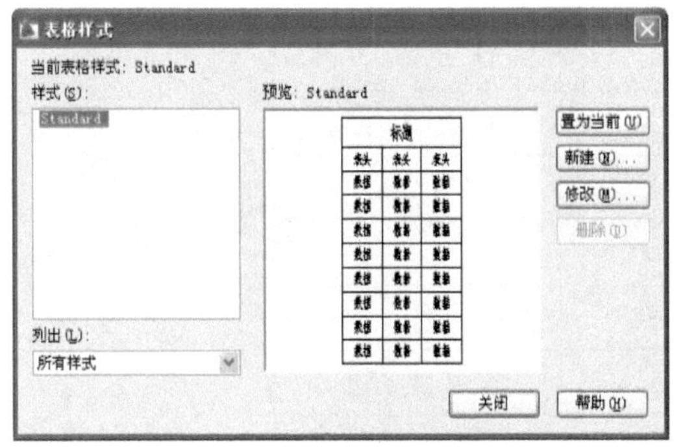

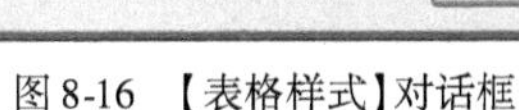
图 8-16 【表格样式】对话框

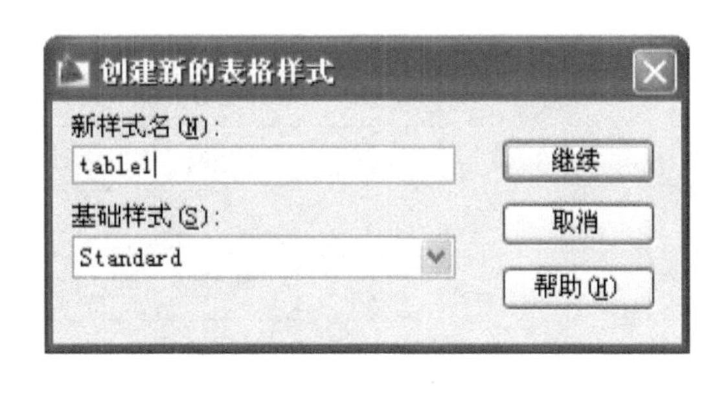

图 8-17 【创建新的表格样式】对话框

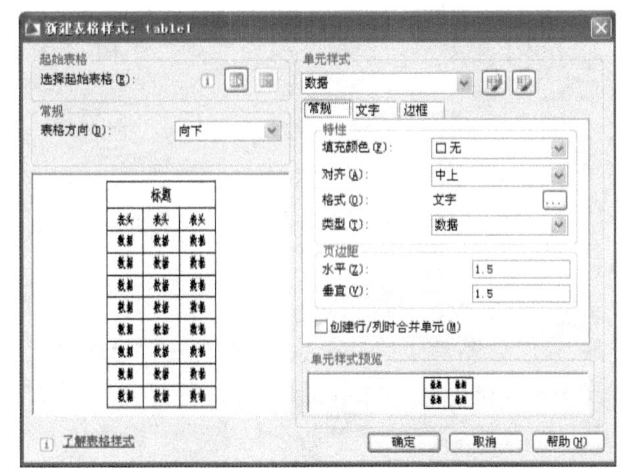

图 8-18 【新建表格样式】对话框

二、选项说明

(1)【新建表格样式】对话框中有三个选项卡。其中【常规】选项卡设置表格的填充颜色、对齐方式、格式、类型及页边距等特性;【文字】选项卡设置表格单元中的文字样式、高度、颜色和角度等特性;【边框】选项卡可以设置表格的边框是否存在,当表格有边框时,可以设置边框的线宽、线型、颜色和间距。

(2)对话框中的【表格方向】可选择表格的生成方向是向上或向下。选择【向下】选项,创建由上向下读取的表格,标题和表头都在表格的顶部;选择【向上】选项,创建由下向上读取的表格,标题和表头都在表格的底部。

第六节 创建与编辑表格

一、创建表格

1. 操作

下面以图 8-19 为例说明表格创建与修改的方式与方法。

图纸目录

序号	图号	图名	图幅	备注
1	建施-01	设计总说明	A3	
2	建施-02	总平面图	A1	
3	建施-03	首层平面图 标准层平面图	A1	
4	建施-04	屋顶平面图 南立面图	A1	
5	建施-05	北立面图 1-1剖面图	A1	
6	建施-06	楼梯间详图	A2	

图 8-19 创建表格

(1)单击功能区选项板中【注释】选项卡,选择【表格】面板的【表格】按钮,单击菜单浏览器按钮中【绘图】菜单列表的【表格】菜单项,或在命令行中输入"table"命令,系统将弹出如图 8-20 所示的【插入表格】对话框。

(2)在【表格样式】选项区选择"table1"表格样式。

(3)在【插入方式】选项区选中【指定插入点】。

(4)在【列和行设置】选项区的【列】文本框中输入 5,在【列宽】文本框中输入 15,在【数据行数】文本框输入 6,在【行高】文本框输入 2。

(5)表格各项设置完毕,单击【确定】按钮。

(6)根据命令行提示,在设计图形中选择一点作为表格的放置位置,系统弹出如图 8-21 所示的【多行文字】工具栏,同时表格标题单元格变为虚线,并有光标闪动,单击下画线 U 按钮,键盘输入"图纸目录"字样后,用键盘的移动键将光标移动到任意单元格后进行文字输入,文字输入完成后,单击【关闭文字编辑器】按钮完成表格的制作。

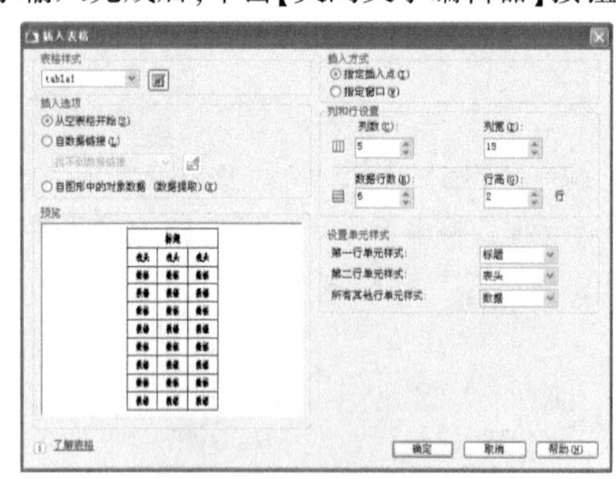

图 8-20 【插入表格】对话框

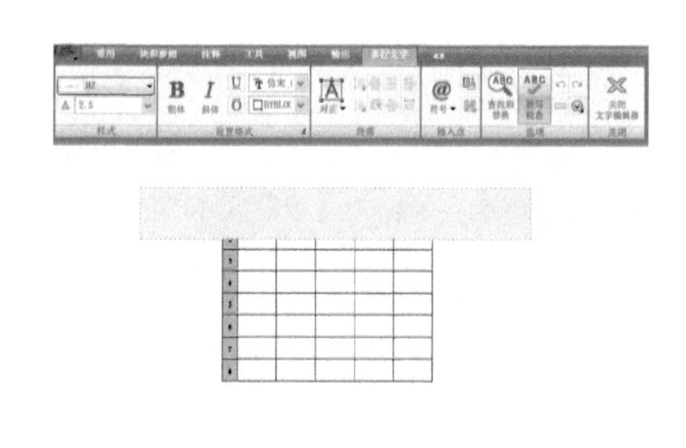

图 8-21 输入表格内容

2. 说明

在完成一个单元格的文字输入以后,按 Tab 键将光标横向移动到下一单元格,按回车键将光标向下移动到下一单元格,也可以利用键盘的上、下、左、右移动键进行移动,在新的单元格输入文字。

二、编辑表格

(1)在需要修改的表格边线上单击,系统立即在表格的关键点显示蓝色的夹点,移动夹点可以修改表格的宽度和高度。例如图 8-19 中,“图名”一列向右拉宽 15 个单位,保证文字可以在一行排列。

(2)如果表格内的文字输入有错误,双击需要修改的单元格文字,出现如图 8-21 所示的【多行文字】对话框,单元格变为虚线,并有光标闪动,修改文字后,单击【关闭文字编辑器】即完成操作。

第七节　上 机 实 验

实验一　绘制如图 8-22 所示的大样图并填充材料图例

1. 目的要求

熟悉图案填充的操作方法、文字样式的设置以及文字注写,并熟练运用到工程设计实践中。

2. 操作指导

(1)按图 8-22 所示尺寸绘制图形(不标注尺寸,尺寸单位为 mm),要求线形标准、顺畅、光滑。

(2)图案填充应符合制图标准,并选择合适的比例。素土夯实图例 AutoCAD 中没有对应的图案,可以采用绘制一部分再通过复制或阵列完成。

(3)在注写文字时应先定义文字样式,并根据设计要求确定文字的高度。为保证文字整齐美观,应考虑分别使用单行文字和多行文字,并且将相关的文字起点定位一致,可以考虑在注写一行文字后使用复制或阵列命令复制文字,再修改文字内容。

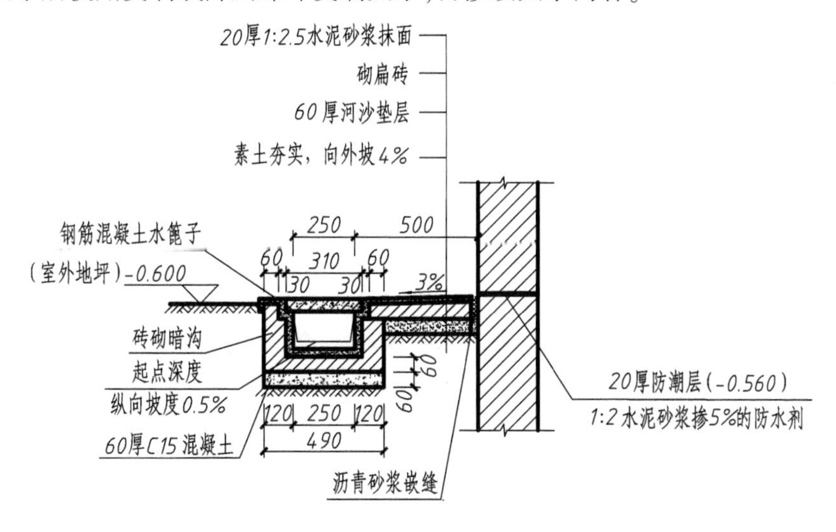

图 8-22　建筑大样图

实验二　绘制如图 8-23 所示的表格

1. 目的要求

熟悉定义文字样式和表格样式的方法,掌握创建文字与表格的命令和操作方法,并熟练运用到工程设计实践中。

2. 操作指导

文字字体应符合建筑制图标准,表格的标题文字高度建议采用 5,表头文字高度建议采用 3,数据文字高度建议采用 2.5。

技术经济指标

序号	项目	数据	单位	备注
1	总用地面积	2985	m²	合4.5亩
2	总建筑面积	12628.2	m²	
3	建筑占地面积	635.6	m²	
4	容积率	4.23		
5	建筑密度	21.3	%	
6	绿地率	41.2	%	
7	住宅层数	17	层	
8	总户数	68	户	
9	停车位	55	个	

图 8-23　技术经济指标表格

思　考　题

1. 在 AutoCAD 中如何定义图形的填充区域?
2. 面域可以进行几种布尔运算?
3. 怎样定义文字样式?
4. 文字的对齐方式有哪些? 其各自的含义是什么?
5. 表格样式定义有哪些步骤?
6. 在 AutoCAD 中如何按要求创建表格? 如何修改?

第九章 块及外部参照

在工程设计中,人们往往需要绘制许多重复的图形对象,如建筑图中的门窗、桌椅、标高符号,管网图中的阀门、接头等。如果不假思索地简单重复绘制,不仅工作效率低下,而且重复存储这些图形信息将侵占大量存储资源。为此,AutoCAD 绘图系统为用户引入一个重要概念——块。

块不是一个孤立的个体,除了图形本身,它还可以附带一些注释性的信息。例如,课桌定义成图块后,还可以把编号、学生姓名、材质等说明信息加入图块中。图块的这些非图形信息,称之为图块的属性。它是图块的一个组成部分,和图形对象一起构成一个整体,在插入块时,属性将和图形对象一起被插入到指定图形中。

为了适应工程绘图的某些特殊需要,AutoCAD 绘图系统还给用户提供了另外一种高效绘图方式——外部参照,即用户可以把已有的图形文件以外部参照的形式插入到当前图形中,这样系统只需记忆相应的链接信息即可。

第一节 创建与插入块

一、图块的概念

块是复杂图形中一组相互关联的图形对象的集合。用户可根据作图需要,把块作为一个单独的实体插入到图形中任何指定位置,并可指定块插入时的比例系数和旋转角度。这样,不仅避免了大量重复工作,提高了绘图工作效率,而且也节省了大量存储空间。

组成块的每个对象可以有自己的图层、颜色、线型,但 AutoCAD 把块当作一个整体来对待,用户只需点取块中的任一对象,即可实现对整个块进行诸如【移动】、【复制】、【镜像】等操作。如需对块中单个图形对象进行编辑,可以使用【分解】命令将图块分解成各自独立的图形对象。图块还可以被重新定义,一旦块定义更改,整个图形中引用到的该块图形均将自动更新。

块还可嵌套,即块中还可包含一个或多个块。

块的引入,给人们的绘图设计工作带来了很大的便利。

1. 可用来建立图形库,提高了绘图工作效率

把实际绘图中经常用到的子图形做成图块,并存放在图形库中绘图时,就可把这些经常出现的图形对象作为块插入图形中,这样既避免了大量重复劳动,又大大提高了绘图工作效率。

2. 节省存储空间

AutoCAD 必须为图形中的每个对象保存诸如类型、位置、坐标等信息,图形中每绘制一个对象都会增加图形文件的容量。如果一张图上需绘制许多重复对象,必然导致文件存储空间

的急速增长。如果事先把这些对象定义为块,绘图时只需把它们作为块插入图中,那么系统只需记忆这个块对象(块名、插入点、插入比例等),从而节省了存储空间。

3. 便于图形的修改

实际绘图工作中往往需要进行多次修改,绘图标准也经常发生变化,如果未定义块,那么人们对图纸的修改只能逐个进行,既费时又不方便。而定义了块,只需把块重新定义一遍,则图中所有已插入该块的地方均会进行相应修改,从而大大方便了图形修改。

4. 便于加入属性

绘图时经常需要用到一些文本信息(如一些文本注释)。AutoCAD 允许给块建立属性,即加入文本信息。这些信息在每次插入块之前都可得到修改,而且用户可像普通文字一样控制它显示与否。

二、块的建立

1. 操作

单击功能区选项板中【常用】或【块和参照】选项卡,选择【块】面板的【创建】按钮;单击菜单浏览器按钮中【绘图】菜单列表的【块】子菜单项的【创建】菜单项,或在命令行输入命令“block”,都可以建立块,具体步骤如下。

命令:_ block

AutoCAD 将打开如图 9-1 所示的【块定义】对话框,编辑该对话框即可命名定义指定的图形对象集合为块。

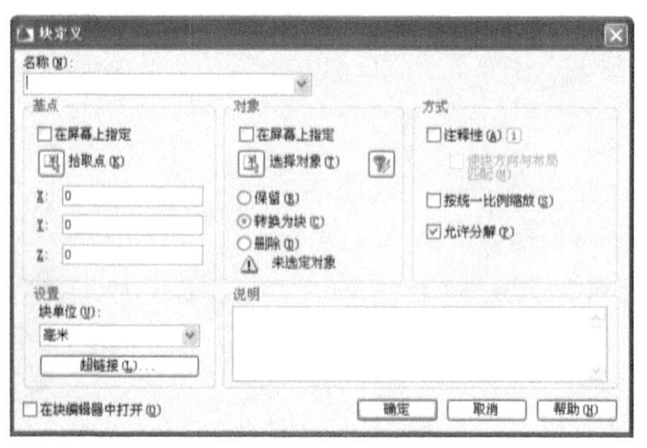

图 9-1 【块定义】对话框

2. 说明

(1)【名称】文本框:输入图块名称,最多可使用 255 个字符。当图中包含多个块时,还可单击右端的小按钮,在下拉列表框中选择已有的块。

(2)【基点】选项区域:指定图块的基准点。点击【拾取点】按钮,AutoCAD 将切换到作图区域,用鼠标在图形中拾取所需点后,返回【块定义】对话框,那么拾取点即成为该图块的基点。用户也可以在 X、Y、Z 编辑条中输入具体坐标值作为图块的基点。

(3)【对象】选项区域:指定将被定义为块的各个对象及相关属性。单击【选择对象】按钮,AutoCAD 将切换到作图区域,用鼠标在图形中框选或点击图形对象后,返回【块定义】对话框,选中的图形集合将被定义成为一个块。

(4)【方式】选项区域:设置组成块的对象的显示方式。其中,【按同一比例缩放】复选框,用于设置对象是否按统一的比例进行缩放;而【允许分解】复选框则用于设置块中各项图形对象是否可以被分解。

(5)【设置】选项区域:设置块的基本属性。单击【块单位】下拉列表框,可以选择从 AutoCAD 设计中心拖动块时的缩放单位;单击【超链接】按钮,将打开【插入超链接】对话框,在该对话框中可以插入超链接文档。

(6)【说明】文本框:输入当前块的说明部分。

(7)【在块编辑器中打开】选项:若选中此项,块将设置为动态块,且在块编辑器中打开。

三、写块

用【块定义】"block"命令定义的块只能在定义它的原图中插入,不能插入到其他图形中,这样对于在很多图形中都要用到的块是很不方便的。这时,可使用"wblock"命令把图块以文件的方式(后缀为. dwg)写入磁盘。这样,以外部文件形式定义的块即可方便灵活地插入到任何图形中。

1. 操作

用户在命令行输入"wblock"后回车,系统弹出如图 9-2 所示的【写块】对话框,编辑该对话框即可得到以外部文件形式存盘的图块。

2. 应用举例

【例 9-1】 将如图 9-3 所示的窗户图例定义为块,并以"win1"为文件名写块。

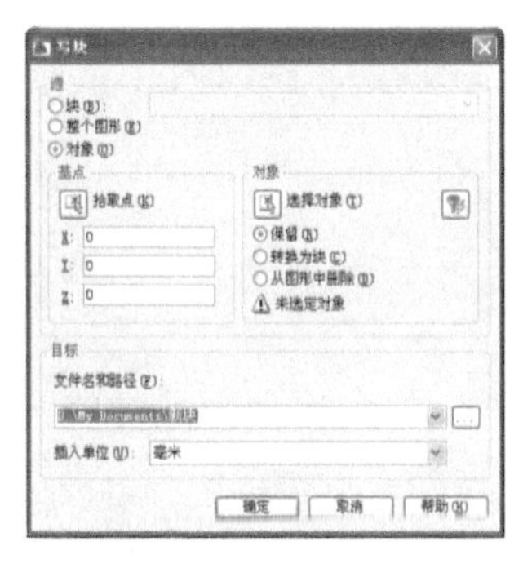

图 9-2 【写块】对话框

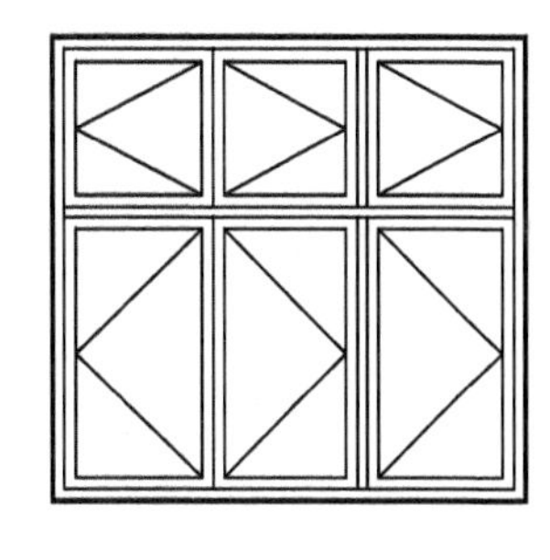

图 9-3 窗户图例

(1)单击功能区选项板中【常用】选项卡,选择【块】面板的【创建】按钮,打开【块定义】对话框。

(2)在【名称】复选框中输入块名"win1"。

(3)单击【拾取点】按钮,系统切换到作图屏幕,拾取窗户的左下角点为插入点,返回【块定义】对话框。

(4)单击【选择对象】按钮,系统切换到作图屏幕,框选如图 9-3 所示的窗户图形后回车,返回【块定义】对话框。

(5)按下【确定】按钮后,系统建立了一个名称为"win1"的块。

(6)在命令行输入命令"wblock",打开【写块】对话框,在【源】选择组中单击【块】选项,在其右端的下拉列表中选择块文件"win1";在【目标】设置区域的【文件名和路径(F)】复选框中输入写块文件名及存取路径。相关设置完成后,"确认"退出。

四、块的插入

将已定义的块插入图中，同时，还可控制插入图形的比例和旋转角度。

1. 单个块的插入

1）操作

单击功能区选项板中【常用】或【块和参照】选项卡，选择【块】面板的【插入】或【插入点】按钮；单击菜单浏览器按钮中【插入】菜单列表的【块】菜单项，或在命令行输入命令“insert”或“ddinsert”，都可以插入块，具体步骤如下。

命令：_ insert

AutoCAD 将打开如图 9-4 所示的【插入】对话框，编辑该对话框即可指定插入的块及插入方式。

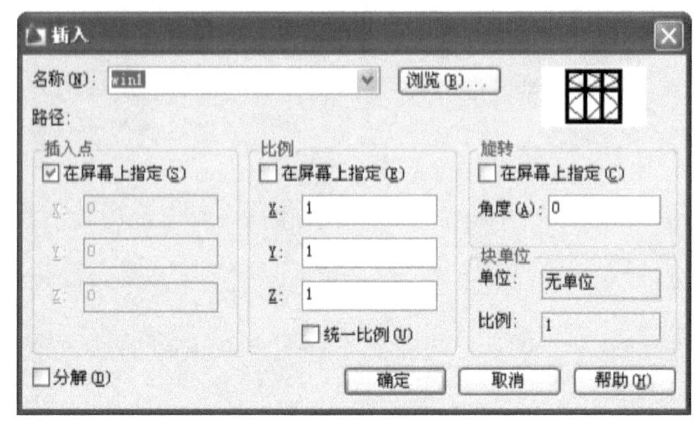

图 9-4 【插入】对话框

2）对话框选项说明

（1）【名称】下拉列表：用于选择插入块或图形的名称。也可单击其右端按钮【浏览】，打开【选择图形文件】对话框，选择存盘的块和外部图形。

（2）【插入点】选项区域：用于设置块的插入点位置。可直接在 X、Y、Z 设置框中输入点的坐标，也可以通过选中【在屏幕上指定】复选框，在屏幕上指定插入点位置。

（3）【比例】选项区域：用于设置块的插入比例。可直接在 X、Y、Z 设置框中输入块在三个方向的比例；也可通过选中【在屏幕上指定】复选框，在屏幕上指定。此外，选项区域下端的【统一比例】复选框用于设置插入块在 X、Y、Z 三个方向的比例是否相同，选中时表示三个比例相同，此时用户只需在 X 设置框输入比例即可。

（4）【旋转】选项区域：用于设置块插入时的旋转角度。可直接在【角度】设置框中输入角度值，也可选择【在屏幕上指定】复选框，在屏幕上指定旋转角度。

（5）【分解】复选框：若选中该复选框，则设置块在插入后将分解为组成块的基本图形对象。

【例 9-2】 将【例 9-1】中建立的图块“win1”插入到房屋立面图中。

（1）在命令行输入命令“insert”，打开【插入】对话框，单击【名称】编辑框右端的“浏览”按钮，打开【选择图形文件】对话框，如图 9-5 所示，选择刚刚保存的图块文件“win1”打开。系统返回【插入】对话框，设置合适的插入比例、插入点、旋转角度，单击“确定”后，图块“win1”便被插入到立面图中，如图 9-6 所示。

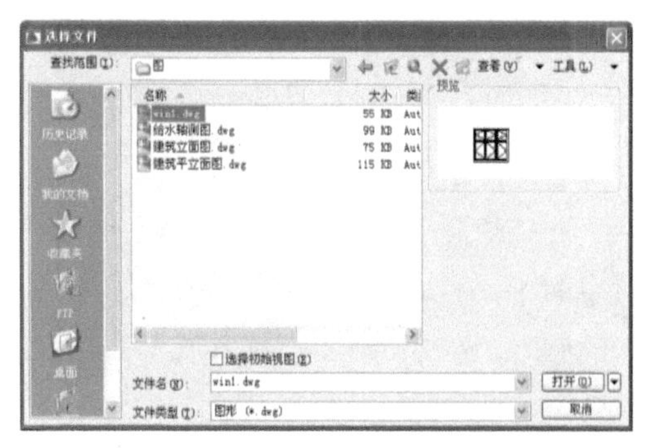

图 9-5 【选择图形文件】对话框

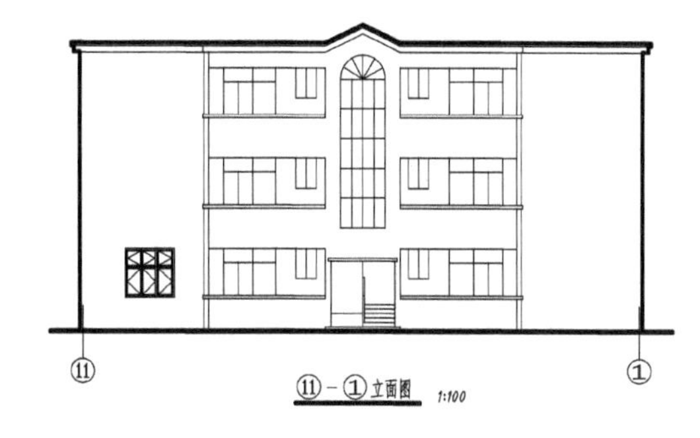

图 9-6 插入“win1”后的立面图

(2)使用同样的方式可插入其他的窗户图块,也可使用【复制】、【镜像】等命令完成其他窗户的绘制,如图 9-7 所示。

2. 矩阵阵列形式的多重插入

将块按指定格式实现矩阵阵列插入。

如图 9-8 所示,为将“win1”窗户图块以 3×3 矩阵阵列形式的插入,操作步骤如下。

命令:_ minsert

输入块名或[?] <win1>: (输入插入块的名称)

单位:毫米转换:1.0000

指定插入点或[基点(B)/比例(S)/X/Y/Z/旋转(R)]: (输入图块的插入点、比例系数以及旋转角度等,插入点可在屏幕上点取)

输入 X 比例因子,指定对角点,或[角点(C)/XYZ(XYZ)] <1>:

输入 Y 比例因子或 <使用 X 比例因子>:

指定旋转角度 <0>:

输入行数(---) <1>: (输入矩阵阵列的行数)

输入列数(|||) <1>: (输入矩阵阵列的列数)

输入行间距或指定单位单元(---): (输入行间距)

指定列间距(|||): (输入列间距)

图 9-7 插入完成后的立面图

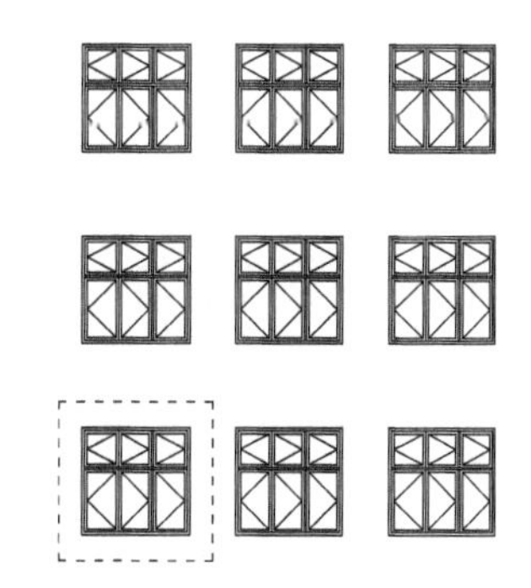

图 9-8 3×3 矩阵阵列

第二节 创建与编辑块属性

前面已经谈到,属性是附加在块图形对象上的文本信息,它是一种特殊的对象类型,包含了用户所需的各种说明信息。属性是块的一个组成部分,不能单独存在,也不能单独使用,只有在插入块时,属性才会随之出现。在定义一个块时,其属性必须已被预先定义好,并随块图形对象一起被选定。块属性由属性标记和属性值两部分组成，属性值可以是变化的，也可以为常量。对于那些可变化的属性值，在插入块时系统会提示输入相应的属性值。

一、块属性的定义

1. 操作

单击功能区选项板中【块和参照】选项卡，选择【属性】面板的【定义属性】按钮；单击菜单浏览器按钮中【绘图】菜单列表的【块】子菜单项的【定义属性】菜单项，或在命令行输入命令“attdef”，都可以定义块的属性，以标高符为例，具体步骤如下。

(1) 调用【直线】命令绘制出如图 9-9 所示的标高符号。

(2) 为了绘制如图 9-10 所示的带属性的标高符号，可调用【属性定义】命令“attdef”，打开【属性定义】对话框，在【属性】选项区域的文本框【标记】中输入属性—标高值的标记名“标高”，在文本框【提示】中输入提示信息“标高值”；在【文字设置】选项区域设置好合适的文本样式（【插入点】选项的默认设置为勾选【在屏幕上指定】）。设置完成的对话框如图 9-11 所示，单击“确定”按钮，系统返回作图屏幕并提示：指定起点，在标高符号的左上方指定合适的属性起始点，而后，作图屏幕将显示出附带属性标记的标高符号。

标高

图 9-9　标高符号 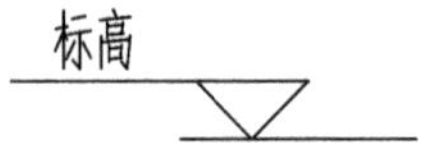　　　　图 9-10　带属性的标高符号

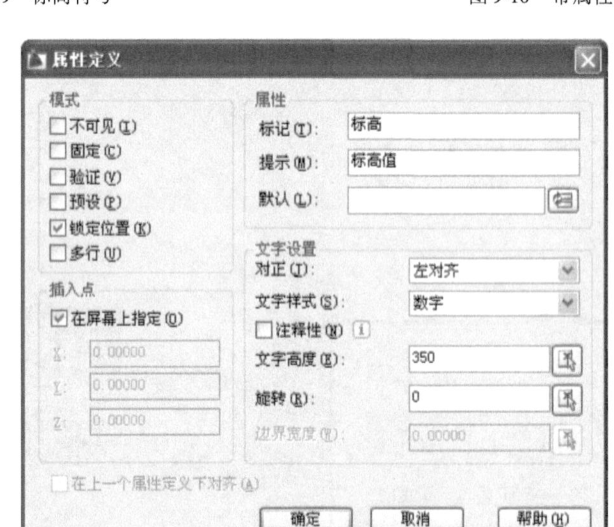

图 9-11　【属性定义】对话框

(3) 调用【块定义】命令“block”，拾取标高符号的下尖点为基点，框选标高符号及属性为块对象，建立标高块。之后，调用【写块】命令“wblock”，输入块名并指定存取路径，确认后退出。

(4) 定义带属性的标高块后，可调用【插入】命令“insert”，打开【插入】对话框，单击【名称】编辑框右端按钮“浏览”，选取刚刚保存的标高块，在作图屏幕指定合适的插入点和旋转角度，此时，系统提示：标高值，输入相应的标高值后回车，标高图块便被插入到如图 9-12 所示的建筑立面图中。

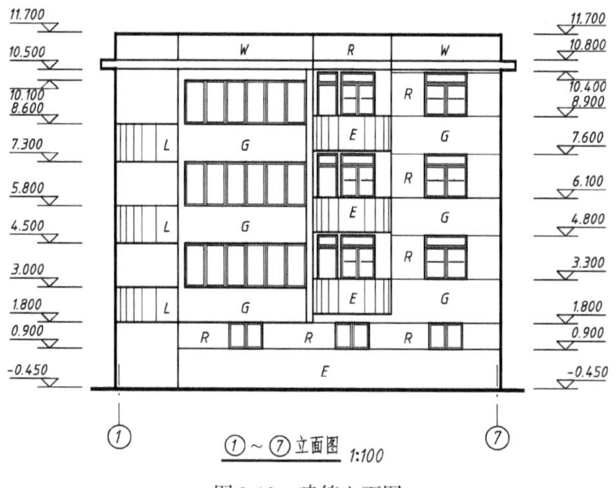

图 9-12　建筑立面图

(5)继续插入标高符号,并输入不同的属性值作为标高值,直到完成所有标高符号的插入为止。

2. 对话框选项说明

(1)【属性】选项区域:用于定义块的属性。其中,【标记】设置框用于输入属性的标记,它可由除空格和感叹号以外的任意字符串组成;【提示】设置框用于输入属性提示,它是在插入块时系统要求给出属性值时设置的一个提示,不设置时系统将以属性标记作为默认提示;【默认】设置框用于输入属性的默认值。可把使用频率高的属性值设为默认值,也可不设置。

(2)【文字设置】选项区域:用于设置属性文本的对齐方式、文本式样、字高以及旋转角度。

(3)【插入点】选项区域:用于设置属性文本插入点,一般在作图屏幕上直接指定。

(4)【模式】选项区域:用于设置属性的模式。其中,【不可见】复选框用于设置插入块后是否显示其属性值;【固定】复选框用于设置属性是否为固定值,若为固定值,系统在插入图块时,不再要求输入属性值;【验证】复选框用于验证输入的属性值是否正确;【预设】复选框用于确定是否将属性值直接预设成它的默认值;【锁定位置】复选框用于锁定属性在块中的位置(默认设置为选中此项);【多行】复选框用于设置是否可以使用多行文本来标注块的属性值。

(5)【在上一个属性定义下对齐】复选框:若选中此项,则属性标记将被放置在前一个属性的正下方,且继承前一属性的文字设置。

二、属性定义的修改

在定义块之前,可对属性的定义进行修改,可修改的选项一般为:属性标记、属性提示以及属性默认值。

单击菜单浏览器按钮中【修改】菜单列表【对象】子菜单项【文字】中的【编辑】菜单选项,或在命令行输入命令"ddedit",都可以修改块的属性,具体步骤如下。

命令:_ ddedit
选择注释对象或[放弃(U)]:

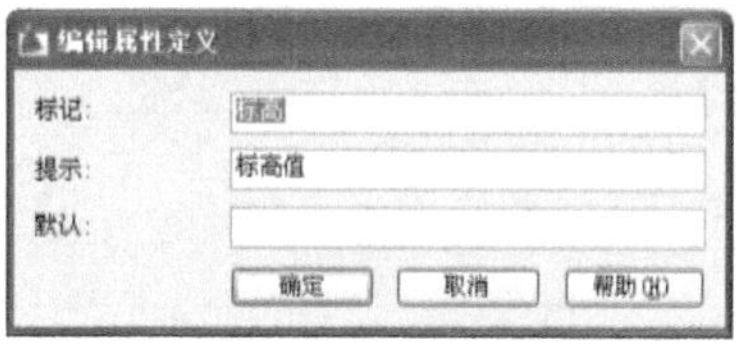

单击需修改的属性定义,打开如图 9-13 所示的【编辑属

图 9-13　【编辑属性定义】对话框

性定义】对话框，即可修改属性的标记、提示和默认值。

三、块属性的编辑

当属性被定义到图块中，并随图块插入图形后，还可以对属性进行编辑。调用【属性编辑】命令“attedit”，可通过对话框对指定图块的属性值进行修改；而调用命令“eattedit”，不仅可以修改属性值，而且还可对属性的定位、文本等其他设置进行修改。

1. 一般性属性编辑

在命令行输入【属性编辑】命令“attedit”，选取需修改属性的图块后，系统打开如图 9-14 所示的【编辑属性】对话框。对话框中列出了图块中所包含的几种属性值，编辑对话框即可对相应的属性值进行修改。此外，若图块中还有其他属性，可点击对话框按钮【上一个】或【下一个】进行查看或修改。

2. 增强型属性编辑

单击功能区选项板中【块和参照】选项卡，选择【属性】面板的【编辑单个属性】按钮；单击菜单浏览器中【修改】菜单列表【对象】子菜单项【属性】中的【单个】菜单项，或在命令行输入命令“eattedit”，都可以增强型编辑块的属性，具体步骤如下。

```
命令：_ eattedit
选择块：
```

选取块后，系统打开如图 9-15 所示的【增强属性编辑器】对话框，编辑该对话框，不仅可以修改属性值，还可以修改属性的文字选项和图层、线型、颜色等特性。

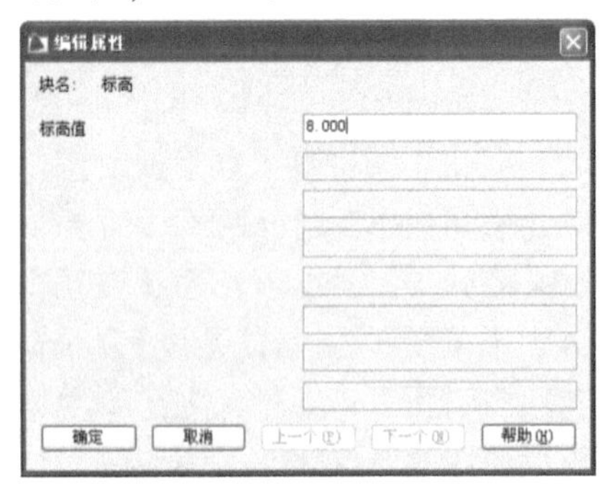

图 9-14 【编辑属性】对话框

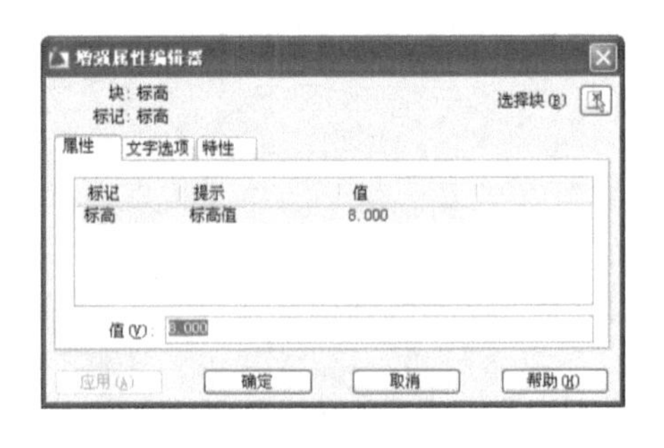

图 9-15 【增强属性编辑器】对话框

此外，用户还可以通过【块属性管理器】对话框来编辑属性，它的操作方式为：

单击功能区选项板中【块和参照】选项卡，选择【属性】面板的【管理】按钮，打开如图 9-16所示的【块属性管理器】对话框，单击“编辑”按钮，打开如图 9-17 所示的【编辑属性】对话框，编辑该对话框即可编辑属性。

图 9-16 【块属性管理器】对话框

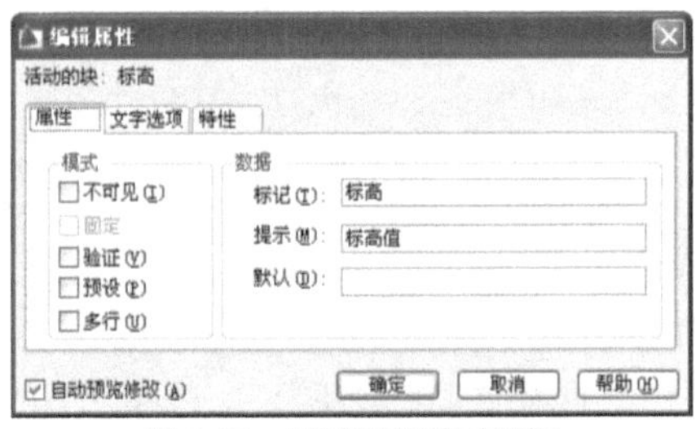

图 9-17 【编辑属性】对话框

第三节　创建与编辑动态块

用户可以向【块定义】中添加动态行为使之成为动态块，但须预先设置好与动作相关联的参数。动态块具有灵活性和智能性，用户在操作时可以通过自定义夹点或自定义特性来操控动态块参照中的几何图形，从而可以轻松地对图形中的动态块进行任意修改，用户也可以根据需要在位调整块，而不用搜索另一个块来插入或重定义现有的块。

例如插入门图例图块，在编辑图形时需要修改门的大小。如果门图例被定义为动态块，且可调整大小，那么只需拽动自定义夹点或在【特性】选项板中指定不同的大小即可修改门的大小，如图9-18a)所示；用户还可以根据需要修改门的放置角度，如图9-18b)所示；如果在门块中设置对齐夹点，还可以轻松地将门块调整到与其他几何图形对齐，如图9-18c)所示。

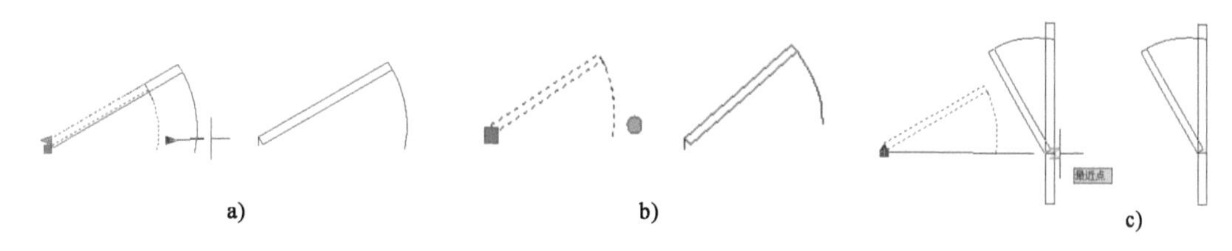

图9-18　门块的动态变换

a)改变大小；b)改变放置角度；c)对齐

用户可以使用块编辑器创建动态块。定义动态块可从头创建块，也可以向块中添加参数和动作使其成为动态块。通过指定块中几何图形的位置、距离和角度等参数可定义动态块的自定义特性；动作则定义了在操作动态块时，该块中的几何图形变动或更改方式。向块中添加动作后，必须将这些动作与特定参数相关联，并且通常情况下要与几何图形相关联。

向块定义中添加参数后，会自动向块中添加自定义夹点和特性。使用这些自定义夹点和特性，用户可以方便、灵活地操控图形中的动态块。

一、操作

单击功能区选项板中【块和参照】选项卡，选择【块】面板的【块编辑器】按钮，单击菜单浏览器按钮中【工具】菜单列表的【块编辑器】菜单项，或在命令行输入命令"bedit"，都可以编辑块。

在绘图区选取图块，单击功能区选项卡【块和参照】下的【块编辑器】按钮。系统将打开【编辑块定义】对话框，在【要创建或编辑的块】编辑框中输入块名或在其下方的列表框中选取已定义块名或当前图形(图9-19)，确认后，系统进入块编辑状态，并打开【块编写】选项板和【块编辑器】工具栏，如图9-20所示。

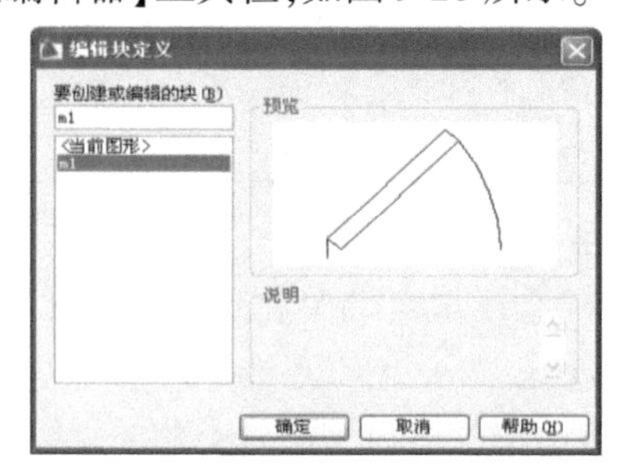

图9-19　【编辑块定义】对话框

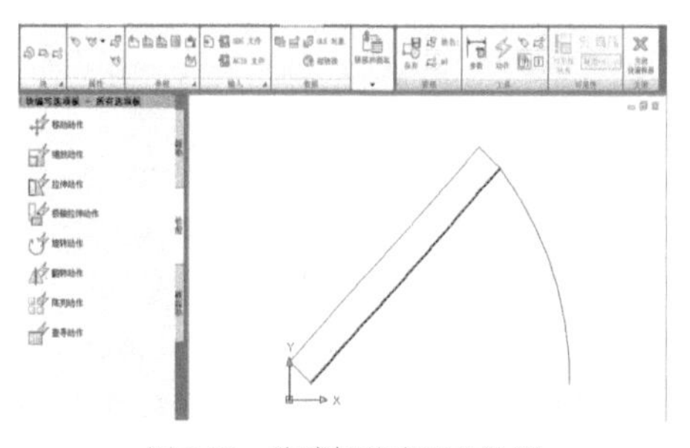

图9-20　块编辑状态下的绘图

二、说明

【块编写】选项板中有 3 个选项卡，说明如下。

(1)【参数】选项卡

提供向块编辑器定义动态块添加参数的工具。参数用于指定几何图形在块参照中的位置、距离和角度。将参数添加到动态块定义中时，它可定义动态块的一个或多个特性。此选项卡也可通过调用 BParameter 来打开。表 9-1 列出了可以添加到动态块中的参数类型及与每个参数相关联的动作类型。

动态块参数类型及与参数相关联的动作类型 表 9-1

参数类型	说明	支持的动作
点	在图形中定义一个 x、y 值；在块编辑器状态下，外观类似坐标标注	移动、拉伸
线性	可显示出两个固定点之间的距离；约束夹点沿预置角度移动；在块编辑器状态下，外观类似对齐标注	移动、缩放、拉伸、阵列
极轴	可显示出两个固定点之间的距离并显示角度值；可以使用夹点和【特性】选项板来共同更改距离和角度值；在块编辑器状态下，外观类似对齐标注	移动、缩放、拉伸、极轴拉伸、阵列
xy	可显示出与参数基点的 x 距离和 y 距离；在块编辑器状态下显示为一对标注（水平标注和垂直标注）	移动、缩放、拉伸、阵列
旋转	可定义角度；在块编辑器状态下显示为一个圆	旋转
翻转	翻转对象。在块编辑器状态下显示为一条投影线，可以围绕这条投影线翻转对象，且显示一个值，用来显示块参照是否已被翻转	翻转
对齐	可定义 x 和 y 的位置以及一个角度；对齐参数总是应用于整个块，并无须与任何动作相关联；对齐参数允许块参照自动围绕一个点旋转，以便与图形中的其他对象对齐；对齐参数将影响块参照的旋转特性；在块编辑器状态下，外观类似对齐线	无（动作隐含在参数中）
可见性	控制对象在块中的可见性；可见性参数总是应用于整个块，并无须与任何动作相关联；在图形中单击夹点可显示块参照所有可见性状态的列表；在块编辑器状态下显示为带有关联夹点的文字	无（动作隐含在参数中，且受可见性状态的控制）
查寻	定义一个可指定或设置为计算用户定义的列表或表中的值的自定义特性；该参数可与单个查寻夹点相关联；在块参照中单击该夹点可显示可用值的列表；在块编辑器状态下显示为带有关联夹点的文字	查寻
基点	在动态块中相对于该块中的几何图形定义一个基点；不与任何动作相关联，但可以归属于某个动作的选择集；在块编辑器状态下显示为一个带十字光标的圆	无

(2)【动作】选项卡

提供向块编辑器定义动态块添加动作的工具。通常，向动态块定义中添加动作后，必须将动作与参数、参数上的关键点以及几何图形相关联。在编辑参数时，关键点会驱动与参数相关联的动作。与动作相关联的几何图形称为选择集。此选项卡也可通过调用“backtiontool”来打开。每种动作均与特定参数相关联。表 9-2 显示了可与每种动作相关联的参数。

动作类型及与动作相关联的参数 表 9-2

动作类型	参数	动作类型	参数
移动	点、线性、极轴、*xy*	旋转	旋转
缩放	线性、极轴、*xy*	翻转	翻转
拉伸	点、线性、极轴、*xy*	阵列	线性、极轴、*xy*
极轴拉伸	极轴	查寻	查寻

(3)【参数集】选项卡

提供向块编辑器定义动态块中添加一个参数和至少一个动作的工具。将参数集添加到动态块时,动作将自动与参数相关联。双击黄色警示图标,然后按命令行上给出的提示将动作与几何图形选择集相关联。此选项卡也可通过调用 BParameter 来打开。这里介绍的是选项卡中的几个典型选项。

【例 9-3】 使用动态块的定义绘制如图 9-21 所示的给水管网轴测图中的斜向标高符号。

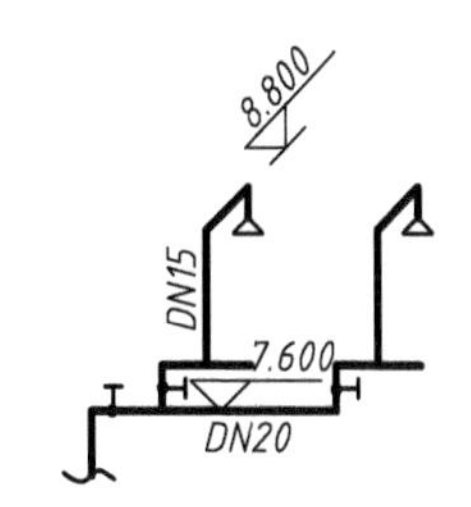

图 9-21 给水管道轴测局部

(1)使用前述方法定义一个带属性图块"标高"。

(2)调用"bedit"命令,选取【当前图形】为编辑块,系统将打开块编辑界面和块编写选项板。在【块编写】选项板上单击【参数】选项卡,选择【旋转参数】进行设置,系统提示如下。

命令:_BParameter 旋转
指定基点或[名称(N)/标签(L)/链(C)/说明(D)/选项板(P)/值集(V)]:(指定标高符的下尖点为基点)
指定参数半径:(指定合适的半径)
指定默认旋转角度或[基准角度(B)]<0>:(指定合适的角度)
指定标签位置:(指定合适的位置)

单击【块编写】选项板的【动作】选项卡,选择【旋转】动作进行设置,系统提示如下。

命令:_BActionTool 旋转
选择参数:(选取刚刚设置的旋转参数)
指定动作的选择集
选择对象.(框选标高符号及属性)
指定动作位置或[基点类型(B)]:(指定合适的位置)

(3)关闭块编辑器,存盘退出。

(4)打开主图,调用【插入】命令,打开【插入】对话框,设置插入点和比例为【在屏幕指定】,旋转角度为 0,单击【浏览】按钮找到刚刚存盘的"标高"块,在屏幕上指定合适的插入点和比例,系统提示"标高值",输入标高值:8.800。这样,一水平的标高图块即被插入图形中,如图 9-22a)所示。

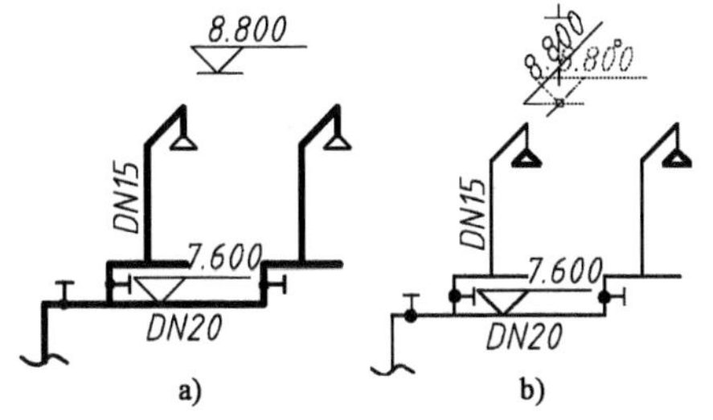

图 9-22 标高符动态块的运用
a)插入水平标高符;b)动态旋转标高符

(5)在图形中选取刚刚插入的动态块,系统将显示出图块的动态旋转标记,选中该标记,按住鼠标拖动,如图 9-22b)所示,旋转标高块直到如图 9-21 所示的位置。

(6)使用同样的插入方式可绘制其他的各向标高。

第四节　外部参照的使用

外部参照(Xref)是指把现有的其他图形链接到当前图形文件中。外部参照与块有相似之处,但又有着本质的区别:块一旦插入图形后,将永久性地成为该图形的一部分;而外部参照插入某一图形(称之为主图形)后,其图形文件信息并不直接加入到主图形中,主图形记录的只是相关的链接信息,如参照图形文件的存取路径等。此外,对主图形的操作不会影响到外部参照图形。当打开附着外部参照的图形时,系统将自动把外部参照图形重新调入内存并在当前图形中显示出来。外部参照的特点决定了它具有以下优势:

(1)由于外部参照记录的只是链接信息,所以相对插入块来说图形文件比较小,尤其参照文件本身越大,这一优势越明显。

(2)参照图形一旦修改,链接了它的当前图形将自动更新。这样的特点有利于大图的分部装配调试。

(3)资源共享,便于设计者协同工作。

(4)外部参照可以在屏幕上进行复制、移动、缩放、删除等编辑操作。

(5)外部参照可以嵌套,嵌套次数不受限制。

一、外部参照的建立

1. 操作

单击功能区选项板【块和参照】选项卡,选择【参照】面板的【DWG】按钮;单击菜单浏览器按钮中【插入】菜单列表的【DWG 参照】菜单项,或在命令行输入命令“xttach”(或“xa”),系统将打开【选择参照文件】对话框,如图 9-23 所示。在对话框的列表框中选取要附着的图形文件,单击“打开”按钮,系统将打开如图 9-24 所示的【外部参照】对话框。

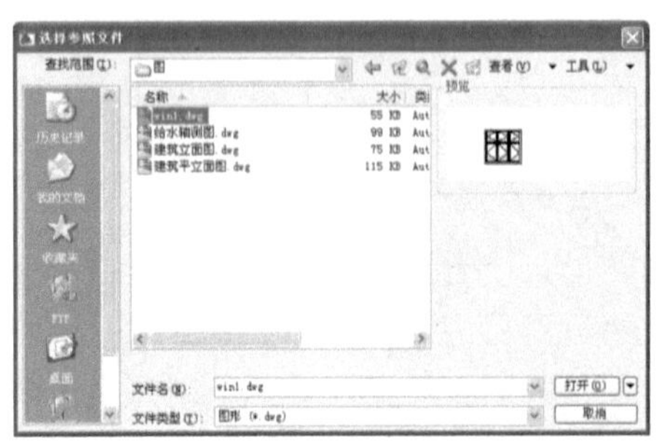

图 9-23　【选择参照文件】对话框

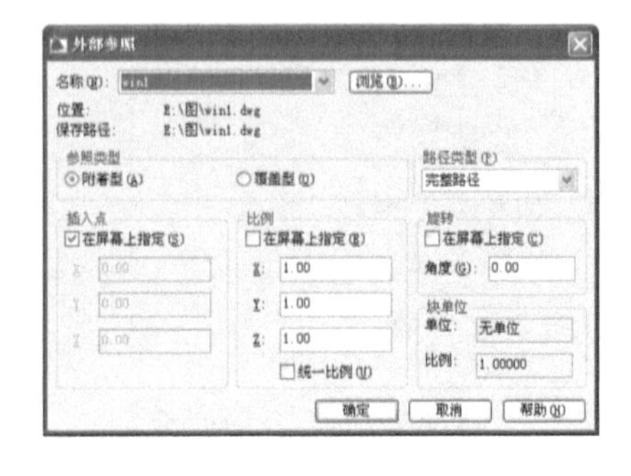

图 9-24　【外部参照】对话框

2. 说明

【外部参照】对话框中的【参数类型】设置有两种选择。

(1)附着型:设置外部参照是可以嵌套的。

(2)覆盖型:设置外部参照是不可以嵌套的。

3. 应用举例

【例 9-4】 将图 9-7 中立面图的窗户图例“win1”改用附着外部参照的形式插入。

(1)打开主图形,单击功能区选项板中【块和参照】选项卡,单击【参照】面板的【DWG】按钮,打开【选择参照文件】对话框,选取窗户图例文件“win1”打开,进入【外部参照】对话框,进行相关设置后确认退出。

(2)此时,系统提示:插入点和比例因子,在作图屏幕上指定合适的插入点和比例因子后,窗户图例“win1”就以外部参照的形式附着到当前图形中。

(3)使用同样的参照附着方式或复制可完成其他窗户的绘制。

(4)若发现外部参照有需要修正之处,可打开原参照图形进行相应的修改。

(5)系统将在右下角的状态栏提示:“外部参照已修改,需要重载”。双击其下的提示:“重载……(文件名)”,系统将自动重载外部参照,主图形中的所有引用到该外部参照将自动更新。

二、插入 DWG、DWF、DGN 参考底图

AutoCAD 2009 给用户提供了插入 DWG、DWF、DGN 文件和图像的功能,这些功能与附着外部参照的功能类似。

DWF 格式文件是一种从 DWG 文件创建的高度压缩的文件格式,是一种基于矢量格式创建的压缩文件,在 Web 上发布和查看是很方便的。用户访问和传输压缩的 DWF 文件的速度比对应的 DWG 格式图形文件要快。此外,DWF 文件还支持实时平移、缩放以及对图层显示和命名视图显示的控制。

DGN 格式文件是 MicroStation 绘图软件生成的文件,DGN 格式对精度、层数以及文件和单元的大小是不予限制的,其数据是经过快速优化、校验后压缩到 DGN 文件中,因此,更有利于节省网络带宽和存储空间。

三、外部参照的管理

单击功能区选项板中【块和参照】选项卡,选择【参照】面板的【外部参照】按钮;单击菜单浏览器中【插入】菜单列表的【外部参照】菜单项,或在命令行输入命令“xref”或“xr”,都可以管理外部参照。

系统将在作图区的左侧打开如图 9-25 所示的【外部参照】选项板。在该选项板中可以附着、组织和管理所有与当前图形相关联的文件参照,还可以附着和管理参照图形(外部参照)、附着的 DWF 参考底图和输入的光栅图像。

图 9-25 【外部参照】选项板

第五节 上机实验

实验一 标注如图 9-26 所示的给水管道轴测图中的标高符号

1. 目的要求

将标高符号定义成带属性块,针对斜向和翻转标高的存在,赋予“标高”块合适的参数及

动作，使其成为动态块，然后将其插入到如图9-26所示的主图中。本实验通过各种标高符号的绘制，使学习者体会块及动态块的使用及意义。

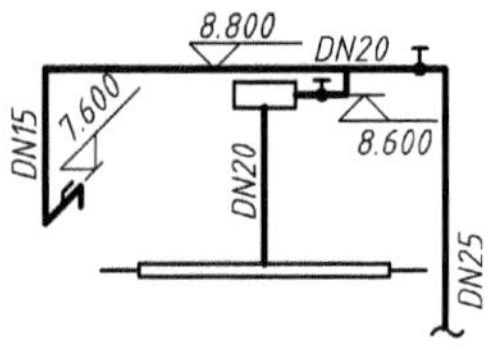

图9-26 给水管网轴测图(局部)

2. 操作指导

(1)调用【直线】命令绘制标高符号。

(2)将标高值定义为标高符号的属性。

(3)将标高符及属性定义成一个图块。

(4)调用命令“bedit”，设置合适的旋转参数及动作，将图块定义成动态块。

(5)调用命令“wblock”写块。

(6)打开主图形，插入标高块，每次插入时输入不同的标高值(属性值)。对于斜向标高和翻转标高可动态旋转标高符，直至满意位置为止。

实验二 绘制如图9-27所示的铝合金窗，将其定义为块，并练习块的矩形阵列插入

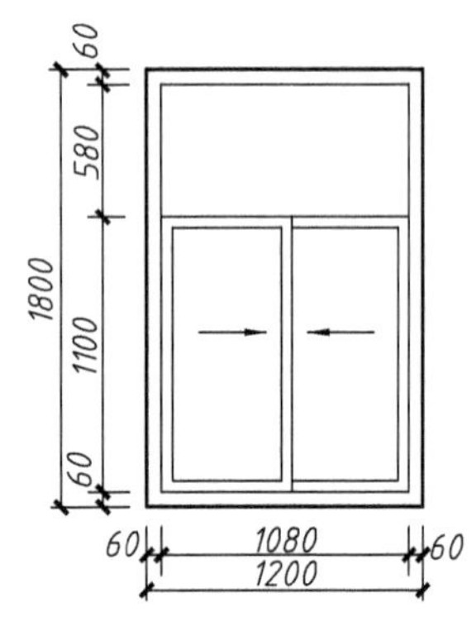

图9-27 铝合金窗样图

1. 目的要求

将铝合金窗定义成块，然后将其以矩形阵列方式插入到主图中。本实验通过铝合金窗的绘制及插入，使学习者进一步熟悉块的定义及矩形阵列多重插入的使用。

2. 操作指导

(1)调用【直线】、【偏移】等命令绘制铝合金窗框轮廓。

(2)调用【裁剪】、【延伸】等命令编辑框图，完成对铝合金窗的各细部。

(3)将铝合金窗定义成一个图块。

(4)调用命令“wblock”写块。

(5)调用命令“minsert”，使用矩阵式多重插入铝合金窗块。

思 考 题

1. 块的定义是什么？块的应用在工程绘图中有何优势？
2. 【定义块】“block”命令与【写块】“wblock”命令有何区别和联系？
3. 什么是块的属性？块的属性是如何定义的？
4. 何谓动态块？它的引入给工程绘图带来了哪些便利？
5. 何谓外部参照？外部参照和块有何相似和不同之处？

第十章　土木工程图形的尺寸标注

AutoCAD 中一个完整的尺寸是由尺寸线、延伸线(即尺寸界线)、尺寸箭头和尺寸文字四个要素组成(图 10-1)。它们以整体块形式存放在图形文件中,即一个尺寸就是一个标注对象。对图形进行尺寸标注时,用户最好建立一个单独的尺寸标注图层来标注尺寸,以便使标注的尺寸与图形的其他信息分开。

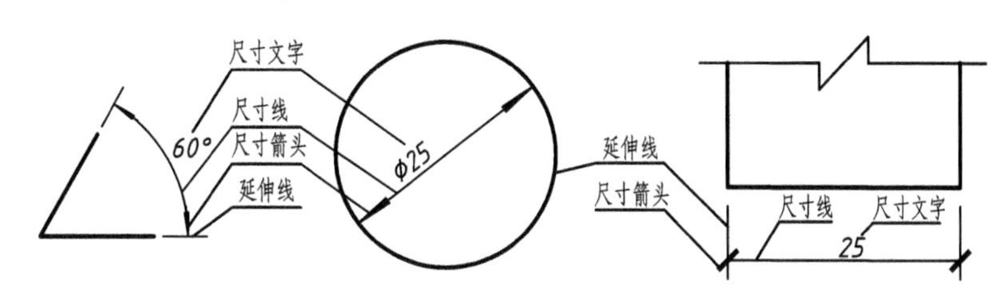

图 10-1　尺寸的组成

第一节　尺寸样式的设置

在没有建立新的尺寸标注样式之前,AutoCAD 按 ISO-25 的默认标注样式来标注尺寸,这是一个符合 ISO 标准的标注样式,用户可以根据工程图的需要,在进行尺寸标注之前,创建一个或多个符合行业、项目或国家标准的尺寸标注样式来标注尺寸。

一、新建尺寸标注样式的步骤

(1)单击功能区选项板中【注释】选项卡,选择【标注】面板的【标注样式】按钮,单击菜单浏览器按钮中【标注】菜单列表的【标注样式】菜单项,或在命令行输入命令“ddim”,都可打开如图 10-2 所示的【标注样式管理器】对话框。

(2)单击【标注样式管理器】对话框中的【新建】按钮,打开【创建新标注样式】对话框(图 10-3),在【新样式名】文字框中输入新的标注样式名,如“线性标注”,从【基础样式】下拉列表中选择一种基础样式,新样式将在该基础样式上进行修改,在【用于】下拉列表中指定新建标注样式的适用范围。

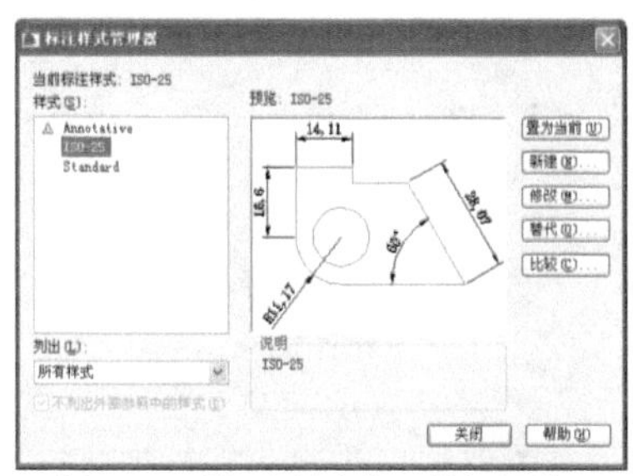

图 10-2　【标注样式管理器】对话框

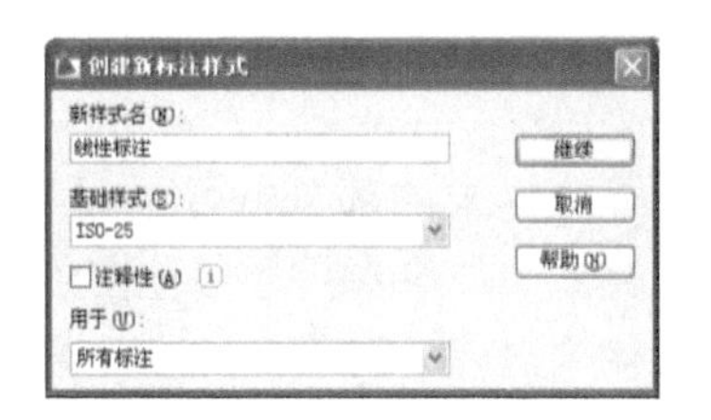

图 10-3　【创建新标注样式】对话框

(3)单击【创建新标注样式】对话框中的【继续】按钮,打开【新建标注样式】对话框,用户可对该对话框中的七项选项卡分别进行设置,定义新的尺寸标注样式特性。

(4)设置完毕,单击【新建标注样式】对话框中的【确定】按钮,返回到【标注样式管理器】对话框中,单击【关闭】按钮,创建的新的尺寸标注样式完成。如果在单击【关闭】按钮之前,单击【置为当前】按钮,则把新创建的标注样式(如“线性标注”)设置为当前样式。

二、【标注样式管理器】对话框

单击功能区选项板中【注释】选项卡,选择【标注】面板的【标注样式】按钮,打开【标注样式管理器】对话框(图 10-2),各选项含义如下。

【当前标注样式】:显示当前标注样式的名称,默认标注样式为 ISO-25。

【样式】:列出了图形中的标注样式,当前样式被亮显。若要将某样式置为当前样式,选择某样式后单击【置为当前】按钮即可,或是选择某样式后点右键,从显示的快捷菜单中选择【置为当前】。

【列出】:控制【样式】列表中标注样式的显示。如果要列出图形中所有的标注样式,选择【所有样式】,要列出图形中当前使用的标注样式,选择【正在使用的样式】。

【不列出外部参照中的样式】:选中此复选框,将不在【样式】列表中显示外部参照图形的标注样式。

【预览】:显示【样式】列表中当前标注样式的图示。

【说明】:显示【样式】列表中当前标注样式的相关参数设置。

【置为当前】:将【样式】列表中选定的标注样式设置为当前标注样式。

【新建】:创建一个新的尺寸标注样式。

【修改】:修改已有的尺寸标注样式内的各项设置。

【替代】:设置当前尺寸标注样式的临时替代。

【比较】:比较【样式】列表中选定的标注样式与当前标注样式的所有特性。

【关闭】:尺寸标注样式设置完成后,关闭【标注样式管理器】对话框,回到图形窗口。

【帮助】:打开帮助窗口,系统中包含了如何使用【标注样式管理器】的完整信息。

三、新建尺寸标注样式

要新建一个尺寸标注样式,单击【创建新标注样式】对话框(图 10-3)中的【继续】按钮,打开【新建标注样式】对话框(图 10-4),该对话框有七个标签,单击一个标签打开相应的一个选项卡(当前打开的是【线】选项卡),通过设置选项卡中的各选项来定义新的尺寸标注样式特性。选项卡中的右上方有一个预览区,每一选项设置完成后,即可在预览区中看到设置结果,根据预览结果更改设置,直至满意。

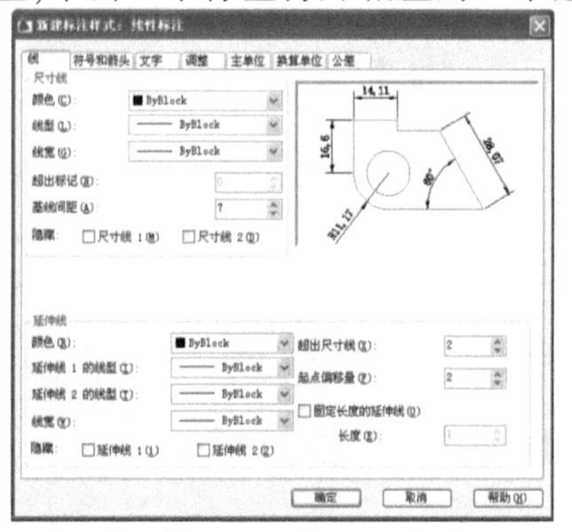

图 10-4 【新建标注样式】对话框中【线】选项卡

尺寸标注样式的部分特性也可通过修改尺寸标注变量值来完成。如果对尺寸标注变量名很熟悉,只要在命令窗口输入对应的尺寸标注变量名,在系统的提示下输入新的尺寸标注变量值即可。各选项卡的操作说明中都列出了对应选项的尺寸标注变量名。

1.【线】选项卡操作(图 10-4)

(1)【尺寸线】:设置尺寸线的特性。

【颜色】:设置尺寸线的颜色,对应的系统变量为 DIMCLRD。

【线型】:设置尺寸线的线型。

【线宽】:设置尺寸线的线宽,对应的系统变量为 DIMLWD。

【超出标记】:设置当使用"倾斜"、"建筑标记"、"小点"、"积分"和"无标记"等箭头时尺寸线超出延伸线的距离(图 10-5),土木工程图样一般设为 0,对应的系统变量为 DIMDLE。

【基线间距】:设置基线标注的两尺寸线之间的距离(图 10-5)。按《房屋建筑制图统一标准》(GB/T 50001—2001)规定两尺寸线之间的距离为 7 ~ 10mm,对应的系统变量为 DIMDLI。

【隐藏】:不显示尺寸线。系统的默认设置是尺寸文字在中间,将尺寸线断开为两条尺寸线,选中【尺寸线 1】复选框,隐藏第一条尺寸线,选中【尺寸线 2】复选框,隐藏第二条尺寸线,对应的系统变量为 DIMSD1 和 DIMSD2。

(2)【延伸线】:设置延伸线的特性。

【颜色】:设置延伸线的颜色,对应的系统变量为 DIMCLRE。

【延伸线 1 的线型】、【延伸线 2 的线型】:设置第一、二条延伸线的线型。

【线宽】:设置延伸线的线宽,对应的系统变量为 DIMLWE。

【隐藏】:不显示延伸线。选中【延伸线 1】复选框,隐藏第一条延伸线,选中【延伸线 2】复选框,隐藏第二条延伸线,对应的系统变量为 DIMSE1 和 DIMSE2。

【超出尺寸线】:指定延伸线超出尺寸线的距离(图 10-5)。房屋建筑制图标准规定延伸线超出尺寸线的距离为 2 ~ 3mm,对应的系统变量为 DIMEXE。

【起点偏移量】:设置延伸线的起点端离开图形轮廓线的距离(图 10-5)。建筑制图标准规定延伸线的起点端离开图形轮廓线的距离不小于 2mm,对应的系统变量为 DIMEXO。

【固定长度的延伸线长度】:设置从延伸线的起点端到尺寸线之间的总长度。选中此复选框后,【起点偏移量】文本框的设置无效。

2.【符号和箭头】选项卡操作(图 10-6)

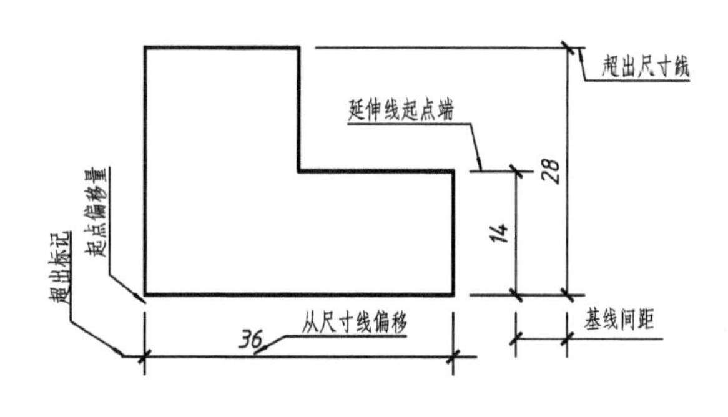

图 10-5 尺寸部分选项图示

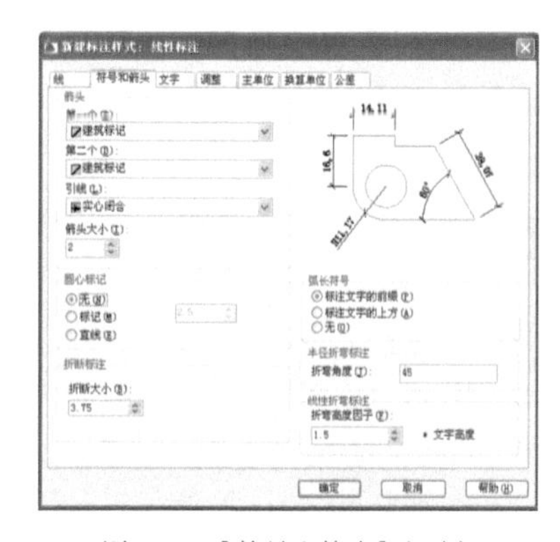

图 10-6 【符号和箭头】选项卡

(1)【箭头】:设置尺寸箭头的特性。

【第一个】、【第二个】:设置第一、二条尺寸线的箭头形式,对应的系统变量为 DIMBLK1 和 DIMBLK2。

【引线】:设置引线的箭头形式,对应的系统变量为 DIMLDRBLK。

【第一个】、【第二个】和【引线】下拉列表中各有 20 种箭头形式供用户选择,建筑施工图中一般选【建筑标记】作为箭头。如果要指定用户定义的箭头块,选择【用户箭头】,打开【选择自定义箭头块】对话框,从图形块中选择用户定义的箭头块的名称。

【箭头大小】:设置尺寸箭头的大小,对应的系统变量为 DIMASZ。

(2)【圆心标记】:设置圆心标记的特性。

圆心标记的设置有【无】、【标记】和【直线】等选项。

(3)【弧长符号】:设置弧长标注中圆弧符号的位置。该位置有【标注文字的前缀】、【标注文字的上方】和【无】选项。

(4)【半径折弯标注】:设置折弯(Z 字形)半径标注的折弯角度。通常用于较大圆弧半径的标注。【折弯角度】:设置大圆弧尺寸线的折弯角度。

(5)【折断标注】、【折断大小】:设置折断时尺寸线的长度。

(6)【线型折弯标注】、【折弯高度因子】:设置折断时折弯线的高度大小。

3.【文字】选项卡操作(图 10-7)

(1)【文字外观】:设置尺寸文字的样式和高度。

【文字样式】:显示当前图形中已建立的所有文字样式,选择一种文字样式作为尺寸文字的文字样式。尺寸文字样式中的字体,建议采用国标直体(gbenor. shx)或国标斜体(gbeitc. shx)。也可以单击下拉列表框右边的【...】按钮,打开【文字样式】对话框,创建和修改文字样式作为尺寸文字样式,对应的系统变量为 DIMTX-STY。

【文字颜色】:设置尺寸文字的颜色,对应的系统变量为 DIMCLRT。

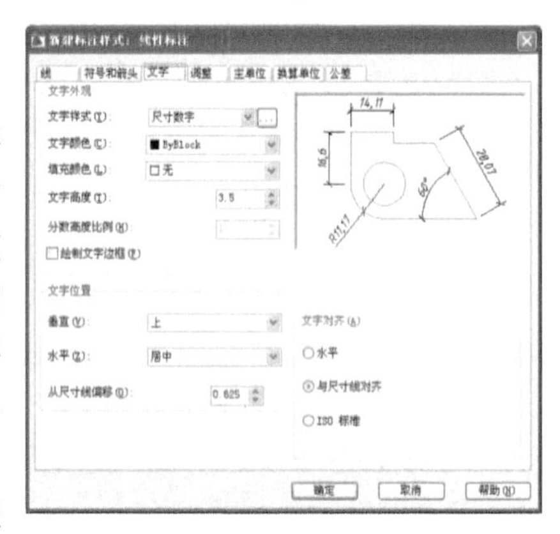

图 10-7 【文字】选项卡

【填充颜色】:设置尺寸文字背景的颜色。

【文字高度】:设置尺寸文字的高度。图形中的尺寸文字高度一般设为 3.5 号字,对应的系统变量为 DIMTXT。特别提醒:为尺寸文字设置的文字样式,必须将其中的高度选项设置为 0,此选项的设置才有效。

【分数高度比例】:设置分数相对于尺寸文字高度的比例。仅当【主单位】选项卡上的【单位格式】选择【分数】时,此选项才可用,对应的系统变量为 DIMTFAC。

【绘制文字边框】:选中此复选框,在尺寸文字的周围绘制一个边框。

(2)【文字位置】:设置尺寸文字的位置。

①【垂直】:设置尺寸文字相对于尺寸线的垂直位置。对应的系统变量为 DIMTAD。

【居中】、【上方】将尺寸文字放置在尺寸线的中间或上方。【外部】将尺寸文字放置在尺寸线的外侧。【JIS】按照日本工业标准放置尺寸文字。

②【水平】:设置尺寸文字相对于尺寸线的水平位置,对应的系统变量为 DIMJUST。

【延伸线】、【第二条延伸线】:设置尺寸文字标注在靠近第一条(或第二条)延伸线的一端。【第一条延伸线上方】、【第二条延伸线上方】:将尺寸文字标注在第一条(或第二条)延伸线上,并与之对齐。

③【从尺寸线偏移】:设置尺寸文字离开尺寸线的距离(图 10-5),对应的系统变量为 DIM-GAP。

(3)【文字对齐】:设置尺寸文字的方向,对应的系统变量为 DIMTIH 和 DIMTOH。

【水平】、【与尺寸线对齐】:设置尺寸文字水平放置或与尺寸线对齐。【ISO 标准】:当尺寸文字在延伸线内时,尺寸文字与尺寸线对齐。当尺寸文字在延伸线外时,尺寸文字水平放置。

4.【调整】选项卡操作(图 10-8)

如果两延伸线之间的距离较大,尺寸文字和尺寸箭头都放在延伸线内;否则,按【调整】选项放置尺寸文字和尺寸箭头。

(1)【调整选项】:调整尺寸文字和尺寸箭头的位置。

【文字或箭头(最佳效果)】、【箭头】、【文字】或【文字和箭头】:当两延伸线之间的距离较小,可单选移出这些选项中的一项到延伸线之外。

【文字始终保持在延伸线之间】:始终将尺寸文字放在两延伸线之间,对应的系统变量为 DIMTIX。

【若不能放在尺寸界线内,则消除箭头】:如果两延伸线之间不能放置尺寸箭头,则隐藏尺寸箭头,对应的系统变量为 DIMSOXD。

(2)【文字位置】:设置尺寸文字的位置,对应的系统变量为 DIMTMOVE。

如果尺寸文字不在默认位置时,可设置将其放在【尺寸线旁边】、【尺寸线上方,带引线】或【尺寸线上方,不带引线】位置。

(3)【标注特征比例】:设置当前图形的全局标注比例或图纸空间比例。

【将标注缩放到布局】:根据当前模型空间视口和图纸空间之间的比例确定比例因子,对应的系统变量为 DIMSCALE。

【使用全局比例】:为当前标注样式中的尺寸文字和尺寸箭头、基线间距等几何特征设置比例。该缩放比例不更改标注的测量值。用户一般按 1:1 作图,但出图比例则根据需要随时调整,如按 1:50 出图,输出的图形缩小到原来的 1/50,图形中标注尺寸的几何特征(如尺寸文字高度、尺寸箭头大小等)也同样缩小到原来的 1/50,必须在【使用全局比例】文本框中输入 50,才可以保证被注尺寸的几何特征不变,对应的系统变量为 DIMSCALE。

(4)【优化】:提供用于放置尺寸文字的其他选项。

【手动放置文字】:忽略所有水平对正设置,标注尺寸时,尺寸文字随十字光标移动放置在两延伸线的左边、右边或之间,对应的系统变量为 DIMUPT。

【在尺寸界线之间绘制尺寸线】:强制在两延伸线之间绘制尺寸线,对应的系统变量为 DIMTOFL。

5.【主单位】选项卡操作(图 10-9)

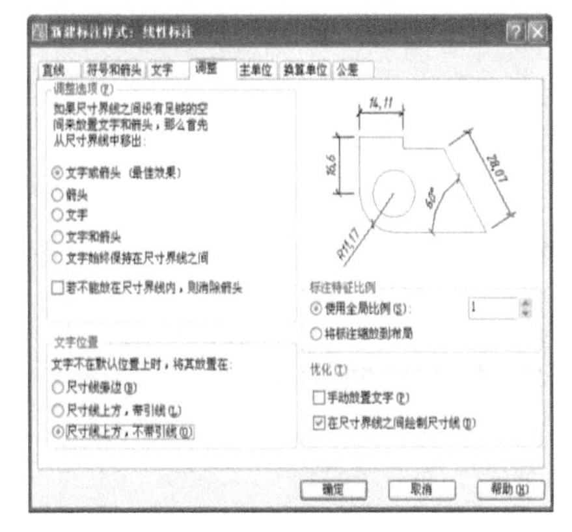

图 10-8 【调整】选项卡

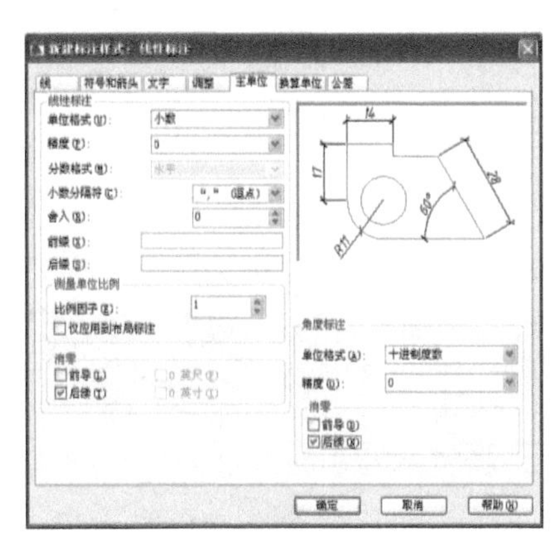

图 10-9 【主单位】选项卡

(1)【线性标注】:设置线性标注的格式和精度。

【单位格式】:设置除角度之外的所有标注类型的当前单位格式,土木工程图中尺寸文字的单位格式设置为【小数】,对应的系统变量为 DIMLUNIT。

【精度】:设置尺寸文字中的小数位数,土木工程图中尺寸文字的精度设置为0,无小数位,对应的系统变量为 DIMDEC。

【分数格式】:当【单位格式】设置为【分数】时的分数格式,对应的系统变量为 DIMFRAC。

【小数分隔符】:当【单位格式】设置为【小数】时的小数分隔符,只有当【精度设置】为有小数位时,小数分隔符设置才有意义,对应的系统变量为 DIMDSEP。

【舍入】:设置除角度之外的所有标注类型测量值的舍入规则。如果输入 0.5,则所有测量值都以 0.5 为单位舍入。如果输入 1.0,则所有测量值都将舍入为最接近的整数。小数点后显示的位数取决于【精度】设置,对应的系统变量为 DIMRND。

【前缀】、【后缀】:设置尺寸文字的前缀或后缀,可以是文字或特殊符号,对应的系统变量为 DIMPOST。

(2)【测量单位比例】:设置线性标注测量值的比例。

【比例因子】:设置线性标注测量值的比例因子。如按 1:50 的比例画施工图(缩小到原来的 1/50),那么在标注尺寸时,就应该将测量单位比例放大 50 倍,在【比例因子】文本框中输入"50",这样画出的 1 个单位长度对应实际 50 单位长度,标注的测量值才符合标注要求。该值不应用到角度标注,也不应用到舍入值或者正负公差值,对应的系统变量为 DIMLFAC。

【仅应用到布局标注】:仅将测量单位比例值应用于布局视口中创建的标注。除特殊情形外,此设置应保持关闭状态,对应的系统变量为 DIMLFAC。

(3)【消零】:控制不输出前导零和后续零,对应的系统变量为 DIMZIN。

【前导】:不输出所有十进制标注中的前导零,以 0.8000 为例,选中此复选框,则 0.8000 变成.8000。

【后续】:不输出所有十进制标注中的后续零,以 80.0000 为例,选中此复选框,则 80.0000 变成 80。

(4)【角度标注】:设置角度标注的格式和精度。

角度标注中的【单位格式】、【精度】、【消零】等设置与线性标注一样,此处不再赘述。

6.【换算单位】选项卡和【公差】选项卡

画土木工程图时,一般不选择设置这两项选项卡,所以这里不多介绍,如果用户需要可以借鉴前面的介绍进行设置。

四、修改尺寸标注样式

要修改某一尺寸标注样式,单击功能区选项板中【注释】选项卡,选择【标注】面板的【标注样式】按钮,单击菜单浏览器按钮中【标注】菜单列表的【标注样式】菜单项,打开【标注样式管理器】对话框,从【样式】列表中选定要修改的某个尺寸标注样式,单击【修改】按钮,打开【修改标注样式】对话框,该对话框的操作参看【新建标注样式】对话框中各选项卡的操作。

五、替代尺寸标注样式

替代样式是设置某一尺寸标注样式的临时替代。替代样式对当前标注样式中的个别选项进行临时设置时很有用,且方便、快捷。如要将当前标注建筑尺寸的样式("线性标注")用来标注圆弧尺寸,则设置“线性标注”样式的替代样式,替代样式中只要将“建筑标记”箭头改为“实心闭合”箭头即可,其操作步骤如下。

(1)设置当前标注样式的替代样式:打开【标注样式管理器】对话框,从【样式】列表中选择“线性标注”,单击【替代】按钮,打开【替代当前样式】对话框,打开【符号和箭头】选项卡,将“建筑标记”箭头改为“实心闭合”箭头,关闭【替代当前样式】和【标注样式管理器】对话框,回到图形窗口。

(2)标注圆弧尺寸。

(3)打开【标注】工具栏中的【标注样式控制】下拉列表框,重新选择“线性标注”样式,使其置为当前样式,这时“线性标注”的替代样式被取消,又可继续标注建筑尺寸。

第二节　尺寸标注

一、线性标注

线性尺寸标注两点之间的距离。被注对象是水平线段的称为水平标注,尺寸线方向是水平的,见图10-10a)、图10-10b)、图10-10c);被注对象是垂直线段的称为垂直标注,尺寸线方向是垂直的,见图10-10d);被注对象是倾斜线段,定尺寸线位置时,上下移动光标为水平标注,左右移动光标为垂直标注,尺寸线不与倾斜线段平行,且标注的尺寸文字值也不与倾斜线段的长度相等,见图10-10e)。

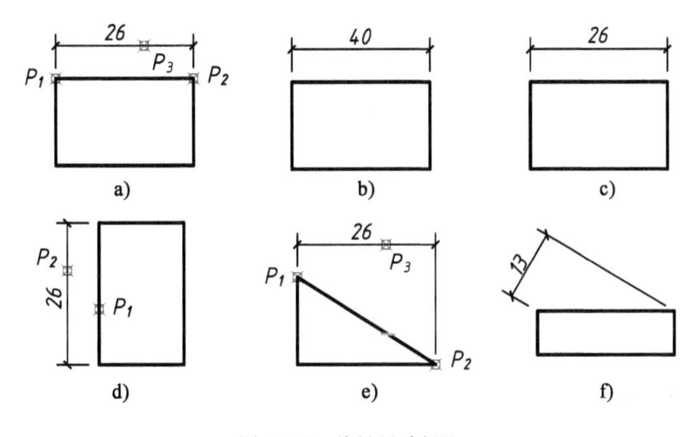

图10-10　线性尺寸标注

1.操作

单击功能区选项板中【注释】选项卡,选择【标注】面板的【线性】按钮,单击菜单浏览器按钮中【标注】菜单列表的【线性】菜单项,或在命令行输入命令“dimlinear”,都可线性标注,具体步骤如下。

(1)选择延伸线的起点标注尺寸,如图10-10a)所示,操作时务必使用对象捕捉方式捕捉对象的端点,确保被标注的线段测量值精确。

命令:_dimlinear

指定第一条延伸线原点或 <选择对象>:(选择图10-10a)中的点 P_1)

指定第二条延伸线原点:(选择点 P_2)

指定尺寸线位置或[多行文字(M)/文字(T)/角度(A)/水平(H)/垂直(V)/旋转(R)]:(上下移动光标选择

点 P_3，确定尺寸线位置进行水平标注）

标注文字 =26 （得到图 10-10a）标注的尺寸）

（2）选择对象标注尺寸。

命令：_dimlinear

指定第一条延伸线原点或 <选择对象>：（按 Enter 键）

选择标注对象：（在被注线段上选择点 P_1，如图 10-10d）所示）

指定尺寸线位置或[多行文字（M）/文字（T）/角度（A）/水平（H）/垂直（V）/旋转（R）]：（选择点 P_2 确定尺寸线位置）

标注文字 =26 （得到图 10-10d）标注的尺寸）

2. 说明

（1）【多行文字（M）】选项：输入字母"m"并按 Enter 键，即可进入多行文字编辑模式，可以使用"多行文字编辑器"对话框来修改尺寸文字。

（2）【文字（T）】选项：输入"t"并按 Enter 键，修改尺寸文字，见图 10-10b），命令行提示如下。

输入标注文字 <26>：40 （输入新的尺寸文字）

指定尺寸线位置或[多行文字（M）/文字（T）/角度（A）/水平（H）/垂直（V）/旋转（R）]：（定尺寸线位置）

标注文字 =26

（3）【角度（A）】选项：若输入"a"并按 Enter 键，可将尺寸文字旋转指定的角度，见图 10-10c），命令行提示如下。

指定标注文字的角度：45

指定尺寸线位置或[多行文字（M）/文字（T）/角度（A）/水平（H）/垂直（V）/旋转（R）]：（定尺寸线位置）

标注文字 =26

（4）【水平（H）】选项强制建立水平标注，【垂直（V）】选项强制建立垂直标注，这两个选项在执行命令时可以不选择，由 AutoCAD 来作出智能判断，定尺寸线位置时，上下移动光标为水平标注，左右移动光标为垂直标注，如图 10-10e）所示。

（5）【旋转（R）】选项：输入"r"并按 Enter 键，可将尺寸线旋转指定的角度，尺寸线旋转的角度可正可负。尺寸文字的大小随着尺寸线的旋转而被改变，其大小等于被注线段长度与指定角度的余弦的乘积，如尺寸线旋转 60°后，尺寸文字由 26 改变到为 13（图 10-10f）），命令行提示如下。

指定尺寸线的角度 <0>：60 （输入尺寸线的角度）

指定尺寸线位置或[多行文字（M）/文字（T）/角度（A）/水平（H）/垂直（V）/旋转（R）]：（定尺寸线位置）

标注文字 =13

二、对齐标注

标注任意两点间的距离，尺寸线的方向平行于两点连线方向或与选择的线段平行（图 10-11），被注线段可以是任意位置，也可以是水平或垂直位置。

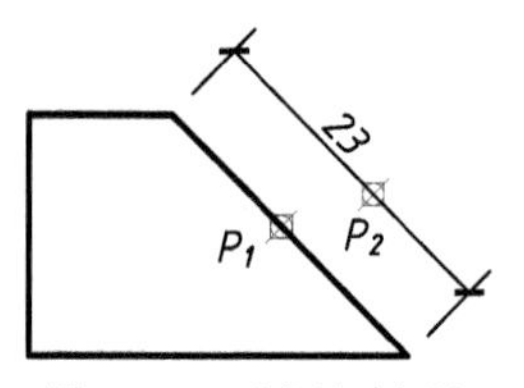

图 10-11 对齐尺寸标注

1. 操作

单击功能区选项板中【注释】选项卡，选择【标注】面板的【对齐】

按钮,单击菜单浏览器按钮中【标注】菜单列表的【对齐】菜单项,或在命令行输入命令"dimaligned",都可实现对齐标注,具体步骤如下。

命令:_dimaligned
指定第一条延伸线原点或 <选择对象>: (按 Enter 键)
选择标注对象: (在被注线段上选择点 P_1,如图 10-11 所示)
指定尺寸线位置或[多行文字(M)/文字(T)/角度(A)]: (选择点 P_2 定尺寸线位置)
标注文字 =23

2. 说明

【多行文字(M)】、【文字(T)】和【角度(A)】各选项的操作同线性标注。

三、角度标注

角度标注为相交两直线(图 10-12a)、图 10-12b)、圆或圆弧(图 10-12c)标注角度尺寸。

1. 操作

单击功能区选项板中【注释】选项卡,选择【标注】面板的【角度】按钮,单击菜单浏览器按钮中【标注】菜单列表的【角度】菜单项,或在命令行输入命令"dimangular",都可标注角度尺寸,具体步骤如下。

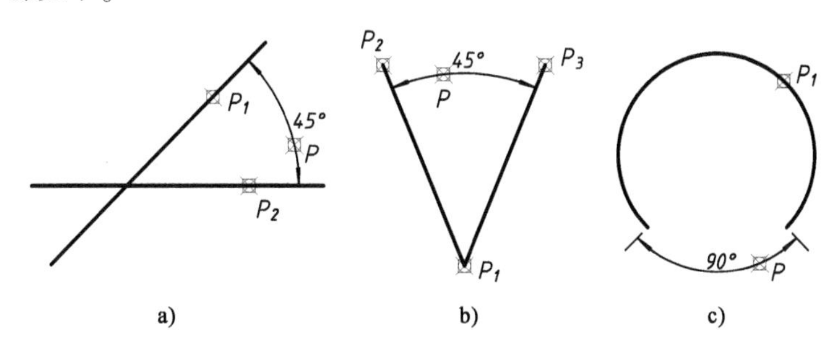

图 10-12 角度尺寸标注

1)标注相交两直线的角度尺寸

(1)选择角的两边标注角度尺寸。

命令:_dimangular
选择圆弧、圆、直线或 <指定顶点>: (在角的一边选择点 P_1,如图 10-12a)所示)
选择第二条直线: (在角的另一边选择点 P_2)
指定标注弧线位置或[多行文字(M)/文字(T)/角度(A)/象限点(Q)]: (选择 P 点定尺寸弧线位置)
标注文字 =45

(2)选择角的顶点标注角度尺寸。

命令:_dimangular
选择圆弧、圆、直线或 <指定顶点>: (按 Enter 键指定角的顶点)
指定角的顶点: (选两边的交点定角的顶点 P_1,如图 10-12b)所示)
指定角的第一个端点: (在角的一边的端点定点 P_2)
指定角的第二个端点: (在角的另一边的端点定点 P_3)
指定标注弧线位置或[多行文字(M)/文字(T)/角度(A)/象限点(Q)]: (选择点 P 定尺寸弧线位置)
标注文字 =45

2）标注圆弧的角度尺寸

命令：_dimangular

选择圆弧、圆、直线或<指定顶点>：（在被注圆弧上选择点 P_1，如图 10-12c）所示）

指定标注弧线位置或[多行文字（M）/文字（T）/角度（A）/象限点（Q）]：（选择点 P 定尺寸弧线位置）

标注文字 = 90

2. 说明

（1）【多行文字（M）】、【文字（T）】和【角度（A）】各选项的操作参看线性标注。用户在修改角度值时，应按“角度%%d”格式输入。

（2）【象限点（Q）】选项，以指定象限点来确定标注圆或圆弧的角度位置。

（3）如果选择的是圆弧，则以圆心作为角度的顶点来建立角度尺寸。

（4）角度标注中的定尺寸弧线位置，至少有两个位置选择，图 10-12a）中的相交两直线还有四个位置选择，用户应把尺寸弧线位置定在确定的那个角上。

四、弧长标注

标注圆弧或多线段圆弧的弧长尺寸（图 10-13）。

1. 操作

单击功能区选项板中【注释】选项卡，选择【标注】面板的【弧长】按钮，单击菜单浏览器按钮中【标注】菜单列表的【直径】菜单项，或在命令行输入命令“dimarc”，都可标注弧长尺寸，具体步骤如下。

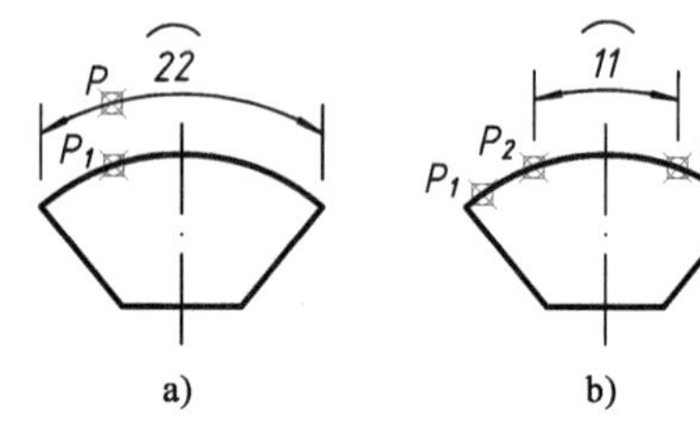

图 10-13　弧长标注

命令：_dimarc

选择弧线段或多段线弧线段：（在被注弧线段上选择 P_1 点，如图 10-13a）所示）

指定弧长标注位置或[多行文字（M）/文字（T）/角度（A）/部分（P）/]：（选择点 P 定弧长标注位置）

标注文字 = 22

2. 说明

（1）【多行文字（M）】、【文字（T）】和【角度（A）】各选项的操作参看线性标注。

（2）【部分（P）】选项：输入“p”并按 Enter 键，标注选定圆弧某一部分的弧长（图 10-13b），命令行提示如下。

指定弧长标注的第一个点：（选择点 P_2）

指定弧长标注的第二个点：（选择点 P_3）

指定弧长标注位置或[多行文字（M）/文字（T）/角度（A）/部分（P）/引线（L）]：

标注文字 = 11

（3）圆弧符号放在标注文字的前面或上面，可以通过尺寸标注样式的【符号和箭头】选项卡中的【弧长符号】选项来设置。

五、直径标注

标注圆或圆弧的直径尺寸，尺寸线通过圆心或指向圆心（图 10-14）。

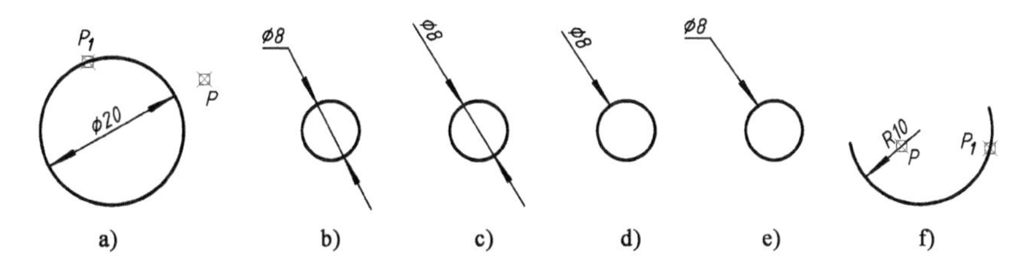

图 10-14　直径、半径尺寸标注

1. 操作

单击功能区选项板中【注释】选项卡，选择【标注】面板的【直径】按钮，单击菜单浏览器按钮中【标注】菜单列表的【直径】菜单项，或在命令行输入命令“dimdiameter”，都可标注直径尺寸，具体步骤如下。

命令：_dimdiameter
选择圆弧或圆：（在圆周上选择点 P_1，如图 10-14a）所示）
标注文字 =20
指定尺寸线位置或[多行文字(M)/文字(T)/角度(A)]：（选择点 P 定尺寸线位置）

2. 说明

(1)【多行文字(M)】、【文字(T)】和【角度(A)】各选项的操作参看线性标注。修改直径时，应按“%%C 直径”格式输入。

(2)尺寸线位置可以定在圆外(图 10-14a)、圆周上或圆内。

(3)如果要使直径尺寸线在圆内完整标注，在【标注样式管理器】对话框的【调整】选项卡上选中【尺寸线旁边】单选按钮。该按钮实际上就是设置系统变量 DIMFIT 的值为 0。

(4)标注的圆比较小，如果要在延伸线之间绘制尺寸线(图 10-14b)、图 10-14c)，则在尺寸标注样式对话框的【调整】选项卡上选中【在延伸线之间绘制尺寸线】复选框。

(5)标注的圆比较小，尺寸文字在圆外，如果在尺寸标注样式对话框的【文字】选项卡上选中【与尺寸线对齐】单选按钮，标注的尺寸如图 10-14c)、图 10-14d)所示，选中【水平】单选按钮，标注的尺寸如图 10-14b)、图 10-14e)所示。

六、半径标注

标注圆或圆弧的半径尺寸，尺寸线通过圆心或指向圆心(图 10-14f)。

1. 操作

单击功能区选项板中【注释】选项卡，选择【标注】面板的【半径】按钮，单击菜单浏览器按钮中【标注】菜单列表的【半径】菜单项，或在命令行输入命令“dimradius”，都可标注半径尺寸，具体步骤如下。

命令：_dimradius
选择圆弧或圆：（在圆周上定点 P_1，如图 10-14f)所示）
标注文字 =10
指定尺寸线位置或[多行文字(M)/文字(T)/角度(A)]：（选择点 P，定尺寸线位置）

2. 说明

修改半径时，应按“R 半径”格式输入。

七、折弯标注

创建圆或圆弧的折弯标注(图 10-15)。

1. 操作

单击功能区选项板中【注释】选项卡,选择【标注】面板的【折弯】按钮,单击菜单浏览器按钮中【标注】菜单列表的【折弯】菜单项,或在命令行输入命令“dimjogged”,都可折弯标注,具体步骤如下:

命令:_dimjogged
选择圆弧或圆: (选择点 P_1)
指定图示中心位置: (选择点 P_2)
标注文字 =80
指定尺寸线位置或[多行文字(M)/文字(T)/角度(A)]: (选择点 P_3)
指定折弯位置: (选择点 P_4)

2. 说明

当圆或圆弧的中心位置位于布局之外并且无法在其实际位置显示时,将创建折弯半径标注,可以在更方便的位置指定标注的原点,这称为中心位置替代。

八、坐标标注

将点的 X 坐标和 Y 坐标用引导线分开标注。使用该命令标注时,ortho 命令置为 on 状态,使两条引导线垂直相交于标注的坐标点。

1. 操作

单击功能区选项板中【注释】选项卡,选择【标注】面板的【坐标】按钮,单击菜单浏览器按钮中【标注】菜单列表的【坐标】菜单项,或在命令行输入命令“dimordinate”,都可标注坐标尺寸,具体步骤如下。

命令:_dimordinate
指定点坐标: (选择点 P_1 定圆心,如图 10-16 所示)
指定引线端点或[X 基准(X)/Y 基准(Y)/多行文字(M)/文字(T)/角度(A)]:x (标注 X 坐标)
指定引线端点或[X 基准(X)/Y 基准(Y)/多行文字(M)/文字(T)/角度(A)]: (选择点 P,定引线端点)
标注文字 =170

重复执行该命令可标注 Y 坐标。

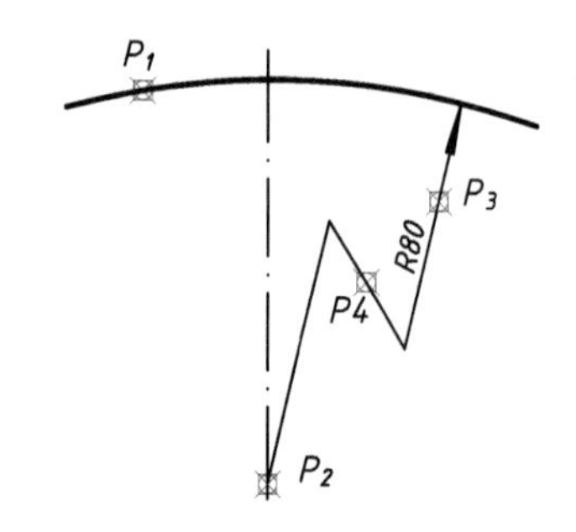

图 10-15 折弯标注

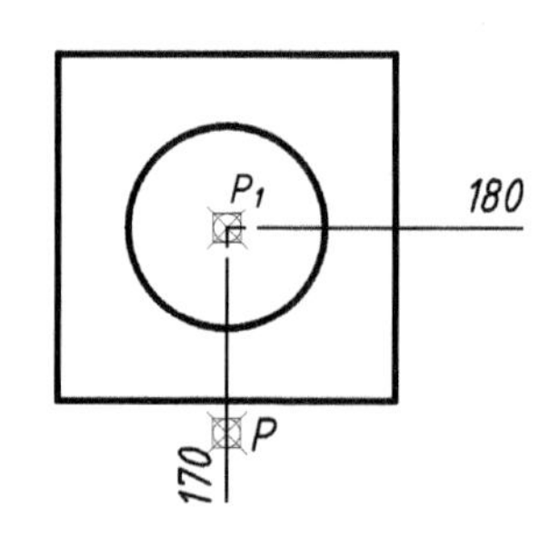

图 10-16 坐标尺寸标注

2. 说明

ortho 命令置为 on 状态后,X、Y 选项可以不选择,如果引导线是水平线(或光标左右移动)则标注 Y 坐标,引导线是垂直线(或光标上下移动)则标注 X 坐标。

九、基线标注

必须先标注一个线性、角度或坐标尺寸,从上一个标注尺寸或选定标注尺寸对象的基线处创建自相同基线测量的一系列相关标注。基线间距(两尺寸线之间的距离)在尺寸标注样式对话框【直线和箭头】选项卡上的【基线间距】中指定。基线标注也称为平行尺寸标注。

1. 操作

单击功能区选项板中【注释】选项卡,选择【标注】面板的【基线】按钮,单击菜单浏览器按钮中【标注】菜单列表的【基线】菜单项,或在命令行输入命令"dimbaseline",都可基线标注长度、角度和坐标尺寸(图 10-17),具体步骤如下。

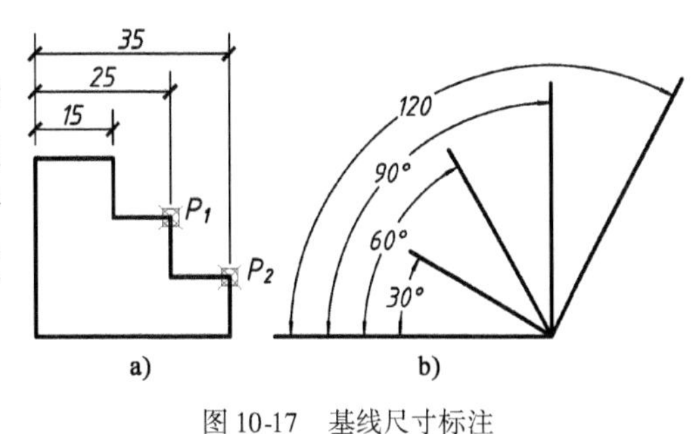

图 10-17　基线尺寸标注

命令:_dimbaseline

选择基准标注

指定第二条延伸线原点或[放弃(U)/选择(S)] <选择>:　(定第二条延伸线原点点 P_1,如图 10-17a)所示)

标注文字 = 14

指定第二条延伸线原点或[放弃(U)/选择(S)] <选择>:　(定第二条延伸线原点点 P_2)

标注文字 = 20

指定第二条延伸线原点或[放弃(U)/选择(S)] <选择>:　(按 Esc 键结束命令)

2. 说明

(1)【指定第二条延伸线原点】选项,在被注线段端点定基线标注的第二条延伸线原点。

(2)【放弃(U)】选项,输入字母"u"并按 Enter 键,可放弃最近一个尺寸标注。

(3)【选择(S)】选项,输入字母"s"并按 Enter 键和直接按 Enter 键都是选择基准标注,可以在一个图上进行基线标注,【选择(S)】选项的多次输入,可在一个或多个图上进行多次基线标注。

(4)在"指定第二条延伸线原点或[放弃(U)/选择(S)] <选择>:"提示下,按 Esc 键为结束基线标注,若按 Enter 键两次也结束基线标注。

(5)如果在当前任务中未创建标注,AutoCAD 将提示用户选择长度标注、坐标标注或角度标注对象作为基线标注的基准来进行基线标注。

(6)【选择基准标注】就是选择已标注对象的延伸线或尺寸线作为基线标注的基准标注。

十、连续标注

必须先标注一个线性、角度或坐标尺寸,从上一个标注尺寸或选定标注尺寸对象的第二条延伸线处创建一系列相关标注,连续标注也称为链式标注。

1. 操作

单击功能区选项板中【注释】选项卡,选择【标注】面板的【连续】按钮,单击菜单浏览器按钮中【标注】菜单列表的【连续】菜单项，或在命令行输入命令“dimcontinue”，都可连续标注长度、角度和坐标尺寸，具体步骤如下。

命令：_dimcontinue
指定第二条延伸线原点或[放弃(U)/选择(S)]<选择>：（选择点 P_1，如图 10-18 所示）
标注文字 =6
指定第二条延伸线原点或[放弃(U)/选择(S)]<选择>：（选择点 P2）
标注文字 =6
指定第二条延伸线原点或[放弃(U)/选择(S)]<选择>：（按 Enter 键两次结束命令）

2. 说明

连续标注中各选项的操作参见基线标注。

十一、等距标注

调整线性标注或角度标注中尺寸线之间的距离，可自动调整平行的线性标注之间的间距或共享一个公共顶点的角度标注之间的间距，尺寸线之间的间距相等（图 10-19）。

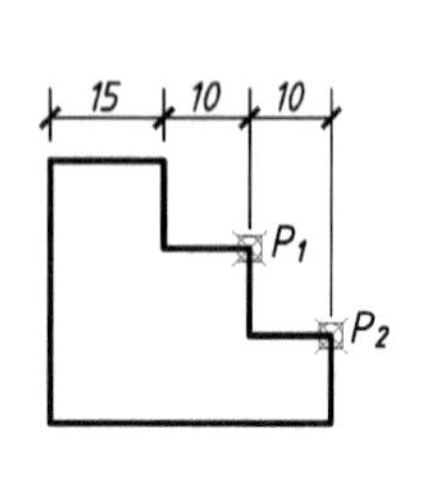

图 10-18　连续尺寸标注

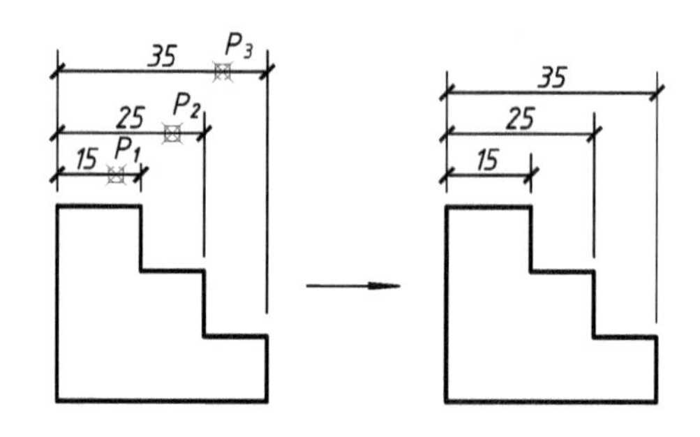

图 10-19　等距标注

1. 操作

单击功能区选项板中【注释】选项卡，选择【标注】面板的【等距标注】按钮，单击菜单浏览器按钮中【标注】菜单列表的【标注间距】菜单项，或在命令行输入命令“dimspace”，都可折弯标注，具体步骤如下。

命令：_dimspace
选择基准标注：（选择点 P_1）
选择要产生间距的标注：找到 1 个　（选择点 P_2）
选择要产生间距的标注：找到 1 个，总计 2 个　（选择点 P_3）
选择要产生间距的标注：（回车）
输入值或[自动(A)]<自动>：4

2. 说明

等距标注是调整基线标注之间的距离，选择要产生间距的标注对象时，并列标注必须是整齐的，否则，会参差不齐。

十二、多重引线

创建多重引线对象。多重引线对象由箭头、水平基线、引线（直线或曲线）和多行文字（或块）组成。

1. 操作

单击功能区选项板中【注释】选项卡，选择【多重引线】面板的【多重引线】按钮，单击菜单浏览器按钮中【标注】菜单列表的【多重引线】菜单项，或在命令行输入命令“mleader”，都可标注引线尺寸，具体步骤如下。

命令：_mleader

指定引线箭头的位置或［引线基线优先(L)/内容优先(C)/选项(O)］<选项>：（指定引线箭头位置，如图10-20所示）

指定引线基线的位置：（指定引线基线位置后，打开【文字格式】对话框，输入文字）

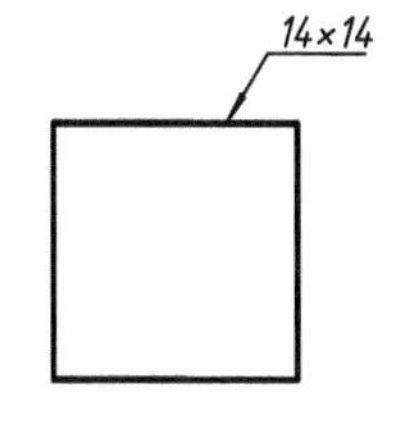

图 10-20　引线标注

2. 说明

(1) 选择【引线基线优先(L)】或【内容优先(C)】选项，画多重引线时，先画引线基线或先输入多行文字。

(2)【选项(O)】选项，输入“o”并按 Enter 键，命令行提示如下。

［引线类型(L)/引线基线/内容类型(C)/最大接点数(M)/第一个角度(F)/第二个角度(S)/退出选项(X)］<退出选项>：

输入各选项关键字可以在命令行直接修改，也可以通过【多重引线样式】来设置。

十三、多重引线样式

创建和修改多重引线样式，多重引线样式可以控制多重引线外观，这些样式可指定基线、引线、箭头和内容的格式。

1. 操作

单击功能区选项板中【注释】选项卡，选择【多重引线】面板的【多重引线样式】按钮，单击菜单浏览器按钮中【格式】菜单列表的【多重引线样式】菜单项，或在命令行输入命令“mleader-style”，都可打开如图 10-21 所示的【多重引线样式管理器】对话框，各选项含义如下。

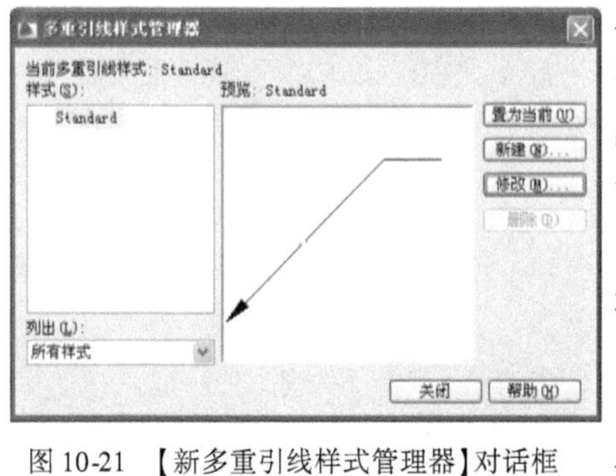

图 10-21　【新多重引线样式管理器】对话框

【置为当前】：将【多重引线样式】列表中选定的标注样式设置为当前标注样式。

【新建】：创建一个新的多重引线样式。

【修改】：修改已有的多重引线样式内的各项设置。

【删除】：删除已有的多重引线样式，但不能删除当前样式或当前图形中使用的样式。

【帮助】：打开帮助窗口，系统中包含了怎样使用【多重引线样式管理器】的完整信息。

2. 说明

(1) 单击【多重引线样式管理器】对话框中的【新建】按钮，打开【创建新多重引线样式】对话框（图 10-22），在【新样式名】文字框中输入新的多重引线样式名，如“引线 1”，从【基础样式】下拉列表中选择一种基础样式，新样式将在该基础样式上进行修改。

(2) 单击【创建新多重引线样式】对话框（图 10-22）中的【继续】按钮，打开【修改多重引线样式】对话框（图 10-23），该对话框有【引线格式】、【引线结构】和【内容】三个标签，单击一个标签打开相应的一个选项卡(当前打开的是【引线格式】选项卡),通过设置选项卡中的各选项来定义新的多重引线样式特性。

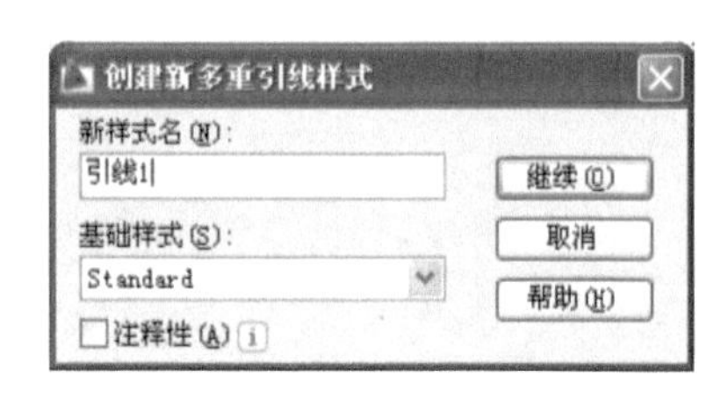

图 10-22 【创建新多重引线样式】对话框

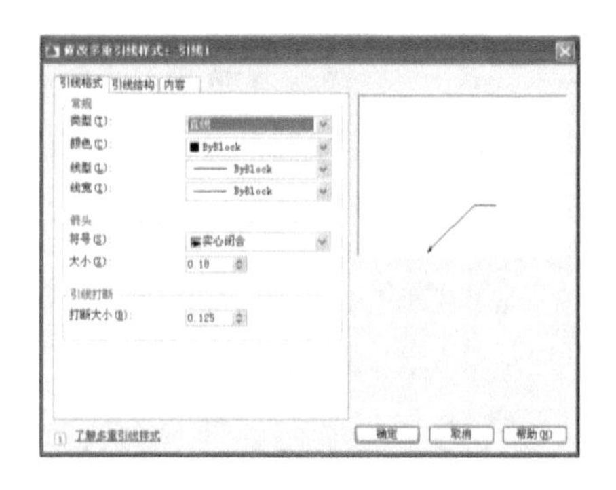
图 10-23 【修改多重引线样式】对话框

十四、快速标注

从选定对象中快速创建一组标注,可以快速创建系列连续、并列、基线、坐标、半径和直径尺寸。

1. 操作

单击功能区选项板中【注释】选项卡,选择【标注】面板的【快速标注】按钮,单击菜单浏览器按钮中【标注】菜单列表的【快速标注】菜单项,或在命令行输入命令“qdim”,都可快速标注连续、并列、基线、坐标、半径和直径尺寸,具体步骤如下。

命令:_qdim

关联标注优先级 = 端点

选择要标注的几何图形: (可以用单选、窗口或交叉窗口等方式选择要标注的对象)

指定尺寸线位置或[连续(C)/并列(S)/基线(B)/坐标(O)/半径(R)/直径(D)/基准点(P)/编辑(E)/设置(T)] <连续>: (输入选项或按 Enter 键)

2. 说明

(1)【连续(C)】、【并列(S)】、【基线(B)】、【坐标(O)】选项:无须先标注一个尺寸对象,可创建标注一系列的连续、并列、基线或坐标尺寸。

(2)【半径(R)】、【直径(D)】选项:标注一系列的半径、直径尺寸。

(3)【基准点(P)】选项:为基线标注和坐标标注设置新的基准点。

(4)【编辑(E)】选项:编辑一系列标注,如连续、并列、基线标注等,在系统提示“选择要标注的几何图形”时,选择标注的尺寸对象,选择删除或添加标注点。

(5)【设置(T)】选项:为指定延伸线原点设置默认对象捕捉的优先级是端点还是交点。

第三节 尺寸标注的编辑

尺寸对象可用编辑命令编辑,如移动、复制等,或用 explode 命令将尺寸对象分解成单个的要素后编辑,也可用 dimedit、dimtedit 和 dimstyle 等命令编辑尺寸对象。

一、编辑标注

编辑标注文字和延伸线，如旋转、修改或恢复标注文字，更改延伸线的倾斜角度。

1. 操作

单击功能区选项板中【注释】选项卡，选择【标注】面板的【倾斜】或【恢复默认文字位置】按钮，单击菜单浏览器按钮中【标注】菜单列表的【倾斜】菜单项，或在命令行输入命令“dimedit”，都可编辑尺寸，但必须先选编辑类型，后选择尺寸对象，一次可修改多个尺寸对象，具体步骤如下。

命令：_dimedit

输入标注编辑类型[默认(H)/新建(N)/旋转(R)/倾斜(O)]<默认>：（输入选项）

选择对象：（选择尺寸对象）

2. 说明

(1)【默认(H)】选项：把尺寸文字放置到样式中设置的默认位置，如图10-24a)所示。

(2)【新建(N)】选项：把一组尺寸对象的尺寸文字更换为指定的新值(先启动多行文字编辑器，要求输入新的尺寸文字，然后再要求用户选择一组尺寸对象)，或给一组尺寸对象的尺寸文字加上前缀或后缀等。

(3)【旋转(R)】选项：把尺寸文字旋转到指定的角度，如图10-24b)所示。

(4)【倾斜(O)】选项：把延伸线倾斜到指定的角度(默认角度是与被注线段垂直)，如图10-24c)所示，该选项对修改轴测图上标注对象的延伸线位置很有用。

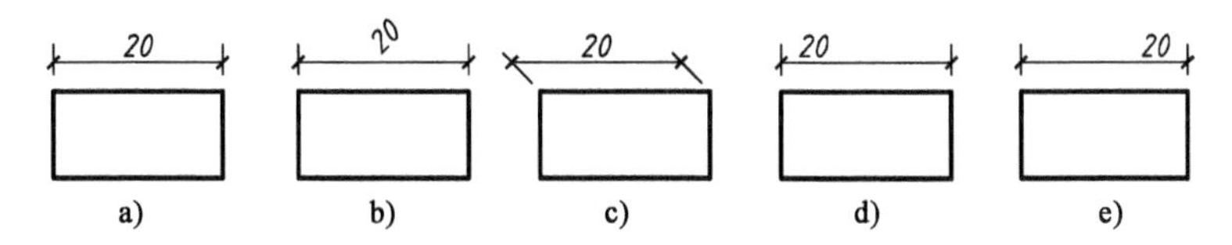

图10-24　尺寸标注的编辑

二、编辑标注文字

移动尺寸文字的位置或改变尺寸文字的角度。

1. 操作

单击功能区选项板中【注释】选项卡，选择【标注】面板的【文字角度】按钮、【左对正】按钮、【居中对正】按钮和【右对正】按钮，单击菜单浏览器按钮中【标注】菜单列表的【文字对齐】菜单项，或在命令行输入命令“dimtedit”，都可编辑标注文字，但必须先选尺寸对象，后选择编辑类型，一次只能修改一个尺寸对象，具体步骤如下。

命令：_ dimtedit

选择标注：（选择一个尺寸对象）

指定标注文字的新位置或[左对齐(L)/右对齐(R)/居中(C)/默认(H)/角度(A)]：（输入选项）

2. 说明

(1)【标注文字的新位置】选项：拖动鼠标动态更新尺寸文字的位置或尺寸线的位置，如果尺寸标注样式【调整】选项卡中的【文字位置】，设置其选项为【尺寸线旁边】，则移动尺寸文字时，尺寸线也随之移动；【文字位置】设置为其他两选项之一，移动尺寸文字时，尺寸线不会移动。

(2)【左(L)】、【右(R)】选项：沿尺寸线左(或右)对正尺寸文字位置。本选项只适用于线性、直径和半径标注，如图10-24d)、图10-24e)所示。

(3)【中心(C)】选项：将尺寸文字放在尺寸线的中间。

(4)【默认(H)】选项：将尺寸文字移回默认位置。

(5)【角度(A)】选项：修改尺寸文字的角度，如图10-24b)所示。

三、更新

用当前标注样式来更新图形中尺寸对象的原有标注样式。

1. 操作

单击功能区选项板中【注释】选项卡，选择【标注】面板的【更新】按钮，单击菜单浏览器按钮中【标注】菜单列表的【更新】菜单项，或在命令行输入命令“dimstyle”，都可进行尺寸标注更新，具体步骤如下。

命令：_ dimstyle
当前标注样式：Standard
输入标注样式选项
[注释性(AN)/保存(S)/恢复(R)/状态(ST)/变量(V)/应用(A)/?] <恢复>：a （输入应用选项）
选择对象：（选择要更新的尺寸对象）

2. 说明

(1)【注释性(AN)】选项：创建注释性标注样式。

(2)【保存(S)】选项：将当前的标注样式以一个新的标注样式名保存，并将新的标注样式置为当前样式。

(3)【恢复(R)】选项：将输入的标注样式设置为当前标注样式。

(4)【状态(ST)】选项：列出所有当前图形中命名的标注样式系统变量设置。

(5)【变量(V)】选项：列出输入的标注样式系统变量设置，但不修改当前设置。

(6)【应用(A)】选项：将选择的尺寸对象按当前的标注样式更新。

(7)【?】选项：列出当前图形中命名的标注样式。

第四节　上 机 实 验

实验一　建立符合建筑制图标准的尺寸标注样式

1. 目的要求

掌握尺寸标注样式的设置，创建一个或多个符合行业、项目或国家标准的尺寸标注样式来标注尺寸。

2. 操作指导

按照《房屋建筑制图统一标准》(GB/T 50001—2001)和《建筑制图标准》(GB/T 50104—2001)中的有关规定，按1∶1的比例建立线性、圆弧和角度尺寸的标注样式，相对于默认的ISO-25基础样式而言，对于新样式，仅修改那些与基础样式特性不同的特性，以下内容必须设置：

(1)【基线间距】为 7 ~ 10。

(2)【超出尺寸线】为“2”、【起点偏移量】为“2”。

(3)线性尺寸箭头形式为【建筑标记】,圆弧、角度的尺寸箭头形式为【实心闭合】。

(4)尺寸文字的高度为 3.5,为尺寸文字建立的文字样式中的字体,建议采用国标直体(gbenor.shx)或国标斜体(gbeitc.shx)。

(5)【使用全局比例】按出图比例调整,如按 1∶2 出图,就应该将全局比例放大 2 倍,【使用全局比例】为 2。

(6)尺寸文字的【单位格式】选“小数”,“精度”为“0”。

(7)【测量单位比例】按画图比例调整,如按 1∶50 画图,在标注尺寸时,就应该将测量单位比例放大 50 倍,【比例因子】为“50”。

实验二　绘制如图 10-25 所示的图形并标注尺寸

1. 目的要求

通过平面图形的尺寸标注,掌握尺寸标注样式设置、尺寸标注方法和尺寸标注编辑。

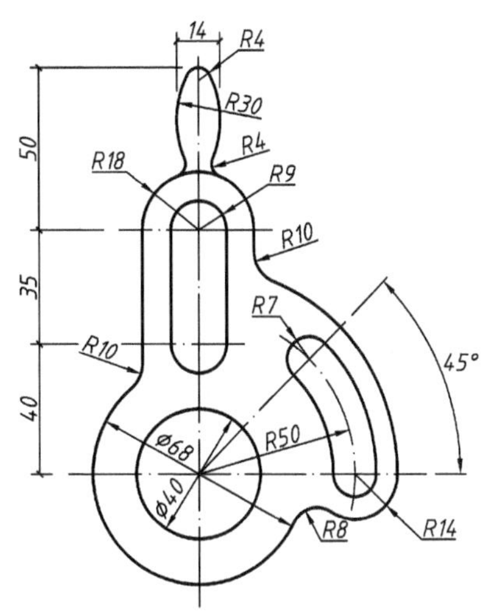

图 10-25　平面图形尺寸标注

2. 操作指导

先建立线性、圆弧和角度的尺寸标注样式,然后标注图 10-25 中尺寸,当尺寸箭头和尺寸文字位置不佳时,用尺寸编辑命令调整。

思　考　题

1. 建立新的尺寸标注样式分哪几步?尺寸标注样式设置是否就是修改尺寸标注系统变量值?相对于基础尺寸标注样式而言,新的尺寸标注样式应该修改哪些特性?

2. 建立新的尺寸标注样式、替代尺寸标注样式和修改尺寸标注样式有什么区别?

3. 如何设置尺寸标注样式,使角度尺寸文字始终水平,其他尺寸文字与尺寸线对齐?

第十一章　正投影图和轴测图的绘制

正投影图是由两个或两个以上正投影组合而成，用以确定形体空间形状的一组投影。常用三面投影图来表示物体的空间形状和大小，三面投影图可以看成是按“长对正、高平齐、宽相等”的投影规律布置的三幅平面图形。平面图形由直线段、或曲线段、或直线段和曲线段连接而成，可用二维绘图和编辑命令绘制。

轴测图是通过改变投射方向或转动物体，在同一投影面上反映物体三个坐标面上的形状特征。轴测图（轴测投影图的简称）的类型很多，最常用的轴测图是正等轴测投影（简称正等测）。AutoCAD 为用户提供了绘制正等测的特定环境——等轴测模式，用二维绘图命令绘制轴测图。

本章将结合实例介绍平面图形、三面投影图及轴测图的绘制方法。

第一节　平面图形的绘制

平面图形用二维绘图和编辑命令绘制。绘图前对平面图形进行尺寸分析和线段分析，确定定形和定位尺寸，从而得出已知线段、中间线段和连接线段。按照先画已知线段、中间线段，后画连接线段的步骤绘制平面图形。根据平面图形的结构特点，选择合适的命令，确定相应的绘图方式。例如相同图形用【复制】、【阵列】或【创建块】和【插入块】命令生成；平行线用【直线】、【偏移】或【复制】等命令绘制；对称图形通过镜像方法获得等。同一图形绘制方法不是唯一的，本节用实例（图 11-1）引导读者完成平面图形的绘制。

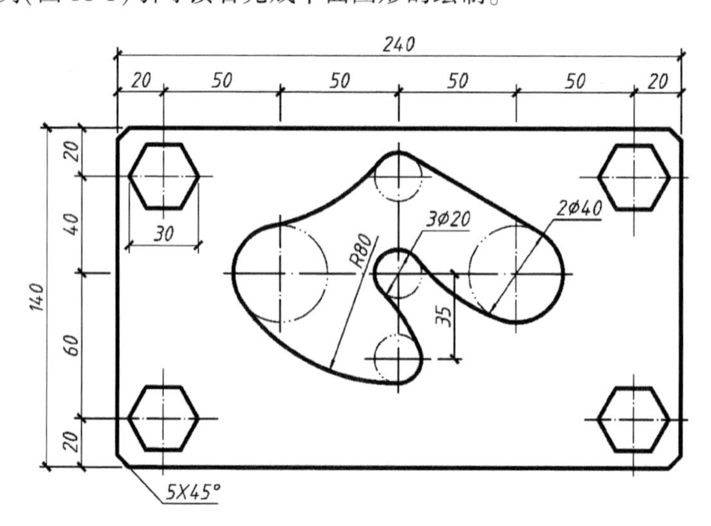

图 11-1　平面图形

图 11-1 所示平面图形的图示内容包括中心线、细实线、文本、双点长画线、轮廓线和尺寸 6 个部分。单击功能区选项板中【常用】选项卡,选择【图层】面板的【图层特性】按钮,单击菜单浏览器按钮中【格式】菜单列表的【图层】菜单项,或在命令行输入命令“layer”,打开【图层特性管理器】对话框,设置 6 个图层,各图层的名称、颜色、线型和线宽如图 11-2 所示。

一、绘制定位中心线

定位中心线是绘制其他图线的基准。在绘制定位中心线前,单击【图层】面板上右侧的按钮,在图层下拉列表中(图 11-3),将中心线层置为当前层,线型和颜色使用各层事先设置好的。

状...	名称	开	冻结	锁...	颜色	线型	线宽	打...	打印	新	说明
	中心线				红	ACAD_IS...	0.18 ...	Color_1			
	细实线				青	CONTINUOUS	0.18 ...	Color_4			
	文本				黄	CONTINUOUS	0.18 ...	Color_2			
	双点长画线				洋红	ACAD_IS...	0.18 ...	Color_6			
	轮廓线				蓝	CONTINUOUS	0.70 ...	Color_5			
	尺寸				绿	CONTINUOUS	0.18 ...	Color_3			
	DEFPOINTS				白	CONTINUOUS	默认	Color_7			
	0				白	CONTINUOUS	默认	Color_7			

图 11-2 设置的图层和线型

图 11-3 图层下拉列表

1. 绘制水平和竖直定位线

平面图形中,水平和竖直中心线长度为 250 和 150,用【直线】命令(line)绘制水平和竖直方向第一根定位线(图 11-4 中 *A* 和 *B*)。绘制定长直线可用如下方法。

(1)正交方式:单击状态行中的【正交】按钮打开【正交】模式,鼠标指针指定直线方向,直接从键盘输入直线长度,绘制水平和竖直定长直线。

(2)极轴方式:右击状态栏中的【极轴】按钮,选择快捷菜单的【设置】选项,打开【草图设置】对话框中的【极轴追踪】选项卡,在【增量角】下拉列表中,选择需要的极轴角增量值。单击状态栏中的【极轴】按钮打开极轴方式。用极轴方式控制直线的方向,长度通过移动鼠标指针控制或从键盘输入,绘制设定方向定长直线。

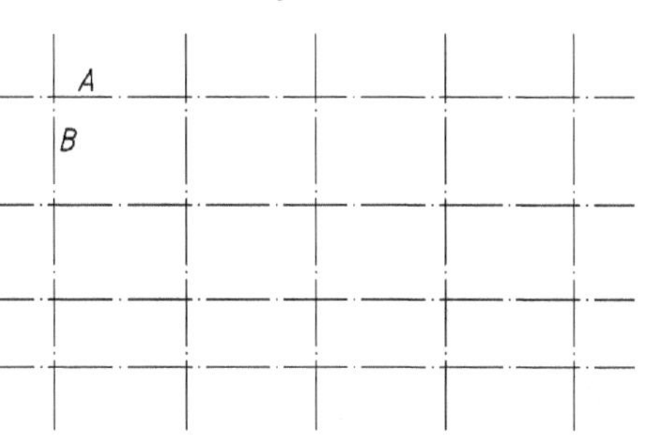

图 11-4 绘定位中心线

(3)极坐标方式:用极坐标方式输入直线长度和角度,绘制任意方向定长直线。

```
命令:_line
指定第一点:50,100 (或点取任一点)
指定下一点或[放弃(U)]:@250<0 (极坐标方式)
指定下一点或[放弃(U)]: (按 Enter 键结束命令)
命令: (按 Enter 键重复【直线】命令)
指定第一点:175,25 (或点取任一点)
指定下一点或[放弃(U)]:<正交开>150 (正交方式)
指定下一点或[放弃(U)]: (按 Enter 键结束命令)
```

2. 绘制其他中心线

其他中心线与水平和竖直定位线有定位要求,用命令【偏移】(offset)或【复制】(copy)命令生成。

命令:_offset

当前设置:删除源 = 否　图层 = 源　OFFSETGAPTYPE = 0

指定偏移距离或[通过(T)/删除(E)/图层(L)] <通过>:40　(指定偏移距离)

选择要偏移的对象,或[退出(E)/放弃(U)] <退出>:　(选择水平线 A)

指定要偏移的那一侧上的点,或[退出(E)/多个(M)/放弃(U)] <退出>:　(单击 A 线下方)

选择要偏移的对象,或[退出(E)/放弃(U)] <退出>:　(按 Enter 键结束命令)

重复上述过程,设定不同的偏移距离,绘制其他水平和竖直中心线,结果如图 11-4 所示。如果中心线等距分布,则可用【阵列】(array)命令产生。

二、绘制外轮廓

置轮廓线层为当前层,绘制外轮廓如图 11-5 所示。

1. 绘制外轮廓线

根据外轮廓线与中心线的定位尺寸,用【偏移】命令指定在当前层(轮廓线层)偏移新对象。若默认放在源层(中心线层)偏移新对象,可单击状态栏中的【快捷特性】按钮启用快捷特性面板,选择外轮廓线后,在打开的【快捷特性】面板中(图 11-6),将偏移的轮廓线从中心线层修改到轮廓线层,其他外轮廓线再用【特性匹配】命令修改到轮廓线层。

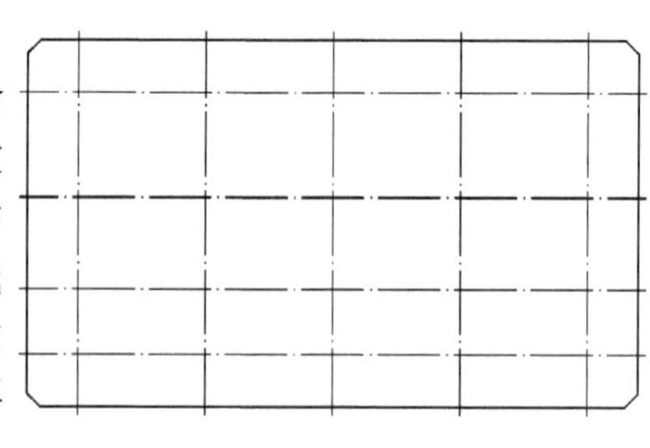

图 11-5　绘外轮廓

2. 两条轮廓线之间倒角

用【倒角】(chamfer)命令在两直线之间倒角,如图 11-7 所示。

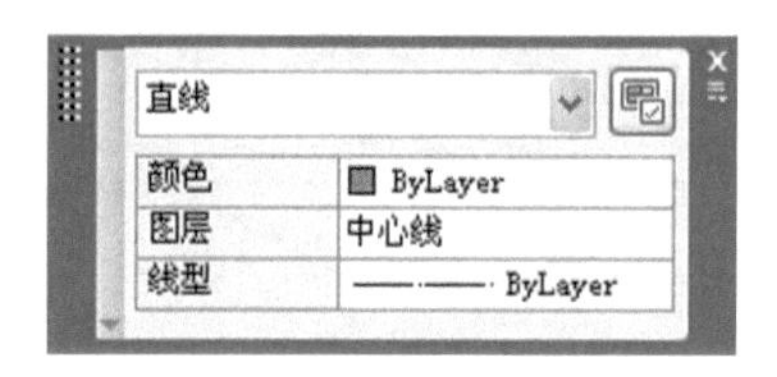

图 11-6　【快捷特性】面板

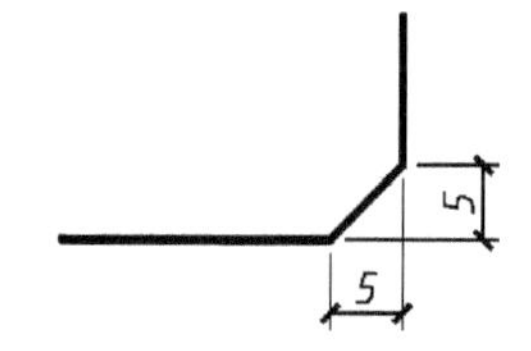

图 11-7　轮廓线倒角

命令:_chamfer

("修剪"模式)当前倒角距离 1 = 0.0000,距离 2 = 0.0000

选择第一条直线或[放弃(U)/多段线(P)/距离(D)/角度(A)/修剪(T)/方式(E)/多个(M)]:d

指定第一个倒角距离 <0.0000>:5　(指定倒角距离)

指定第二个倒角距离 <5.0000>:　(按 Enter 键)(等距)

选择第一条直线或[放弃(U)/多段线(P)/距离(D)/角度(A)/修剪(T)/方式(E)/多个(M)]:　(选取第一条线)

选择第二条直线,或按住 Shift 键选择要应用角点的直线:　(选取第二条线)

重复以上操作,将四个直角绘成 5 × 45°的倒角。

三、绘制正六边形

绘制四个正六边形如图 11-8 所示。

1. 绘制正六边形

根据正六边形对角尺寸为 30,用【正多边形】(polygon)命令按内接于圆方式绘制。

命令:_polygon
输入边的数目 <4> :6 （输入边数）
指定正多边形的中心点或[边(E)]:_int 于 （捕捉左上角中心线交点）
输入选项[内接于圆(I)/外切于圆(C)] <I>: （按 Enter 键）
指定圆的半径:15 （内接圆半径）

2. 编辑正六边形

正六边形按等距排列,可用【阵列】(array)命令生成,或用【复制】命令复制。启用【阵列】命令后打开【阵列】对话框(图 11-9),设置【行数】、【列数】均为“2”,【行偏移】为“-100”、【列偏移】为“200”,单击【选择对象】按钮选择正六边形,单击 确定 按钮,即按指定距离阵列复制四个正六边形。

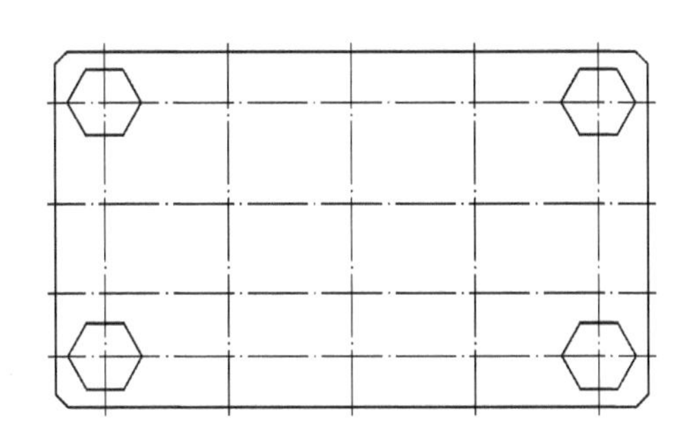

图 11-8 绘制正六边形

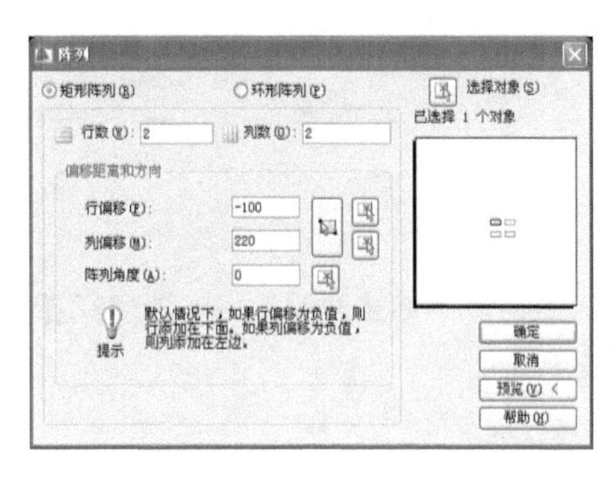

图 11-9 【阵列】对话框

四、绘制中部几何图形

中部几何图形如图 11-10 所示,图形中 3 个直径为 $\phi20$ 和 2 个直径为 $\phi40$ 的 5 个圆为已知线段,4 段半径为 $R80$ 圆弧和一段直线为连接线段,4 段连接圆弧中,一段外切、一段内切、2 段内外切。

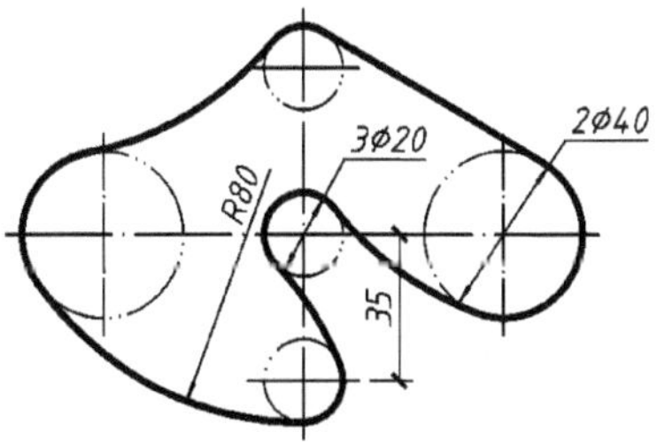

图 11-10 绘几何图形

1. 绘制已知线段

用【圆】(circle)命令绘制左边、中间直径为 $\phi40$ 和 $\phi20$ 的圆 O_1、O_2,如图 11-11 所示。

命令:_circle
指定圆的圆心或[三点(3P)/两点(2P)/切点、切点、半径(T)]:int 于 （捕捉左边圆中心线交点 O_1）
指定圆的半径或[直径(D)]:20 （指定半径值）

重复以上操作,绘制直径为 $\phi20$ 的圆 O_2。

再用【复制】(copy)命令复制中间、右边直径为 $\phi20$ 和 $\phi40$ 的圆 O_3、O_4、O_5,如图 11-11 所示。

命令:_copy
选择对象: （选择圆）
选择对象: （按 Enter 键结束对象选择）
当前设置:复制模式 = 多个
指定基点或[位移(D)/模式(O)] <位移>:cen 于 （捕捉圆心）

指定第二个点或 <使用第一个点作为位移>:int 于 （捕捉圆中心线交点）

指定第二个点或[退出(E)/放弃(U)] <退出>: （按 Enter 键结束命令）

2. 绘制连接线段

(1)用直线连接两圆弧:启用【直线】命令,采用切点递延捕捉功能,绘出直径为 $\phi20$ 的圆 O_2 和直径为 $\phi40$ 的圆 O_5 两圆的公切线,如图 11-12 所示。

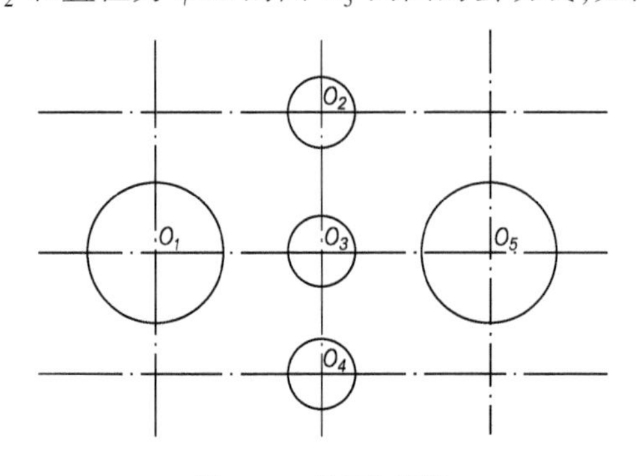

图 11-11 绘已知线段

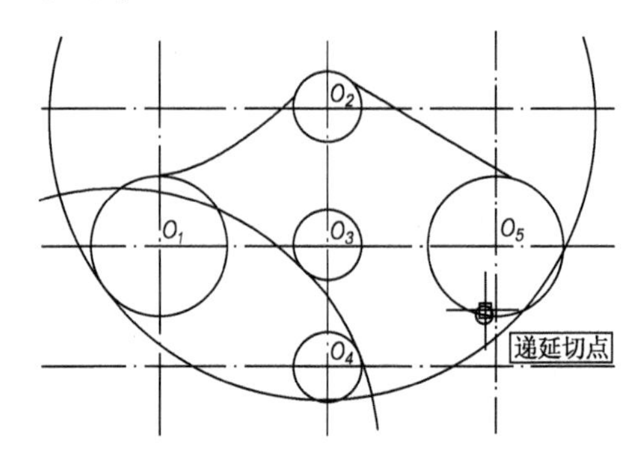

图 11-12 绘连接线段

(2)用圆弧连接两圆弧——外切:用【圆角】(fillet)命令绘制圆弧外切圆 O_1 和圆 O_2,如图 11-12 所示。

命令:_fillet

当前设置:模式 = 修剪,半径 = 0.0000

选择第一个对象或[放弃(U)/多段线(P)/半径(R)/修剪(T)/多个(M)]:r （改圆角半径）

指定圆角半径 <0.0000>:80(圆角半径)

选择第一个对象或[放弃(U)/多段线(P)/半径(R)/修剪(T)/多个(M)]: （选择圆 O_1）

选择第二个对象,或按住 Shift 键选择要应用角点的对象: （选择另一圆 O_2）

(3)用圆弧连接两圆弧——内切、内外切:用【圆】命令的【相切、相切、半径(T)】选项,绘半径为 $R80$ 的圆与圆 O_1 和圆 O_4 内切;绘半径为 $R80$ 的圆与圆 O_4 和圆 O_3 及圆 O_5 和圆 O_3 内外切,如图 11-12 所示。

但应注意,系统提示:【指定对象与圆的第一个切点】时,指定对象的十字光标处出现切点捕捉标记;系统提示:【指定对象与圆的第二个切点】时,出现【递延切点】捕捉提示,此时应在内、外切切点附近选择对象(圆),才能按照需要的内、外切方式画出与已知圆相切的圆。

命令:_circle

指定圆的圆心或[三点(3P)/两点(2P)/相切、相切、半径(T)]:t(相切方式)

指定对象与圆的第一个切点: （选择一圆）

指定对象与圆的第二个切点: （选择另一圆）

指定圆的半径 <10.0000>:80 （连接圆半径）

3. 编辑整理图形

用【修剪】命令分别修剪连接圆和已知圆,如图 11-13a)、图 11-13b)所示。在双点长画线层,用【圆】命令绘制双点长画线圆,用【打断】命令断开过长的中心线,用【删除】命令擦除多余的线,结果如图 11-10 所示。

五、绘制图框和标题栏

一幅完整的图,应包括图框和标题栏(图 11-14),并注写标题栏内容。

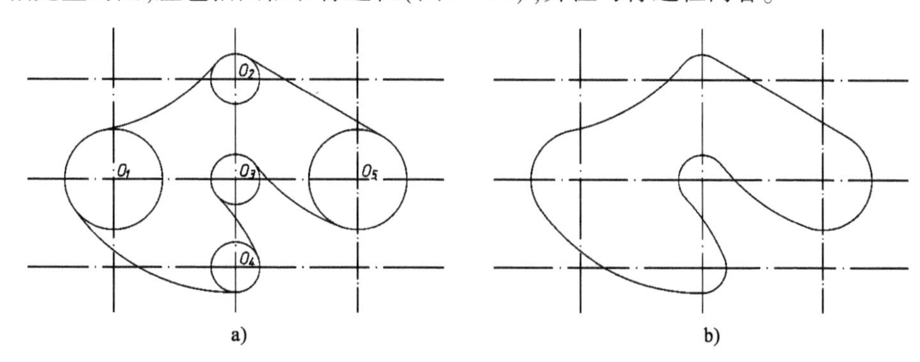

图 11-13 修剪图形

a)【修剪】连接圆;b)【修剪】已知圆

1. 绘制图框和标题栏

本例按照 A3 图幅(420×297)绘制裁边线,图框线尺寸为 390×287,标题栏及分格线尺寸如图 11-14 所示。置轮廓线层为当前层,用【直线】命令绘出图框和标题栏外框线,也可用【多段线】命令绘制有宽度线。再置细实线层为当前层,用【直线】或【偏移】命令绘出裁边线和标题栏分格线。

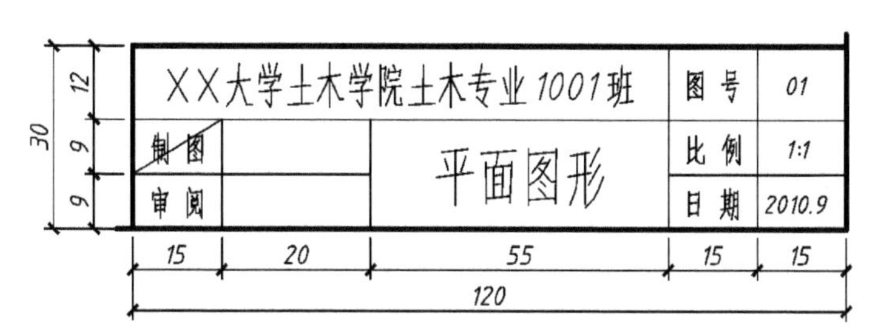

图 11-14 标题栏尺寸及内容

2. 注写文字

置文本层为当前层,用【缩放】命令将标题栏的局部图形放大。先设置文字样式,再注写文字。

(1)设置文字样式:用【文字样式】(style)命令,打开【文字样式】对话框(图 11-15)。

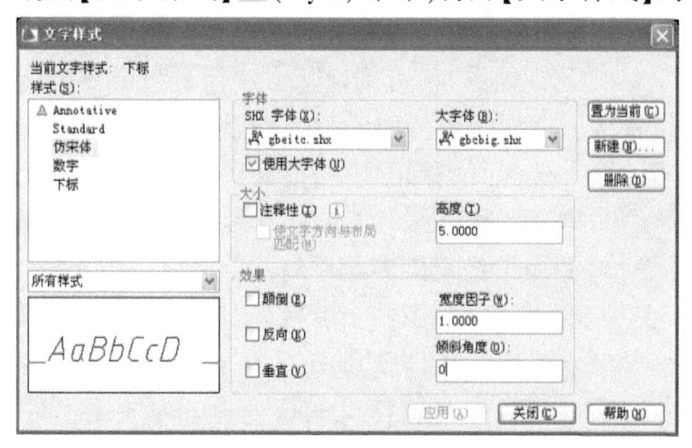

图 11-15 【文字样式】对话框

单击【新建】按钮创建文字样式“仿宋体”。在【SHX 字体】下拉列表中选择“gbetic. shx”字体(国标斜体字母、数字),并在【大字体】下拉列表中选择“gbcbig. shx”字体(国标直体汉字),字高设为“5”;单击 应用(A) 按钮。按上述方法创建文字样式“数字”,字高设为“3.5”;再创建文字样式“下标”,在【SHX 字体】下拉列表中选择“gbenor. shx”字体(国标直体字母、数字),字高设为“2”。

字高的设置与出图比例有关,如出图比例为 1:100,出图字高为 5,需将字高设置为“500”。如果注写文本和标注尺寸时需要改变字高,则在设置文字样式时须将字高设为“0”。

(2)注写文字:可用【多行文字】A(mtext)或【单行文字】AI(dtext)命令注写表格内文字。

用【多行文字】命令注写时,捕捉表格两对角点,弹出【文字格式】编辑框,采用“居中”和“正中”对正方式注写标题栏内文字。若用【单行文字】命令注写,可先画表格对角线(图 11-14),捕捉对角线中点,采用【正中】对正方式注写文字,操作如下。

命令:_dtext

当前文字样式:仿宋体　当前文字高度:5

指定文字的起点或[对正(J)/样式(S)]:j　(修改对正方式)

输入选项[对齐(A)/调整(F)/中心(C)/中间(M)/右(R)/左上(TL)/中上(TC)/右上(TR)/左中(ML)/正中(MC)/右中(MR)/左下(BL)/中下(BC)/右下(BR)]:mc　(正中对正方式)

指定文字的中间点:mid 于　(捕捉对角线中点)

指定文字的旋转角度 <0>:　(按 Enter 键)

从显示的文字框中输入文字,按 Enter 键两次结束文字输入,文字则按【正中】对正方式填写在指定表格内。重复上述操作,注写标题栏内其他文字;或用【复制】命令将文字复制在其他表格内,双击文字弹出文字编辑框进行修改。

输入汉字时,用 Ctrl + 空格键切换西文和中文输入状态。

3. 将平面图形和图框存盘

用【另存为】(saveas)命令将完成的图形以文件名“平面图形”赋名存盘。用【删除】命令将图形部分擦除,再用【另存为】命令将图框和标题栏以文件名为“A3 图幅”存盘。

第二节　三面投影图的绘制

三面投影图可用绘制平面图形的方法绘制。三面投影图之间应遵循“长对正、高平齐、宽相等”的投影规律,利用 AutoCAD 绘图时,可用以下方法保证投影图之间的对应关系。

(1)捕捉栅格法:设置合适栅格间距,打开栅格、捕捉功能,捕捉栅格点绘图。

(2)输入坐标法:通过输入坐标值控制图形的位置和大小,仅适用于简单图形。

(3)构造线法:开始绘图时,用【构造线】(xline)命令绘定位线和基本轮廓。

(4)平行线法:用【偏移】命令按指定距离绘平行线。

(5)辅助线法:作 45°辅助线保证 H 投影与 W 投影“宽相等”(图 11-18)。

(6)对象追踪法:画出一个图后,利用自动追踪的功能画“长对正、高平齐”线。

(7)投影图旋转法:复制 H 面投影并旋转 90°,保证 H 与 W 投影“宽相等”。

根据图形的难易程度,灵活选用合适的方法绘图。以图 11-16 所示形体的投影图为例,介绍绘图方法。

一、设置绘图环境

1. 设置图形界限、绘图单位、栅格和捕捉间距

按照图 11-16 形体的尺寸，确定图幅为 A3，绘图比例取 1:1。图形界限、绘图单位、栅格和捕捉间距均可按默认设置。

2. 设置图层、线型和线型比例

一般工程图包含粗实线、细实线、虚线、单点长画线、尺寸及文本等信息，根据图样的类型、难易程度可分成若干图层，将同类信息放置在同一层上。利用图层属性，对每一层的颜色、线型、线宽和状态进行控制。根据图 11-16 所示形体投影图的内容，可设置 6 个图层：即中心线、细实线、轮廓线、虚线、尺寸和文字等图层，并设定各图层相应的颜色、线型和线宽。

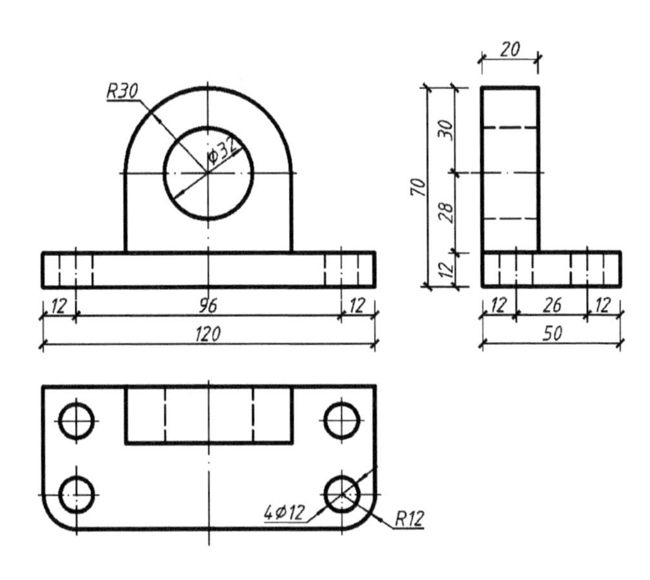

图 11-16　形体的投影图

3. 设置文字样式

用【文字样式】命令设置“仿宋体”和“数字”两种文字样式。

4. 设置尺寸标注样式

尺寸可分为线性尺寸和圆尺寸两类。在标注尺寸前，必须设置尺寸标注样式，以统一和规范尺寸标注的外观和形式。用【标注样式】(dimstyle)命令，打开【标注样式管理器】对话框(图 11-17)，单击 新建(N)... 按钮创建线性尺寸样式“ld”，【箭头】选“建筑标记”或选自定义的图块，短斜线长为 2～3；【文字样式】选择已设置的文字样式“数字”；【文字高度】设为“3.5”。其他参数设置可按照《房屋建筑制图统一标准》(GB/T 50001—2001)第 10 章介绍的方法完成。重复上述操作创建圆尺寸样式“cd1”，【箭头】选“实心闭合”，箭头长度设为 2～3，在【调整】选项卡的【调整选项】选项组中，选中【文字或箭头(最佳效果)】单选框，在【文字】选项卡的【文字对齐】选项组中，选中【ISO 标准】单选框。再创建圆尺寸样式“cd2”，在【调整选项】选项组中，选中【文字】单选框，在【文字对齐】选项组中，也选中【ISO 标准】单选框。单击 关闭 按钮结束标注样式设置。

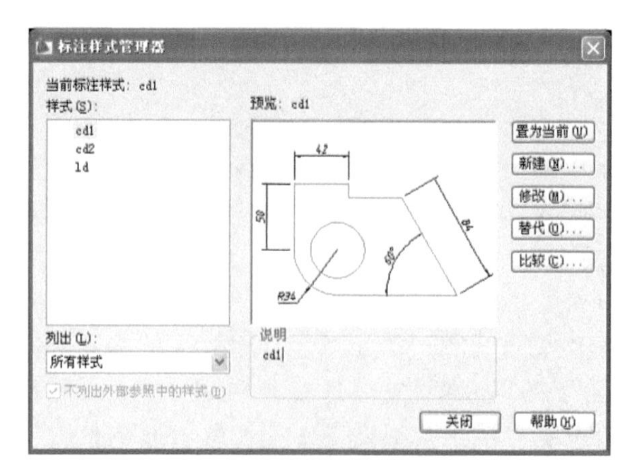

图 11-17 【标注样式管理器】对话框

5. 保存样图

按照 A3 图幅绘制图框和标题栏,填写标题栏后,用【另存为】命令赋名“A3 三面投影”,并指定文件保存类型为. dwt 存盘,即保存为样板。启动【新建】命令绘新图时,在样板图(Template)文件夹中,可以调用 AutoCAD 提供的多种样板图(如 acad. dwt),也可以选择用户自己定义的样板图(如 A3 三面投影. dwt)开始绘制新图。

二、三面投影的绘图步骤

1. 绘定位线

置中心线层为当前层,用【直线】命令绘制 *H* 和 *V* 投影左右对称线,设轮廓线层为当前层,用【直线】命令绘制 *H*、*V* 和 *W* 投影的定位基准线;*H* 和 *W* 投影的定位基准线也可用【偏移】命令偏移生成,如图 11-18a)所示。

2. 绘底板

根据定位基准线,用【偏移】命令偏移底板厚 12 及底板左右长度 120,*H* 和 *W* 投影底板宽度 50,并指定偏移对象放在当前层进行偏移。还可以用【直线】命令利用交点捕捉模式绘制底板的 *H* 和 *W* 投影,并作 45°辅助线保证 *H* 投影与 *W* 投影“宽相等”,如图 11-18b)所示。

用【修剪】命令修剪多余图线,结果如图 11-18c)所示。

3. 竖立板

立板由半个圆柱和平面体组合,圆柱轴线到底板高度为 14,用【偏移】命令在 *V* 投影中确定圆柱的中心位置,用【圆】命令绘制直径为 $\phi32$ 的圆孔和半径为 *R*30 的圆,*H* 和 *W* 投影立板宽度 20 用【偏移】命令生成。用【直线】命令利用交点捕捉模式在 *H* 和 *W* 投影中绘制圆孔的中心线和轮廓线(虚线),并绘制其他轮廓线,如图 11-18d)所示。

用【修剪】命令修剪多余图线,若要修改图线的图层,可利用【快捷特性】面板进行修改;若要更改图线到指定对象的图层可用【特性匹配】命令进行修改,如图 11-18e)所示。

4. 底板钻孔和倒圆

用【偏移】命令在 *H* 投影中确定两孔 $2\phi12$ 的中心位置,再用【圆】命令绘制直径为 $\phi12$ 的圆;用【直线】命令在 *V* 投影中绘制孔的中心线和轮廓线(虚线),*W* 投影孔的中心线利用 45°辅助线用【直线】命令绘制。半径为 *R*12 的圆角用【圆角】命令生成,如图 11-18f)所示。

用【修剪】命令修剪多余图线,可用【复制】命令复制孔的轮廓线的 *W* 投影,用【打断】

(break)命令断开孔的中心线，结果如图 11-18g)所示。

5. 图形镜像

打开【正交】模式，用【镜像】(mirror)命令镜像复制 H 投影的右侧对称图形和 V 投影孔的中心线和轮廓线，显示图层线宽后结果如图 11-18h)所示。

命令：_mirror
选择对象：（选择需镜像的对象）
选择对象：（按 Enter 键结束对象选择）
指定镜像线的第一点：<正交开> （捕捉镜像线一端点）
指定镜像线的第二点：（指定另一点）
是否删除源对象？[是(Y)/否(N)]<N>：（按 Enter 键结束命令）

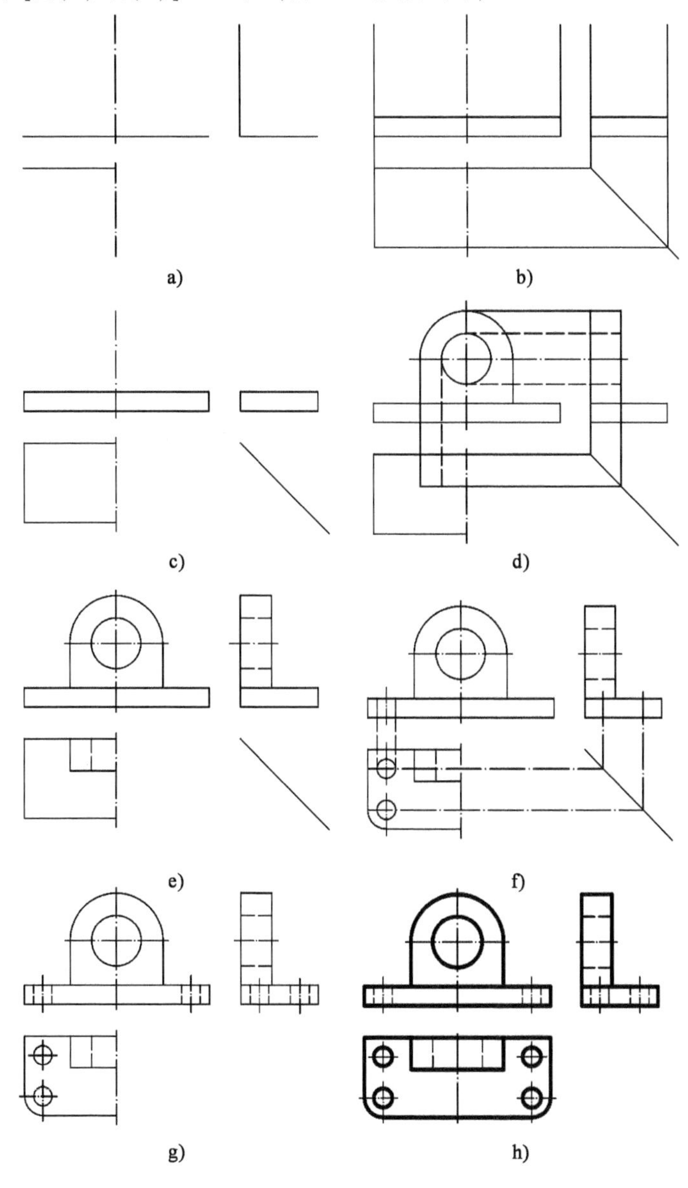

图 11-18　绘图步骤

a)绘定位线；b)绘底板；c)修整底板；d)竖立板；e)修整立板；f)底板钻孔和倒圆；g)修整复制孔；h)图形镜像和显示线宽

6. 标注尺寸

置尺寸层为当前层标注尺寸。

（1）标注线性尺寸：用【标注样式】命令或 选择尺寸样式“ld”为当前标注样式，再用【线性】（dimlinear）命令标注线性尺寸。

命令：_dimlinear
指定第一条延伸线原点或 < 选择对象 >： （捕捉第一点）
指定第二条延伸线原点： （捕捉另一点）
指定尺寸线位置或[多行文字(M)/文字(T)/角度(A)/水平(H)/垂直(V)/旋转(R)]： （指定尺寸线位置）
标注文字 = 12

再用【连续】（dimcontinue）命令标注连续尺寸 26 和 12，标注结果如图 11-19a）所示。用相同的方法标注图 11-16 中其他水平和竖直方向尺寸。

（2）标注圆尺寸：圆尺寸有直径尺寸和半径尺寸两种，标注方式基本相同。

用 选择圆尺寸样式“cd1”为当前标注样式，用【直径】（dimdiameter）命令标注直径尺寸 2ϕ12，并添加尺寸的前缀，如图 11-19b）所示。

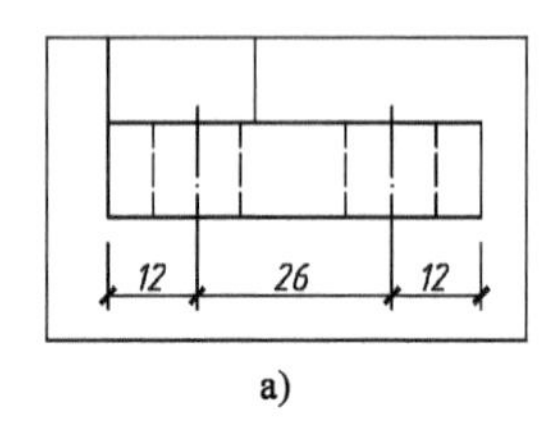

a)

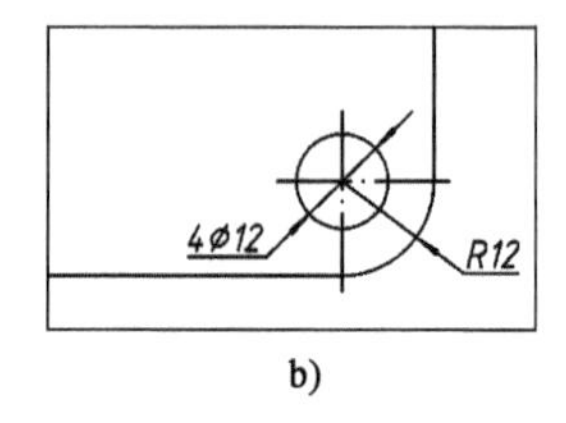

b)

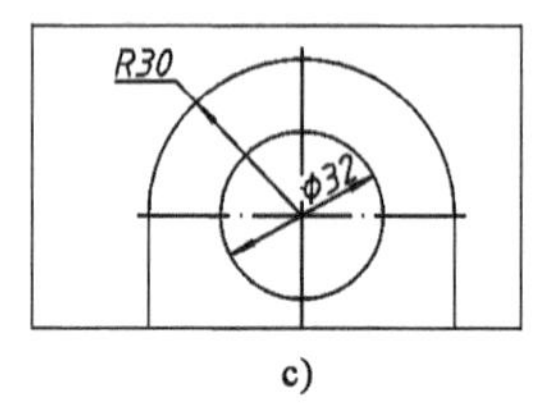

c)

图 11-19 标注尺寸

a）“ld”标注线性尺寸；b）“cd1”标注圆尺寸；c）“cd2”标注圆尺寸

命令：_dimdiameter
选择圆弧或圆： （拾取圆）
标注文字 = 12
指定尺寸线位置或[多行文字(M)/文字(T)/角度(A)]：t （修改文字）
输入标注文字 <12>：2 < > （添加前缀）
指定尺寸线位置或[多行文字(M)/文字(T)/角度(A)]： （指定尺寸线位置）

再用【半径】（dimradius）命令标注半径尺寸 R12。

用 选择圆尺寸样式“cd2”为当前标注样式，用【直径】命令标注直径尺寸 ϕ32，用【半径】命令标注半径尺寸 R30，再直接选择半径尺寸 R30，用夹点编辑中的【拉伸】功能将该尺寸修改到圆弧外，如图 11-19c）所示。

三、剖面图的绘制

1. 选择剖面图种类

图 11-18h）的 V、H 和 W 投影中都有虚线，将 W 投影改为阶梯剖面图（或全剖面图加局部剖面图），将虚线改为实线，去掉多余图线；V 和 H 投影仍为外形投影图，并且可以省略虚线，如图 11-20a）所示。

2. 填充剖面图案

根据《房屋建筑制图统一标准》（GB/T 50001—2001）规定，不同的材料应填充不同的图案。设细实线层为当前层，用【图案填充】（bhatch）命令，打开【图案填充和渐变色】对话框

(图 11-21),单击【图案】...按钮打开【填充图案选项板】后,选择“LINE”图案,在【角度和比例】选项组中,【角度】设为“45”,【比例】设为“0. 5”,单击【添加:拾取点】按钮后点选填充区域,用 预览 按钮预览填充效果,单击 确定 按钮则 W 投影中填入 45°细实线。再用【直线】和【多行文字】A 命令标注剖切位置和注写剖面图名称,如图 11-20b)所示。

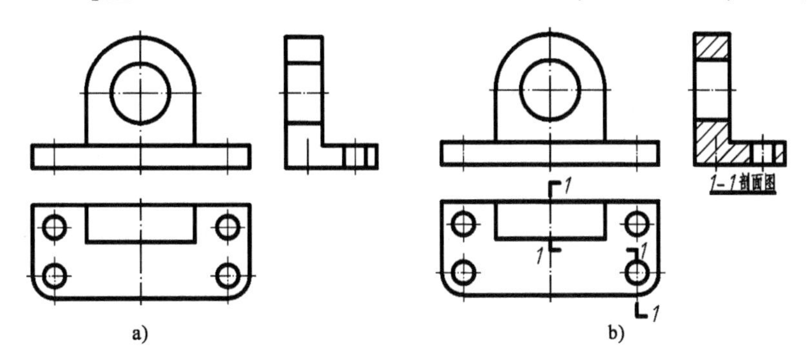

图 11-20　剖视图绘制

a)改阶梯剖面图;b)填充图案

图 11-21　【图案填充和渐变色】对话框

第三节　轴测图的绘制

通过改变投射方向或转动物体,在同一投影面上获得反映物体三个坐标面上的形状特征的轴测图不是三维图形,是反映物体三维形状的二维图形,即用二维图形模拟三维模型沿特定视点产生的平行投影。不能通过旋转模型获得多面投影图、生成不同方位轴测图或透视图,也不能进行消隐。由于轴测图作图简单快速,富有直观效果,因此被广泛应用于土木工程和机械工程等专业的工程设计中。最常用的轴测图是正等测,AutoCAD 为用户提供了绘制正等测的特定环境——等轴测模式,可在该模式下用二维绘图命令绘制轴测图(正等测)。下面介绍等轴测图的画法。

一、设置等轴测模式

1. 设置等轴测模式

绘制轴测图前，必须打开等轴测模式。右击状态栏中的【捕捉】按钮，选择快捷菜单的【设置】选项，单击菜单浏览器按钮中【工具】菜单列表的【草图设置】菜单项，或在命令行输入命令“dsettings”，打开【草图设置】对话框的【捕捉和栅格】选项卡（图 11-22）。在【捕捉类型】选项组中，选中【栅格捕捉】中的【等轴测捕捉】单选框，单击 确定 按钮，则进入等轴测模式。

2. 切换等轴测面

打开等轴测模式后，互相垂直的十字光标变成等轴测模式光标，光标线分别限制在左视轴测面、俯视轴测面和右视轴测面三个等轴测面内。如果用一个正方体来表示三维坐标系，等轴测面即为正方体三个可见面，如图 11-23 所示。每次只能在一个等轴测面内绘图，必须选择当前等轴测面，可调用命令“isoplane”选择当前等轴测面。切换右视轴测面为当前等轴测面具体操作如下。

命令：_ isoplane
当前等轴测平面：左视
输入等轴测平面设置[左视(L)/俯视(T)/右视(R)] <俯视>：r （切换等轴测面）
当前等轴测面：右视

图 11-22 【草图设置】对话框

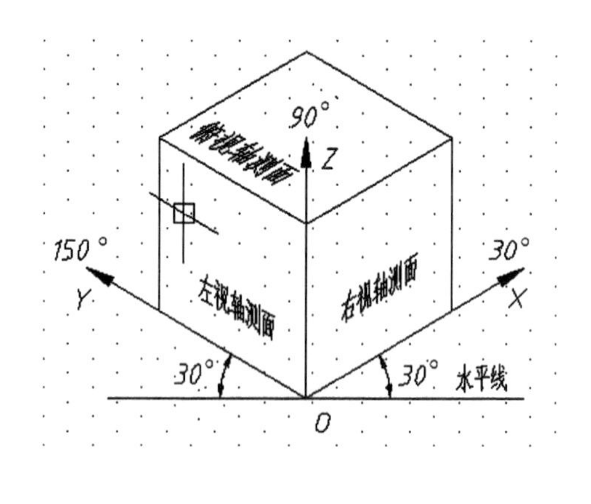

图 11-23 等轴测面

在绘图过程中，可按 F5 键或 Ctrl + E 键按左视→俯视→右视的顺序循环快速切换等轴测面。

二、绘制直线

如图 11-24 所示轴测图，根据形体的结构特点，将形体分成底板和立板两个基本形体，逐个绘出基本形体各轴测面上的轴测图，再拼合整个轴测图。

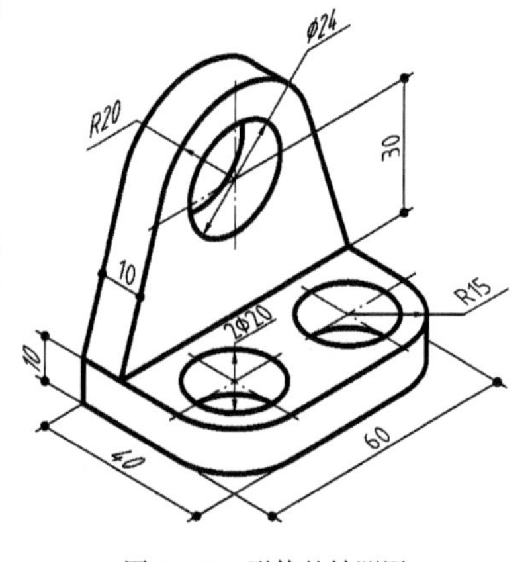

图 11-24 形体的轴测图

1. 绘制直线

在等轴测模式下，用【直线】命令绘制与轴测轴平行的定长直线有如下方法。

(1)正交方式：打开【正交】模式，鼠标指针确定直线方向，直接从键盘输入直线长度。

（2）极轴方式：打开【草图设置】对话框的【极轴追踪】选项卡，在【增量角】下拉列表中选择“30”，设定极轴追踪角度。用极轴方式（30°的整倍数）控制直线的方向，长度移动鼠标控制或从键盘输入。

（3）极坐标方式：根据 X、Y、Z 轴测轴的角度分别为 30°或 210°、90°或 –90°、150°或 –30°，用极坐标方式输入直线长度和角度。

按上述“正交方式”，在右视轴测面绘底板的右侧面四边形 $ABCD$，如图 11-25a）所示。按 F5 键或 Ctrl + E 键，切换左视轴测面为当前等轴测面，再绘左侧面四边形 $BEFC$。

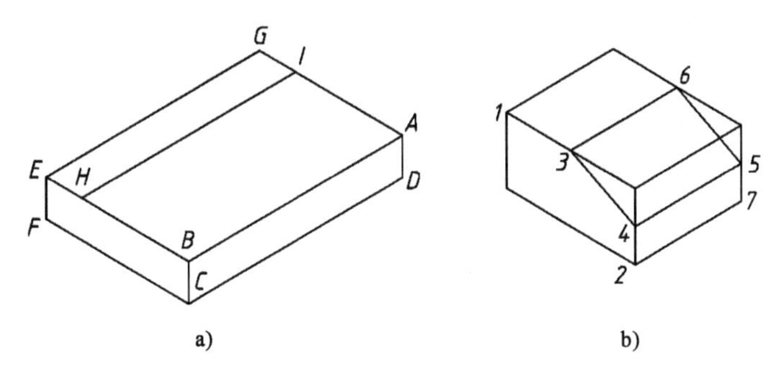

图 11-25　绘制直线

a）与轴测轴平行的直线；b）与轴测轴不平行的直线

如果直线与轴测轴不平行，如图 11-25b）中的线 34、56，则可关闭【正交】模式，打开【极轴】、【对象捕捉】或【对象追踪】模式，沿轴测轴方向测量确定直线上的两个端点 3 和 4，也可用【定数等分】（divide）命令或【定距等分】（measure）命令确定端点的位置，再连接两个端点得该直线的轴测图。

2. 编辑直线

用【复制】命令生成平行线 EG、HI、AG。切换俯视轴测面为当前等轴测面，用【复制】命令将线段 AB 以 B 为基点复制到点 E 和 H，BH 的距离为 30。

命令：_copy
选择对象：（选取 AB 线段）
选择对象：（按 Enter 键结束对象选择）
指定基点或位移：int 于　（捕捉交点 B）
指定位移的第二点或 <用第一点作位移>：int 于　（捕捉交点 E）
指定位移的第二点：30　（输入 BH 长度）
指定位移的第二点：（按 Enter 键结束命令）

重复上述操作，将线段 BE 以 B 为基点复制到点 A 得 AG；将线段 34 以 2 为基点复制到点 7 得 56，执行结果如图 11-25 所示。但轴测图中平行线（线段 56）不能用【偏移】命令生成。

三、绘制圆

圆的轴测投影是椭圆——轴测圆。打开等轴测模式时，启用【椭圆】命令将出现【等轴测圆（I）】选项，利用该选项可在左视、俯视和右视三个轴测面上绘轴测圆。

1. 绘制圆

切换右视轴测面为当前等轴测面。用【椭圆】命令选择【等轴测圆（I）】选项画轴测圆。

为了给圆心定位,用【复制】命令将直线 HI 以 H 为基点,复制辅助线到 H 点上方 30 处,再捕捉辅助线的中点确定圆心。圆的半径宜从键盘直接输入。

命令:_ellipse
指定椭圆轴的端点或[圆弧(A)/中心点(C)/等轴测圆(I)]:i (选择等轴测圆选项)
指定等轴测圆的圆心:_mid 于 (捕捉辅助线中点为圆心)
指定等轴测圆的半径或[直径(D)]:12 (输入半径值)

重复上述操作,绘制立板上前表面半径为 $R20$ 的圆。再切换到俯视轴测面,绘制底板上表面直径为 $\phi20$ 的圆。

2. 绘制圆弧

用【椭圆弧】命令选择【等轴测圆(I)】选项,指定圆弧的起始角度和终止角度,绘制半径为 $R15$ 的 1/4 圆弧。亦可用【椭圆】命令绘制,用【修剪】命令修剪成 1/4 圆弧。但轴测圆弧不能用【圆角】命令绘制。

命令:_ellipse
指定椭圆轴的端点或[圆弧(A)/中心点(C)/等轴测圆(I)]:a (选择圆弧选项)
指定椭圆弧的轴端点或[中心点(C)/等轴测圆(I)]:i (选择等轴测圆选项)
指定等轴测圆的圆心: (捕捉交点 L 为圆心)
指定等轴测圆的半径或[直径(D)]:15 (输入半径值)
指定起始角度或[参数(P)]:150 (起点角度)
指定终止角度或[参数(P)/包含角度(I)]:-150 (终点角度)

重复上述操作,绘制底板上表面另一半径为 $R15$ 的 1/4 圆弧。轴测图中对称图形不能用【镜像】命令复制。

3. 编辑圆和圆弧

立板后表面的圆和底板下表面的圆和圆弧用【复制】命令生成。复制时以圆心为基点,向后和向下位移值均为 10。执行结果如图 11-26 所示。

四、绘制切线

切线有两个圆(圆弧)的公切线和点与圆(圆弧)的切线两种。

1. 绘制两圆公切线

关闭【正交】模式,将作切线的局部图形用【缩放】命令放大(图 11-27),采用象限点捕捉模式,用【直线】命令过点 J、K 作两圆的公切线。

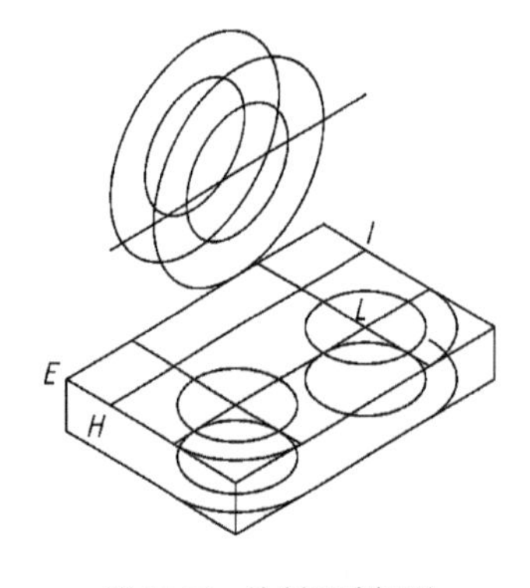

图 11-26 绘制和编辑圆

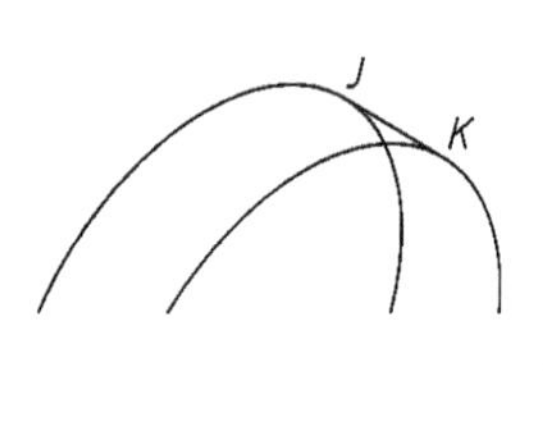

图 11-27 作两圆的公切线

命令:_line
指定第一点:_qua 于 (捕捉圆的象限点 J)
指定下一点或[放弃(U)]:_qua 于 (捕捉另一个圆的象限点 K)

重复上述操作,画底板上圆的公切线,执行结果如图 11-27 所示。

2. 过点向圆作切线

采用交点和切点捕捉模式,用【直线】命令过点 H 和大圆作切线。

命令:_line
指定第一点:_int 于 (捕捉交点 H,如图 11-28 所示)
指定下一点或[放弃(U)]:_tan 到 (捕捉大圆切点)

重复上述操作,过点 I、E 向圆作切线,如图 11-28 所示。

五、修改轴测图

用【缩放】命令放大图形后,再用【修剪】和【删除】命令删掉不可见和多余的图线,保留轴测图中可见的形状特征;用【直线】命令补上中心线,完成全图如图 11-29 所示。

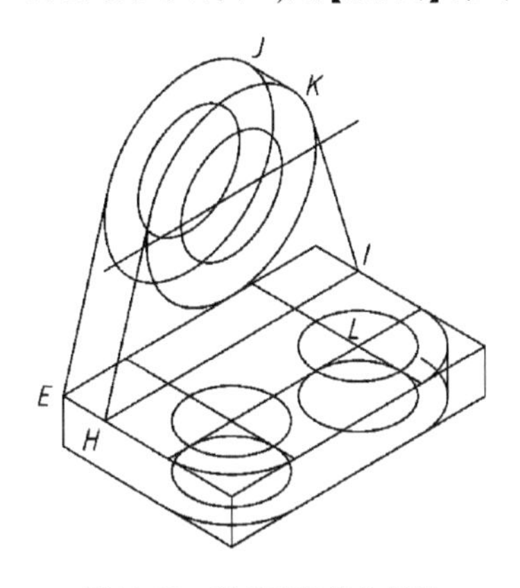

图 11-28 过点向圆作公切线

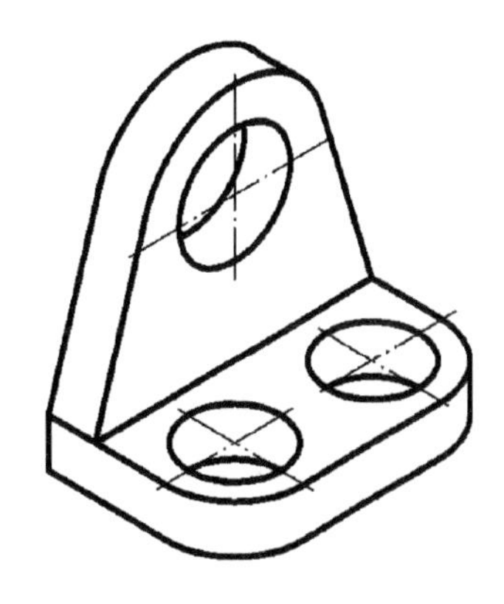
图 11-29 编辑轴测图

六、添加文字

在轴测图上添加文字,文字沿轴测轴方向排列,文字的倾斜方向与另一轴测轴平行。通常控制文字倾斜角度和文字旋转角度为 30°或 -30°,当倾斜角度和旋转角度均为 30°时,文字在右视轴测面看起来是直立的,两个角度对文字效果的影响如图 11-30 所示。

1. 设置文字样式

文字倾斜角度参照倾斜角度为 0°(正体)设定,逆时针为“-”,顺时针为“+”,并由文字样式确定。设置文字倾斜角度为 30°和 -30°的两个文字样式。用【文字样式】命令打开【文字样式】对话框,单击【新建】按钮创建文字样式“A”,【倾斜角度】为“30”,单击 应用(A) 按钮;再创建文字样式“B”,【倾斜角度】为“-30”。

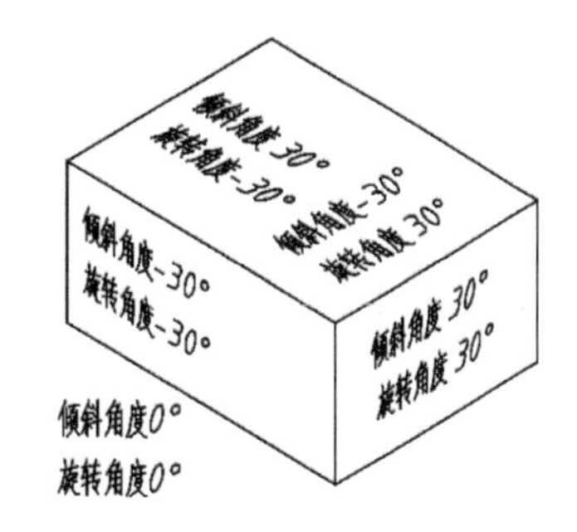

图 11-30 文字倾斜和旋转角度

2. 注写文字

文字旋转角度参照 X 坐标设定,逆时针为"+",顺时针为"-",在输入文字时确定。可用【单行文字】和【多行文字】命令注写文字。用【单行文字】命令输入文字,在命令提示需指定旋转角度时,输入旋转角度即可。用【多行文字】命令注写图 11-30 右视轴测面文字,按照如下方式操作。

```
命令:_mtext
当前文字样式:"A" 当前文字高度:5
指定第一角点: (指定一角点)
指定对角点或[高度(H)/对正(J)/行距(L)/旋转(R)/样式(S)/宽度(W)]:r
指定旋转角度 <0>:30 (输入旋转角度)
指定对角点或[高度(H)/对正(J)/行距(L)/旋转(R)/样式(S)/宽度(W)]: (指定对角点)
```

弹出【多行文字】面板和【文字】编辑框(图 11-31)输入文字后,单击按钮完成文字输入。如果文字是按正常方式书写的,可通过【快捷特性】面板对文字样式和旋转角度进行修改。

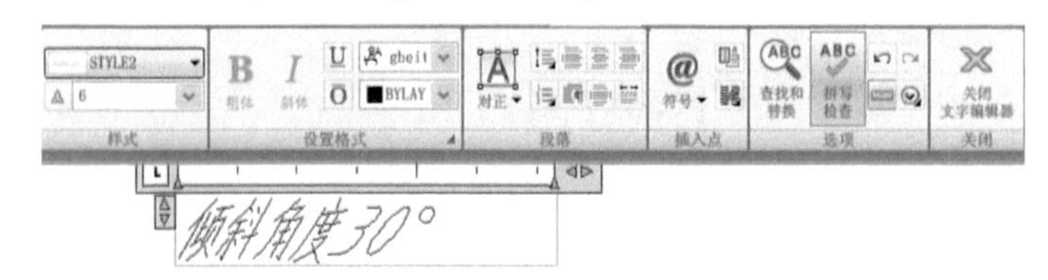

图 11-31 【多行文字】面板和【文字】编辑框

七、标注尺寸

轴测图中尺寸界线沿轴测轴方向倾斜,尺寸数字直立在各轴测面。用基本尺寸标注命令不能直接标注如图 11-24 所示轴测图的尺寸,必须调整尺寸界线及文字的倾斜角度才能完成尺寸标注。

1. 设置文字样式

用【文字样式】命令设置文字样式。如图 11-32 所示,"*A*"向尺寸的倾斜角设为 30°,创建文字样式"*A*"。"*B*"向尺寸的倾斜角设为 -30°,创建文字样式"*B*"。

2. 设置尺寸标注样式

用【标注样式】命令设定尺寸样式"*A*"和"*B*"。"*A*"和"*B*"尺寸样式分别选择对应的文字样式"*A*"和"*B*",并将【箭头】选为"点"或"实心闭合"。建筑制图中轴测图的起止符号为"点",机械制图中轴测图的起止符号为"箭头"。

3. 标注尺寸

用【对齐】(dimaligned)命令标注尺寸。用【标注样式】命令或 A 选择标注样式"*A*"标注尺寸 40、10(底板);再选择标注样式"*B*"标注尺寸 60、30、10(立板),如图 11-33 所示。

```
命令:_dimaligned
指定第一条尺寸界线原点或 <选择对象>: (捕捉尺寸界线原点)
指定第二条尺寸界线原点: (捕捉尺寸界线原点)
指定尺寸线位置或[多行文字(M)/文字(T)/角度(A)]: (指定尺寸线到合适位置)
标注文字 =40
```

4. 修改尺寸界线

尺寸界线的倾斜角度是指尺寸界线相对 X 轴的夹角,平行于 X 轴测轴的尺寸界线倾斜角为30°;平行于 Y 轴测轴的尺寸界线倾斜角为150°;平行于 Z 轴测轴的尺寸界线倾斜角为90°。不平行于轴测轴的尺寸界线可用两点连线确定角度。用【编辑标注】(dimedit)命令中的【倾斜(O)】选项改变尺寸界线的倾斜角度。

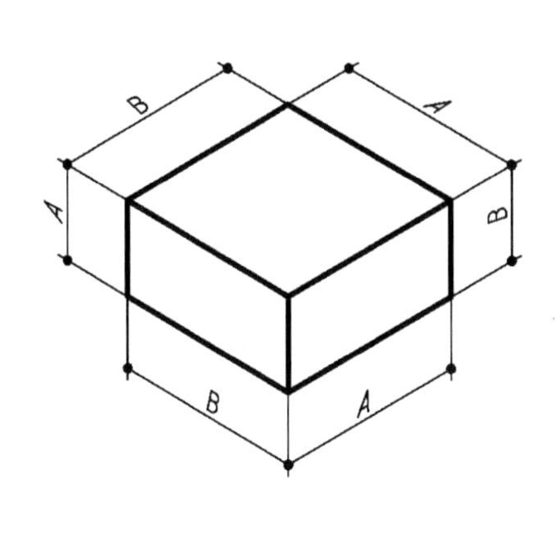

图 11-32　标注样式

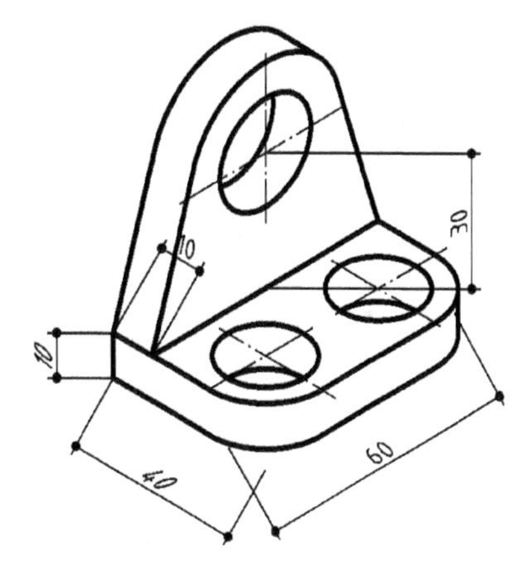

图 11-33　轴测图标注尺寸

命令:_dimedit

输入标注编辑类型[默认(H)/新建(N)/旋转(R)/倾斜(O)]<默认>:o　(修改倾斜角度)

选择对象:找到 2 个　(选取底板尺寸 60、10)

选择对象:　(按 Enter 键结束对象选择)

输入倾斜角度(按 Enter 键表示无):150　(30°、90°或指定两点)

重复上述操作,将如图 11-33 所示尺寸用【编辑标注】命令改变尺寸界线的倾斜角度后,得到如图 11-24 所示线性尺寸。

轴测图中半径和直径尺寸不能直接标注。先用【对齐】命令标注尺寸,并将尺寸线通过圆心,从键盘输入文本标注尺寸,然后通过编辑修改获得。若要标注如图 11-24 所示半径和直径尺寸,需先将【对齐】命令标注的尺寸用【分解】命令分解,再用【多行文字】、【移动】、【延伸】等命令将文本、尺寸线修改到合适的位置。

第四节　上 机 实 验

实验一　绘制平面图形

1. 目的要求

熟悉绘图、编辑、图层、注写文本等常用命令的操作,以便积累提高绘图速度的技巧。掌握线段连接的绘图方法,绘出各种类型的平面图形。

2. 操作指导

(1)对平面图形进行尺寸和线段分析,确定已知线段和连接线段。绘图时先画已知线段,再画连接线段。

(2)使用【直线】命令采用多种方式绘制定长直线,用【偏移】命令绘制平行线。

(3)连接线段分别用【直线】、【圆角】和【圆】命令绘制。

(4)相同图形可用【复制】、【阵列】、【创建块】和【插入块】多种命令实现。

(5)设置文字样式,用【单行文字】或【多行文字】命令注写文字。

(6)按照 A3 图幅绘制图框和标题栏,保存为“A3 图幅. dwt”文件;在 A3 图幅内绘制图如 11-34 ~ 图 11-37 所示平面图形。

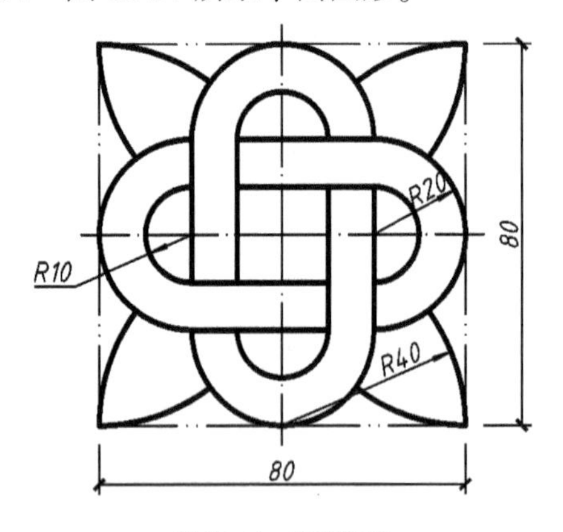

图 11-34 平面图形

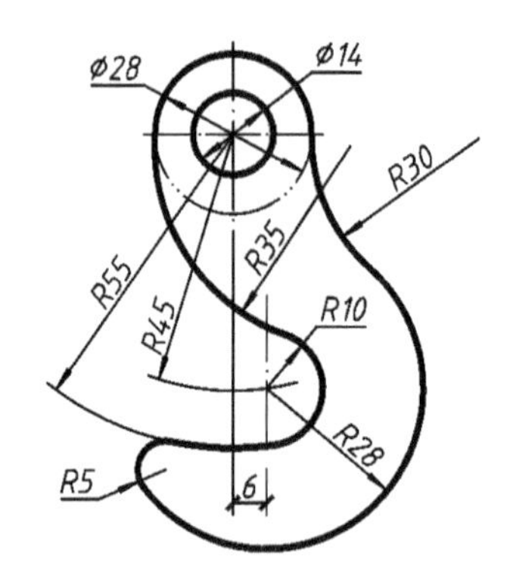

图 11-35 平面图形

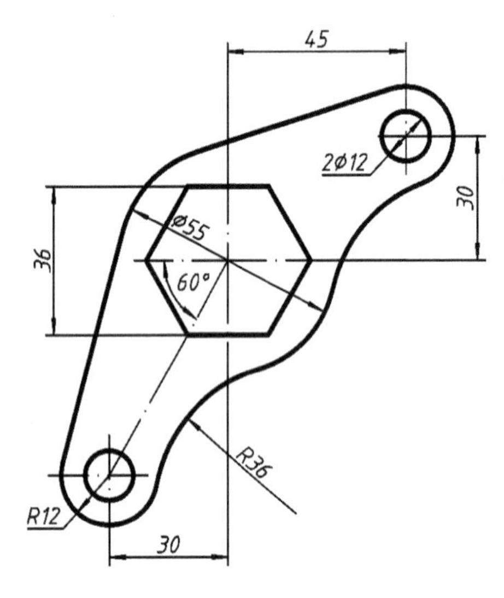

图 11-36 平面图形

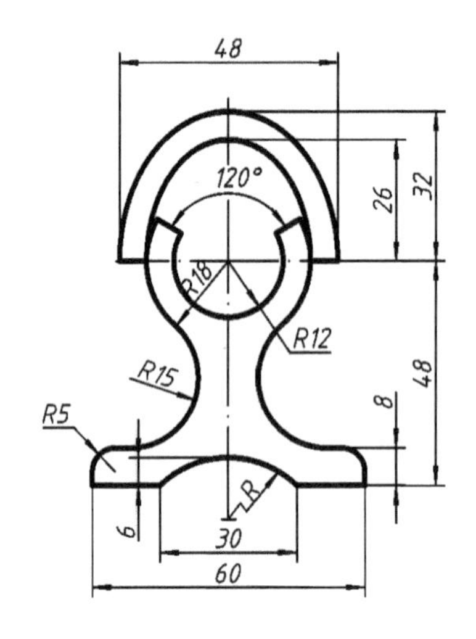

图 11-37 平面图形

实验二 绘制三面投影图

1. 目的要求

熟悉绘图、编辑、绘图辅助命令和图层、图块、尺寸标注等命令的操作,掌握三面投影图及剖视图的绘图方法。

2. 操作指导

(1)按照平面图形的绘制方法,绘制三面投影图的每个图,用多种方式保证三面投影图之间“长对正、高平齐、宽相等”的对应关系。

(2)设置标注样式,用【线性】、【直径】和【半径】等命令标注尺寸。

(3)根据形体的结构特征,改绘合适的剖视图,用【图案填充】命令绘制各种材料图例。

(4)在 A3 图幅内绘制如图 11-38、图 11-39 所示形体的三面投影图,图 11-40、图 11-41 所示形体的剖面(视)图,并标注尺寸。

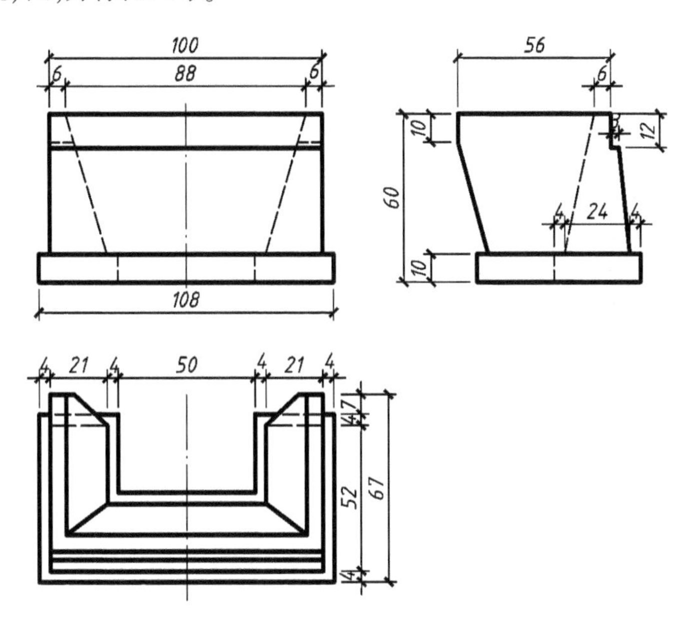

图 11-38　桥台的三面投影图

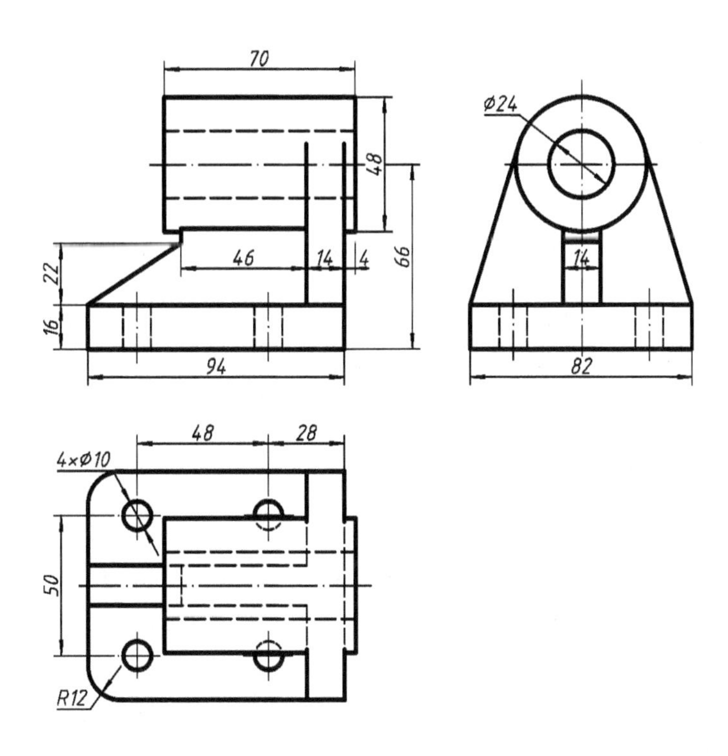

图 11-39　轴承架的三面投影图

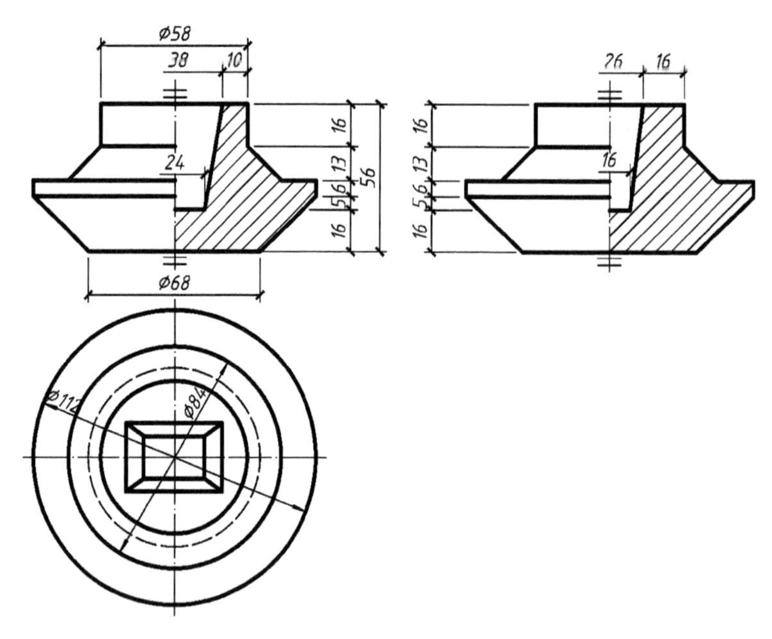

图 11-40　杯形基础的半剖面图

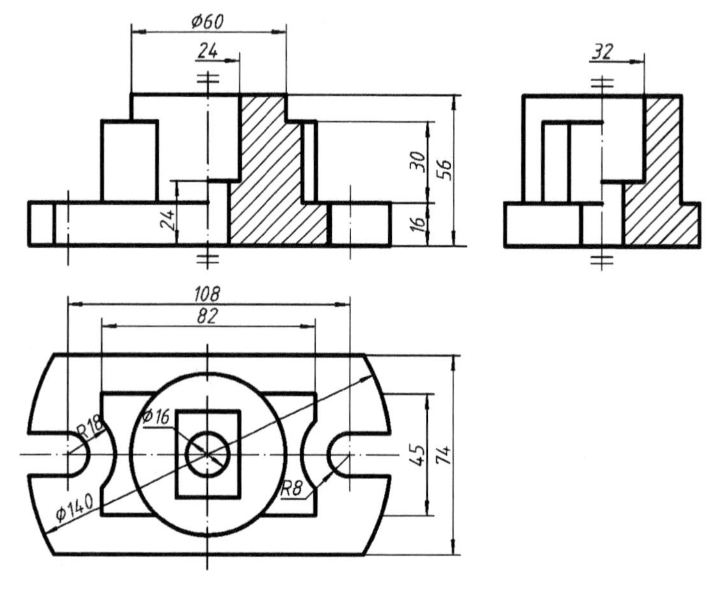

图 11-41　底座的半剖视图

实验三　绘制轴测图

1. 目的要求

进一步熟练各种绘图、编辑等命令的操作；掌握绘制轴测图的基本方法；熟悉在等轴测模式下注写文字和标注尺寸的方法。

2. 操作指导

(1)打开等轴测模式，并切换三个等轴测面。

(2)用【直线】和【椭圆】命令绘制各轴测面的直线和圆。

(3)设置倾斜角度为 30°或 -30°的【文字样式】，用【单行文字】或【多行文字】命令注写各轴测面上的文字,旋转角度为30°或-30°。

(4)设置合适文字倾斜角的标注样式,用【对齐】命令标注线性尺寸,用【编辑标注】命令修改尺寸界线的倾斜角度。

(5)根据图11-38、图11-39、图11-42、图11-43所示形体的尺寸,绘制形体的轴测图,并标注尺寸;根据图11-39、图11-40所示形体的尺寸,绘制形体的轴测图,并作形体的1/4剖切。

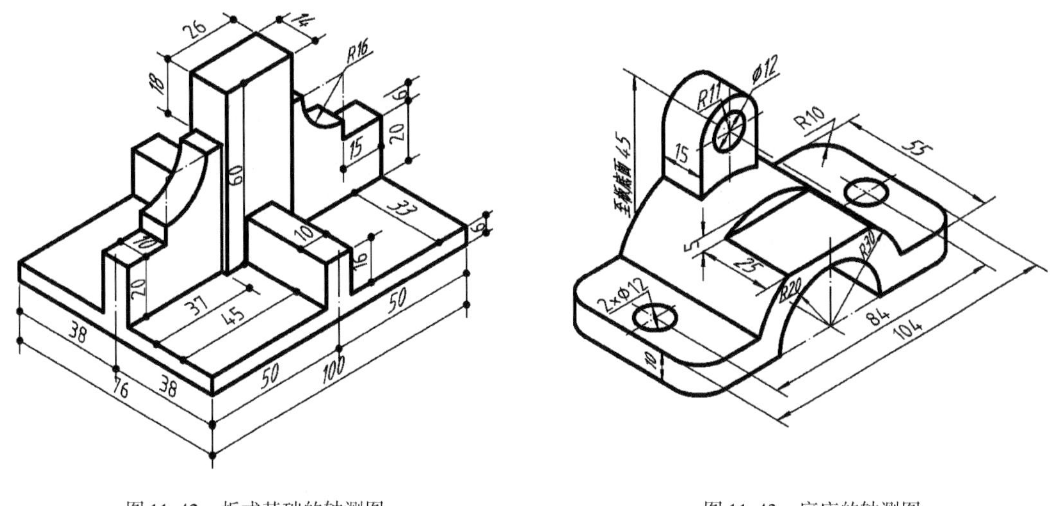

图11-42　板式基础的轴测图

图11-43　底座的轴测图

思 考 题

1. 绘制定长直线段(斜线、水平和竖直线)可以用哪几种方法?

2. 绘制连接线段(直线、圆弧),可以采用哪些命令?

3. 用哪些方法保证三面投影的对应关系?

4. 绘制轴测图时,圆弧能否用【圆角】命令绘制?平行线能否用【偏移】命令生成?对称图形能否用【镜像】命令复制?

5. 轴测图中注写文字、标注线性尺寸与平面图形中有何差别?

第十二章　建筑施工图的绘制

建造房屋一般包括设计和施工两个阶段。房屋设计是在总体规划的前提下，根据建设任务和工程技术条件进行房屋的空间组合和细部设计，选择切实可行的结构方案，并用设计图的形式表现出来。房屋施工必须依照施工图进行，施工图将建筑、结构、设备等各工种满足工程施工的各项具体要求反映在图纸上，是建造房屋的唯一技术依据。施工图根据专业的不同，分为建筑施工图（简称“建施”）、结构施工图（简称“结施”）和设备施工图（简称“设施”，包括给排水、采暖通风、电气等）。

建筑施工图主要表明建筑物的外部形状、内部布置和装饰构造等情况，包括设计总说明、总平面图、平面图、立面图、剖面图和构造详图等。建筑施工图除了要符合投影原理以及正投影图、剖面和断面等图示方法外，还应严格遵守建筑制图国家标准《房屋建筑制图统一标准》（GB/T 50001—2001）、《总图制图标准》（GB/T 50103—2001）和《建筑制图标准》（GB/T 50104—2001）中的有关规定。

第一节　绘图环境设置

创建一张新图，所选择的样板文件相关设置会自动载入，用户获得这些设置，能够节省绘图时间。AutoCAD 自带的样板文件的相关设置不符合我国的建筑制图标准和绘图习惯，一般需重新设置。因此，绘图前应先设置绘图环境，如绘图单位、精度、图形界限、图层、尺寸和文字样式等，并保存为样板文件。

一、新建文件

单击快速访问工具栏上的【新建】按钮，在弹出的【选择样板】对话框中，选择“acadiso.dwt”样板文件，点击【打开】按钮。

二、设置绘图区域

手工绘制建筑施工图时，一般先要根据建筑物的实际大小，确定绘图比例，再计算出图纸幅面。而用计算机绘图软件 AutoCAD 绘图时，通常选择适当的单位和精度，按照建筑物的实际尺寸用 1:1 的比例绘图。在输出图样时选择不同的出图比例，可以绘出不同幅面的图纸。因此，绘图前应确定图形占多大区域，即确定绘图边界。绘图边界一般大于或等于图形区域。

单击菜单浏览器中【格式】菜单列表的【图形界限】命令设置绘图边界，再用【视图】菜单列表的【缩放】命令【全部】选项显示绘图边界。

三、设置绘图单位

单击菜单浏览器中【格式】的【单位】命令，出现【图形单位】对话框，选择长度类型为【小数】；考虑房屋的绘图精度，选择【精度】项，改变精度为“0”。选择角度类型为【十进制度数】；精度为“0”，如图 12-1 所示。

单击对话框下部【方向】按钮，出现【方向控制】对话框，选择【基准角度】为【东】，如图 12-2所示。

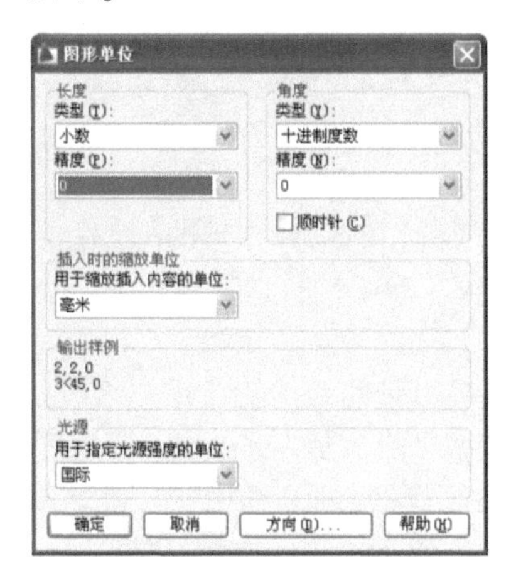

图 12-1 【图形单位】对话框

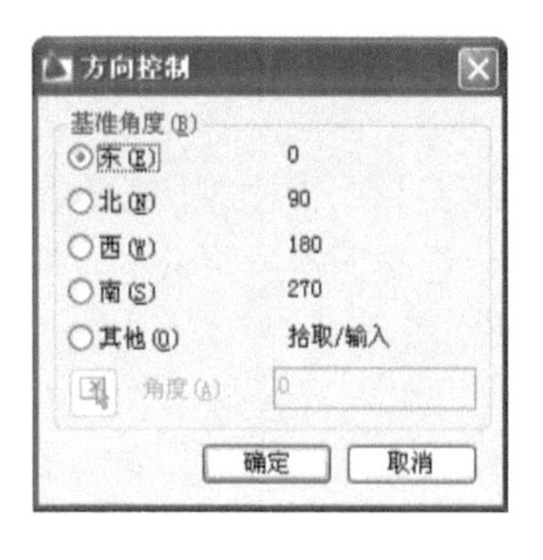

图 12-2 【方向控制】对话框

四、设置栅格和捕捉间距

为了便于点的观察和定位，可根据绘图区域的大小重新设置栅格和捕捉间距。栅格和捕捉间距可以通过菜单浏览器中【工具】列表的【草图设置】对话框进行设置(图 12-3)。绘制建筑工程图时，根据建筑图模数的要求，可以将栅格和捕捉间距均设为 300。

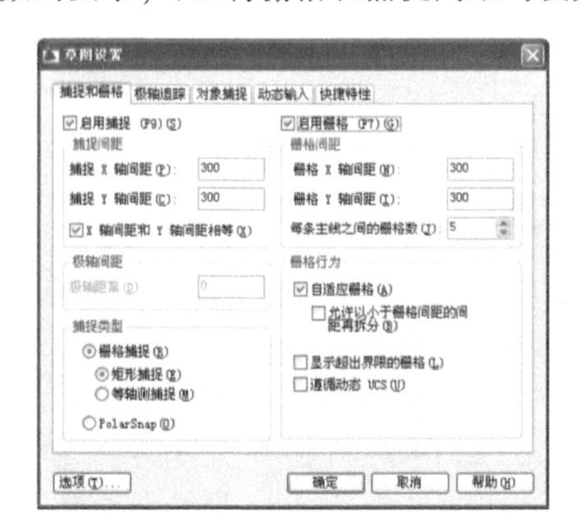

图 12-3 【草图设置】对话框中设置【捕捉和栅格】对话框

在绘图过程中可用功能键、控制键或状态行按钮控制栅格、捕捉和正交功能。

五、设置图层

建筑施工图包含各种图线(实线、虚线、单点长画线)、尺寸、文字、图框、标题栏等信息，根据建筑图的类型、难易程度可以分成若干图层，同类信息放置同一图层上。利用图层属性，对每一层的颜色、线型和状态进行控制。开始绘一幅新图时，AutoCAD 自动生成层名为“0”的图层，其余图层是用户自己建立的。图层的数目根据图形的需要来确定。一般可按照线型的不同建立粗实线层、细实线层、单点长画线层、虚线层、文本层、尺寸层等，也可按建筑物不同组成部分，建立轴线层、墙体层、门窗层、楼梯层、阳台层等。

建立图层包括新建图层，设置图层的颜色、线型、线宽和打印样式。图层的建立步骤如下。

1. 新建图层

单击功能区选项板中【常用】选项卡，选择【图层】面板的【图层特性】按钮，此时在屏幕上会出现一个【图层特性管理器】对话框，在对话框中，单击【新建图层】按钮，新建粗实线层、细实线层、单点长画线层和虚线层等。

2. 加载线型

单击【线型】栏，即出现【选择线型】对话框。单击【加载】按钮，在出现的【加载或重载线型】对话框中选择所需要加载的点画线和虚线等线型，单击【确定】按钮即可。

3. 设置线型比例

在标准线型中，除连续线（Continuous）外，其他线型都由带间距的短线或点组成，其间距是定值。当绘图边界扩大后，间距显示相对缩小，所有线型可能显示为连续线。要显示各种线型，可用系统变量“ltscale”改变线型比例。也可在【线型管理器】对话框中，单击【显示细节】按钮，从【全局比例因子】编辑框内输入线型比例值。线型比例取值与绘图边界的大小成正比。图样输出时，一般线型比例与出图比例一致。

4. 设置颜色

单击【图层特性管理器】对话框中某层【颜色】栏，即出现【选择颜色】调色板对话框，选好所需要的颜色后，单击【确定】按钮。

5. 设置线宽

单击【图层特性管理器】对话框中某层的【线宽】栏，在出现的【线宽】对话框中，选好所需要的线宽后，单击【确定】按钮。根据《房屋建筑制图统一标准》（GB/T 50001—2001）的规定，粗线宽度可以采用0.35～2.0，一般选择0.7或1.0，中线线宽为粗线的1/2，细线、单点长画线宽度约为粗线的1/4。

六、设置尺寸样式

AutoCAD 缺省的尺寸格式不适合于不同绘图界限的建筑图形。在改变绘图边界后，应根据尺寸标注标准和出图比例，设置相应的尺寸样式。

1. 尺寸标注标准

根据《建筑制图标准》（GB/T 50104—2001）的规定，尺寸线、尺寸界线用细实线绘制，尺寸起止符用45°中粗短斜线绘制，长度宜2～3，尺寸界线距离图样不小于2，另一端宜超出尺寸线2～3，尺寸数字应依据其读数方向注写在靠近尺寸线的上方中部，尺寸线之间的间距宜为7～8，尺寸数字的字高等于2.5～3.5。

2. 设置尺寸样式

调用【尺寸样式管理器】对话框设置尺寸样式。它可以在同一图样中为不同比例、不同尺寸类型的图形设置不同的尺寸格式，即保存多个尺寸变量组合。在进行尺寸标注时，对相同的比例和尺寸类型调用同一样式。还可以始终用这些尺寸样式绘制其他同类工程图样。若要修改已标注的尺寸样式,只要启动尺寸样式命令,通过变更已命名保存的尺寸格式,便可刷新当前图形中已标注尺寸的格式。

尺寸样式中参数的设定与尺寸标注标准规范值和出图比例有关。出图比例为1:1时,直接按照尺寸标注规范值设定;出图比例改变时,参数值等于尺寸标注规范值与出图比例之比。如出图比例为1:100,为使文字高度为3.5,须将字高设置为350,或将尺寸全局比例设为100。

七、设置文字样式

单击菜单浏览器【格式】中的【文字样式】命令,此时屏幕上会出现【文字样式】对话框,单击【新建】按钮,在样式名编辑框中键入字型名"工程字",单击【确定】按钮。在【SHX字体】下拉列表框中选择"gbeitc. shx"字体,在【大字体】下拉列表中选择"gbcbig. shx"字体,高度设为尺寸标注规范值0或要求的高度,单击【应用】按钮,建立新文字样式"工程字",再单击【关闭】按钮关闭对话框。

字高的设置与出图比例有关,如出图比例为1:100,要求出图后汉字高度为5mm,须将汉字高度设置为500。定义字型指定字高后,用【单行文字】命令注写文本时不提示文字高度,即不能改变字高。若字高设为"0",每次用该命令注写文本时可根据需要输入字高。

八、保存样板图

样板图是设置了绘图界限、绘图单位、图层、线型和其他信息但并未绘制对象的绘图环境。按照上述步骤可为各类工程图形设置绘图环境,再用【另存为】命令赋名存盘,并指定文件保存类型为". DWT",即保存为样图。

第二节　建筑总平面图的绘制

建筑总平面图反映了新建建筑物的位置、朝向、占地范围、室外场地、道路布置和绿化配置,同时还反映出场地的形状、大小、朝向、地形、地貌、标高以及原有建筑物和周围环境之间的关系等信息。

图中建筑物、道路、绿化等图例,均应采用国家标准《总图制图标准》(GB/T 50103—2001)中规定的图例。对于《总图制图标准》中没有的或平时少用的图例,则在图中另加图例说明。

绘制建筑总平面图时新建房屋的可见轮廓用粗实线绘制;新建的道路、桥梁涵洞、围墙等用中实线绘制;计划扩建的建筑物用虚线绘制;原有的建筑物、道路以及坐标网、尺寸线、引用线等用细实线绘制。

下面以如图12-4所示的某小区建筑总平面图为例,说明基本的绘图步骤。

一、新建图形文件

调用样板图新建图形文件,或按照上节所讲的内容设置绘图环境,建立图层,设置文字样式和尺寸样式等。接着分析总平面图的构造和图中建筑物的分布,确定建筑物的地理布局,绘制大体环境布局图,以便进行建筑物、道路、绿化等布局。

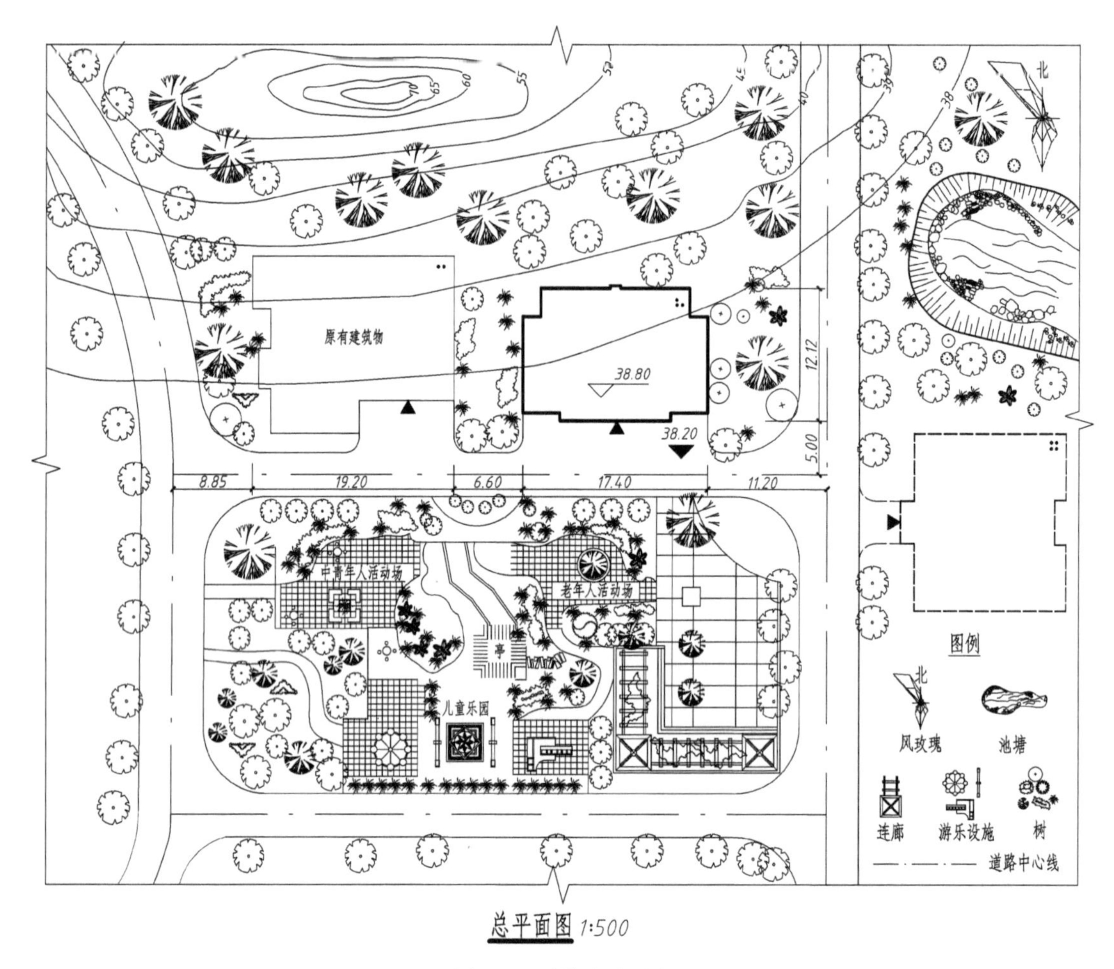

图 12-4　建筑总平面图

二、确定平面布局

根据小区的整体布置，对小区内的建筑、道路、绿化进行规划，建立平面布局如图 12-5 所示。

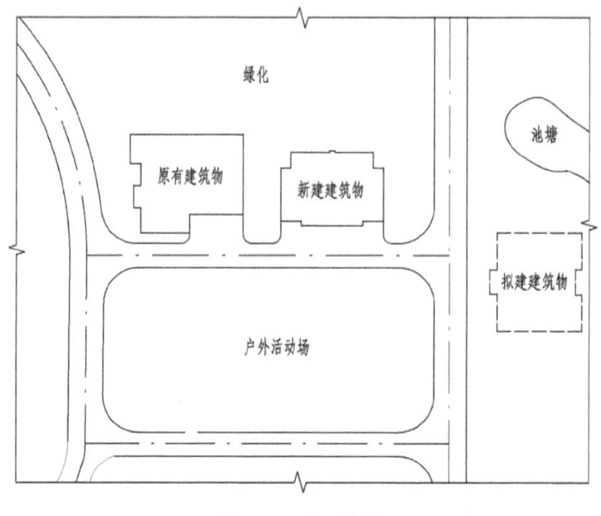

图 12-5　平面布局

三、绘制建筑物

(1)建立“新建建筑”图层并设为当前层,打开正交工具,用【直线】命令绘制新设计的建筑物的外轮廓。

(2)建立“原有建筑”图层并设为当前层,绘制已有的建筑物。

(3)在建筑物右上角用数字或实心圆点标出建筑物的层数。

四、绘制户外活动场及绿化图例

(1)建立“绿化”图层并设为当前层,用【直线】、【圆】、【圆弧】命令绘制花园的轮廓、连廊、亭子、小路等。

(2)插入树木图例。

为了加快绘图速度,用户可以利用【工具选项板】。把花坛、树木、草地等图例放入工具选项板中,需要使用某个图例时,直接从工具选项板拖到要插入的位置即可。常用的图例在AutoCAD中已预设,没有录入的图形,用户可以先绘制后,做成图块,再录入其中。以 AutoCAD 设计中心里面图形文件的图块说明录入过程如下。

单击功能区选项板中【视图】选项卡,选择【选项板】面板的【设计中心】按钮,可以打开【设计中心】对话框,如图 12-6 所示。再单击功能区选项板中【视图】选项卡,选择【选项板】面板的【工具选项板】按钮,弹出【工具选项板】对话框。单击鼠标右键,在快捷菜单中选择【新建选项板】选项。新建【常用图块】选项板,然后在【设计中心】中打开相关的图形文件,点击所需图块,按住鼠标左键直接拖至【工具选项板】窗口,如图 12-7 所示。

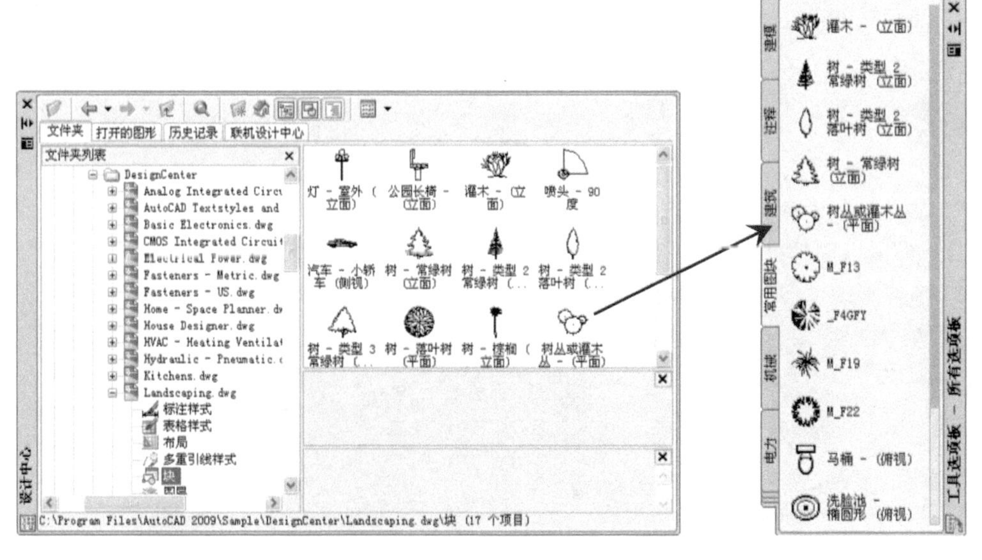

图 12-6 【设计中心】对话框

图 12-7 设置【工具选项板】

五、标注标高及坐标

总平面图室外地坪标高符号,宜采用涂黑的等腰直角三角形表示,三角形的高约 3mm。建筑物室内地坪标高符号,采用高 3mm 的等腰直角三角形表示,标注建筑图中 ±0.000 处的标高。为提高绘图效率,可以将标高符号建立成属性块,属性块创建方法如下。

1. 绘制标高符号

用【直线】和【图案填充】命令画出三角形符号。

2. 设置属性

单击功能区选项板中【块和参照】选项卡，选择【属性】面板的【定义属性】按钮，弹出【属性定义】对话框（图 12-8）。在对话框中输入“标记”、“提示”等内容，定义文字设置，选择插入点，完成属性定义。

3. 定义图块

单击功能区选项板中【块和参照】选项卡，选择【块】面板的【创建】按钮，弹出【块定义】对话框（图 12-9）。输入块名称为“标高”，选择三角形直角顶点为基点，以三角形及已定义的属性为对象，定义图块。然后将标高属性块插入到图中合适的位置。

图 12-8 【属性定义】对话框

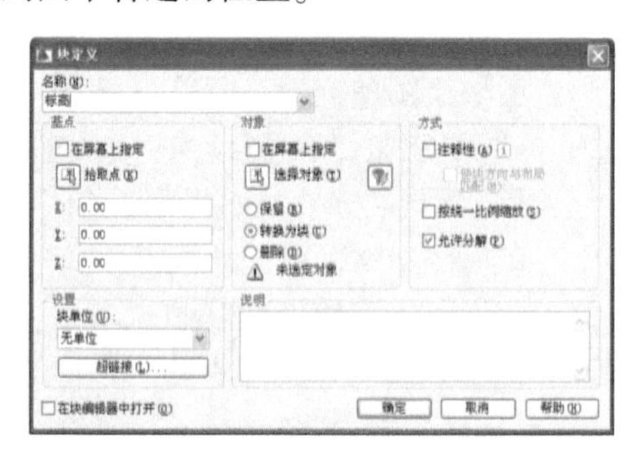

图 12-9 【块定义】对话框

另外，标注新建建筑物与道路中心线的距离，便于施工放线定位。

六、画风玫瑰

风向频率玫瑰图一般由气象部门绘制，如果已经有了测量数据，也可自己绘制。

(1) 画一条水平线，阵列该直线，并采用环形阵列，设置阵列“项目总数”为 12，“填充角度”为 360，阵列结果如图 12-10 所示。

(2) 设置对象捕捉为“端点”和“延伸”捕捉画多段线。将折线画成多段线，以便选择修剪边界。

(3) 修剪图线，完成风玫瑰图的绘制。如图 12-11 所示的风玫瑰图表达了全年（图中实线）和夏季（图中虚线）的风向频率。

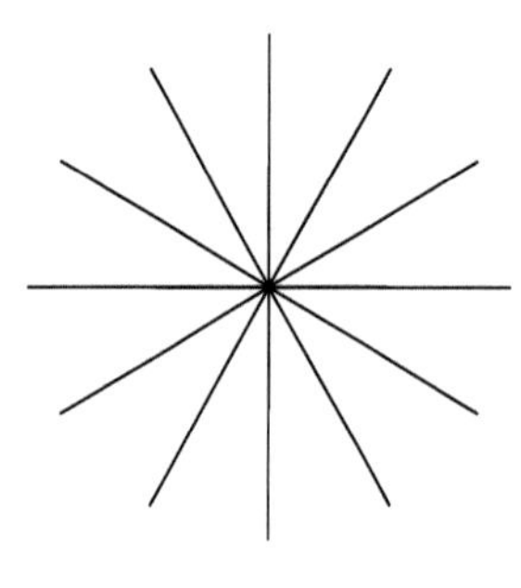

图 12-10 阵列直线

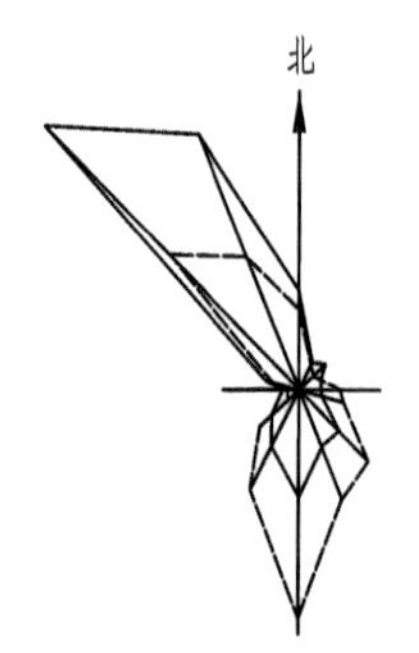

图 12-11 风玫瑰

(4) 用比例缩放命令，调整风玫瑰的大小，移到如图 12-4 所示位置，完成总平面图的绘制。

第三节 建筑平面图的绘制

建筑平面图是反映建筑物内部功能、结构、建筑内外环境、交通联系及建筑构件设置、设备及室内布置最直观的图样，它是建筑立面、剖面及三维模型和透视图的基础，建筑设计一般是从平面设计开始的。

建筑平面图实际上是房屋的水平剖面图(除屋顶平面图外)，也就是假想用一个水平平面经过门窗洞处将房屋剖开，移去剖切平面以上的部分，对剖切平面以下的部分用正投影法得到的投影图，简称为平面图。它用以表达建筑物的平面形状、大小和房间的布置，以及墙、柱、门窗等构配件的位置、尺寸、材料和做法等。

建筑平面图中的图线应粗细有别，层次分明。一般被剖切到的墙、柱的断面轮廓线用粗实线绘制，门的开启线及窗的轮廓线用中实线绘制，其余可见轮廓线、尺寸线、标高符号等用细实线绘制，定位轴线用细单点长画线绘制。

下面以图12-12所示的某别墅的二层建筑平面图为例，说明平面图的绘制方法。

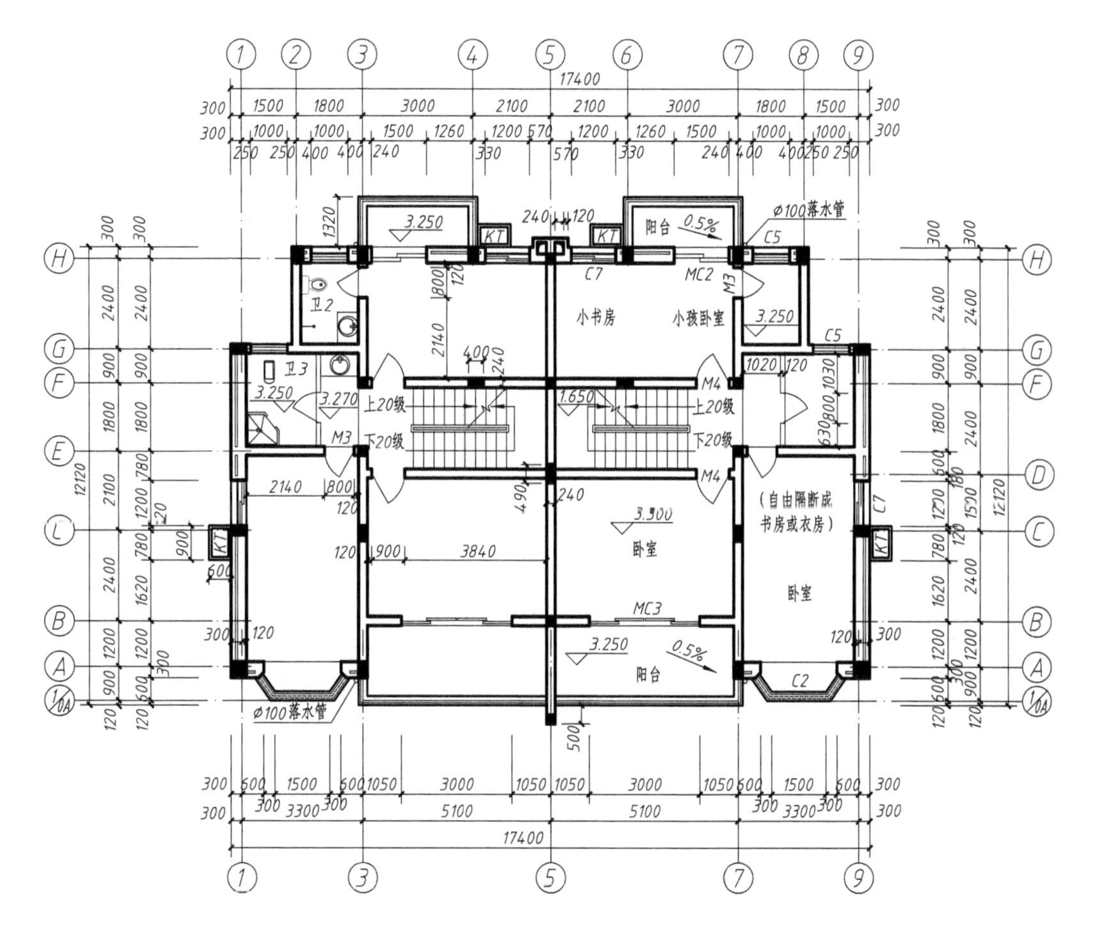

图12-12 建筑平面图

一、绘制轴线

建筑轴线用来确定柱和墙的位置。它由结构中心线组成，而且由于房屋的特点，大多数轴线是平行关系，因此可以首先绘制某条轴线，然后通过使用【偏移】命令，就能快速完成轴线的绘制。如图 12-12 所示的建筑物左右对称，为提高绘图效率，可先只绘制左边对称部分，再用【镜像】命令得到右边对称部分，局部修改后完成整个平面图的绘制。

1. 准备工作

单击【图层特性管理器】工具栏，设置“轴线”层，把该层设为当前图层，并设置线型为单点长画线，其他图层设置如图 12-13 所示。

状.	名称	开	冻结	锁..	颜色	线型	线宽	打印...	打.	新.	说明
	0				白	Contin...	默认	Color_7			
	DEFPOINTS				白	Contin...	默认	Color_7			
	尺寸标注				白	Contin...	0.18 毫米	Color_7			
	厨房				白	Contin...	0.35 毫米	Color_7			
	楼梯				白	Contin...	0.35 毫米	Color_7			
	门窗洞				白	Contin...	0.35 毫米	Color_7			
	门窗扇				白	Contin...	0.18 毫米	Color_7			
	墙体				白	Contin...	0.70 毫米	Color_7			
	卫生间				白	Contin...	0.35 毫米	Color_7			
	文字标注				白	Contin...	0.20 毫米	Color_7			
	阳台				白	Contin...	0.35 毫米	Color_7			
✔	轴线				白	ACAD_I...	0.18 毫米	Color_7			
	柱网				白	Contin...	0.70 毫米	Color_7			

图 12-13　设置图层

2. 绘制横向轴线

为了方便绘制，可以以坐标原点为基准点，利用【直线】命令绘制编号为“1”的横向轴线，然后通过使用【偏移】命令得到其他横向轴线，具体步骤如下。

命令：_line

指定第一点：0，0　（以坐标原点为基点）

指定下一点或［放弃（U）］：0，12500　（指定轴线的另一端点）

指定下一点或［放弃（U）］：（得到第一条横向轴线）

命令：_offset

当前设置：删除源 = 否　图层 = 源　OFFSETGAPTYPE = 0

指定偏移距离或［通过（T）/删除（E）/图层（L）］<通过>：1500　（输入墙体横向轴线间的距离）

选择要偏移的对象，或［退出（E）/放弃（U）］<退出>：（选择已经绘制的第一条横向轴线）

指定要偏移的那一侧上的点，或［退出（E）/多个（M）/放弃（U）］<退出>：（在基准轴线右边选择一点）

选择要偏移的对象，或［退出（E）/放弃（U）］<退出>：e

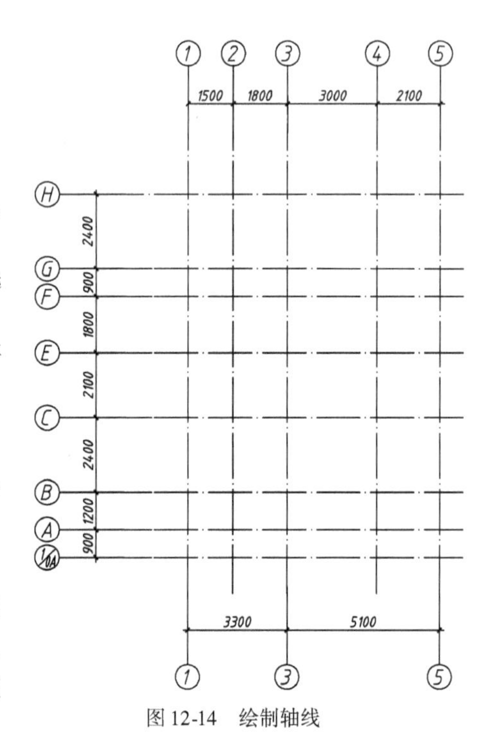

图 12-14　绘制轴线

按同样的方法进行偏移可以生成其余横向轴线。若轴线之间等距，也可用【阵列】命令生成其他轴线。

3. 绘制纵向轴线

利用【直线】命令，绘制第一条编号为“A”的纵向轴线。然后同样利用【偏移】命令得到其余纵向轴线，绘制好的轴线如图 12-14 所示。为便于读者看图，在轴线上标注出了编号和尺寸。

绘制轴线时轴线长度一般取建筑物纵向和横向的最大长度，方便以后的墙体布置及编辑。用 AutoCAD 软件绘制工程图，当绘图尺寸要求精确时，我们常采用键盘输入数值法进行绘图。

二、绘制墙体

绘制墙体通常有两种方法：一种方法是偏移轴线，将轴线向两边偏移得到墙体；另一种方法是使用【多线】命令，直接得到墙体。

本建筑墙体有两种。外墙由于加了保温材料，墙厚为420(300 + 120)，此时用【偏移】命令比较方便，绘制时分别向轴线两边偏移 300 和 120。内墙的墙厚为 240，且关于轴线对称，所以下面介绍用【多线】命令的方法绘制内墙。

1. 定义多线样式

在利用【多线】命令绘制墙线之前，首先要定义多线样式。

单击菜单浏览器【格式】菜单列表的【多线样式】命令，设置 240 墙的多线样式"WALL24"，该样式中的多线【图元】偏移量为 120 和 -120。

2. 绘制内墙

(1)选择"墙体"图层为当前层，并设置线宽为 0.7。

(2)单击菜单浏览器【绘图】菜单列表中的【多线】命令，绘制 240 的墙线，具体步骤如下。

```
命令：_mline
当前设置：对正 = 上，比例 = 20.00，样式 = WALL240
指定起点或[对正(J)/比例(S)/样式(ST)]：j （输入对正方式选项）
输入对正类型[上(T)/无(Z)/下(B)] <上>：z （选择以中心线对称）
当前设置：对正 = 无，比例 = 20.00，样式 = WALL240
指定起点或[对正(J)/比例(S)/样式(ST)]：s （输入比例选项）
输入多线比例 <20.00>：1 （输入比例值）
当前设置：对正 = 无，比例 = 1.00，样式 = WALL240
指定起点或[对正(J)/比例(S)/样式(ST)]：（从轴线的某个交点开始绘制）
指定下一点：（依次指定墙线的下一点）
指定下一点或[放弃(U)]：
指定下一点或[闭合(C)/放弃(U)]：
```

3. 编辑墙线

利用【多线】命令绘制的墙线只是一个轮廓，在一些相交处并不满足要求，需要再进行一定的编辑。

在命令行输入命令"mledit"，或从菜单浏览器【修改】菜单列表中【对象】选择【多线】，会弹出如图 12-15 所示的【多线编辑工具】对话框，可以编辑多线的相交形式。

编辑好的墙体，如图 12-16 所示。

三、绘制柱网

绘制完墙体，就以墙体和轴线为基准添加柱子，具体步骤如下。

(1)将"柱网"图层设为当前层。

(2)单击【矩形】按钮，绘制柱子轮廓。

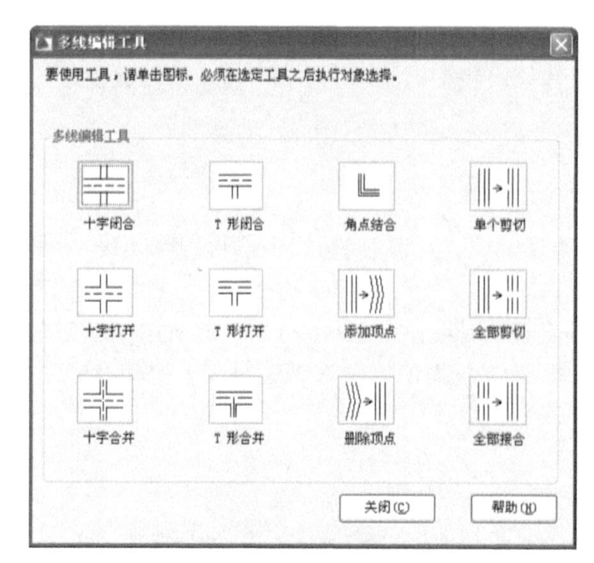

图 12-15 【多线编辑工具】对话框

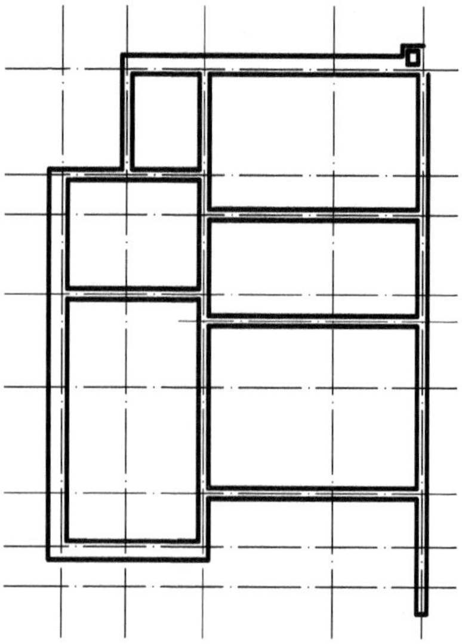

图 12-16 墙体平面图

注意：柱子轮廓用【矩形】命令绘制时，柱子的第一个角点可单击【对象捕捉】工具栏的【捕捉自】按钮，先捕捉轴线的交点，输入与该交点的相对坐标，得到矩形第一个角点的精确位置，然后输入矩形另一个角点的相对坐标画出矩形，绘制过程如下。

命令：_rectang

指定第一个角点或[倒角(C)/标高(E)/圆角(F)/厚度(T)/宽度(W)]：_from 基点： (捕捉图 12-14 中④轴线与Ⓕ轴线的交点)

<偏移>：@ -200,120 (输入偏移量)

指定另一个角点或[面积(A)/尺寸(D)/旋转(R)]：@400，-240 (输入矩形另一个角点相对坐标)

(3)绘制出矩形后，单击【图案填充】按钮，弹出【图案填充和渐变色】对话框，从对话框中的【图案】下拉列表框中选择【SOLID】选项，单击【添加：拾取点】按钮，切换到绘图屏幕，在矩形中选择一点，回车后返回到该对话框，再单击【确定】按钮，因此完成 1 个柱子的绘制。

重复上述过程或选择【复制】命令完成整个柱网的绘制，如图 12-17 所示。如果建筑物比较复杂，柱子比较多而且排列比较规则，可以用【阵列】命令一次性得到柱网的大致图形，再稍作修改即可。

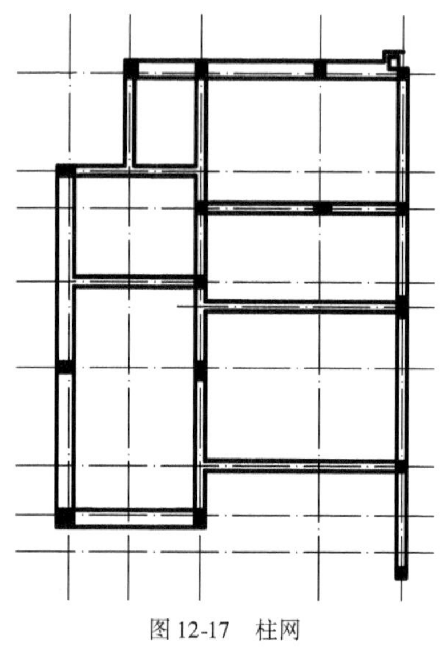

图 12-17 柱网

四、绘制门窗

我国《建筑制图标准》(GB 50104—2001)规定了门窗的图例，所以在使用 AutoCAD 设计建筑图形时，可以把它们作为标准图块插入到当前图形中，从而避免了大量的重复工作，提高绘图效率。因此，在绘制平面图之前，用户首先应当绘制一些标准门窗图块。

1. 绘制门

本建筑物中虽然有很多门，但除了通阳台采用推拉门之外，其余的都是较为常见的单扇平开门，如图 12-18 所示。可以将单扇平开门制作成图块，再按照一定的比例和旋转角度把相应的图块插入到图形中，具体步骤如下。

(1)选择“门窗”图层为当前层。

(2)利用【直线】和【圆弧】命令绘制宽度900的门$M4$，如图12-18所示。

(3)定义图块。单击【创建块】按钮，弹出如图12-19所示的【块定义】对话框，定义门的图块，取斜线起点为插入基点。

图12-18　绘制单扇平开门

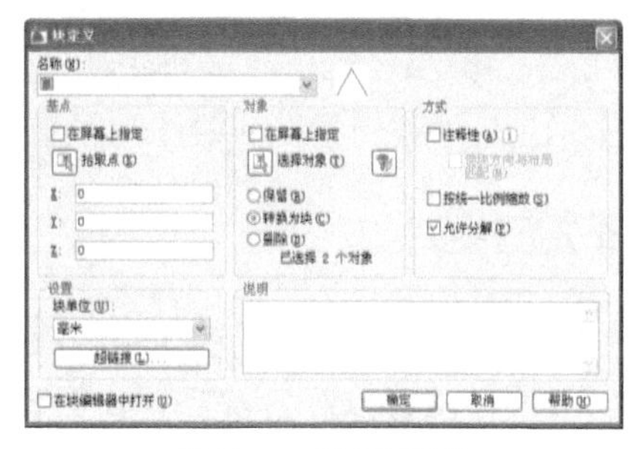

图12-19　定义“门”块

(4)插入“门”块。单击【插入块】按钮，弹出如图12-20所示的【插入】对话框，选择“门”图块，指定旋转角度，单击【确定】按钮，切换到绘图屏幕，系统提示“选择插入基点”，然后插入“门”块。

注意：在选择插入基点的时候，要充分利用对象捕捉功能和相对坐标，准确选取图块的插入位置。

(5)创建门洞。由于墙线是多线，无法进行通常的编辑操作，必须采用【多线编辑工具】来进行编辑。或者将其分解，分解前选择“墙体”图层为当前层，单击【分解】按钮，将需要创建门洞的墙线分解，再利用【直线】命令和【修剪】命令创建门洞。

(6)用上述方法完成其余单扇门的绘制。

(7)绘制推拉门。采用【矩形】或【直线】命令绘制推拉门，并修饰门洞。

2. 绘制窗

按照《建筑制图标准》的规定，窗的形式共有10多种，如单层固定窗、单层外开平窗、立转窗、推拉窗、百叶窗等，其平面图上均用图例表示。绘制窗的过程与门类似。

完成门窗布置后的平面图如图12-21所示。为了图样清晰关闭了“轴线”图层。

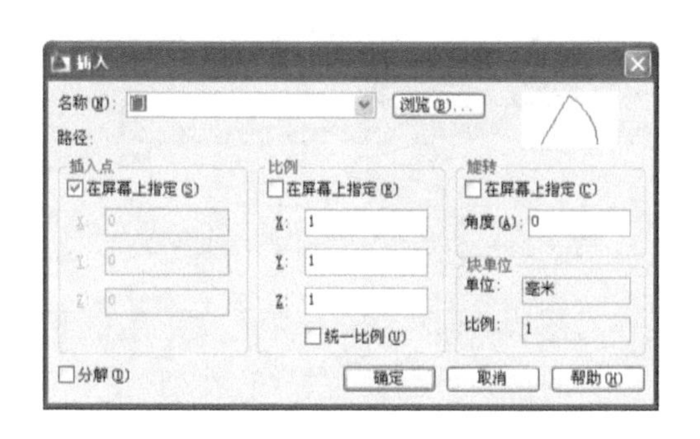

图12-20　插入“门”块

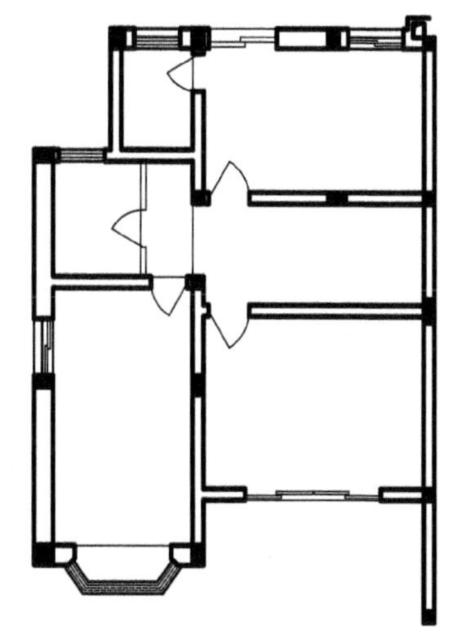

图12-21　完成门窗布置后的平面图

从门窗的绘制过程来看，图块的应用使得工作效率显著提高。另外，如果用户经常使用 AutoCAD 软件进行建筑设计，最好把一些规范中涉及的标准图形综合起来，创建一个自己的专业化图库以便使用。

五、绘制阳台

阳台是多(高)层建筑中与房间相连的室外平台，给人们提供一个舒适的室外活动空间。在建筑平面图中，可利用基本的绘图和编辑命令绘制阳台。

六、布置卫生间

在建筑物的各单元房间中，卫生间的家具及设备构成相对较为固定，一般包括坐便器、浴缸及洗脸盆等。绘制过程中，首先将这些设备和卫生器具制成图块，然后插入到建筑平面图中，具体过程如下。

(1)选择“卫生间”图层为当前层。

(2)绘制洗面盆，并制成图块保存。

(3)按照同样的方法，绘制坐便器、浴缸等，并制成图块保存，如图 12-22 所示。

(4)将绘制成的图块插入到卫生间内的适当位置，完成室内布置后的平面图如图 12-23 所示。

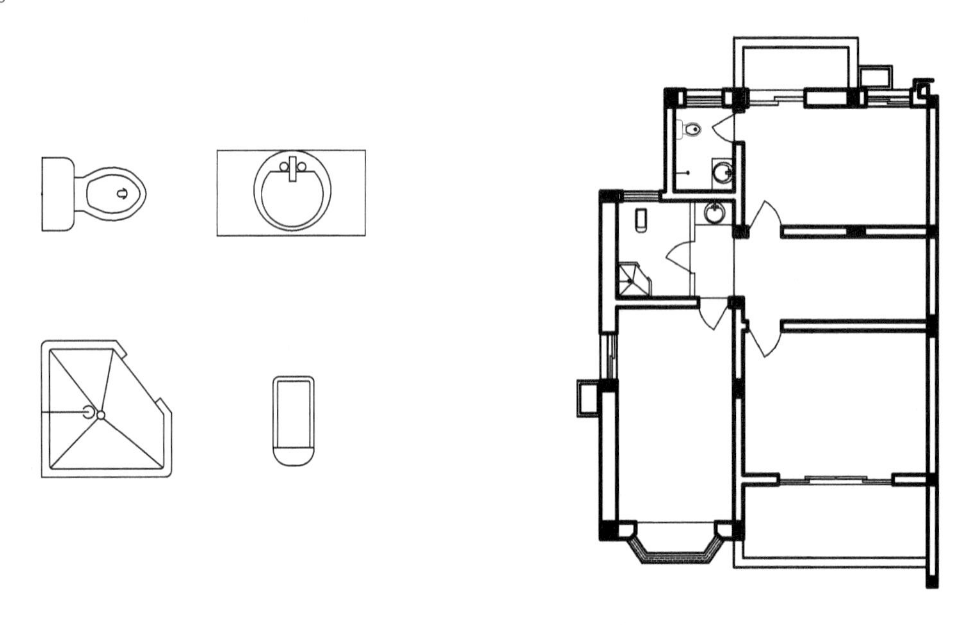

图 12-22　卫生间图块　　　图 12-23　完成厨房卫生间布置后的平面图

注意：AutoCAD 自身带有一些常用的设计素材，作为图块存储在其设计中心里。用户可以单击功能区选项板中【视图】选项卡，打开【选项板】面板的【设计中心】按钮，在列表框中选择“HouseDesigner. dwg”文件的图块，显示室内卫生设备和家具列表，如图 12-24 所示，这时就可以选择相应的图块将其插入到所绘图形中。但是该图库中图形较少，往往不能满足绘图需要，因此建立自己的专业图库还是十分必要的。

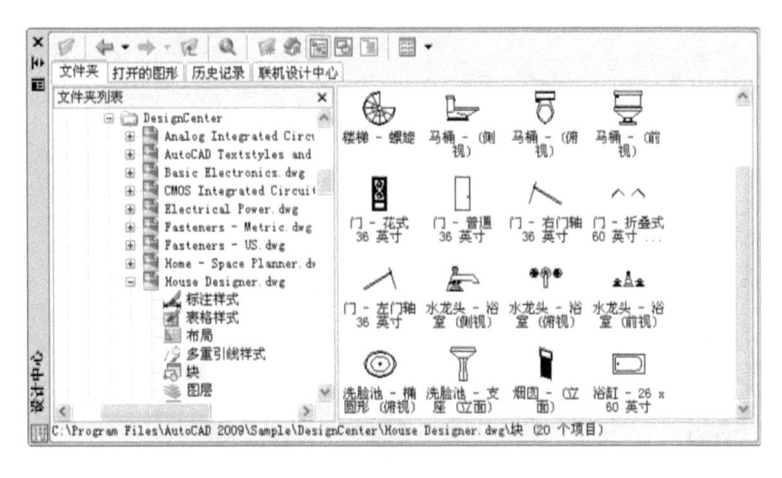

图 12-24　设计中心卫生器具列表

七、绘制楼梯

楼梯是建筑中常用的垂直交通设施，楼梯的数量、位置以及形式应满足使用方便和安全疏散的要求，同时还应注重建筑环境空间的艺术效果。设计楼梯时，应使其符合《建筑设计防火规范》(GB 50016—2006)等其他有关单项建筑设计规范的要求。

根据楼梯平面形式的不同，楼梯可以分为单跑直楼梯、双跑直楼梯、双跑平行楼梯、弧形楼梯等。本图中的楼梯是双跑平行楼梯，绘制方法较为简单，只需在楼梯间墙体所限制的区域内按设计位置的投影绘制即可。

本幢建筑层高 3000，设计每层楼梯共 20 级，踏步高 165，宽 280，梯段长 2520。楼梯平面图如图 12-25 所示，绘制步骤如下。

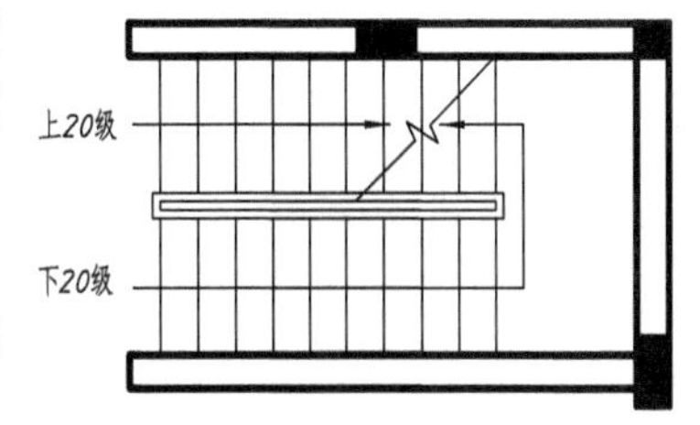

图 12-25　楼梯平面图

(1)选择"楼梯"图层为当前层。

(2)利用【直线】命令绘制靠近休息平台的楼梯台阶第一根线。

(3)利用【阵列】命令完成楼梯上边台阶线的绘制。单击修改工具栏中【阵列】按钮，弹出【阵列】对话框，在对话框中选择矩形阵列，列数为 10，行数为 1，列偏移为 280。

(4)利用【镜像】命令复制完成下边的台阶线。

(5)利用【多线】命令绘制扶手，然后用【分解】命令将其分解，用【修剪】命令修饰扶手。

(6)利用【多段线】和【直线】命令绘制楼梯起跑方向线和 45°折断线。用户可将折断线和楼梯方向箭头做成图块以备调用。

八、镜像图形

利用【直线】和【圆】命令绘制阳台扶手、外墙保温层、落水管等细部。

用【镜像】命令，以编号为"⑤"的轴线作为镜像线复制对称图形。使用镜像命令时，应打开【正交】方式，并且使系统变量"MIRRTEXT"设置为"0"，这样镜像的文本可读。镜像后的平面图如图 12-26 所示,为了清楚起见,本图关闭了“轴线”图层。

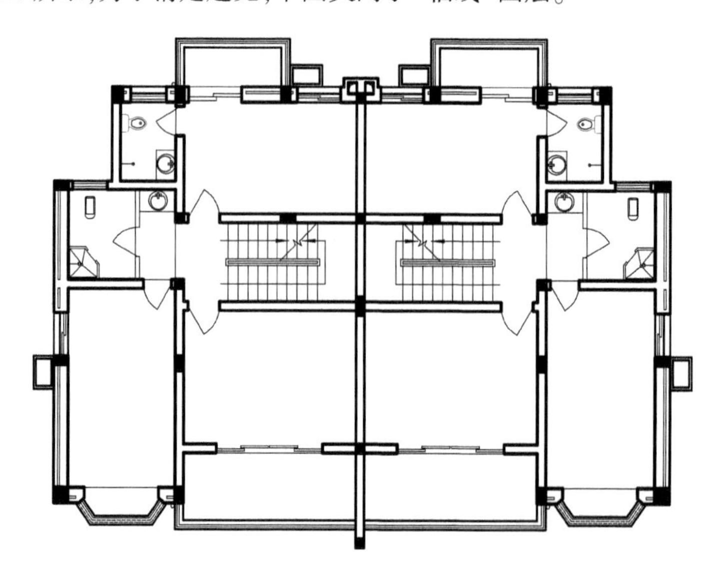

图 12-26 镜像后的平面图

九、标注尺寸

尺寸标注是施工图的主要部分,也是现场施工的主要依据。利用 AutoCAD 提供的【尺寸标注】功能,可以解决施工图中的尺寸标注问题。

建筑施工图中尺寸标注的内容包括总尺寸、轴线(墙体)尺寸和外墙门窗尺寸。根据相关建筑制图规范,在尺寸标注时需要遵守以下几点规定。

(1)尺寸一般以毫米为单位,当使用其他单位来标注尺寸时需要注明采用的尺寸单位。

(2)施工图上标注的尺寸是实际的设计尺寸。

(3)标注尺寸的所有汉字要满足规范的要求,字体采用仿宋体。数字采用阿拉伯数字。

尺寸标注的步骤如下。

1. 设置尺寸标注样式

尺寸标注样式的设置具体包括线、符号和箭头、文字、调整、主单位、换算单位和公差 7 个方面。在这里,主要对线、符号和箭头、文字、主单位进行设置,其余的均采用默认设置。

单击【标注】工具栏的【标注样式】按钮,弹出【标注样式管理器】对话框,从中新建并设置一个符合建筑制图标准的标注样式。

2. 标注水平和垂直尺寸

(1)选择“尺寸标注”图层为当前层。

(2)利用【线性标注】和【连续标注】命令标注水平和垂直尺寸。

(3)编辑尺寸。有时由于标注的距离太小,在尺寸界线之间无法放置标注文字,这时系统会根据尺寸样式中的有关设置来调整文字的位置。然而,这样的调整可能并不能满足图纸的标注要求,因为它影响了下一步轴线标注的位置。这时,可对尺寸进行编辑,调整好尺寸延伸线、尺寸线和标注文字之间的位置关系,并使之与其他尺寸标注相互协调。

单击【标注】工具栏上的【编辑标注文字】按钮,然后选择所要编辑的标注文字,移动鼠标,这时被选中的文字及引线会随着鼠标移动,在适当位置单击即可。

3. 绘制轴线编号

用【圆】命令画直径为800的圆(如果出图比例为1∶100,图形输出时为8),再用【单行文字】(dtext)命令采用MC对齐方式,捕捉圆心注写字高为500的文本,然后用【复制】命令或【阵列】命令复制,并用【特性】选项板修改文字即可生成轴线编号。或者建立属性块,用【插入块】命令时输入1、2…,A、B…等文字,生成轴线编号。

十、注写文字

建筑施工图中有许多地方需要注写文字,以说明施工图设计信息,因此,文字注写是建筑制图的一个重要组成部分。一般来说,文字注写的内容包括图名和比例、房间功能划分、门窗符号、楼梯说明及其他有关文字说明等。

注写文字的步骤如下。

1. 设置文字样式

单击功能区选项板中【注释】选项卡,选择【文字】面板的【文字样式】按钮,弹出【文字样式】对话框,新建字体样式为“工程字”,在【SHX字体】下拉列表框中选择“gbeitc. shx”字体,勾选【使用大字体】选项,在【大字体】下拉列表中选择“gbcbig. shx”字体,其他为默认设置,如图12-27所示。

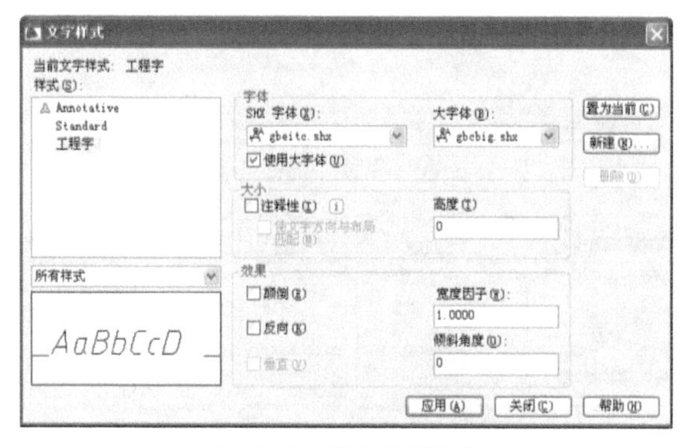

图12-27 设置文字样式

2. 注写文字

用【多行文字】或【单行文字】命令进行文字注写,完成尺寸和文字标注后的平面图如图12-12所示。

第四节 建筑立面图的绘制

将房屋的各个立面按照正投影的方法投影到与之平行的投影面上,所得到的正投影图称为建筑立面图,简称立面图。建筑立面图是建筑施工图中的重要图样,也是指导施工的基本依据。在绘制建筑立面图之前,应首先了解立面图的内容、图示原理和方法,才能将设计意图和设计内容准确表达出来。

为了加强立面图的表达效果,使建筑物的轮廓突出、层次分明,通常选用的线型如下:屋脊线和外墙最外轮廓线用粗实线(b),室外地坪线采用特粗实线($1.4b$),所有凹凸部位如阳台、雨篷、勒脚、门窗洞等用中实线($0.5b$),其他部分如门窗扇、雨水管、尺寸线、标高等用细实线($0.25b$),其中b为线宽。

建筑立面图的绘制一般是在完成平面图的设计之后进行的。用 AutoCAD 绘制建筑立面图有两种基本方法:传统方法和三维模型投影法。

传统方法:同平面图的绘制一样,是手工绘图方法和二维 AutoCAD 命令的结合。这种绘图方法简单、直观、准确,只需以完成的平面图作为绘制基础,然后选定某一投射方向,根据建筑形体的情况,直接利用 AutoCAD 的二维绘图命令绘制建筑立面图。这种方法基本上能体现出计算机绘图的优势,但是,绘制的立面图是彼此相互分离的,不同方向的立面图必须独立绘制。

三维模型投影法:这种方法是调用建筑平面图,关闭不必要的图层,删去不必要的图素,根据平面图的外墙、外门窗等的位置和尺寸,构造建筑物外表三维表面模型或实体模型,然后利用计算机绘图的优势,选择不同视点方向观察模型并进行消隐处理,即得到不同方向的建筑立面图。这种方法的优点是,它直接从三维模型上提取二维立面信息,一旦完成建模工作,就可生成任意方向的立面图,缺点是编辑和修改图形比较麻烦。

由于读者尚未学习 AutoCAD 三维图形的设计,因此,本节还是以传统方法讲述如图 12-28 所示的建筑立面图的具体绘制过程和步骤。

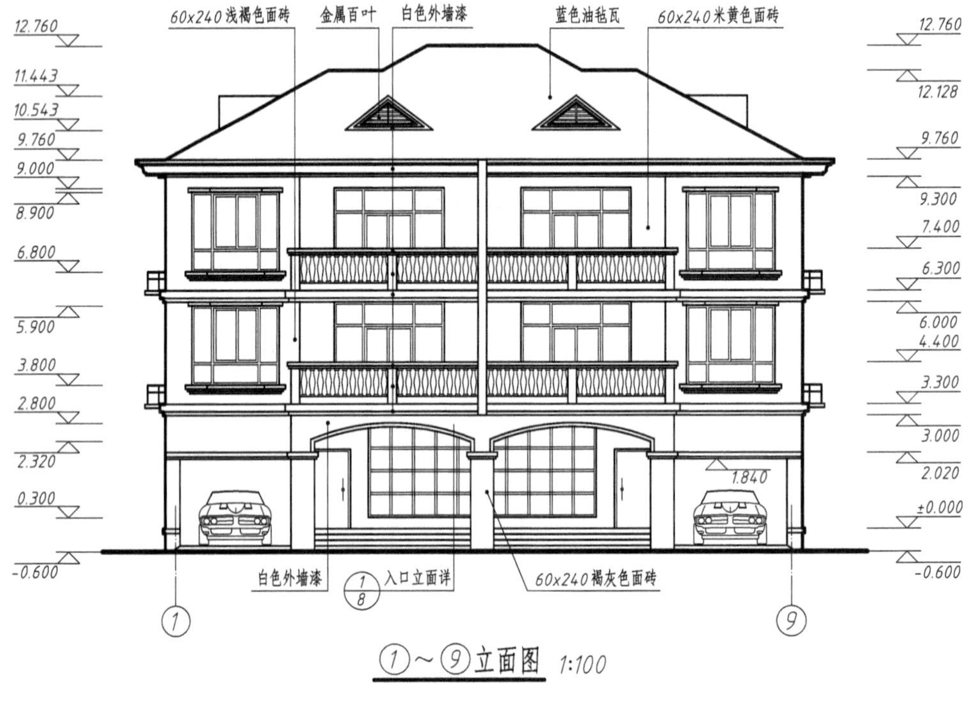

图 12-28 建筑立面图

一、绘制轮廓线

1. 创建辅助网格

多数立面图图形元素的排列很有规律,因此,创建辅助网格对于以后绘图时的定位非常有利,创建辅助网格的步骤如下。

(1)新建"辅助线"图层,并把该层设为当前图层。

(2)绘制两条基准定位轴线,一条水平线和一条竖直线,作为绘制整个辅助网格的基准。这里以地坪线作为水平基准线,建筑物左侧的外轮廓线作为竖直基准线。

(3)选择【偏移】命令,将两条基准线经过一系列的偏移,即可生成立面图辅助网格。

从下至上,它们各自的偏移量依次为:900,2020,480,1000,2100,900,2100,400,460,2368,632。

利用同样的方法,可以得到竖直网格线。同时,竖直网格线也可以按照长对正的原则,从建筑平面图门窗洞的位置画辅助线。

至此,辅助网格已经基本创建完成,如图12-29所示。

本建筑立面左右对称,可以先画出左边立面布置,然后用【镜像】命令生成立面的右边图形,完成立面图的绘制。

2. 绘制外形轮廓线

(1)新建“轮廓线”图层并置为当前图层。

(2)利用【直线】命令,绘制建筑物外轮廓。

(3)同样选择【直线】命令,绘制地坪线,此时应设置线宽为建筑物外轮廓的1.4倍。绘制好的建筑立面外轮廓如图12-30所示。

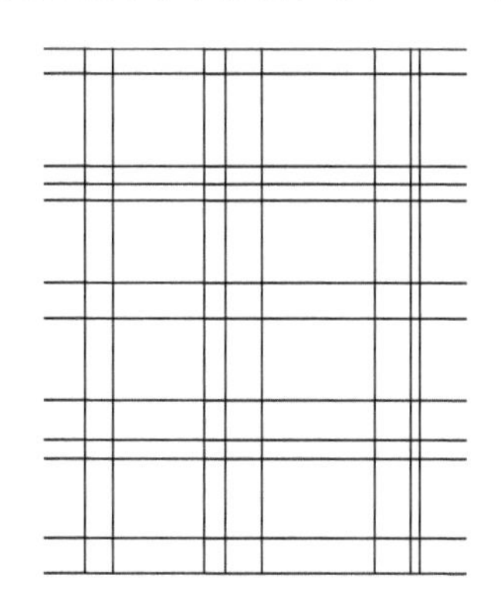

图12-29　辅助网格

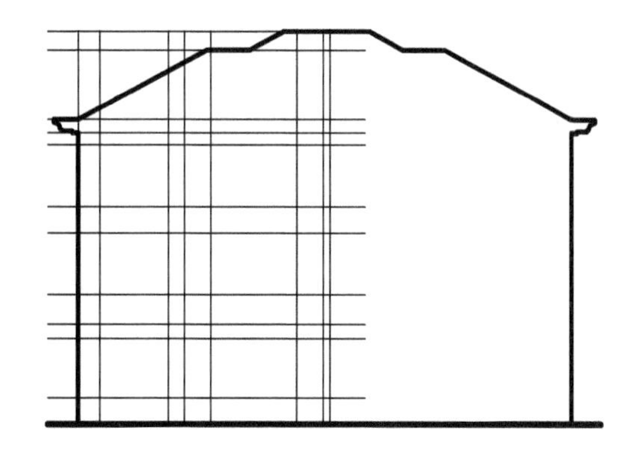

图12-30　建筑立面外轮廓

二、绘制门窗

门窗是立面图上的重要图形对象,从该建筑物的立面图来看,虽然总共有6扇门和6扇窗户,但门、窗的形式只有一两种。因此,在作图时只需将每种形式的门窗绘出一个,将其定义成图块,插入到适当的位置即可。也可以使用【阵列】命令,排列门窗,还可以使用【复制】命令,将门窗复制到相应位置。

事实上,建筑立面图中所有门窗的绘制方法大同小异,基本都是由矩形和直线组合而成,因此,熟练运用【矩形】和【直线】命令是绘制门窗的关键所在。

1. 绘制窗

(1)选择“门窗”图层为当前图层。

(2)打开【对象捕捉】功能,选择【矩形】命令,捕捉前面绘制的辅助网格的交点绘制窗洞。

(3)选择【直线】和【矩形】命令,绘制窗扇、窗台和雨篷。绘制好的卧室窗户如图12-31所示。

(4)将该窗户设置成图块,插入到相应位置,如图12-32所示。

(5)按照同样的方法可绘制一楼客厅的落地窗。

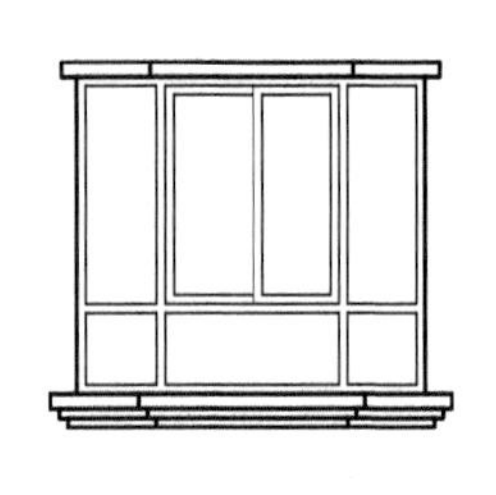

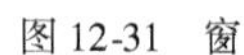

图 12-31　窗

图 12-32　插入窗户

2. 绘制门

门的绘制与窗类似，先作出门洞，然后绘制一扇门作为模板，相同形式的其他门通过复制或图块插入得到。如图 12-28 所示的建筑立面图上客厅对阳台的推拉门被阳台遮住了一部分，没有全部表达出来。

从以上门窗的绘制过程来看，虽然方法不难，但是绘制过程的确比较繁杂，主要是【矩形】和【直线】等绘图命令的反复使用以及【镜像】、【修剪】等修改命令的辅助运用。当绘制完一个新的门窗图案时，应该将其制成图块，创建自己的建筑工程专业化图库，当需要时直接从图库中调出插入即可。当然，这样的图库不仅含有门窗，也同样包含建筑设计中的其他常用构件。

三、细部设计

完成了建筑立面的基本要素设计之后，还需要对立面细部进行设计，如阳台、空调室外机搁板、首层车库等。这个过程非常细致和烦琐，它主要是一个熟练运用 AutoCAD 绘图和修改命令的过程。

1. 绘制阳台

阳台是建筑物的亮点之一，它的设计不仅与人们的日常生活需要相关，而且对建筑物的美观起一定的作用，具体步骤如下。

(1) 选择“阳台”图层为当前层。

(2) 利用【直线】命令绘制阳台的轮廓。添加阳台后，发现阳台的轮廓线与门发生了重叠，需要将阳台遮挡住的门线剪除掉，这可以通过【修剪】命令很容易地完成。

(3) 阳台栏板的花瓶柱，先用【样条曲线】命令绘制一条曲线，然后用【镜像】命令绘制一根柱子，再用矩形【阵列】命令完成栏板复制。

2. 绘制空调室外机搁板、墙面线脚、台阶

(1) 用【直线】和【矩形】命令绘制空调室外机搁板。

(2) 用【直线】命令绘制墙面线脚，并用【修剪】命令修改外墙轮廓。

(3) 用【直线】和【阵列】命令绘制入户门前的台阶。

3. 绘制车库

(1) 用【直线】命令绘制车库及车库门上线脚。

(2) 单击功能区选项板中【视图】选项卡，选择【选项板】面板的【工具选项板】按钮，弹出【工具选项板】窗口，在【建筑】选项卡中拖动【车辆—公制】图标到绘图区，插入【车辆—公制】动态块。单击该图块，按住向下的箭头，出现如图 12-33 所示的车辆类型及视图的列表，选择【跑车(前视图)】选项，得到图 12-28 中的汽车图样。

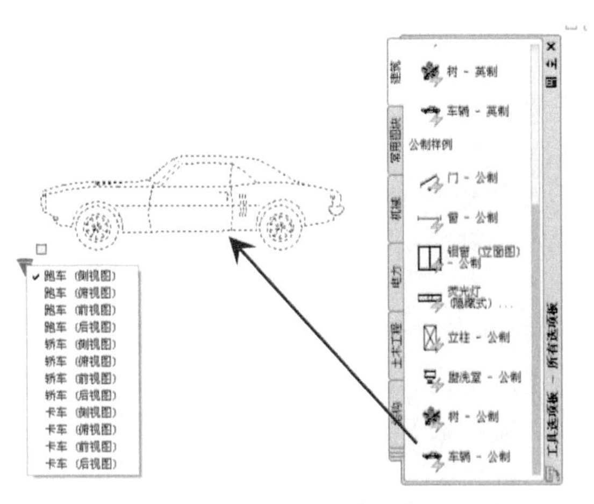

图 12-33　插入汽车图块

四、绘制屋面

屋面是建筑物的主要轮廓,从造型来看,屋面主要有平屋面、坡屋面、拱屋面等。建筑立面图中的屋面有一定的铺设方法,根据不同的铺设方式,设计者应该填充不同的图案。

本建筑物的屋面为坡屋面,屋顶铺蓝色油毡瓦,在立面图上的绘制步骤如下。

(1)用【直线】命令绘制屋檐。

(2)用【直线】命令绘制老虎窗。

(2)用【图案填充】命令进行老虎窗金属百叶的填充。

完成屋面绘制后的立面图如图 12-34 所示(为清楚起见,关闭了"辅助线"层)。

五、镜像图形

建筑立面图左边的门、窗、阳台、空调机搁板、屋面等已经绘制完成,可以通过单击【镜像】命令得到右边对称图形,具体步骤如下。

命令:_mirror
选择对象: (选择左边的门、窗、阳台、空调机搁板、屋面等)
选择对象: (回车,结束选择)
指定镜像线的第一点: (以建筑物中轴线为镜像线)
指定镜像线的第二点:
是否删除源对象[是(Y)/否(N)] <N>:n

镜像后的立面图如图 12-35 所示。

图 12-34　完成屋面绘制后的立面图

图 12-35　镜像后的建筑立面图

六、尺寸及文字标注

完成图形的绘制之后，下一步就是尺寸标注及文字注写。

1. 尺寸标注

立面图的尺寸标注方法与平面图不同，它主要是标高标注，无法完全采用 AutoCAD 自带的标注功能来完成。立面图上要标注出外墙各主要部位的标高，如室外地面、台阶、窗台、门窗顶、阳台、雨篷、檐口、屋顶等处。

标注标高时，除了门窗洞口，其他部位要区别标注建筑标高还是结构标高，某些部位应标注粉刷层完成之后的建筑标高，如阳台栏杆顶面的标高；某些部位应该标注不包括粉刷层的结构标高，如雨篷底面的标高。在需要绘制详图的地方，还应画上详图索引符号。

AutoCAD 没有立面图的标高符号，用户可以自己绘制，并定义成属性块，存成一个块文件，方便以后调用。

标高以外的其他尺寸标注和平面图完全一样，在这里不再赘述。

2. 文字注写

立面图的文字注写除图名标注外，还有立面材质做法、详图索引以及其他必要的文字说明。例如这幅图上的墙面、屋面、阳台的装饰材料等。

此外，立面图中还要绘出定位轴线以及轴线编号，以便与平面图对照识读。一般情况下不需要绘出所有的定位轴线，只画出两端的定位轴线即可。

完成后的①～⑨建筑立面图如图 12-28 所示。

第五节　建筑剖面图的绘制

用一个或多个假想的垂直外墙轴线的正平面或侧平面沿指定的位置将建筑物剖切开，移去剖切平面及一部分形体，将剩余部分进行投射得到的图形，称为建筑剖面图，简称剖面图。建筑剖面图用以表达建筑物竖向构造方式，主要可以表示建筑物内部垂直方向的高度、楼层的分层、垂直空间的利用以及简要的结构形式和构造方式，如屋顶的形式、屋顶的坡度、檐口的形式、楼板的搁置方式和搁置位置、楼梯的形式等。

建筑剖面图也是建筑施工图中的一个重要内容，与平面图及立面图配合在一起，更加清楚地反映建筑物的整体结构特征。在绘制建筑剖面图之前，应首先了解剖面图的内容、图示原理和方法，才能将设计意图和设计内容准确地表达出来。同平面图一样，建筑剖面图的设计与绘制也应遵守国家标准《房屋建筑制图统一标准》(GB/T 50001—2001)和《建筑制图标准》(GB/T 50104—2001)中的有关规定。

建筑剖面图中凡是剖切到的墙、板、梁等构件的轮廓线均用粗实线表示，没有剖切到的其他构件的投影线用中实线表示，细部构造用细实线表示。

下面介绍如图 12-36 所示建筑剖面图的具体绘制过程和步骤。

一、绘制轴线及轮廓线

1. 绘制轴线

(1)将“轴线”图层设为当前层。

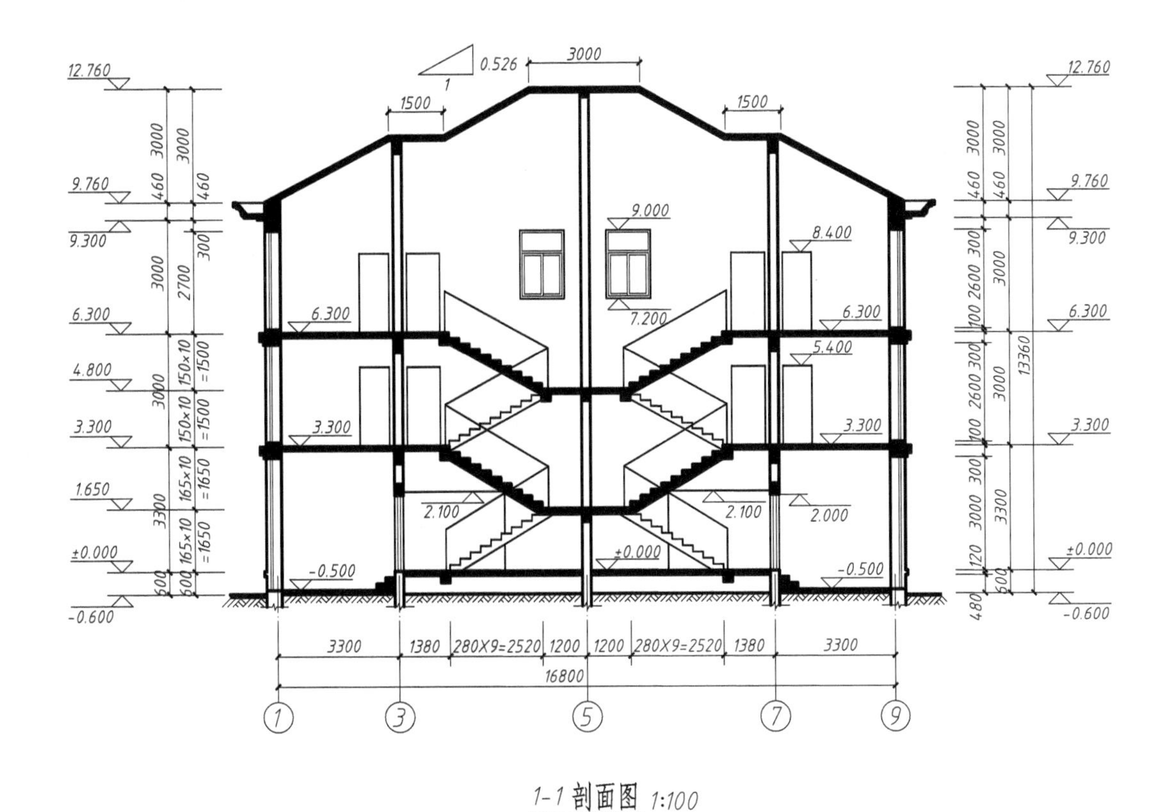

图 12-36　建筑剖面图

(2)用【直线】命令画出左边第一条轴线。

(3)用【偏移】命令偏移复制其他轴线,偏移距离从左至右分别为3300、5100。由于该剖面图是对称的,可以先画出左边一半。

2. 绘制室内外地坪线、楼面线、顶棚线

(1)选择"辅助线"图层为当前图层。

(2)绘制一条水平线作为室外地坪线,并将其设为水平基准线。

(3)将地坪线经过一系列的偏移,即可生成楼面、檐口、顶棚的轮廓位置线。从下至上偏移量依次为:100、3800、3000、3000、460、1830、1170。

至此,轴线及高度方向轮廓线已经创建完成,如图12-37所示。

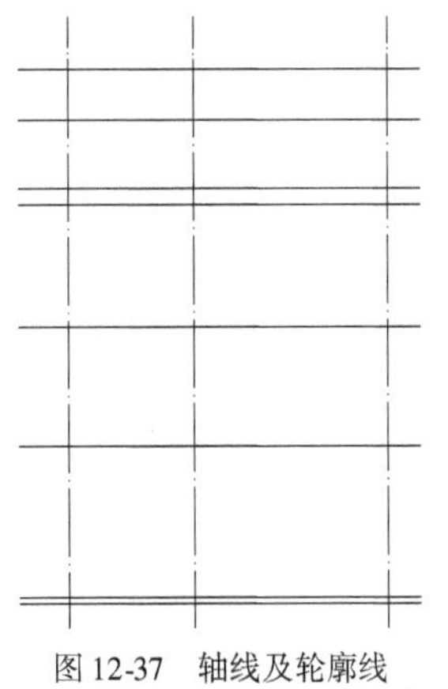

图 12-37　轴线及轮廓线

二、绘制墙体

由于建筑剖面图比例较小,可不用画出墙体的具体材料,所以不必考虑填充的问题。一般墙体中被剖切到的部分用粗实线来表示,没有剖切到的部分用中实线表示,具体步骤如下。

(1)选择"墙体"图层为当前层。

(2)用【直线】命令绘制剖切到的墙体。

(3)用【直线】命令绘制①轴线外墙内的保温材料。由于该保温材料应该用细实线绘制，所以选重该直线，用【特性】选项板将其线宽修改为细实线即可。

三、绘制楼板

楼板即建筑物各层的地板，其中被剖切到的100厚楼板可以用多段线绘制。

(1)选择“楼板”图层为当前层。

(2)单击【多段线】命令，具体步骤如下。

```
命令：_pline
指定起点：（指定楼板起点）
当前线宽为0
指定下一个点或[圆弧(A)/半宽(H)/长度(L)/放弃(U)/宽度(W)]：w
指定起点宽度<0>：100
指定端点宽度<100>：100
指定下一个点或[圆弧(A)/半宽(H)/长度(L)/放弃(U)/宽度(W)]：（指定楼板终点）
指定下一点或[圆弧(A)/闭合(C)/半宽(H)/长度(L)/放弃(U)/宽度(W)]：
```

其他楼板按同样步骤绘制。

(3)用【矩形】命令画出楼板下的过梁轮廓，并在【图案填充】对话框中选择【SOLID】图案填充过梁。

绘制完成的墙体和楼板如图12-38所示。

四、绘制屋面

对于一般的工业与民用建筑来说，屋面的样式比较简单，在剖面图中常用几条直线表示屋面。屋面为了便于排水，屋面板通常是带有坡度的，本建筑采用的是坡屋面，绘制过程如下。

(1)用【多段线】命令画出100厚的屋面板。

(2)用【直线】、【圆弧】命令画出檐沟的外形并填充。绘制完成的屋面如图12-39所示。

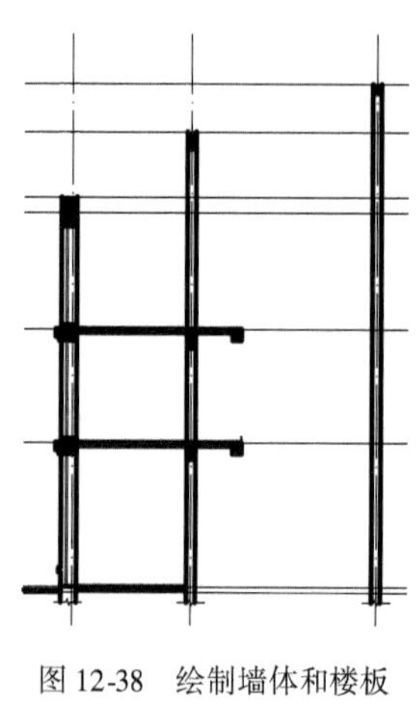

图12-38　绘制墙体和楼板

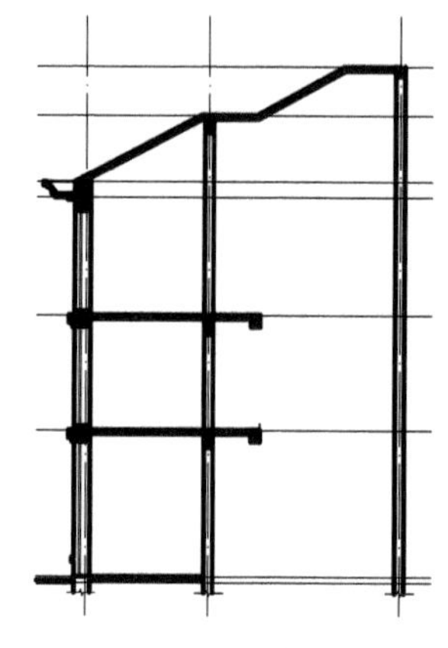

图12-39　添加屋面

五、绘制楼梯

在剖面图中，楼梯是最常见的，也是绘制步骤中最为复杂的一部分，建筑剖面图一般都要剖切到一跑楼梯和一个楼梯平台,被剖切到的楼梯采用粗实线绘制,同时辅以材料填充,未被剖切到的楼梯部分采用中实线绘制。

绘制楼梯时,分为休息平台、台阶、扶手和栏杆几部分来画。

1. 休息平台

按照前述楼板的绘制方法完成楼梯的地面、休息平台及下方过梁的绘制。

2. 台阶

(1)采用【直线】命令绘制台阶。台阶由相交成直角的折线组成,可以采用相对坐标绘制。绘制第一跑楼梯,具体步骤如下。

```
命令:_line
LINE 指定第一点: (在图形上拾取起始点)
指定下一点或[放弃(U)]:@0,165 (输入相对于起始点的相对坐标)
指定下一点或[放弃(U)]:@280,0 (输入相对于上一点的相对坐标)
指定下一点或[闭合(C)/放弃(U)]:@0,165 (同上)
指定下一点或[闭合(C)/放弃(U)]:@280,0
指定下一点或[闭合(C)/放弃(U)]:@0,165
指定下一点或[闭合(C)/放弃(U)]:@280,0
……
```

连续运用相对坐标,可以画出10级台阶。

(2)按照相同的方法绘制另一跑楼梯。

(3)在两段楼梯下面各增添一条轮廓线,这条线的斜率要和楼梯的走势一致。同时在楼梯与楼板和休息平台连接的地方,要做相应的修补和添加工作。

(4)填充被剖切的梯段。由于比例小,楼梯的填充不需表达建筑物的材料图例,只需填成黑色即可。采用【图案填充】命令,在【图案填充和渐变色】对话框中的【图案】下拉列表框中选择【SOLID】选项,然后单击【添加:拾取点】按钮,在剖面图上选择所要填充的范围,按 Enter 键,返回到对话框,单击【确定】按钮即可。

3. 扶手

直接用【直线】命令绘出楼梯扶手,注意扶手的斜率也要和楼梯的坡度一致。由于比例小,栏杆省略未画。

加绘楼梯后的剖面图如图12-40所示。

六、绘制门窗

在建筑平面图和建筑立面图的设计过程中,都接触到了门窗的设计。由于门窗的种类各有不同,因此绘制方法也略有差异。前面介绍了一些常见门窗的绘制方法,这些方法在剖面图的绘制过程中依然可以采用。

总体来说,剖面图中的门窗有两类。一类是没有被剖切到的部分,它们的绘制方法与立面图中门窗的绘制方法相同;另一类是被剖切到的,其绘制方法与平面图中门窗的绘制方法有相似之处,可以借鉴。

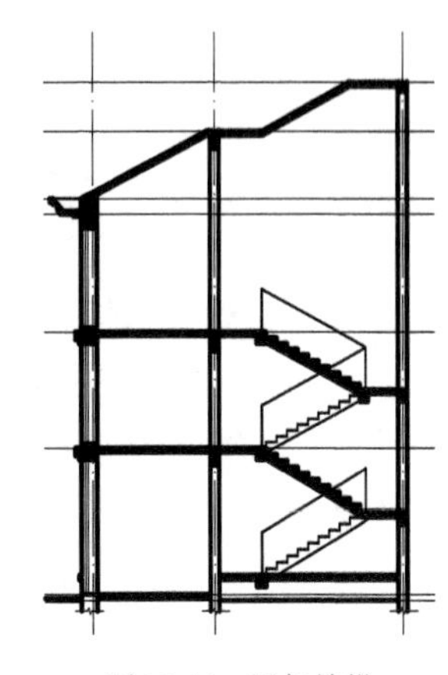

图12-40 添加楼梯

无论在何种投影图中,一般而言,门窗都是很有规律的建筑结构,可以先绘制一组门窗,然后采用复制或者建块插入的方法来完成其他门窗的绘制，绘制过程如下。

1. 绘制剖切到的门

（1）选择"墙体"图层为当前层，画出门洞上、下两条水平线。

（2）利用【修剪】命令修剪多余的墙线。

（3）选择"门窗"图层为当前层。

（4）门的图例由四条平行线构成，可以用【偏移】命令画出。

2. 绘制投影看到的门窗

按照建筑立面图上门窗的绘制方法，绘制投影时看到的门窗。

绘制完成的门窗如图 12-41 所示，为清楚起见，关闭了"轴线"和"辅助线"图层。

七、镜像剖面图

绘制建筑细部，如车库的台阶、夯实地面的图例等，这样就完成剖面图左边部分的绘制。然后采用【镜像】命令，可得到完整的剖面图，如图 12-42 所示。

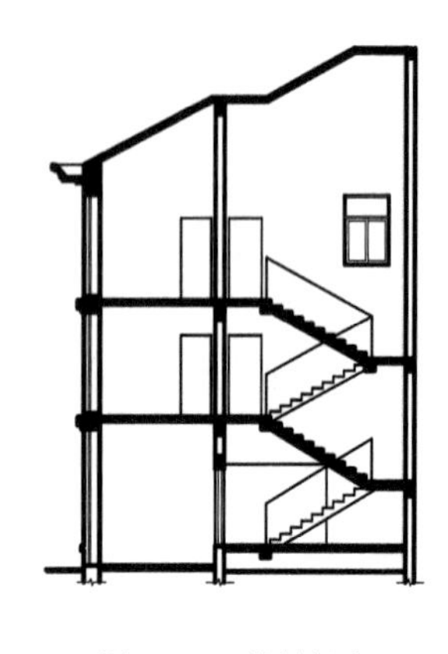

图 12-41　绘制门窗

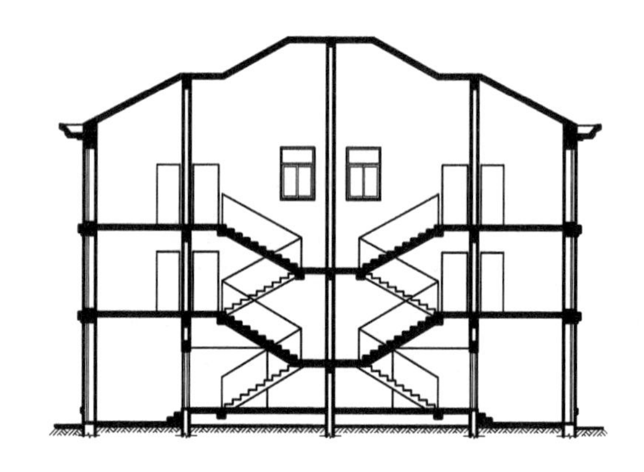

图 12-42　镜像剖面图

八、尺寸标注及文字说明

1. 尺寸标注

在剖面图中，应该标出被剖切到部位的必要尺寸，包括竖直方向剖切部位的尺寸和标高。

外墙的竖直尺寸需要标注门、窗洞以及墙体的高度尺寸，还需要标注层高尺寸，即各层到上层楼面的高度差。同时还应该标注出室内外的地面高度差及建筑物的总高。这些标注分三道由细部至整体分别标出，可以使用【标注】工具栏的有关命令完成。

除此之外，剖面图还须标注一些结构的标高，包括各部分的地面、楼面、楼梯休息平台、梁、雨篷等。AutoCAD 没有自带的标高工具，需要自己绘制或者调用前面设置的块文件，标注标高时要注意区别建筑标高和结构标高。

标注完成的剖面图如图 12-36 所示。

2. 文字说明

在一些特殊结构的剖面图中，对于间隔结构的所用材料、坡度大小、泛水构造等需要作一定的文字说明。

第六节　上机实验

实验一　建立建筑施工图的样板图文件

1. 目的要求

AutoCAD 的样板图是一种图形文件,是作图的起点。通过该实验,了解样板图的设置内容和方法,提高绘图效率。

2. 操作指导

按照《房屋建筑制图统一标准》(GB/T 50001—2001)和《建筑制图标准》(GB/T 50104—2001)中的有关规定,利用 AutoCAD 对话框设置图形的绘图边界、绘图单位、图形辅助功能、图层、线型、颜色以及尺寸标注样式、文字样式和其他信息。样板图以“.DWT”文件类型保存。

实验二　绘制别墅建筑施工图

1. 目的要求

熟练掌握图形的绘图、编辑功能,并且熟练运用图形显示命令和图层、图块的操作方法,绘制出符合建筑制图国家标准的建筑施工图,如图 12-43、图 12-44 所示。

2. 操作指导

建筑平面图中墙体采用【多线】命令绘制,定义多线样式,编辑多线的相交形式。门、窗定义成图块,按要求插入,以便提高绘图速度。

建筑立面图的绘制方法与建筑平面图基本相似,关键在于熟练运用各种绘图、编辑命令和图层、图块功能。特别是标注立面标高时,建立属性块,可以大大提高尺寸标注的速度。

建筑剖面图中楼板的绘制可以用设置好宽度的【多段线】命令,也可以先画出楼板的轮廓,然后用【图案填充】命令完成楼板的绘制。

实验三　绘制住宅建筑施工图

1. 目的要求

熟练掌握图形的绘图、编辑功能,并且熟练运用图形显示命令和图层、图块的操作方法,绘制出符合建筑制图国家标准的建筑施工图,如图 12-45、图 12-46 所示。

2. 操作指导

建筑平面图中墙体采用【多线】命令绘制,定义多线样式,编辑多线的相交形式。门、窗定义成图块,按要求插入,以便提高绘图速度。

建筑立面图的绘制方法与建筑平面图基本相似,关键在于熟练运用各种绘图、编辑命令和图层、图块功能。特别是标注立面标高时,建立属性块,可以大大提高尺寸标注的速度。

建筑剖面图中楼板的绘制可以用设置宽度的【多段线】命令,也可以先画出楼板的轮廓,然后用【图案填充】命令完成楼板的绘制。

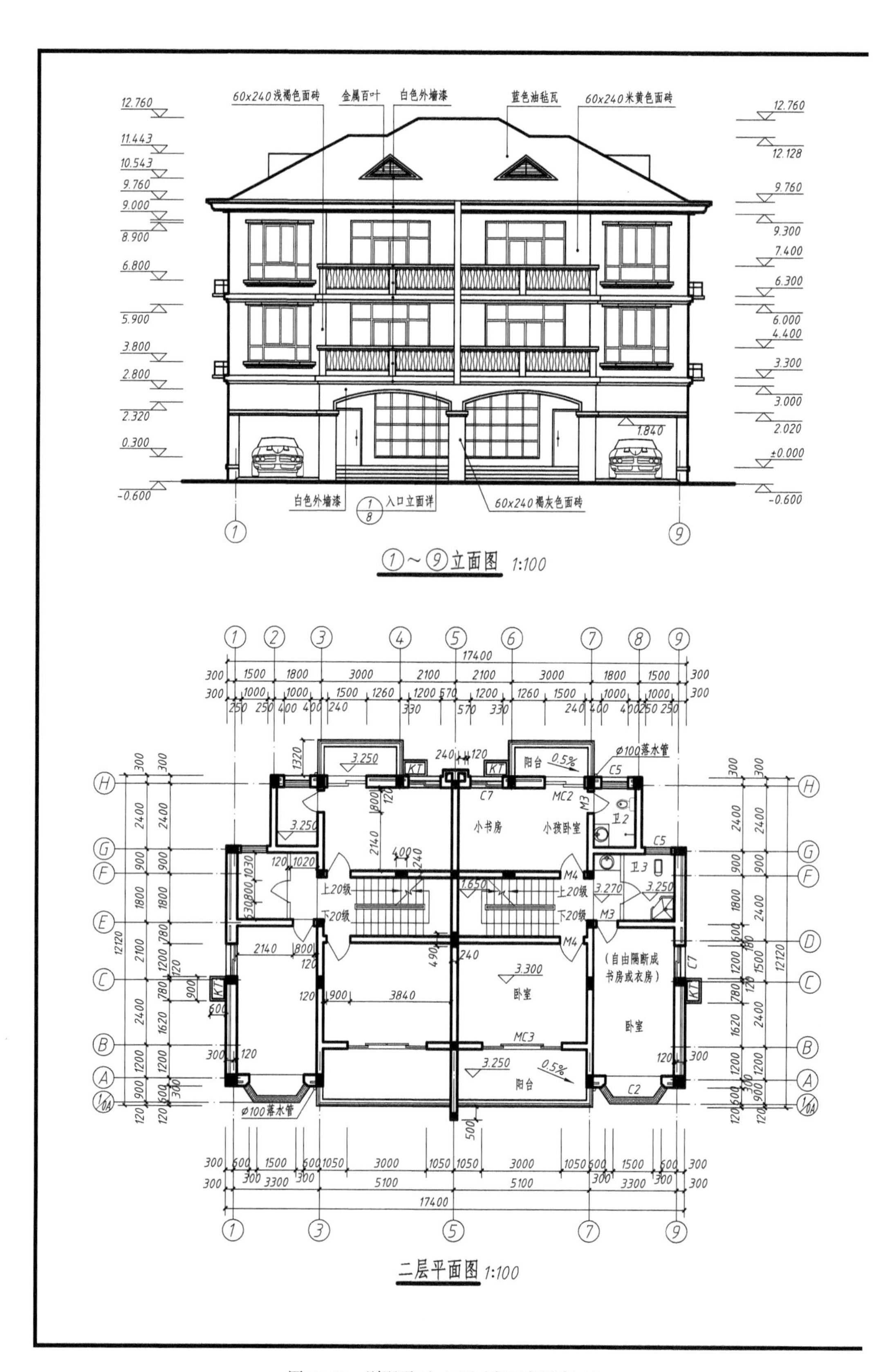

图 12-43　别墅平面、立面、屋面平面图(左)

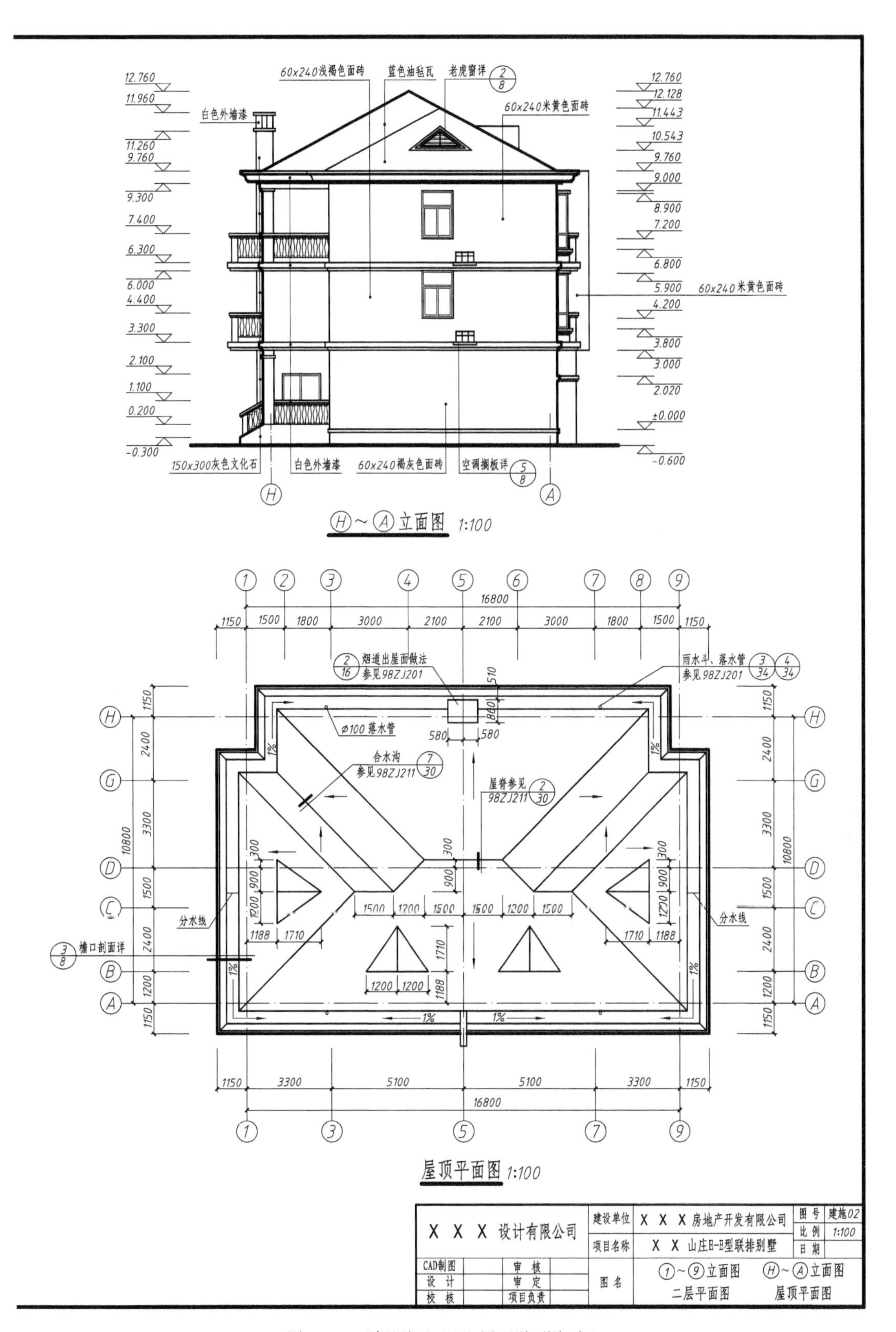

图 12-43　别墅平面、立面、屋面平面图(右)

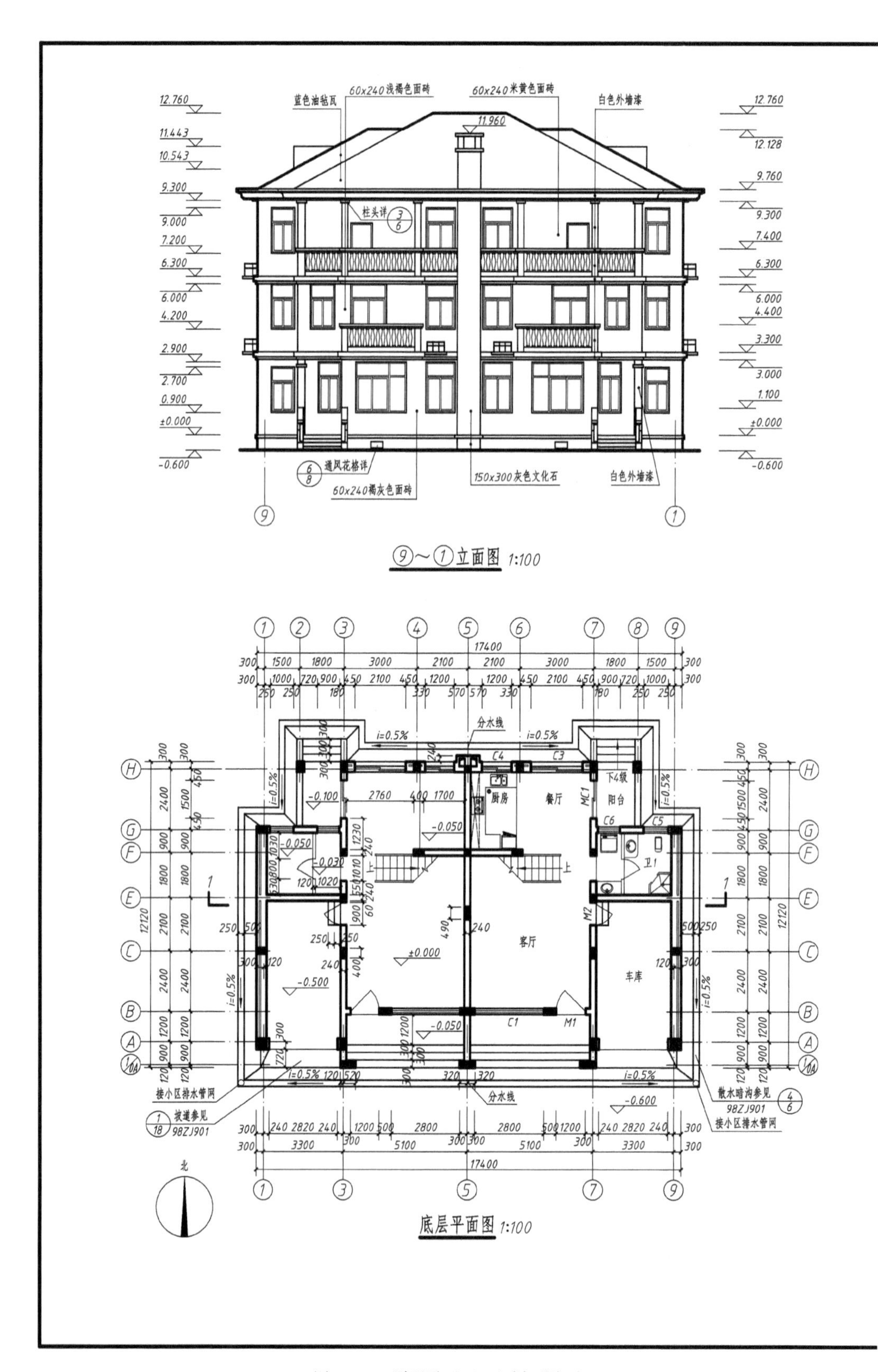

图 12-44　别墅平面、立面、剖面图(左)

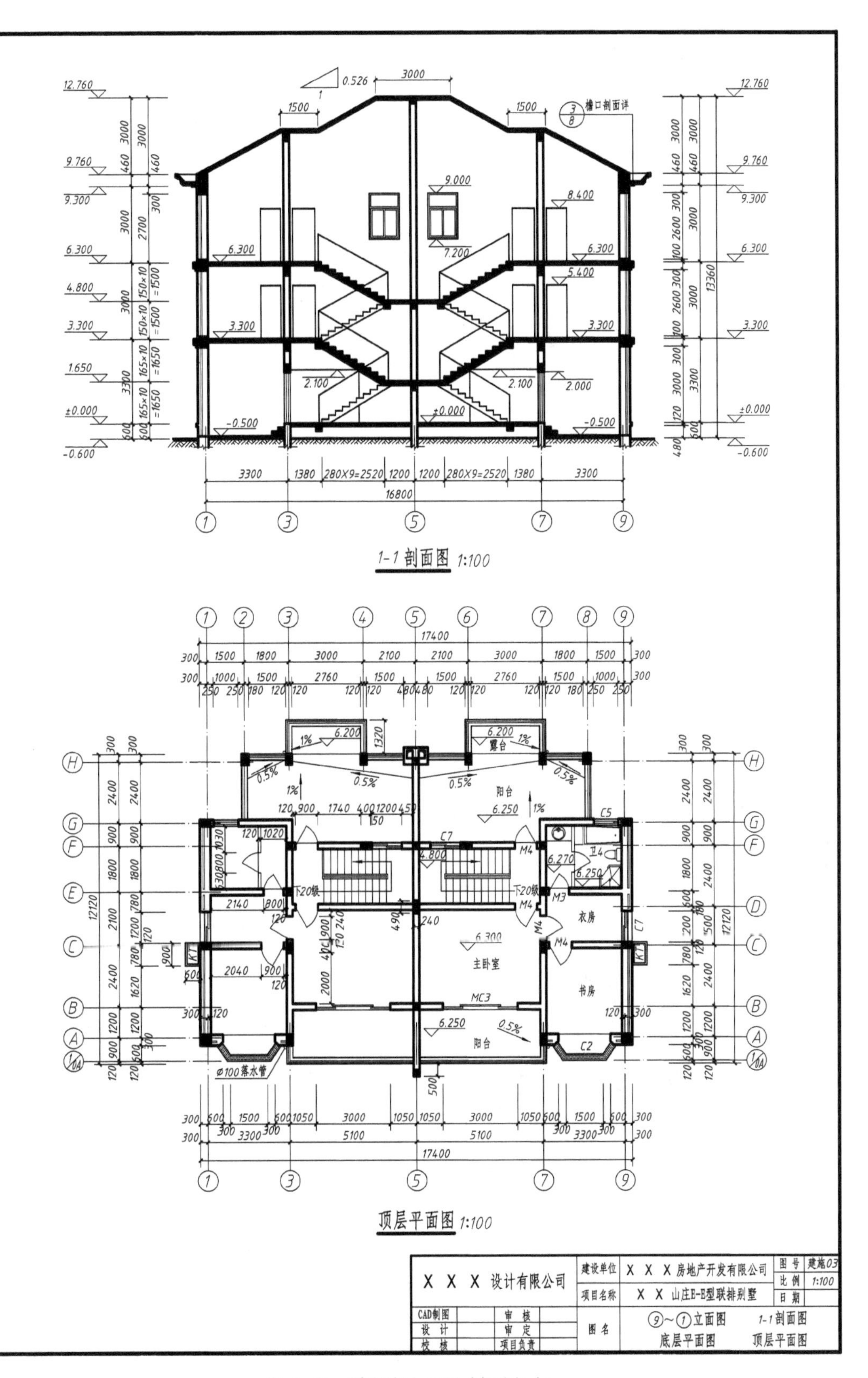

图 12-44　别墅平面、立面、剖面图(右)

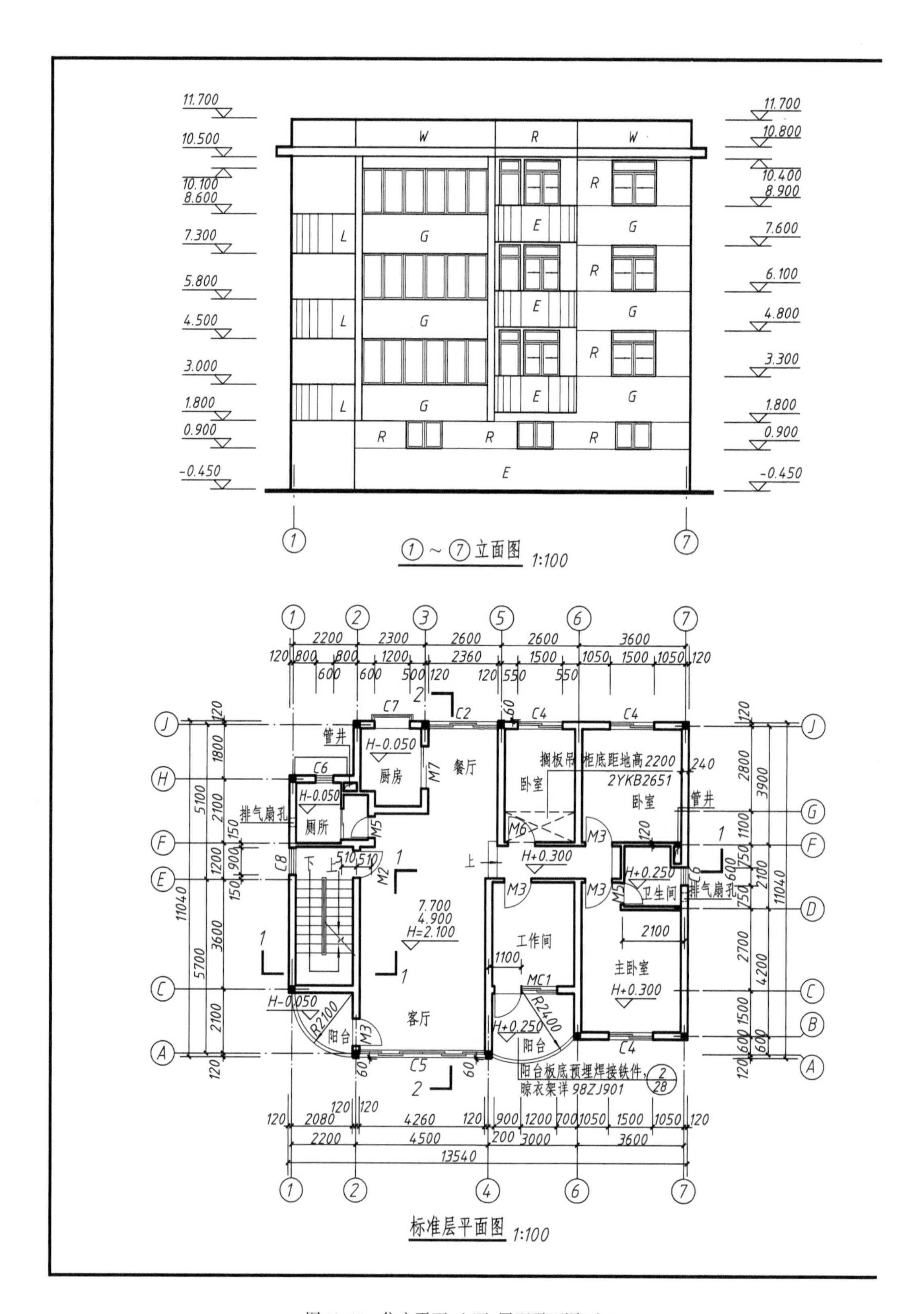

图 12-45　住宅平面、立面、屋面平面图(左)

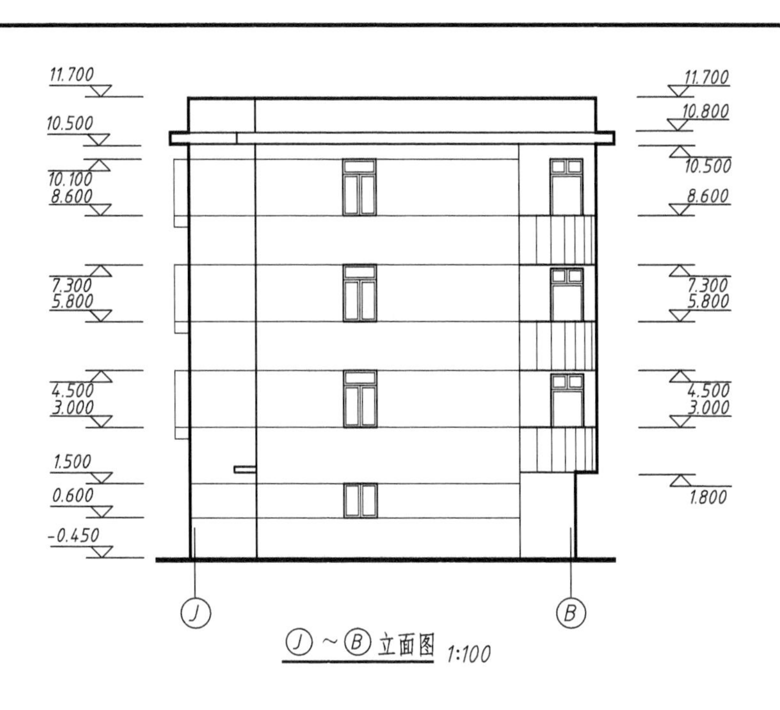

Ⓙ～Ⓑ立面图 1:100

门窗表

门窗编号	门窗洞尺寸(宽X高)	数量	备 注
M1-0819	800X1900	7	刷米黄色油漆
M2-0921	900X2100	3	刷米黄色油漆
M3-0924	900X2400	12	刷米黄色油漆
M4-1019	1000X1900	1	防盗大门
M5-0720	700X2000	6	刷米黄色油漆
M6-0922	900X2200	3	刷米黄色油漆
M7-1421	1400X2100	3	白色玻璃铝合金推拉门
MC1-3924	3900X2400	3	参照长沙铝铜材厂装饰分厂产品，立面详见本图，5mm厚白色玻璃铝合金推拉窗，白色铝框
C1-1209	1200X900	7	
C2	2360X1500	3	
C3-0909	900X900	1	
C4-1515	1500X1500	9	
C5	4260X1500	3	
C6-0612	600X1200	6	
C7-2115	2100X1500	3	无烟灶专用窗
C8-0915	900X1500	3	同 C1

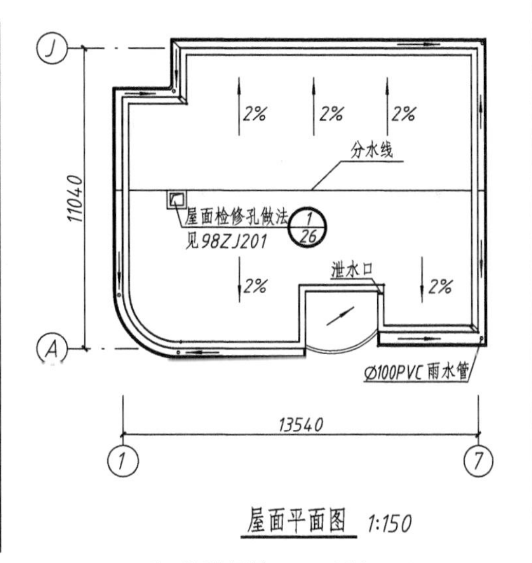

屋面平面图 1:150

（注：屋面排水坡度2%，天沟坡度0.5%）

XXXX 设计有限公司				建设单位		图 号	建施 02
CAD制图		审 核		工程名称	XXX 住宅楼	比 例	
						日 期	03.12
设 计		审 定		图 名	①～⑦立面图 Ⓙ～Ⓑ立面图		
校 核		项目负责			标准层平面图 屋面平面图		

图 12-45 住宅平面、立面、屋面平面图(右)

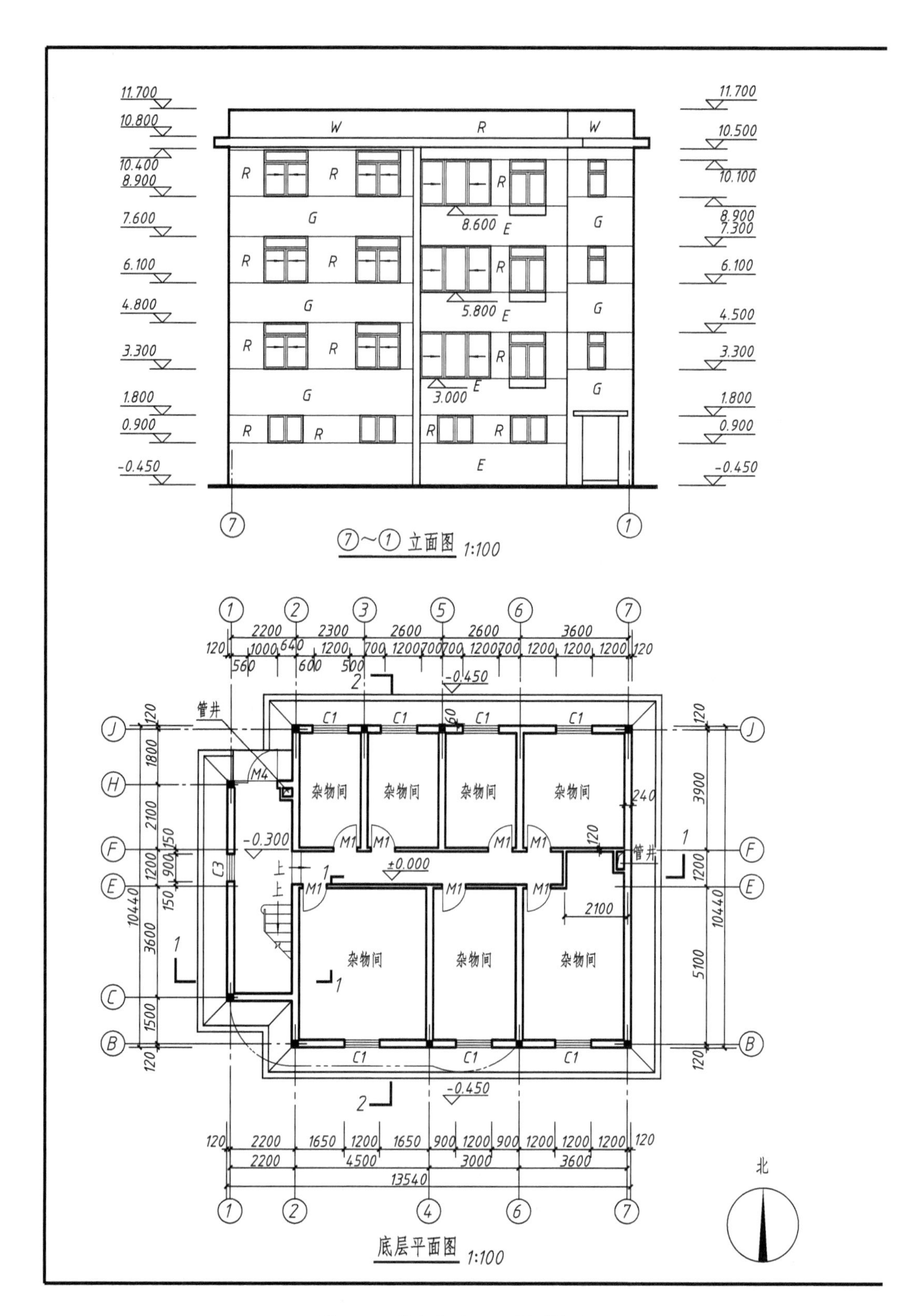

图 12-46 住宅平面、立面、剖面图(左)

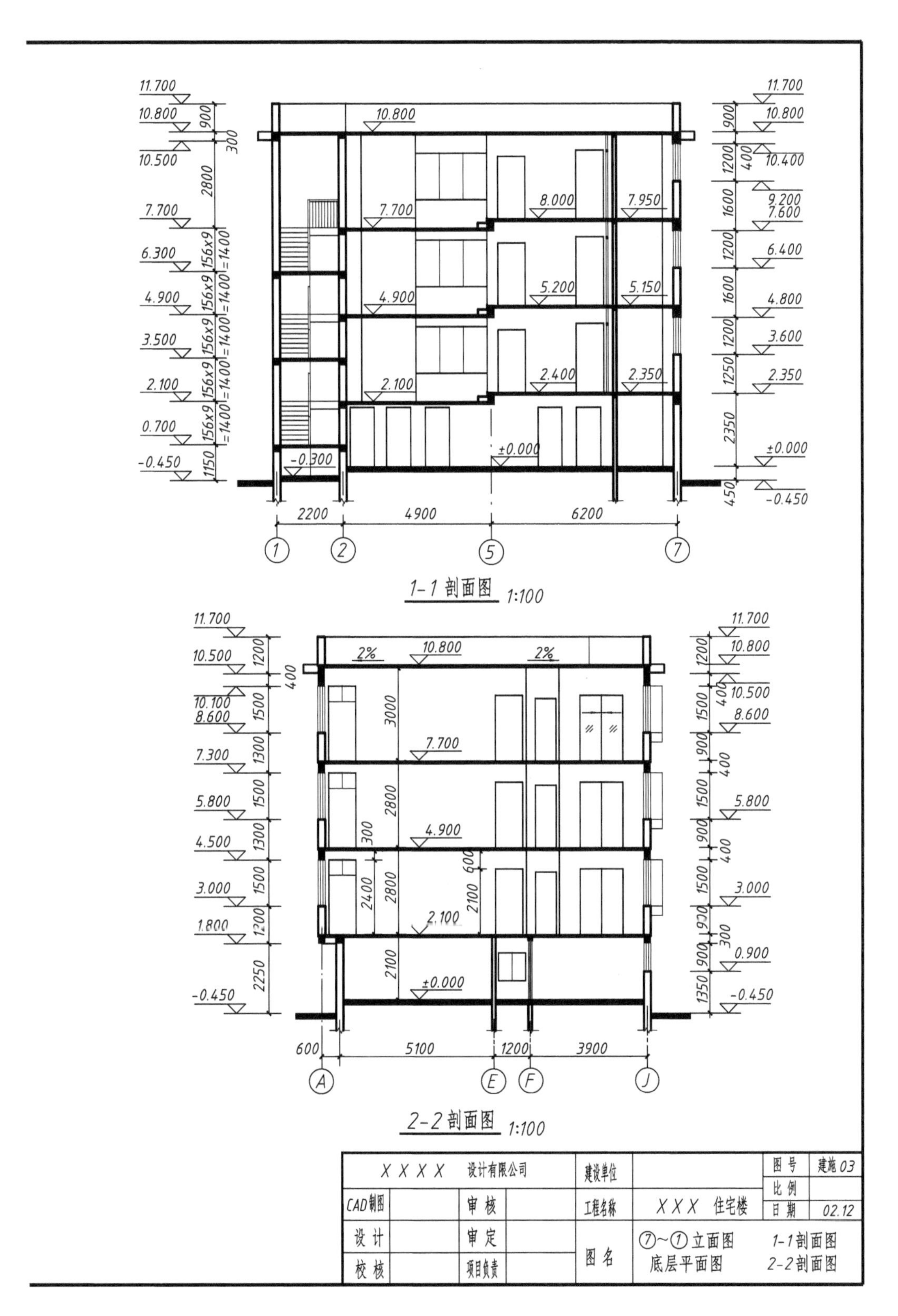

图12-46 住宅平面、立面、剖面图(右)

思 考 题

1. 利用 AutoCAD 绘制建筑施工图,一般采用多大的比例?
2. 设定图层在建筑施工图绘制时有什么好处?
3. 建筑施工图尺寸样式如何设置?
4. 建筑施工图文字样式如何设置?
5. 设计中心和工具选项板有什么作用?
6. 墙体有几种绘制方法? 如何用多线命令绘制墙体? 多线相交形式如何编辑?
7. 绘制门窗、标注标高时为什么要建立图块? 如何建立属性块?

第十三章　土木工程图的绘制

土木工程图涉及的内容很广泛，第十二章讲述了建筑施工图的绘制方法，常见的土木工程图还有结构施工图、道路工程图、桥梁工程图、给排水及暖通工程图等。

本章将结合实例介绍结构施工图，道路、桥梁工程图和给排水及暖通管道系统工程图等图样的绘制方法。

第一节　结构施工图的绘制

结构施工图是表达房屋结构的整体布置和各种承重构件（结构支承和联系构件）的形状、大小、构造等结构设计的图样。主要包括基础平面图、标准层（屋盖）结构平面布置图、楼梯结构平面图及其剖面图、构件详图等。结构施工图可以按照绘制平面图形的方法逐步绘制。

工程图一般采用1∶1的绘图比例，按照图样的实际尺寸绘制。根据结构施工图的图样大小、内容及出图比例设置图形界限、单位、图层、尺寸标注样式等，并将设置保存为结构施工图“样板图”。也可调用建筑施工图“样板图”，再增加结构施工图需要的图层，关闭和冻结无关图层后开始绘制结构施工图。根据结构施工图的特点设置的图层及含义见表13-1，各图层所选择的线型和颜色如图13-1所示。

结构施工图图层及含义　　表13-1

序　号	图 层 名 称	含　义	序　号	图 层 名 称	含　义
1	Axis	轴线	6	Text	通用文本
2	Wall	墙体	7	Textc	结构文本
3	Zw	柱网	8	Jgtx	条形基础
4	Dimt	通用尺寸	9	Sb	附属设备
5	Dimc	结构尺寸	10	Gc	附属工程

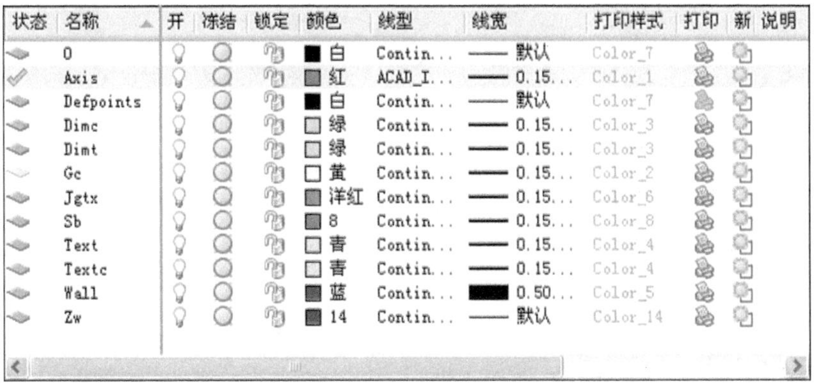

状态	名称	开	冻结	锁定	颜色	线型	线宽	打印样式	打印	新	说明
	0				白	Contin...	默认	Color_7			
	Axis				红	ACAD_I...	0.15...	Color_1			
	Defpoints				白	Contin...	默认	Color_7			
	Dimc				绿	Contin...	0.15...	Color_3			
	Dimt				绿	Contin...	0.15...	Color_3			
	Gc				黄	Contin...	0.15...	Color_2			
	Jgtx				洋红	Contin...	0.15...	Color_6			
	Sb				8	Contin...	0.15...	Color_8			
	Text				青	Contin...	0.15...	Color_4			
	Textc				青	Contin...	0.15...	Color_4			
	Wall				蓝	Contin...	0.50...	Color_5			
	Zw				14	Contin...	默认	Color_14			

图13-1　图层及线型

一、基础平面图的绘制

基础平面图分为砖混条形基础平面图和独立基础平面图两种。以如图 13-2 所示条形基础平面图为例，介绍基础平面图的绘制方法。

1. 绘制轴网

轴线是建筑定位的基本依据，结构施工图中的每一构件都是以轴线为基准定位的。确定了轴线，就确定了建筑的开间及进深，同时也决定了柱网和墙体的布置。

(1) 绘制轴线：将"Axis"层置为当前层，关闭其他无关图层。根据水平和竖直方向轴线长度，用【直线】命令绘制出水平第一根轴线Ⓐ和竖直第一根轴线①。再用【偏移】命令或【复制】命令根据基础平面图的开间和进深尺寸生成相应轴线；若轴线之间等距，可用【阵列】命令生成轴线，形成轴网。

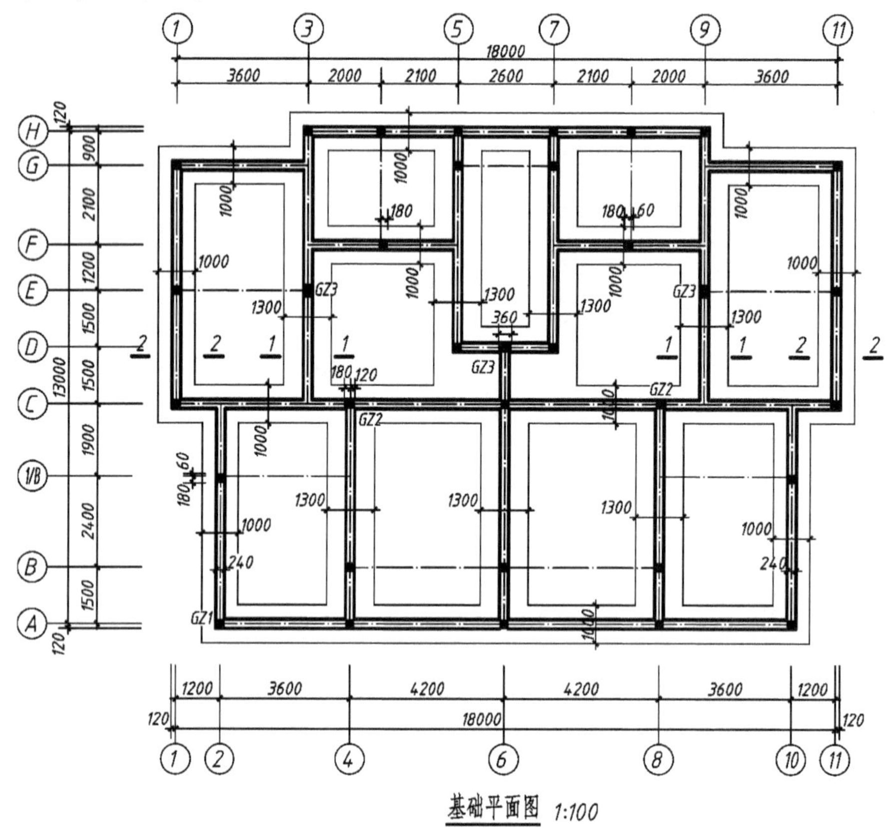

图 13-2　条形基础平面图

(2) 注写轴线编号：将"Text"层置为当前层，用【圆】命令绘制直径为"800"的圆(按出图比例为 1:100，打印时圆圈直径为 8)，再用【单行文字】命令采用中间对正方式，捕捉圆心注写字高为"500"的文本，绘出一个轴线编号；其他轴线编号可用【复制】或【阵列】命令进行复制，再双击轴线编号，在弹出的文本框中修改轴线编号即可生成其他轴线编号。或者画圆后用【定义属性】命令定义属性，用【创建块】命令创建属性块，再用【插入块】命令插入属性块时输入"1、2…，A、B…"等字符，生成轴线编号。

(3) 标注通用尺寸：将"Dimt"层置为当前层，用【线性】和【连续】命令标注各轴线之间的开间和进深尺寸，如图 13-3 所示。如果按照 1:1 的比例绘制图形，出图比例为 1:100，则需用

【标注样式】命令将【调整】选项卡中的【使用全局比例】设为“100”。

若图形具有对称性或单元性,可先绘制对称图形一半或单元图形,完成对称图形后再用【镜像】或【复制】命令完成其他部分的绘制。

2. 绘制柱网

确定了轴线后,可绘制柱网(图 13-4)。将“Zw”(柱网)层置为当前层,关闭其他无关图层。

(1)绘制标准柱断面:柱断面一般为矩形、正方形或圆形。矩形和正方形柱断面可用【多段线】命令绘制;也可用【矩形】和【正多边形】命令绘制柱断面外框,再用【图案填充】命令填充。圆形柱断面可用【圆环】命令绘制;也可用【圆】命令绘制柱断面外框,再用【图案填充】命令填充。绘制的柱断面可【创建块】以备块插入。

(2)绘制柱网:以标准柱断面为基础,用【阵列】或【复制】命令生成柱网。若柱断面已创建为“块”,用【插入块】命令或【多重插入】(minsert)命令插入块生成柱网。

若柱断面与轴线之间有偏心距,可用【移动】命令进行调整,如图 13-4 所示。

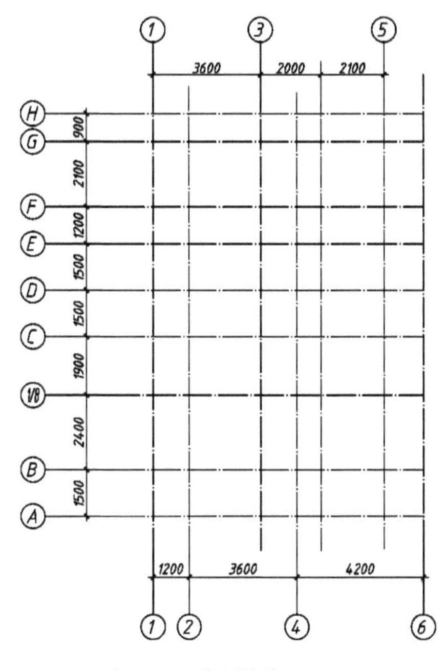

图 13-3　绘制轴线及编号

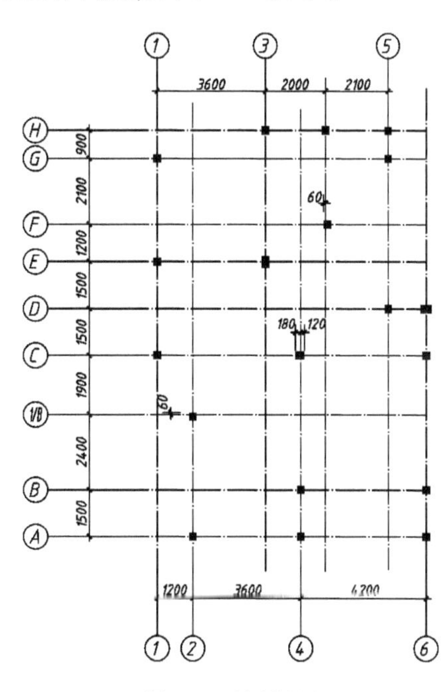

图 13-4　绘制柱网

3. 绘制墙体

打开“Axis”层作为参考层,置“Wall”层为当前层,关闭无关图层。用【直线】或【多段线】命令绘制墙体,也可用【多线】命令直接绘制双线墙体,如图 13-5 所示。

建筑设计一般以 300 为基本模数,绘制墙体时,可将【栅格】、【捕捉】间距设为“300”。绘制水平和竖直墙线时,可打开【正交】模式和【捕捉】功能,以轴网为参考点确定墙线端点。相同特征(如平行等距、对称、单元性等)的墙线可用【偏移】、【阵列】、【镜像】、【复制】等编辑命令快速完成。在绘图过程中,经常运用【延伸】、【修剪】、【圆角】等命令对墙线进行修改。

(1)用【直线】或【多段线】命令绘制墙体:绘制墙体时,一般可先用【直线】或【多段线】命令绘制墙体的中心线(轴线),再用【偏移】命令确定墙体的半宽度向两侧偏移,并指定偏移对象在当前层(Wall 层)绘出双墙线。墙角线可用【延伸】、【修剪】命令进行修剪,也可用【圆角】

命令将半径设为“0”进行修剪。

(2)用【多线】命令绘制墙体:用【多线】命令可直接绘制双墙线。先用【多线样式】命令设置线型、线宽(多线间的宽度)及多线形式,再用【多线】命令绘制双墙线。用【多线】命令绘制的“双墙线”可用【多线】(mledit)编辑命令修改成T字形、十字形、L形或开缺口等形式;也可用【分解】命令分解双墙线后,用一般编辑命令如【延伸】、【修剪】等命令修改双墙线。

4. 绘制放大脚边线

打开“Wall”层作为参考层,置“Jgtx”层为当前层,关闭无关图层。

(1)绘制放大脚边线:用【偏移】命令偏移放大脚边线,偏移距离为条形基础宽度与墙厚度之差的一半,偏移时用光标选取墙线向墙线的外侧偏移,并指定偏移对象在当前层(Jgtx层)。

(2)编辑放大脚边线:用【修剪】、【删除】命令修剪和擦除多余的图线,效果如图13-5所示。

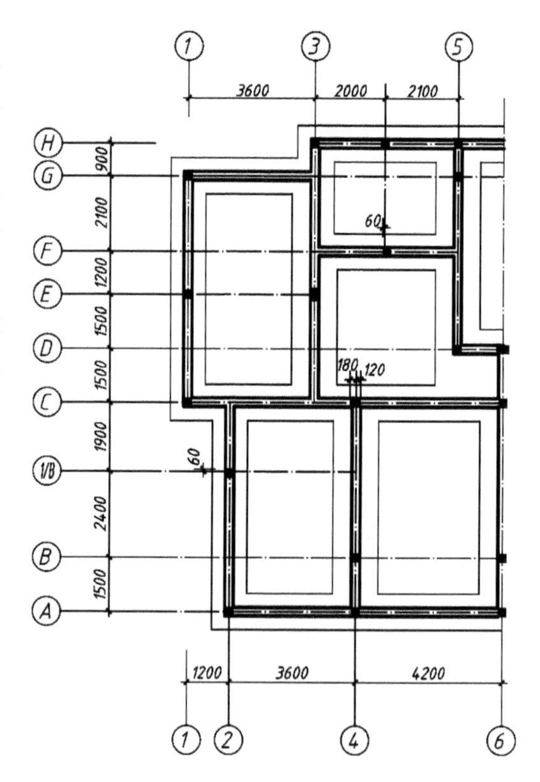

图13-5 绘墙体和放大脚边线

5. 图形镜像

(1)复制对称图形:打开正交模式,将系统变量“MIRRTEXT”设置为“0”,使文本保持可读不被翻转。用【镜像】命令镜像复制图形。

(2)修改轴线编号:双击轴线编号,在弹出的文本框中修改轴线编号。

6. 注写文本和标注尺寸

(1)标注剖切平面:将“Textc”层置为当前层,用【直线】或【多段线】命令绘制剖切位置线,用【单行文字】或【多行文字】命令标注剖切位置编号,若按1:100的比例出图,则文本高设为“500”。其他剖切符号可用【复制】命令生成,并双击剖切位置编号修改文字。

(2)标注通用尺寸:将“Dimt”层置为当前层,用【线性】命令标注总尺寸。

(3)标注结构尺寸:将“Dimc”层置为当前层,用【线性】命令标注基础尺寸,得到如图13-2所示的条形基础平面图。

对于框架结构的独立基础平面图,可参照上述方法绘制轴线、柱网、墙体、通用尺寸等,再用【直线】、【偏移】、【复制】或【阵列】命令绘制和编辑独立基础的外轮廓线和基础梁,然后用【直线】、【单行文字】命令标注基础的代号和编号。

二、结构平面布置图的绘制

结构平面布置图是表示建筑物各构件(梁、板、柱等)平面布置的图样。基础平面图与结构平面布置图有相同的部分,如绘图环境、轴线、柱网等。因此可从基础平面图中提取与结构平面布置图相同的初始图,并在此基础上绘制结构平面布置图。

1. 提取初始图

在基础平面图中，执行以下各项操作，提取结构平面布置图的初始图。

(1)选择图层：保持“Axis、Zw、Dimt”图层为打开状态，冻结其他图层。

(2)绘制梁格：用【图层】命令增设图层“Beam”(梁)，线型为连续线。采用交点捕捉模式，用醒目的粗实线绘出梁中心线，即用【直线】或【多段线】命令绘制有一定宽度的线。

(3)保存文件：用“wblock”命令将屏幕上的图形保存为“Beam. dwg”。

(4)增设图层：根据结构平面布置图的内容，用【图层】命令增设3个图层为“Beam1”(虚线梁)、“Dimcp”(结构平面尺寸)和“Textcp”(结构平面文本)，得到结构平面梁格布置初始图，如图13-6所示。

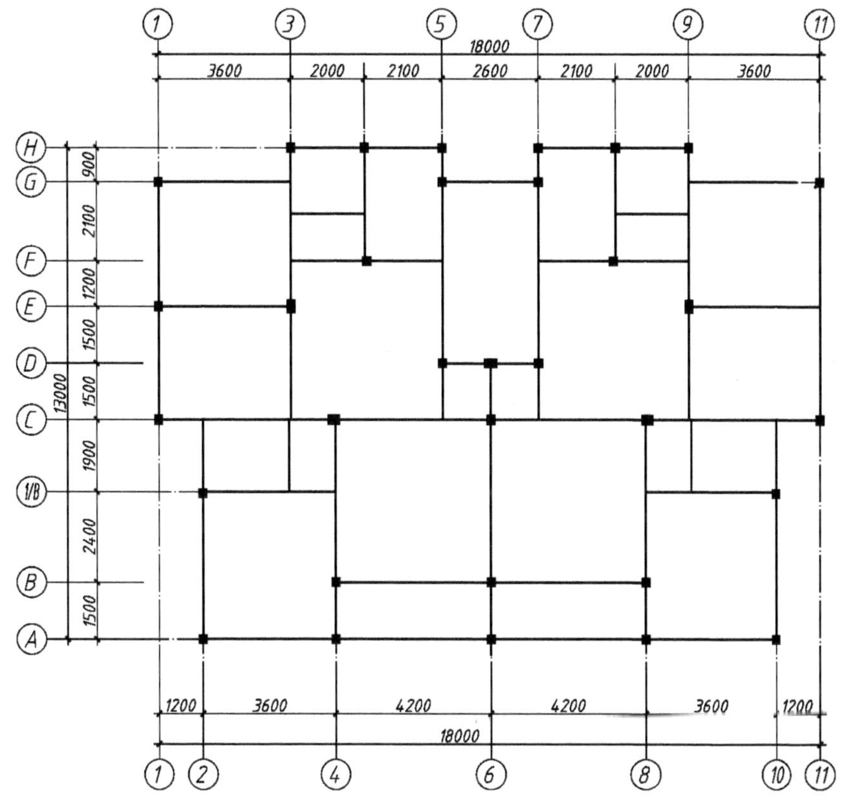

图13-6　结构平面梁格布置初始图

2. 绘制梁

(1)将“Beam”层置为当前层，关闭“Axis”图层，用【偏移】命令将梁中心线向两侧偏移复制，偏移距离为实际梁宽的一半，偏移的对象指定在当前层。用【删除】命令擦除多余的梁中心线，单击菜单浏览器按钮中【修改】菜单列表的【特性】菜单项或用【特性】命令打开【特性】选项板，将梁中心线改为单点长画线。

(2)被楼板挡住的实线梁用【特性】命令修改到虚线层(Beam1)，如图13-7所示。

3. 绘制其他部分

(1)将“Textcp”层置为当前层，用【直线】和【偏移】命令绘制预制板布置图，用【单行文字】命令标注预制板、梁的编号，再用【复制】命令复制其他预制板、梁的编号。双击预制板、梁编号，在弹出的文本框中修改预制板、梁的编号。

(2)用【多段线】与【单行文字】命令绘制现浇板钢筋布置图,再用【复制】和【特性】命令进行复制和修改。

(3)将"Dimcp"层置为当前层,用【线性】命令标注结构平面尺寸,得到结构平面布置图,如图 13-7 所示。

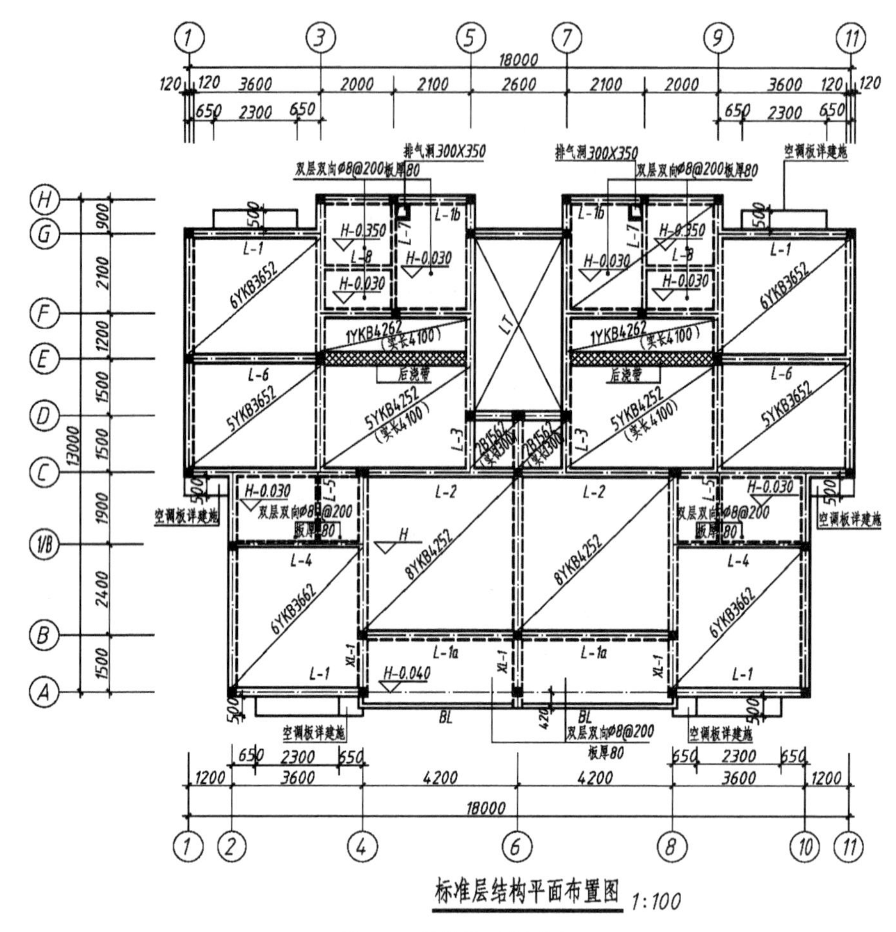

图 13-7　结构平面布置图

三、构件详图的绘制

构件详图主要包括梁、板、柱的配筋图和剖面详图等。

1. 绘制构件配筋图

如图 13-8 所示为主梁配筋图,可以按照绘制平面图形的方法逐步绘制配筋图。针对配筋图的图示特点,在绘制过程中应注意以下几点。

(1)构件配筋立面图的绘制:钢筋可分为分布筋、受力筋、架力筋、拉筋和箍筋等。在立面图中,分别用不同的线型表示,如图 13-9 所示。可以用【直线】和【圆】等命令按图层设置不同线宽绘制各种钢筋;也可以在图形输出时,按照颜色设置线宽打印不同线宽的钢筋;或者用不同线宽的【多段线】绘制不同的钢筋。

(2)构件配筋断面图的绘制:钢筋断面图(1 : 20)比立面图(1 : 30)的比例大,绘图时采用与立面图相同的比例(1 : 1)按照实际尺寸绘制,图形完成后,再用【缩放】命令将断面图放大 1.5 倍得到放大的断面图。

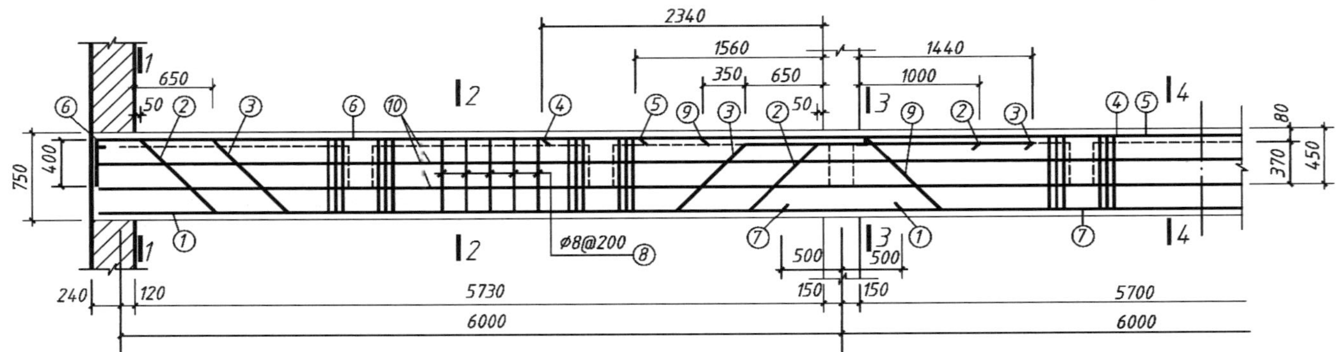

主梁配筋图 1:30

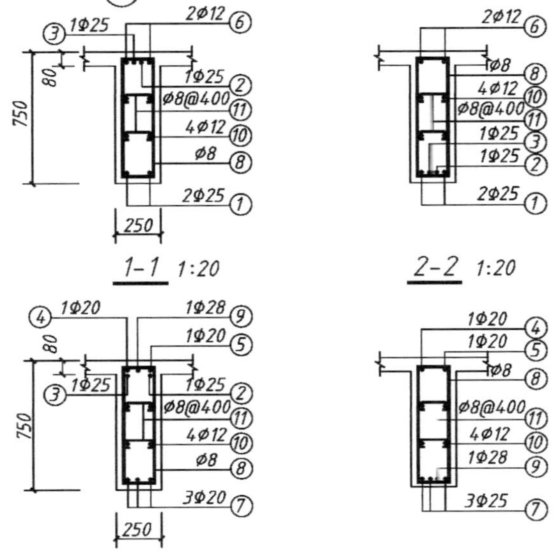

1-1 1:20

2-2 1:20

3-3 1:20

4-4 1:20

钢筋表

构件	编号	简图	直径	单根长(mm)	根数	总长(m)
主梁	1	6720	φ25	6720	4	26.88
	2	400 395 990 4260 950 1350	φ25	8345	2	16.69
	3	400 1000 990 3060 950 2390	φ25	8790	2	17.58
	4	10980	φ20	10980	1	10.98
	5	9420	φ20	9420	1	9.42
	6	6400	φ12	6610	4	26.44
	7	7000	φ20	7000	3	21.00
	8	200 700	φ8	1920	126	241.92
	9	1350 990 4200 990 1350	φ28	8880	1	8.88
	10	6720	φ12	6720	12	80.64
	11	200	φ8	340	126	42.84

XX大学土木工程学院土木01班		图号	01
制图	主梁配筋图	比例	1:1
审阅		日期	2010.9

图 13-8 主梁配筋图

钢筋断面用黑圆点表示(图 13-10),可用【圆环】命令将圆环内径设为“0”来绘制。多个类似的断面图可先绘制一个,其他断面图用【复制】命令生成,再用编辑命令进行修改。或者用【创建块】命令创建图块、用“wblock”命令将块存盘,再用【插入块】命令插入块后,将图作适当的修改。

(3)钢筋代号的标注:根据钢筋种类等级不同,分别用不同的钢筋代号表示,钢筋有 φ、Φ、Φ等符号(图 13-10)。用【文字样式】命令定义字型时,选用“gbetic. shx”字体,并使用【大字体】中“gbcbig. shx”字体。注写符号 φ 时,可以输入控制码“%%C”。其他符号 Φ、Φ不能直接注写,可用【直线】、【圆】或【椭圆】命令画出,再用【创建块】命令建立标准块,以备插入。

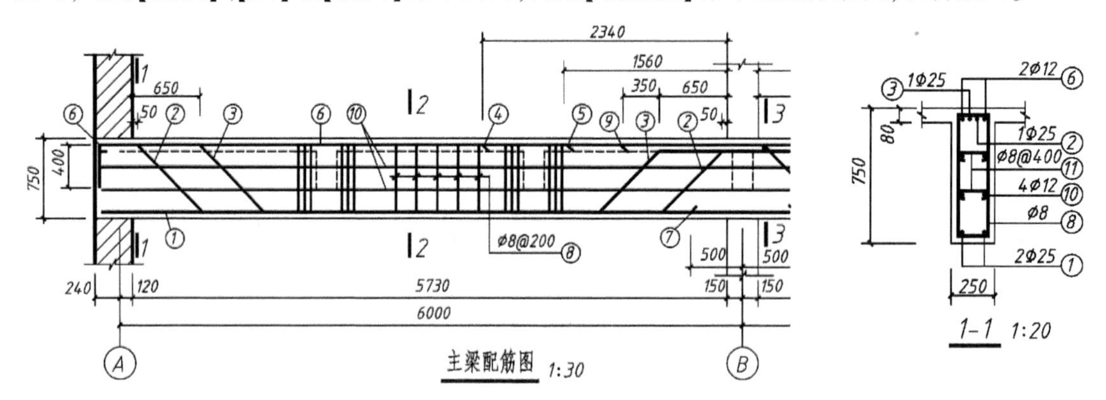

图 13-9 立面图　　图 13-10 断面图

(4)标注尺寸:断面图的比例是立面图的 1.5 倍,直接利用测量长度进行尺寸标注,标注的尺寸比实际尺寸扩大 1.5 倍。标注此类尺寸时,可用【标注样式】命令打开【标注样式管理器】对话框,定义“DIM1.5”标注样式,选择【主单位】选项卡打开【新建标注样式】对话框(图 13-11),将【测量单位比例】选项组中的【比例因子】设为“2/3”(1/1.5),其他参数按照制图标准设置。选择该标注样式即可直接测量长度进行尺寸标注。

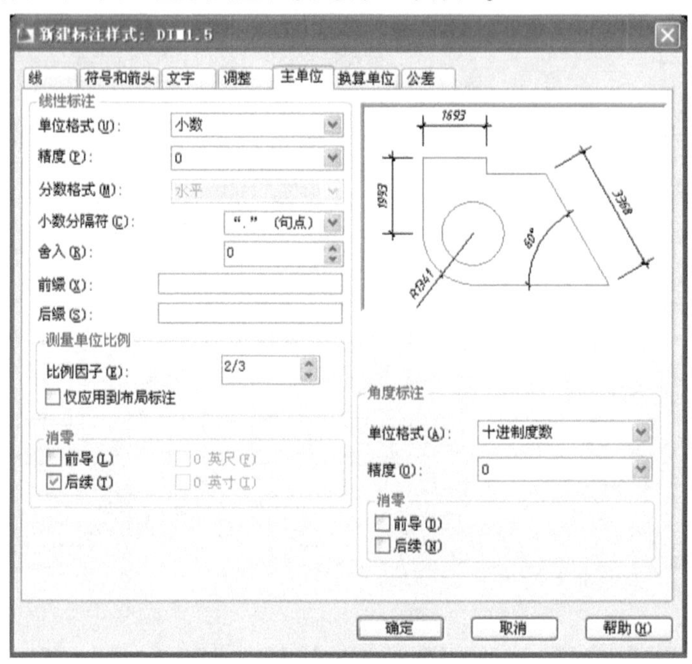

图 13-11 【新建标注样式】对话框

(5)注写文本:钢筋表可用【直线】命令绘制。注写钢筋表内文本时,先用【文字样式】命令定义字型,再用【单行文字】或【多行文字】命令注写文本;或将文本定义为属性块,【插入块】时输入不同的属性值注写文本。若表格为规则表格时,可先定义【表格样式】,再用【表格】命令绘制表格,然后双击每个单元格,在弹出的【文字格式】对话框中注写钢筋表内文本。

2. 编辑标准图

对于同一个或多个工程图中相类似的节点详图,通常只绘制一个,并把它保存为一个单独的图形文件,称为标准图。绘制其他类似的详图时,只需更名复制标准图。打开复制的标准图后,单击菜单浏览器按钮中【修改】菜单列表的【特性】菜单项或用【特性】命令对图形进行适当的修改即可。如图 13-12a)所示板的标准图(BAN120. dwg),板厚为 120,当板厚改为 180 时,按如下方法操作。

(1)用【另存为】命令将文件保存为"BAN180. dwg"文件,或用"wblock"命令保存为"BAN180. dwg"文件。

(2)【打开】"BAN180. dwg"文件,用【拉伸】命令将板边线向上拉伸 60,并保存即可。如图 13-12b)所示。

对于梁、板、柱的剖面详图和配筋图等来说,也可以制成标准块或属性块,插入后再作适当的修改。

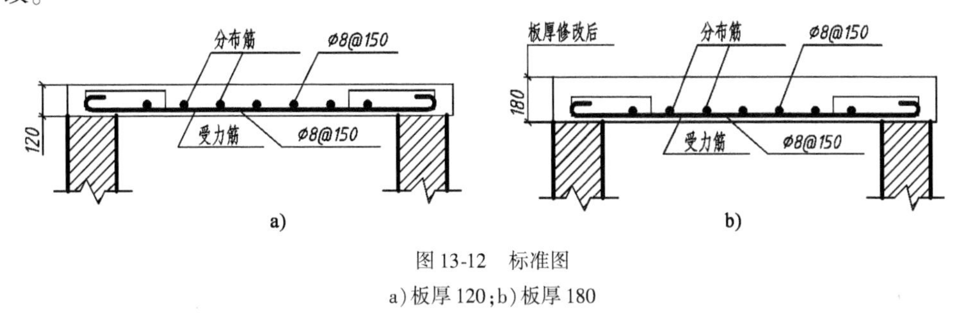

图 13-12 标准图

a)板厚 120;b)板厚 180

第二节 道路、桥梁工程图的绘制

道路工程的施工图包括道路路线、路基与路面、排水与防护、桥梁、涵洞、隧道等工程的施工图,下面主要介绍道路路线工程图和桥梁工程图的绘制。

一、道路路线工程图的绘制

道路(公路与城市道路)是一种带状三维空间结构物。路线则是指道路中心线的空间位置,它是一条由直线、曲线(圆弧曲线与缓和曲线)组成的空间曲线。道路中心线在水平面上的投影称为路线平面图,简称路线的平面;用一曲面沿道路中心线铅垂剖切后,再展开在一个 V 面平行面上的投影图称为路线的纵断面图;沿道路中心线上任意一点(中桩)作法向剖切平面所得的断面图称为该点的横断面图,简称横断面。

道路路线工程图一般包括路线平面图、路线纵断面图、路基横断面图等工程图样。

1. 绘制路线平面图

路线平面图用来表达路线的方向,平面线形(直线和左、右弯道)以及沿线两侧一定范围内的地形、地物情况。如图 13-13 所示为某高速公路中 K52 + 200 ~ K52 + 900 段路线平面图,绘制过程如下。

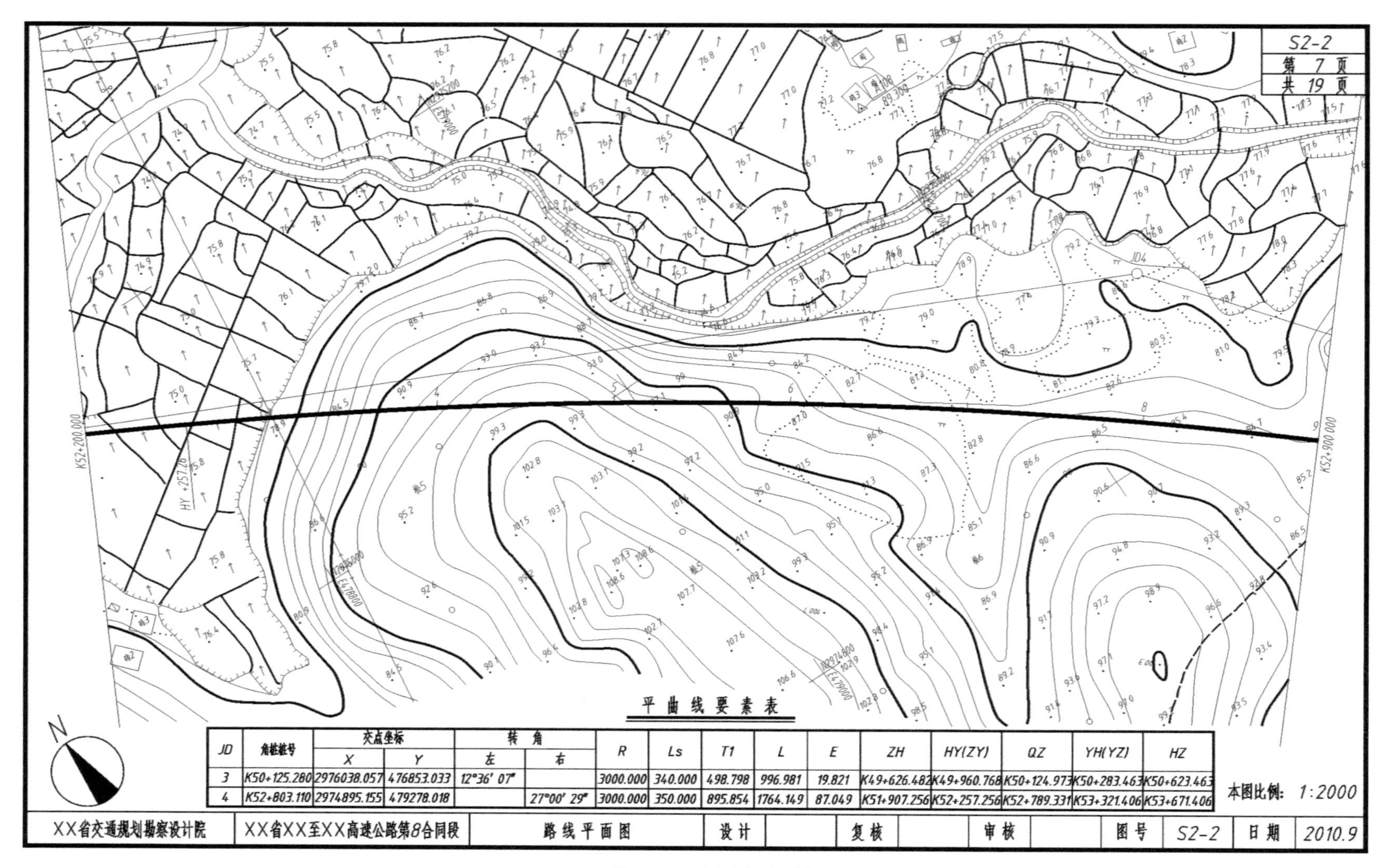

JD	角桩桩号	交点坐标 X	交点坐标 Y	转角 左	转角 右	R	Ls	T1	L	E	ZH	HY(ZY)	QZ	YH(YZ)	HZ
3	K50+125.280	2976038.057	476853.033	12°36′07″		3000.000	340.000	498.798	996.981	19.821	K49+626.482	K49+960.768	K50+124.973	K50+283.463	K50+623.463
4	K52+803.110	2974895.155	479278.018		27°00′29″	3000.000	350.000	895.854	1764.149	87.049	K51+907.256	K52+257.256	K52+789.331	K53+321.406	K53+671.406

图 13-13　公路路线平面图

(1)设置图层:路线平面图包括地形和路线两部分内容,可设置地形等高线、文本、地貌、地物图例、坐标网和路线线形、文本等图层。

(2)绘制地形图:地形图一般是用等高线和图例表示,由于其图线不规则,所以无法根据标注的尺寸和文本绘制图线,因此一般将地形图扫描为 JPG 或 TIF 文件后,用插入【光栅图像】命令打开【选择图像文件】对话框(图 13-14),选定扫描的 JPG 或 TIF 文件,指定插入基点,将图像文件插入当前图形文件中;再单击菜单浏览器按钮中【工具】菜单列表的【绘图次序】菜单项,选择【后置】将插入的光栅图像显示在所有对象之后。用【样条曲线】(spline)命令绘制等高线和其他不规则曲线,地形等高线绘成细实线,且每隔四条细实线绘制一条中实线。坐标网用【直线】和【偏移】等命令绘制,各种地物图例先用【直线】、【圆】、【修剪】、【打断】等命令绘制,再用【创建块】命令将图例创建为图块,用【块】命令将图例插入适当的位置;注写高程数字时,用【文字样式】命令设置合适文字样式,用【多行文字】或【单行文字】命令注写文本。

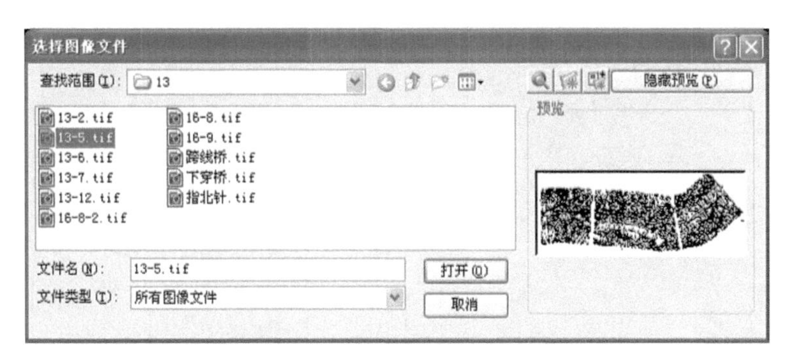

图 13-14 【选择图像文件】对话框

此外,还可用以下方法获得地形图:将扫描的 JPG 文件进行矢量化,直接获得地形图图形文件,该方法将文字也转换成图形文件,若需修改文本,就要重新注写文本;若对地形图有更高要求,可从测绘局直接获得电子版的地形图。

(3)绘制路线平面线形图:根据交点坐标值用【偏移】命令从坐标网上偏移直线来确定各交点(JD3、JD4)的位置,用【直线】命令过交点画第一条直线,根据偏角绘制未示出交点的另一直线;平曲线为圆曲线时,可用【圆角】命令指定半径绘制;若平曲线由圆曲线和缓和曲线组成时,用【圆角】命令指定半径绘制圆曲线,用【直线】命令连接交点和圆曲线圆心,根据外距 E 尺寸用【平移】命令移动圆曲线确定圆曲线和曲线中点位置,利用直缓、缓圆、圆缓、缓直点桩号确定各曲线起点、终点位置,缓和曲线用【样条曲线】命令根据曲线上各点坐标值绘制。按照上述方法绘制公路路线平面图如图 13-13 所示。

2. 绘制路线纵断面图

路线纵断面图的作用是表达路线中心纵向线形以及地面起伏、地质和沿线构造物设置的概况,图样的长度表示路线的长度,竖直方向表示高程,如图 13-15 所示。路线的地面高差比路线的长度小得多,为了清晰显示竖直方向的高差,竖直方向的比例按水平方向的比例放大 10 倍,如横向比例为 1:2000,则竖向比例为 1:200。

绘制如图 13-15 所示的公路路线纵断面图过程如下。

(1)设置图层:纵断面图包括高程标尺、图样和资料表三部分内容,一般可设置标尺、测设资料、地形线、设计线、构造物、文本和辅助线等图层。

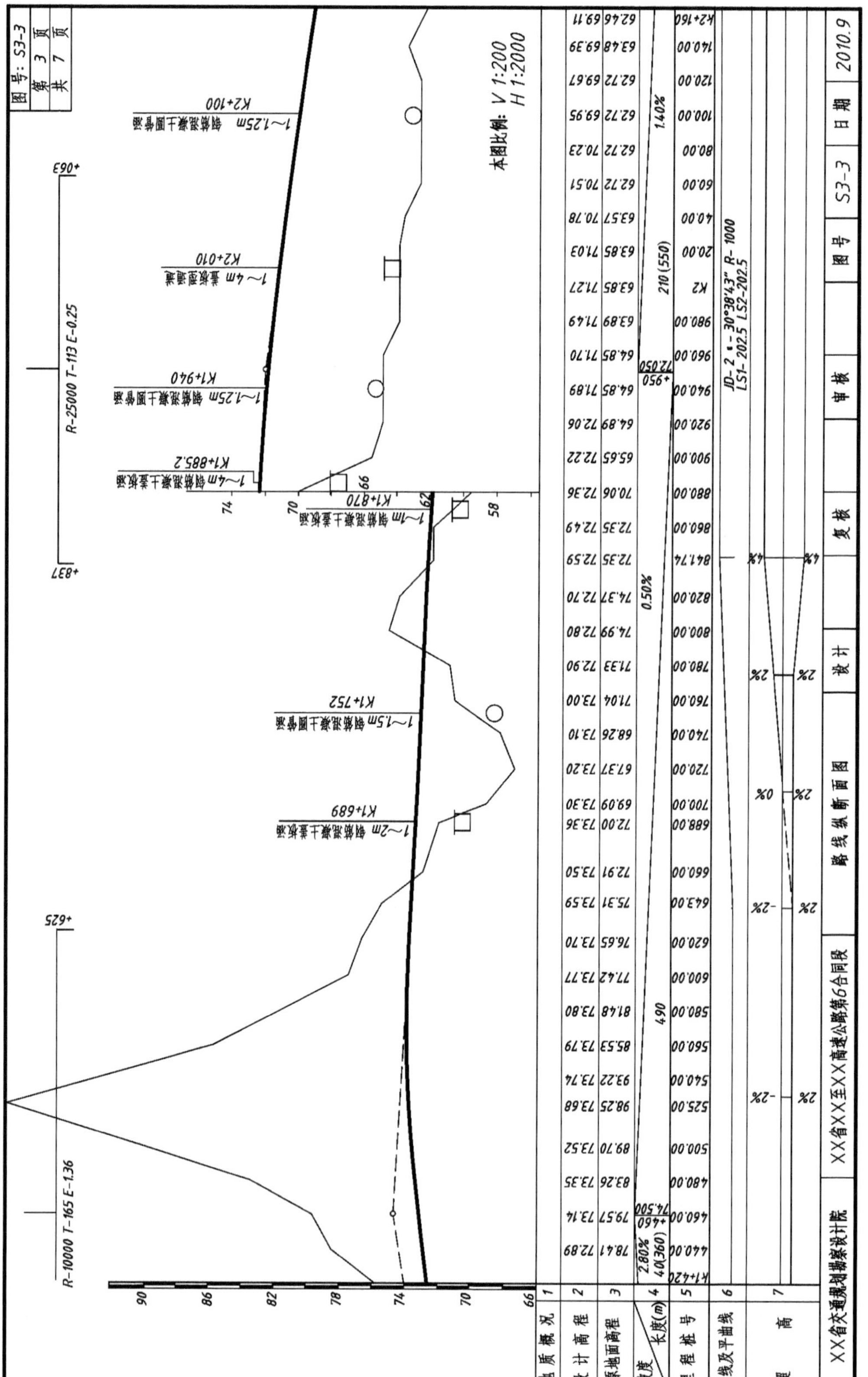

图号：S3-3 第 3 页 共 7 页

R-10000 T-165 E-1.36　+625

+837　R-25000 T-113 E-0.25　+063

1～2m 钢筋混凝土盖板涵 K1+689

1～1.5m 钢筋混凝土圆管涵 K1+752

1～1m 钢筋混凝土盖板涵 K1+870

1～4m 钢筋混凝土盖板涵 K1+885.2

1～1.25m 钢筋混凝土圆管涵 K1+940

1～4m 盖板型通道 K2+010

1～1.25m 钢筋混凝土圆管涵 K2+100

本图比例：V 1:200　H 1:2000

1 地质概况

4 坡度/长度(m)：2.80% 40(360)；+460 74.500；0.50% 490；+950 72.050；1.40% 210(550)

6 直线及平曲线：JD-2 ∙ -30°38′43″ R-1000 LS1-202.5 LS2-202.5

7 超高：-2%/2%；-2%/2%；0%/2%；2%/2%；4%/4%

5 里程桩号	2 设计高程	3 原地面高程
K1+420		
440.00	72.89	78.41
460.00	73.14	79.57
480.00	73.35	83.26
500.00	73.52	89.70
525.00	73.68	98.25
540.00	73.74	93.22
560.00	73.79	85.53
580.00	73.80	81.48
600.00	73.77	77.42
620.00	73.70	76.65
643.00	73.59	75.31
660.00	73.50	72.91
688.00	73.36	72.00
700.00	73.30	69.09
720.00	73.20	67.37
740.00	73.10	68.26
760.00	73.00	71.04
780.00	72.90	71.33
800.00	72.80	74.99
820.00	72.70	74.37
841.74	72.59	72.35
860.00	72.49	72.35
880.00	72.36	70.06
900.00	72.22	65.65
920.00	72.06	64.89
940.00	71.89	64.85
960.00	71.70	64.85
980.00	71.49	63.89
K2	71.27	63.85
20.00	71.03	63.85
40.00	70.78	63.57
60.00	70.51	62.72
80.00	70.23	62.72
100.00	69.95	62.72
120.00	69.67	62.72
140.00	69.39	63.48
K2+160	69.11	62.46

XX省交通规划勘察设计院	XX省XX至XX高速公路第6合同段	路线纵断面图	设计		复核		审核		图号	S3-3	日期	2010.9

图 13-15　公路路线纵断面图

(2)绘制测设资料表:根据横向比例、竖向比例和出图比例用【直线】、【偏移】命令绘制测设表格,再在辅助线层用【偏移】命令绘制横向和竖向辅助线,确定各桩号位置,对应各桩号位置在测设资料层用【单行文字】或【多行文字】命令注写里程桩号、原地面高程、设计高程、平曲线和超高要素等文本。平曲线和超高图例依据路线平面图的相关要素绘制。

(3)绘制标尺:根据竖向比例用【直线】、【图案填充】和【单行文字】命令绘制标尺。

(4)绘制纵断面图:地形线用【多段线】命令绘制,多段线线宽设置为"0",在"辅助线"层用【偏移】命令偏移各桩号对应原地面高程确定多段线的端点。设计线可先在"辅助线"层确定变坡点,再用【直线】命令绘制,竖曲线可根据曲线半径用【圆角】命令绘制。相同构造物可先绘制一个,其他的在合适的桩号处用【复制】命令生成;亦可【创建块】,再用【插入块】命令将其插入到合适的桩号处。图中其他文字用【单行文字】命令注写。

3. 绘制横断面图

路基横断面图是在路线中心桩处作一垂直于路线中心线的断面图,如图 13-16 所示。图样中的图线比较简单,由横断面设计线和地面线所构成。横断面设计线包括车行道、路肩、分隔带、边沟、边坡、截水沟、护坡道等设施,地面线是表示地面在横断面方向的起伏变化,可以按照绘制平面图形的方法绘制。但按《道路工程制图标准》(GB 50162—1992)规定:尺寸起止符宜采用单边箭头表示,箭头在尺寸界线的右方时,应标注在尺寸线之上;反之,应标注在尺寸线之下。AutoCAD 不能直接标注单边箭头的尺寸,可用下述方法标注。

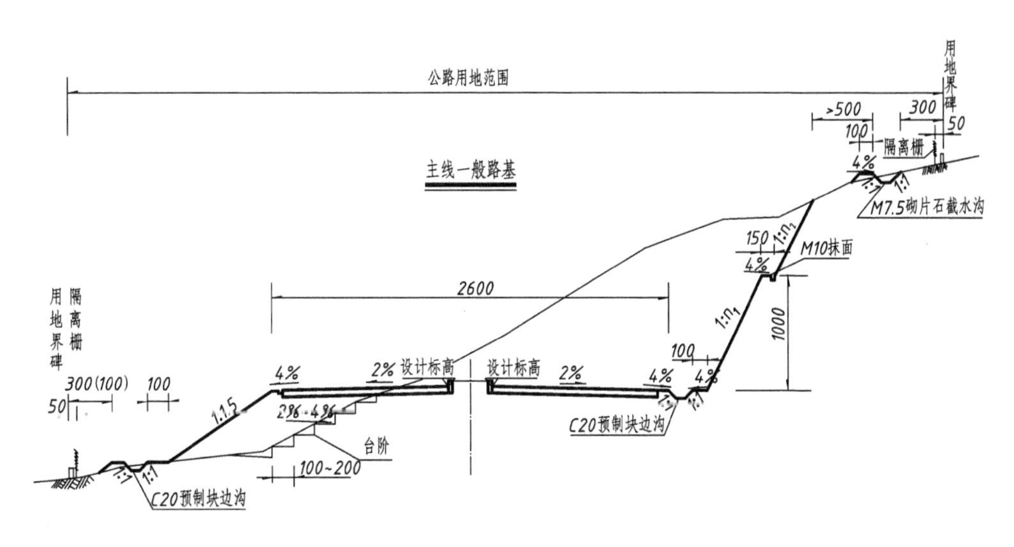

图 13-16　路基横断面图

(1)用【直线】、【图案填充】命令绘制如图 13-17 所示单边箭头。

(2)用【创建块】命令创建"单边箭头"块。

(3)用【标注样式】命令打开【标注样式管理器】对话框,新建"单边箭头"标注样式,在打开的【新建标注样式】对话框(图 13-18)中,从【箭头】选项组中的【第一项】下拉列表框中,选择已定义用户箭头"单边箭头"块,箭头大小可按照《道路工程制图标准》设置。

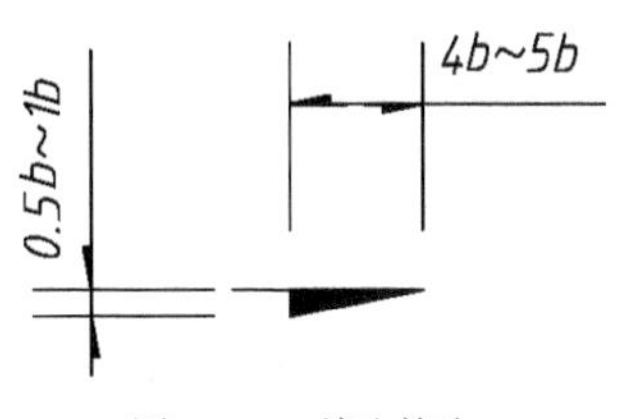

图 13-17　单边箭头

(4)选择"单边箭头"为当前标注样式,用【线性】命令标注单边箭头尺寸如图 13-16 所示。

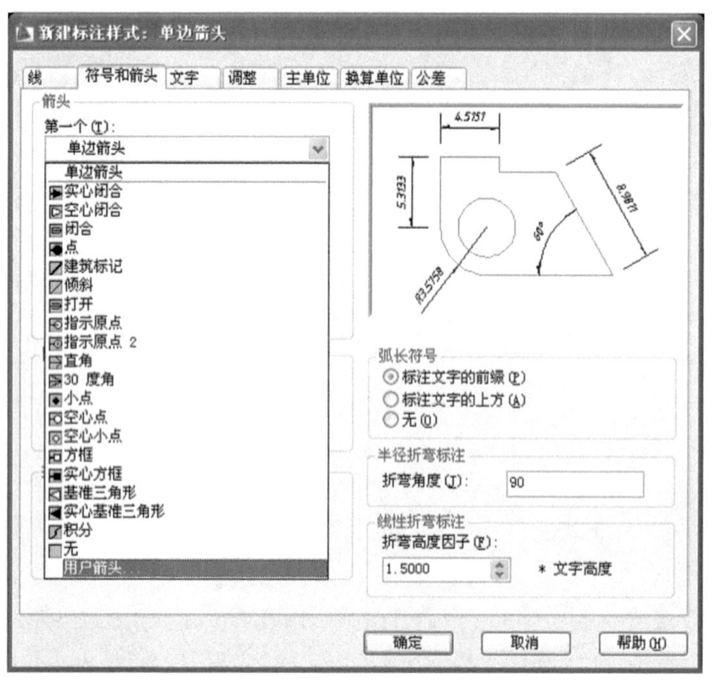

图 13-18 【新建标注样式】对话框

二、桥梁工程图的绘制

桥梁是道路工程中跨越江河、山谷和道路立体交叉处必不可少的工程结构物。按其结构形式可分为:梁式桥、拱式桥、刚架桥、吊桥(悬索桥和斜拉桥)及组合体系桥。桥梁的构造由上部结构、下部结构和附属结构三大部分组成。

一座桥梁的施工图包括桥位平面图和桥位地质断面图、桥梁总体布置图、主梁或主拱构件图、桥墩、桥台、基础构件图和附属构件详图等工程图样。

桥梁总体布置图用来表示桥梁上部结构、下部结构和附属构件的组成情况。如图 13-19 和图 13-20 所示的桥梁总体布置图表达了桥梁的结构形式(斜拉桥)、跨径、起始里程桩号、总体尺寸、设计高程、设计线、主要部位的标高,同时还表示了各构件的相对位置关系以及有关说明等。该图由立面图、平面图和 A-A、B-B、C-C、D-D、E-E 剖面图构成(由于受版面限制,平面图下方的测设资料表略)。下面介绍桥梁总体布置图的绘制过程。

1. 设置图层

按照桥梁总体布置图的图示内容和线型设置图层,分别设置粗实线(包括桥墩、桥塔、桥台、拉索、桥面)、单点长画线(包括轴线)、虚线、细实线(包括地形线、文本、标高、尺寸及其他)等图层,并为各图层设置不同的颜色和线宽。

2. 绘制立面图

(1)绘制轴线:选择“单点长画线”层为当前层,根据桥梁的跨径用【直线】命令绘制第一个桥墩轴线,再用【偏移】命令复制其他桥墩、桥塔轴线,并用【圆】和【单行文字】命令注写编号。

(2)绘制桥墩、主塔、桥台:在适当位置用【直线】命令绘第一号桥墩基础底线,根据标高尺寸用【偏移】命令确定桥墩基础顶面、主塔高度;再用【直线】、【偏移】和【镜像】等命令按照对称绘制桥墩基础和桥墩。绘制其他桥墩、主塔和桥台时,应根据桥墩和桥台基础底线标高先用【偏移】命令确定底线,再按上述方法绘制桥墩、主塔和桥台。

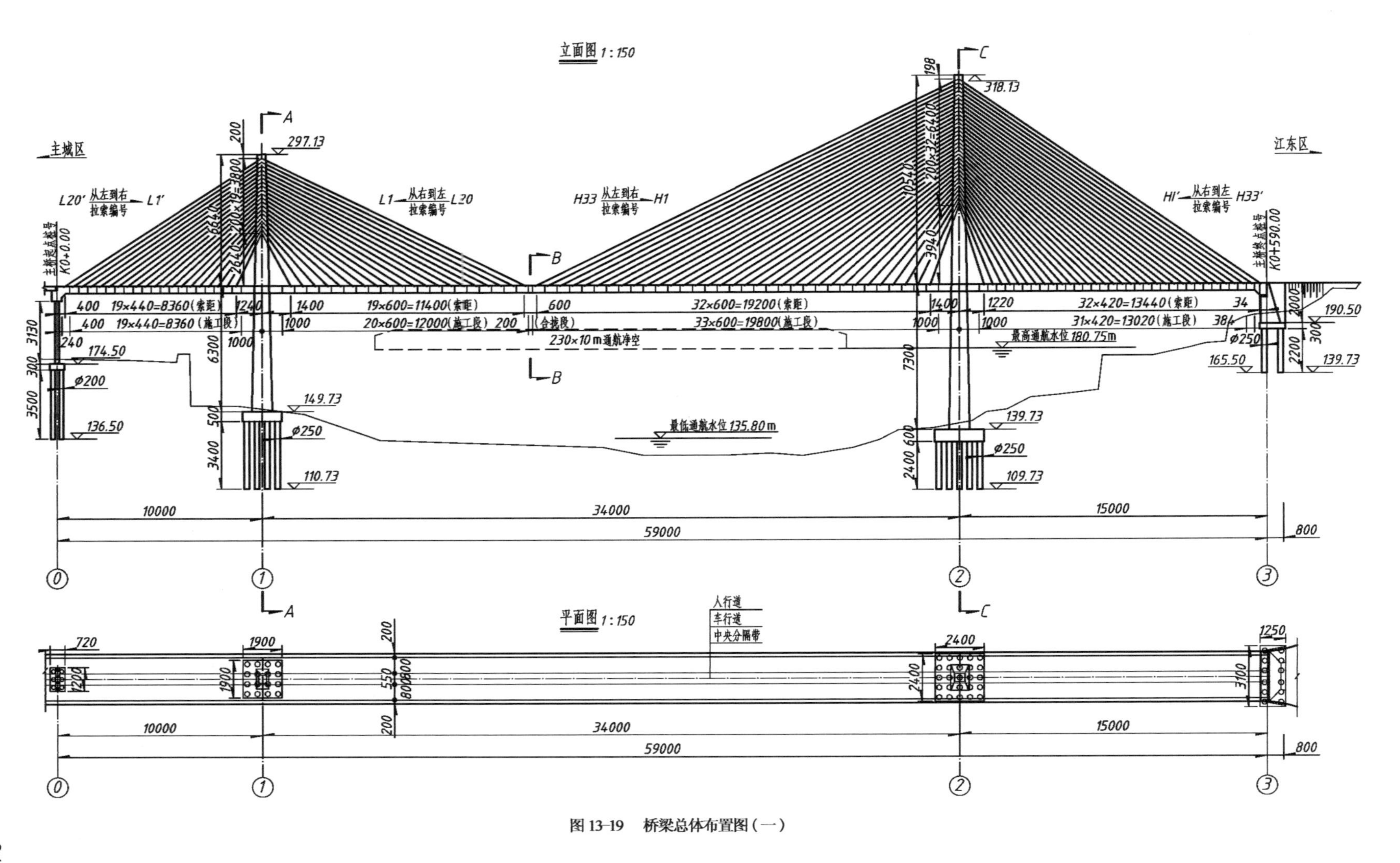

图 13-19 桥梁总体布置图(一)

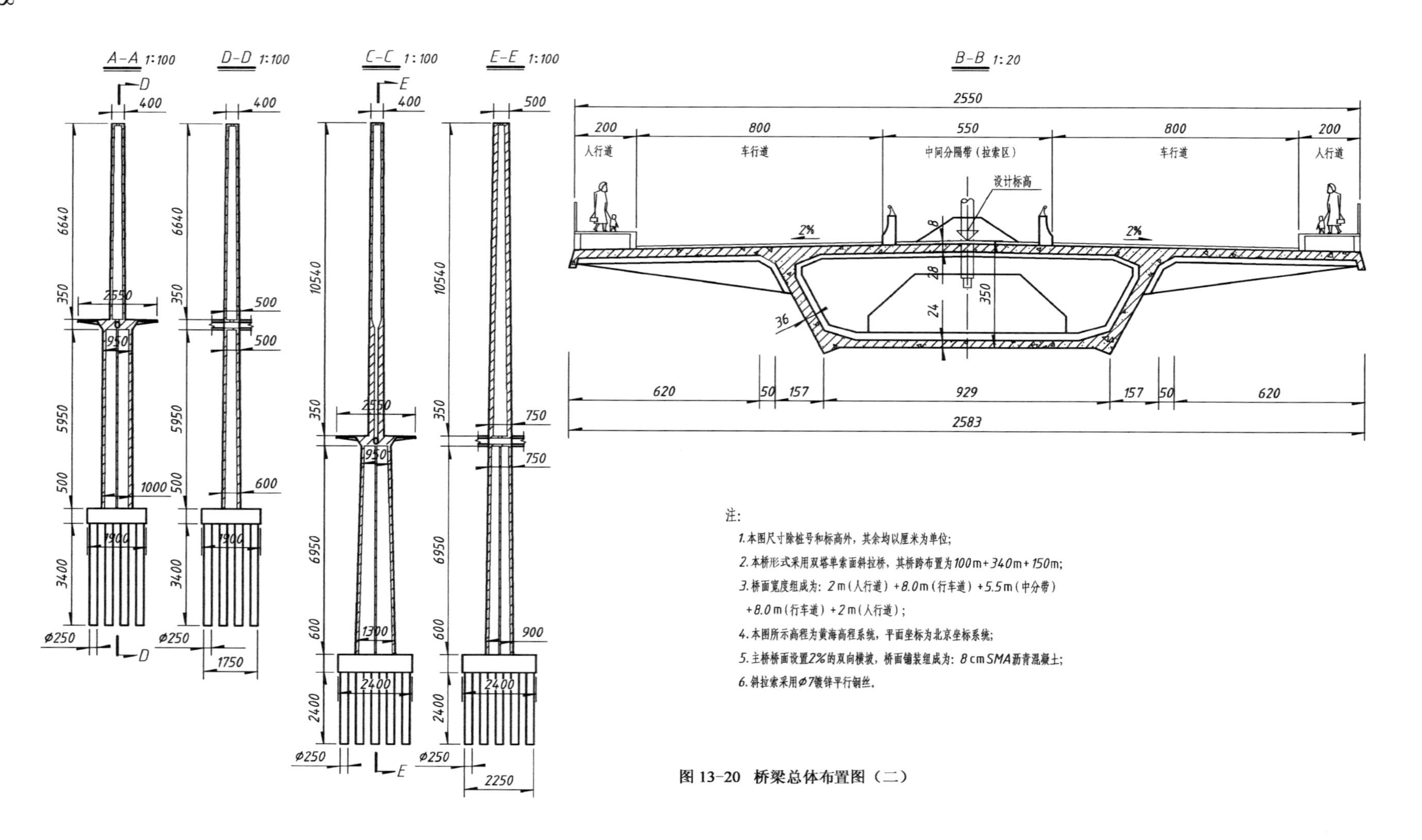

注:

1. 本图尺寸除桩号和标高外，其余均以厘米为单位;
2. 本桥形式采用双塔单索面斜拉桥，其桥跨布置为100m+340m+150m;
3. 桥面宽度组成为：2m（人行道）+8.0m（行车道）+5.5m（中分带）+8.0m（行车道）+2m（人行道）;
4. 本图所示高程为黄海高程系统，平面坐标为北京坐标系统;
5. 主桥桥面设置2%的双向横坡，桥面铺装组成为：8cmSMA沥青混凝土;
6. 斜拉索采用φ7镀锌平行钢丝.

图 13-20 桥梁总体布置图（二）

(3)绘制桥面:根据桥面与桥墩基础顶面标高尺寸、桥面厚度,用【偏移】命令绘制桥面和桥底线,并从各桥墩开始往中间绘出各桥面板,桥中央为合拢段。

(4)绘制拉索:首先确定拉索在桥面和主塔上的端点,可以用【定距等分】命令根据索距确定拉索端点,也可用【直线】和【偏移】命令绘制辅助线确定拉索端点,再用【直线】命令采用“节点”或“交点”捕捉模式绘制主塔与桥面间的拉索。

(5)绘制其他图例:用【多段线】绘制河道内地形线,用【直线】命令绘制通航净空、护坡等其他图例。

(6)注写文本:用【文字样式】命令设置合适的文字样式,用【多行文字】或【单行文字】命令注写拉索编号、主桥桩号、图名以及标高尺寸等文本。

(7)标注尺寸:用【创建块】命令创建“单边箭头”块,用【标注样式】命令定义“单边箭头”标注样式,并设置出图比例为1:150;选择“单边箭头”为当前标注样式标注跨径、桥墩、主塔、桥台、拉索等构件的尺寸。

3. 绘制平面图

绘制平面图时,先按照平面图与立面图“长对正”的方法确定平面图中桥墩、主塔、桥台的轴线位置,再绘制桥墩、主塔、桥台基础和桥面宽度及桥面上人行道、车行道、中央分隔带线,本图因比例较小,所以主塔、拉索未绘出,桥台基础未绘成虚线(用细实线表示出)。

4. 绘制剖面图

如图13-20所示剖面图分别表示主塔、桥面结构形状及尺寸,B-B剖面图为桥面剖面图。

(1)绘制桥面剖面图:根据桥面实际尺寸用1:1绘图比例,按照绘制对称图形的方法,先绘制桥面、人行道、中央分隔带等图形的一半,再用【镜像】命令复制对称图形,拉索和拉索基座最后绘出。

(2)放大图形:剖面图(1:20)比立面图、平面图(1:150)的绘图比例大,绘图时采用与立面图、平面图相同的比例(1:1)按照实际尺寸绘制,剖面图绘完后,再用【缩放】命令将桥面剖面图放大7.5倍得到比例大的剖面图。

(3)绘制钢筋混凝土图例:用【图案填充】命令打开【图案填充和渐变色】对话框(图13-21),从“图案”中打开【填充图案选项板】对话框选择填充图例,但【填充图案选项板】中没有钢筋混凝土图例,需进行两次图案填充,即“AR—CONC”和“LINE”。单击【边界】选项区域的【添加:拾取点】按钮选择填充区域,设填充合适的“比例值”,用【预览】按钮观察填充效果,单击【确定】按钮完成图案填充。

(4)标注尺寸:剖面图是采用放大比例绘出的图形,直接利用测量长度进行尺寸标注,标注的尺寸比实际尺寸扩大7.5倍。标注少量此类尺寸,可以每次标注时改变尺寸值。标注大批此类尺寸,需用【标注样式】命令打开【标注样式管理器】对话框,定义“放大单边箭头”标注样式,打开【新建标注样式】对话框,选择【主单位】选项卡,将【测量单位比例】选项组中的【比例因子】设为“2/15”(1/7.5),并设置合适的出图比例值,选择该标注样式即可直接测量长度进行尺寸标注。

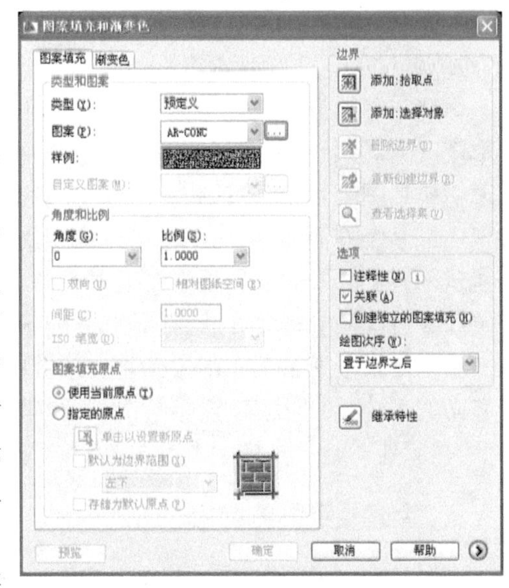

图13-21 【图案填充和渐变色】对话框

第三节　给排水及暖通管道系统图的绘制

一、给排水及暖通工程图简介

(一)建筑给排水工程图

建筑给排水工程通常是指从室外给水管网引水到建筑物内的给水管道,建筑物内部的给水及排水管道,自建筑物内排水到检查井之间的排水管道以及相应的卫生器具和管道附件。一般包括建筑内部的给水系统、排水系统、建筑消防系统、热水供应系统、建筑雨水排水系统等。建筑给排水工程图主要包括管道平面布置图、管道系统轴测图、卫生设备或用水设备安装详图等图样。

建筑给排水管道平面布置图可以参照绘制建筑平面图的方法绘制。即先完成轴线、墙、门、窗、楼梯等建筑平面图的绘制;再绘制卫生器具、配水设备平面布置图;最后完成管道平面布置图的绘制,给水管道用单线中粗实线(0.75b)绘制,排水管道用粗虚线(b)绘制。

(二)采暖通风工程图

采暖通风工程图样是在建筑平面图、立面图、剖面图的基础上加绘采暖通风设备、管件及附件的图样,用以指导采暖通风设备的安装施工。图样中大量使用国家标准有关采暖通风设备、管件及附件的规定画法。

采暖系统有三个组成部分:热量的发生器(锅炉)、输送热量的管道、把热量散发于室内的散热器。采暖系统是房屋建筑的一种工程设备,采暖管道及设备等都与房屋建筑有密切的关系,因此采暖工程图与房屋建筑图是分不开的。有些采暖系统的表达方法和房屋建筑的表达方法一样,如平面图、立面图、剖面图等的图名和投射方向都相同,绘图比例也相同。采暖工程图包括系统平面图、系统轴测图和详图,如有特殊需要时增加剖面图。

采暖平面图可以参照给水管道平面布置图绘制:即先完成轴线、墙、门、窗、楼梯等建筑平面图的绘制;再绘制散热器、供热管线、回水管线等,水、气管可用单线绘制;最后标注尺寸、标高、散热器代号、立管编号等。

通风工程可分为工业通风和空气调节两类。通风工程图包括基本图、详图及文字说明。基本图有通风系统平面图、剖面图及系统轴测图。详图有设备或构件的制作及安装图等。文字说明包括图纸目录、设计和施工说明、设备以及配件明细表等内容。

通风系统平面图、剖面图也可以参照给水管道平面布置图绘制:即先完成轴线、墙、门、窗等建筑平、剖面图的绘制;再绘制通风设备、管道、部件及附件等,风管宜用双线绘制;最后标注定位尺寸、标高、管径尺寸、设备和部件的编号、系统编号等内容。

给排水及暖通工程图都包括管道系统图。管道系统图是用轴测投影法表达管道在空间三个方向的延伸、转折交叉、连接情况,反映整个系统的概貌图样,具有较强的直观性,绘图方法简便,是重要的施工图样。本节主要介绍管道系统图的绘制方法。

二、管道系统图的绘制

《给水排水制图标准》(GB/T 50106—2001)规定,给水排水管道系统图宜按45°正面斜等轴测投影法绘制。管道系统的布图方向应与平面图一致,并宜采用和平面图相同的比例,按比例或局部不按比例的图线均用单线绘制。给水管线用中粗实线(0.75*b*)绘制,排水管线用粗虚线(*b*)绘制。

《暖通空调制图标准》(GB/T 50114—2001)规定,暖通管道系统图宜采用正等测或正面斜二轴测投影法绘制。正面斜二轴测的 *OZ* 轴为房屋的高度方向,*OX* 轴为水平位置,*OY* 轴与水平线成30°、45°或60°夹角,为了与平面图配合阅读与绘制,*OX* 轴应与平面图的横向一致,*OY* 轴与平面图的纵向一致。并宜采用和平面图相同的比例用单线或双线绘制。在单线管道系统图中,管道用粗实线(*b*)表示,而设备、部件仍画成简单外形轴测图且用细实线(0.25*b*)表示。主要的设备、部件均应注明编号,并标注管道截面尺寸及标高。

(一)绘制正面斜轴测管道系统图

正面斜轴测管道系统图一般按照绘制二维图形的方法,利用 AutoCAD 中绘图辅助工具“极轴追踪”功能绘制,这样比采用三维建模的方法绘制更为简单、快速。

1.利用极轴追踪功能绘制正面斜轴测图

(1)设置“极轴追踪”功能:右击状态栏中的【极轴】按钮,选择快捷菜单的【设置】选项;单击菜单浏览器按钮中【工具】菜单列表的【草图设置】菜单项或用命令“dsettings”打开【草图设置】对话框的【极轴追踪】选项卡(图 13-22),将角度增量设定为 45°(必要时可设 30°、60°),选择“用所有极轴角设置追踪”功能,并选择“绝对”极轴角测量,即以当前坐标系的 *OX* 轴为测量角度的基准线。

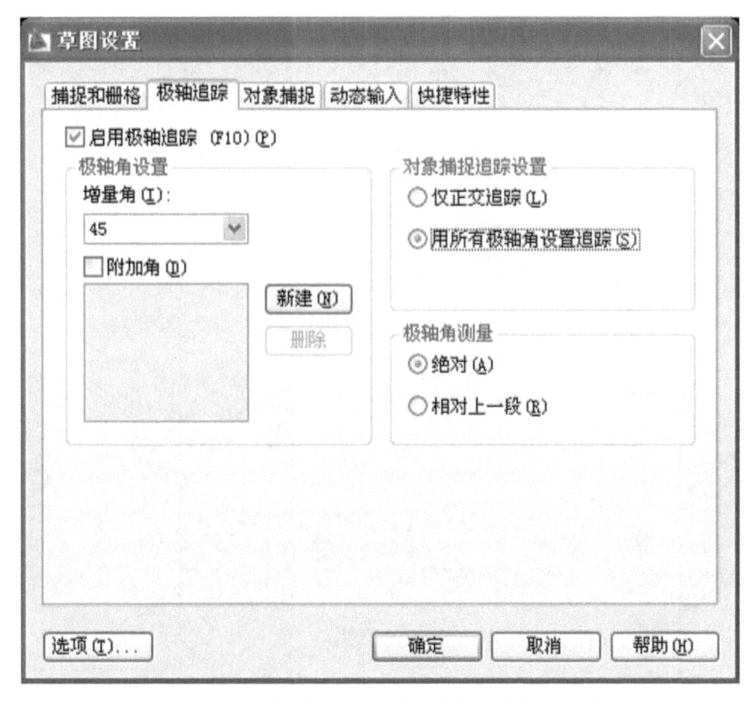

图 13-22 【草图设置】对话框的【极轴追踪】选项卡

(2)打开“极轴追踪”功能:按下状态行的【极轴】按钮或 F10 键打开“极轴追踪”功能。

(3)绘制三个方向的定长直线:设定 *OX* 轴为水平方向(0°或 180°),*OZ* 轴为竖直方向(90°或 270°),*OY* 轴为倾斜的 45°(225°)方向。用【直线】命令先确定直线的起点,然后移动光标到所画直线方向,将出现虚线辅助线,并在“动态标注输入”提示框中显示线段长度和角度值,从键盘输入直线长度值,按 Enter 键即可画出定方向定长度的直线(图 13-23)。

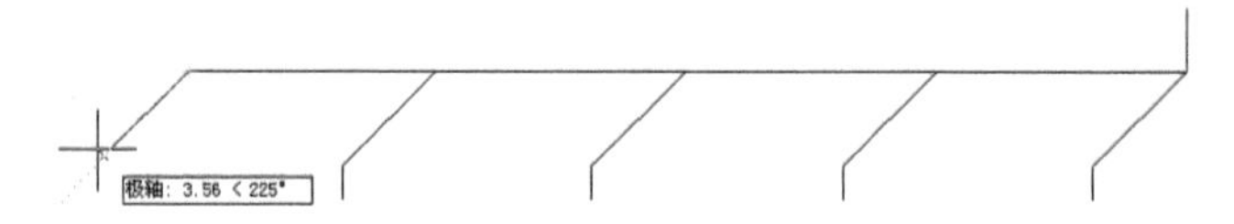

图 13-23　用"极轴追踪"功能绘不同方向的定长直线

2. 绘制正面斜等测管道系统图

建筑给水管道系统图如图 13-24 所示,该系统图为 45°正面斜等测,其绘图过程如下。

(1)设置图层:根据给水管网轴测图的内容,可设置"管线、设备、墙体、文本"等图层,并分别为各图层设置不同的线宽和颜色,管线图层设置较宽的线型,如 0.5 ~ 0.7mm,并按下状态行的【线宽】按钮,显示线宽。

(2)设置"极轴追踪"功能:设定极轴追踪角度增量为 45°,按下状态行的【极轴】按钮,进入"极轴追踪"状态。

(3)绘制管线:将"管线"图层置为当前层,用【直线】命令绘制干管和支管,相同的支管可以先绘制一组;若其他支管均布在管线上,可先用【定数等分】命令将管线等分,再用【复制】命令采用"节点捕捉"方式复制支管,并进行适当的修改。交叉管线重叠部分用【修剪】命令断开。

(4)绘制设备:切换"设备"图层为当前层,用【直线】、【圆】、【修剪】、【断开】等命令绘制和编辑水龙头及阀门等设备,并用【创建块】或"wblock"命令将设备图例创建成图块;再用【插入块】命令将设备图块插入管道上适当的位置。

(5)注写文本:将"文本"图层置为当前层,用【文字样式】命令打开【文字样式】对话框,选择"gbetic. shx"字体,并使用【大字体】中"gbcbig. shx"字体设置文字样式,字高的设置与出图比例有关。再用【多行文字】或【单行文字】命令注写管径和标高尺寸。水平、竖直和 45°方向文本的旋转角度分别设为 0°、90°和 45°,绘制结果如图 13-24 所示。

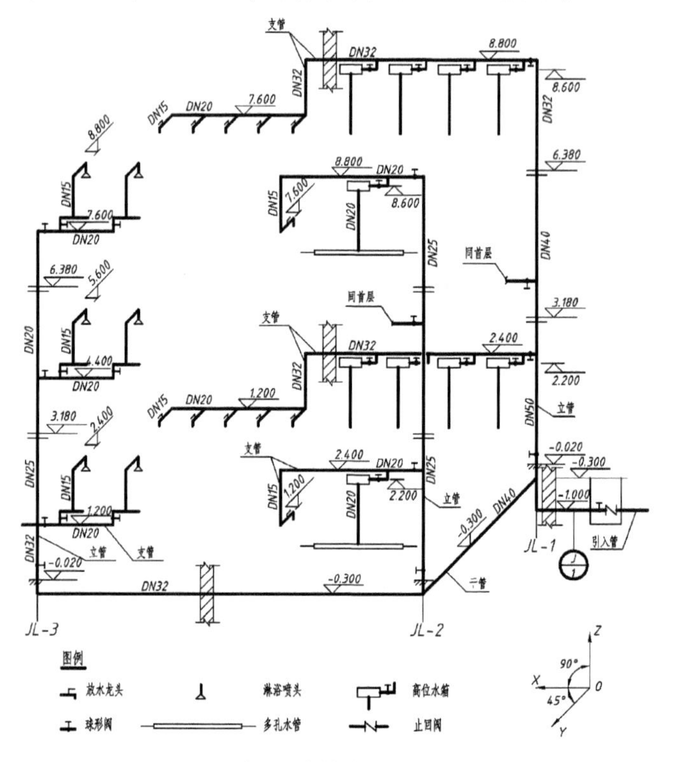

图 13-24　建筑给水管道系统轴测图的绘制

此外，按 45°正面斜等测和斜二测绘制建筑排水管道系统图、采暖管道系统图，均可参照绘制给水管道系统图的方法绘制。

(二)绘制正等测管道系统图

通风管道系统图一般按照斜轴测投影法绘制，如果用斜轴测不能将管道的空间关系表达清楚时，可以采用正等测投影法绘制，如图 13-25 所示。利用 AutoCAD 的绘图辅助工具打开等轴测模式，按照绘制二维图形的方法绘制正等测管道系统图，其绘图步骤如下。

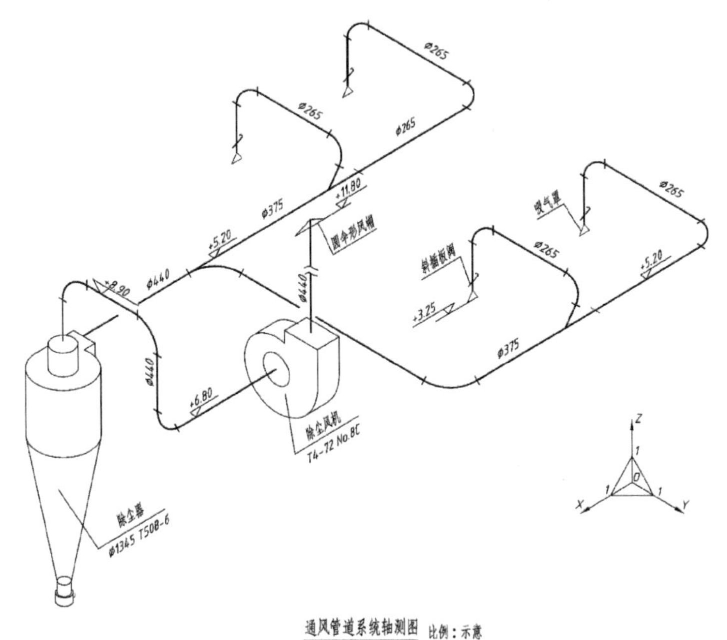

图 13-25　通风管道系统轴测图的绘制

(1)设置图层：根据通风管道系统轴测图的内容，可设置“管线、设备、墙体、附件、文本”等图层，并分别为各图层设置不同的线宽和颜色，并按下状态行的【线宽】按钮，显示线宽。

(2)设置等轴测模式：右击状态栏中的【捕捉】按钮，选择快捷菜单的【设置】选项，单击菜单浏览器按钮中【工具】菜单列表的【草图设置】菜单项或在命令行输入命令“dsettings”打开【草图设置】对话框的【捕捉和栅格】选项卡。在【捕捉类型】选项组中，选中【栅格捕捉】中的【等轴测捕捉】单选框，单击 确定 按钮，则进入等轴测模式。

(3)切换等轴测面：打开等轴测模式后，可按 F5 键或 Ctrl + E 键按左视→俯视→右视的顺序循环快速切换等轴测面，绘制 OX、OY、OZ 三个方向的定长直线。

(4)绘制管线：将“管线”图层置为当前层，用【直线】命令绘制主管和支管，用【椭圆】、【修剪】、【断开】等命令绘制弯管，相同的支管可以先绘制一组；均布在管线上的支管，可先用【定数等分】命令等分管线，再用【复制】命令采用“节点捕捉”方式复制支管，并进行适当的修改。交叉管线重叠部分用【修剪】命令断开。

(5)绘制附件：切换“附件”图层为当前层，用【直线】、【修剪】、【断开】等命令绘制和编辑法兰、三通及附件(如阀门)等，并用【创建块】或“wblock”命令将附件图例创建成图块设备，再用【插入块】命令将附件图块插入管道上适当的位置。

(6)绘制通风设备：将“设备”图层置为当前层，用【直线】、【椭圆】、【修剪】、【断开】、【删除】命令绘制和编辑通风设备。

(7)注写文本:将“文本”图层置为当前层,用【文字样式】命令定义各种字型;再用【多行文字】或【单行文字】命令注写管径、标高尺寸及设备名称等,30°和90°方向的文本旋转角度设为30°和90°,150°方向的文本旋转角度设为-30°

第四节　上 机 实 验

实验一　绘制结构施工图

1. 目的要求

熟练运用前面所学的绘图、编辑及相关命令绘制基础平面图、楼层结构平面布置图及配筋图,掌握图层、图块、【多线】及【圆环】命令的操作。了解绘制各种结构施工图的方法,绘制符合国家标准的结构施工图。

2. 操作指导

根据结构施工图的内容设置合适的图层、图形界限、绘图单位等绘图参数,根据图样的形状确定采用的绘图方法。双墙线、放大基础线等平行线可以用【直线】、【偏移】命令绘制,也可用【多线】命令绘制,但用【多线】命令绘制平行线需用【多线】(mledit)编辑命令进行编辑。钢筋的断面图用【圆环】命令绘制,钢筋代号中ф、ф符号不能直接注写。如果同一幅图样中采用不同的绘图比例,首先用相同的比例(1:1)按照实际尺寸绘制,再用【缩放】命令将图样放大;标注尺寸时,应修改标注样式中的“比例因子”后再进行标注。

根据不同专业选择绘制如下结构施工图:图13-26 基础平面图、图13-27 标准层结构平面布置图、图13-8 主梁配筋图,并绘制图框和标题栏,按照A3图幅出图。

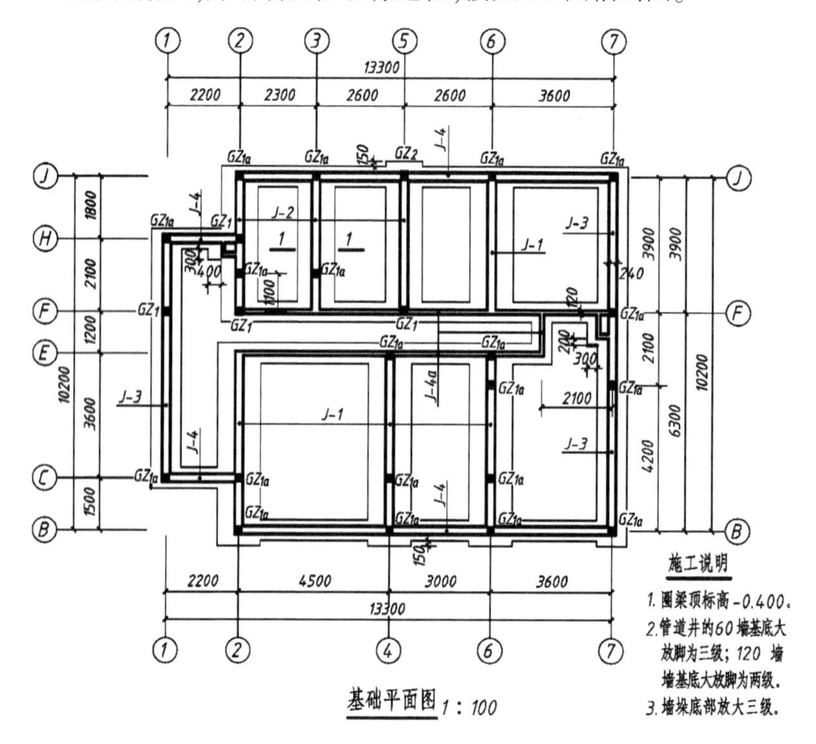

图13-26　基础平面图

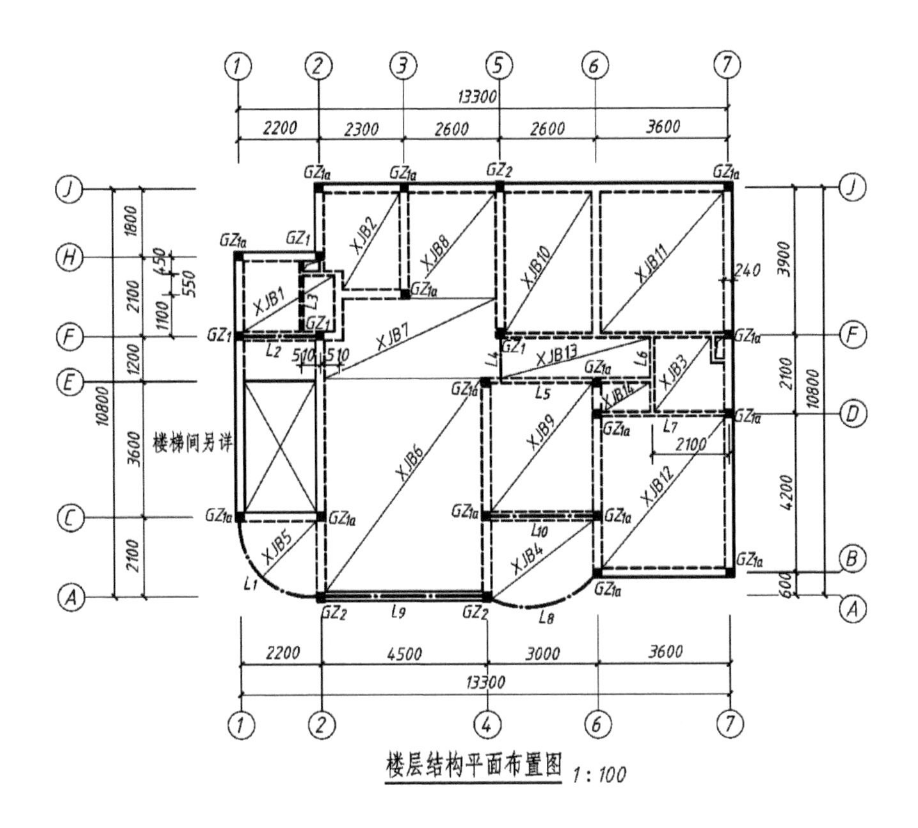

图 13-27　标准层结构平面布置图

实验二　绘制道路、桥梁工程图

1. 目的要求

熟练运用绘图、编辑及相关命令绘制道路路线平面图、纵断面图、横断面图和桥梁总体布置图。了解绘制道路路线工程图和桥梁工程图的基本方法,能绘制符合国家标准的道路和桥梁施工图。

2. 操作指导

道路路线平面图、纵断面图、横断面图和桥梁总体布置图均按照绘制平面图形的方法绘制,但针对各种不同图样,需采用不同方式绘制。路线平面图中地形等高线比较复杂且不规则,在采用扫描地形图后可用【样条曲线】命令描绘的方法绘制。路线纵断面图图线构成比较简单,但文本较多,且各桩号应按照比例注写在表格内,以确定纵断面设计线上各点的位置,所以必须按桩号绘制辅助线注写文本。路线横断面图和桥梁总体布置图的尺寸标注均采用“单边箭头”标注,需用【创建块】命令创建“单边箭头”块,用【标注样式】命令定义“单边箭头”标注样式,并根据不同的出图比例设置“出图比例值”;如果同一幅图样中采用不同的绘图比例,首先用相同的比例(1∶1)按照实际尺寸绘制,再用【缩放】命令将图样放大,标注尺寸时需先修改标注样式中的“比例因子”后再进行标注。

绘制如图 13-15 所示路线纵断面图(A3 图幅)、图 13-19、图 13-20 所示桥梁总体布置图(加长的 A3 图幅)。

实验三　绘制给排水及暖通管道系统图

1. 目的要求

了解给排水及暖通工程图的内容及掌握建筑排水及暖通工程图绘制的基本步骤。熟练运用绘图、编辑及相关命令绘制符合国家标准的给排水及暖通管道系统图。

2. 操作指导

给排水及暖通管道系统图宜采用正面斜轴测或正等轴测投影法绘制。利用AutoCAD的绘图辅助工具，设置“极轴追踪”功能绘制正面斜轴测管道系统图。右击状态栏中的【极轴】按钮，选择快捷菜单的【设置】选项，单击菜单浏览器按钮中【工具】菜单列表的【草图设置】菜单项或用命令“dsettings”打开“草图设置”对话框的“极轴追踪”选项卡，将角度增量设定为45°，打开【极轴】和【极轴追踪】功能后分别绘制水平方向、竖直方向和45°方向的管线。利用AutoCAD的绘图辅助工具，打开等轴测模式绘制正等测管道系统图。打开【草图设置】对话框的【捕捉和栅格】选项卡，在【捕捉类型】选项组中，选中【栅格捕捉】中的【等轴测捕捉】单选框打开等轴测模式，按F5键或Ctrl + E键切换等轴测面，绘制 *OX*、*OY*、*OZ* 三个方向的定长管线。

根据图13-28建筑排水管道平面布置图、图13-29建筑排水管道系统轴测图，图13-30采暖系统平面图、图13-31采暖管道系统轴测图，分别绘制建筑排水管道系统轴测图和采暖管道系统轴测图，并绘制图框和标题栏，按照A2图幅出图。

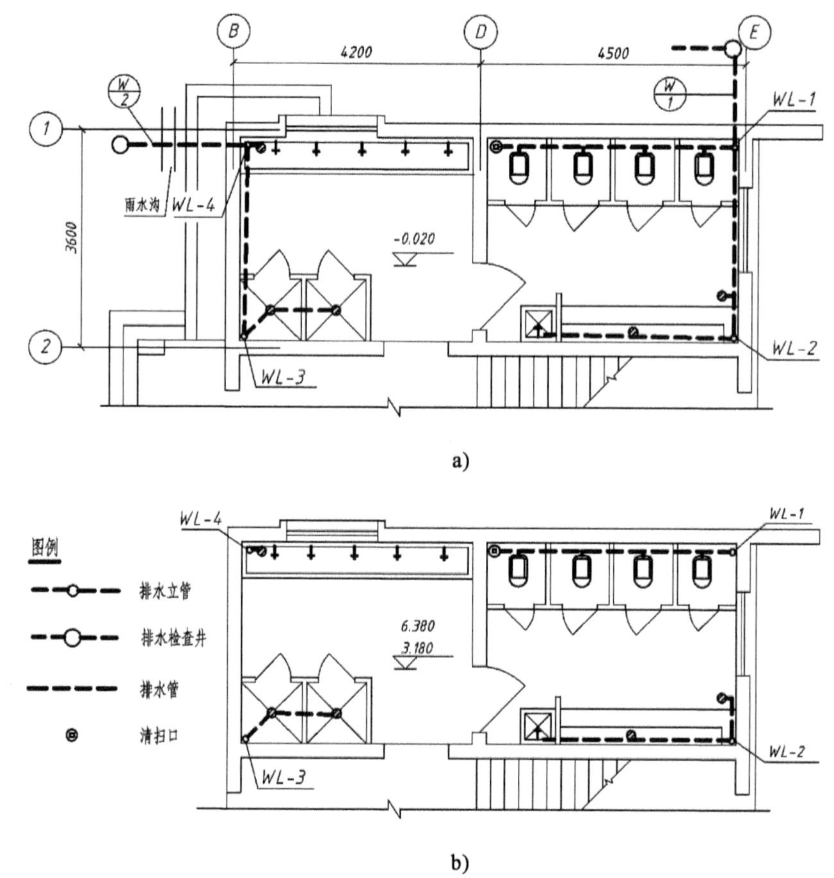

图13-28　建筑排水管道平面布置图

a）首层排水管网平面布置图；b）二、三层排水管网平面布置图

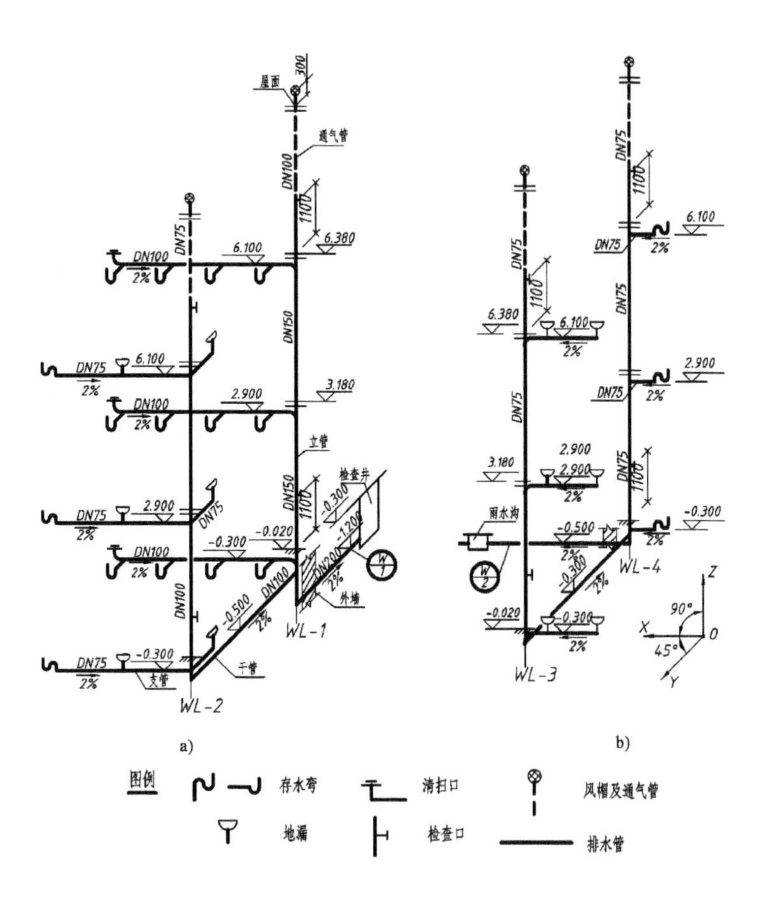

图 13-29　建筑排水管道系统轴测图

a)坐便器、地漏、小便槽排水管网；b)盥洗台、淋浴间排水管网

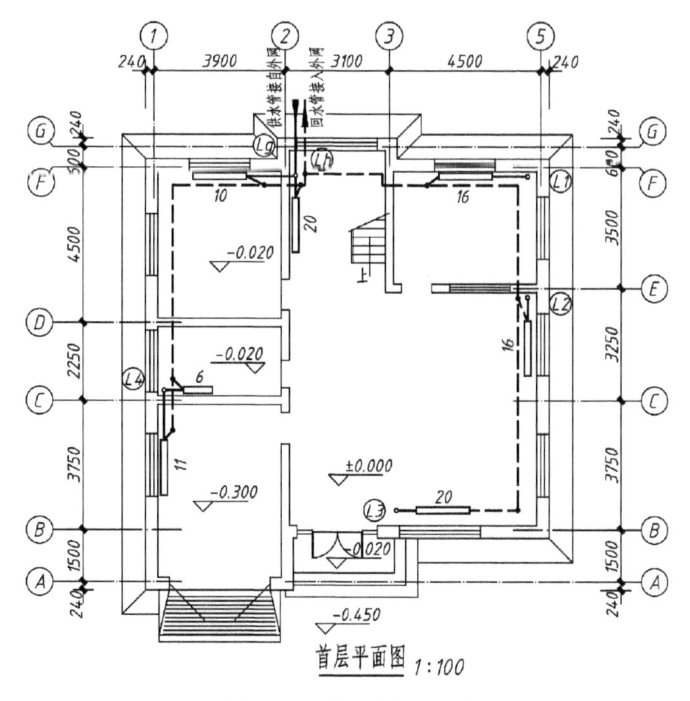

图 13-30　采暖系统平面图

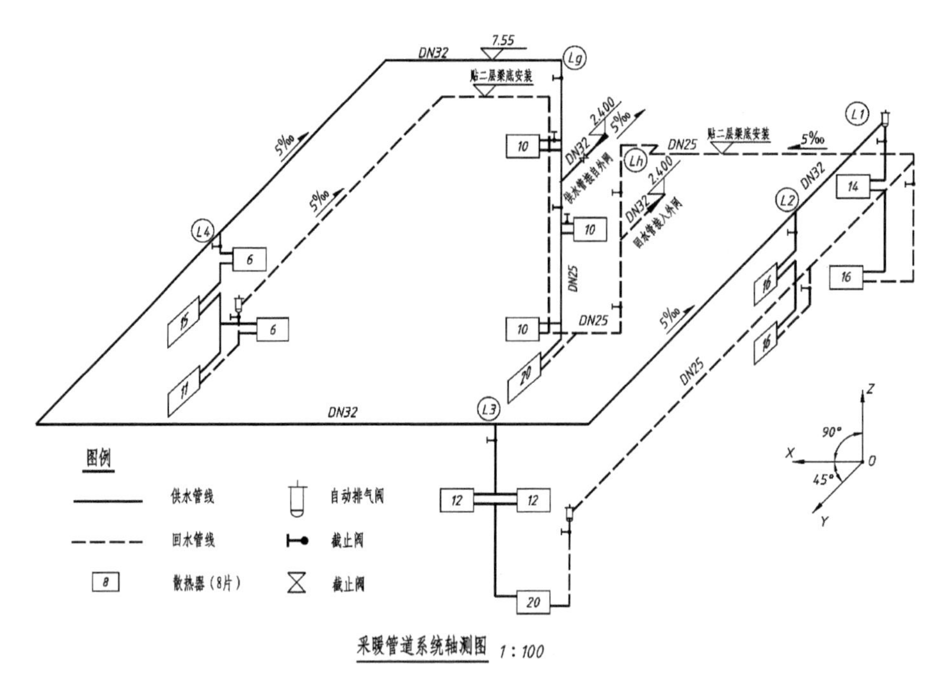

图 13-31 采暖管道系统轴测图

思 考 题

1. 绘制工程图时，均要求根据图样内容设置图层，多余图层如何才能删除？

2. 按照 1:1 的比例绘制的图形，出图比例为 1:100，标注样式应如何设置？

3. 钢筋代号中Φ、Φ符号如何注写？

4. 如何将光栅图像插入到当前图形文件中？

5. 如何设置"单边箭头"尺寸标注样式？

6. 图形未按照 1:1 的比例绘制，怎样设置尺寸标注样式，才能直接测量长度进行尺寸标注？

7. 给排水及暖通管道系统图可以采用哪种投影规则绘制？如何绘制？

第十四章　图 样 输 出

用 AutoCAD 软件完成工程图样绘制后,常常需要把它打印出来,或者把图形信息输出为各种格式的图形文件,传送给其他应用程序或软件进行相关处理。如果是在模型空间输出图样,可直接利用【打印】命令来实现。如果希望对图样进行适当的处理后再打印,比如在一张图纸中增加标题、标注尺寸,或者要同时输出多个视口的视图,这就要在图纸空间来完成,并使用布局。

第一节　工 作 空 间

AutoCAD 有两种绘图空间,即模型空间和图纸空间。

一、模型空间

模型空间是用户完成绘图和设计的工作空间。在模型空间中,可以按 1∶1 的比例绘制模型,并确定一个单位表示一毫米、一厘米、一英寸、一英尺,还是表示其他在工作中使用最方便或最常用的单位。用户可以在模型空间创建形体的视图模型,以完成二维或三维造型,并且根据需要可用多个二维或三维视图来表达物体,同时配上必要的尺寸标注和注释等图形对象。

在模型空间中,用户可以用“vports”命令创建多个不重叠的平铺视口来显示三维形体的不同视图。如图 14-1 所示的窗户模型,可以在四个视口分别显示窗户的正面、平面、左侧立面图和轴测图。但是,在模型空间打印输出时,一次只能输出其中一个视图(当前视口),不能同时将多个视图打印在一张图纸上。

二、图纸空间

图纸空间是一种图纸布局环境,通过移动或改变视口的尺寸,显示模型的多个视图以及创建图形的标注和注释、添加标题栏等。在图纸空间中,可利用“mview”命令创建浮动视口,并且视口被作为对象来看待,可用 AutoCAD 的修改命令对其进行编辑。这样就可以在同一绘图页进行不同视图的放置和绘制(在模型空间中,只能在当前视口中绘制)。每个视口可以展现形体不同部分的视图或不同视点的视图,如图 14-2 所示。每个视口的视图可以独立编辑,采用不同比例,冻结和解冻特定的图层,给出不同的标注或注释。在图纸空间打印输出时,一次可以输出多个视图,输出的图纸与屏幕上显示的图样完全一样。

在图纸空间中,还可以用“mspace”命令和“pspace”命令在模型空间与图纸空间之间进行切换。这样,在图纸空间就可以更灵活、方便地编辑和安排及标注视图,以得到一幅内容详尽的图样。

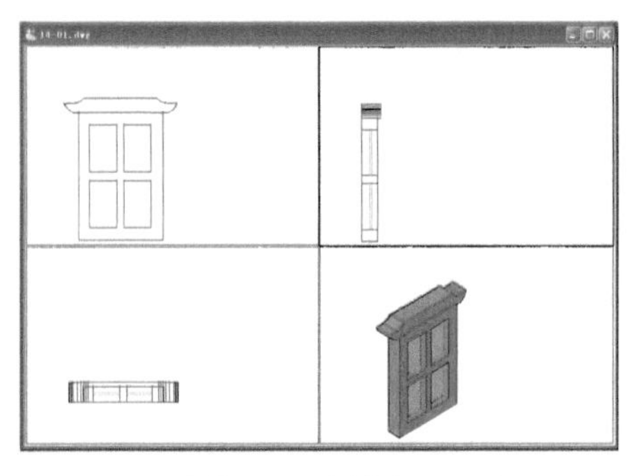

图 14-1　在模型空间中同时显示四个视图

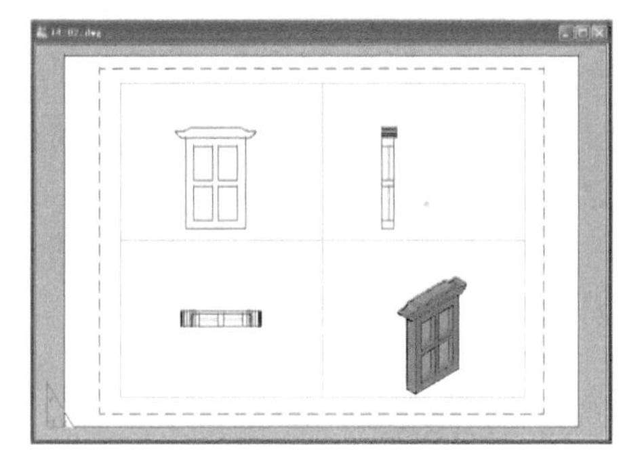

图 14-2　在图纸空间中同时显示四个视图

三、布局

布局是增强的图纸空间，是专为输出图纸而设计的，它保留了图纸空间的功能，又提供了页面设置和打印设置的功能。图 14-2 中外侧虚线为图纸空间的布局。一个形体可创建多个布局以显示不同视图，每个布局可以包含不同的打印比例和图纸尺寸。布局显示的图样与图纸页面上打印的图样完全一样。

第二节　创建布局及页面设置

在使用布局之前，必须先创建一个布局。创建布局可以使用多种方法，具体方法如下。

(1)使用布局向导创建布局。

(2)使用【来自样板的布局】命令插入基于现有布局样板的新布局。

(3)单击布局标签，利用【页面设置】对话框创建一个新布局。

(4)通过设计中心，从图形文件或样板文件中把建好的布局拖到当前的图形文件。此方法比较简单，下面不详细介绍。

(5)使用“layout”命令中的【新建】选项创建布局。

一、通过布局向导创建布局

1. 操作

单击菜单浏览器按钮中【插入】菜单列表下的【布局】子菜单的【创建布局向导】菜单项；单击菜单浏览器按钮中【工具】菜单列表下的【向导】子菜单的【创建布局】菜单项或在命令行输入“layoutwizard”都可打开如图 14-3 所示的【创建布局—开始】对话框，通过该对话框创建布局，具体步骤如下。

(1)开始：在【创建布局—开始】对话框的【输入新布局的名称】文本框中输入新布局名称，如“A3layout”，如图 14-3 所示。

(2)配置打印机：单击【下一步】按钮，打开【创建布局—打印机】对话框，选择当前配置的打印机，如图 14-4 所示。

(3)选定图纸尺寸：单击【下一步】按钮，打开【创建布局—图纸尺寸】对话框，选择打印图纸的大小和图形单位。本布局采用 A3 图纸，以毫米为单位，如图 14-5 所示。

(4)确定图纸方向：单击【下一步】按钮，打开【创建布局—方向】对话框，选择打印图纸的方向，如图 14-6 所示。

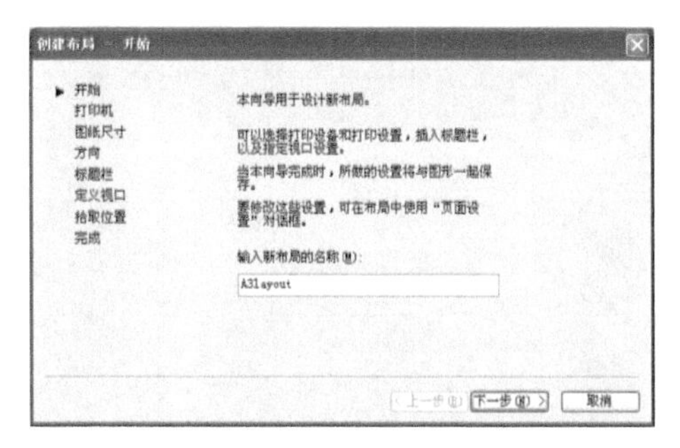

图 14-3　命名布局

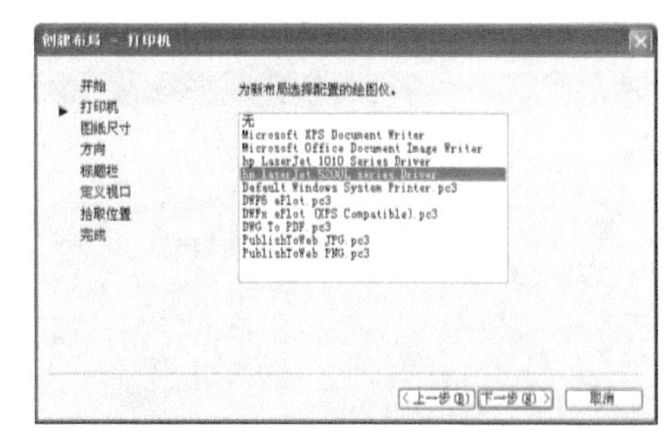

图 14-4　配置打印机

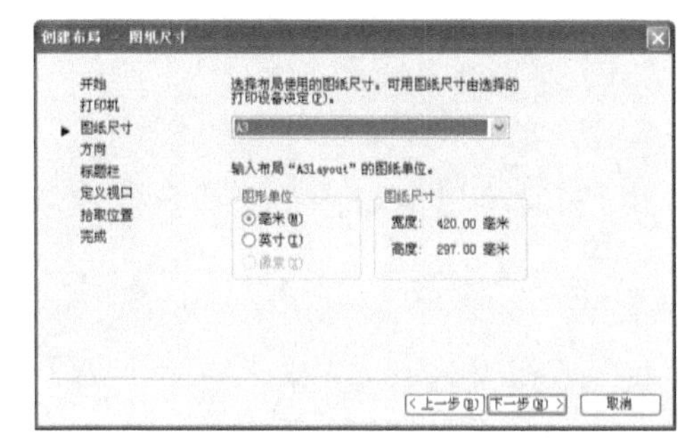

图 14-5　选定图纸尺寸

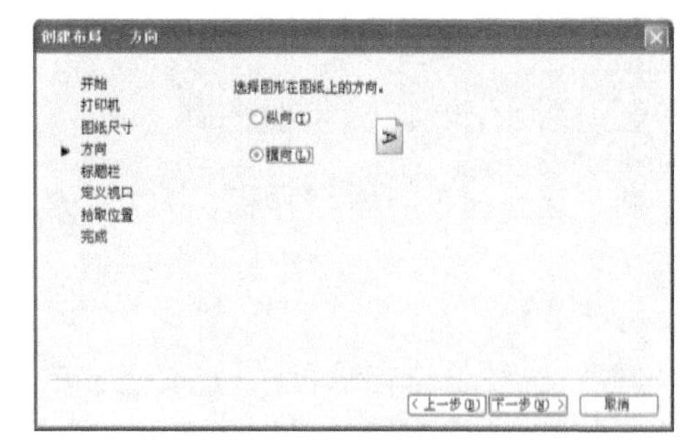

图 14-6　确定图纸方向

(5)选择标题栏:单击【下一步】按钮,打开【创建布局—标题栏】对话框,选择图纸的边框和标题栏的样式。对话框右边的预览框可显示所选样式的预览图像,如图 14-7 所示。在【类型】选项区域中,可以指定所选择标题栏图形文件是作为“块”还是“外部参照”插入到当前图形中。

(6)定义视口:单击【下一步】按钮,打开【创建布局—定义视口】对话框,在此指定布局视口的设置和视口比例,如图 14-8 所示。

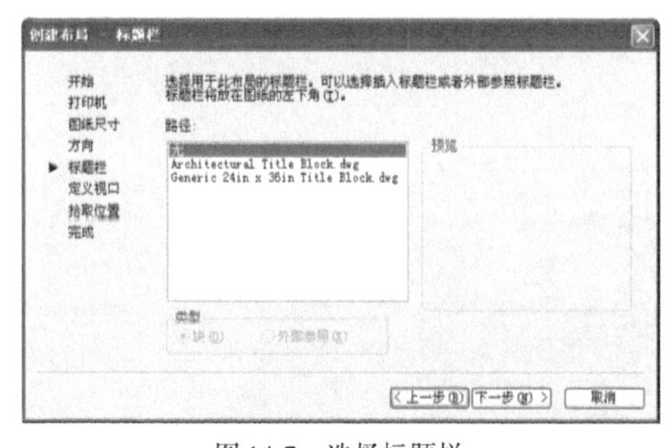

图 14-7　选择标题栏

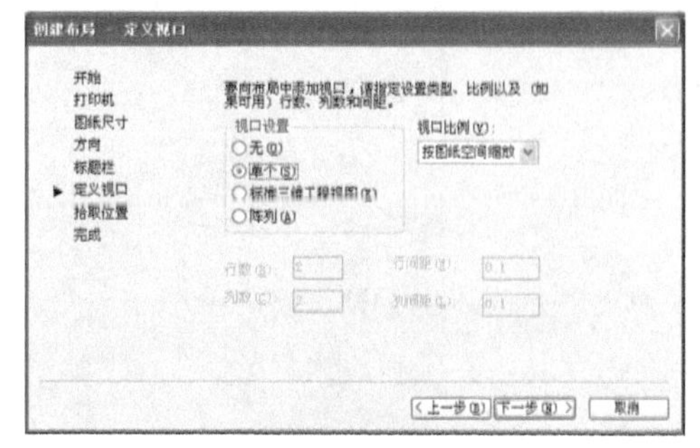

图 14-8　定义视口

(7)确定视口位置:单击【下一步】按钮,打开【创建布局—拾取位置】对话框,如图 14-9 所示,单击【选择位置】按钮,切换到绘图窗口,可指定视口的大小和位置。

(8)结束创建:单击【下一步】按钮,在打开的【创建布局—完成】对话框中单击【完成】按钮,完成新布局及默认的视口创建,创建的打印布局如图 14-10 所示。

2. 说明

(1)在使用布局向导前,应首先检查所配置打印机的权限。要添加或配置新的打印机,可以在 Windows 控制面板中选择【打印机和传真】,然后选择【添加打印机】。

(2)选择标题栏时,建议选择一种与图纸尺寸匹配的标题栏,否则标题栏可能不适合指定的图纸尺寸。

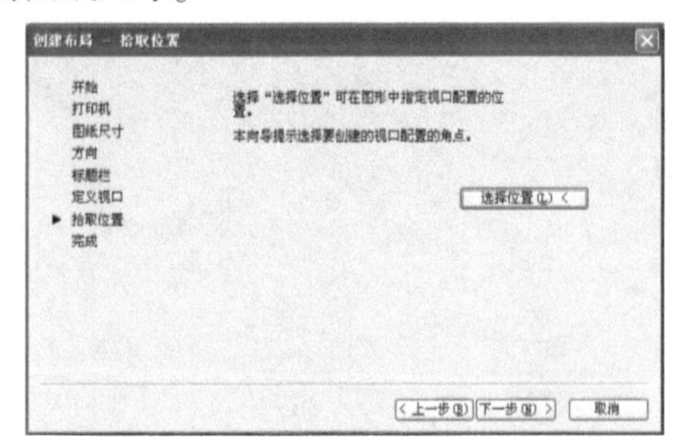

图 14-9 拾取视口位置

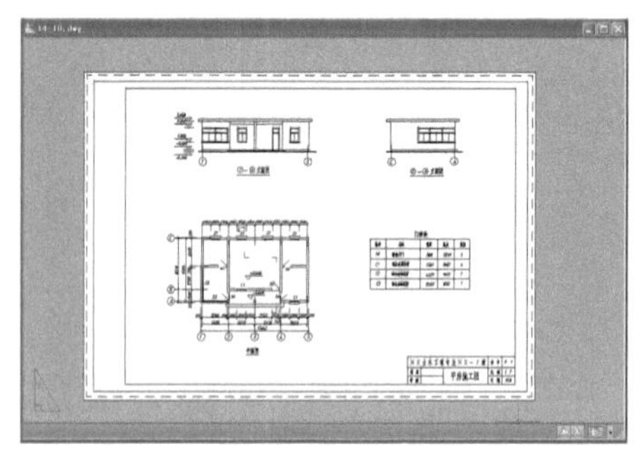

图 14-10 创建的 A3layout 布局

二、使用布局样板创建布局

将创建好的布局做成样板，在以后的图形文件中，随时可以使用该布局样板创建新的布局。

1. 操作

在状态栏【快速查看布局】按钮上单击鼠标右键，选择【来自样板】菜单项；单击菜单浏览器按钮中【插入】菜单列表【布局】子菜单的【来自样板的布局】菜单项；或在命令行输入"layout"，选择【样板(T)】选项都可打开如图 14-11 所示的【从文件选择样板】对话框，从中选择合适的样板文件。

2. 说明

如果 AutoCAD 所带的样板文件不合适，可以事先绘制一个符合我国制图标准的样板图，包括绘图环境设置、图框、标题栏等，以". dwt"为扩展名保存在"Template"文件夹中。图 14-11 中选择的"A3 图纸. dwt"文件就是操作者增加的样板文件。

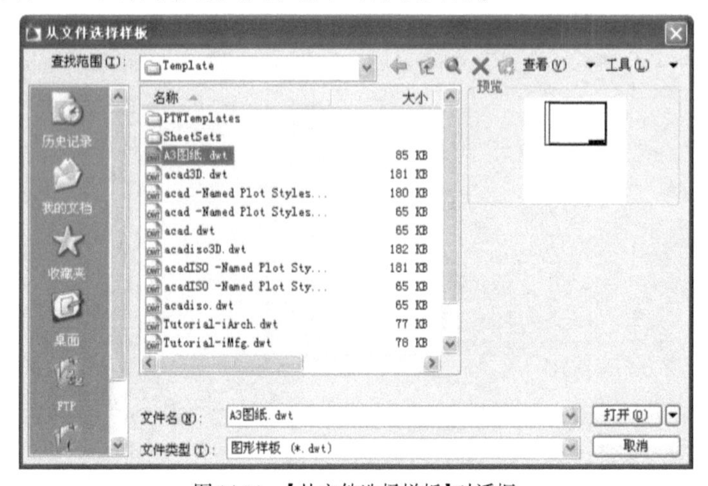

图 14-11 【从文件选择样板】对话框

三、采用页面设置管理器创建布局

1. 操作

在状态栏【快速查看布局】按钮上单击鼠标右键，选择【页面设置管理器】菜单项；单击功能区选项板中【输出】选项卡，选择【打印】面板的【页面设置管理器】按钮；单击菜单浏览

器 按钮中【文件】菜单列表的【页面设置管理器】菜单项，或在命令行输入“pagesetup”都可打开如图 14-12 所示的【页面设置管理器】对话框。

该对话框的列表框中显示当前已经存在的页面设置，其中列表框上面显示当前的页面设置，列表框下面是选定页面设置的详细信息。列表框右边显示页面设置的几个操作按钮，具体的操作如下。

（1）【新建】：单击【新建】按钮，打开【新建页面设置】对话框（图 14-13），可以从中创建新的布局。

（2）【修改】：对已经存在的页面设置的各项内容进行修改。

（3）【输入】：从已经存在的 AutoCAD 图形文件或模板文件中输入已有的页面设置。

（4）【置为当前】：把已经选定的页面设置名设置为当前页面设置。

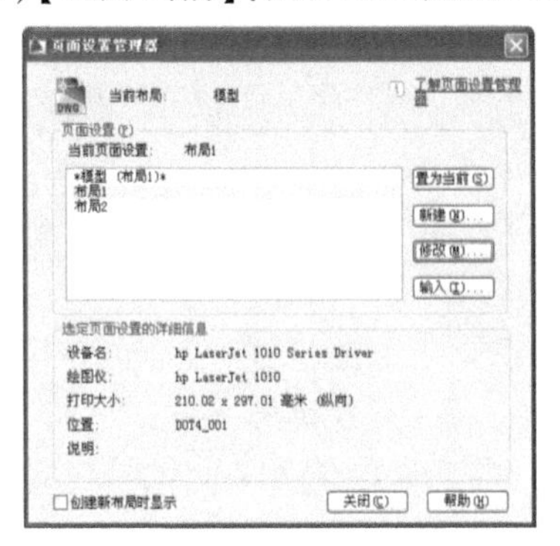

图 14-12 【页面设置管理器】对话框

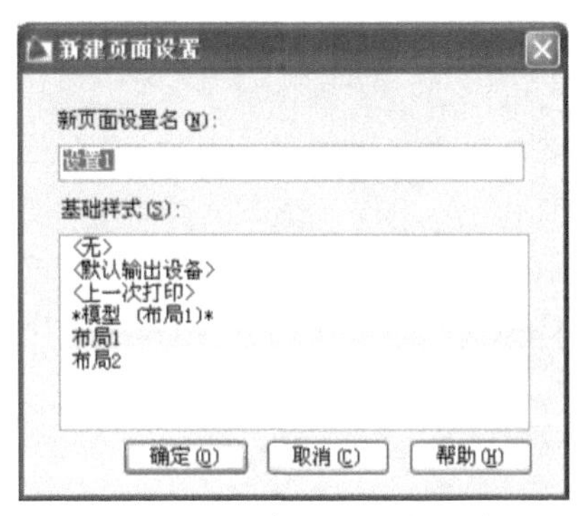

图 14-13 【新建页面设置】对话框

2. 页面设置

单击【页面设置管理器】中的【修改】按钮，打开【页面设置】对话框（图 14-14），从中可以进行布局的页面设置，其中主要功能介绍如下。

（1）页面设置【名称】：指选定需要修改的页面设置的名称，如“布局 1”。

（2）【打印机/绘图仪】：指定打印机的名称、位置和说明。在【名称】下拉列表框中可以选择已配置的打印机。【特性】按钮可打开如图 14-15 所示的【绘图仪配置编辑器】对话框，可查看或修改打印机的配置信息。

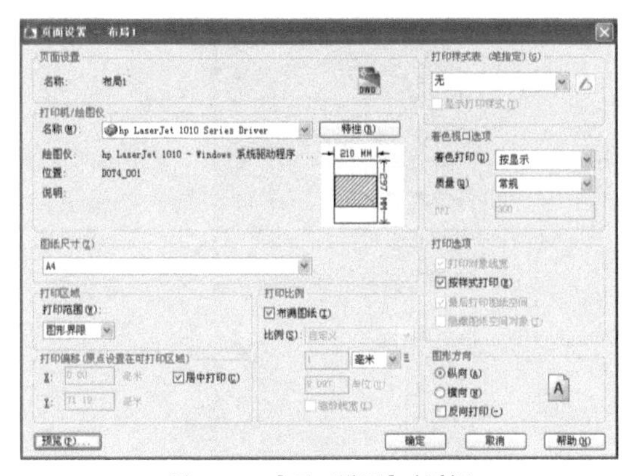

图 14-14 【页面设置】对话框

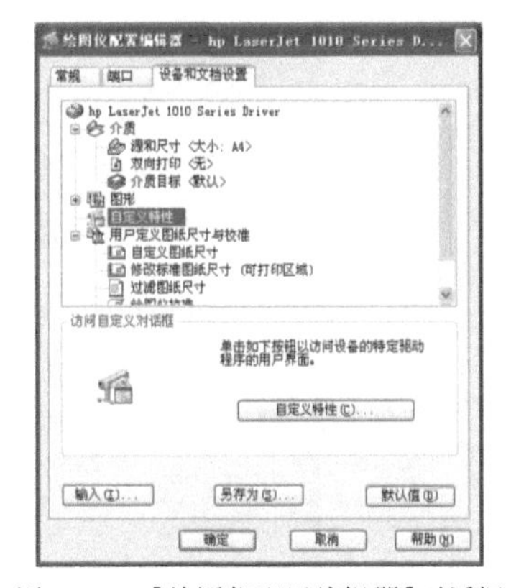

图 14-15 【绘图仪配置编辑器】对话框

（3）【图纸尺寸】：可选定图纸的尺寸。其下拉列表中显示已配置的输出设备所支持的各种纸型。

(4)【打印区域】:选定需要打印的区域,一般包括以下几种选择项。

【窗口】:以矩形框选定打印范围。选择该种方式,右边将新出现一个【窗口】选择按钮。单击该按钮可以通过鼠标选择矩形框或者坐标输入的方式更改窗口范围。

【图形界限】:输出由“limits”命令定义的整个绘图区域。

【显示】:输出当前绘图区中所显示的图形。

【范围】:输出图形中含有对象的区域,与“zoom”命令的“extents”选项显示的图形类似。

【布局】:如果已经创建了布局,针对布局的设置,输出图纸尺寸内的所有图形。

(5)【打印偏移】:设置图形的原点在页面可打印区域中的位置,其右侧有一个【居中打印】的单选框。选定居中打印时,输出图形位于图纸页面的居中位置,但不能设置打印偏移坐标。

(6)【打印比例】:设定输出图形的尺寸与图形单位之间的关系。由于图形单位没有具体的尺度,可以通过该命令赋予图形实际的长度单位。上部有一个【布满图纸】的单选框,开启时,图形自动按照图纸大小进行缩放,此时打印比例不可设置。打印比例可以选用预定的比例值,如1:10代表10个图形单位绘成1mm;也可以自定义比例,在恒等号两端填入适当的数字。

(7)【打印样式表】:设置笔参数,可以选择预设的打印样式,也可以编辑和新建打印样式。下拉列表框中显示预设的打印样式,预设的打印样式是最常见的,主要包括彩色打印(acad.ctb),单色黑白打印(monochrome.ctb),灰度打印(grayscale.ctb)及各种屏幕比例的打印样式。点击右侧的【编辑】按钮,会打开如图14-16所示的【打印样式表编辑器】对话框,可以对其进行修改。

图14-16 【打印样式表编辑器】对话框

【打印样式表编辑器】对话框有3个选项卡,【常规】选项卡显示一些有关的信息;【表视图】和【表格视图】分别基于表的形式和表格的形式列出各种打印样式的参数,二者没有本质的区别,均可以加以修改。以【表格视图】为例(图14-16)介绍如下。

【表格视图】对话框左边打印样式中,列出了255种AutoCAD索引颜色。图形中的颜色是通过这些索引颜色配成的真彩色。输出的图形可以按照各个图形对象原有的属性进行输出,也可以赋予图形对象新的属性。因此,打印样式中每一种索引颜色可以输出自定义的颜色、浓淡、线型、线宽、端点样式、连接样式和填充样式等。由于在低版本的AutoCAD软件(低于R14)中还没有引入线宽(lineweight)的属性,所以图形的线条没有粗细之分。为了区分图形中不同种类的线型,绘图时设置了不同的图层,并为不同的图层设置了不同的颜色。在图形输出时,颜色便成为区分不同线型的手段。但对于AutoCAD 2000以上的版本,已经可以利用线宽的属性定义线的宽度。因此,打印样式的重要性就显得越来越小,通常按照默认输出图形对象自身的特性。

(8)【图形方向】:设置图形在绘图纸上的方向,有纵向和横向两个选择项。如果打开【反向打印】的开关,可以使图形旋转180°。

此外,还有【着色视图选项】和【打印选项】,可以根据出图需要做一些调整。

设置完成后,通过【预览】获得输出图样的全局预览图。按【确定】按钮存盘并退出页面设置。

四、使用"layout"命令创建布局

1.操作

在命令行输入命令"layout",也可新建一个布局。具体操作如下。

命令:_layout

输入布局选项[复制(C)/删除(D)/新建(N)/样板(T)/重命名(R)/另存为(SA)/设置(S)/?]<设置>:n

输入新布局名称<布局1>:

2.说明

"layout"可以像操作图形对象一样对已创建的布局进行【复制】、【删除】、【重命名】等操作。【样板】选项可以从模板创建布局;【另存为】选项可以将某个布局保存为布局模板;【设置】选项可将当前图形文件的一个布局设为当前布局;输入"?",系统将列出当前图形文件中已定义的所有布局。

第三节　使用浮动视口

在实际绘图中,经常要表示出图形的多个局部视图或各个角度的视图,这需要在模型空间或图纸空间中使用视口来实现。在一个布局上,可以放置一个或多个视口(图14-17)。每个布局视口就类似于包含模型"照片"的相框。在AutoCAD中,每个视口可按用户指定的比例和方向显示视图。用户也可以指定在每个视口中可见的图层,布局整理完毕后,关闭包含布局视口对象的图层,视图仍然可见,此时可以打印该布局,而无需显示视口边界。

视口的设置可以在"创建布局向导"中完成,也可以新建、命名、删除、修改和剪裁。在视口中可以访问模型空间的对象,并对其进行新建和编辑。

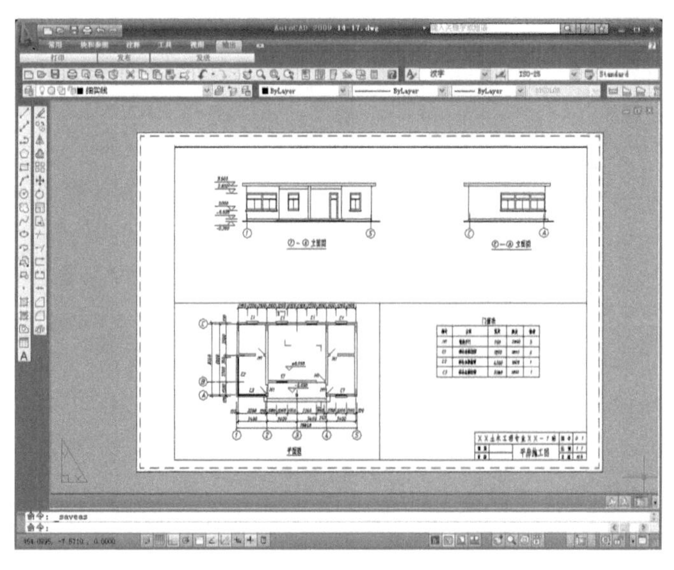

图 14-17　多视口布局

一、创建视口

可以创建布满整个布局的单一布局视口，也可以在布局中创建多个布局视口。

在布局图中，选择浮动视口边界，然后按“Delete”键即可删除浮动视口。单击功能区选项板中【视图】选项卡，选择【视口】面板的【新建】按钮；单击菜单浏览器按钮中【视图】菜单列表下的【视口】子菜单的【新建视口】菜单项或在命令行输入“vports”都可弹出如图 14-18 所示的【视口】对话框，选择视口布置方式可创建 1~4 个视口。

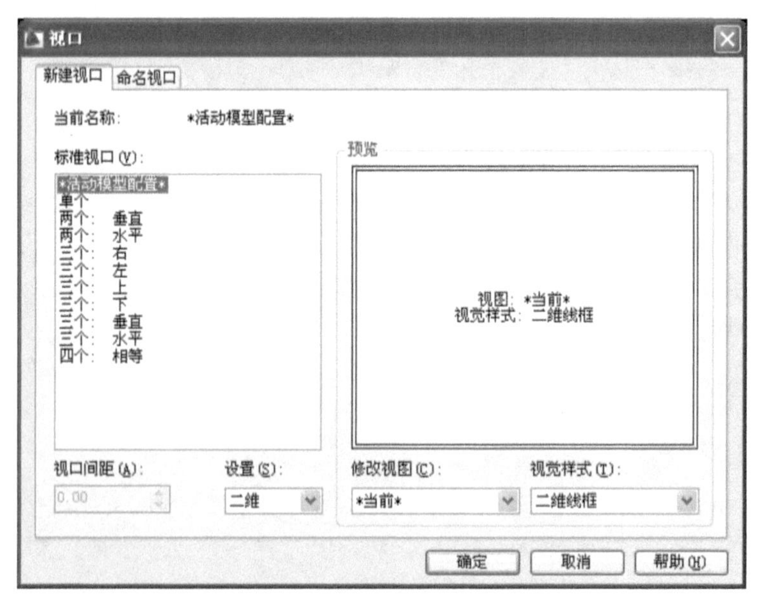

图 14-18　【视口】对话框

使用“mview”命令，可以通过多个选项创建一个或多个浮动视口。也可以使用“copy”和“array”命令创建多个浮动视口。

按照视口的形状，可将视口分为矩形视口和非矩形视口。通常默认的视口是矩形视口。

非矩形视口的创建可以利用功能区选项板【视图】选项卡中的【对象】和【多边形】两个按钮。使用【对象】按钮，选择一个闭合对象（例如在图纸空间中创建的圆或闭合多段线）以转换为浮动视口。创建视口后，定义视口边界的对象将与该视口相关联。【多边形】按钮用于根据指定的点创建非矩形布局视口，如图 14-19 所示的上面的曲线形视口。

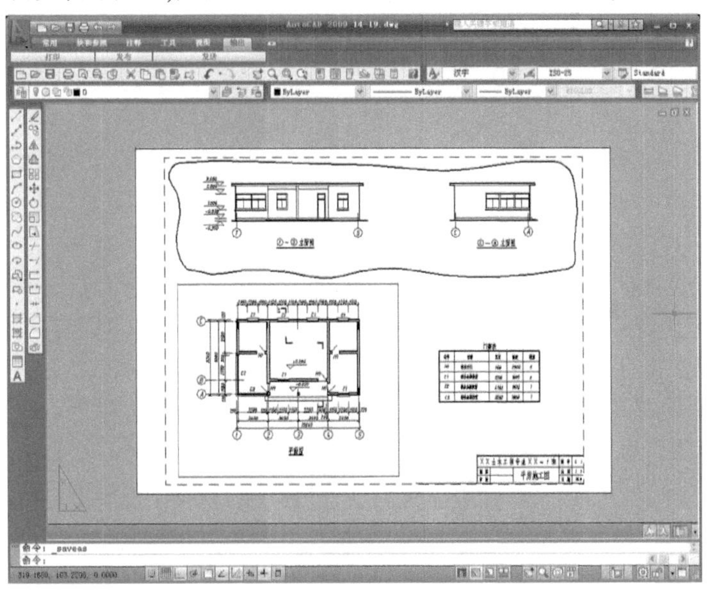

图 14-19　非矩形视口和隐藏边界的视口

二、编辑视口

布局中的视口如同一个图形对象，选定视口边界的对象就相当于选定了相应的视口。可以进行【复制】、【移动】、【阵列】、【比例】、【删除】等命令的操作。同时，也可以改变视口的大小和形状。

1. 改变浮动视口大小

如果要更改布局视口的形状或大小，可以使用夹点编辑顶点，就像使用夹点编辑任何其他对象一样。

2. 剪裁浮动视口

可以使用"vpclip"命令或单击功能区选项板中【视图】选项卡，选择【视口】面板的【视口裁剪】按钮重定义浮动视口边界。要剪裁布局视口，可以使用定点设备选择现有对象作为新的边界，或者指定新的边界点。

3. 隐藏视口

如果不希望显示或打印视口边界，应该在视口中创建图层，并把边界对象与图形置于不同的图层。准备打印时，可以关闭图层并打印布局，而不打印布局视口的边界，如图 14-19 所示的右下方的视口。

4. 从浮动视口访问模型空间

创建视口对象后，只需双击浮动视口，就可以从浮动视口访问模型空间。此时，当前视口边界将变粗，且在当前视口显示十字光标并可以选择几何图形对象，同时操作过程中布局的所有活动视口仍然可见。在浮动视口内部的模型空间中可以创建和修改对象，或在【图层特性管理器】中改变当前视口中图层的属性以及平移、缩放视图。要返回图纸空间，可双击视口外部布局中的空白区域。之前所做更改将显示在视口中。

如果在访问模型空间之前在浮动视口中设置了比例，则可以锁定该比例以避免进行更改。锁定比例后，在模型空间中操作时，图形对象与视口同比例显示缩放。方法是选定该视口，在其【特性】选项板中【显示锁定】的值改为“是”即可。

第四节　打 印 图 样

图样打印是最基本的输出方式。可以直接从模型空间出图，也可以在图纸空间中出图。

一、打印设置

打印设置是图样输出前的最后设置。单击功能区选项板中【输出】选项卡，选择【打印】面板的【打印】按钮；单击快速访问工具栏【打印】按钮；单击菜单浏览器按钮中【文件】菜单列表的【打印】菜单项或在命令行输入“plot”都可弹出如图 14-20 所示的【打印】对话框。【打印】对话框与【页面设置】对话框（图 14-14）没有很大的差别，如果页面设置的工作做得比较细致，实际上打印设置就很简单。因此也可以在打印设置中进行页面设置。

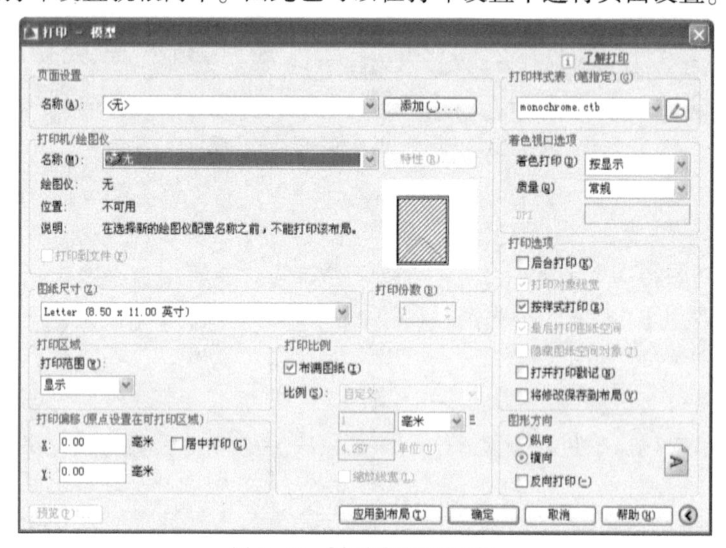

图 14-20　【打印】设置对话框

1. 页面设置选项

与页面设置不同，打印设置对话框的【页面设置】选项中，【名称】是可供选择的下拉列表框，包括以下内容。

(1) 在所有已经设置好的页面设置名称中，选中某一页面设置，对话框中所有的项目都会根据新选定的页面设置做相应的变化。

(2)【上一次打印】：恢复上一次有效打印的设置值。

(3)【输入】：打开一个对话框，输入一个已经存在于其他 AutoCAD 图形文件或模板文件中的页面设置。

(4)【无】：默认值，设置值尚未存盘。

此外，右侧还有一个【添加】按钮，可以启动新的页面设置，确定出图后自动保存为给定的页面设置名称。

2. 打印选项

在如图 14-20 所示的【打印】设置对话框的右侧有一个打印选项,共包括 7 个选择项。

(1)【后台打印】:允许后台打印。

(2)【打印对象线宽】:当第三项【按样式打印】未选中时,本项目可选。本项选中时,输出图形对象按照定义的线宽绘出,若未选中,按图层指定的线宽绘出。

(3)【按样式打印】:按照定义的打印样式出图。

(4)【最后打印图纸空间】:首先打印模型空间几何图形。通常先打印图纸空间几何图形,然后再打印模型空间几何图形。

(5)【隐藏图纸空间对象】:指定"HIDE"操作是否应用于图纸空间视口中的对象。此选项仅在布局选项卡中可用,且设置的效果反映在打印预览中,而不反映在布局中。

(6)【打开打印戳记】:选中该项,右侧出现一个【打印戳记设置】按钮,单击该按钮,打开【打印戳记】对话框,可以选择打印图形名称、设备名称、布局名称、图纸尺寸、日期和时间、打印比例、登录名等戳记,还可以打印自定义的字段。在高级选项中可以设置戳记的位置、方向、偏移、字体、字高等。

(7)【将修改保存到布局】:将在【打印】对话框中所做的修改保存到布局。

二、打印的一般步骤

打印的步骤根据前期准备工作的详细程度有所不同,基本程序如下。

(1)检查并确认出图设备处于准备状态,确保输出设备与计算机的连通和正确设置。

(2)当前图形的模型空间或图纸空间处于激活状态下执行"plot"命令。

(3)选择页面设置。如果页面设置合乎要求,便可直接预览和出图。

(4)选择出图设备及其属性,设置出图效果。如果暂时没有连通输出设备,可以选择打印到文件。

(5)设置图纸大小,指定打印区域、偏移、比例和方向等。

(6)选择打印样式,如果样式不符合要求,可以进行编辑。

(7)确定打印选项、打印质量、三维图形的消隐、渲染、打印戳记等。

(8)预览打印效果。

(9)打印。

打印过程中可以直接调用页面设置、输出设备及其特性、打印样式等。如果在图纸空间出图,打印范围直接选择【布局】,这样可以极大地减少出图中的麻烦,并且节约时间。

三、其他格式输出

用户可以使用多种格式(包括 DWF、DXF 和 Windows 图元文件[WMF])输出或打印图样。还可以使用专门设计的绘图仪驱动程序以图像格式输出图样。

这种情况下,非系统绘图仪驱动程序都被配置为输出文件信息。用户可以在绘图仪配置编辑器中控制各个非系统驱动程序的自定义特性。还可以通过在各个驱动程序(通过绘图仪配置编辑器访问)的【自定义特性】对话框中选择"帮助"来获得各个驱动程序的特定帮助信息。

1. 打印 DWF 文件

使用 AutoCAD 创建"Design Web Format" (DWF)文件。DWF 文件是二维矢量文件,用户可使

用这种格式在 Web 或 Intranet 网络上发布 AutoCAD 图形。每个 DWF 文件可包含一张或多张图纸。

在打印时选择“DWF6 ePlot. PC3”作为输出设备，根据需要选择打印设置，打印文件保存为 DWF 文件。

任何人都可以使用“Autodesk ® DWF™ Composer”或“Autodesk ® DWF™ Viewer”打开、查看和打印 DWF 文件。使用“Autodesk DWF Composer”或“Autodesk DWF Viewer”，还可以在“Microsoft ® Internet Explorer5.01”或更高版本中查看 DWF 文件。DWF 文件支持实时平移和缩放，还可以控制图层和命名视图的显示。

2. 以 DXB 文件格式打印

确保已为 DXB 文件输出配置了绘图仪驱动程序的情况下，在打印机/绘图仪【名称】一栏选择“DXB 格式配置”可以以 DXB 文件格式打印图形。

DXB(图形交换二进制)文件格式可以使用 DXB 非系统文件驱动程序。通常用于将三维图形“平面化”成为二维图形。输出与 AutoCAD “DXBIN”命令以及随早期版本 AutoCAD 一起提供的 ADIDXB 驱动程序兼容。

3. 以光栅文件格式打印

在打印机/绘图仪【名称】一栏选择“光栅格式”可以以光栅格式打印图形。

非系统光栅驱动程序支持若干光栅文件格式，包括“WindowsBMP、CALS、TIFF、PNG、TGA、PCX、JPEG”。光栅驱动程序最常用于打印到文件以便进行桌面发布。

几乎所有由该驱动程序支持的文件格式都产生“无量纲”光栅文件，该文件有像素大小而无英寸大小或毫米大小。量纲 CALS 格式用于可以接受 CALS 文件的绘图仪。如果绘图仪接受 CALS 文件，则必须指定真实的图纸尺寸和分辨率。在绘图仪配置编辑器的“矢量图形”窗格中以点/英寸指定分辨率。

默认情况下，光栅驱动程序只打印到文件。然而，用户可以在【添加绘图仪】向导的【端口】对话框上或绘图仪配置编辑器中的【端口】选项卡中选择“显示所有端口”，使计算机上的所有端口均可用于配置。配置打印端口时，该驱动程序打印到文件，然后将文件复制到指定端口。要成功打印，需确保与配置端口相连的设备可以接受和处理文件。详细信息请参见设备制造商提供的文档。

光栅文件的类型、大小和颜色深度决定最终的文件大小。光栅文件可以变得非常大，使用时最好仅采用像素量纲和需要的颜色。

用户可以在绘图仪配置编辑器的【自定义特性】对话框中为光栅打印配置背景色。如果改变此背景色，所有以此颜色打印的对象将不可见。

思 考 题

1. 模型空间与图纸空间有何区别？怎样在浮动视口中访问模型空间？
2. 如何创建布局，布局有何作用？
3. 如何进行页面设置？
4. 怎样创建浮动视口？
5. 简述打印图形的过程。
6. 图样输出时有哪些格式？

第三篇　三维模型设计及渲染

第十五章　三维绘图和实体造型

虽然在工程设计中,通常都使用二维图形来描述三维实体,但是由于三维图形的逼真效果,以及可以通过三维立体图直接得到透视图或平面效果图等优势,计算机三维设计越来越受到工程技术人员的青睐。

目前,国内的专业效果图制作公司大多用 AutoCAD 和 3ds max 等软件配合使用制作效果图。在建模方面 AutoCAD 有其独特之处,特别适合于建立民房、高层建筑、厂房等较规则建筑物的三维模型。

第一节　三维模型及视图观测点

一、三维模型的分类

三维模型分为三种类型:线框模型、表面模型和实体模型。

(1)线框模型:是对三维对象的轮廓描述。线框模型结构简单,对象由点、线构成,没有面和体的特征,因而不能进行消隐和渲染等处理。在 AutoCAD 中仅将线框模型作为构造其他模型的基础,因此,建筑效果图不能直接使用该模型。

(2)表面模型:用面来描述三维对象。AutoCAD 的表面模型一般用多边形网格定义,由于网格面由微小平面组成,所以网格表面是近似的曲面。表面模型不仅具有边界,而且还具有表面,可以对它进行渲染和着色的操作,但不能对表面进行布尔运算。

(3)实体模型:实体模型不仅具有线和面的特征,而且还具有实体的特征,如体积、重心和惯性矩等。在 AutoCAD 中,不仅可以建立基本的三维实体,对它进行剖切、编辑等操作,还可以对实体进行布尔运算,以构造复杂的三维实体。此外由于消隐和渲染技术的运用,可以使实体具有很好的可视性。

二、三维视图观测点

视点是指观察图形的方向,可根据输入的 *X*、*Y* 和 *Z* 坐标,定义观察视图的方向矢量。方向矢量是指观察者从视点向原点(0,0,0)的观察方向。如图 15-1 所示,角 *P* 表示视线 *SO* 与 *XY* 平面的夹角;角 *A* 表示视线 *SO* 的投影与 *X* 轴的夹角,同时,角 *A* 与角 *P* 确定唯一视点 *S*。

绘制三维形体时,如果使用平面坐标系观察,即 *Z* 轴垂直于屏幕,此时仅能看到物体在 *XY* 平面上的投影,如图 15-2a)所示。如果调整视点至当前坐标系的左上方,将看到一个三维形体,如图 15-2b)所示。

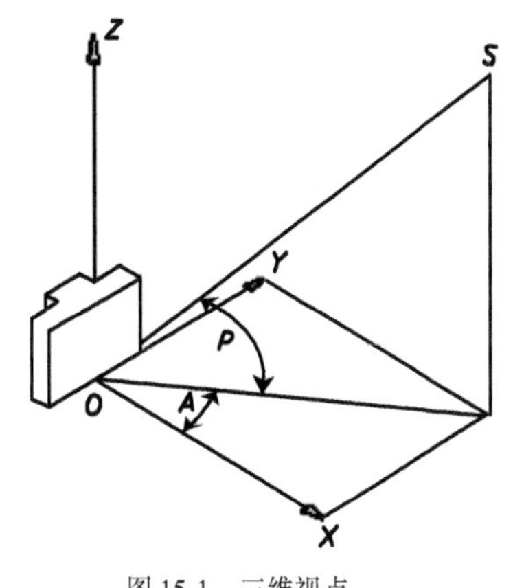

图 15-1　三维视点

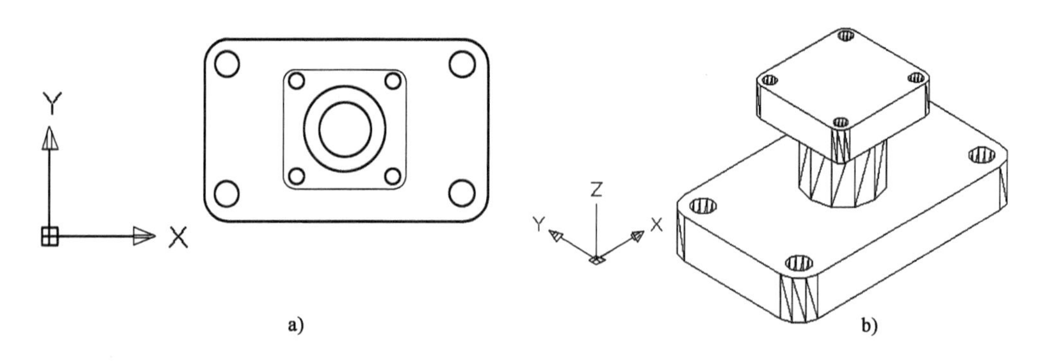

图 15-2　在平面坐标系和三维视图中显示的效果

a)平面坐标系显示;b)三维视图显示

1. 使用【视点预设】对话框设置视点

单击菜单浏览器按钮中【视图】菜单列表的【三维视图】子菜单中的【视点预设】菜单项或在命令行输入“ddvpoint”,都可出现如图 15-3 所示的【视点预设】对话框。

对话框中的左图用于设置原点和视点之间的连线在 *XY* 平面的投影与 *X* 轴正向的夹角;右边的半圆形图用于设置该连线与投影线之间的夹角,在图上直接拾取即可。也可以在【*X* 轴】、【*XY* 平面】两个文本框内输入相应的角度。

单击【设置为平面视图】按钮,可以将坐标系设置为平面视图。默认情况下,观察角度是相对于 WCS 坐标系的,选择【相对于 UCS】单选按钮,可相对于 UCS 坐标系定义角度。

2. 使用罗盘设置视点

单击菜单浏览器按钮中【视图】菜单列表的【三维视图】中的【视点】菜单项或在命令行输入“vpoint”,都可为当前视口设置视点。该视点是相对于 WCS 坐标系的。这时可通过屏幕上显示的罗盘定义视点,如图 15-4 所示。

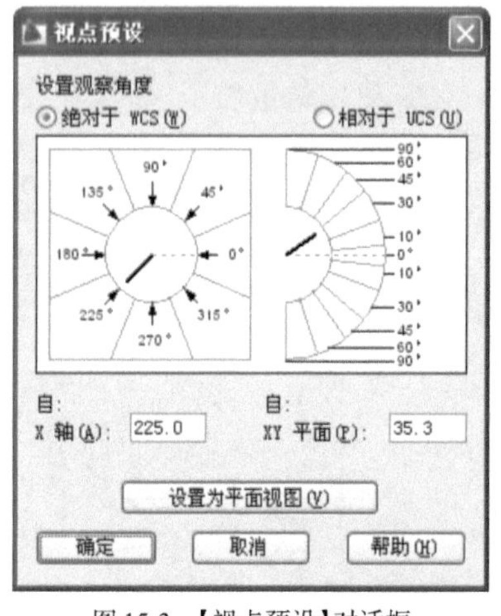

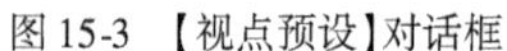

图 15-3　【视点预设】对话框

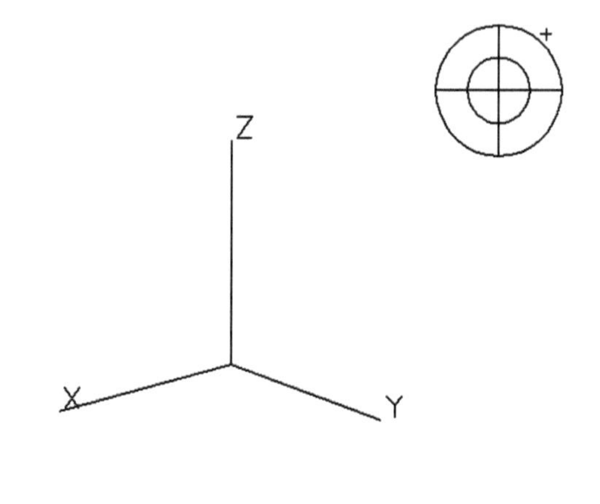

图 15-4　使用罗盘定义视点

图 15-4 中的罗盘是球体的二维表现方式,中心点是北极,内环是赤道,外环是南极,光标在罗盘上的位置确定了视点的空间位置,显示的坐标球和三轴架是用来定义视口中的观察方向。用鼠标将罗盘上的小十字光标移动到球体的任意位置上,三轴架根据坐标球指示的观察方向旋转,要选择观察方向时,把十字光标移动到球体上的某个位置并选择即可。

3. 设置特殊视点

单击菜单浏览器按钮中【视图】菜单列表的【三维视图】子菜单下的命令可以快速设置特殊的视点。表 15-1 列出了与这些选项相对的视点坐标。

特 殊 视 点　　　　表 15-1

菜 单 项	视 点	菜 单 项	视 点
俯视	(0,0,1)	后视	(0,1,0)
仰视	(0,0,-1)	西南轴测	(-1,-1,1)
左视	(-1,0,0)	东南轴测	(1,-1,1)
右视	(1,0,0)	东北轴测	(1,1,1)
主视	(0,-1,0)	西北轴测	(-1,1,1)

第二节　定义用户坐标系

一、用户坐标系 UCS 简介

AutoCAD 系统默认的坐标系是世界坐标系 WCS，WCS 的坐标原点在绘图界面的左下角，坐标值的计算是以原点为参照点。对于二维绘图来说，世界坐标系基本上能满足要求。但在三维绘图时，需在不同的视图上绘制，这就需要确定新的坐标系原点和 X、Y、Z 的方向。因此，AutoCAD 允许用户建立自己的坐标系，即用户坐标系 UCS。UCS 是一种可变动的坐标系，它的原点可以设在 WCS 的任意位置，其坐标轴可任意旋转或倾斜。大多数绘图和编辑命令都依赖于 UCS 的位置和方向，对象将绘制在当前 UCS 的 XY 平面上。UCS 在三维绘图中运用较多，在某些情况下使用 UCS 也会给二维绘图带来很多方便。

二、设置用户坐标系

设置用户坐标系 UCS 在三维空间中的方向。

1. 操作

单击功能区选项板中【视图】选项卡，选择【UCS】面板的各命令按钮(图 15-5)；单击菜单浏览器按钮中【工具】菜单列表的【新建 UCS】子菜单下的各菜单项；或在命令行输入“ucs”都可出现以下提示。

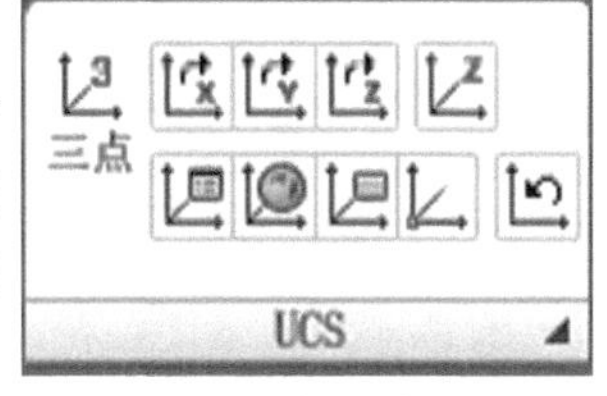

图 15-5 【UCS】面板

命令：_ ucs

当前 UCS 名称：*世界*

指定 UCS 的原点或 [面(F)/命名(NA)/对象(OB)/上一个(P)/视图(V)/世界(W)/X/Y/Z/Z 轴(ZA)] <世界>：

选择不同的选项可以建立不同的用户坐标系。

2. 说明

(1)【指定 UCS 的原点】：使用一点、两点或三点定义一个新的 UCS，如图 15-6 所示。如果指定一点，当前 UCS 的原点将会移动，但不会改变 X、Y 和 Z 轴的方向。选择该项，系统提示如下。

指定 X 轴上的点或 <接受>：（继续指定 X 轴通过的点 2，或直接回车接受原坐标系 X 轴为新坐标系 X 轴）

指定 XY 平面上的点或 <接受>：（继续指定 XY 平面通过的点 3 以确定 Y 轴，或直接回车接受原坐标系 XY 平面为新坐标系 XY 平面。Z 轴根据右手法则确定）

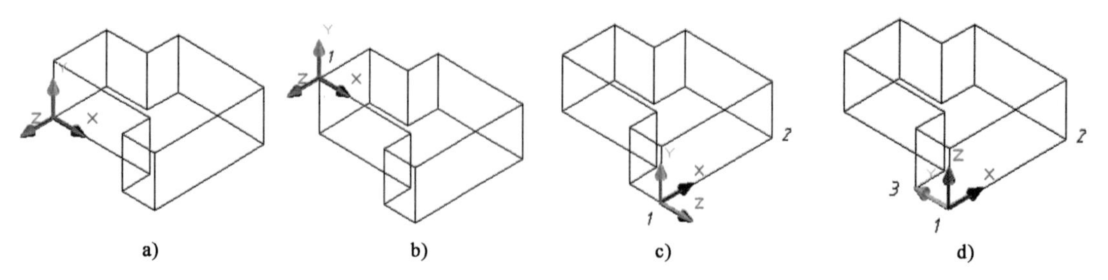

图 15-6　指定 UCS 的原点

a）原坐标系；b）指定一点；c）指定两点；d）指定三点

UCS 面板的【原点】按钮表示移动坐标原点到新的位置；【三点】按钮表示指定的原点及其 X 和 Y 轴的正方向确定新的 UCS，Z 轴的正方向由右手定则。

（2）【面（F）】面：将 UCS 与三维实体选定的面对齐。选择某一个面，需在此面的边界内或面的边界上点击，被选中的面将亮显（图 15-7），X 轴将与找到的面上最近的边对齐。选择该项，系统提示如下。

选择实体对象的面：

输入选项[下一个（N）/X 轴反向（X）/Y 轴反向（Y）] <接受>：（回车）

如果选择【下一个】选项，系统将 UCS 定位于邻接的面或选定边的后向面。

（3）【命名（NA）】：按名称保存并恢复通常使用的 UCS 方向。系统提示如下。

输入选项[恢复（R）/保存（S）/删除（D）/?]：

（4）【对象（OB）】对象：根据选定的三维对象定义新的坐标系。新建 UCS 的拉伸方向（Z 轴正方向）与选定对象的拉伸方向相同，如图 15-8 所示选择三维面上的圆建立新的 UCS。系统提示如下。

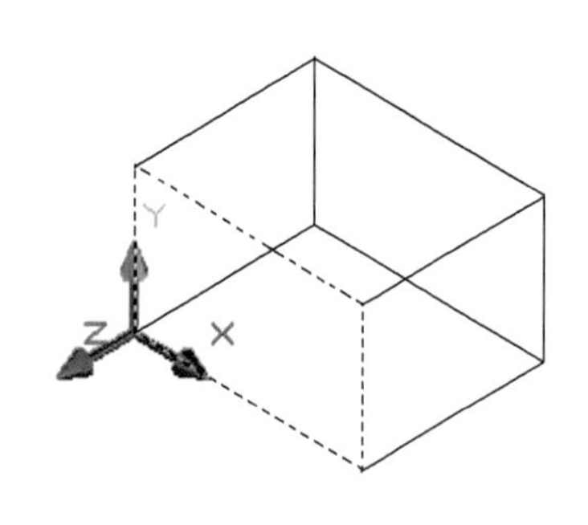

图 15-7　选择面确定坐标系

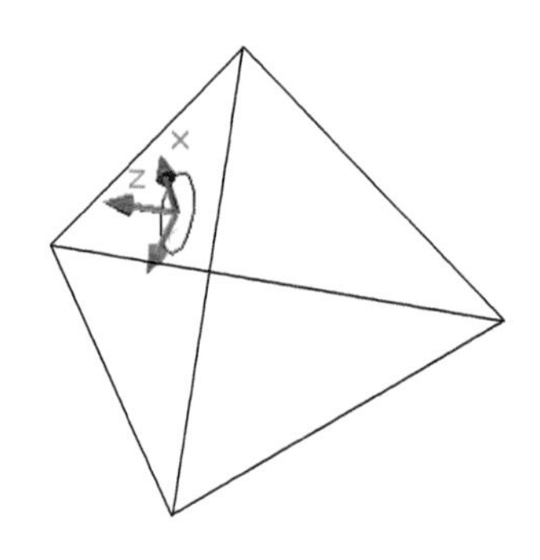

图 15-8　选择对象确定坐标系

选择对齐 UCS 的对象：（选择对象）

对于大多数对象，新 UCS 的原点位于离选定对象最近的顶点处，并且 X 轴与一条边对齐或相切。对于平面对象，UCS 的 XY 平面与该对象所在的平面对齐。对于复杂对象，将重新定位原点，但是轴的当前方向保持不变。（注意：该选项不能用于三维多段线、三维网格和构造线）

(5)【上一个(P)】:恢复上一个 UCS。系统会保留创建的最后 10 个坐标系。重复该选项将逐步返回 UCS。

(6)【视图(V)】:以垂直于观察方向(平行于屏幕)的平面为 *XY* 平面,建立新的坐标系。UCS 原点保持不变。

(7)【世界(W)】:将当前用户坐标系设置为世界坐标系。WCS 是所有用户坐标系的基准,不能被重新定义。

(8)【*X*】、【*Y*】、【*Z*】:绕指定轴旋转当前 UCS,构成新的 UCS。

(9)【*Z* 轴(*ZA*)】:用指定的 *Z* 轴正半轴定义 UCS。系统提示如下。

指定新原点或[对象(O)]<0,0,0>:
在正 Z 轴范围上指定点<当前>:

三、动态用户坐标系

动态用户坐标系的具体操作是单击状态栏上的【允许/禁止动态 UCS】按钮。

使用动态【UCS】功能,可以在创建对象时使 UCS 的 *XY* 平面自动与实体模型上的平面临时对齐。在执行绘图命令时,可以通过在面的一条边上移动指针来对齐 UCS,而无需使用【UCS】命令。结束该命令后,UCS 将恢复到其上一个位置和方向,如图 15-9 所示。

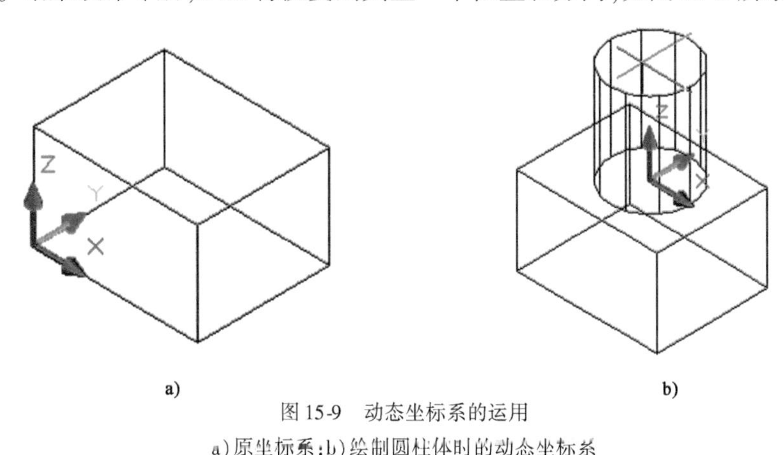

图 15-9 动态坐标系的运用

a)原坐标系;b)绘制圆柱体时的动态坐标系

四、管理用户坐标系

通过显示和修改已定义但未命名的用户坐标系,恢复命名且正交 UCS,指定视口中 UCS 图标和 UCS 设置来管理用户坐标系。

1. 操作

单击功能区选项板中【视图】选项卡,选择【UCS】面板的【已命名】按钮;单击菜单浏览器按钮中【工具】菜单列表的【命名 UCS】菜单项;或在命令行输入“ucsman”都可弹出如图 15-10 所示的【UCS】对话框。

2. 说明

该对话框有【命名 UCS】、【正交 UCS】和【设置】三个选项卡,它们的功能如下。

(1)【命名 UCS】选项卡:用于列出已有的用户坐标系并设置当前 UCS。在该选项卡中,用户可以将【世界】坐标系、【上一个】使用的 UCS、【未命名】或某一命名的 UCS 设置为当前坐标系。具体方法是从列表框中选择某一坐标系,单击【置为当前】按钮。

选择相应的 UCS 名称后，单击选项卡中【详细信息】按钮，可以显示该坐标系的原点、X、Y 和 Z 轴的方向，如图 15-11 所示。

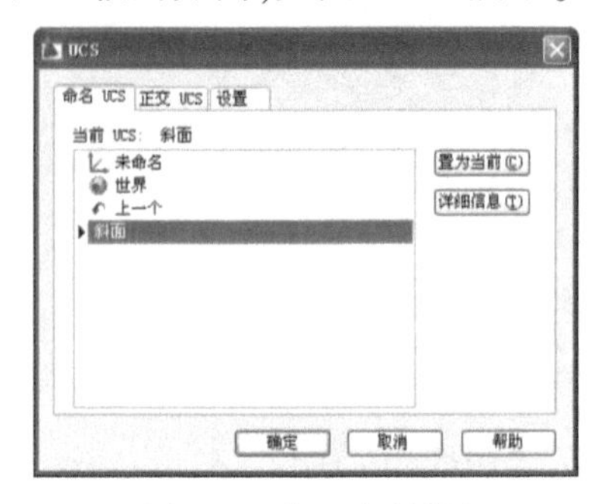

图 15-10 【UCS】对话框

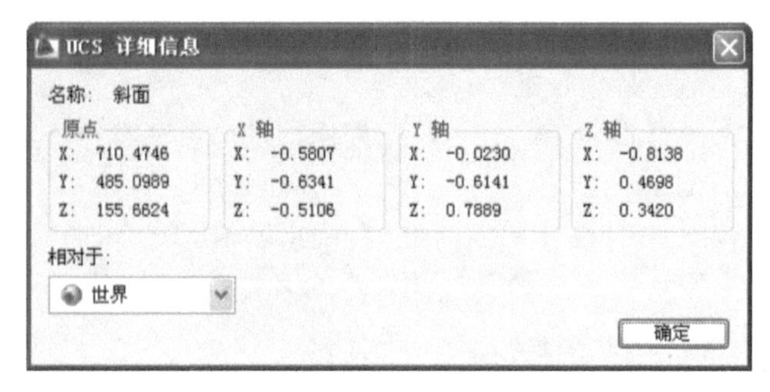

图 15-11 【UCS 详细信息】对话框

(2)【正交 UCS】选项卡：用于将 UCS 设置为某一正交模式。【正交 UCS】选项卡如图15-12 所示。其【深度】列表框用来定义用户坐标系的 XY 平面上的正投影与通过用户坐标系原点的平行平面之间的距离。

(3)【设置】选项卡：用于设置 UCS 图标的显示形式和应用范围等。【设置】选项卡如图 15-13 所示。

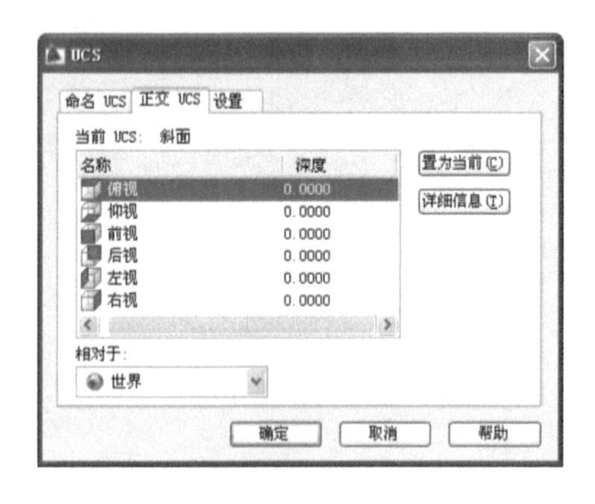

图 15-12 【正交 UCS】选项卡

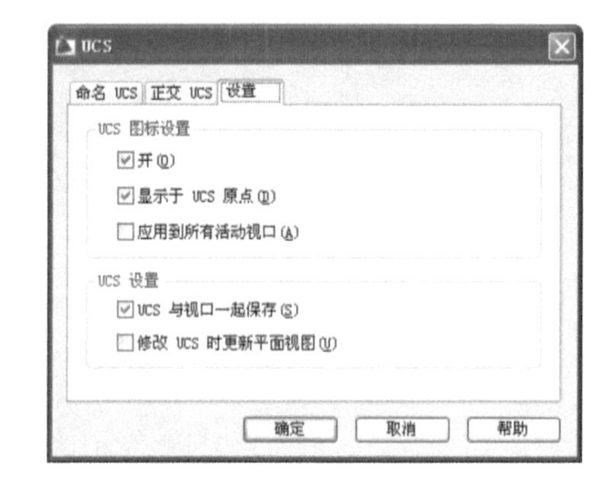

图 15-13 【设置】选项卡

第三节　绘制三维点和线

AutoCAD 2009 提供了【二维草图与注释】、【三维建模】和【AutoCAD 经典】三种工作空间，并且可以进行切换。本章主要介绍三维绘图，应将工作空间改为【三维建模】空间。具体操作是单击状态栏中的【切换工作空间】按钮，在弹出的快捷菜单中选择【三维建模】空间。

一、三维点

选择功能区选项板中【默认】选项卡，单击 绘图 面板的小三角形，在弹出的面板中选择【多点】按钮；单击菜单浏览器按钮中【绘图】菜单列表【点】子菜单的【单点】或【多点】菜单项，直接输入三维坐标即可绘制三维点。

二、三维直线和样条曲线

采用【直线】或【样条曲线】命令,输入各点的三维坐标,即可绘制三维直线或三维样条曲线,具体操作与二维相似,这里不再赘述。如图15-14所示是用【样条曲线】命令绘制的三维样条曲线。

三、三维多段线

1. 操作

单击功能区选项板中【默认】选项卡,选择【绘图】面板的【三维多段线】按钮;单击菜单浏览器按钮中【绘图】菜单列表的【三维多段线】菜单项;或在命令行输入"3dpoly"都可绘制三维多段线。绘制如图15-15所示的三维多段线,具体操作如下。

命令:_3dpoly
指定多段线的起点:(输入起点坐标)
指定直线的端点或[放弃(U)]:(输入第2点坐标)
指定直线的端点或[放弃(U)]:(输入第3点坐标)
指定直线的端点或[闭合(C)/放弃(U)]:(输入第4点坐标)
指定直线的端点或[闭合(C)/放弃(U)]:(输入第5点坐标)
指定直线的端点或[闭合(C)/放弃(U)]:(回车,结束命令)

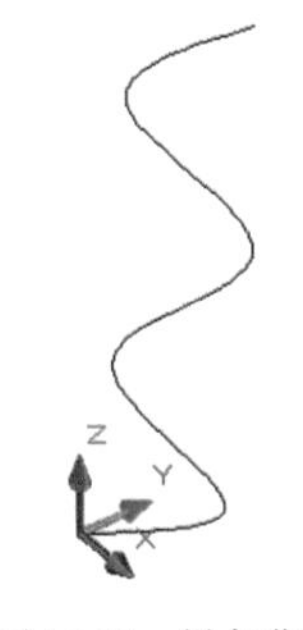

图15-14 样条曲线

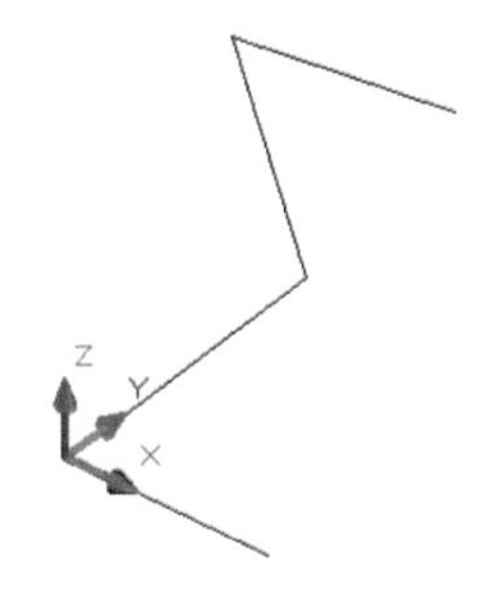

图15-15 三维多段线

2. 说明

三维多段线的绘制与二维多段线基本相同,但三维多段线只有直线段,没有圆弧段。

第四节 绘制三维网格

一、三维面

在三维空间中创建由三个或四个顶点构成的三侧面或四侧面。

1. 操作

选择功能区选项板中【默认】选项卡,单击 三维建模 面板的小三角形,在弹出的面板中选择【三维面】按钮;单击菜单浏览器按钮中【绘图】菜单列表【建模】子菜单的【网格】下的【三维面】菜单项;或在命令行输入"3dface"都可绘制三维面。绘制如图15-16所示的三维面,具体步骤如下。

命令:_3dface
指定第一点或[不可见(I)]:60,40,0 (输入点 *A* 坐标)
指定第二点或[不可见(I)]:80,60,40 (输入点 *B* 坐标)
指定第三点或[不可见(I)]<退出>:80,100,40 (输入点 *C* 坐标)
指定第四点或[不可见(I)]<创建三侧面>:60,120,0 (输入点 *D* 坐标)
指定第三点或[不可见(I)]<退出>:140,120,0 (输入点 *E* 坐标)
指定第四点或[不可见(I)]<创建三侧面>:120,100,40 (输入点 *F* 坐标)
指定第三点或[不可见(I)]<退出>:120,60,40 (输入点 *G* 坐标)
指定第四点或[不可见(I)]<创建三侧面>:140,40,0 (输入点 *H* 坐标)
指定第三点或[不可见(I)]<退出>:60,40,0 (输入点 *A* 坐标)
指定第四点或[不可见(I)]<创建三侧面>:80,60,40 (输入点 *B* 坐标)
指定第三点或[不可见(I)]<退出>: (回车,结束命令)

2. 说明

(1)【指定第一点】:定义三维面的起点。在输入第一点后,可按顺时针或逆时针顺序输入其余的点的坐标值,以创建三维面。

(2)【不可见(I)】:控制三维面各边的可见性,以便建立有孔对象的正确模型。如果在输入某一边之前输入“i”,则可以使该边不可见。

二、控制三维面边界的可见性

1. 操作

选择功能区选项板中【默认】选项卡,单击 三维建模 ◢ 面板的小三角形,在弹出的面板中选择【边】按钮;单击菜单浏览器按钮中【绘图】菜单列表【建模】子菜单的【网格】下的【边】菜单项;或在命令行输入“edge”都可修改三维面边界的可见性。分别选择图15-16中的 *AD*、*CD* 和 *DE* 边,可得到如图15-17所示的图形,具体步骤如下。

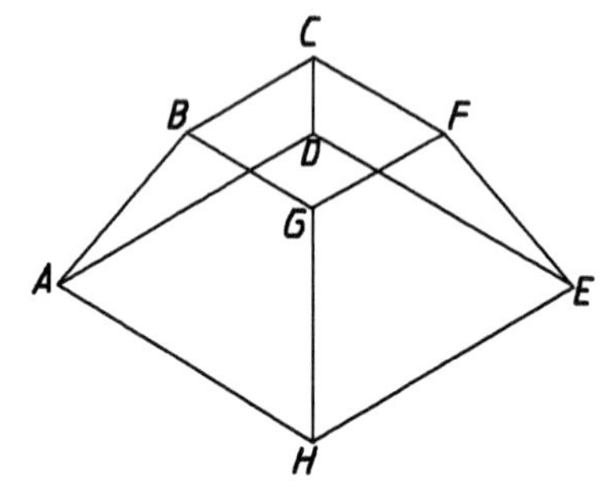

图15-16 绘制三维面

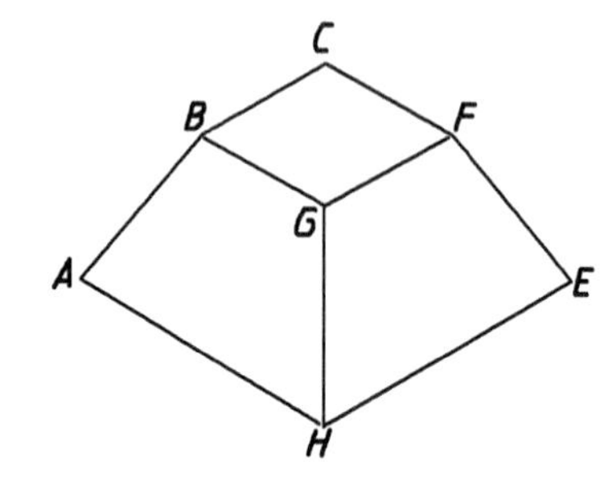

图15-17 修改三维面的边的可见性

命令:_edge
指定要切换可见性的三维表面的边或[显示(D)]: (选择 *AD* 边)
指定要切换可见性的三维表面的边或[显示(D)]: (选择 *CD* 边)
指定要切换可见性的三维表面的边或[显示(D)]: (选择 *DE* 边)

2. 说明

(1)【指定要切换可见性的三维表面的边】:如果要选择的边是正常显示的,说明当前状态是可见的,选择这些边后,它们将以虚线形式显示,回车后,这些边从屏幕上消失,变为不可见状态。反之,不可见的边可以变成可见边。

(2)【显示】:选择三维面的不可见边以便重新显示出来。

三、根据标高和厚度绘制三维图形

用户可以为将要绘制的对象设置标高和厚度。一旦设置了标高和延伸厚度,就可以用二维绘图的方法得到三维网格模型。

1. 操作

通过“elev”命令可以设置几何对象的基准面标高和厚度。具体操作如下。

```
命令:_elev
指定新的默认标高 <0.0000>:  (指定标高值)
指定新的默认厚度 <0.0000>:  (指定厚度值)
```

2. 说明

绘制二维图形时,绘图面是当前 UCS 的 *XY* 面或其平行面。标高就是确定这个面的位置,即与当前 UCS 的 *XY* 面的距离。厚度则是所绘二维图形沿当前 UCS 的 *Z* 轴方向延伸的距离。

零标高表示基准面,正标高表示几何体向基准面上方拉伸,负标高表示几何体向基准面下方拉伸。正、负厚度的表示方法与标高相同。如图 15-18 所示为设置标高和厚度后,由【正多边形】命令得到的三维图形。

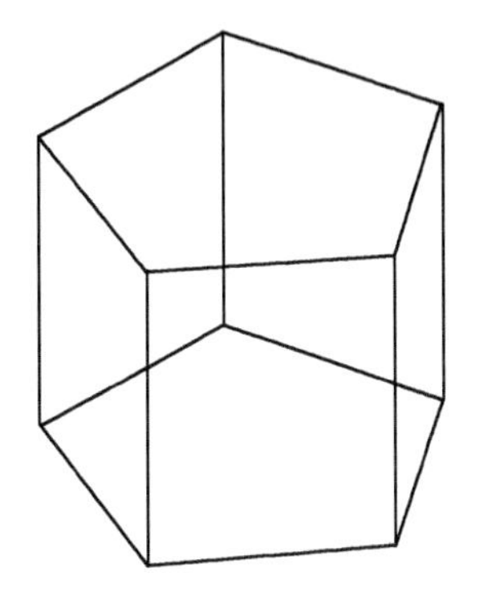

图 15-18 设置标高和厚度的立体图

四、三维网格

创建自由格式的多边形网格。

1. 操作

选择功能区选项板中【默认】选项卡,单击 三维建模 面板的小三角形,在弹出的面板中选择【三维网格】按钮;单击菜单浏览器按钮中【绘图】菜单列表【建模】子菜单的【网格】下的【三维网格】菜单项;或在命令行输入“3dmesh”都可绘制三维多边形网格。具体步骤如下。

```
命令:_3dmesh
输入 M 方向上的网格数量:  (输入 2 到 256 之间的值)
输入 N 方向上的网格数量:  (输入 2 到 256 之间的值)
指定顶点(0,0)的位置:  (输入第一行第一列的顶点坐标)
指定顶点(0,1)的位置:  (输入第一行第二列的顶点坐标)
指定顶点(0,2)的位置:  (输入第一行第三列的顶点坐标)
……
指定顶点(0,N-1)的位置:  (输入第一行第 N 列的顶点坐标)
指定顶点(1,0)的位置:  (输入第二行第一列的顶点坐标)
指定顶点(1,1)的位置:  (输入第二行第二列的顶点坐标)
……
指定顶点(1,N-1)的位置:  (输入第二行第 N 列的顶点坐标)
……
指定顶点(M-1,N-1)的位置:  (输入第 M 行第 N 列的顶点坐标)
```

如图 15-19 所示为 3×3 三维网格。

2. 说明

修改【三维网格】一般用多段线编辑命令“pedit”，它可以编辑平滑曲面、闭合曲面等。

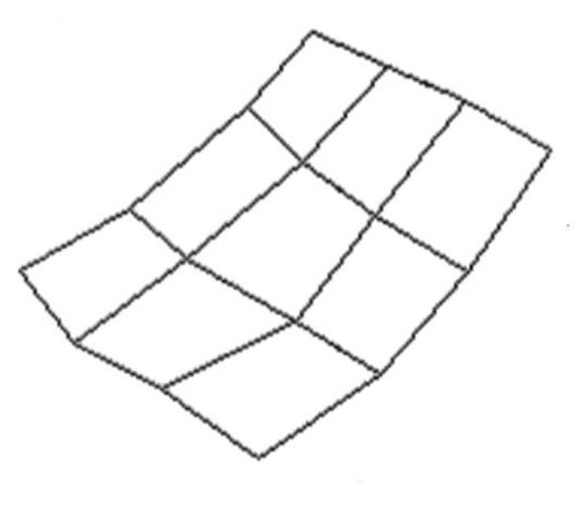

图 15-19　三维网格

五、旋转网格

创建绕选定轴旋转而成的旋转网格。

1. 操作

选择功能区选项板中【默认】选项卡，单击三维建模面板的小三角形，在弹出的面板中选择【旋转曲面】按钮；单击菜单浏览器按钮中【绘图】菜单列表【建模】子菜单的【网格】下的【旋转网格】菜单项；或在命令行输入“revsurf”都可将曲线或直线旋转生成三维网格。绘制如图 15-20 所示的曲面，具体操作如下。

```
命令：_revsurf
当前线框密度：SURFTAB1 = 30　SURFTAB2 = 30
选择要旋转的对象：（指定已绘制好的样条曲线）
选择定义旋转轴的对象：（指定已绘制好的作为旋转轴的直线，如图 15-20a）所示）
指定起点角度 <0>：（回车）
指定包含角度（+ =逆时针，- =顺时针）<360>：（回车，得到如图 15-20b）所示的曲面）
```

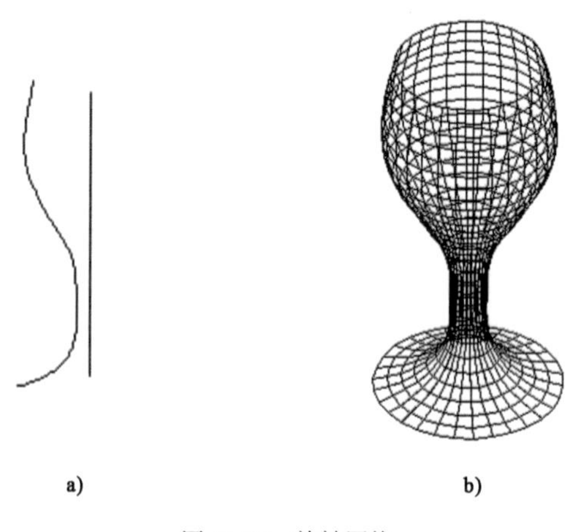

图 15-20　旋转网格

a）曲线及旋转轴；b）旋转后的网格

2. 说明

（1）【选择要旋转的对象】：可以选直线、圆弧、圆、样条曲线或二维、三维多段线。

（2）【选择定义旋转轴的对象】：可选择直线或开放的二维、三维多段线。

（3）生成网格的密度由“SURFTAB1”和“SURFTAB2”系统变量控制。“SURFTAB1”指定在旋转方向上绘制的网格线的数目。如果路径曲线是直线、圆弧、圆或样条曲线拟合的多段线，“SURFTAB2”将指定绘制的网格线数目进行等分。如果路径曲线是尚未进行样条曲线拟合的多段线，网格线将绘制在直线段的端点处，并且每个圆弧都被等分为“SURFTAB2”所指定的段数。

六、平移网格

沿路径曲线和方向矢量创建平移网格。

1. 操作

选择功能区选项板中【默认】选项卡，单击三维建模面板的小三角形，在弹出的面板中选择【平移曲面】按钮；单击菜单浏览器按钮中【绘图】菜单列表【建模】子菜单的【网格】下的【平移网格】菜单项；或在命令行输入"tabsurf"都可将曲线或直线平移生成三维网格。绘制如图 15-21 所示的曲面，具体操作如下。

命令：_tabsurf
当前线框密度： SURFTAB1 = 60
选择用作轮廓曲线的对象： （选择图 15-21a）中样条曲线）
选择用作方向矢量的对象： （选择图 15-21a）中直线作为方向矢量，得到如图 15-21b）所示的网格）

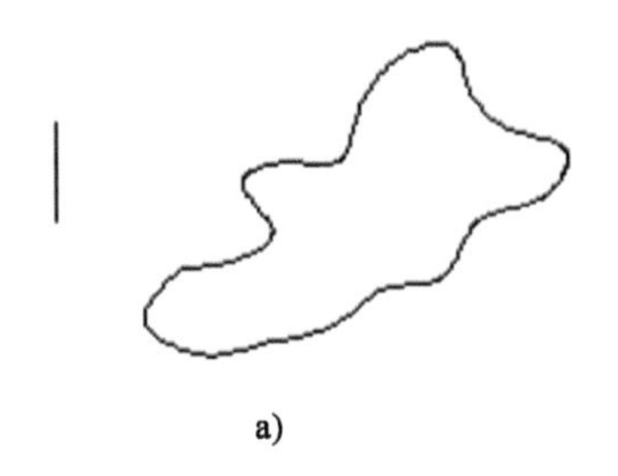

a)

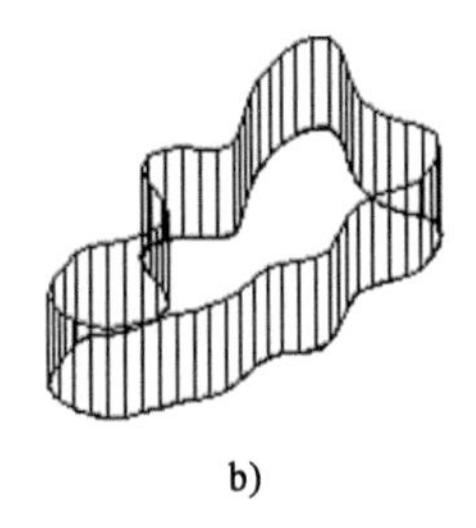

b)

图 15-21 平移网格
a）曲线及方向矢量；b）平移后的网格

2. 说明

（1）【选择用作轮廓曲线的对象】：可以选择直线、圆弧、圆、椭圆、样条曲线或二维、三维多段线。

（2）【选择用作方向矢量的对象】：方向矢量指出形状的拉伸方向和长度。可选择直线或开放的二维、三维多段线。

七、直纹网格

在两条曲线之间创建直纹网格。

1. 操作

选择功能区选项板中【默认】选项卡，单击三维建模面板的小三角形，在弹出的面板中选择【直纹曲面】按钮；单击菜单浏览器按钮中【绘图】菜单列表【建模】子菜单的【网格】下的【直纹网格】菜单项；或在命令行输入"rulesurf"都可在两条曲线之间生成直纹网格。绘制如图 15-22 所示的曲面，具体操作如下。

命令：_rulesurf
当前线框密度： SURFTAB1 = 20
选择第一条定义曲线： （指定图 15-22a）中一个椭圆）
选择第二条定义曲线： （指定图 15-22a）中另一个椭圆，得到如图 15-22b）所示的直纹网格）

2. 说明

命令中选择的对象用于定义直纹网格的边。该对象可以是点、直线、样条曲线、圆、圆弧或多段线。如果有一个边界是闭合的,那么另一个边界必须也是闭合的。可以将一个点作为开放或闭合曲线的另一个边界,但是只能有一个边界曲线可以是一个点。

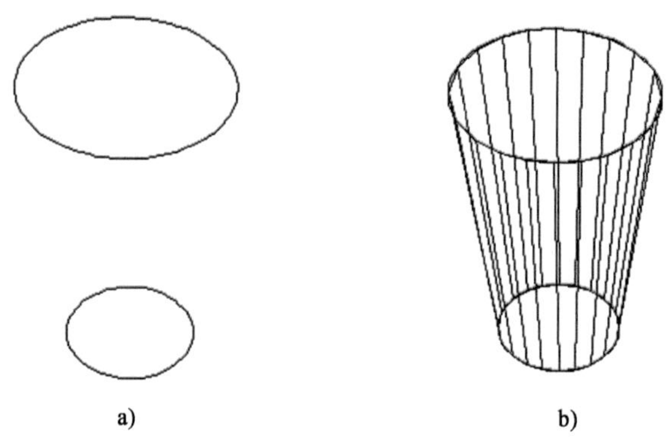

图 15-22　直纹网格

a)定义边界的曲线;b)生成的直纹网格

八、边界网格

由四条边界创建三维多边形网格。

1. 操作

选择功能区选项板中【默认】选项卡,单击 三维建模 面板的小三角形,在弹出的面板中选择【边界曲面】按钮;单击菜单浏览器按钮中【绘图】菜单列表【建模】子菜单的【网格】下的【边界网格】菜单项;或在命令行输入"edgesurf"都可在四条边界曲线之间生成三维多边形网格。绘制如图 15-23 所示的曲面,具体操作如下。

命令:_edgesurf

当前线框密度:　SURFTAB1 = 6　SURFTAB2 = 6

选择用作曲面边界的对象 1:　(选择图 15 – 23a)中 12 曲线)

选择用作曲面边界的对象 2:　(选择 23 曲线)

选择用作曲面边界的对象 3:　(选择 34 曲线)

选择用作曲面边界的对象 4:　(选择 41 曲线,得到如图 15-23b)所示的三维网格)

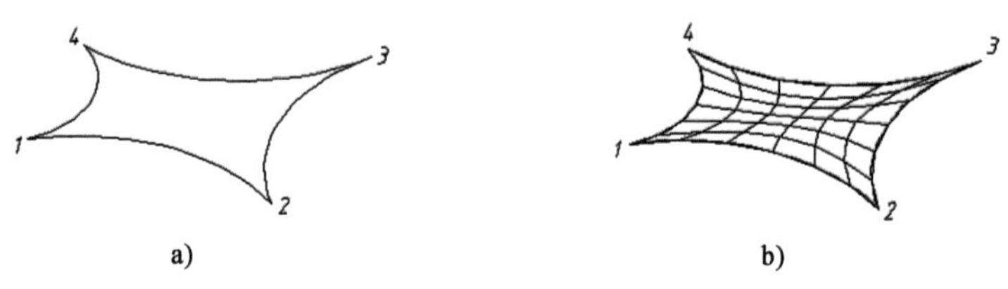

图 15-23　边界网格

a)定义四条边界;b)生成的三维网格

2. 说明

边界对象可以是圆弧、直线、样条曲线、椭圆弧或开放的二维、三维多段线,并且边界的四个对象必须形成闭合环和共享端点。

可以用任何次序选择这四条边。第一条边(SURFTAB1)决定了生成网格的 M 方向,该方向是从距选择点最近的端点延伸到另一端。与第一条边相接的两条边形成了网格的 N(SURFTAB2)方向的边。

第五节　三维实体造型

实体建模是 AutoCAD 三维建模中比较重要的一部分。实体模型能够完整描述对象的三维模型，比三维线框、三维曲面更能清楚地表达形体。利用三维实体可以分析实体的质量特性，如体积、重心、惯性距等。

一、创建基本三维实体

在 AutoCAD 中，基本实体对象包括长方体、楔体、棱锥体、圆柱体、圆锥体、球体、圆环体和多段体，下面分别介绍它们的绘制方法。

1. 长方体

单击功能区选项板中【默认】选项卡，选择【三维建模】面板的【长方体】按钮；单击菜单浏览器按钮中【绘图】菜单列表【建模】子菜单的【长方体】菜单项；或在命令行输入“box”都可绘制长方体。创建如图 15-24 所示的长方体，具体步骤如下。

命令：_box
指定第一个角点或［中心(C)］：（指定第一个角点坐标）
指定其他角点或［立方体(C)/长度(L)］：（指定第二个角点坐标）
指定高度或［两点(2P)］：（指定高度）

（1）输入长方体角点数值时，如果为正值，则沿当前 UCS 的 X、Y 和 Z 轴的正向绘制；如果为负值，则沿 X、Y 和 Z 轴的负向绘制。

（2）选择【立方体】选项，则创建一个长、宽、高相等的长方体。

（3）选择【长度】选项，则要求输入长、宽、高的值。

（4）选择【中心】选项，则可以根据长方体的中心点位置创建长方体。

2. 楔体

单击功能区选项板中【默认】选项卡，选择【三维建模】面板的【楔体】按钮；单击菜单浏览器按钮中【绘图】菜单列表【建模】子菜单的【楔体】菜单项；或在命令行输入“wedge”都可绘制楔体。创建如图 15-25 所示的楔体，具体步骤如下。

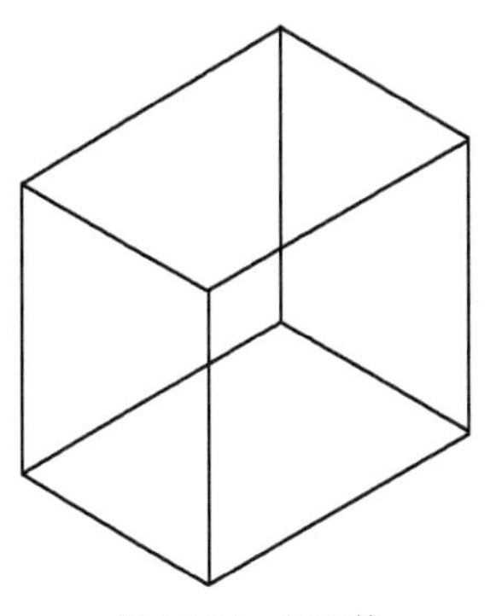

图 15-24　长方体

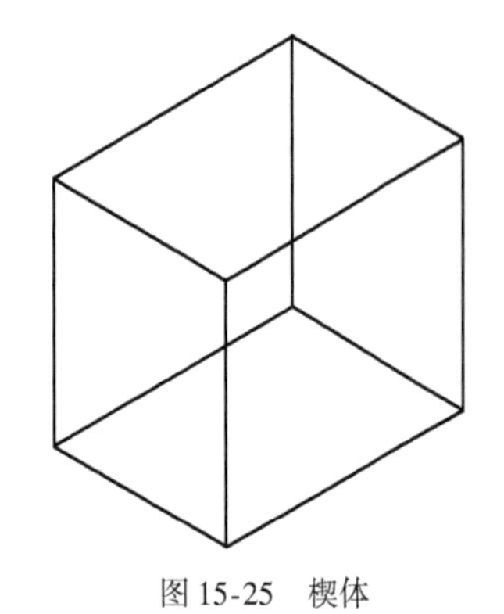

图 15-25　楔体

命令：_wedge
指定第一个角点或［中心(C)］：
指定其他角点或［立方体(C)/长度(L)］：
指定高度或［两点(2P)］：

因为楔体可以看成是长方体沿对角线切成两半的结果，所以两个命令的提示项相同，这里不再赘述。

3. 棱锥体

单击功能区选项板中【默认】选项卡，选择【三维建模】面板的【棱锥体】按钮；单击菜单浏览器按钮中【绘图】菜单列表【建模】子菜单的【棱锥体】菜单项；或在命令行输入“pyramid”都可绘制棱锥体。创建如图15-26所示的棱锥体，具体步骤如下。

命令：_pyramid
4个侧面外切
指定底面的中心点或[边(E)/侧面(S)]：
指定底面半径或[内接(I)]：
指定高度或[两点(2P)/轴端点(A)/顶面半径(T)]：

(1)【边】：可通过拾取两点指定棱锥体底面一条边的长度。

(2)【侧面】：指定棱锥体的侧面数。可以输入3～32之间的数。

(3)【内接】：指定棱锥体底面内接于棱锥体的底面半径。与之对应的还有【外切】，即指定棱锥体外切于棱锥体的底面半径。

(4)【轴端点】：指定棱锥体轴的端点位置。该端点是棱锥体的顶点，可以位于三维空间的任意位置，由轴端点定义棱锥体的长度和方向。

(5)【顶面半径】：指定棱锥体的顶面半径，创建棱锥体平截面，如图15-27所示。

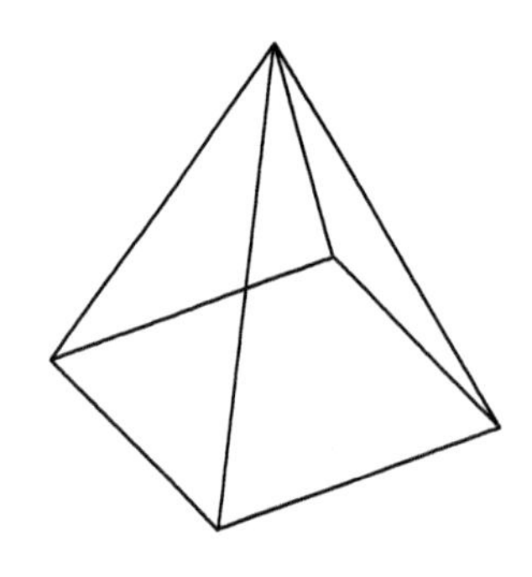

图15-26　棱锥体

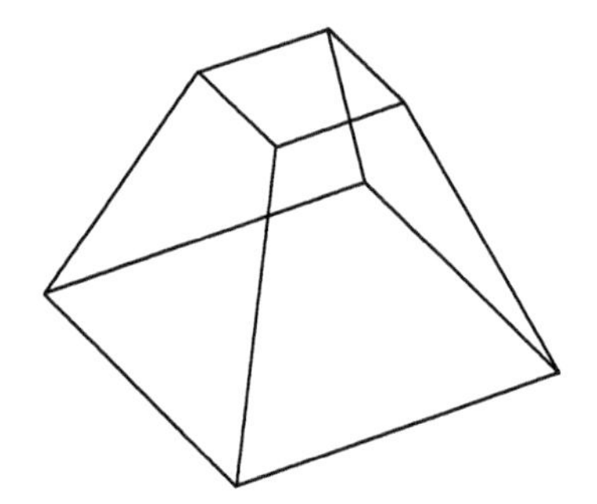

图15-27　带平截面的棱锥体

4. 圆柱体

单击功能区选项板中【默认】选项卡，选择【三维建模】面板的【圆柱体】按钮；单击菜单浏览器按钮中【绘图】菜单列表【建模】子菜单的【圆柱体】菜单项；或在命令行输入“cylinder”都可绘制圆柱体。创建如图15-28所示的圆柱体，具体步骤如下。

命令：_cylinder
指定底面的中心点或[三点(3P)/两点(2P)/切点、切点、半径(T)/椭圆(E)]：
指定底面半径或[直径(D)]<　>：
指定高度或[两点(2P)/轴端点(A)]<　>：

(1)绘制曲面立体时，通过“ISOLINES”变量控制每个面上的线框密度，如图15-28所示。

(2)绘制圆柱体可以通过设置【中心点】及【半径】或【直径】、【三点】、直径上的【两点】或【切点、切点、半径】来确定底圆大小。

(3)【椭圆】选项用于绘制椭圆柱体，其中端面椭圆的绘制方法与平面椭圆一致。

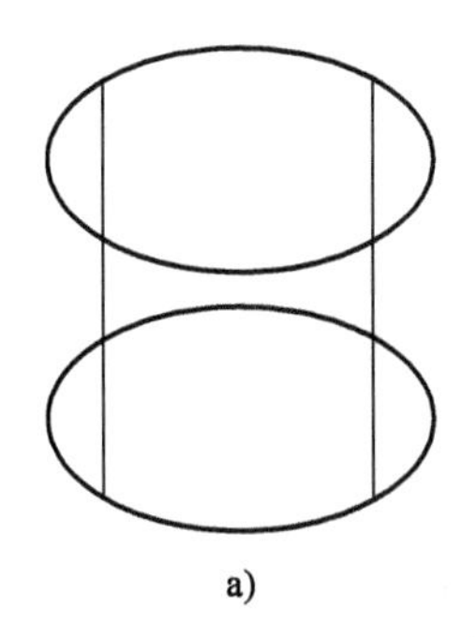

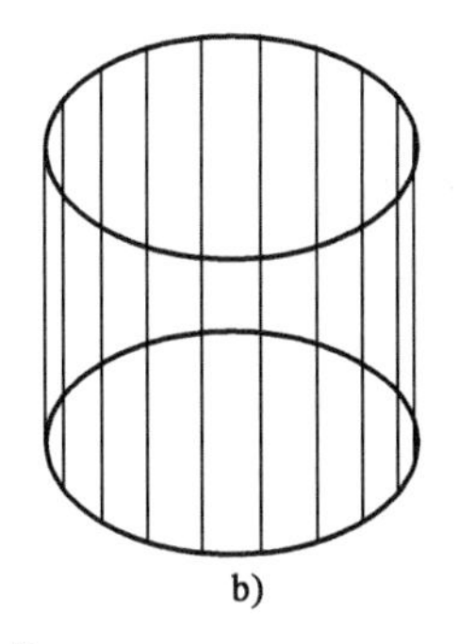

a) b)

图 15-28 圆柱体

a) ISOLINES = 4；b) ISOLINES = 20

5. 圆锥体

单击功能区选项板中【默认】选项卡，选择【三维建模】面板的【圆锥体】按钮；单击菜单浏览器按钮中【绘图】菜单列表【建模】子菜单的【圆锥体】菜单项；或在命令行输入“cone”都可绘制圆锥体。创建如图 15-29 所示的圆锥体，具体步骤如下。

```
命令：_cone
指定底面的中心点或[三点(3P)/两点(2P)/切点、切点、半径(T)/椭圆(E)]：
指定底面半径或[直径(D)] <    >：
指定高度或[两点(2P)/轴端点(A)/顶面半径(T)]：
```

(1) 创建圆锥体的方法与圆柱体基本类似，可以参照上述步骤操作。

(2)【顶面半径】：指定圆锥体的顶面半径，创建圆锥体平截面，如图 15-30 所示。

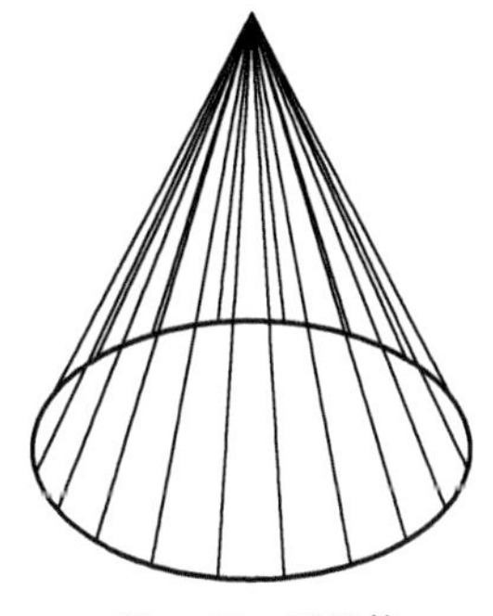

图 15-29 圆锥体

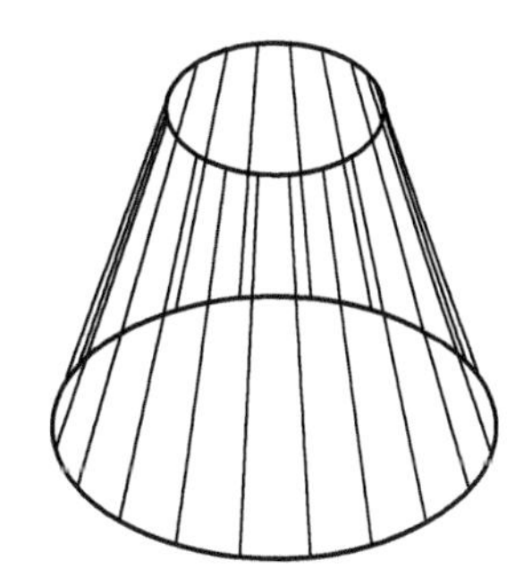

图 15-30 带平截面的圆锥体

6. 球体

单击功能区选项板中【默认】选项卡，选择【三维建模】面板的【球体】按钮；单击菜单浏览器按钮中【绘图】菜单列表【建模】子菜单的【球体】菜单项；或在命令行输入“sphere”都可绘制球体。创建如图 15-31 所示的球体，具体步骤如下。

```
命令：_sphere
指定中心点或[三点(3P)/两点(2P)/切点、切点、半径(T)]：
指定半径或[直径(D)]：
```

绘制球体可以通过设置【中心点】及【半径】或【直径】、【三点】、直径上的【两点】或【切点、切点、半径】来确定。

7. 圆环体

单击功能区选项板中【默认】选项卡，选择【三维建模】面板的【圆环体】按钮；单击菜单浏览器按钮中【绘图】菜单列表【建模】子菜单的【圆环体】菜单项；或在命令行输入“torus”都可绘制圆环体。创建如图 15-32 所示的圆环体，具体步骤如下。

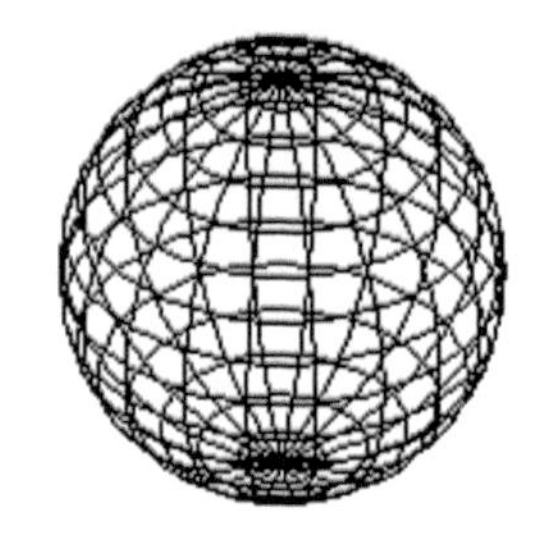

图 15-31　球体

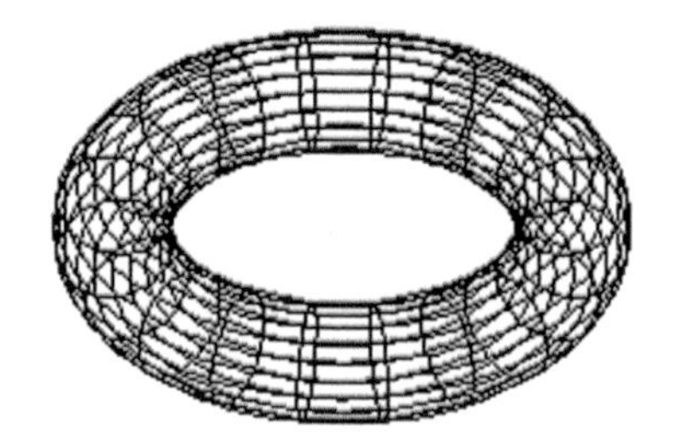

图 15-32　圆环体

命令：_torus
指定中心点或[三点(3P)/两点(2P)/切点、切点、半径(T)]：
指定半径或[直径(D)]<105.1804>：
指定圆管半径或[两点(2P)/直径(D)]：

8. 多段体

单击功能区选项板中【默认】选项卡，选择【三维建模】面板的【多段体】按钮；单击菜单浏览器按钮中【绘图】菜单列表【建模】子菜单的【多段体】菜单项；或在命令行输入“polysolid”都可绘制多段体。创建如图 15-33 所示的多段体，具体步骤如下。

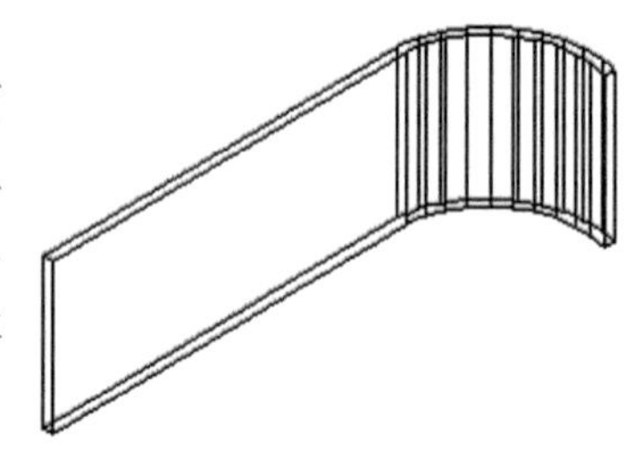

图 15-33　多段体

命令：_Polysolid
高度 = 80.0000，宽度 = 5.0000，对正 = 居中
指定起点或[对象(O)/高度(H)/宽度(W)/对正(J)]<对象>：（指定起点）
指定下一个点或[圆弧(A)/放弃(U)]：（指定第二个端点）
指定下一个点或[圆弧(A)/放弃(U)]：a（选择圆弧方式）
指定圆弧的端点或[闭合(C)/方向(D)/直线(L)/第二个点(S)/放弃(U)]：（指定圆弧起点）
指定下一个点或[圆弧(A)/闭合(C)/放弃(U)]：（指定圆弧终点）
指定圆弧的端点或[闭合(C)/方向(D)/直线(L)/第二个点(S)/放弃(U)]：（回车）

(1)【多段体】命令根据预先设置的【高度】、【宽度】和【对正】方式绘制实体。后续操作和二维【多段线】命令相似。

(2)【对象】选项允许将指定现有的直线、二维多段线、圆弧或圆转换为实体对象。

(3)利用【多段体】命令可以更加方便地建立建筑物的墙体模型。

二、通过二维图形创建实体

在 AutoCAD 中，可以通过【拉伸】、【旋转】、【扫掠】、【放样】等命令将二维对象转换成三维对象。下面主要介绍【拉伸】和【旋转】命令。

1. 创建拉伸实体

单击功能区选项板中【默认】选项卡，选择【三维建模】面板的【拉伸】按钮；单击菜单浏览器按钮中【绘图】菜单列表【建模】子菜单的【拉伸】菜单项；或在命令行输入“extrude”都可将二维对象拉伸成三维对象。创建如图 15-34 所示的拉伸实体，具体步骤如下。

命令：_extrude
当前线框密度：　ISOLINES = 15
选择要拉伸的对象：找到 1 个　（选择图 15-34a）的正多边形）
选择要拉伸的对象：（回车，结束选择）
指定拉伸的高度或[方向(D)/路径(P)/倾斜角(T)]：（指定拉伸高度，得到如图 15-34b）所示的立体）

(1)如果拉伸闭合对象，将生成三维实体；如果拉伸开放对象，将生成曲面。

(2)拉伸高度如果为正值，将沿对象所在坐标系的 Z 轴正方向拉伸；如果为负值，将沿 Z 轴负方向拉伸。

(3)【倾斜角】选项：正角度表示从基准对象逐渐变细地拉伸，而负角度则表示从基准对象逐渐变粗地拉伸。默认角度为 0 表示在与二维对象所在平面垂直的方向上进行拉伸，如图 15-34 所示。

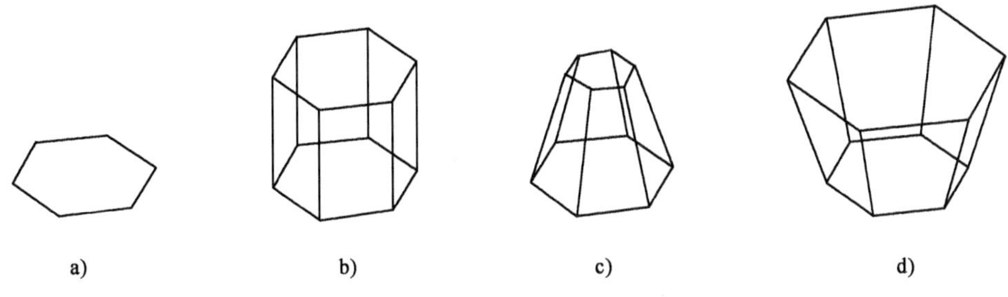

图 15-34　拉伸正多边形创建实体

a)二维正多边形；b)拉伸倾斜角为 0°；c)拉伸倾斜角为 15°；d)拉伸倾斜角为 -15°

(4)【方向】选项：通过指定的两点确定拉伸的长度和方向。

(5)【路径】选项：选择指定的拉伸路径，然后沿选定路径拉伸选定对象的轮廓以创建实体或曲面。如图 15-35 所示，选择五边形作为拉伸对象，选择直线作为拉伸路径，得到五棱柱实体模型。需要特别注意的是路径不能与拉伸对象处于同一平面。

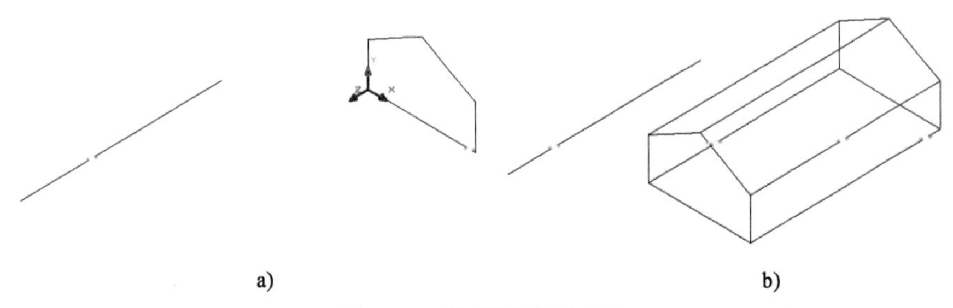

图 15-35　根据路径拉伸实体

a)拉伸对象及拉伸路径；b)拉伸结果

2. 创建旋转实体

单击功能区选项板中【默认】选项卡，选择【三维建模】面板的【旋转】按钮；单击菜单浏览器按钮中【绘图】菜单列表【建模】子菜单的【旋转】菜单项；或在命令行输入“revolve”都可将二维对象旋转成三维对象。创建如图 15-36 所示的旋转实体，具体步骤如下。

命令：_revolve
当前线框密度：　ISOLINES = 15
选择要旋转的对象：找到 1 个　（选择图 15-36a）中的平面对象）
选择要旋转的对象：（回车，结束选择）

指定轴起点或根据以下选项之一定义轴[对象(O)/X/Y/Z] <对象>：（指定轴的第一点）

指定轴端点：（指定轴的第二点）

指定旋转角度或[起点角度(ST)] <360>：（旋转 360°，得到如图 15-36b)所示的实体）

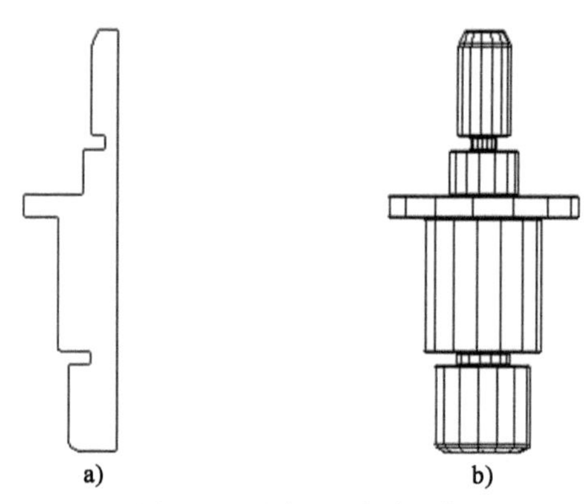

图 15-36　选择对象创建实体

a)要旋转的对象;b)旋转结果

(1)该命令旋转闭合对象创建三维实体,旋转开放对象创建曲面;还可以将对象旋转 360°或其他指定角度。

(2)【轴起点】:指定旋转轴的第一点和第二点,且轴的正方向从第一点指向第二点。

(3)【旋转角度】:正角度将按逆时针方向旋转对象;负角度将按顺时针方向旋转对象。

(4)【对象】:选择现有的对象定义旋转轴,能用作轴的对象可以为直线、线性多段线线段、实体或曲面的线性边。

(5)【*X*】、【*Y*】、【*Z*】:使用当前 UCS 的 *X*、*Y* 或 *Z* 轴的正向作为旋转轴。

第六节　编辑三维对象

一、对三维实体进行布尔运算

AutoCAD 可以对面域和三维实体进行布尔运算。通过三维实体的布尔运算,可以利用简单的三维实体组合出比较复杂的实体。布尔运算包括交集、并集和差集运算。

1. 并集运算

单击功能区选项板中【默认】选项卡,选择【实体编辑】面板的【并集】按钮;单击菜单浏览器按钮中【修改】菜单列表【实体编辑】子菜单的【并集】菜单项;或在命令行输入“union”都可通过组合多个实体生成一个新实体。利用并集运算组合如图 15-37 所示的实体,具体步骤如下。

命令:_union

选择对象:找到 1 个　（选择图 15-37a)中的长方体）

选择对象:找到 1 个,总计 2 个　（选择图 15-37a)中的圆柱体）

选择对象：（回车,得到如图 15-37b)所示的实体）

该命令主要用于将多个相交或相接触的对象组合在一起。当组合一些不相交的实体时,显示效果是多个实体,但实际上是一个对象。在使用该命令时,只需依次选择待合并的对象即可,并且组合实体时与选择顺序是无关的。

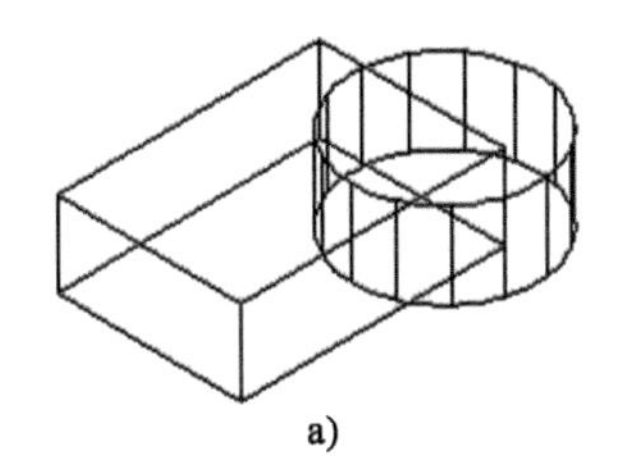

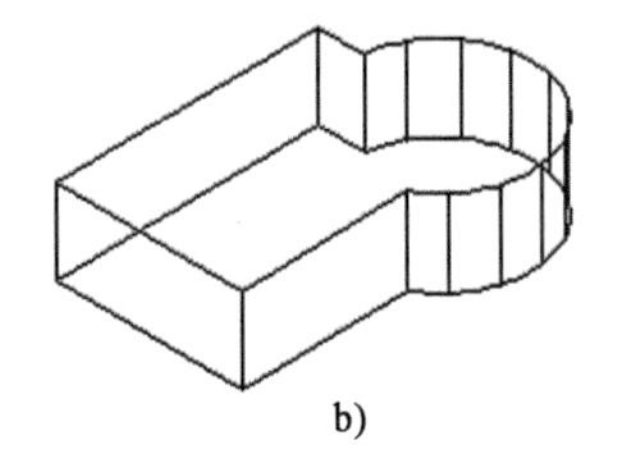

图 15-37　并集运算

a)并集运算前;b)并集运算后

2. 差集运算

单击功能区选项板中【默认】选项卡,选择【实体编辑】面板的【差集】按钮;单击菜单浏览器按钮中【修改】菜单列表【实体编辑】子菜单的【差集】菜单项;或在命令行输入"subtract"都可从一些实体中去掉部分实体,从而生成一个新的实体。利用差集运算生成如图 15-38所示的实体,具体步骤如下。

命令:_subtract

选择要从中减去的实体或面域……

选择对象:找到 1 个　(选择图 15-38a)中的长方体)

选择对象:　(回车,结束选择)

选择要减去的实体或面域……

选择对象:找到 1 个　(选择图 15-38a)中的圆柱体)

选择对象:　(回车,得到如图 15-38b)所示的实体)

【差集】运算是绘制空心立体的基本方法,也是绘制切割立体的常用方法。

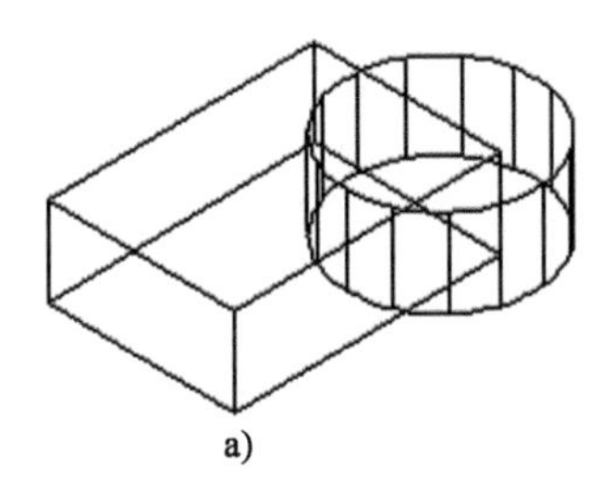

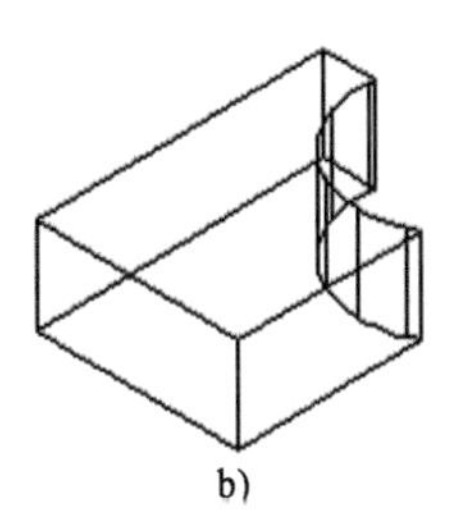

图 15-38　差集运算

a)差集运算前;b)差集运算后

3. 交集运算

单击功能区选项板中【默认】选项卡,选择【实体编辑】面板的【交集】按钮;单击菜单浏览器按钮中【修改】菜单列表【实体编辑】子菜单的【交集】菜单项;或在命令行输入"intersect"都可利用各实体的公共部分创建一个新的实体。利用交集运算创建如图 15-39 所示的实体,具体步骤如下。

命令:_intersect

选择对象:找到 1 个　(选择图 15 – 39a)中的长方体)

选择对象:找到 1 个,总计 2 个　(选择图 15-39a)中的圆柱体)

选择对象:　(回车,得到如图 15-39b)所示的实体)

灵活运用【交集】运算,可以绘制出其他方法难以画出且形状特殊的组合体。

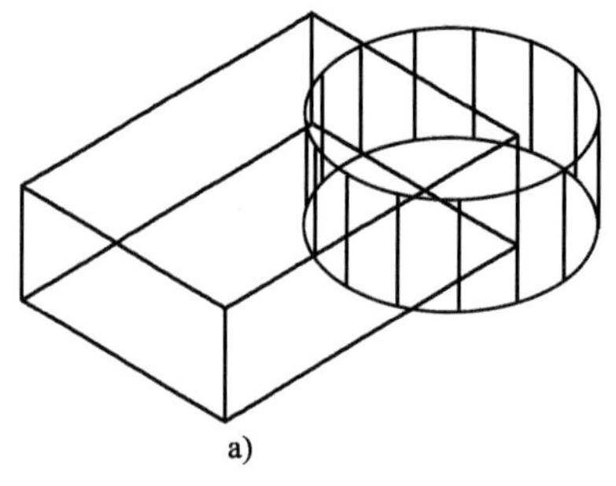

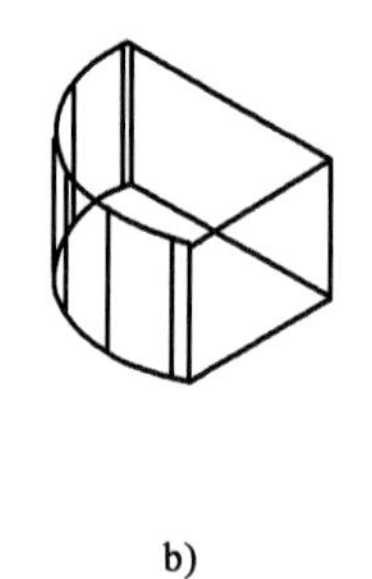

a)　　　　　　b)

图 15-39　交集运算

a)交集运算前;b)交集运算后

二、编辑三维造型

灵活运用编辑命令是提高作图效率的关键。前面介绍的二维编辑命令,如【删除】、【复制】、【移动】、【缩放】、【偏移】、【阵列】等命令,也可以直接用来编辑三维图形。另外,还可以对三维对象进行【三维移动】、【三维旋转】、【三维镜像】、【三维阵列】以及【三维对齐】等操作。

1. 三维移动

单击功能区选项板中【默认】选项卡,选择【修改】面板的【三维移动】按钮;单击菜单浏览器按钮中【修改】菜单列表【三维操作】子菜单的【三维移动】菜单项;或在命令行输入"3dmove"都可移动三维对象。

【三维移动】与二维的【移动】命令操作提示基本相同,不过它可以在三维视图中显示移动夹点工具,并沿指定方向将对象移动指定距离。

2. 三维旋转

单击功能区选项板中【默认】选项卡,选择【修改】面板的【三维旋转】按钮;单击菜单浏览器按钮中【修改】菜单列表【三维操作】子菜单的【三维旋转】菜单项;或在命令行输入"3drotate"都可旋转三维对象。现以图 15-40 为例说明该命令的具体操作步骤。

命令:_3drotate

UCS 当前的正角方向:　ANGDIR = 逆时针　ANGBASE = 0

选择对象:找到 1 个　(选择空心半圆柱板,如图 15-40a)所示)

选择对象:　(回车,结束选择)

指定基点:　(选择半圆柱板与长方体交线的中点)

拾取旋转轴:　(此时在绘图窗口出现一个球形坐标,单击绿色环形线确认绕 Y 轴旋转)

指定角的起点或键入角度:-90　(键入旋转角度)

正在重生成模型　(得到如图 15-40b)所示的图形)

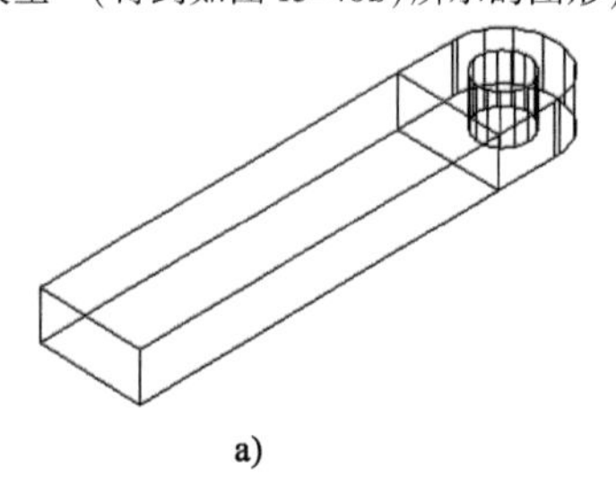

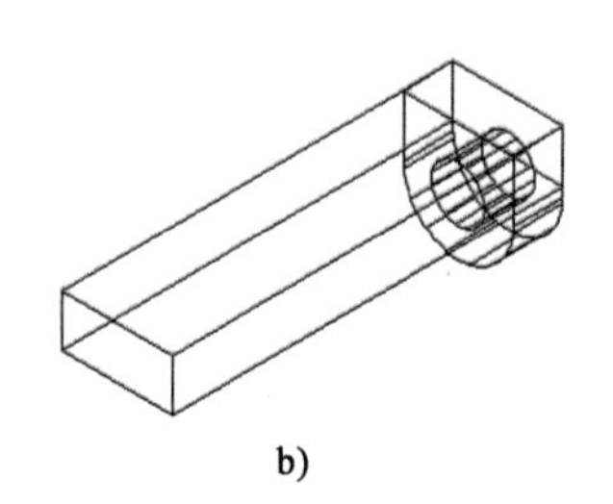

a)　　　　　　b)

图 15-40　三维旋转

a)旋转前;b)旋转后

3. 三维镜像

单击功能区选项板中【默认】选项卡，选择【修改】面板的【三维镜像】按钮；单击菜单浏览器按钮中【修改】菜单列表【三维操作】子菜单的【三维镜像】菜单项；或在命令行输入“mirror3d”都可镜像三维对象。现以图 15-41 为例说明该命令的具体操作步骤。

命令：_mirror3d

选择对象：找到 1 个 （选择空心半圆柱板，如图 15-41a）所示）

选择对象： （回车，结束选择）

指定镜像平面（三点）的第一个点或[对象（O）/最近的（L）/Z 轴（Z）/视图（V）/XY 平面（XY）/YZ 平面（YZ）/ZX 平面（ZX）/三点（3）] < 三点 >： （选择长方体一个边中点 1）

在镜像平面上指定第二点： （选择长方体一边中点 2）

在镜像平面上指定第三点： （选择长方体另一边中点 3）

是否删除源对象[是（Y）/否（N）] < 否 >：n （得到如图 15-41b）所示的图形）

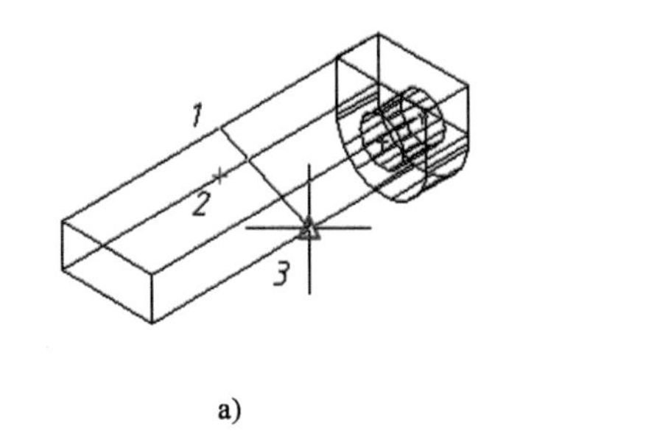

a)

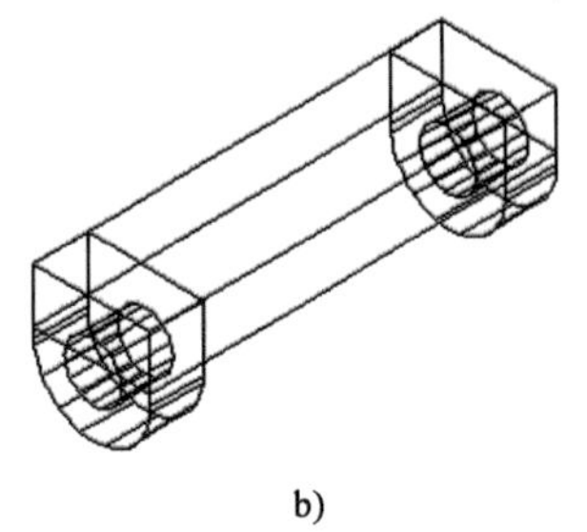

b)

图 15-41 三维镜像

a）镜像前；b）镜像后

镜像平面可以是由选定的三点决定的平面；过指定点与当前 UCS 的 *XY*、*YZ*、*ZX* 平面平行的平面；圆、圆弧、二维多段线等平面对象所在的平面；最近一次执行“mirror3d”命令使用的镜像平面决定。也可以根据【*Z* 轴】即平面上的一个点和平面法线上的一个点定义镜像平面或根据【视图】将镜像平面与当前视口中通过指定点的视图平面对齐的方式定义镜像平面。

4. 三维阵列

单击功能区选项板中【默认】选项卡，选择【修改】面板的【三维阵列】按钮；单击菜单浏览器按钮中【修改】菜单列表【三维操作】子菜单的【三维阵列】菜单项；或在命令行输入“3darray”都可阵列三维对象。现以图 15-42 为例说明该命令的具体操作步骤。

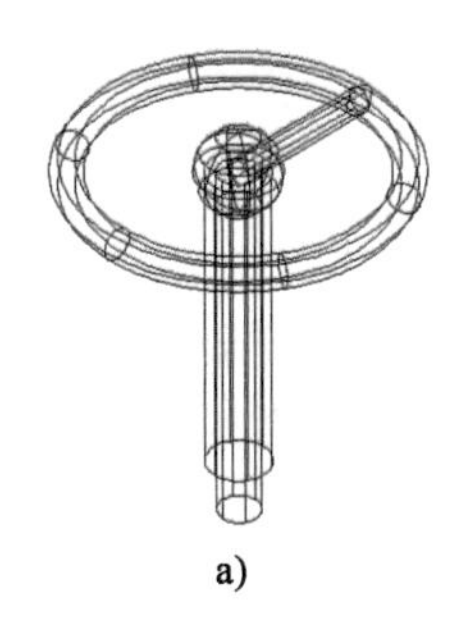

a)

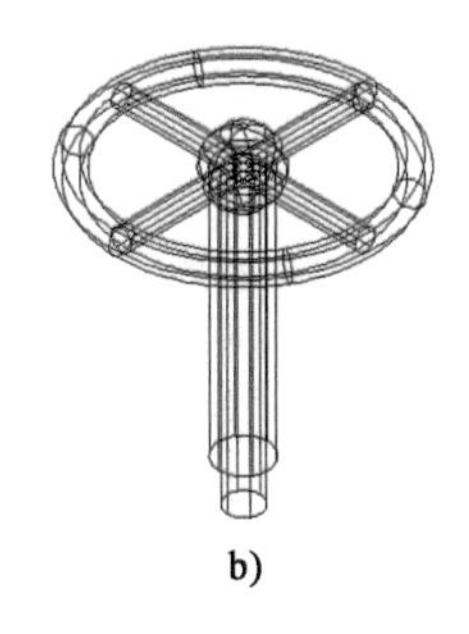

b)

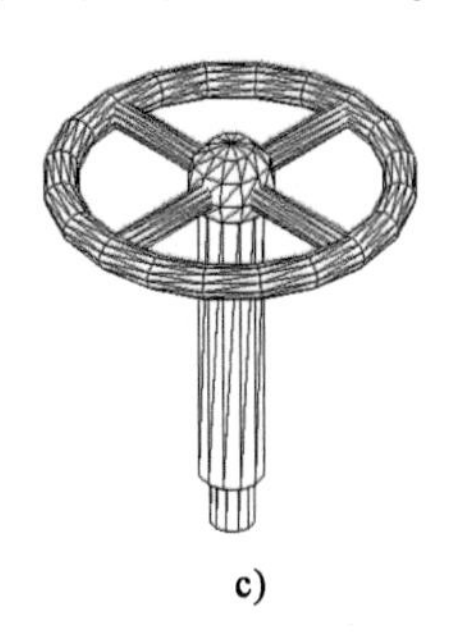

c)

图 15-42 三维阵列

a）阵列前；b）阵列后；c）消隐后

命令:_3darray
选择对象:找到 1 个 (选择图 15-42a)中方向盘的一根轮辐)
选择对象: (回车,结束选择)
输入阵列类型[矩形(R)/环形(P)] <矩形>:p (选择环形阵列)
输入阵列中的项目数目:4 (输入阵列项目数量)
指定要填充的角度(+=逆时针,-=顺时针) <360>: (填充角度 360°)
是否旋转阵列对象[是(Y)/否(N)] <Y>: (回车)

【三维阵列】命令是以矩形或环形阵列方式复制对象。采用矩形阵列时,需要依次指定阵列的行数、列数和层数以及行间距、列间距、层间距。其中,阵列的行、列、层分别沿着当前 UCS 的 *X*、*Y* 和 *Z* 轴的方向;输入某方向的间距值为正值时,表示将沿相应坐标轴正方向阵列,否则沿反方向阵列。

采用环形阵列时,需要输入阵列的项目个数,指定环形阵列的填充角度,确认是否要自身旋转,然后指定阵列的中心点及旋转轴上的另一点,确定旋转轴。

5. 三维对齐

单击功能区选项板中【默认】选项卡,选择【修改】面板的【三维对齐】按钮;单击菜单浏览器按钮中【修改】菜单列表【三维操作】子菜单的【三维对齐】菜单项;或在命令行输入"3dalign"都可对齐三维对象。现以图 15-43 为例说明该命令的具体操作步骤。

命令:_3dalign
选择对象:找到 1 个 (选择图 15-43a)中小长方体)
选择对象: (回车,结束选择)
指定源平面和方向……
指定基点或[复制(C)]: (捕捉图 15-43a)中的点 *A*)
指定第二个点或[继续(C)] <C>: (捕捉图 15-43a)中的点 *B*)
指定第三个点或[继续(C)] <C>: (回车)
指定目标平面和方向……
指定第一个目标点: (捕捉图 15-43a)中的点 *C*)
指定第二个目标点或[退出(X)] <X>: (捕捉图 15-43a)中的点 *D*)
指定第三个目标点或[退出(X)] <X>: (回车,得到如图 15-43b)所示的图形)

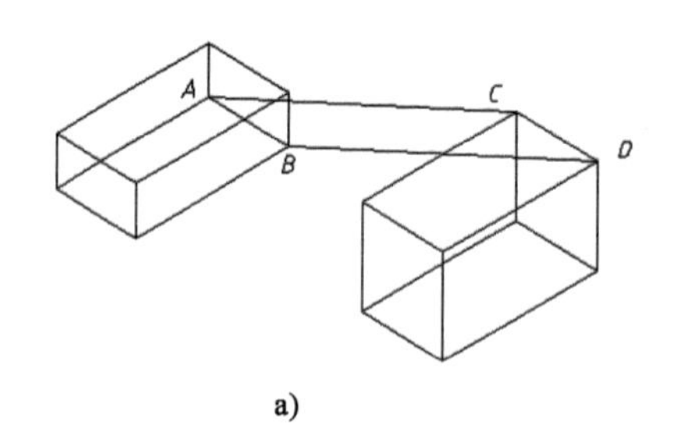

a)

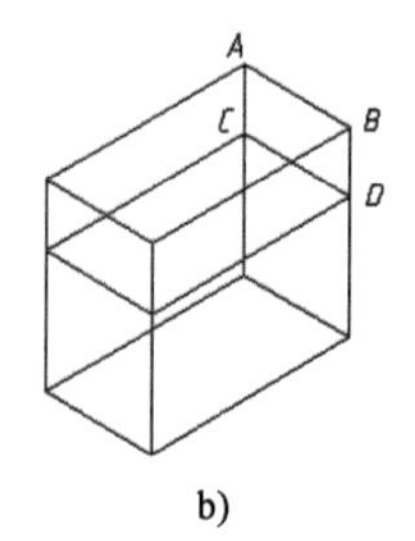

b)

图 15-43 三维对齐
a)对齐前;b)对齐后

【三维对齐】可以为源对象指定一个、两个或三个点,然后为目标指定一个、两个或三个点,移动和旋转选定的对象,使三维空间中的源对象和目标的基点、*X* 轴和 *Y* 轴对齐,如图 15-43 所示为指定两点对齐。

如图 15-44 所示为指定三点对齐。当选择三点时,选定对象三棱锥可使其在三维空间移动和旋转,使之与其他对象对齐,先选定三棱锥从源点 *E* 点、*F* 点、*G* 点与目标点 *A* 点、*B* 点、*C* 点对齐。

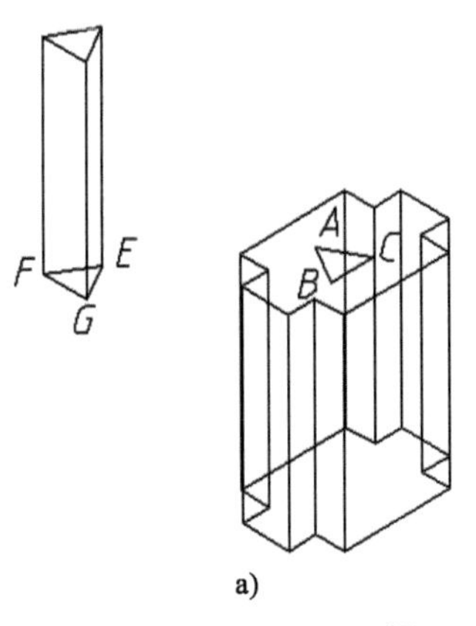

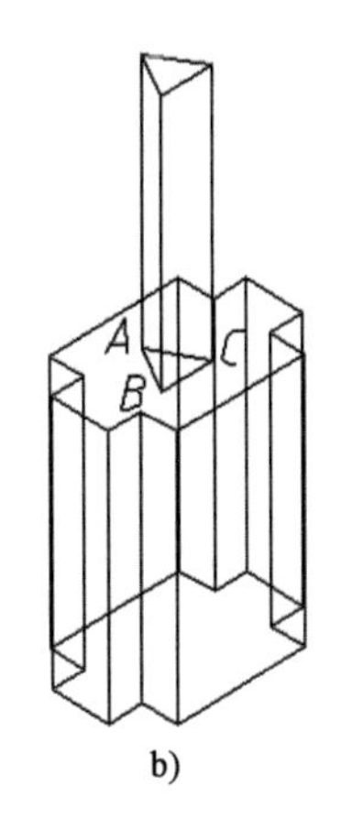

图 15-44　指定三点对齐

a)对齐前;b)对齐后

三、编辑三维实体对象

1. 编辑实体面

单击功能区选项板中【默认】选项卡,选择【实体编辑】面板中的编辑实体面按钮,如图 15-45所示;或单击菜单浏览器按钮中【修改】菜单列表【实体编辑】子菜单中的编辑实体面菜单项,可以对实体面进行拉伸、倾斜、移动、复制、偏移、删除、旋转和着色等操作。

(1)【拉伸面】命令将选定的三维实体的面按照指定拉伸高度或路径,以及拉伸的倾斜角度拉伸实体。拉伸如图 15-46 所示的实体,具体步骤如下。

图 15-45　实体面编辑工具

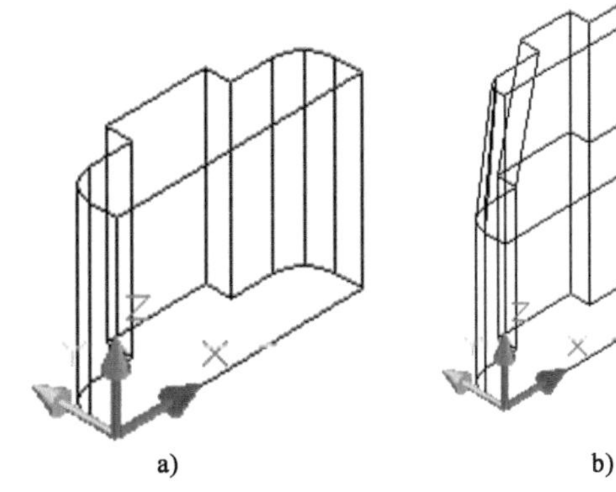

图 15-46　拉伸面

a)拉伸前;b)拉伸后

命令:_solidedit

实体编辑自动检查:　SOLIDCHECK = 1

输入实体编辑选项[面(F)/边(E)/体(B)/放弃(U)/退出(X)]<退出>:_face

输入面编辑选项[拉伸(E)/移动(M)/旋转(R)/偏移(O)/倾斜(T)/删除(D)/复制(C)/颜色(L)/材质(A)/放弃(U)/退出(X)]<退出>:_extrude

选择面或[放弃(U)/删除(R)]:找到一个面　(选择图 15-46a)中的顶面)

选择面或[放弃(U)/删除(R)/全部(ALL)]:　(回车)

指定拉伸高度或[路径(P)]:200

指定拉伸的倾斜角度<0>:10　(得到如图 15-46b)所示的图形)

拉伸对象时可以沿指定路径拉伸,如图 14-47 所示。拉伸路径可以是直线、圆、圆弧、椭圆、椭圆弧、多段线或样条曲线等。

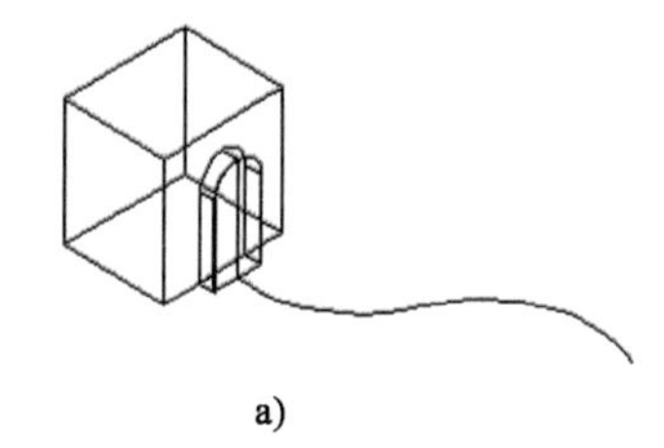
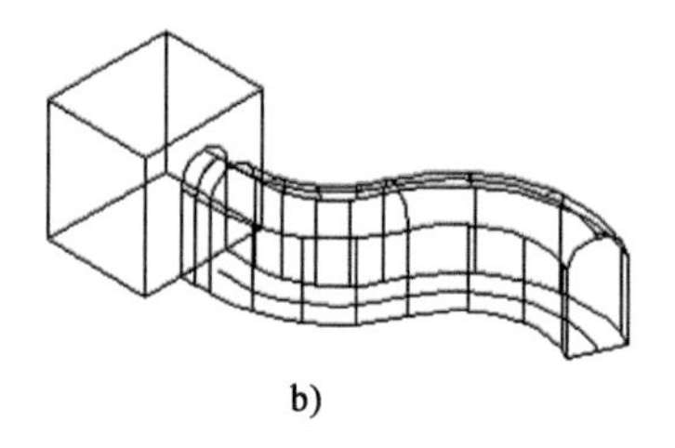

a)　　　　b)

图 15-47　沿路径拉伸面

a)拉伸前及路径;b)拉伸后

(2)【倾斜面】命令按一个角度将面进行倾斜。倾斜角的旋转方向由选择基点和第二点(沿选定矢量)的顺序决定。倾斜如图 15-48 所示的实体,具体步骤如下。

命令:_solidedit

实体编辑自动检查:　SOLIDCHECK = 1

输入实体编辑选项[面(F)/边(E)/体(B)/放弃(U)/退出(X)] < 退出 > :_face

输入面编辑选项[拉伸(E)/移动(M)/旋转(R)/偏移(O)/倾斜(T)/删除(D)/复制(C)/颜色(L)/材质(A)/放弃(U)/退出(X)] < 退出 > :_taper

选择面或[放弃(U)/删除(R)]:找到一个面　(选择图 15 - 48a)中圆柱顶面)

选择面或[放弃(U)/删除(R)/全部(ALL)]:　(回车)

指定基点:　(选择选择图 15-48a)中的点 A)

指定沿倾斜轴的另一个点:　(选择选择图 15-48a)中的点 B)

指定倾斜角度:10　(得到如图 15-48b)所示的图形)

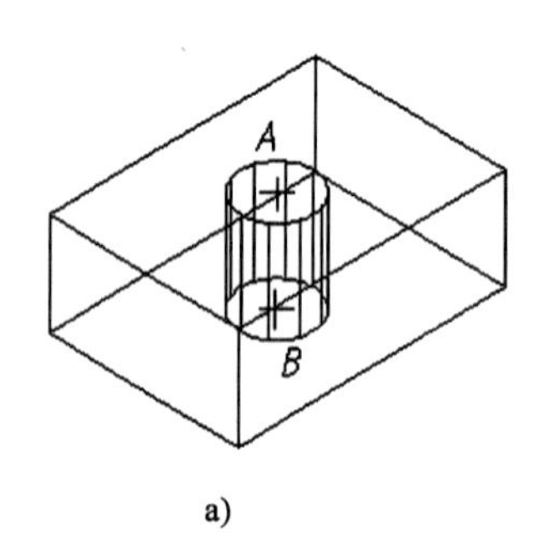

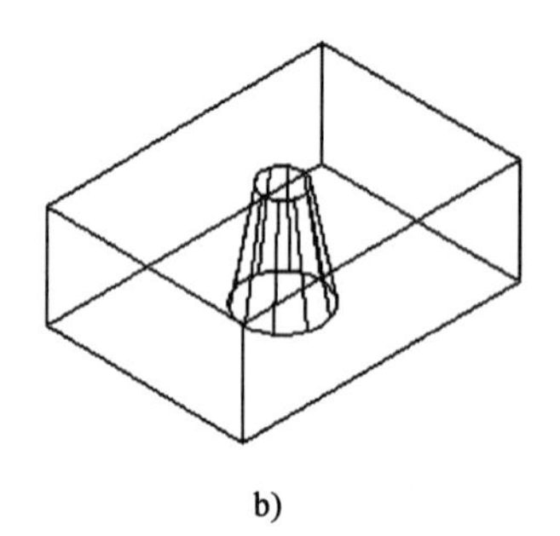

a)　　　　b)

图 15-48　倾斜面

a)倾斜前;b)倾斜后

倾斜角指定介于 -90°和 90°度之间的角度。正角度将往里倾斜选定的面,负角度将往外倾斜选定的面。默认角度为 0,指可以垂直于平面拉伸选定的面。选择集中所有选定的面将倾斜相同的角度。

(3)【移动面】命令可沿指定的高度或距离移动选定的三维实体对象的面,并且一次可以选择多个面同时移动。移动如图 15-49 所示的实体,具体操作如下。

命令:_solidedit

实体编辑自动检查:　SOLIDCHECK = 1

输入实体编辑选项[面(F)/边(E)/体(B)/放弃(U)/退出(X)] < 退出 > :_face

输入面编辑选项[拉伸(E)/移动(M)/旋转(R)/偏移(O)/倾斜(T)/删除(D)/复制(C)/颜色(L)/材质(A)/放弃(U)/退出(X)] < 退出 > :_move

选择面或[放弃(U)/删除(R)]:找到一个面 (选择图15-49a)中一个面)

选择面或[放弃(U)/删除(R)/全部(ALL)]:找到一个面 (选择第二个面,如图15-49b)所示)

选择面或[放弃(U)/删除(R)/全部(ALL)]: (回车)

指定基点或位移: (选择点 A)

指定位移的第二点: (选择点 B,得到如图15-49c)所示的图形)

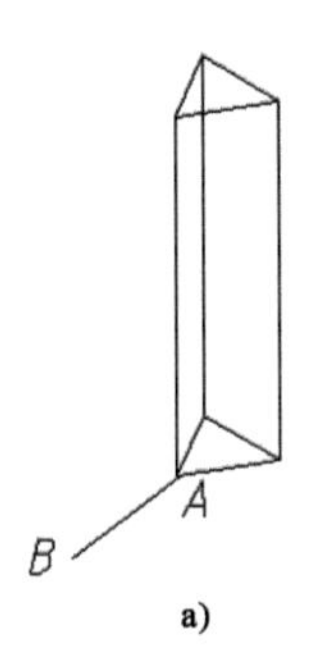

a)

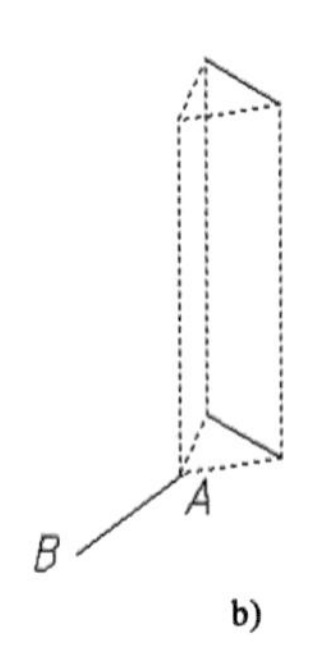

b)

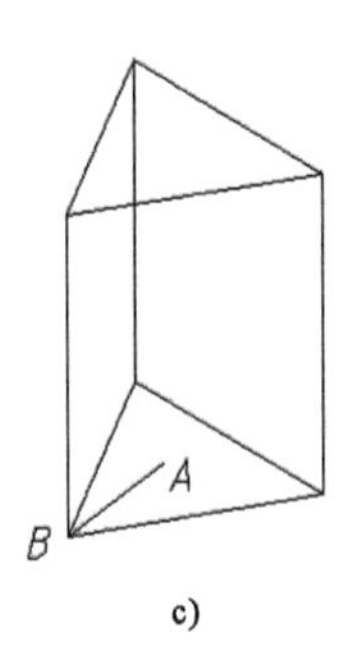

c)

图15-49 移动两个面

a)移动前;b)选择面及位移基点;c)移动后

(4)【复制面】命令可将面复制为面域或体。复制如图15-50所示的实体,具体操作如下。

命令:_solidedit

实体编辑自动检查: SOLIDCHECK=1

输入实体编辑选项[面(F)/边(E)/体(B)/放弃(U)/退出(X)]<退出>:_face

输入面编辑选项[拉伸(E)/移动(M)/旋转(R)/偏移(O)/倾斜(T)/删除(D)/复制(C)/颜色(L)/材质(A)/放弃(U)/退出(X)]<退出>:_copy

选择面或[放弃(U)/删除(R)]:找到一个面 (选择图15-50a)中的一个面)

选择面或[放弃(U)/删除(R)/全部(ALL)]:找到一个面 (选择图15-50a)中的第二个面)

选择面或[放弃(U)/删除(R)/全部(ALL)]: (回车)

指定基点或位移: (指定基点)

指定位移的第二点: (指定第二点,得到如图15-50b)所示的图形)

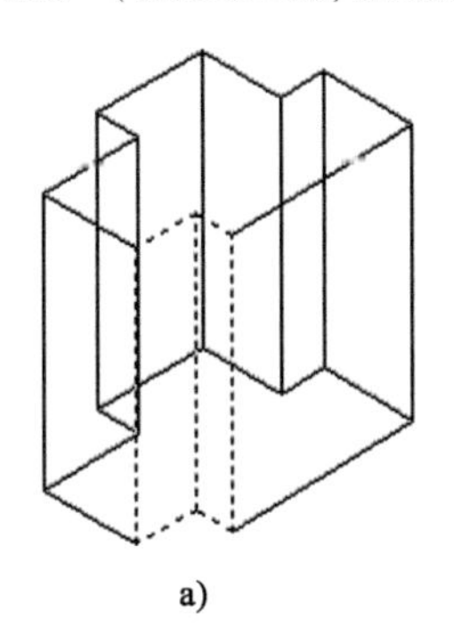
a)

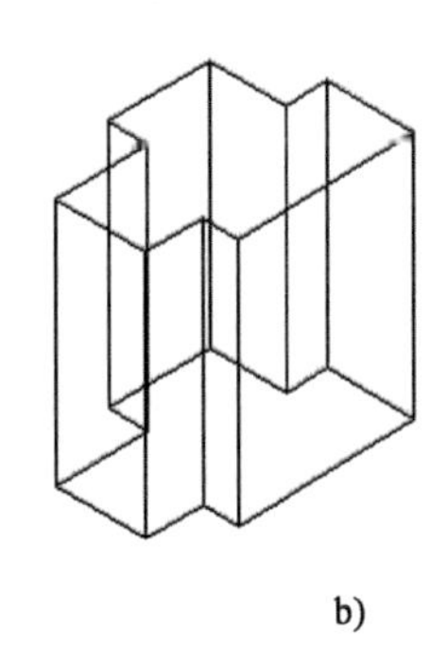
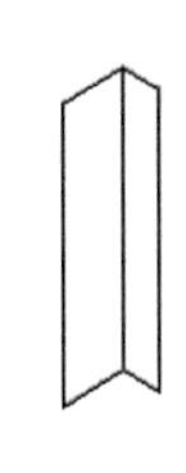
b)

图15-50 复制面

a)选择要复制的面;b)复制后

(5)【偏移面】命令按指定的距离或通过指定的点,将面均匀地偏移。偏移如图15-51所示的实体,具体操作如下。

命令:_solidedit

实体编辑自动检查: SOLIDCHECK=1

输入实体编辑选项[面(F)/边(E)/体(B)/放弃(U)/退出(X)]<退出>:_face

输入面编辑选项[拉伸(E)/移动(M)/旋转(R)/偏移(O)/倾斜(T)/删除(D)/复制(C)/颜色(L)/材质(A)/放弃(U)/退出(X)] <退出>:_offset

选择面或[放弃(U)/删除(R)]:找到一个面　(选择图 15-51a)中的三棱柱)

选择面或[放弃(U)/删除(R)/全部(ALL)]:　(回车)

指定偏移距离:　(输入偏移距离)

偏移距离为正值时,增大实体尺寸或体积;偏移距离为负值时,减小实体尺寸或体积,如图 15-51 所示。

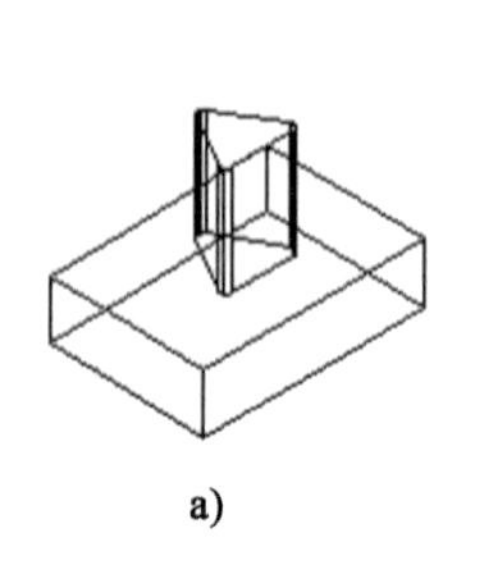

a)

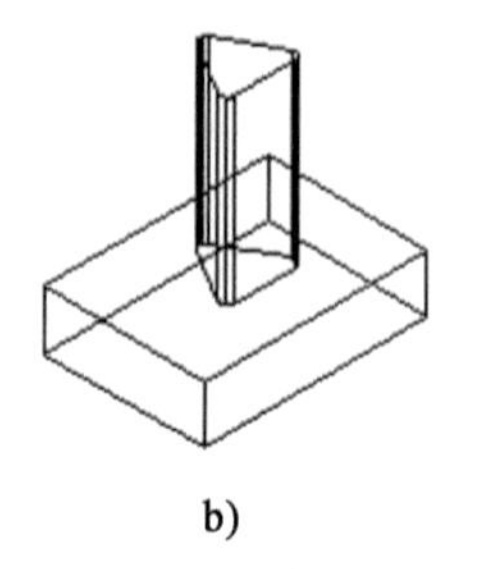

b)

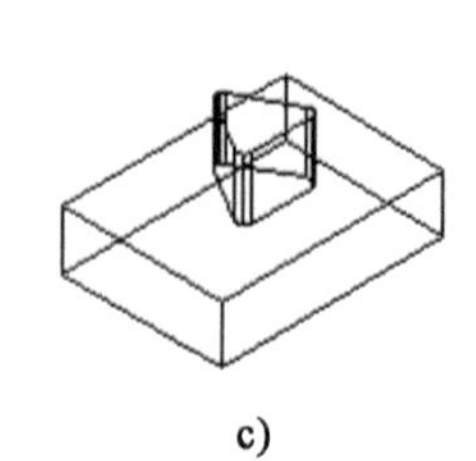

c)

图 15-51　偏移面

a)偏移前;b)偏移距离为正值;c)偏移距离为负值

(6)【删除面】命令可从选择集中删除选择的面。删除如图 15-52 所示的实体,具体操作如下。

命令:_solidedit

实体编辑自动检查:　SOLIDCHECK = 1

输入实体编辑选项[面(F)/边(E)/体(B)/放弃(U)/退出(X)] <退出>:_face

输入面编辑选项[拉伸(E)/移动(M)/旋转(R)/偏移(O)/倾斜(T)/删除(D)/复制(C)/颜色(L)/材质(A)/放弃(U)/退出(X)] <退出>:_delete

选择面或[放弃(U)/删除(R)]:找到一个面　(选择图 15-52a)中的曲面)

选择面或[放弃(U)/删除(R)]:　(删除该面,得到如图 15-52b)所示的图形)

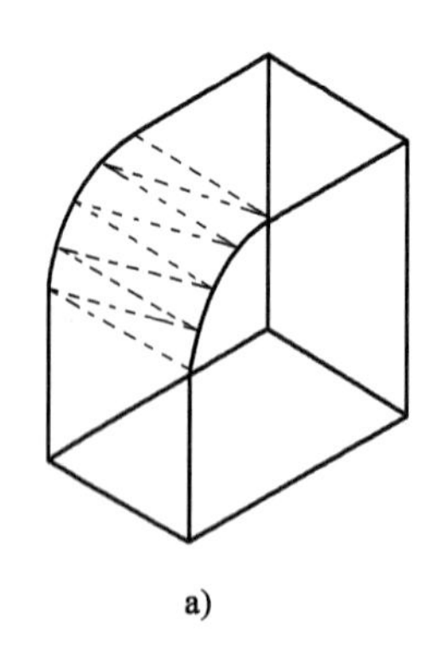

a)

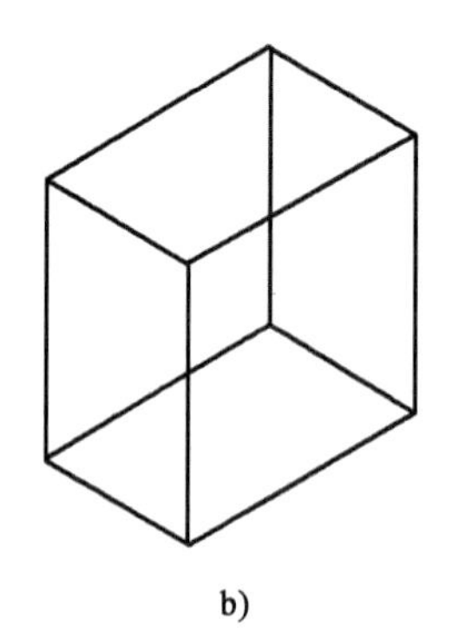

b)

图 15-52　删除面

a)选择要删除的面;b)删除后

(7)【旋转面】命令可绕指定的轴旋转一个或多个面或实体的某些部分。旋转如图 15-53 所示的实体,具体操作如下。

命令:_solidedit

实体编辑自动检查:　SOLIDCHECK = 1

输入实体编辑选项[面(F)/边(E)/体(B)/放弃(U)/退出(X)] <退出>:_face

输入面编辑选项[拉伸(E)/移动(M)/旋转(R)/偏移(O)/倾斜(T)/删除(D)/复制(C)/颜色(L)/材质(A)/放弃(U)/退出(X)] <退出>:_rotate

选择面或[放弃(U)/删除(R)]: (选择如图 15-53a)所示要旋转的面)

选择面或[放弃(U)/删除(R)/全部(ALL)]: (回车)

指定轴点或[经过对象的轴(A)/视图(V)/X 轴(X)/Y 轴(Y)/Z 轴(Z)] <两点>:z

指定旋转原点 <0,0,0>: (指定旋转面的中心)

指定旋转角度或[参照(R)]:30 (输入旋转角度,得到如图 15-53b)所示的图形)

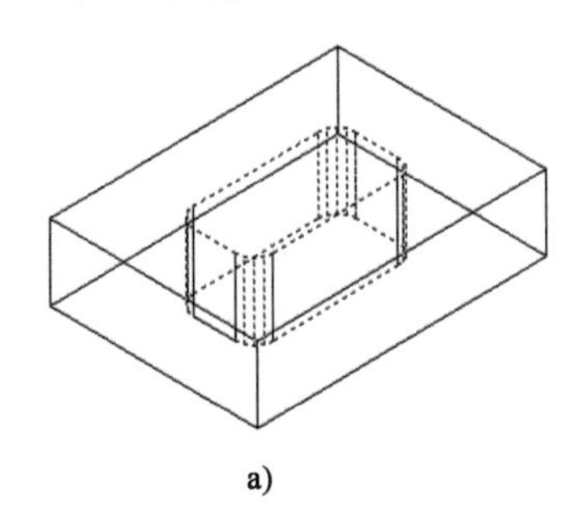

a)

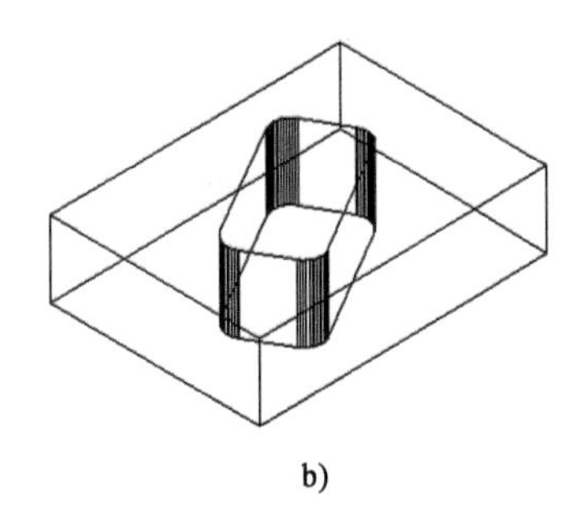

b)

图 15-53 旋转面

a)选择要旋转的面;b)旋转后

该命令可以使用两个点定义旋转轴;将旋转轴与通过选定点的轴(X、Y 或 Z 轴)对齐;或将旋转轴与现有对象对齐等方式确定旋转轴。

(8)【着色面】命令可以修改面的颜色。选择好要着色面后,AutoCAD 打开【选择颜色】对话框来选择要着色面的颜色。

2. 编辑实体边

单击功能区选项板中【默认】选项卡,选择【实体编辑】面板中的【编辑实体边】按钮,如图 15-54 所示;或单击菜单浏览器按钮中【修改】菜单列表【实体编辑】子菜单中的【编辑实体边】菜单项,都可以对实体边进行提取、压印、复制和着色等操作。

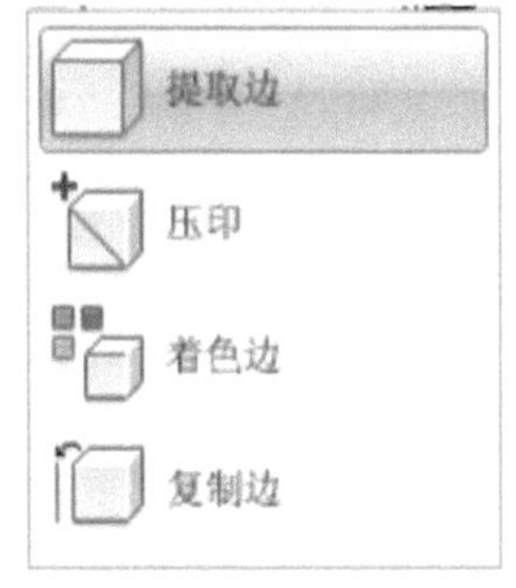

图 15-54 实体边编辑工具

(1)【提取边】命令可以通过从三维实体或曲面中提取边来创建线框几何体。也可以选择提取单个边和面,即按住 Ctrl 键来选择边和面。

(2)【压印边】命令将边压印到选定的三维实体上。被压印的对象必须与选定对象的一个或多个面相交。压印操作仅限于圆弧、圆、直线、二维和三维多段线、椭圆、样条曲线、面域、体和三维实体。压印如图 15-55 所示的实体,具体操作如下。

命令:_imprint

选择三维实体: (选择图 15-55a)中的长方体)

选择要压印的对象: (选择图 15-55a)中的圆)

是否删除源对象[是(Y)/否(N)] <N>:y

选择要压印的对象: (回车,得到如图 15-55b)所示的图形)

压印也是生成拉伸截面的一种有效方法。如图 15-55c)所示的圆孔即是将压印的圆弧拉伸后得到的。

(3)【着色边】命令可以着色实体的边。执行该命令并选定边后,将弹出【选择颜色】对话框,可以选择用于着色边的颜色。

(4)【复制边】命令可以将三维实体边复制为直线、圆弧、圆、椭圆或样条曲线。

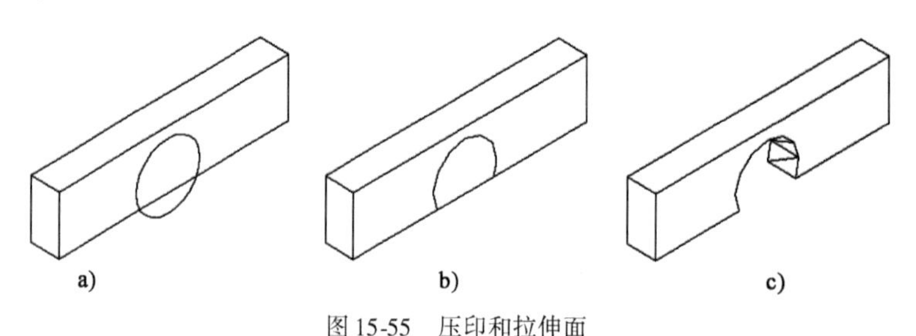

图 15-55 压印和拉伸面

a)压印前;b)压印后;c)拉伸压印的圆弧

3. 实体分割、清除、抽壳与选中

单击功能区选项板中【默认】选项卡,选择【实体编辑】面板中的【编辑体】按钮,如图 15-56所示;或单击菜单浏览器按钮中【修改】菜单列表【实体编辑】子菜单中的【编辑体】菜单项,都可以对实体进行分割、清除、抽壳和选中等操作。

图 15-56 体编辑工具

(1)【分割】命令可以用不相连的体将一个三维实体对象分割成为几个独立的三维实体对象。

(2)【清除】命令可以删除共享边以及那些在边或顶点具有相同表面或曲线定义的顶点。还可以删除所有多余的边、顶点以及不使用的几何图形,但不删除压印的边。

(3)【抽壳】命令可以用指定的厚度创建一个空的薄层。抽壳如图 15-57 所示的实体,具体操作如下。

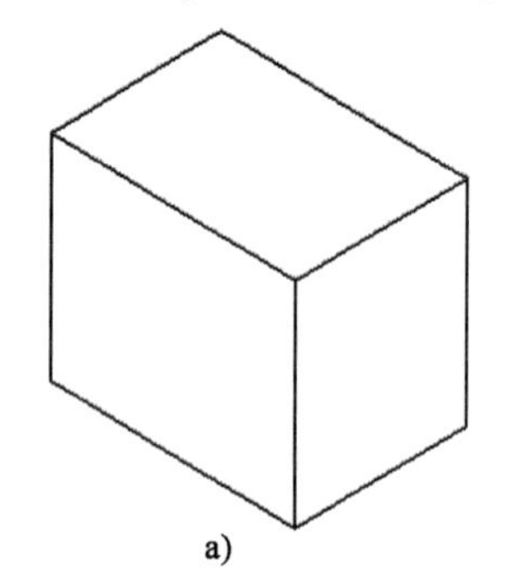

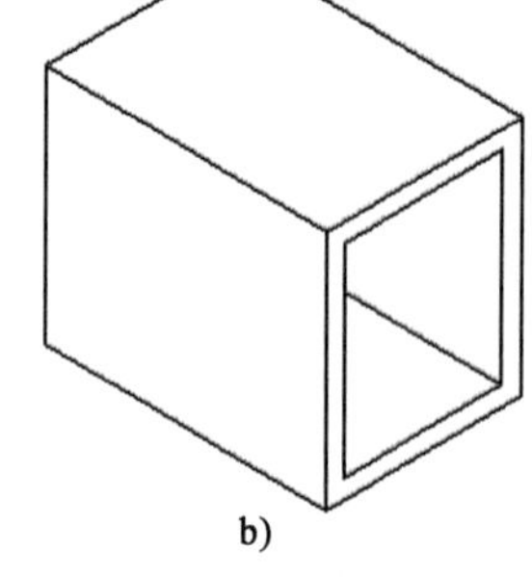

图 15-57 实体抽壳

a)抽壳前;b)抽壳后

命令:_solidedit

实体编辑自动检查:SOLIDCHECK = 1

输入实体编辑选项[面(F)/边(E)/体(B)/放弃(U)/退出(X)] <退出>:_body

输入体编辑选项[压印(I)/分割实体(P)/抽壳(S)/清除(L)/检查(C)/放弃(U)/退出(X)] <退出>:_shell

选择三维实体: (选择图 15-57a)中的长方体)

删除面或[放弃(U)/添加(A)/全部(ALL)]:找到一个面,已删除 1 个 (选择长方体的前侧面)

删除面或[放弃(U)/添加(A)/全部(ALL)]: (回车)

输入抽壳偏移距离: (输入距离,得到如图 15-57b)所示的图形)

抽壳可以为所有面指定一个固定的薄层厚度,通过选择面可以将这些面排除在壳外。一个三维实体只能有一个壳,通过将现有面偏移出其原位置来创建新的面。

(4)【选中】命令可以检查三维对象是否为有效的实体。

4. 剖切实体

单击功能区选项板中【默认】选项卡,选择【实体编辑】面板的【剖切】按钮;单击菜单浏览器按钮中【修改】菜单列表【实体编辑】子菜单的【剖切】菜单项;或在命令行输入“slice”都可使用平面剖切实体。剖切如图 15-58 所示的实体,具体步骤如下。

命令:_slice

选择要剖切的对象:找到 1 个 (选择图 15-58a)的实体)

选择要剖切的对象: (回车,结束选择)

指定切面的起点或[平面对象(O)/曲面(S)/Z 轴(Z)/视图(V)/XY(XY)/YZ(YZ)/ZX(ZX)/三点(3)]<三点>: (选择点 1)

指定平面上的第二个点: (选择点 2)

在所需的侧面上指定点或[保留两个侧面(B)]<保留两个侧面>: (在形体后侧任选一点,切去前半部分,得到如图 15-58b)所示的图形;若直接回车,即保留两个侧面,得到如图 15-58c)所示的图形)

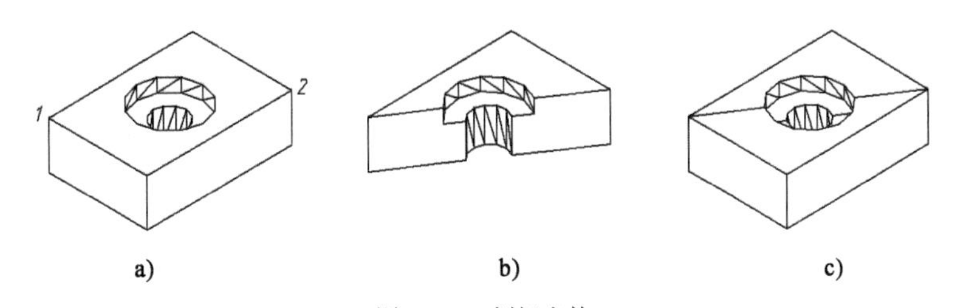

图 15-58 剖切实体

a)剖切前;b)剖切后保留一个侧面;c)剖切后保留两个侧面

剖切面可以用多种方法确定,具体说明如下。

(1)【三点】:用三点定义剖切平面。

(2)【平面对象】:将剖切面与圆、椭圆、圆弧、椭圆弧、二维样条曲线或二维多段线对齐。

(3)【曲面】:将剖切平面与曲面对齐。

(4)【Z 轴】:通过平面上指定一点和在平面的 *Z* 轴上指定另一点来定义剖切平面。

(5)【视图】:将剖切平面与当前视口的视图平面对齐,并指定一点定义剖切平面的位置。

(6)【*XY*】、【*YZ*】、【*ZX*】:将剖切平面分别与当前用户坐标系(UCS)的 *XY*、*YZ*、*ZX* 平面对齐,并指定一点定义剖切平面的位置。

第七节 三维模型的显示形式

AutoCAD 中,三维实体有多种显示形式。包括消隐、二维线框、三维线框、三维消隐、真实、概念等显示形式。

一、消隐

指系统将被其他对象挡住的图线隐藏起来,以增强三维视觉效果。

1. 操作

单击菜单浏览器按钮中【视图】菜单列表的【消隐】菜单项或在命令行输入“hide”都可消隐三维对象。消隐如图 15-59 所示的三维模型,具体步骤如下。

命令:_hide

正在重生成模型

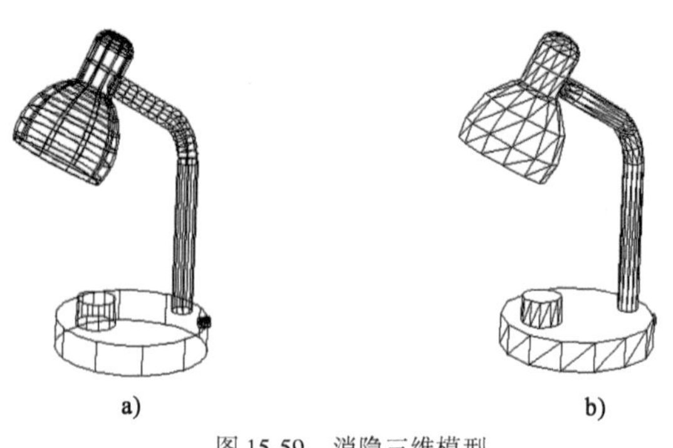

图 15-59　消隐三维模型

a)消隐前;b)消隐后

2. 说明

执行消隐操作之后,绘图窗口将暂时无法使用【缩放】和【平移】命令,直到运行【重生成】命令重生成图形后才可以使用上述命令。

二、视觉样式

1. 应用视觉样式

视觉样式是一组设置,用来控制视口中边和着色的显示。

单击功能区选项板中【可视化】选项卡,选择【视觉样式】面板的各按钮;单击菜单浏览器按钮中【视图】菜单列表【视觉样式】子菜单的各菜单项;或在命令行输入"vscurrent"都可显示视觉样式。显示如图 15-60 所示的台灯的视觉样式,具体步骤如下。

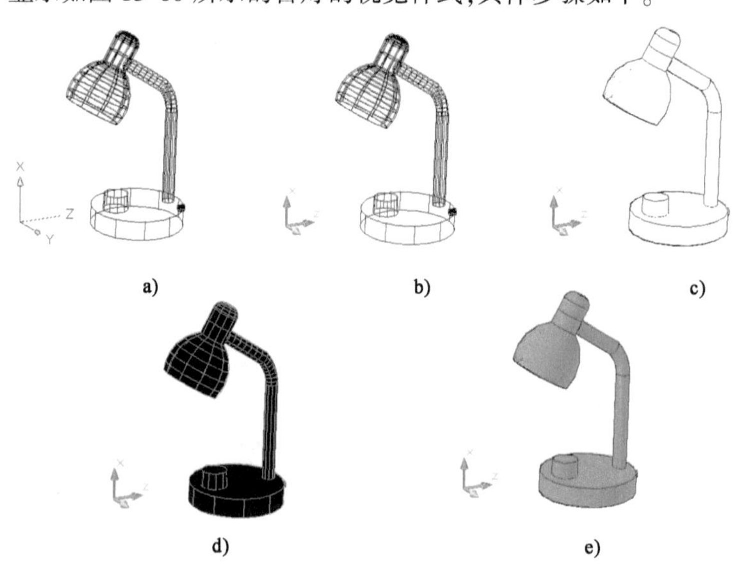

图 15-60　台灯的视觉样式

a)UCS 坐标和台灯的二维线框视觉样式;b)UCS 坐标和台灯的三维线框视觉样式;c)台灯的三维隐藏视觉样式;d)台灯的真实视觉样式;e)台灯概念视觉样式

命令:_vscurrent

输入选项[二维线框(2)/三维线框(3)/三维隐藏(H)/真实(R)/概念(C)/其他(O)]<二维线框>:

在 AutoCAD 中,有 5 种默认的视觉样式。下面分别用台灯三维模型显示各样式的意义。

(1)【二维线框】样式:显示用直线和曲线表示边界的对象,如图 15-60a)所示。

(2)【三维线框】样式:显示用直线和曲线表示边界的对象以及一个已着色的三维 UCS 图标,如图 15 –60b)所示。

(3)【三维隐藏】样式:显示用三维线框表示的对象并隐藏表示后向面的直线,如图 15-60c)所示。

(4)【真实】样式:着色多边形平面间的对象,使对象的边平滑化,并可显示已附着到对象的材质,如图 15-60d)所示。

(5)【概念】样式:着色多边形平面间的对象,并使对象的边平滑化。着色使用冷色和暖色之间的过渡颜色,虽然效果缺乏真实感,但是可以更方便地查看模型的细节,如图 15-60e)所示。

2. 视觉样式管理器

单击功能区选项板中【可视化】选项卡,选择【视觉样式】面板的【视觉样式】按钮;单击菜单浏览器按钮中【视图】菜单列表【视觉样式】子菜单的【视觉样式管理器】菜单项;或在命令行输入“visualstyles”都可弹出【视觉样式管理器】对话框,如图 15-61 所示。

图 15-61　视觉样式管理器

该对话框显示图形中可用的视觉样式的样例图像。在【图形中的可用视觉样式】列表中选择的视觉样式不同,设置区的参数选项也不同。选定的视觉样式的【面设置】、【环境设置】和【边设置】将显示在设置面板中,用户可以根据需要在面板中进行相关参数的设置。选定的视觉样式显示黄色边框,名称显示在面板的底部。

第八节　上 机 实 验

实验一　建立形体的三维模型

1. 目的要求

熟悉基本三维实体的创建方法,掌握拉伸、布尔运算等编辑三维实体的操作过程,并将其熟练运用到三维建模实践中去。

2. 操作指导

(1)按图 15-62、图 15-63 所示图形及尺寸建立三维实体模型。

(2)如图 15-62 所示的形体可以首先绘制二维图形,然后通过【拉伸】命令得到三维实体模型。

(3)如图 15-63 所示的形体可以首先通过使用【长方体】、【楔体】、【圆柱体】等基本形体创建命令,再灵活运用【UCS】、布尔运算命令组合而成三维实体模型。

实验二　建立组合体的三维模型

1. 目的要求

熟悉用户坐标系的定义,掌握三维基本形体的创建方法,并熟练运用三维对象的编辑命令,从而建立组合体三维模型。

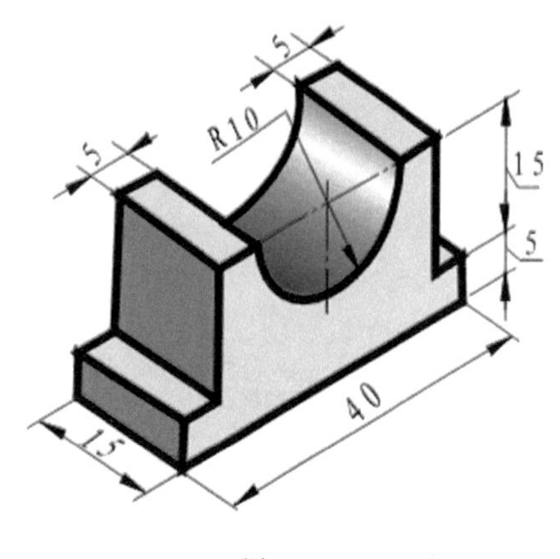

图 15-62

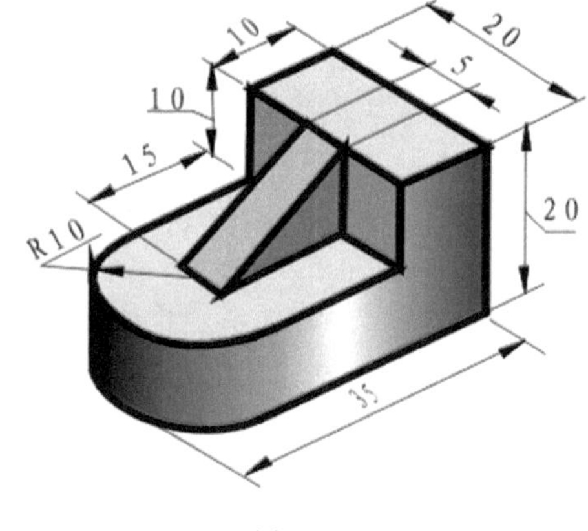

图 15-63

2. 操作指导

(1)图 15-64 形体中的斜面,可以采用【剖切】命令,通过三个点组成的平面切去棱柱的一部分而得到。

(2)图 15-65 形体下方的通槽,可以先在长方体底板上【压印】出缺口的形状,再将压印的图形【拉伸】成通槽。

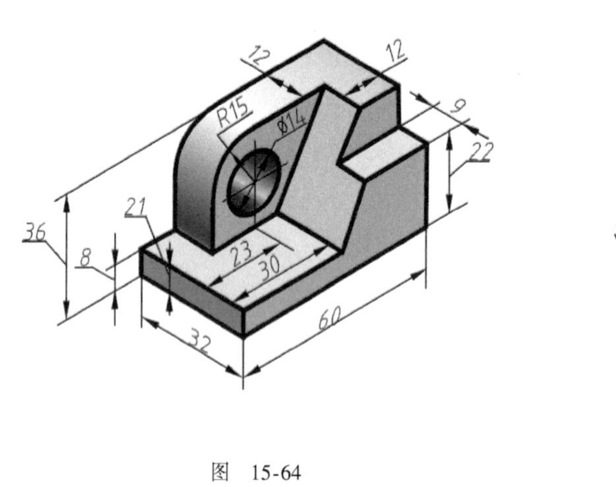

图 15-64

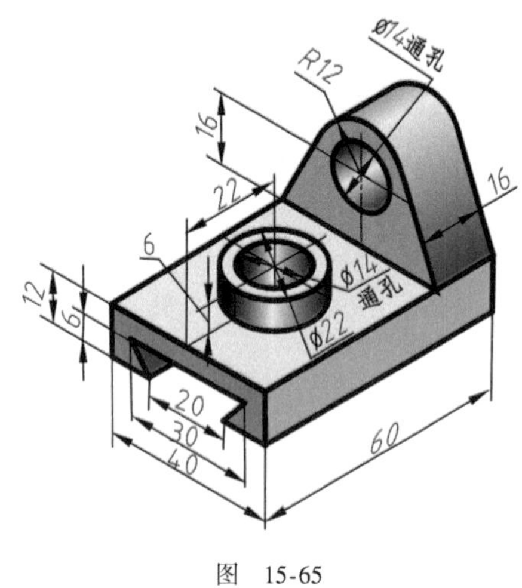

图 15-65

思 考 题

1. 在 AutoCAD 中三维模型有哪几种类型?
2. 设置用户坐标系 UCS 有什么意义? 如何设置?
3. 绘制三维网格有哪些方法?
4. 实体造型的方法有哪些?
5. 如何编辑三维对象?
6. 在 AutoCAD 中默认的视觉样式有几种?

第十六章　房屋的三维模型设计

建筑效果图在展示建筑的外观造型、内部格局以及体现建筑的设计风格和设计理念等方面有着极强的表现力。对设计人员而言，利用效果图不仅能更好地交流设计思想，表现设计意图，而且还能更加方便地作出设计决策和修改方案。然而要制作建筑效果图首先要创建三维模型，三维建模在建筑设计中具有十分重要的作用。因此，本章将以第十二章中介绍的别墅为例来说明房屋三维模型设计的基本方法和步骤。

第一节　模型设计的准备工作

一、确定建模工作量

如果建模只是为了制作建筑物的外形效果图，而不用展示建筑物的内部构造，那么我们只需建立建筑物的外表模型。如仅需要建筑物某一视点下的透视效果图，而不用全方位的展现建筑物，那么在预先设定好透视角度的情况下，透视图中看不到的部分就没有必要进行详细建模，这样可以省去许多工作量，缩短建模时间，同时还减少计算量及后期渲染时间，降低出错的概率。以第十二章中实验二的别墅为例，如果以别墅的①～⑨立面为主透视面，以Ⓗ～Ⓐ立面为次透视面，那么只需对这两个面上的门、窗、阳台等可见构件进行详细建模，而对其⑨～①立面和Ⓐ～Ⓗ立面上的门、窗、阳台等看不到的构件就没必要进行建模。但是如果建筑物有大面积的玻璃幕墙，并且玻璃是透明的，那么透过玻璃看到的形体也应该建模。

二、确定图层设置的数量

AutoCAD 具有三维图形生成及编辑功能，但对于三维图形的渲染及后期处理，就显得逊色多了。通常的做法是在 AutoCAD 中建立立体模型，然后将建好的模型导入其他软件如 3ds max、Lightscape、Brazil 等之中去进行渲染。这些专门的渲染软件与 AutoCAD 相比渲染功能更加强大，是当前常用的渲染软件。在 3ds max 中区分实体的方法主要有两种：一种是按图层区分，另一种是按颜色区分。因此，在动手建模之前，要预先归纳一下所绘建筑物各部分使用的各种材料，把相同材料的实体放在同一个图层或设为同一种颜色，以便在 3ds max 等软件中进行赋材质等后期处理工作。此外，对于复杂建筑物的建模，由于各组成部分相互遮挡，影响观察和捕捉定位，因此为便于管理和操作，宜将建筑物不同的组成部分绘制在不同的图层上，这样在建模过程中对起参照定位作用但不参与当前建模的组成部分所在的图层可锁定，对既不参与当前建模又无参照定位作用的组成部分所在的图层可关闭或冻结。图层分得越细，构件的模建得越细，可赋予构件的材质就越多，建筑物的立面装饰和色彩也越丰富，最终制作出的效果图也会越好。

对于第十二章中实验二的别墅来说，建模之前首先要根据不同的装饰材料和不同的构件建立不同的图层。对于外墙,从 ±0.000 以下 600 高的勒脚一直到 ±0.000 以上的每一层墙体所采用的装饰材料均不同,故墙体需建 4 个图层。对于柱、阳台、线脚、檐沟等虽然都采用白色外墙漆,但属不同构件,为了方便建模操作和管理,宜分别建立图层。对都采用白框白玻璃的铝合金门、窗可只建一个“门窗框”图层和一个“门窗玻璃”图层。对底层的两个入户大门、两个车库门和顶层阳台的两个平开门因门的样式不同需各自单独建一个图层。经过分析,此例中可新建 26 个图层,包括:勒脚、底层墙体、二层墙体、顶层墙体、屋顶、柱子、线脚、檐沟、门窗框、门窗玻璃、窗台、车库门、底层入户门、顶层平开门、阳台、阳台隔墙、台阶、栏杆、扶手、散水、门口坡道、老虎窗、烟囱、烟囱帽、空调盒、通风花格等。各图层的颜色可设为与构件装饰材料颜色一致或相近。

该别墅共三层,但每一层的构造都不相同,所以必须分别对其进行建模。建模时为了便于操作,可将底层、二层、顶层以及屋顶模型分别建在不同的图中,最后再将其进行组合。因该别墅形体对称,所以下面举例对底层、二层和顶层进行建模时只取左边的一半,即① ~ ⑤轴线部分,待各层模型都建好后再分别镜像合并得到完整模型。

第二节　墙体和窗洞、门洞模型的建立

如果房屋的外形和内部构造均需要建模,那么宜使用【多段体】命令建立墙体模型,分别绘制外墙和内墙。由于本例仅制作别墅的外形效果图,故不考虑房屋的内部构造,因此可以使用【多段线】命令建立墙体模型,而外墙所围成的区域内部均是实心的。

一、底层墙体和窗洞、门洞的建模

1. 底层墙体的建模

根据底层平面图的尺寸,在俯视图中用【多段线】命令沿底层外墙轮廓绘制一闭合线框,如图 16-1a) 中所示的粗线,然后将闭合线框【拉伸】3900[图 16-1b)]。

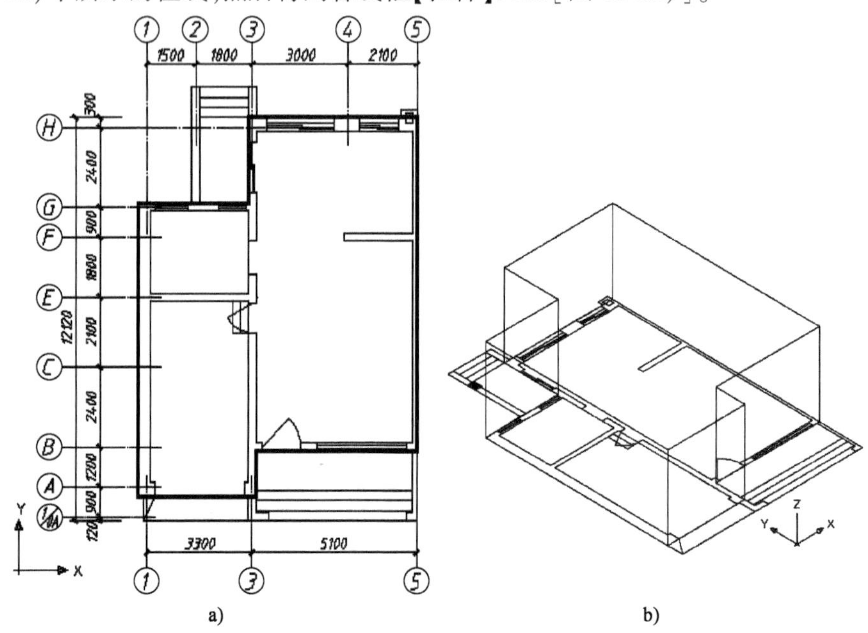

图 16-1　底层墙体的绘制(一)

Ⓐ轴线之前且在③轴线上的一段墙体以及Ⓑ轴线之前且在⑤轴线上的一段墙体，因其上有二层的阳台和阳台隔墙，这两段墙顶面标高均为 3.000m，故它们需单独建模。先在俯视图中用【矩形】命令绘制这两段墙体的平面轮廓，然后将这两个矩形都【拉伸】3600（图 16-2）。

(1/0A)轴线上底层的三根柱子及其上部墙体，因标高从 -0.600 ~ 2.020m 的范围采用褐灰色面砖，而从 2.020 ~ 3.000m 的范围采用白色外墙漆，故要将这三根柱子和上部墙体分开建模。先在俯视图中用【矩形】命令绘出(1/0A)轴线上左半边柱子的轮廓，然后将矩形【拉伸】2620，最后用布尔【并集】命令将柱子、高 3600 的两段墙体以及高 3900 的墙体合并起来（图 16-3）。

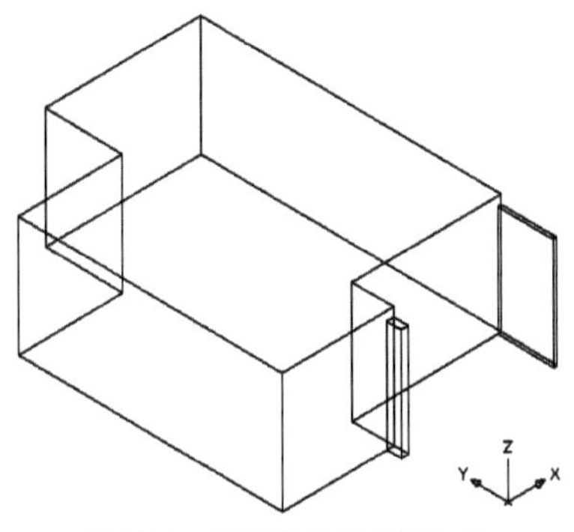

图 16-2　底层墙体的绘制（二）

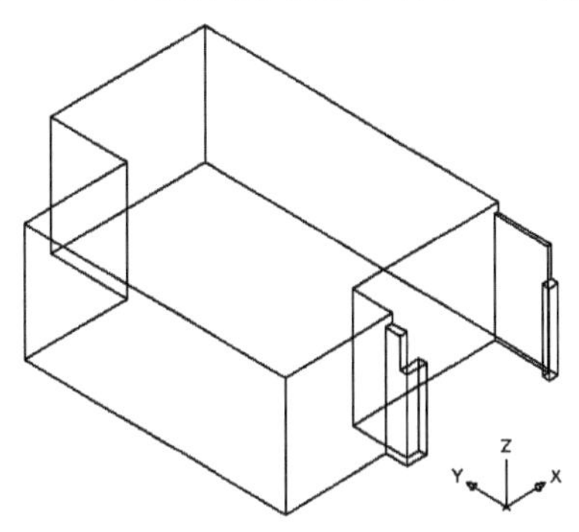

图 16-3　底层柱子的绘制

对于三根柱子上的墙体，可在前视图中先用【直线】和【圆弧】命令画出墙体的立面轮廓，然后用【面域】命令将该轮廓线转换为平面图形并【拉伸】240［图 16-4a）］。最后利用端点捕捉将这片墙体【移动】到柱子上部［图 16-4b）］。

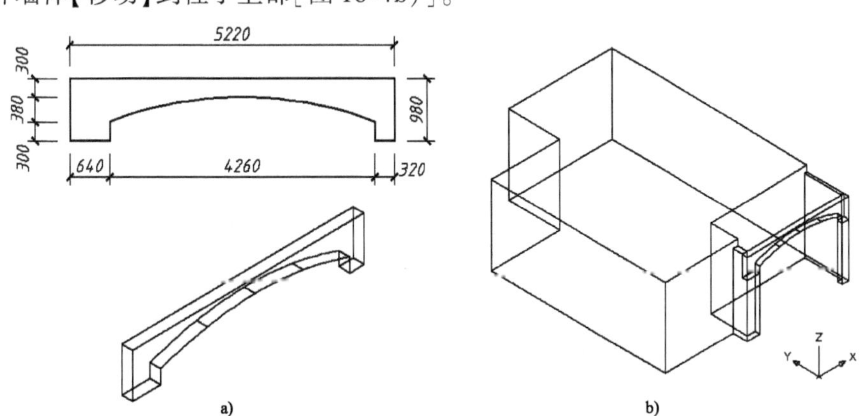

图 16-4　柱子上部墙体的绘制

外墙标高从 -0.600 ~ ±0.000m 的范围为勒脚，其装饰材料不同于底层外墙，它采用的是灰色文化石。为了在效果图中体现出勒脚的材质，可考虑从建好的底层墙体中挖出一部分作为勒脚。首先在俯视图中沿着有勒脚的外墙轮廓画直线，共有 4 条直线段。然后将 4 条直线段分别向墙体内侧【偏移】120，再经过【修剪】以及画【直线】得两个封闭线框［图 16-5a）］。将得到的两个封闭线框用【面域】命令转换为平面图形后分别【拉伸】600，便得到勒脚。接着将所有的勒脚【复制】一份并放入“底层墙体”图层，用布尔【差集】命令从建好的底层墙体中减去与勒脚大小和位置相同的这部分墙体，从而在底层墙体中完成勒脚的建模［图 16-5b）］。

因底层地坪架空 600，故在⑨ ~ ①立面的勒脚处墙体开有两个通风孔，于是将视图由西南等轴测转到西北等轴测,用【UCS】命令变换坐标系使 *XY* 坐标平面移至通风口所在的墙体外表面,并将原点定在Ⓗ轴线与③轴线相交的墙体外角的地面处。然后绘制矩形,矩形的右下角坐标为(-1240,100),左上角用相对坐标(@ -500,250)[图 16-6a)]。然后将矩形【拉伸】 -120,得到一个与通风孔大小相同的长方体,再用布尔【差集】命令从勒脚墙体中减去这个小长方体,便得到一个通风孔[图 16-6b)]。

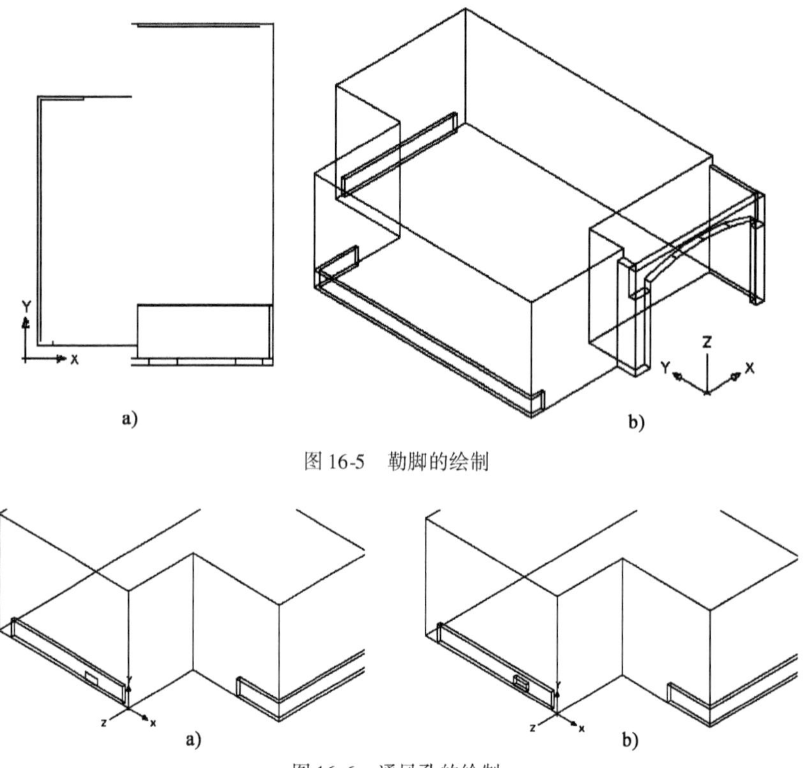

图 16-5　勒脚的绘制

图 16-6　通风孔的绘制

2. 底层窗洞、门洞的建模

根据底层平面图,首先在俯视图中用【矩形】命令画出底层窗洞、门洞的平面轮廓[图 16-7a)]。然后将这些矩形进行【拉伸】,拉伸高度为对应的各窗洞、门洞的高度,即 C1 窗洞为 2600,C3、C4 和 C6 窗洞均为 2000,C5 窗洞为 1800,M1 和 MC1 门洞为 2100,车库门洞为 2340,从而得到与各窗洞、门洞大小相同的长方体[图 16-7b)]。

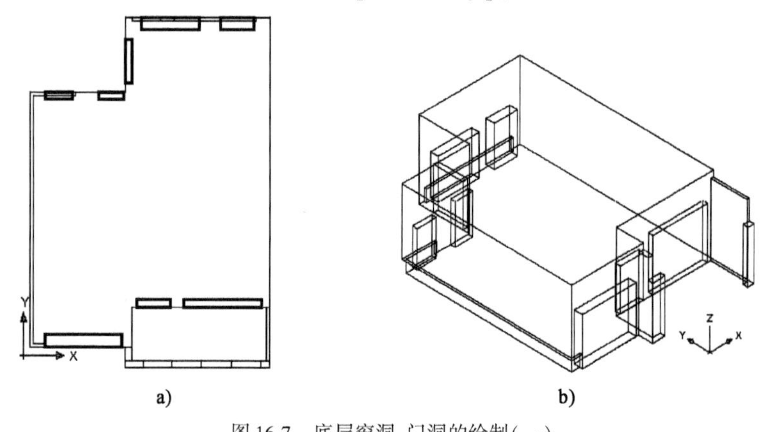

a)　　b)

图 16-7　底层窗洞、门洞的绘制(一)

接下来将这些长方体分别沿 Z 轴【移动】到对应各窗洞、门洞的底面标高位置。其中对 M1 和 MC1 两个门洞长方体均沿 Z 轴向上移动 600，而车库门洞长方体则沿 Z 轴向上移动 100。对窗洞长方体，沿 Z 轴向上移动的距离为各窗洞底面的标高值再加上 600，即 C1 为 900，C3、C4、C5 和 C6 为 1500。最后用布尔【差集】命令从底层墙体中减去这些长方体，从而得到底层墙体上的窗洞、门洞模型(图 16-8)。

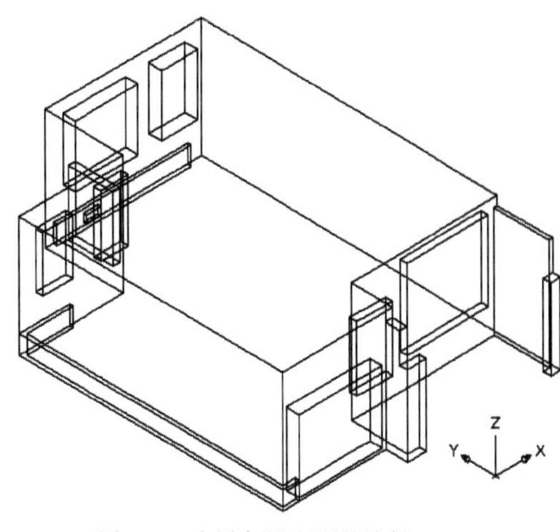

图 16-8　底层窗洞、门洞的绘制(二)

二、二层墙体和窗洞、门洞的建模

1. 二层墙体的建模

根据二层平面图的尺寸，在俯视图中用【多段线】命令沿二层外墙轮廓绘制一闭合线框，然后将闭合线框【拉伸】3000(图 16-9)。

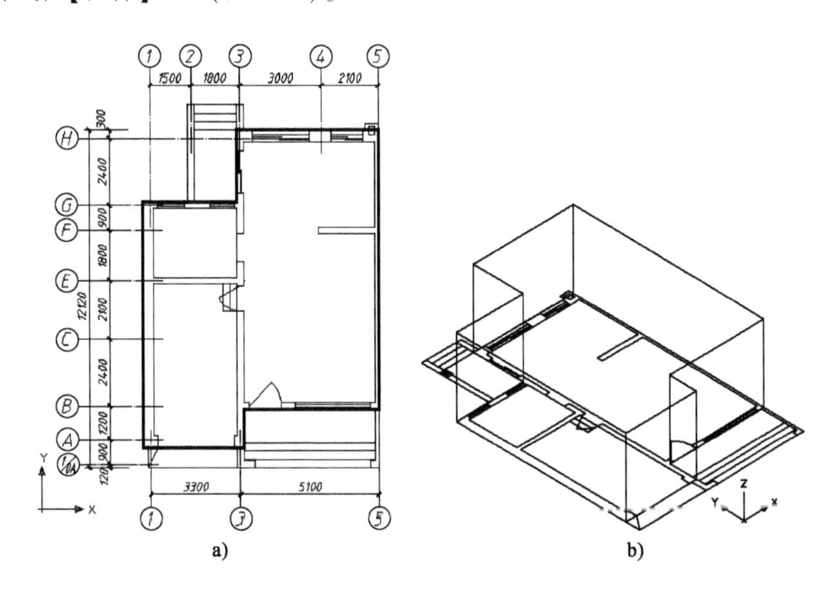

图 16-9　二层墙体的绘制

在俯视图中用【矩形】命令画出阳台隔墙的平面轮廓，然后【拉伸】6760(将二层和三层阳台的隔墙一次性画出)。因隔墙底面标高为 3.000m，故将隔墙沿 Z 轴向下【移动】300(图 16-10)。

2. 二层窗洞、门洞的建模

根据二层平面图，首先在俯视图中用【矩形】命令画出二层窗洞、门洞的平面轮廓，然后将这些矩形进行【拉伸】，拉伸高度分别是：MC2 和 MC3 均为 2700、C2 为 2100、C5 和 C7 均为 1800。接下来将窗洞长方体分别沿 Z 轴【移动】到对应各窗洞的底面标高位置，其中对 C2 沿 Z 轴向上移动 500，对 C5 和 C7 沿 Z 轴向上移动 900。最后用布尔【差集】命令从二层墙体中减去这些长方体，从而得到二层墙体上的窗洞、门洞模型(图 16-11)。

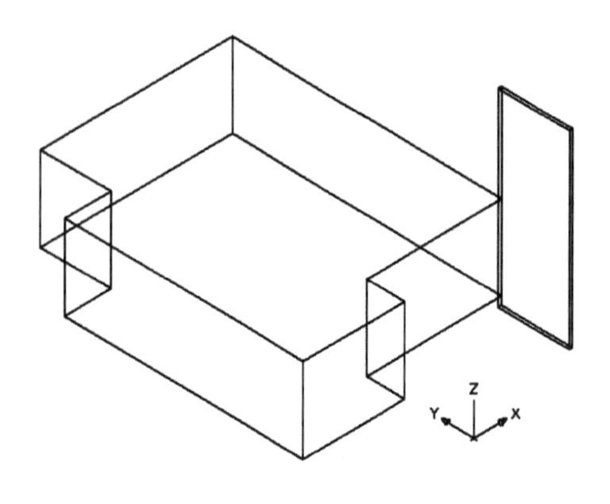

图 16-10　阳台隔墙的绘制

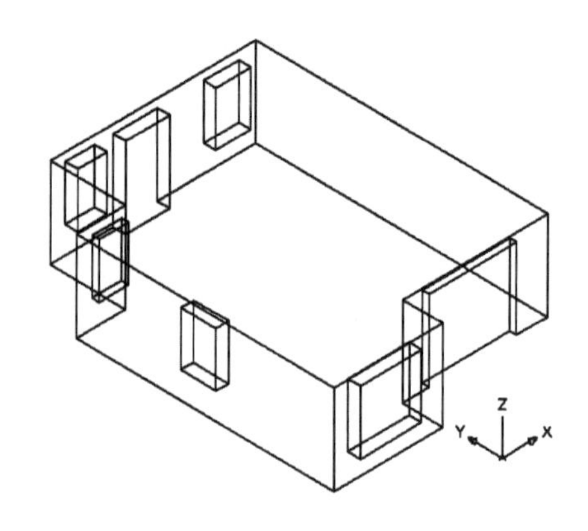

图 16-11　二层窗洞、门洞的绘制

三、顶层墙、柱和窗洞、门洞的建模

1. 顶层墙、柱的建模

根据顶层平面图的尺寸，在俯视图中用【多段线】命令沿顶层外墙轮廓绘制一闭合线框，然后将闭合线框【拉伸】3000（图 16-12）。

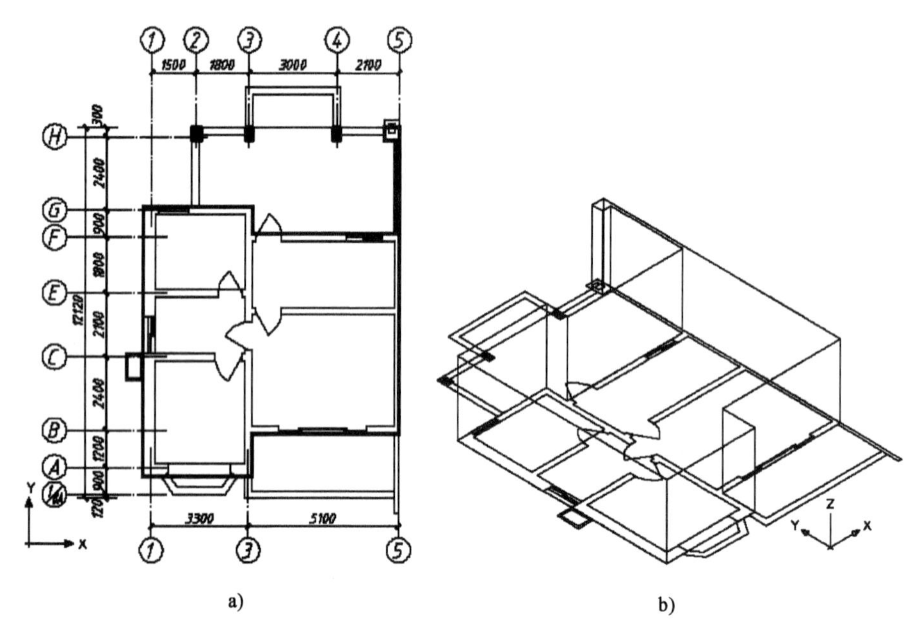

图 16-12　顶层墙体的绘制

在俯视图中用【直线】命令绘制柱子的平面轮廓，其中②轴线上的柱子截面尺寸为 300 × 420，③、④轴线上的柱子截面尺寸均为 240 × 420。然后分别将三根柱子的平面轮廓线向外侧偏移 60，并将偏移后的轮廓线【延伸】得到柱帽的平面轮廓，再用【面域】命令将这 6 个长方形线框转换成平面[图 16-13a)]。接下来把视图换到西北等轴测，将三个小矩形【拉伸】2900 得到柱子，将外围的三个矩形【拉伸】100 得到柱帽并将其向上【移动】2900 至柱顶，再用布尔【并集】命令分别将每根柱子与其柱帽合并起来[图 16-13b)]。

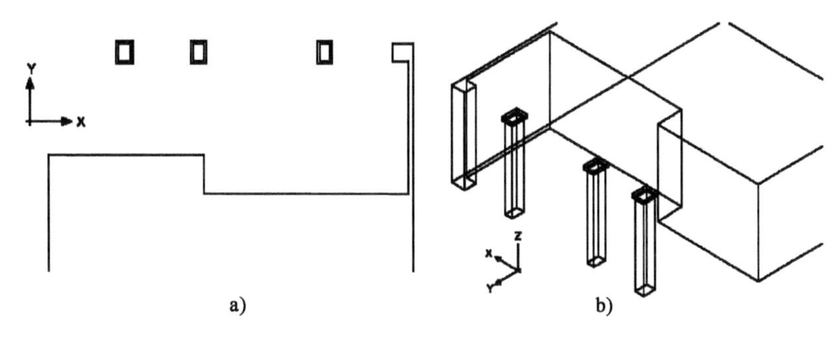

图 16-13　顶层柱子的绘制

2. 顶层窗洞、门洞的建模

根据顶层平面图,首先在俯视图中用【矩形】命令画出顶层窗洞、门洞的平面轮廓,然后将这些矩形进行【拉伸】,拉伸高度分别是:MC3 为 2700、M4 和 C2 均为 2100、C5 和 C7 均为 1800。接着将窗洞长方体分别沿 Z 轴【移动】到对应各窗洞的底面标高位置,其中对 C2 沿 Z 轴向上移动 500、对 C5 和 C7 沿 Z 轴向上移动 900。最后用布尔【差集】命令从顶层墙体中减去这些长方体,从而得到窗洞、门洞模型(图 16-14)。

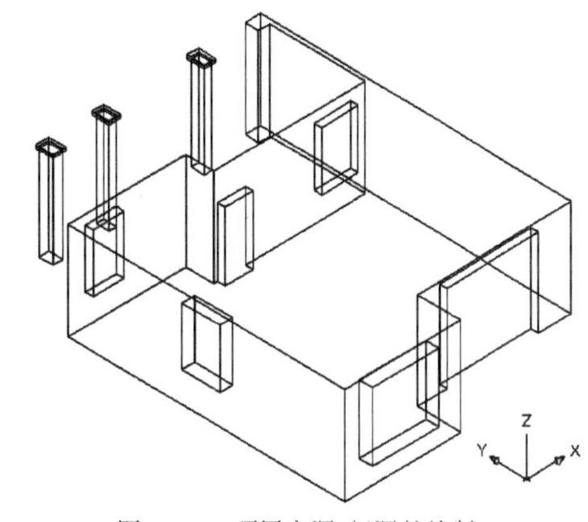

图 16-14　顶层窗洞、门洞的绘制

第三节　窗户、门和阳台模型的建立

一、窗户、门的建模

1. 窗户、推拉门的建模

因该别墅中的窗户(除窗户 C2)以及推拉门的建模方法相同,所以在此一并讲解。首先用【直线】命令绘出窗框或门框的立面形状(包括中间的分格),然后将这些大小不一的矩形线框用【面域】命令均转换成矩形平面,再用布尔【差集】命令从最外围的大矩形中减去内部的多个小矩形,形成窗框或门框的平面图形,最后将此平面图形【拉伸】80,从而得到窗框或门框。

如图 16-15a)所示为窗户 C1 的立面图,窗户 C1 除中间两窗扇可向内开启外其他各窗扇均固定。建模时将立面图简化为由最外围的一个大矩形和其内部的 17 个小矩形组成[图 16-15b)]。用布尔【差集】命令从最外围的大矩形中减去内部的 17 个小矩形后,再将其【拉伸】80,得到窗户 C1 的窗框[图 16-15c)]。图 16-16a)、图 16-16b)分别为窗户 C7 的立面图和简化建模立面,建好的窗框模型如图 16-16c)所示。图 16-17a)、图 16-17b)分别为门 MC3 的立面图和简化建模立面,建好的门框模型如图 16-17c)所示。

对于门、窗玻璃的建模,可在窗框或门框的立面图上用【矩形】命令绘出玻璃的立面[图 16-18a)]。然后将矩形【拉伸】5 即得到玻璃的模型,最后利用中点捕捉将玻璃沿厚度方向【移动】到窗框的中间[图 16-18b)]。其他的窗户 C3、C4、C5 和 C6 以及推拉门 MC1、MC2 的建模方法均与此相同,此处不再赘述。窗户建好后,利用捕捉窗框靠内墙面角点和对应的窗洞内墙面角点,将窗框和玻璃一起【移动】到窗洞中。图 16-19 为将窗户 C5 安放到窗洞中。

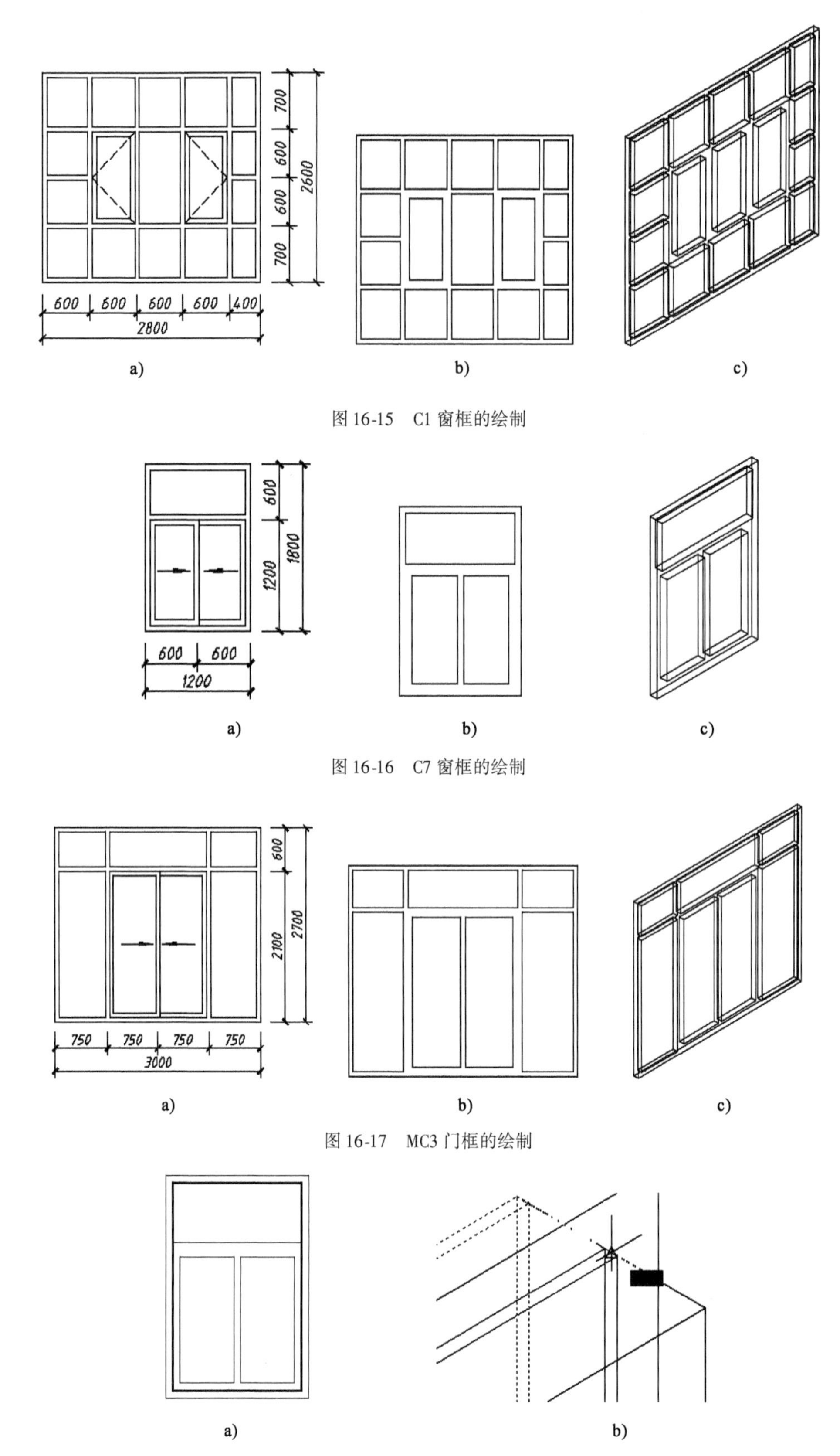

图 16-15　C1 窗框的绘制

图 16-16　C7 窗框的绘制

图 16-17　MC3 门框的绘制

图 16-18　玻璃的绘制

2. 飘窗 C2 的建模

飘窗 C2 位于该别墅二层和顶层的① ~ ⑨立面，并带窗台和遮阳板，其立面展开图如图 16-20 所示。C2 的窗台可看成是三块四边形板叠在一起，于是先在俯视图中用【直线】命令绘出最上面的一块大板的平面轮廓，然后将其平面轮廓线向内侧【偏移】两次，每次偏移距离为 60，将偏移后的轮廓线进行【修剪】得到另两块板的平面轮廓线，再将三块板的平面轮廓线用【面域】命令转换成平面图形［图 16-21a)］。接着将最大的四边形【拉伸】100 并沿 Z 轴向上【移动】400，将中间的四边形【拉伸】60 并沿 Z 轴向上【移动】340，将最小的四边形【拉伸】60 沿 Z 轴向上【移动】280。最后将三块板用布尔【并集】命令合并得到窗台的模型［图 16-21b)］。

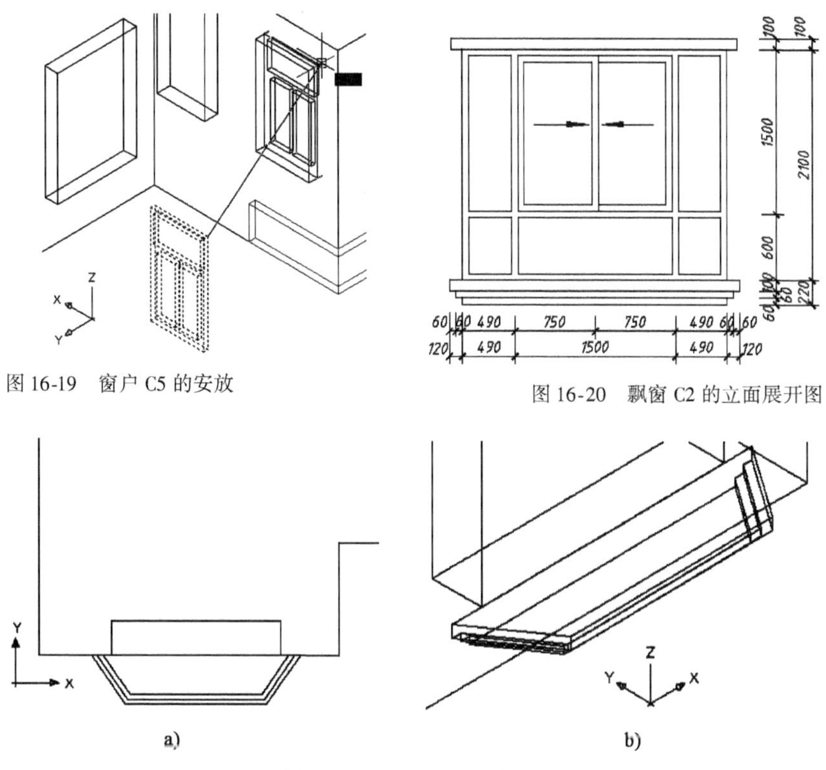

图 16-19　窗户 C5 的安放

图 16-20　飘窗 C2 的立面展开图

图 16-21　C2 窗台的绘制

遮阳板的建模方法与窗台相同，先在俯视图中用【多段线】命令绘出遮阳板的平面轮廓，然后将其【拉伸】100，再沿 Z 轴向上【移动】2600（图 16-22）。

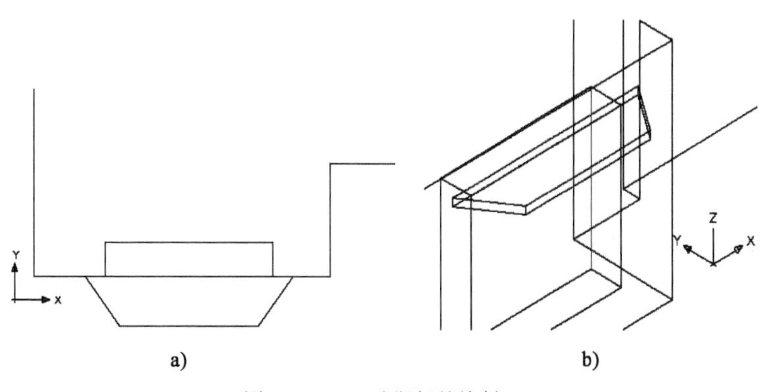

图 16-22　C2 遮阳板的绘制

因 C2 的窗框有三部分且不在同一立面上,所以先在俯视图中用【多段线】命令画出窗框的平面轮廓[图 16-23a)],然后将其【拉伸】2100 并沿 Z 轴向上移动 500[图 16-23b)]。接下来在西南等轴测图中用【UCS】命令中的三点模式依次捕捉左侧窗框外表面的三个相邻角点将 XY 坐标面移到窗框外表面上,然后沿着窗框外表面轮廓画直线[图 16-24a)]。再将这 4 段轮廓线分别向内侧【偏移】60,将最下方轮廓线沿 Y 轴向上【偏移】540,并将偏移后的轮廓线继续沿 Y 轴向上【偏移】60[图 16-24b)]。接着进行【修剪】得到两个矩形线框,用【面域】命令将这两个矩形线框转换成平面图形[图 16-24c)],然后将这两个矩形分别沿着 Z 轴【拉伸】-80 得到两个长方体[图 16-24d)]。在俯视图中将这两个长方体沿 C2 的对称轴【镜像】到右侧窗框,再用布尔【差集】命令从窗框中减去这 4 个长方体,即完成 C2 左、右侧窗框的建模(图 16-25)。

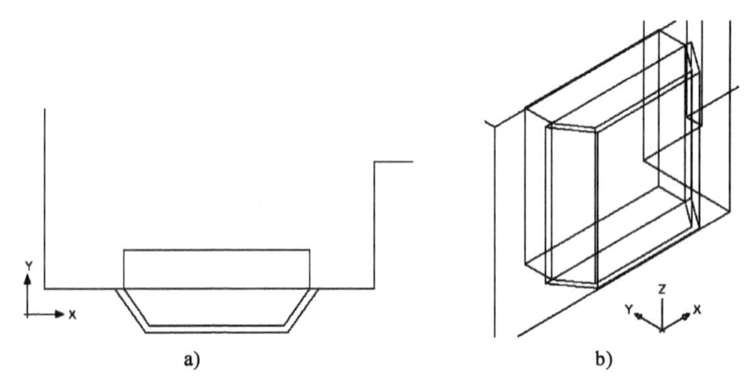

图 16-23 C2 窗框的绘制(一)

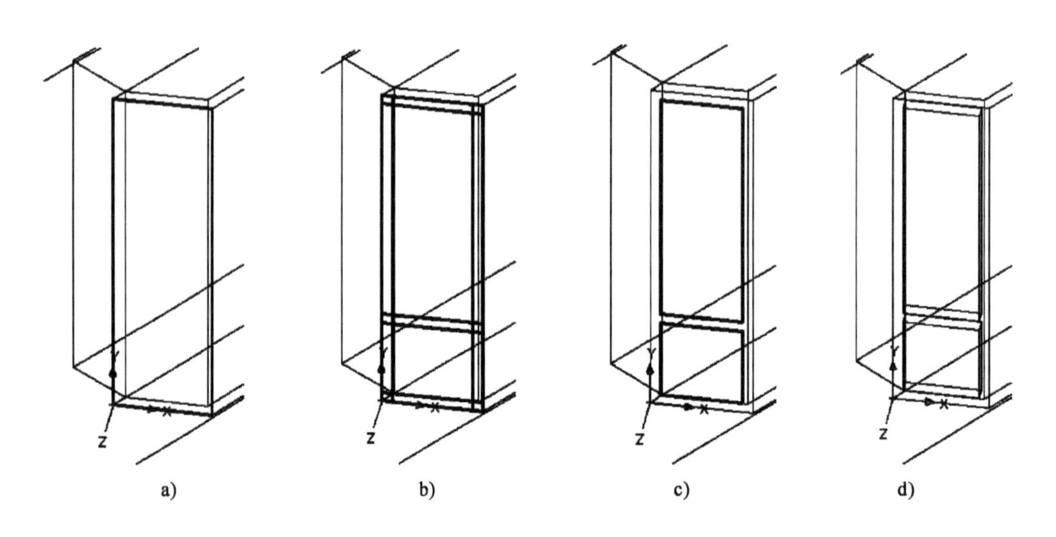

图 16-24 C2 窗框的绘制(二)

对 C2 的正面窗框的建模,则也要先用【UCS】命令将 XY 坐标面移到该窗框外表面上,然后绘出分格围成的三个矩形(图 16-26)。再将这三个矩形沿 Z 轴【拉伸】-80 后用布尔【差集】命令从窗框中减去三个长方体,即完成 C2 正面窗框的建模。消隐后的 C2 模型如图 16-27所示。最后分别在 C2 的左、右以及正面窗框中画上三块玻璃,其方法同前,只是注意在画玻璃立面轮廓时一定要将 XY 坐标面移到对应的窗框面上。

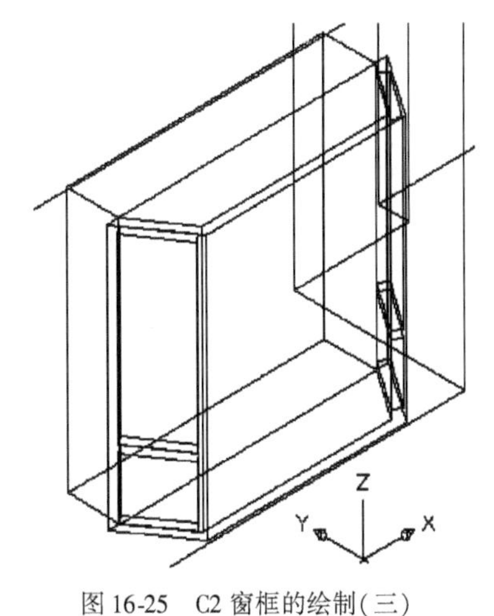

图 16-25　C2 窗框的绘制(三)

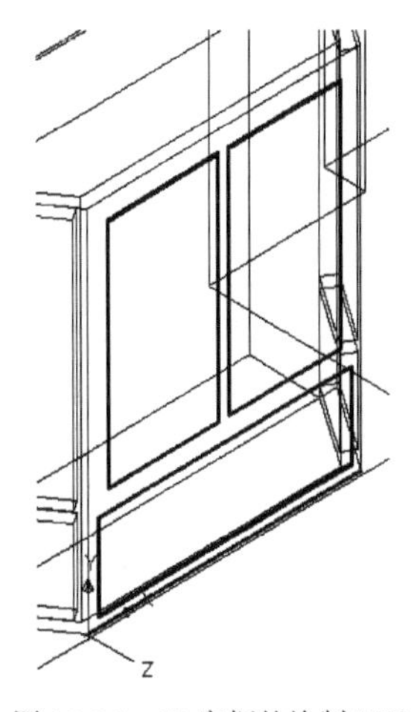

图 16-26　C2 窗框的绘制(四)

3. 平开门和卷帘门的建模

对别墅中的平开门如 M1、M4 的建模,需要分别建立门框和门扇模型。以 M1 为例,首先根据门洞的大小用【多段线】命令绘出门框的立面轮廓[图 16-28a)],然后将立面轮廓【拉伸】命令 100 得到门框[图 16-28b)]。考虑到给这种平开门赋材质可采用各种门的贴图,如对底层入户大门 M1 用防盗门贴图、对 M4 用木门贴图等,故对门扇的建模可简化成绘制一个长方体即可。在建好 M1 的门框后,继续在门框的立面用【矩形】命令绘出门扇的立面[图 16-28c)],然后将矩形【拉伸】60 即得到门扇模型,再利用端点捕捉【移动】门扇使之与门框的内表面平齐[图 16-28d)]。最后利用捕捉门框靠内墙面角点和对应的门洞内墙面角点,将建好的门框和门扇一起移动到门洞中。

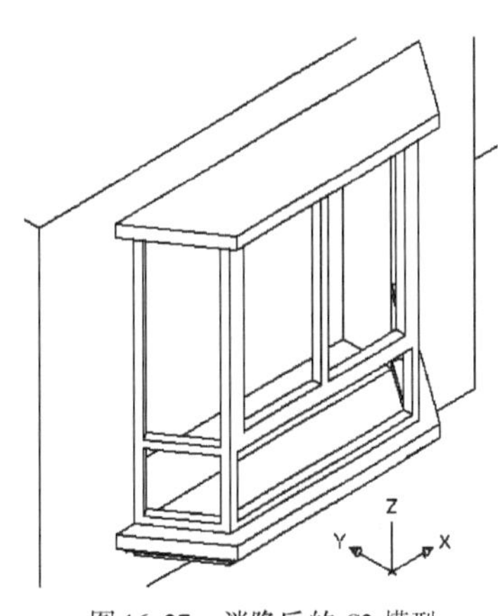

图 16-27　消隐后的 C2 模型

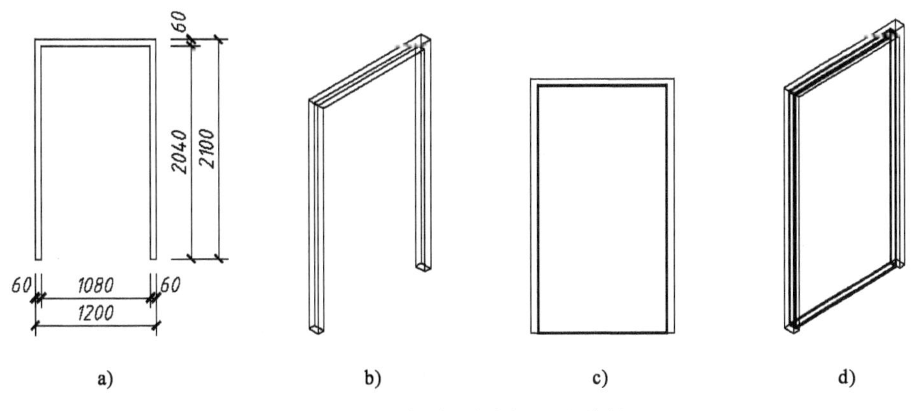

图 16-28　底层入户大门 M1 的绘制

别墅中的车库门采用的是卷帘门,建模只需按门洞大小在立面绘制一个【矩形】,然后将矩形【拉伸】60,并利用中点捕捉将长方体【移动】到门洞中间(图 16-29)。此时不用再建门框,赋材质时采用卷帘门贴图即可。

二、阳台的建模

(一)①～⑨立面阳台的建模

因别墅①～⑨立面(南立面)的二层和顶层阳台相同,所以下面以二层阳台的建模举例说明。阳台的建模分三部分,即梁、板建模,栏杆建模和扶手建模。

1. 阳台梁、板的建模

在俯视图上用【矩形】命令画出二层正立面阳台板的平面轮廓,其矩形大小为 1560×4860[图 16-30a)],然后将矩形沿 Z 轴【拉伸】100 得到阳台板。因阳台板的标高比室内楼面标高低 50,所以再将阳台板沿 Z 轴向下【移动】150[图 16-30b)]。

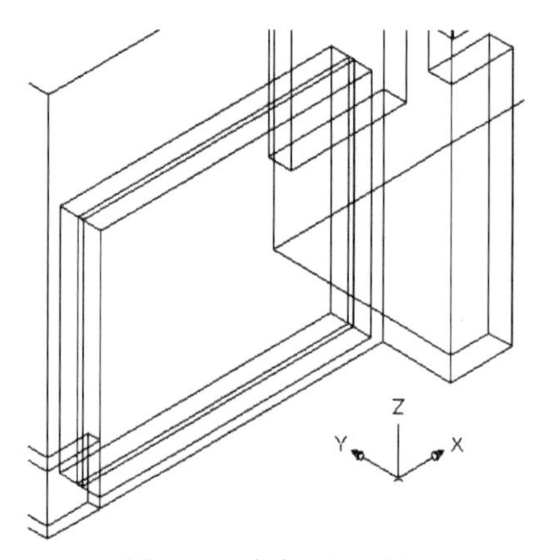

图 16-29　车库门的绘制

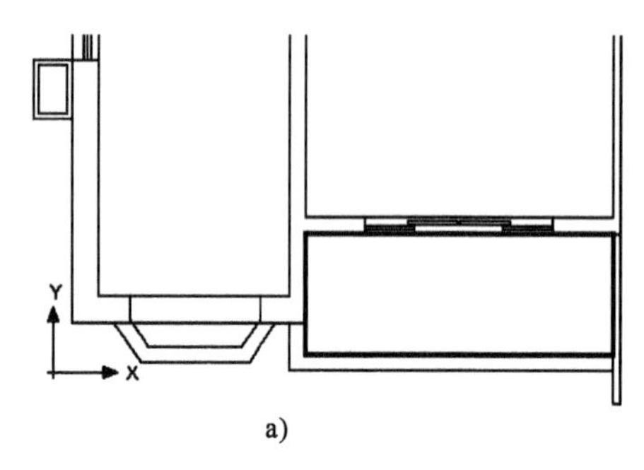

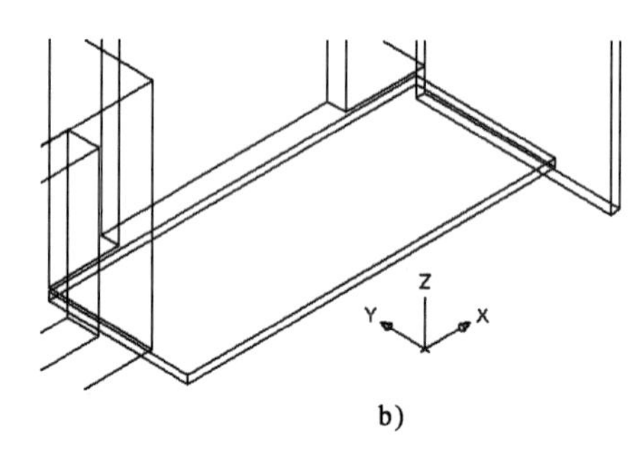

图 16-30　南立面二层阳台板的绘制

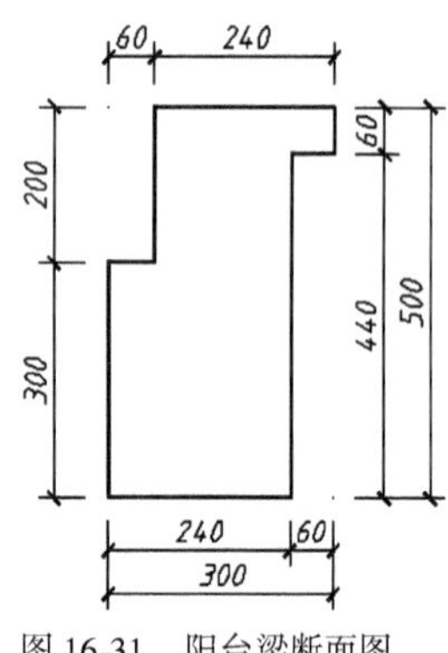

图 16-31　阳台梁断面图

阳台梁的断面图如图 16-31 所示。首先在西南等轴测图中用【UCS】命令中的【面 UCS】将 XY 坐标面移到二层Ⓐ轴线墙体外表面上,并将原点定在该墙面的右下角点处[图 16-32a)]。然后用【多段线】命令绘出阳台梁的断面轮廓,并将该断面轮廓沿 Y 轴向下【移动】300[图 16-32b)、图 16-32c)]。接着在俯视图中用【多段线】命令沿着阳台梁平面轮廓外围绘制一条拉伸路径线(图 16-33),再用【拉伸】命令沿所绘路径将阳台梁的断面轮廓进行拉伸(图 16-34)。该拉伸结果也可用【扫掠】命令实现。最后用布尔【并集】命令将阳台的板和梁合并(图 16-35)。

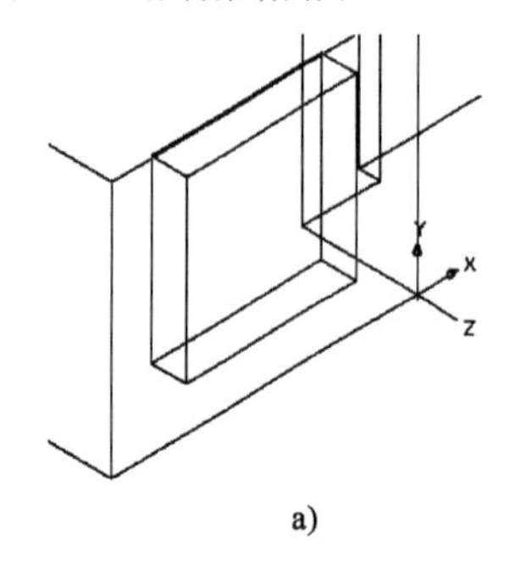

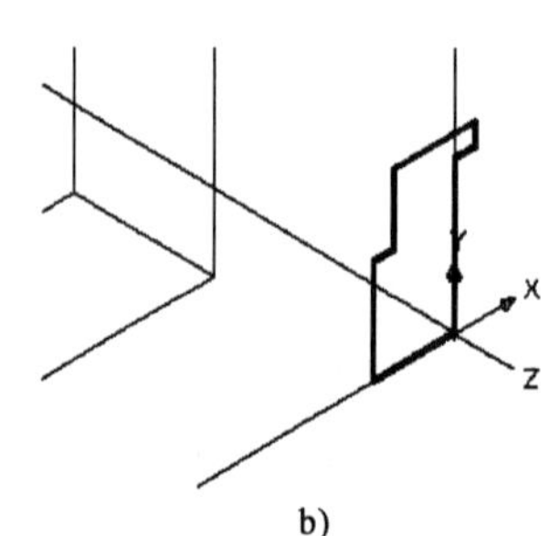

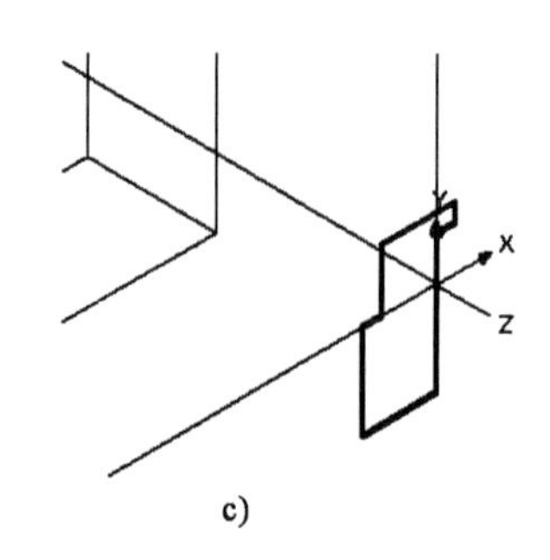

图 16-32　南立面二层阳台梁断面图的绘制

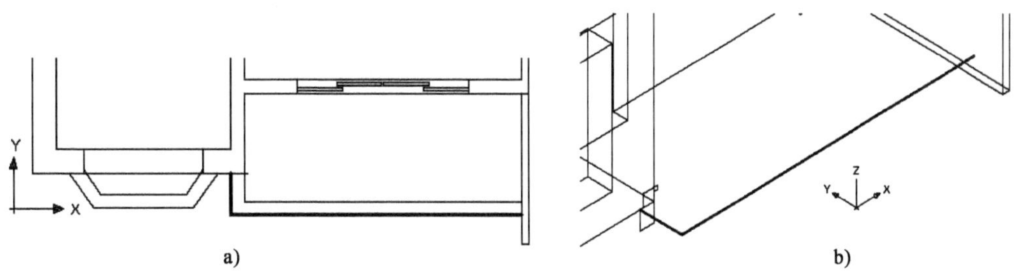

图 16-33　南立面二层阳台梁拉伸路径的绘制

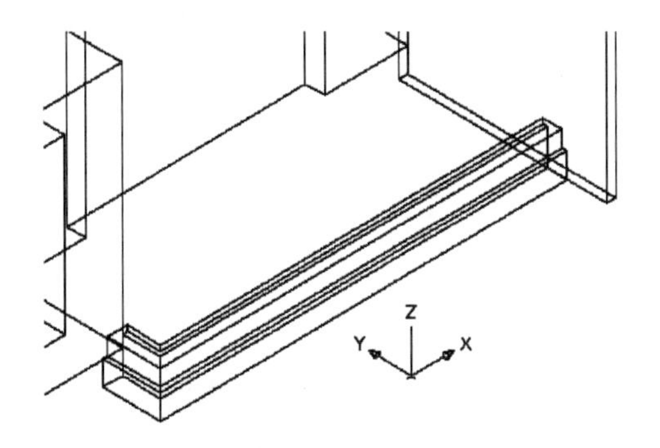

图 16-34　南立面二层阳台梁的绘制

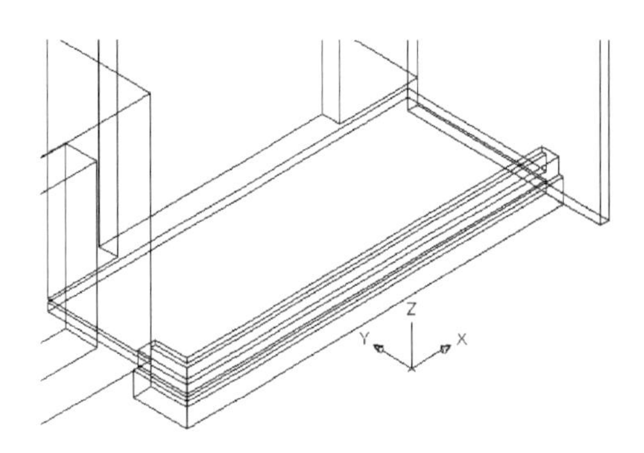

图 16-35　南立面二层阳台板和梁的合并

2. 立柱和栏杆的建模

阳台梁上的两根立柱断面尺寸为 240×240，首先在俯视图上用【矩形】命令绘出左边角部立柱的平面轮廓，然后将其【拉伸】940 得到一根立柱（图 16-36）。再将此立柱【复制】并沿 X 轴【移动】2550 得另一根立柱[图 16-37a)]，接下来用布尔【并集】命令将这两根立柱与阳台梁板合并起来[图 16-37b)]。

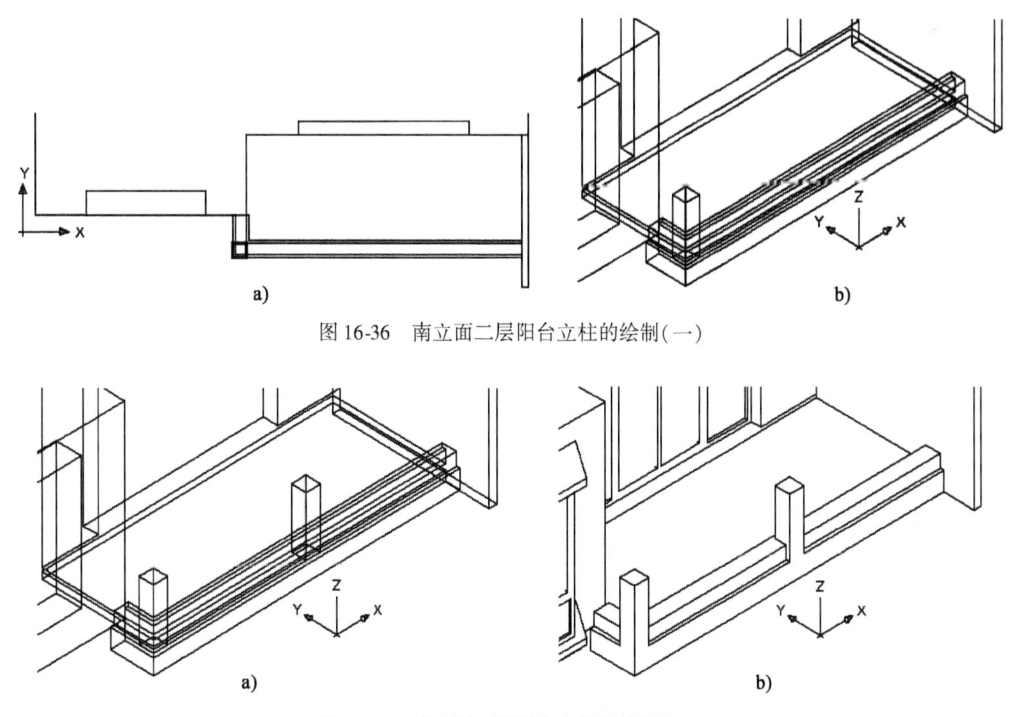

图 16-36　南立面二层阳台立柱的绘制（一）

图 16-37　南立面二层阳台立柱的绘制（二）

阳台栏杆由若干花瓶柱组成，如图 16-38a）所示为花瓶柱的立面图。先用【多段线】命令绘出 1/2 的花瓶柱立面轮廓［图 16-38b）］，然后将该轮廓绕花瓶柱立面对称轴【旋转】360°即得到一个花瓶柱［图 16-38c）］。最后在俯视图中用【阵列】命令将花瓶柱沿阳台梁按间距 200 进行阵列（图 16-39）。

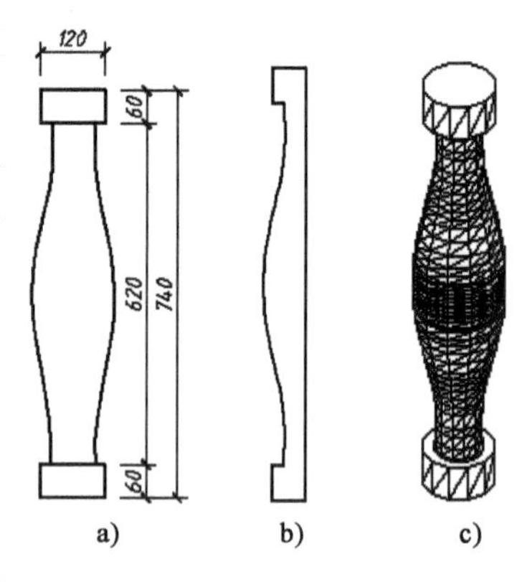

图 16-38　花瓶柱的绘制

3. 扶手的建模

如图 16-40a）所示为阳台扶手的断面图。首先在西南等轴测图中用【UCS】命令中的【面 UCS】将 XY 坐标面移到二层Ⓐ轴线墙体外表面上，并将原点定在该墙面的右下角点处，再用【多段线】命令绘出扶手断面轮廓［图 16-40b）］。将画好的断面轮廓沿 Y 轴向上【移动】940，然后用【多段线】命令从扶手断面轮廓的右下角点起绘制一条拉伸路径线［图 16-41a）］，再用【拉伸】命令沿所绘路径将扶手的断面轮廓拉伸［图 16-41b）］。建好的阳台完整模型如图 16-42 所示。

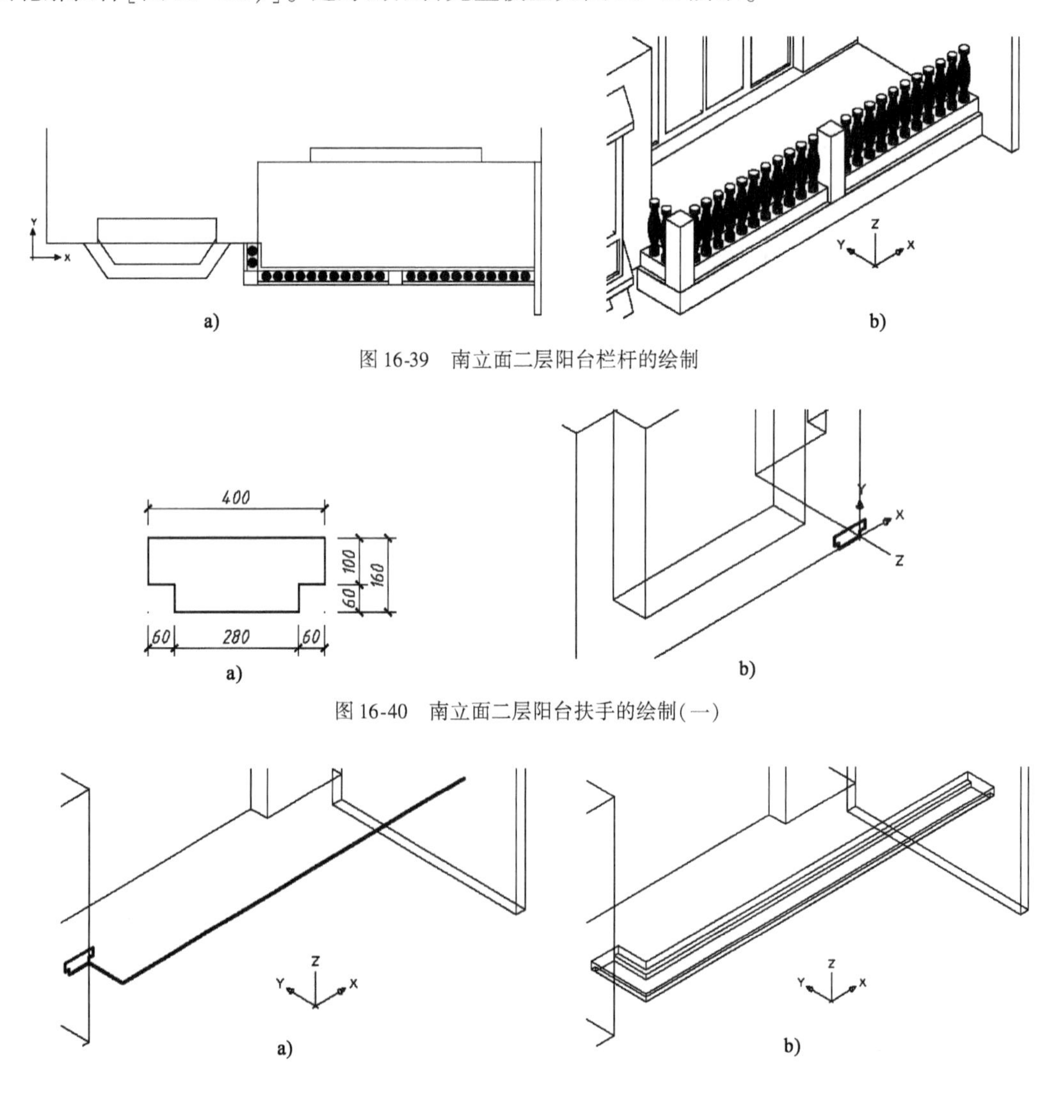

图 16-39　南立面二层阳台栏杆的绘制

图 16-40　南立面二层阳台扶手的绘制（一）

图 16-41　南立面二层阳台扶手的绘制（二）

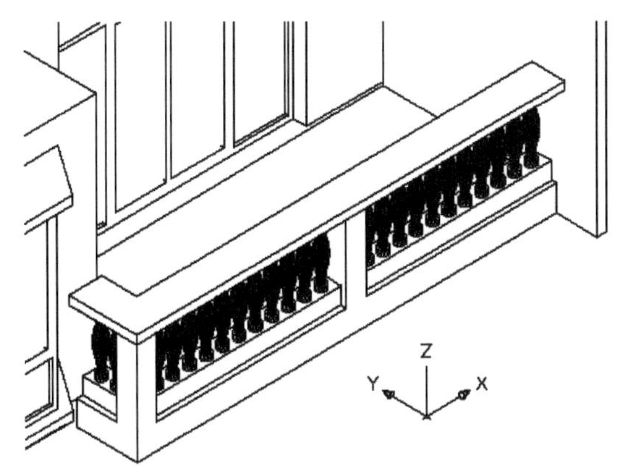

图 16-42 南立面二层阳台模型

(二)⑨～①立面阳台的建模

⑨～①立面(北立面)二层阳台的建模方法和步骤与①～⑨立面阳台相同,也是分别对梁和板、栏杆以及扶手进行建模(图 16-43～图 16-45),建好的模型如图 16-46 所示。

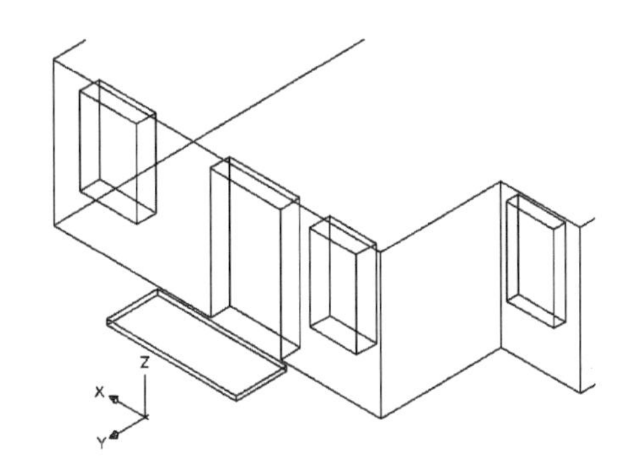

图 16-43 北立面二层阳台板的绘制

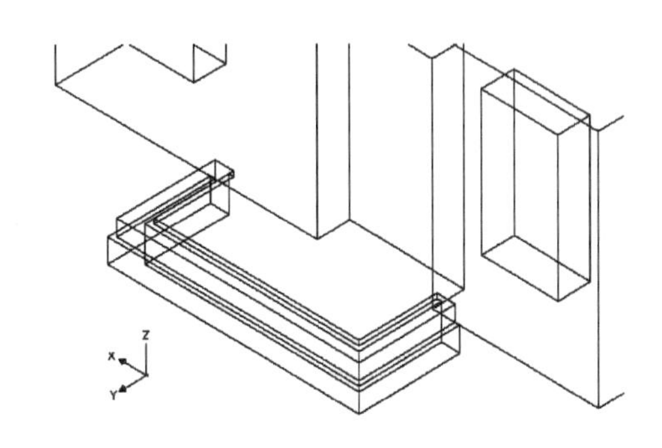

图 16-44 北立面二层阳台梁的绘制

对⑨～①立面(北立面)顶层阳台的建模,先在俯视图上用【多段线】命令画出北立面顶层阳台板的平面轮廓[图 16-47a)],然后将其沿 *Z* 轴【拉伸】-100 得到阳台板,再将阳台板沿 *Z* 轴【移动】-50[图 16-47b)]。接着仍在俯视图上用【矩形】命令画出露台板的平面轮廓[图 16-48a)],然后将其沿 *Z* 轴【拉伸】-100 得到阳台板,因露台板顶面标高比顶层楼面低 100,故需将阳台板沿 *Z* 轴【移动】-100[图 16-48b)]。

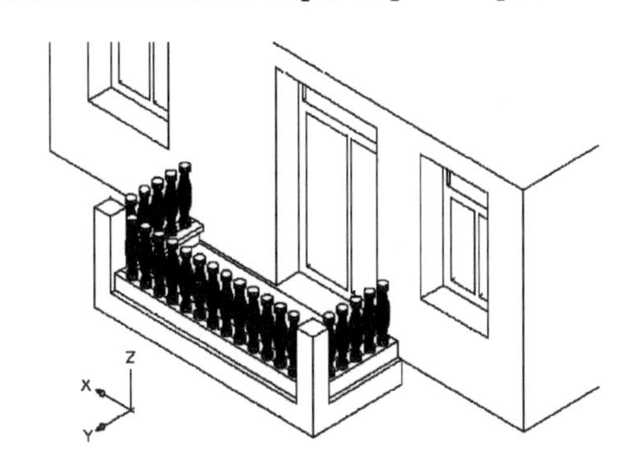

图 16-45 北立面二层阳台立柱和栏杆的绘制

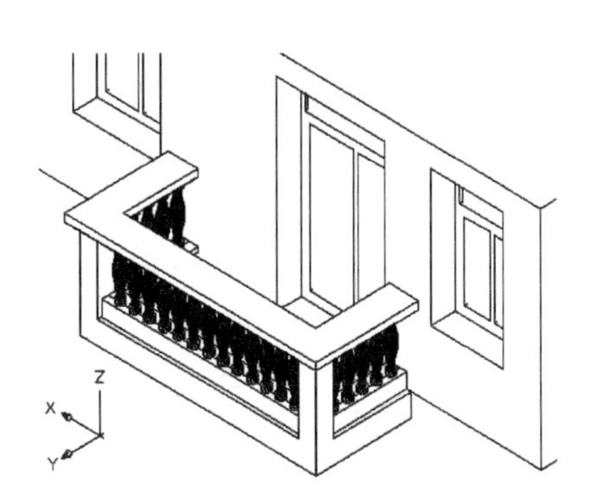

图 16-46 北立面二层阳台模型

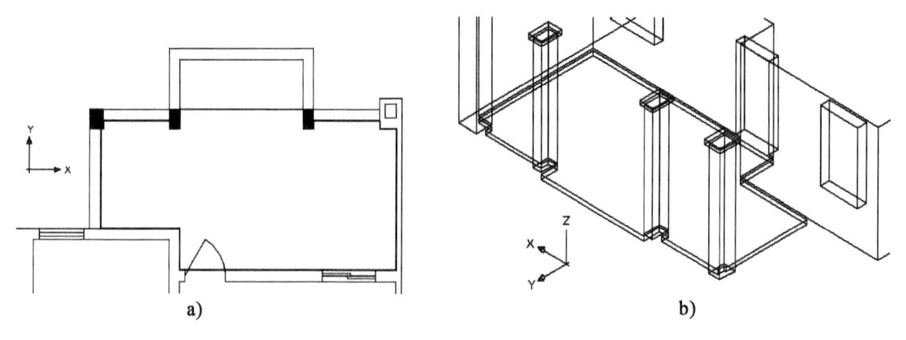

图 16-47　北立面顶层阳台板的绘制

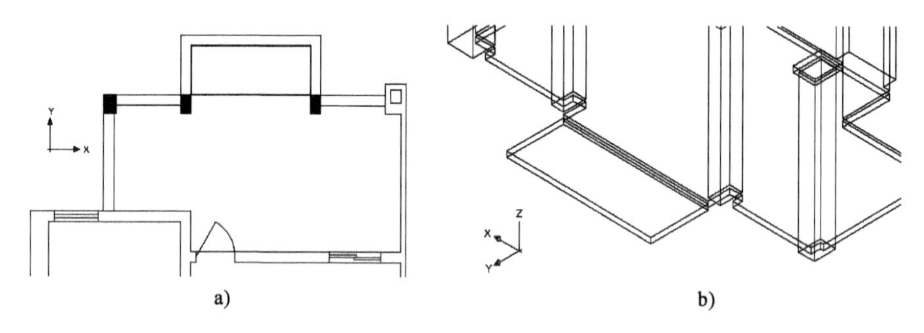

图 16-48　北立面顶层露台板的绘制

北立面顶层阳台梁的断面图如图 16-49 所示。首先在西北等轴测图中用【UCS】命令中的【面 UCS】将 *XY* 坐标面移到顶层Ⓖ轴线墙体外表面上，然后用【多段线】命令绘出阳台梁的断面轮廓，并沿墙体外表面【移动】至该断面轮廓至②轴线处[图 16-50a)]，使断面轮廓靠阳台内侧与②×Ⓗ轴线处柱子的内侧平齐。接着用【多段线】命令绘制一条长为 2160 拉伸路径线，再用【拉伸】命令沿所绘路径将阳台梁的断面轮廓拉伸[图 16-50b)]。按同样的方法绘出位于Ⓗ轴线上的②～③轴线以及④～⑤轴线间的阳台梁(图 16-51)。接着按图 16-51 所示画出露台梁的断面轮廓[图 16-52a)]，然后对其进行【拉伸】得到露台梁[图 16-52b)]。再按前述方法绘制立柱、栏杆(图 16-53)及扶手(图 16-54)。

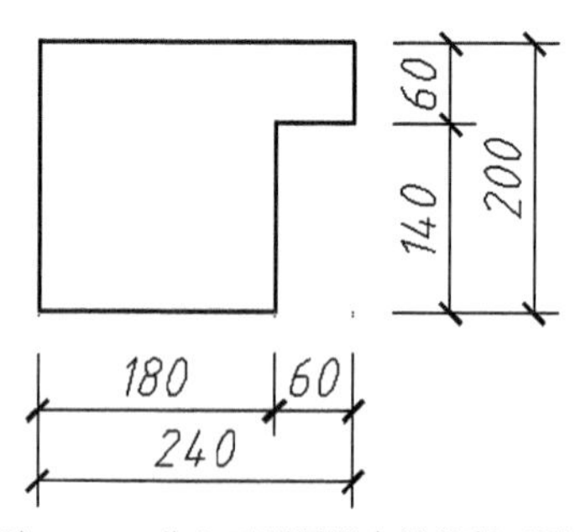

图 16-49　北立面顶层阳台梁的断面图

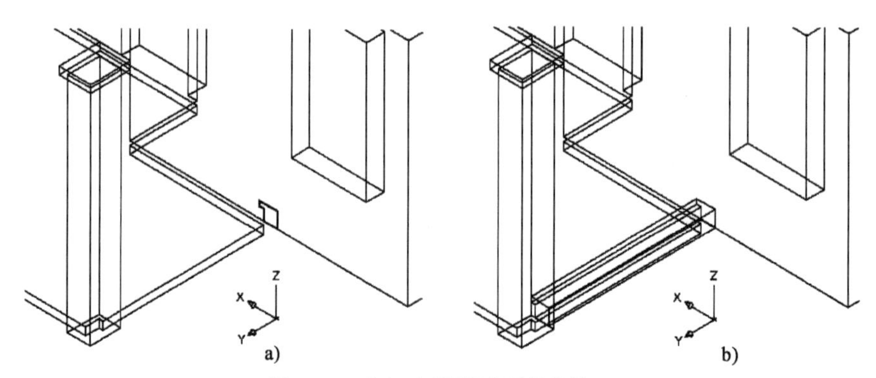

图 16-50　北立面顶层阳台梁的绘制(一)

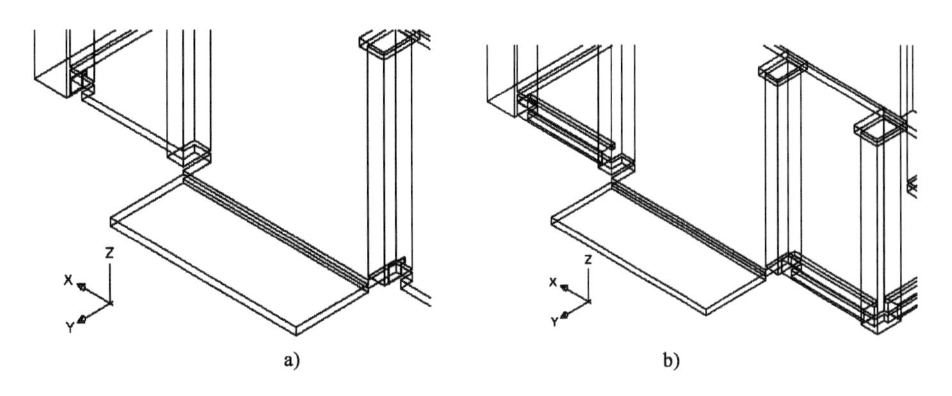

图 16-51　北立面顶层阳台梁的绘制(二)

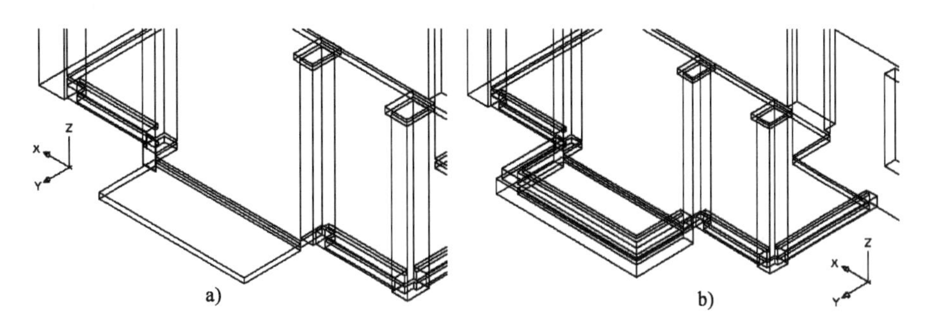

图 16-52　北立面顶层露台梁的绘制

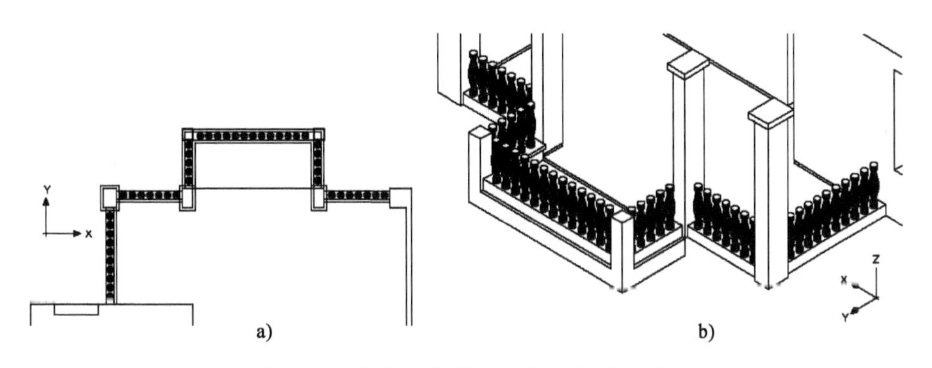

图 16-53　北立面顶层阳台立柱和栏杆的绘制

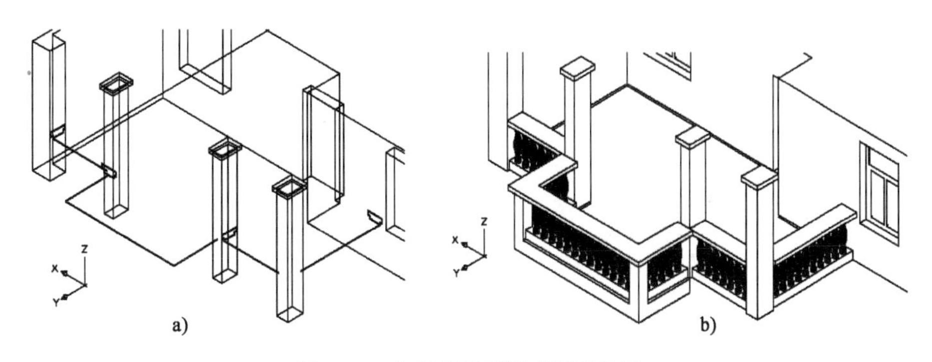

图 16-54　北立面顶层阳台扶手的绘制

第四节　屋顶模型的建立

一、坡屋顶模型的建立

该别墅的屋顶模型可由两个同坡度的坡屋顶合并得到，而坡屋顶则可通过绘制三棱柱并移动三棱柱棱线的端点得到。首先在左视图中用【多段线】命令绘制一个等腰三角形，其底边长为9000，高为2368。然后换到西南等轴测视图，将此等腰三角形【拉伸】17400 得到一个三棱柱。接下来同时按住 Ctrl 键和鼠标左键选中该三棱柱最上棱线的一个端点［图 16-55a)］，再用鼠标左键单击此端点并在【正交】模式下沿 X 轴【移动】4500［图 16-55b)］同样的方法选中棱线另一端点并沿 X 轴【移动】－4500［图 16-55c)］，从而得到一个坡屋顶［图 16-55d)］。再换到左视图，用【多段线】命令绘制另一个等腰三角形，其底边长为11400，高为3000，底边与前面绘制的坡屋顶底面平齐，右角点对齐［图 16-56a)］。在俯视图中将等腰三角形沿 X 轴【移动】1500［图 16-56b)］。然后换到西南等轴测视图，将此等腰三角形【拉伸】14400 得到一个三棱柱［图 16-57a)］，再按前述同样的方法将此三棱柱最上棱线的两个端点分别沿 X 轴【移动】5700 和－5700［图 16-57b)］，从而得到另一个坡屋顶。最后将两个坡屋顶用【并集】命令合并得到屋顶模型(图 16-58)。

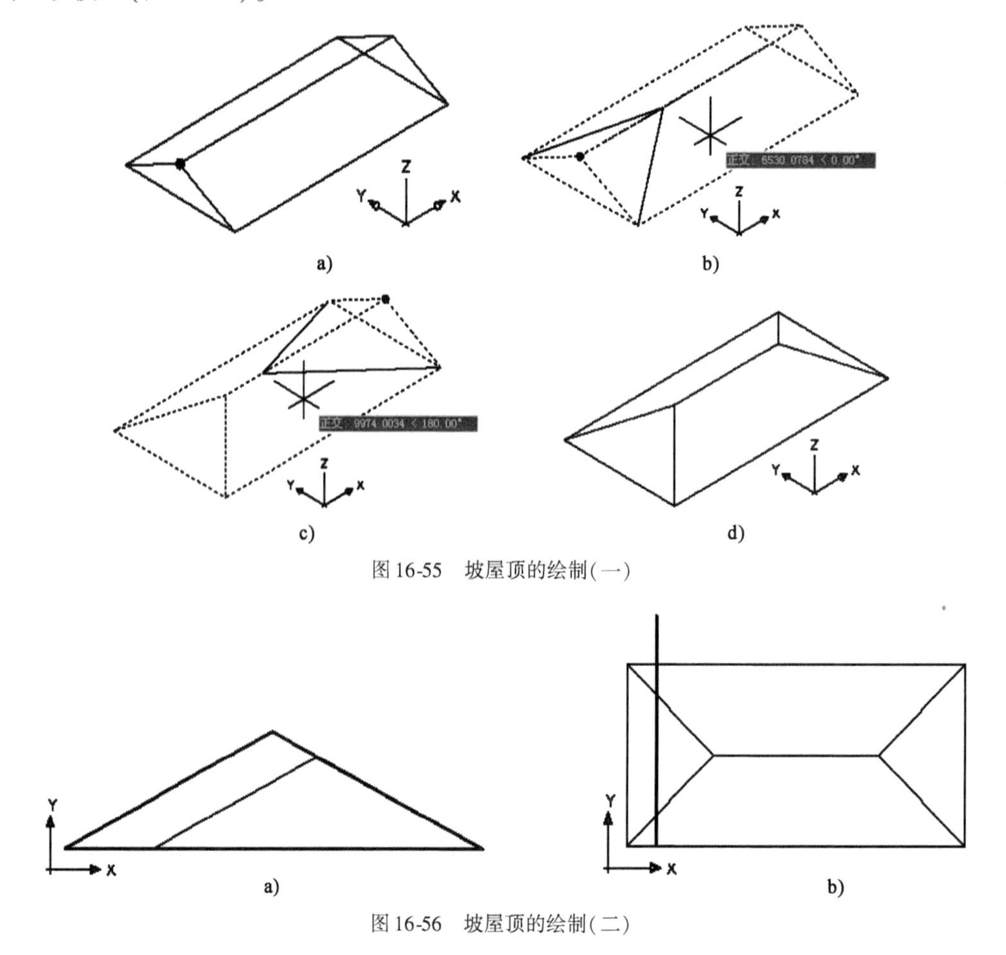

图 16-55　坡屋顶的绘制(一)

图 16-56　坡屋顶的绘制(二)

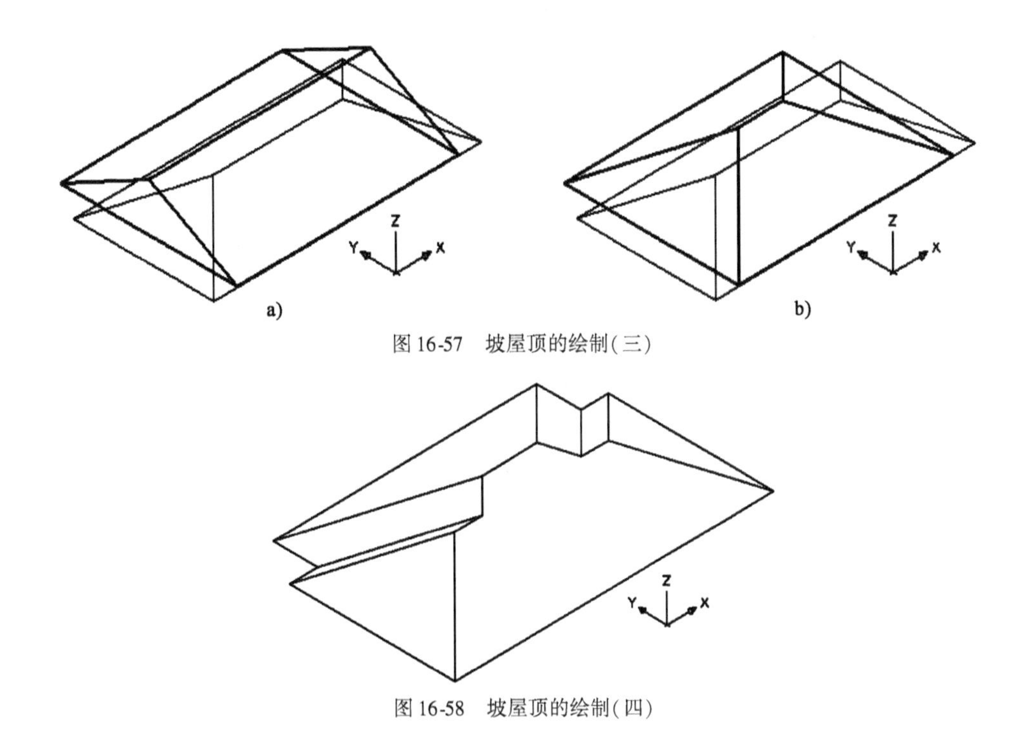

图 16-57　坡屋顶的绘制(三)

图 16-58　坡屋顶的绘制(四)

二、老虎窗模型的建立

老虎窗的立面图如图 16-59 所示,根据①～⑨立面图和屋顶平面图中老虎窗的位置,在主视图中用【多段线】命令绘出老虎窗的内、外轮廓[图 16-60a)]。然后用【面域】命令将多段线绘制的内、外轮廓线转换为两个三角形,并用【差集】命令从大三角形中减去小三角形,然后换到西南等轴测视图将其【拉伸】-1710[图 16-60b)],最后用【并集】命令将屋顶和老虎窗合并[图 16-60c)]。按同样的方法继续在主视图中绘出窗框的轮廓[图 16-61a)],换到西南等轴测视图将其【拉伸】-80 后沿 Y 轴【移动】-60[图 16-61b)]。老虎窗的金属百叶可按绘制窗框的方法得到。按上述方法将另外的三个老虎窗模型建好,结果如图 16-62 所示。

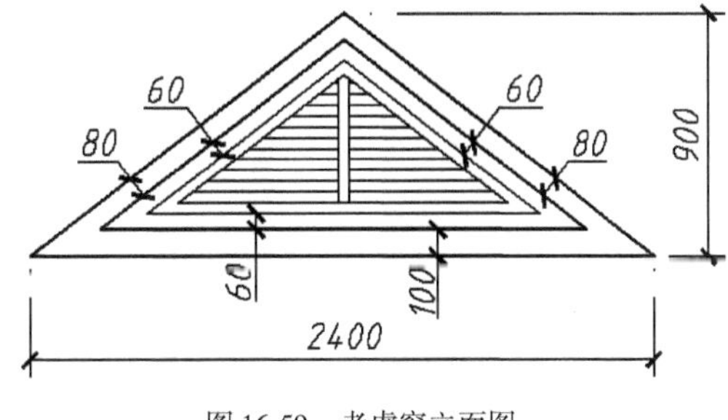

图 16-59　老虎窗立面图

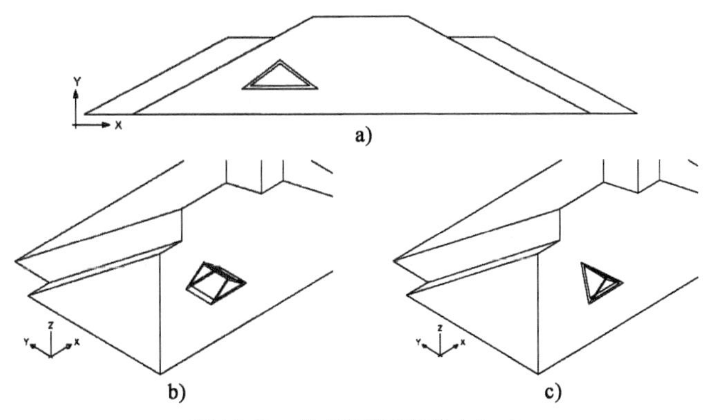

图 16-60　老虎窗模型的建立(一)

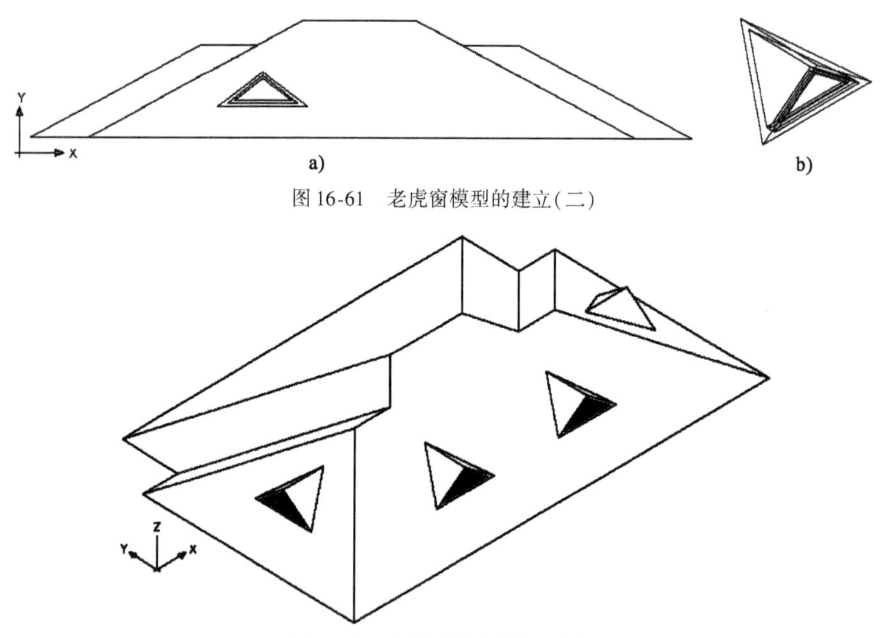

图 16-61　老虎窗模型的建立(二)

图 16-62　老虎窗模型的建立(三)

三、檐沟模型的建立

首先绘制与檐沟现浇在一起的圈梁。为简化建模,直接在俯视图中用【多段线】命令绘出圈梁的外轮廓(外墙外轮廓),用【面域】命令将该轮廓线转换为多边形[图 16-63a)],然后在西南等轴测图中将该多边形沿 Z 轴【拉伸】-460 得到圈梁模型[图 16-63b)]。

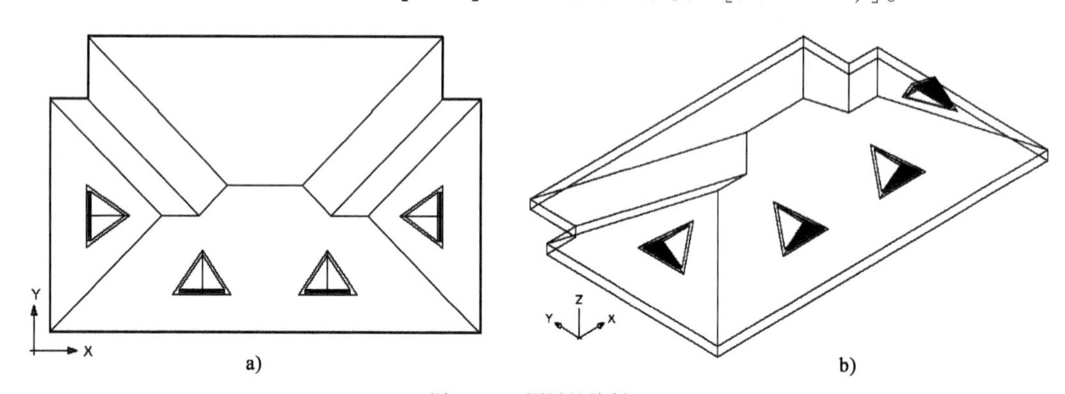

图 16-63　圈梁的绘制

檐沟的断面图如图 16-64 所示。因檐沟在南面阳台隔墙处断开,故将绘好的檐沟断面【移动】到隔墙西侧面[图 16-65a)],并使檐沟断面的底边与圈梁底面在同一高度(标高为9.300m)[图 16-65b)]。在俯视图中用【多段线】命令绘出拉伸路径[图 16-66a)],将檐沟断面沿所绘路径【拉伸】[图 16-66b)]。最后用【并集】命令将檐沟和圈梁合并起来。

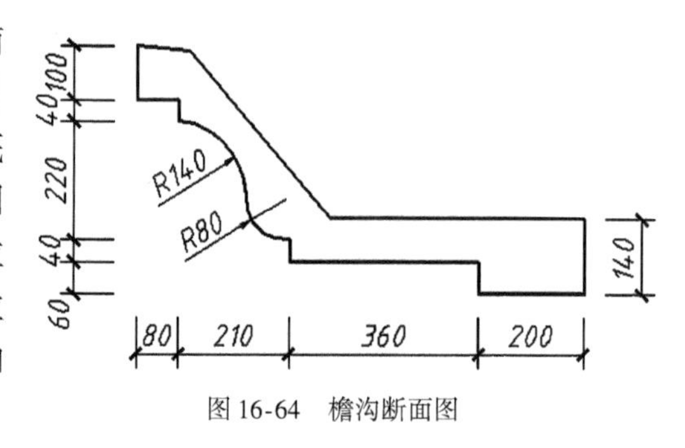

图 16-64　檐沟断面图

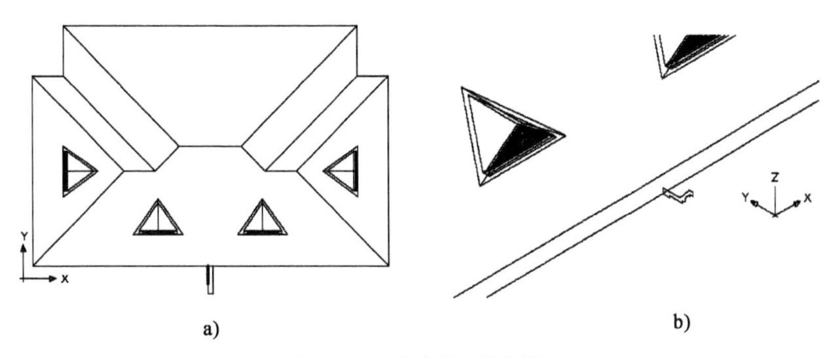

图 16-65　檐沟断面的绘制

四、屋顶烟囱模型的建立

烟囱的立面和平面图如图 16-67 所示。此处仅绘制檐沟底面(标高为 9.300m)以上的烟囱。先在檐沟底面的高度处用【矩形】命令绘制烟囱的平面轮廓并将该矩形沿 *Z* 轴【拉伸】1940[图 16-68a)]。再将长方体原位【复制】两个,用【差集】命令分别从屋顶和檐沟中减去长方体从而形成烟囱与屋顶及檐沟的交线[图 16-68b)]。烟囱帽可看成是由两个 1160×860×120 的长方体和四个 240×240×480 的长方体组成的,在烟囱顶面(标高为 11.240m)用【矩形】命令绘出烟囱帽的轮廓[图 16-69a)],然后将各矩形分别进行【拉伸】并【移动】到相应位置再用【并集】命令合并起来,即得烟囱帽的模型[图 16-69b)]。

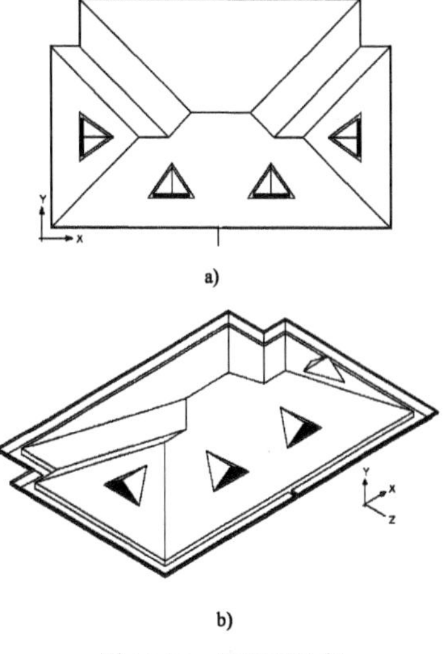

图 16-66　檐沟的绘制

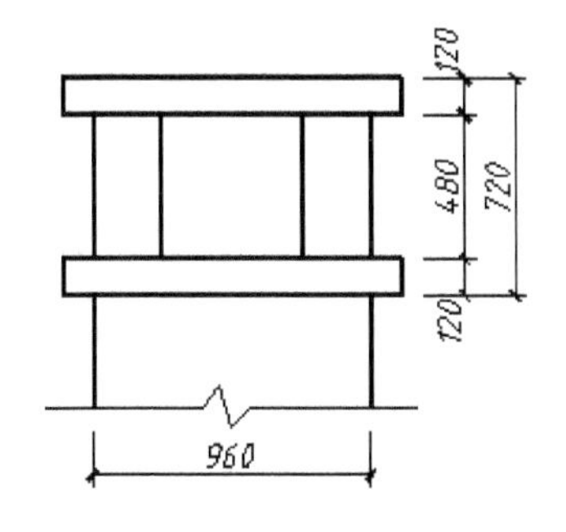

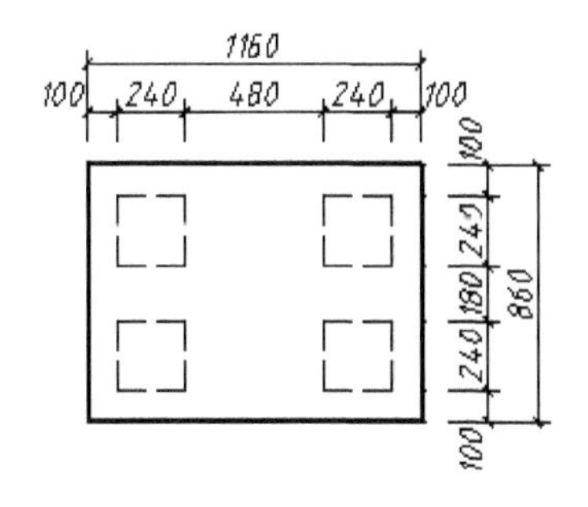

图 16-67　烟囱的立面和平面图

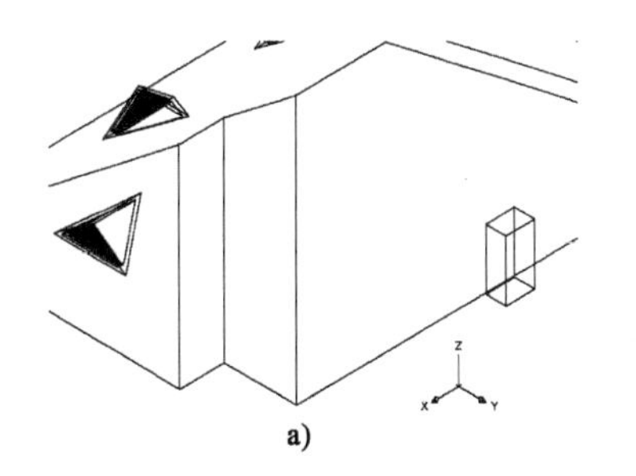

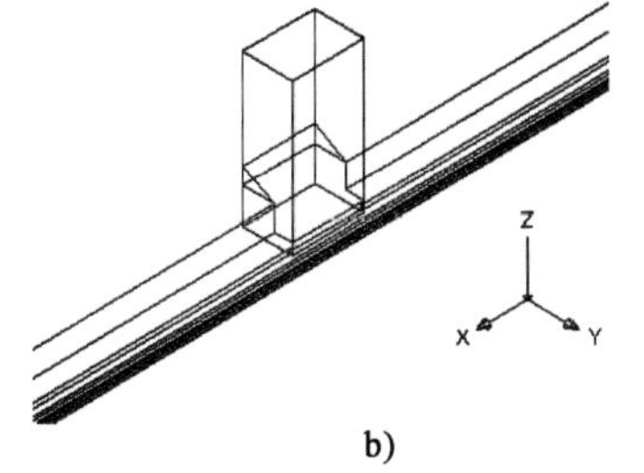

图 16-68　烟囱的绘制(一)

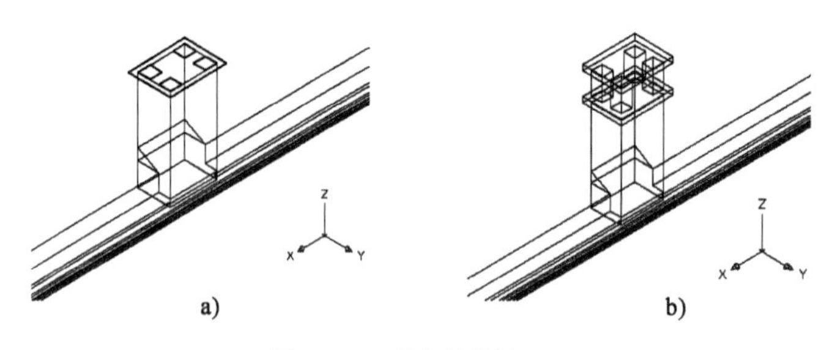

图 16-69 烟囱的绘制(二)

第五节 房屋细部模型的建立

一、室外台阶模型的建立

室外台阶有南面和北面两部分。先对南面台阶进行建模,南面台阶共有 4 级踏步,每级高 125。在底层模型的俯视图中分别用【多段线】和【矩形】命令画出 4 级台阶的平面轮廓[图 16-70a)],然后将其分别【拉伸】125 并【移动】到相应的位置使得最上一级踏步顶面标高为 -0.050m,最后用【并集】命令将 4 级踏步合并起来[图 16-70b)]。

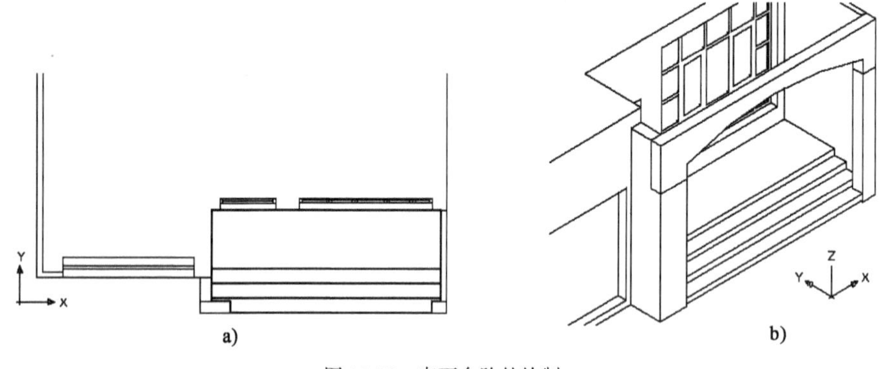

图 16-70 南面台阶的绘制

北面台阶在②轴线处有一根柱子,先在俯视图中用【矩形】命令绘制柱子的平面轮廓,其尺寸为 300 × 420;绘制柱帽的平面轮廓,其尺寸为 420 × 540[图 16-71a)]。然后换到西北等轴测视图,将柱子的平面轮廓【拉伸】3900,将柱帽的平面轮廓【拉伸】100 并沿 Z 轴【移动】3300,再用【并集】命令将柱子与柱帽合并起来[图 16-71b)]。

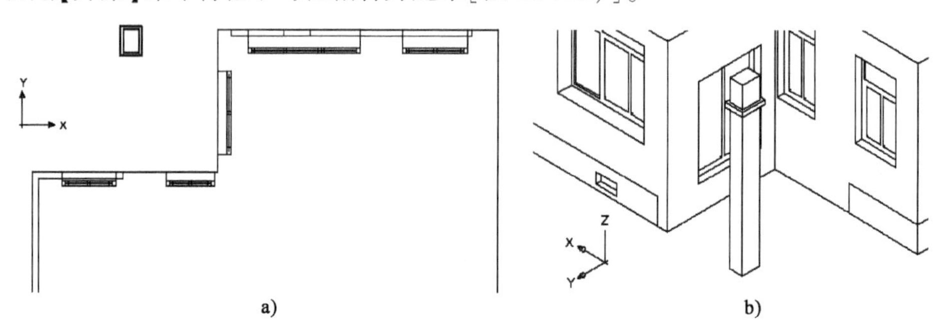

图 16-71 北面台阶处柱子的绘制

北面台阶也有4级踏步，每级高125。与绘制南面台阶踏步一样，先画出4级台阶的平面轮廓[图16-72a)]，然后将其分别【拉伸】125并【移动】到相应的位置使得最上一级踏步顶面标高为-0.100m，最后用【并集】命令将4级踏步合并起来。再将前面建好的柱子在原位【复制】一个，用【差集】命令从台阶中减去柱子得到柱子与台阶的交线[图16-72b)]。

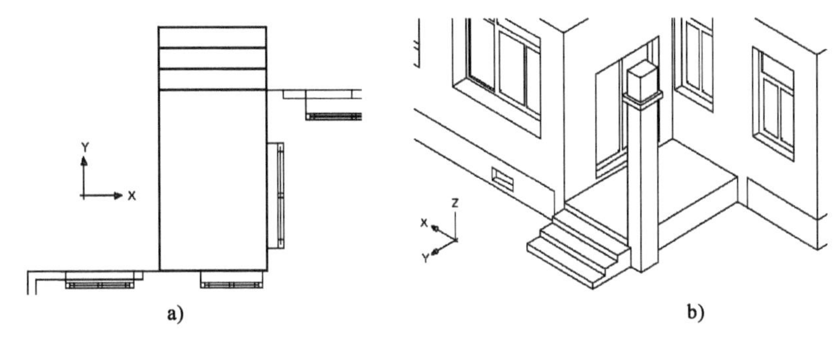

图16-72　北面台阶踏步的绘制

对紧邻踏步的牵边，可先在俯视图中用【矩形】命令绘出牵边的平面轮廓(三个矩形)，然后换到西北等轴测图中均沿 Z 轴【拉伸】800[图16-73a)]。因Ⓗ轴线以北的两个牵边顶面倾斜，故还需同时按住Ctrl键和鼠标左键，选中牵边顶面靠北的棱线，然后在【正交】模式下沿 Z 轴拉伸-500得到倾斜的顶面[图16-73b)]。最后将三部分牵边和柱子用【并集】命令合并起来。台阶的栏杆和扶手的画法与前述阳台的栏杆和扶手的画法相同，只是在画倾斜牵边的扶手时，要同时按住Ctrl键和鼠标左键选中扶手的北侧面，在【正交】模式下沿 Z 轴拉伸-500，使扶手上表面与牵边倾斜面平行。建好后的北面台阶模型如图16-74所示。

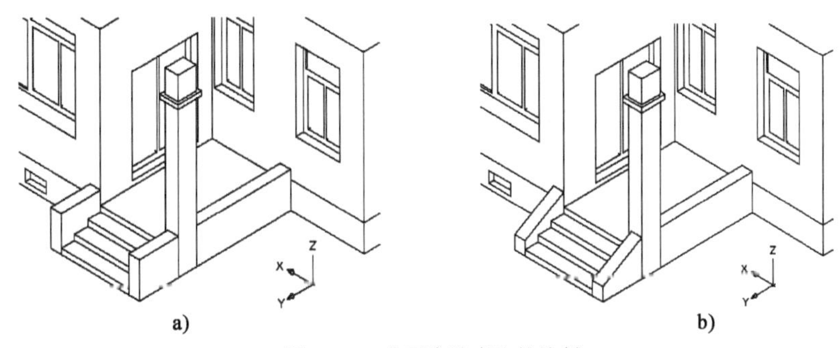

图16-73　北面台阶牵边的绘制

二、坡道模型的建立

在西南等轴测图中用【UCS】命令将 Y 坐标轴旋转90°，然后用【多段线】命令绘制一个两直角边分别长为50和720的直角三角形，从而得到坡道的断面轮廓，再【移动】此三角形使其上顶点标高为-0.500m[图16-75a)]。然后将此轮廓用【面域】命令转换为三角形平面并沿 Z 轴【拉伸】3480[图16-75b)]。接下来同时按住Ctrl键和鼠标左键，选中坡道靠外墙棱线上的最上顶点，沿 Z 轴移动540形成坡道西侧的斜面(图16-76)。

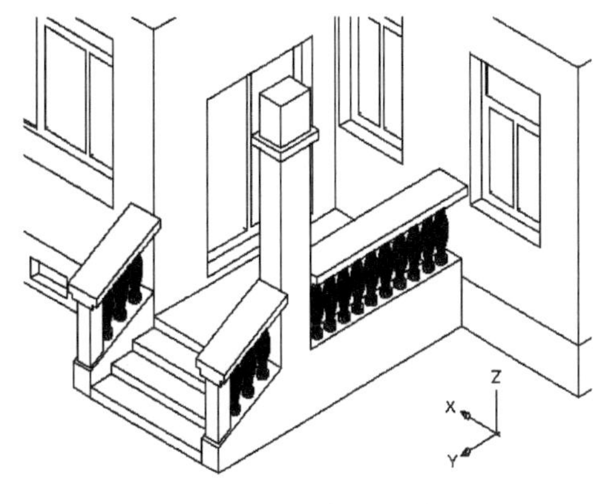

图16-74　北面台阶的绘制

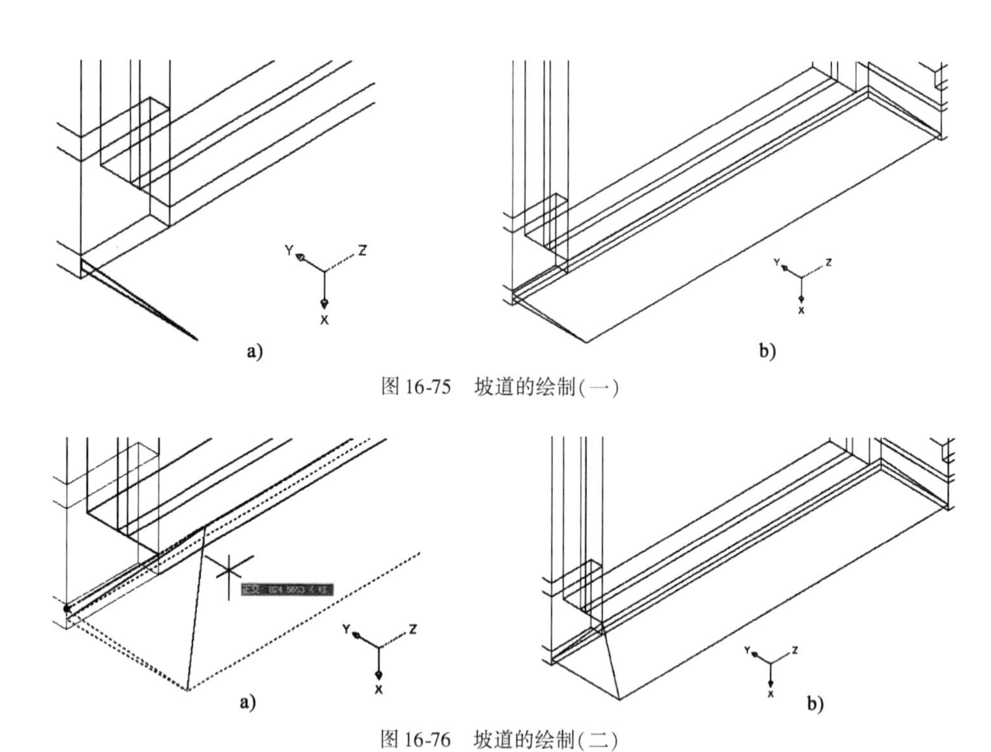

图 16-75　坡道的绘制(一)

图 16-76　坡道的绘制(二)

三、散水模型的建立

先在西南等轴测图中用【UCS】命令将 Y 坐标轴旋转 90°,然后在⑤轴线墙角处用【多段线】命令绘制一个两直角边分别长为 50 和 500 的直角三角形,从而得到散水的断面轮廓,并使此三角形底边标高为 -0.600m。再将此轮廓用【面域】命令转换为三角形平面[图 16-77a)]。在俯视图中用【多段线】命令绘制一条拉伸路径线[图 16-77b)],将三角形轮廓沿此路径【拉伸】得到散水(图 16-78)。

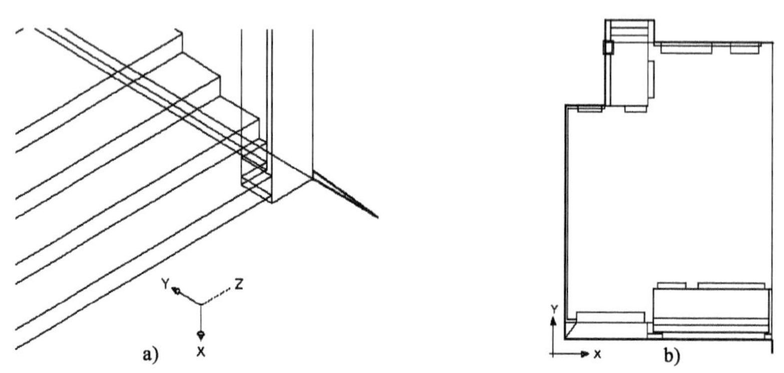

图 16-77　散水的绘制(一)

四、通风花格模型的建立

通风花格的立面图如图 16-79a)所示。先分别绘出外框和分格的轮廓形状,然后将外框和分格分别【拉伸】80 和 40,并【移动】分格使其在厚度方向位于外框中间,再用【并集】命令将外框和分格合并起来[图 16-79b)]。最后在【捕捉】模式下将绘好的花格【移动】到通风孔处[图 16-79c)]。

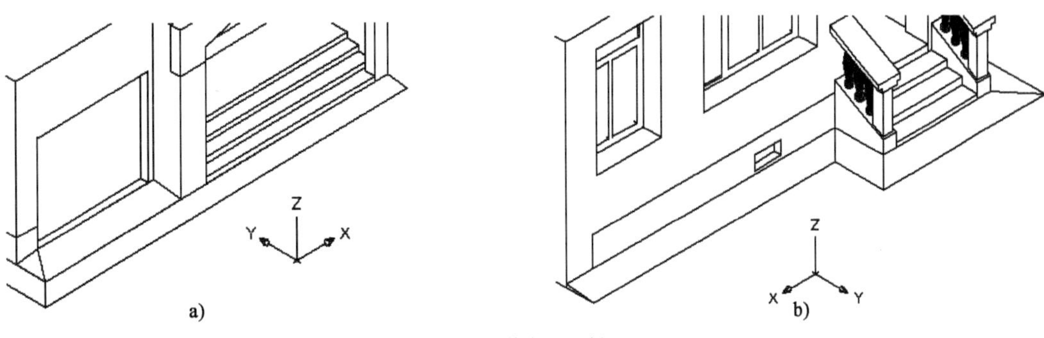

图 16-78　散水的绘制(二)

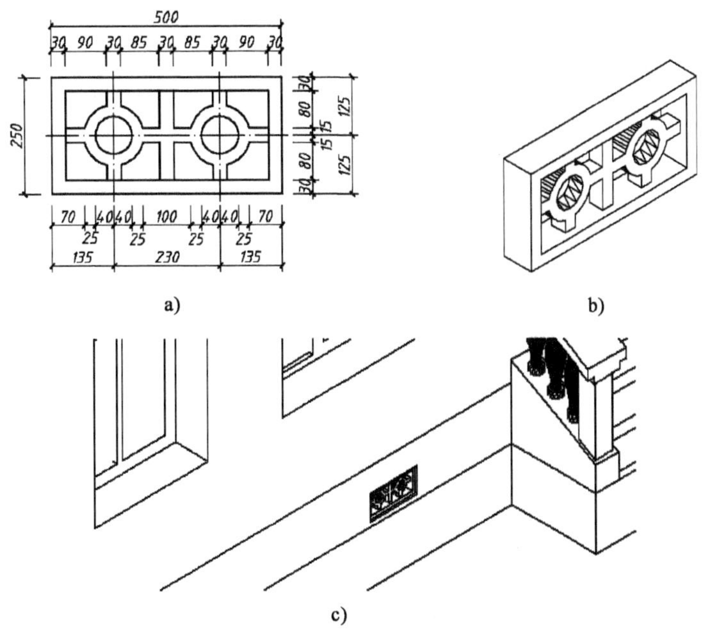

图 16-79　通风花格的绘制

五、檐沟下部烟囱模型的建立

在俯视图中用【矩形】命令绘制一个 240 × 480 矩形，从而得到烟囱的平面轮廓[图 16-80a)]，然后换到东北等轴测图，将该矩形【拉伸】9900。再将得到的长方体原位复制一个，用布尔【差集】命令从散水中减去该长方体从而形成烟囱和散水的交线[图 16-80b)]。

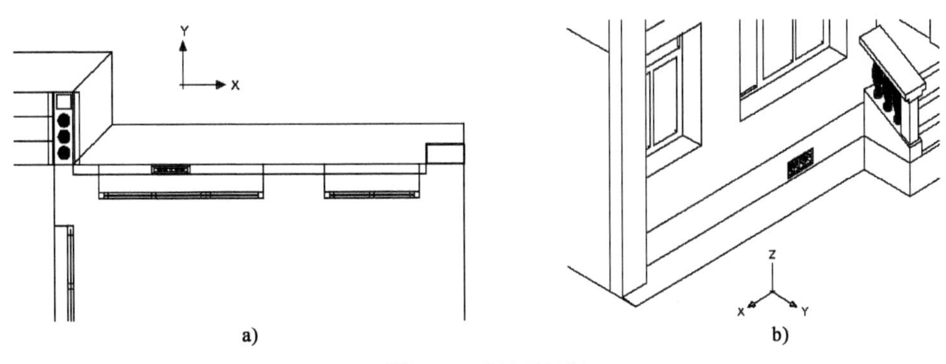

图 16-80　烟囱的绘制

六、线脚模型的建立

图 16-81a) 为底层车库门洞及柱子上的线脚断面图，图 16-81b) 为底层③～⑤轴线柱间墙体及勒脚上的线脚断面图，图 16-81c) 为底面标高是 3.000m 和 6.000m 的线脚断面图。

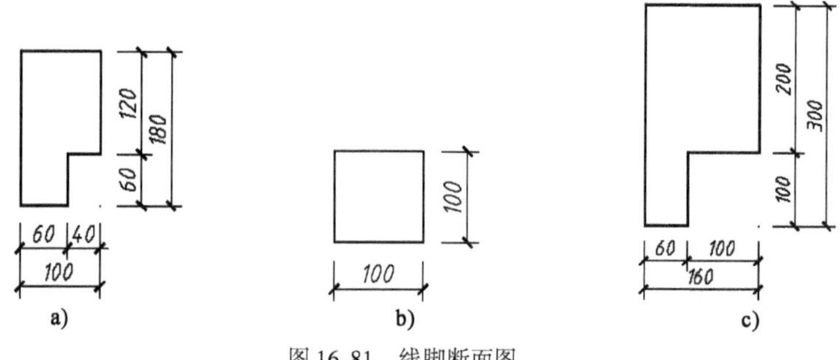

图 16-81　线脚断面图

根据图 16-81a)，先在左视图中用【多段线】命令绘制线脚的断面轮廓，并将此轮廓用【面域】命令转换为平面，再【移动】使线脚断面底边标高为 1.840m。然后用【多段线】命令绘制一条拉伸路径线[图 16-82a)]，最后将断面沿此路径【拉伸】得到车库门洞上的线脚[图 16-82b)]。同理可得底层⑤轴线上柱子的线脚。

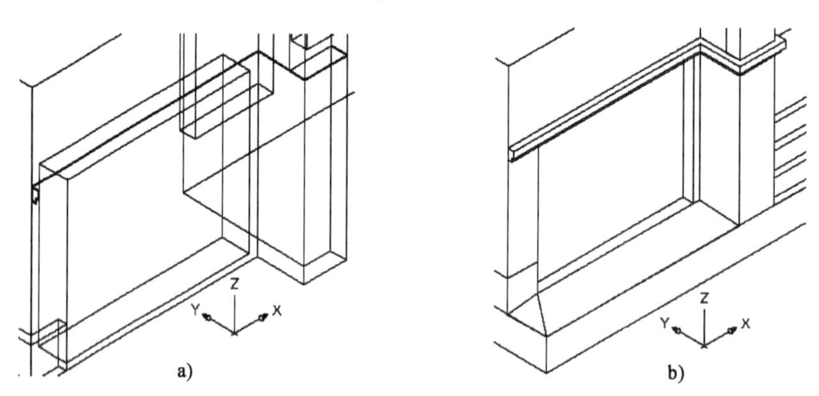

图 16-82　底层车库门洞及柱子上线脚的绘制

底层③～⑤轴线柱间墙体及勒脚上的线脚的绘图步骤及结果如图 16-83、图 16-84 所示。

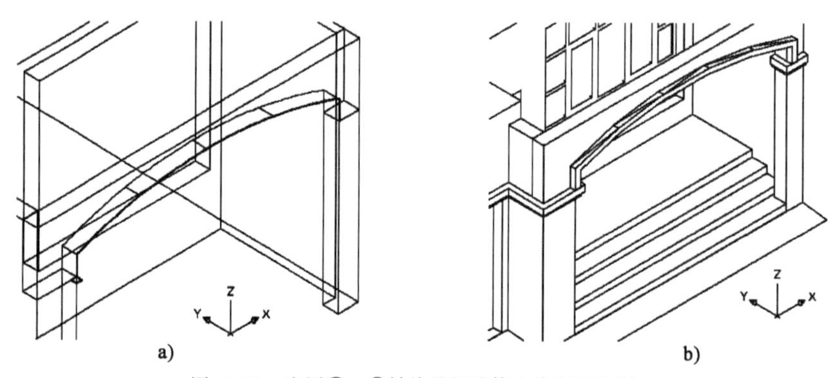

图 16-83　底层③～⑤轴线柱间墙体上线脚的绘制

先绘制底面标高为 3.000m 的线脚,在南面二层阳台隔墙的西侧面上用【多段线】命令绘制线脚断面轮廓,并将此轮廓用【面域】命令转换为平面,再【移动】使线脚断面底边标高为 3.000m,最里边线距隔墙最外棱线为 500。然后用【多段线】命令在线脚中部高度绘制一条拉伸路径线(图 16-85),最后断面沿此路径【拉伸】得到底面标高为 3.000m 的线脚(图 16-86)。将该线脚【复制】并沿 Z 轴【移动】3000,即得底面标高为 6.000m 的线脚。

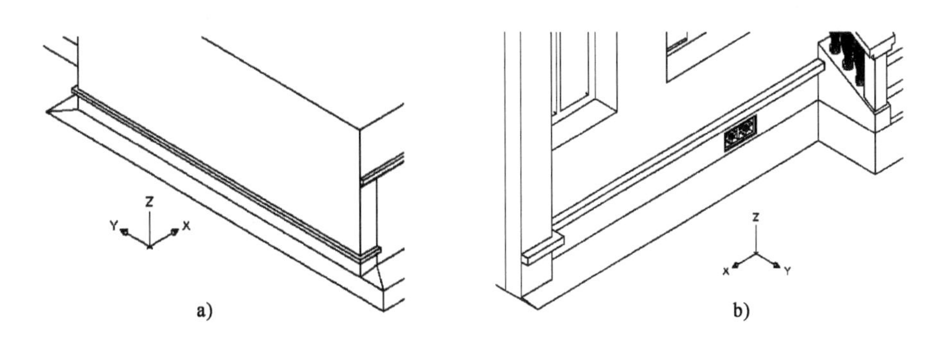

图 16-84　勒脚处线脚的绘制

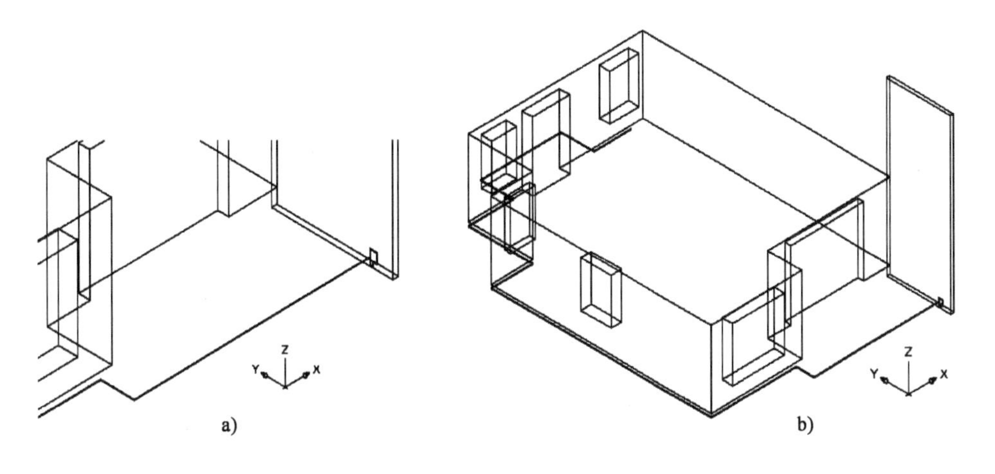

图 16-85　底面标高为 3.000m 的线脚的绘制(一)

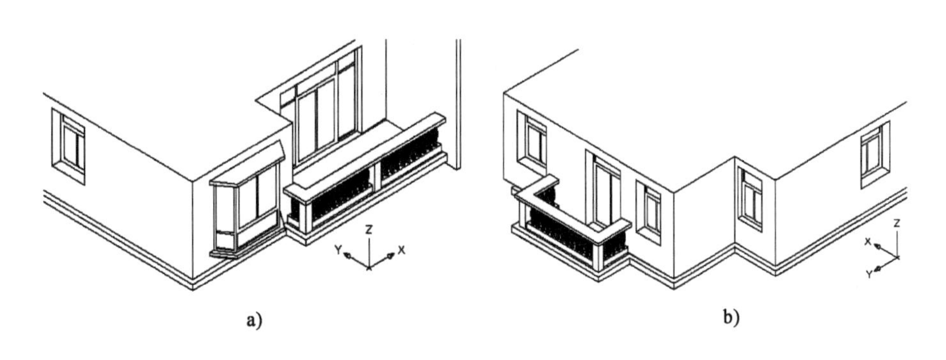

图 16-86　底面标高为 3.000m 的线脚的绘制(二)

七、空调盒及搁板模型的建立

图 16-87 为空调盒及搁板的平面、立面和侧立面图，建好的模型如图 16-88 所示。根据建筑施工图的尺寸将建好的空调盒及搁板模型【移动】到相应的位置，并用【并集】命令将搁板与线脚合并起来(图 16-89)。

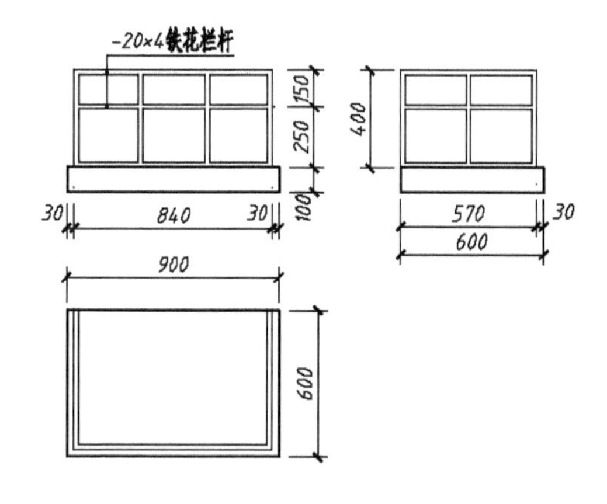

图 16-87　空调盒及搁板的平面和立面图

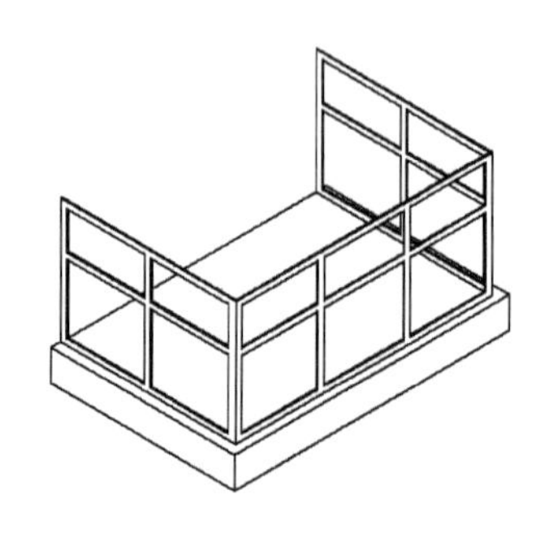

图 16-88　空调盒及搁板的立体模型

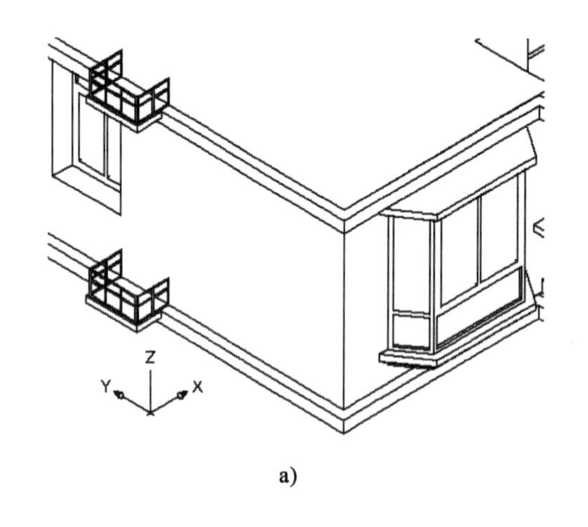

a)

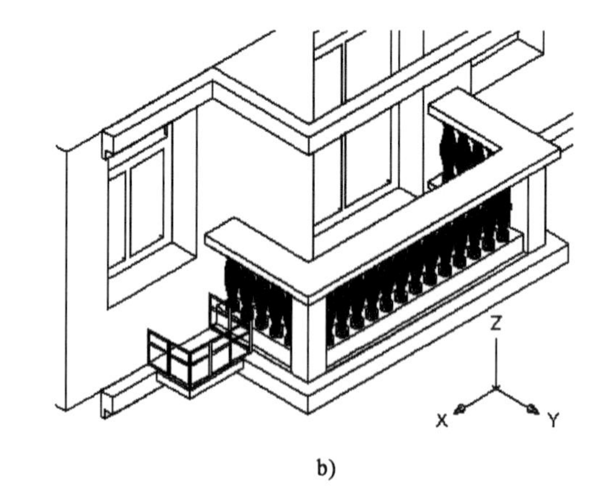

b)

图 16-89　空调盒及搁板的绘制

第六节　完整房屋模型的建立

在俯视图中，分别将底层、二层和顶层房屋模型对称的一半进行【镜像】，从而得到各层完整模型。镜像完成后，对底层南面柱子及其上的线脚、烟囱、散水和每层的墙体用【并集】命令进行合并。然后可将各层以及屋顶模型分别用"Wblock"命令创建为图块，再用【插入块】命令汇集到同一个图形文件中，同时利用【移动】、【捕捉】命令将各部分各就各位。图 16-90 中的图形分别为完整房屋模型的西南、东南、东北和西北等轴测图。

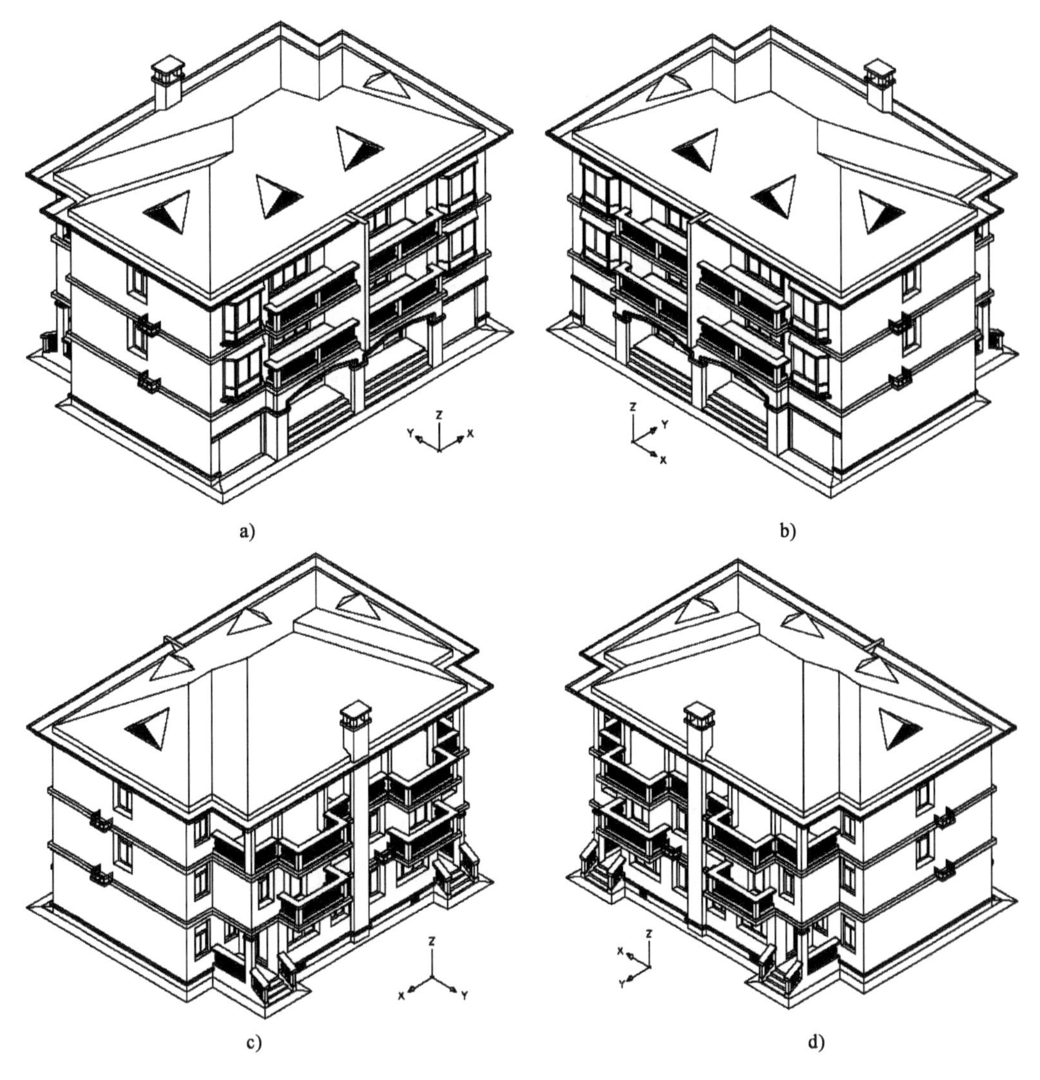

图 16-90　完整的房屋模型图

a)房屋西南等轴测图;b)房屋东南等轴测图;c)房屋东北等轴测图;d)房屋西北等轴测图

第七节　上 机 实 验

根据图 12-45、图 12-46 所示的住宅建筑施工图,建立建筑物的三维模型。

1. 目的要求

掌握建筑物三维模型设计的基本方法,灵活设置用户坐标 UCS,熟练运用三维绘图方法和编辑命令绘制房屋三维图形。

2. 操作指导

房屋墙体、门窗、阳台、屋顶等建筑局部可以用【矩形】、【多段线】、【面域】、【圆弧】等命令绘制,通过【拉伸】、布尔运算、【移动】等命令得到实体模型,并熟练运用用户坐标系【UCS】将其安放在对应位置,从而得到完整的建筑物模型。

思 考 题

1. 建模前需要做哪些准备工作?
2. 如何建立三维墙体? 如何建立窗洞、门洞?
3. 什么情况下需要设置用户坐标系(UCS)? 如何设置?
4. 如何对实体的某个面、棱线或顶点进行移动、拉伸?

第十七章　三维图形渲染

消隐和改变视觉样式虽然能改善三维实体的外形效果,但与真实物体相比还是有一定的差距,这是因为三维实体缺少真实的材料纹理和色彩以及场景中缺少灯光、阴影等。在通过给三维实体赋予材质以及在场景中添加灯光并进行渲染后,就能够使三维图形的显示更加逼真。

单击菜单浏览器按钮,选择【视图】菜单列表,渲染的相关命令即包含在其中,如图 17-1a)所示;或者选择【工具】菜单列表中的【选项板】,在【选项板】中也列举了渲染的相关命令,如图 17-1b)所示。菜单渲染工具条如图 17-2 所示。

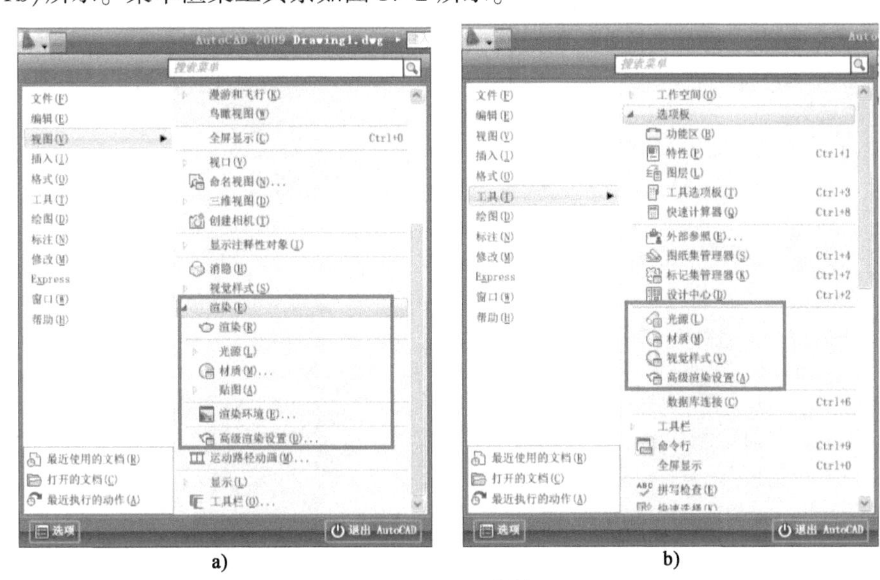

图 17-1　渲染菜单

图 17-2　渲染工具栏

第一节　材质与贴图

现实生活中的任何实体都是由一定的材料构成的,不同的材料能体现出不同的外在属性,即通常所说的质地,从而能够给人带来不同的感受。AutoCAD 中的材质是指定实体表面的一种信息,即物体是由什么样的物质构成的,它不仅仅包括表面纹理,还包括了物体对光的属性,如反光强度、反光方式、反光区域、透明度、折射率及表面的凹凸起伏等一系列属性。给实体赋材质是三维建模过程中至关重要的一个环节,通常需要通过它来增加模型的细节,体现模型的质感。

一、材质选项板的打开

单击菜单浏览器按钮中【视图】菜单列表中【渲染】的【材质】菜单项；单击菜单浏览器按钮中【工具】菜单列表中【选项板】的【材质】菜单项；单击渲染工具栏中的【渲染】按钮；在命令行输入“materials”命令均可打开材质选项板为对象选择并赋予材质（图 17-3）。

二、材质的基本操作

1. 材质样例显示窗口及操作按钮

（1）【图形中可用的材质】窗口：显示当前可用材质样例，通过该窗口还可以预览材质和贴图。新图形中始终有一个名为“Global”的材质，默认情况下该材质使用【真实】类型并应用于所有对象，此材质可以作为创建新材质的基础。

（2）【切换显示模式】按钮：切换样例的显示模式。可将材质样例用单个大图显示（图 17-4）。

图 17-3　材质选项板图

图 17-4　切换材质样例显示模式

（3）【样例几何体】按钮：控制显示选定样例的几何体类型。单击此按钮会弹出三个相关按钮，从而可选择不同的显示方式。样例显示窗口默认显示材质样例的几何体为球体。

（4）【交错参考底图开/关】按钮：在样例背后显示或关闭彩色方格底纹（图 17-4）。对透明、折射或反射材质，如用灰色背景会显黯淡，因此打开此按钮则可更好地观察材质效果。

（5）【预览样例光源模型】按钮：单击此按钮可将光源模型从单光源更改为背光源模型。

（6）【创建新材质】按钮：单击此按钮会弹出【创建新材质】对话框，输入名称后将创建新样例并显示在样例窗口上，而当前材质样例会显示亮黄色外框。

(7)【从图形中清除】按钮:从窗口中删除未被赋予对象的材质样例。需先选中材质样例再单击按钮。对“Global”材质和任何正被使用的材质,此按钮显示为灰色不可用。

(8)【表明材质正在使用】按钮:单击此按钮可显示出材质列表框中所有已赋对象的材质,并在各材质样例右下角添加标记。

(9)【将材质应用到对象】按钮:将当前材质赋给选定的对象。单击此按钮,光标将变成画笔,然后再选择对象。

(10)【从选定的对象中删除材质】按钮:将已赋材质对象的材质删除。单击此按钮,再用画笔光标选择对象,即删除对象的材质。赋予或删除材质也可先选对象后单击按钮。

2.【材质】快捷菜单

选中某一材质样例并单击鼠标右键,将弹出一个材质操作快捷菜单(图 17-5),可用鼠标左键单击菜单中的各项命令进行材质相关命令操作。利用此快捷菜单可以创建新材质,将当前材质赋予对象,选择图形中应用了当前材质的所有对象,编辑当前材质的名称和说明,从图形中清除当前材质,复制当前材质,调整材质样例图形的显示大小等。

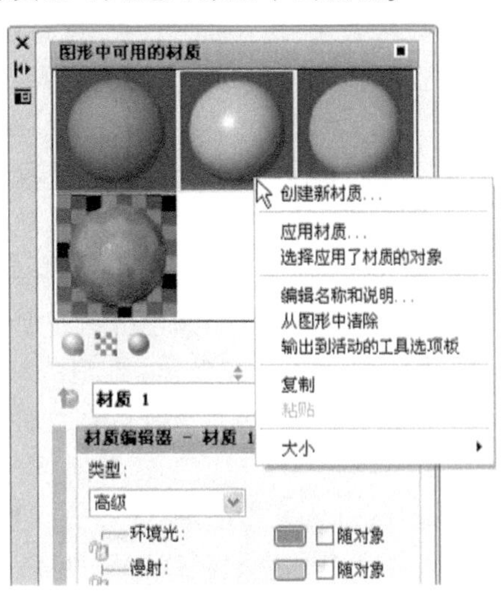

图 17-5 材质快捷菜单

3.【随层应用材质】命令

针对三维建模采用按材质类型设置图层的情况,AutoCAD 还提供了便捷的【随层应用材质】命令。在命令窗口输入“materialattach”命令回车后会弹出【材质附着选项】对话框,默认情况下所有图层使用的是“Global”材质[图 17-6a)]。用鼠标将左栏中的材质拖放到右栏中的图层上[图 17-6b)],材质就被应用到该图层的所有对象上,并且以后在该图层创建的对象都会被自动赋上该图层的材质。

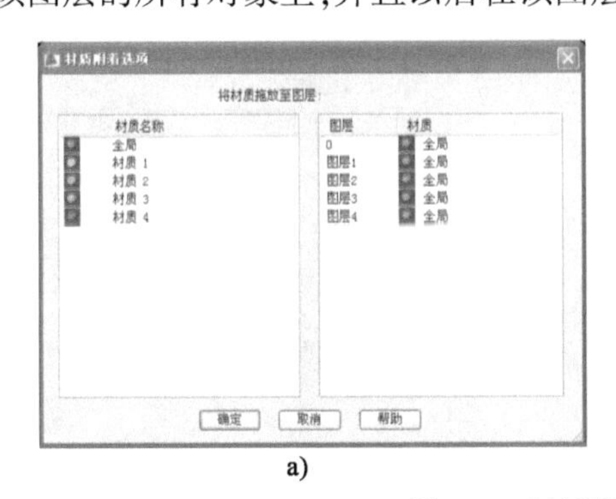

a)

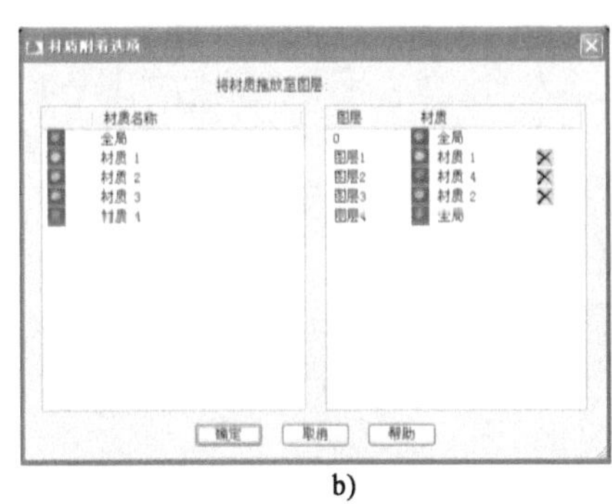

b)

图 17-6 【材质附着选项】对话框

三、材质编辑器

在【图形中可用的材质】窗口下方有一个【材质编辑器】面板(图 17-7),该面板显示了材质类型、样板和特性等。在【材质编辑器】面板中可以设置以下特性。

1. 材质类型及样板

(1)【真实】和【真实金属】类型:是基于物理性质命名的材质,可以从预定义的材质列表中选择材质样板。【真实】类型的材质样板有瓷砖、织物、玻璃、砖石、纸质、塑料等。【真实金属】类型的材质样板有金属、拉丝金属、磨光金属等。用户还可自定义材质样板。

(2)【高级】和【高级金属】类型：是具有多个选项的材质，包括用来创建特殊效果的特性，如模拟反射等。但这两种类型不提供材质样板。

图 17-7 【材质编辑器】面板

2. *材质颜色*

对象的材质颜色在该对象的不同区域可能不相同。例如被光源照射的红色球体，它并不显现统一的红色，远离光源面显现出的红色比要正对光源面暗，而反射高光区域显现出的是最浅的红色。若红色球体非常有光泽，其高亮区域有可能显现白色。这是因为材质本身拥有环境光反射、漫反射和高光反射三种基本反射特性，因此我们看到真实物体的颜色并不是单一色，它包括环境光、漫射和高光颜色。漫射颜色是材质的主要颜色；环境光颜色是指仅受环境光照亮的面所显现出的颜色，环境光颜色可能与漫射颜色相同；高光颜色是指有光泽的材质上高亮区域的颜色，高光颜色可能与漫射颜色相同。

【真实】或【真实金属】类型的材质仅能设置漫射颜色。单击【漫射颜色】按钮，会弹出【选择颜色】对话框（图 17-8），可为材质选择漫射颜色。如勾选按钮右边的【随对象】则可令实体对象的颜色为漫射颜色。【高级】类型的材质可设置环境光、漫射及高光三种颜色，【高级金属】类型的材质无高光颜色设置。单击环境光、漫射和高光两两之间的【锁定/解锁】/按钮，能使环境光和高光颜色分别与漫射颜色相同或各不相同。

3. *反光度*

图 17-8 【选择颜色】对话框

设置材质的反光度。极其有光泽的实体表面具有较小的高亮区且高光颜色较亮较浅，甚至可能是白色；而较暗或较粗糙的面因为将光线反射到较多方向，所以具有较大的高亮区且高光颜色比较柔和，更接近材质的主色区。

4. *不透明度*

【真实】和【高级】类型的材质有此项参数，该参数用来控制物体的透明程度。当值为 100 时，材质不透明；当值为 0 时，则完全透明。

5. *反射*

【高级】和【高级金属】类型材质有此项参数，该参数用来控制材质产生反射效果的强弱程度。反射效果常出现在金属、水、玻璃和瓷器等表面光滑的物体上。当值为 100 时，材质就像镜面一样产生完全反射，并能将周围环境反映在赋予了此材质的任何对象的表面上。

6. *折射率*

【真实】和【高级】类型的材质有此项参数。光线通过透明材质时会发生折射，因此透过像玻璃瓶或放大镜这样的透明体看其他物体会发生变形。当折射率为 1.0 时，透明体后的物体不会变形；当折射率为 1.5 时，物体会严重变形失真。不同透明材质的折射率也不同，如真空为 1.0（精确）、空气为 1.0003、水为 1.3333、玻璃为 1.5～1.7、钻石为 2.419。

7. 半透明度

光线通过半透明材质时，一部分会发生折射，一部分会发生散射。半透明度就是用来设置半透明材质（如磨砂玻璃等）这一特性的参数，【真实】和【高级】类型的材质有此项参数。当半透明度值为 0 时，材质不透明；当值为 100 时，材质完全透明。

8. 自发光

当将此项参数设置为大于 0 的值时，可以使对象不依赖于图形中的光源而自身发光。例如，若要在不使用光源的情况下模拟霓虹灯，就可以将霓虹灯材质的自发光值设定为大于 0 即可。但自发光材质不能将光线投射到其他对象上。

9. 亮度

【真实】和【真实金属】类型的材质有此项参数。【亮度】用于衡量所感知表面的明暗程度，即物体表面反射光线的数量值。亮度以实际光源单位指定。选择【亮度】时，【自发光】不可用。

10. 双面材质

【真实】和【真实金属】类型的材质有此项参数。选择【双面材质】后，将渲染正面和反面法线；清除后，将仅渲染正面法线。如果要在场景中渲染材质的两个面，则可设置此特性。

四、【材质工具选项板】

单击菜单浏览器按钮选择【工具】菜单列表【选项板】中的【工具选项板】命令，打开工具选项板。再用鼠标右键单击工具选项板标题栏的空白区域，在弹出的菜单中选择【材质】，得到【材质工具选项板】（图 17-9），它提供了混凝土、门和窗、织物、地板材料等 8 种材质样例。如选择【材质库】，则得到【材质库工具选项板】（图 17-10）。用鼠标左键单击【材质库工具选项板】左下角层叠处，会弹出【材质库】目录菜单（图 17-11），该目录菜单列出了 14 种材质库供用户选择。AutoCAD2009 附带了大约 400 多种材质，这给用户三维建模带来了极大的方便。要将【材质工具选项板】中的材质应用到对象上，可以直接用鼠标左键单击材质并按住不放将其拖动到对象上，同时该材质会被自动添加到材质编辑器的【材质样例】窗口中。

图 17-9 【材质工具选项板】

图 17-10 【材质库工具选项板】

用户可以在工作空间中创建自定义【材质工具选项板】来保存经常使用的材质，以节省绘图时间。用鼠标右键单击【材质工具选项板】标题栏的空白区域，在弹出的菜单中选择【新建选项板】，即可创建新的选项板并给其命名。在新建选项板标题处单击鼠标右键会弹出一个菜单，可以删除选项板、重命名选项板或继续新建选项板（图 17-12）。为新建选项板添加材质可以通过从【工具选项板】中的其他【材质选项板】中复制材质并粘贴得到，还可以从【材质编辑器】的【材质样例】窗口中复制或直接用鼠标将材质样例拖放到新建选项板中。在新材质上单击鼠标右键，在弹出的菜单中选择【特性】，将弹出【工具特性】对话框显示材质特性，用户可以编辑材质特性并选择【确定】保存（图 17-13）。

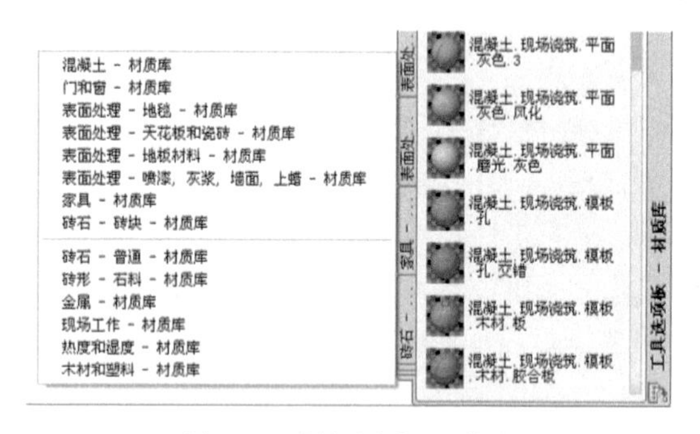

图 17-11 【材质库】目录菜单

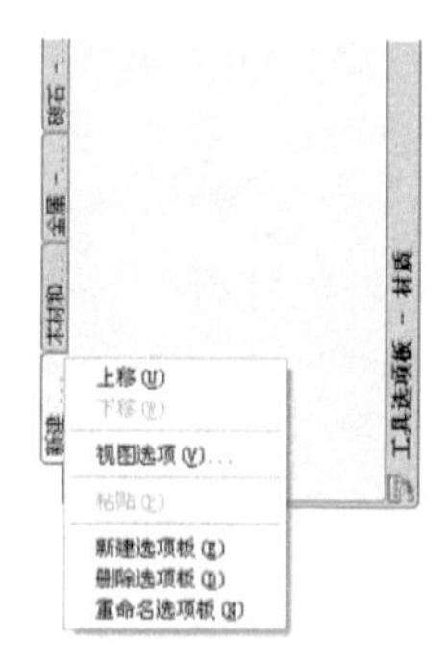

图 17-12 新建材质选项板

五、贴图

使用贴图是将图案附着在物体表面，使物体表面呈现一定的纹理或图案，它类似于涂油漆或贴壁纸。例如要使一面墙看上去是由砖块砌成的，可以选择具有砖块图像的纹理贴图。利用贴图可以不用增加模型的复杂程度就能突出表现对象的细节，并且还能创建反射、折射、凹凸、镂空等多种效果。因而，贴图比基本材质更加精细和真实。

1. 贴图频道

在【材质编辑器】的【贴图】面板中提供了四种贴图频道（图 17-14）。

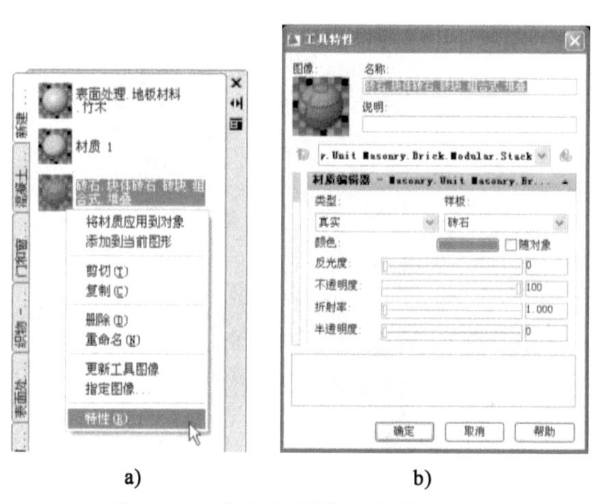

图 17-13 【新建选项板】中材质的编辑

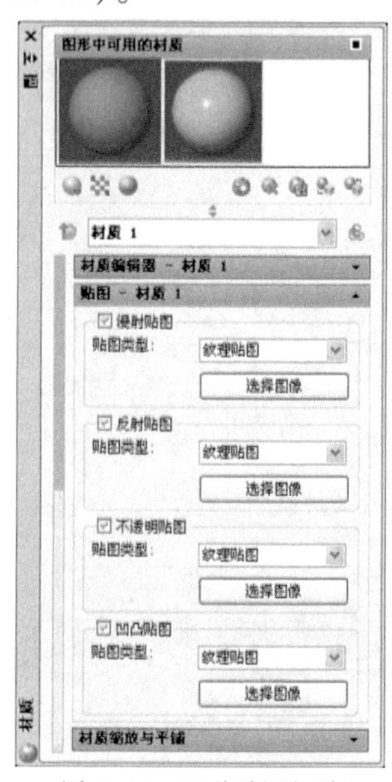

图 17-14 四种贴图频道

(1)漫射贴图:可以选择将图像文件作为纹理贴图或程序贴图,为材质的漫射颜色指定图案或纹理。贴图的颜色将替换或局部替换材质编辑器中的漫射颜色分量。这是最常用的一种贴图频道。

(2)反射贴图:用于模拟有光泽的对象表面上反射的场景。要使反射贴图获得较好的渲染效果,材质应具有光泽,而且反射图像本身应具有较高的分辨率(像素至少为 512×480)。【反射贴图】仅在使用【高级】类型的材质中提供。

(3)不透明贴图:使用不透明贴图频道可以指定材质的透明和不透明区域。渲染时,贴图的黑色区域会变成完全透明的,而白色区域则完全不透明。如果图像是彩色的,透明程度将取决于每种颜色的灰度值。不透明贴图频道能简化镂空物体的建模,例如花格建模时可仅建成一个实心长方体,然后为花格的花纹选择漫射贴图[图 17-15a)]并赋给长方体的前、后表面,渲染结果如图 17-15b)所示。从图中看出,花格虽然有了花纹但却不是镂空的,此时可为花格再添加【不透明贴图】[图 17-16a)]。最终的渲染结果如图 17-16b)所示,从该图中可以看到镂空花纹的效果。

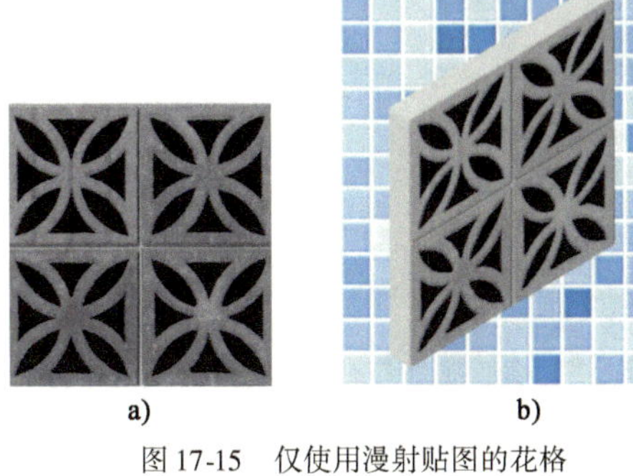

图 17-15　仅使用漫射贴图的花格

a)漫射贴图;b)渲染图

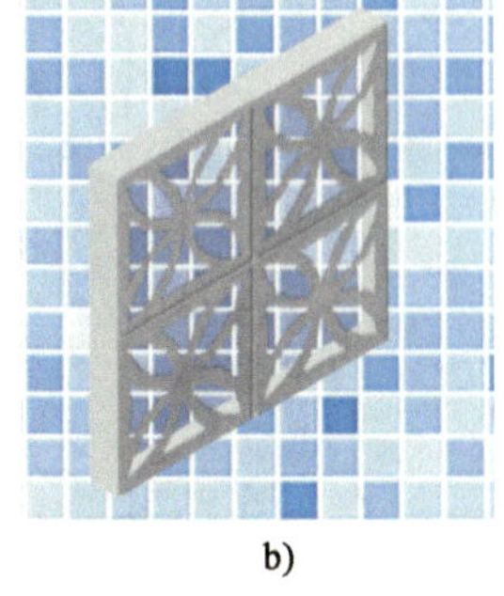

图 17-16　同时使用漫射和不透明贴图的花格

a)不透明贴图;b)渲染图

(4)凹凸贴图:用于模拟起伏或不规则的表面。如要去除材质表面的平滑度或创建凸雕外观,可以使用凹凸贴图。使用了凹凸贴图的对象经渲染后,贴图颜色较浅的区域会升高(凸出),而较深的区域则降低(凹进)。凹凸贴图的滑块可以调整凹凸的大小程度。值越高,渲染时凸出得越高。但是凹凸贴图的凹凸深度效果是有限的,如要获得很大的表面凹凸深度,则应使用建模技术。使用凹凸贴图会显著增加渲染时间,但会增加模型的真实感效果。图17-17a)为砖墙的漫射贴图,经渲染后的砖墙如图 17-17b)所示。如果为砖墙再添加凹凸贴图[图 17-18a)],渲染结果如图 17-18b)所示。从图中可以看出【凹凸贴图】增强了墙体表面的纹理,从而使砖墙看起来更加逼真。

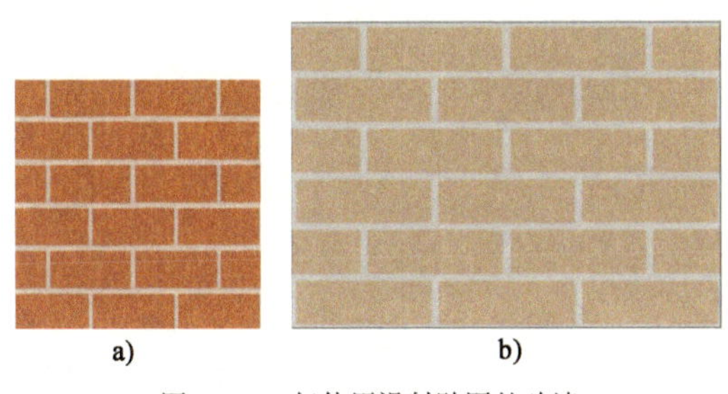

图 17-17　仅使用漫射贴图的砖墙

a)漫射贴图;b)渲染图

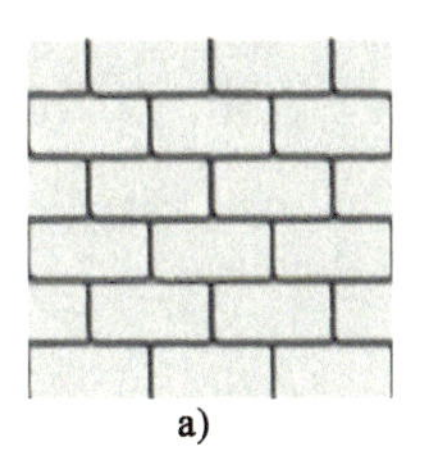

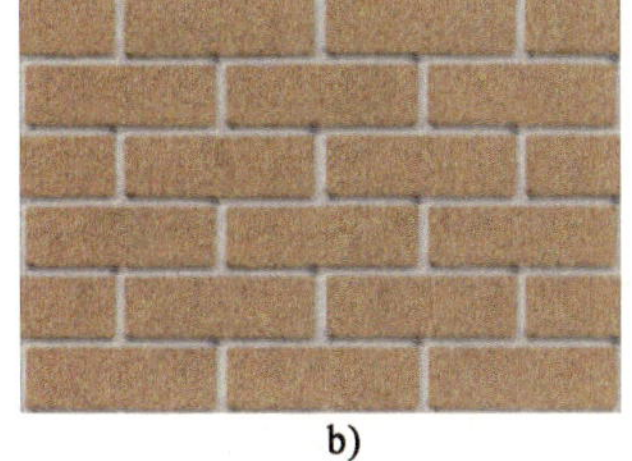

图 17-18　同时使用漫射和凹凸贴图的砖墙

a)凹凸贴图;b)渲染图

2. 贴图的类型

每个贴图频道均有两种类型的贴图供选择，即纹理贴图和程序贴图。

(1)纹理贴图：使用图像文件作为贴图。可使用的图像文件格式类型有 BMP(RLE 或 DIB)、GIF、JFIF(JPG 或 JPEG)、PCX、PNG、TGA、TIFF 等。选择【纹理贴图】后，单击 选择图像 按钮，会弹出【选择图像文件】对话框，默认路径打开的是 AutoCAD2009 自带的“Textures”文件夹，其中有多种材质图片可供选择(图 17-19)。此外，它还包含两个子文件夹，一个是内装凹凸贴图的“Bump”文件夹，另一个是内装剪切贴图的“Cutout”文件夹。

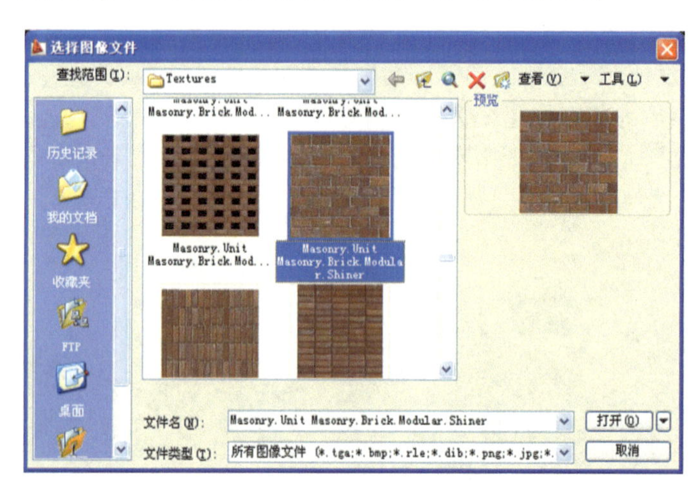

图 17-19 【选择图像文件】对话框

(2)程序贴图：除纹理贴图以外的其他贴图统称为程序贴图。与位图图像(由带有颜色的像素按固定矩阵生成的图像，如马赛克等)不同的是程序贴图是由数学算法生成的。因此，用于程序贴图的控件类型根据程序的不同功能而变化。程序贴图可以以二维或三维方式生成，也可以在其他程序贴图中嵌套纹理贴图或程序贴图，以增加材质的深度和复杂性。AutoCAD2009 提供了 8 种程序贴图，如图 17-20 所示。

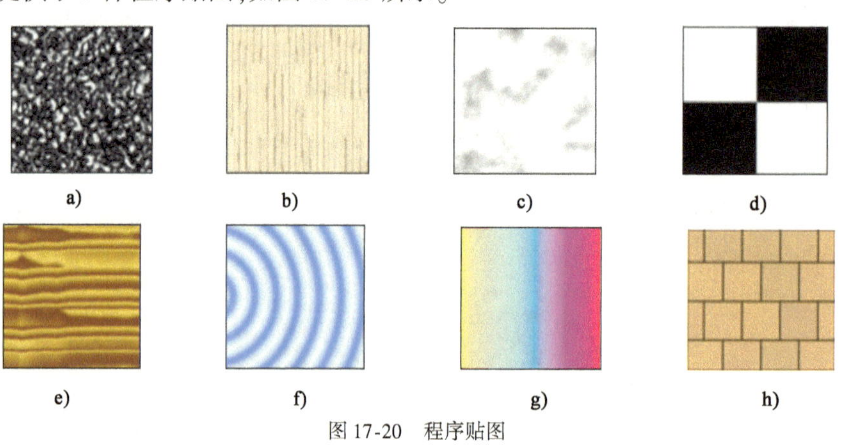

图 17-20 程序贴图

a)噪波；b)大理石；c)斑点；d)方格 ；e)木材；f)波；g)渐变延伸；h)瓷砖

3. 贴图的基本操作

(1)启用/禁用贴图频道：单击贴图前的方框，方框变为☑，即启用该贴图频道；再次单击方框，方框变为□，即禁用该贴图频道。

(2)对每一个贴图频道，如选择【纹理贴图】，就单击 选择图像 按钮，在弹出的【选择图像文件】对话框中选择贴图;如选择【程序贴图】,则在【贴图类型】下拉选项中选择贴图。

(3)各种类型的贴图都有特定的贴图控件集(图17-21)。在每个贴图频道内,用户可以对贴图特性进行设置。

①【贴图滑块】:调整贴图产生效果的大小。

②【设置贴图】按钮:选定纹理贴图或程序贴图后将显示该按钮。单击该按钮,将显示贴图特性设置控件。贴图特性设置控件会因选择不同的程序贴图而不同。

③【删除贴图】按钮:从材质中删除选定的贴图信息。

④【贴图同步/不同步切换】/按钮:启用【同步】后,会将当前贴图频道的设置和参数值的更改(如贴图的缩放比例、平铺值等)同步到所有贴图频道中。启用【不同步】后,贴图频道的设置和参数值的更改仅与当前贴图频道相关。

⑤【预览贴图频道程序结果】按钮:单击此按钮会弹出对应的贴图预览框。

4. 贴图特性的修改

在材质选项板上有修改贴图特性的【材质缩放与平铺】和【材质偏移与预览】子面板,图17-22a)所示为“材质4”的特性修改面板。而对于贴图频道,如选择【纹理贴图】或程序贴图中的【方格】、【渐变延伸】、【瓷砖】,其特性设置中也有【缩放与平铺】和【偏移与预览】面板,图17-22b)所示为“材质4”不透明贴图频道的特性修改面板。对程序贴图中的【噪波】、【大理石】、【斑点】、【木材】和【波】来说,无【缩放与平铺】面板。两处特性修改面板里选项的设置内容和作用大致相同,只不过前者是针对某种材质总的特性修改,而后者则是针对材质的某一贴图频道的特性修改。

在【材质缩放与平铺】子面板中可以设置贴图缩放的比例单位、贴图的平铺类型及平铺数量等。在【材质偏移与预览】子面板中可以偏移或旋转贴图以及预览贴图。

图17-21 贴图频道控件

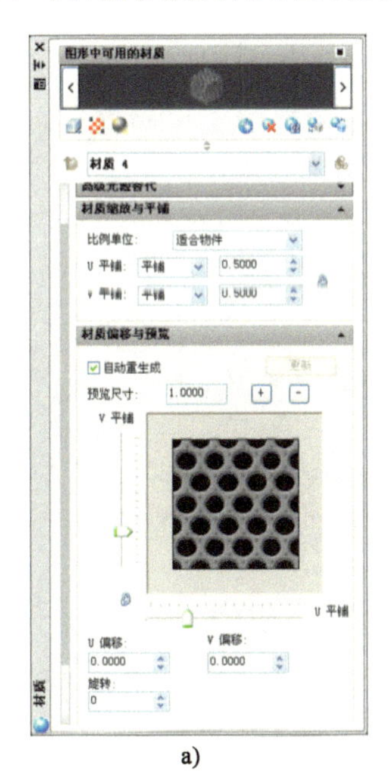

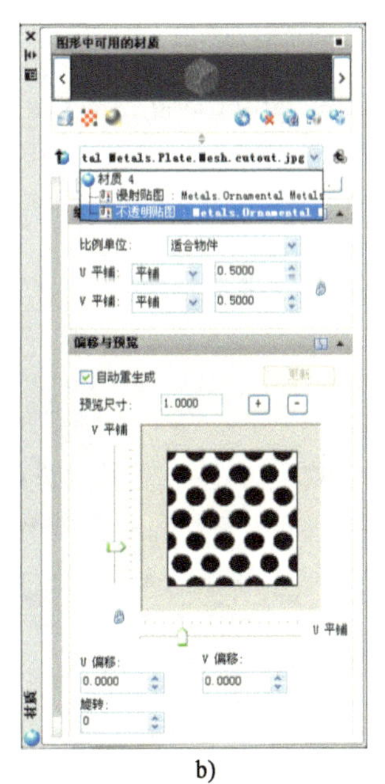

a)　　b)

图17-22 贴图特性修改面板

5. 贴图的调整

为了使贴图更适合于对象,AutoCAD2009为不同形状的对象提供了四种贴图方式。

(1)平面贴图:将图像映射到对象的表面上,它使图像不会失真,但会被缩放以适应对象的形状(图17-23)。该贴图方式最常用于平面物体,如地面、墙壁等。

a)

b)

c)

图17-23 平面贴图

a)漫射贴图;b)长方体上的平面贴图;c)圆柱面上的平面贴图

(2)长方体贴图:将图像映射到类似于长方体的实体的六个面上,每一个面就是一个平面贴图(图17-24)。

(3)球面贴图:将图像映射到球面对象上。纹理贴图的顶边和底边分别在球体的"北极"和"南极"压缩为一个点(图17-25)。该贴图方式适用于形状近似球体的物体。

(4)柱面贴图:将图像映射到圆柱形对象上。贴图的水平边将一起弯曲,但顶边和底边不会弯曲(图17-26)。图像的高度将沿圆柱体的轴进行缩放。

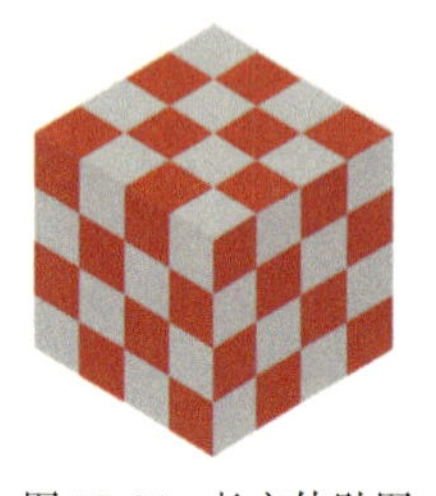
图17-24 长方体贴图

图17-25 球面贴图

图17-26 柱面贴图

当贴图被映射后,用户可以在命令行输入"materialmap"命令来调整贴图以适应对象的形状。单击菜单浏览器按钮,选择【视图】菜单列表【渲染】中的【贴图】菜单项;单击渲染工具栏中的【平面贴图】按钮或启用该命令。如鼠标左键单击【平面贴图】按钮不放,会弹出【长方体贴图】、【球面贴图】和【柱面贴图】三个相关按钮。

第二节 光 源

光源对于一个场景的最终渲染效果起着非常重要的作用。添加光源可以为场景提供真实的外观,增强场景的清晰度和三维感。恰当的光源设置能够充分烘托出场景气氛,突出场景特色以及增强场景的整体效果。

一、概述

1. 标准光源流程和光度控制光源流程

AutoCAD提供创建光源的两种流程为标准光源流程和光度控制光源流程。相对于标准光源流程而言,光度控制光源流程更加真实准确。因真实的光源是按距离的平方衰减,故光度控制光源流程中的光源是根据使用真实单位的场景采用平方反比衰减而成的。光度控制光源流程中的光源是用光度值进行控制的,这使用户能够按现实中的光源精确地定义场景中的光源。用户使用光度控制流程可以创建具有各种分布和颜色特征的光源或输入光源制造商提供的特定光域网文件。光度控制光源流程能使用制造商以IES(照明工程协会)标准文件格式创建光源数据文件,通过加载制造商的光源数据即可在模型中显示并可使用商业光源。

因光源照度(illuminance)的国际标准单位是勒克斯(lux),而美制单位是呎烛光(foot candle),故AutoCAD在光度控制光源流程中提供"国际"和"美制"两种单位。用户可以使用系统变量"lightingunits"进行选择。其中,值为0,表示使用标准光源流程;值为1,表示使用国际标准单位的光度控制光源流程;值为2,表示使用美制单位的光度控制光源流程。

2. 默认光源

当场景中没有用户创建的光源时,将使用默认光源对场景进行渲染[图17-27a)]。默认光源是来自视点后面的两个平行光源,它们可以将模型中所有的面照亮。用户可以控制默认光源的亮度和对比度。在插入自定义光源或添加太阳光源时,用户可以选择禁用默认光源。

二、光源的类型及创建光源

AutoCAD2009提供了点光源、聚光灯、太阳光、平行光等多种光源,每种光源都有其各自的特色,图17-27为采用不同光源照射的场景。

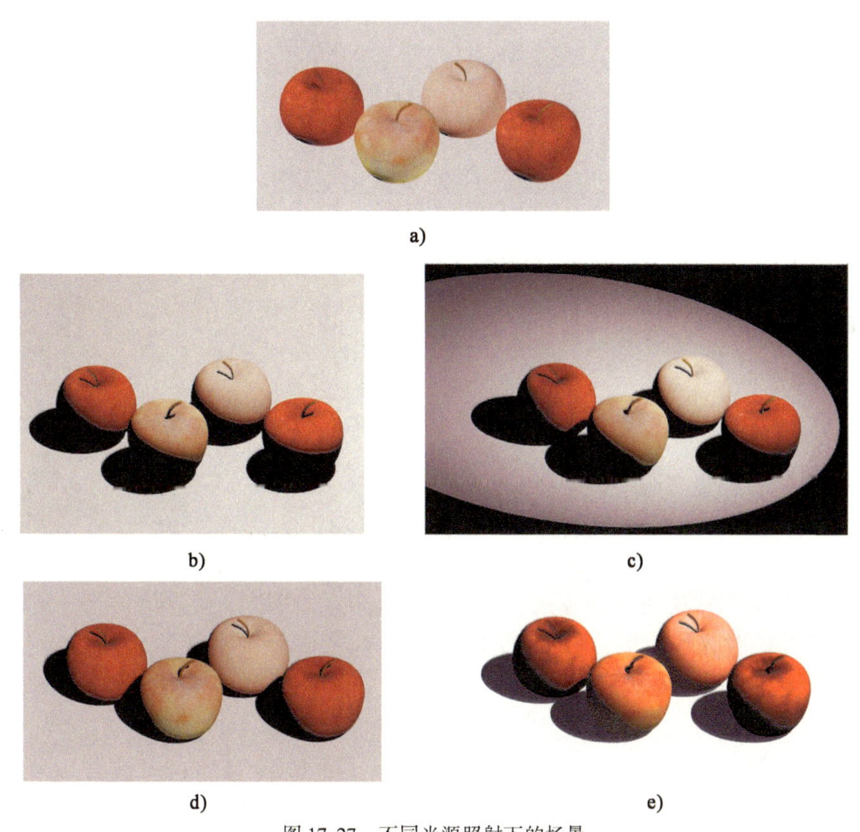

图17-27 不同光源照射下的场景

a)默认光源;b)点光源;c)聚光灯;d)太阳光;e)平行光

1. 点光源

点光源从其所在位置向四周发射光线,不以任何一个对象为目标。使用点光源可以达到基本的照明效果。

单击菜单浏览器按钮【视图】菜单列表【渲染】中【光源】下的 新建点光源(P) 菜单项；单击渲染工具栏中的【新建点光源】按钮；或在命令行输入"pointlight"命令均可创建自由点光源。在命令行输入"targetpoint"命令可创建目标点光源；或将点光源的目标特性从"否"改为"是"，这样利用点光源也可创建目标点光源。目标点光源具有目标性，可以指向一个对象。

2. 聚光灯

聚光灯类似于闪光灯、剧场中的跟踪聚光灯或前灯，它发射定向锥形光，投射出一个聚焦光束。聚光灯具有目标性。

单击菜单浏览器按钮【视图】菜单列表【渲染】中【光源】下的 新建聚光灯(S) 菜单项；单击渲染工具栏中的【新建聚光灯】按钮；或在命令行输入"spotlight"命令均可创建聚光灯。在命令行输入"freespot"命令可创建自由聚光灯；或将聚光灯的目标特性从"是"改为"否"，可创建自由聚光灯。自由聚光灯不具目标性。

3. 平行光

平行光仅向一个方向发射统一的平行光线。对于标准平行光，其强度不随距离的增加而衰减。因此平行光在每个照射面上的亮度都与光源处的亮度相同。平行光对于统一照亮对象或背景十分有用，但是光度控制光源流程下的平行光在物理上不是非常精确，建议用户不使用。

单击菜单浏览器按钮【视图】菜单列表【渲染】中【光源】下的 新建平行光(D) 菜单项；单击渲染工具栏中的【新建平行光】按钮；或在命令行输入"distantlight"命令均可创建平行光。

4. 光域灯光

光域灯光只能在光度控制光源流程中创建，它采用三维方式表示光源强度分布，可用于表示各向异性的光源分布。与聚光灯和点光源相比，光域灯光提供了更加精确的渲染光源。

在命令行输入"weblight"命令可以创建光域灯光。在命令行输入"freeweb"命令可以创建自由光域灯光。光域灯光能够以一个对象为目标，而自由光域灯光则无目标性。

三、光源的调控

1. 控制光源的显示

(1)光线轮廓的显示与隐藏。

光线轮廓是光源的表示图形。点光源和聚光灯在图形中使用光线轮廓表示，而平行光(如阳光)则不使用光线轮廓表示。单击菜单浏览器按钮【视图】菜单列表【渲染】中【光源】下的 光线轮廓(Y) 菜单项或使用系统变量"lightglyphdisplay"，可以显示或隐藏光线轮廓。当系统变量值设为0时，隐藏光线轮廓；当系统变量值设为1时，显示光线轮廓。

(2)调整光线轮廓的外观。

单击菜单浏览器按钮【工具】菜单列表中的【选项】菜单项或在命令行输入"options"命令，打开【选项】对话框。在【草图】选项卡中单击【光线轮廓设置】打开【光线轮廓外观】对话框(图17-28)。使用【轮廓大小】滑块可在图形中更改光线轮廓的大小，单击【编辑轮廓颜色】可打开【图形窗口颜色】对话框，可以进行光线轮廓颜色的选择。

2. 使用光源列表

单击菜单浏览器按钮【视图】菜单列表【渲染】中【光源】下的 光源列表(L) 菜单项或选择按钮【工具】菜单列表【选项板】中的 光源(L) 菜单项；单击渲染工具栏中的【光源列表】按钮；或在命令行输入"lightlist"命令均可打开光源列表，即【模型中的光源】选项板(图17-29)。

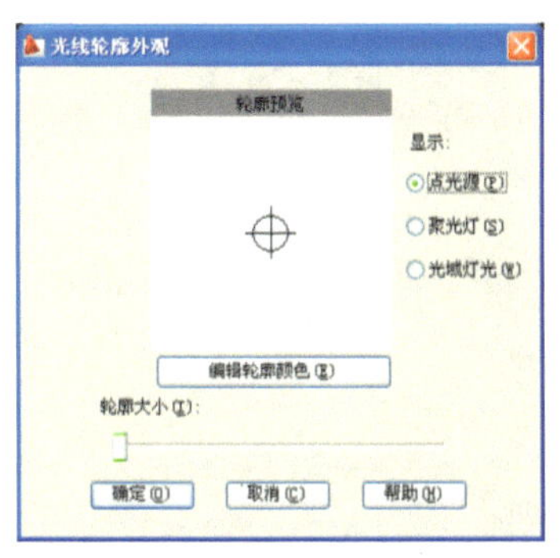

图 17-28 【光线轮廓外观】对话框

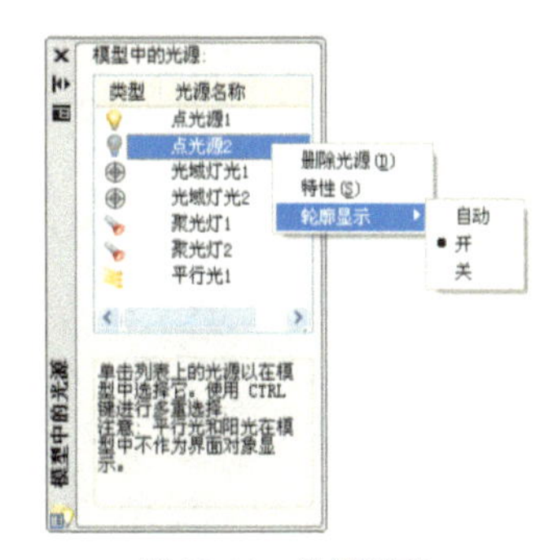

图 17-29 光源列表

【模型中的光源】选项板按照名称和类型列出了当前图形中所有的光源,但不包括阳光、默认光源及块和外部参照中的光源。在列表中选定一个光源的同时还要在图形中选定该光源,反之亦然。如使用“ctrl”键可同时选择多个光源。单击【类型】或【名称】标题可对列表中的元素进行排序。在列表中选定任一光源,单击鼠标右键将弹出一个菜单,可以删除光源、打开光源【特性】选项板以及控制光线轮廓是否显示。此外,删除光源也可用“delete”键,打开光源【特性】选项板也可在图形中用鼠标左键双击光源。

3. 调整光源的位置和目标

已被置于场景中的点光源和聚光灯可以根据需要调整其位置和目标。在图形中选定光源后单击鼠标右键,会弹出快捷菜单,它提供了【移动】、【旋转】、【翻转】等调整光源位置的选项。此外还可以利用【夹点】工具移动光源和调整目标。当选中光源后会出现一系列夹点,选择【位置】夹点移动鼠标即可移动光源。要注意的是,使用【位置】夹点移动带目标性的光源时,光源会绕目标旋转以保持始终对准目标。对目标光源来说,选择【目标】夹点可以调整光源的目标对象。

4. 光源特性的设置

如图 17-30、图 17-31 所示分别为在标准光源流程和光度控制光源流程中的点光源、聚光灯以及平行光【特性】选项板示例。下面介绍【特性】选项板中各选项的作用及设置。

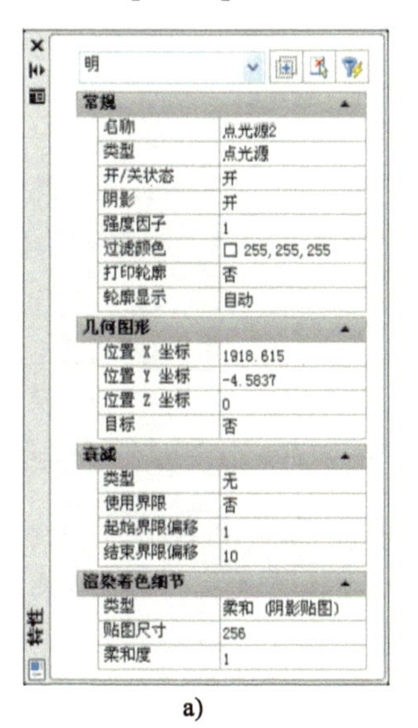

a)

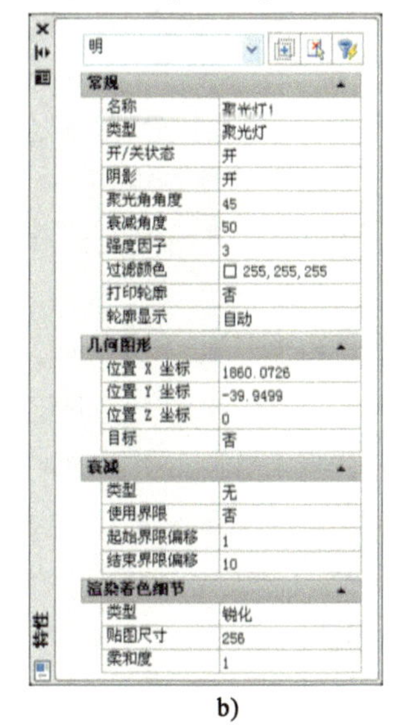

b)

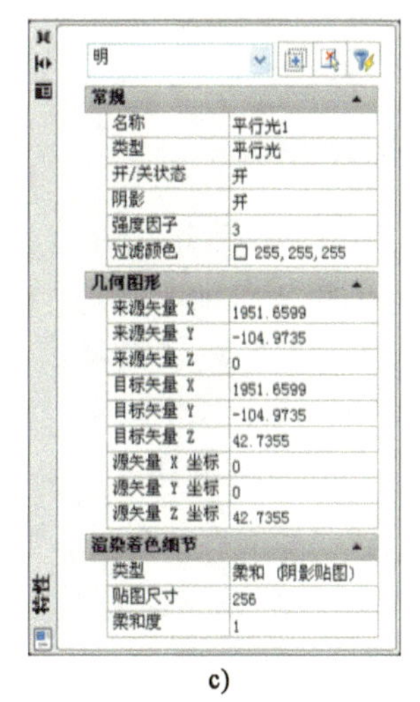

c)

图 17-30 标准光源流程中的光源特性选项板

a)点光源;b)聚光灯;c)平行光

a)

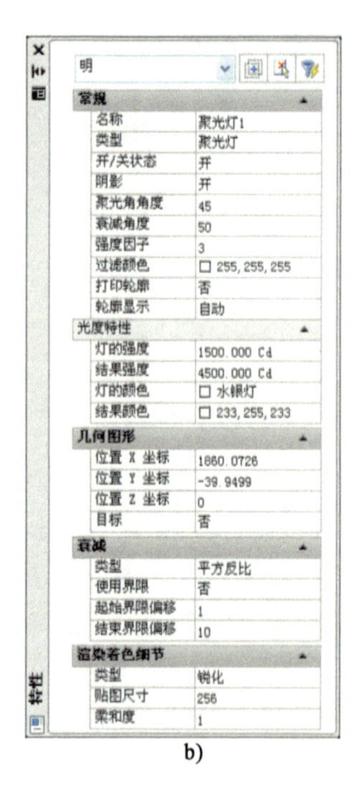

b)

图 17-31 光度控制光源流程中的光源特性选项板

a)点光源;b)聚光灯

(1)常规:是位于光源【特性】选项板的【常规】面板中的选项。在此选项中可以更改光源的名称和类型、控制光源的开关及亮度倍数、选择过滤颜色等。除平行光外,还可控制是否打印及显示光线轮廓;对聚光灯还能指定聚光角度及衰减角度。

(2)光度特性:仅在光度控制流程下的光源【特性】选项板中显示。此选项能设置光源亮度及颜色。

(3)几何图形:用于指定光源的位置。如果光源是聚光灯、目标点光源和光域灯光,则还需指定光源的目标位置。如将【目标】由“否”设置为“是”,可将自由光源改为目标光源。

(4)衰减:由于真实光源的强度会随距离增加而减小,所以距光源远的对象比距光源近的对象显得更暗,这种效果称为衰减。【衰减】选项仅在标准光源流程中可修改,它可以设置光源衰减类型、亮度衰减的起始点和结束点。

(5)渲染着色细节:用于指定阴影类型。如选择【柔和阴影贴图】,则需设置贴图尺寸和柔和度;如选择【柔和(已采样)】,则需设置样例值、光源形状及尺寸。

(6)光域网和光域网偏移:仅限【光域灯光】和【自由光域灯光】使用。在【光域网】面板中,【光域文件】选项是用来指定描述光源强度分布的数据文件。该选项下方是光域预览窗口,它通过光照分布数据显示二维剖切。在【光域偏移】面板中,【旋转 $X/Y/Z$】选项是指定关于光学 $X/Y/Z$ 轴的光域旋转偏移值。

5. 阳光特性的设置

单击菜单浏览器按钮【视图】菜单列表【渲染】中【光源】下的 阳光特性(L) 菜单项;单击渲染工具栏中的【阳光特性】按钮;或在命令行输入“sunproperties”命令均可打开【阳光特性】

选项板(图 17-32)。【阳光特性】选项板中各选项的作用和设置如下。

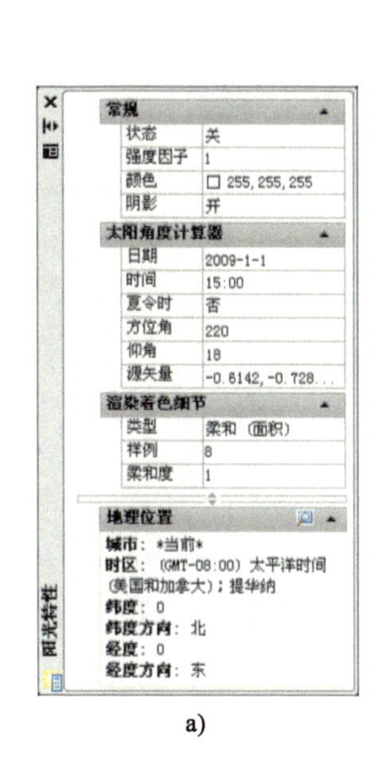

a)

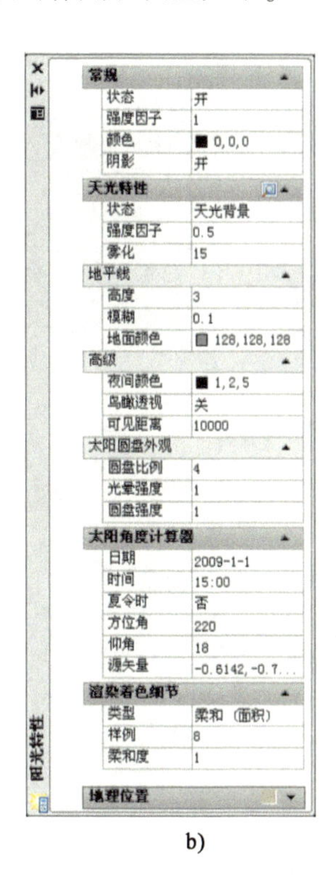

b)

图 17-32　阳光特性选项板

a)标准光源流程;b)光度控制光源流程

(1)常规:用于设置阳光的开和关、强度大小、颜色及是否显示阴影。

(2)天光特性:仅在光度控制光源流程中的阳光特性中显示。用来控制渲染时是否计算天光照明、设置天光强度以及确定大气散射效果的幅值。同时还有【地平线】、【高级】及【太阳圆盘外观】的相关设置。

(3)太阳角度计算器:用于设置阳光的角度。

(4)渲染阴影细节:用于指定阴影的特性。若阴影显示是关闭的,则该面板的各项设置只读。

(5)地理位置:用于显示当前地理位置的设置。此信息是只读的。如果存储某个城市时未包含纬度和经度,则列表中不会显示该城市。单击渲染工具栏中的【地理位置】按钮或在命令行输入“geographiclocation”命令,可打开【地理位置】对话框定义地理位置信息。

第三节　渲　　染

渲染是根据三维场景来创建二维图像。它利用已设置的光源、已应用的材质和环境设置(如背景、雾化等)为场景的几何图形着色。图 17-33 为第十六章创建的别墅三维模型经渲染后得到的效果图。

a)

b)

图 17-33　别墅的渲染效果图

a)南立面;b)北立面

一、打开【高级渲染设置】选项板

在渲染场景之前,首先要进行渲染设置。单击菜单浏览器按钮【视图】菜单列表【渲染】中的 高级渲染设置(D)... 菜单项;单击菜单浏览器按钮【工具】菜单列表【选项板】中的 高级渲染设置(D)... 菜单项;单击渲染工具栏中的【高级渲染设置】按钮;或在命令行输入“rpref”命令均可打开【高级渲染设置】选项板(图 17-34)。

二、【高级渲染设置】选项板的设置

1. 渲染预设

【渲染预设】是为快速渲染而创建的预定义渲染设置,它用来存储可重复使用的渲染参数。在【高级渲染设置】选项板第一行的选项框中,用户可以从下拉列表中根据需要选择不同的渲染预设。渲染预设有标准预设和自定义预设两种类型。标准预设提供【草图】、【低】、【中】、【高】和【演示】五种质量等级的渲染设置。如果选择【管理渲染预设】或使用“renderpresets”命令,则打开【渲染预设管理器】对话框(图 17-35),从中可以创建自定义预设。创建的新预设将被添加到【自定义渲染预设】分支中去。鼠标右键单击某一预设,会弹出快捷菜单,这时可将该预设【置为当前】、【创建副本】或【删除】,但标准预设不能删除。要使渲染器使用某个渲染预设,必须将该预设【置为当前】。如果更改了标准渲染预设,则该预设的名称前将出现一个“*”,表示其原始设置已被更改。

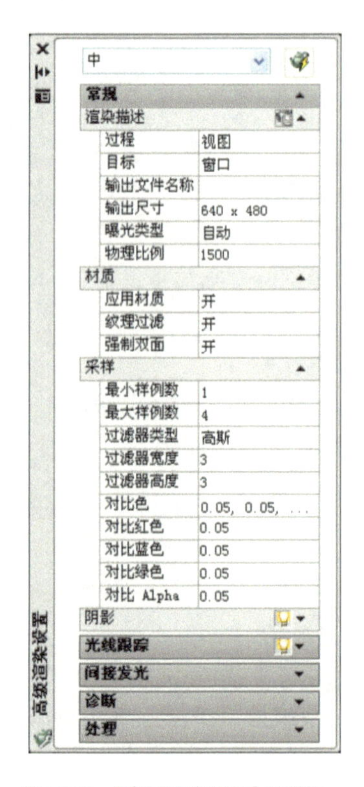

图 17-34　【高级渲染设置】选项板

2.【常规】面板

(1)渲染描述:【过程】有三个选项,其中【视图】是指渲染当前视图;【修剪】是指创建一个区域进行渲染,该选项只有在【目标】栏中选择了【视口】时才可用;【选定的】是指渲染所选择的对象。如果在【目标】栏中选择【窗口】,渲染器将自动打开【渲染】窗口处理图像,而且每次的渲染都将被添加到渲染历史记录中;如选择【视口】,将直接在活动视口中渲染和显示生成的图像。

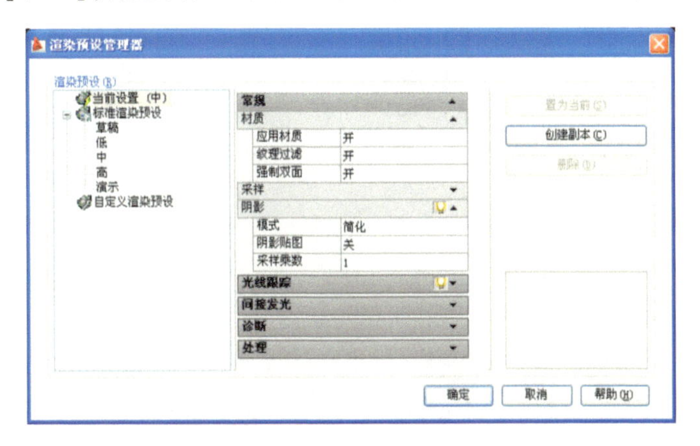

图 17-35 【渲染预设管理器】对话框

(2)材质:用于设置渲染器处理材质的方式。它可以控制是否应用用户赋给对象的材质、进行纹理过滤及渲染面的两侧。

(3)采样:用于设置渲染器执行采样的方式。增加采样范围的最小值和最大值可以大大提高渲染的质量,如图 17-36 所示。过滤器中的【长方体】是最快的采样方法,【米歇尔】是最精确的采样方法。增加过滤器宽度值和高度值可以柔化图像,但会增加渲染时间。

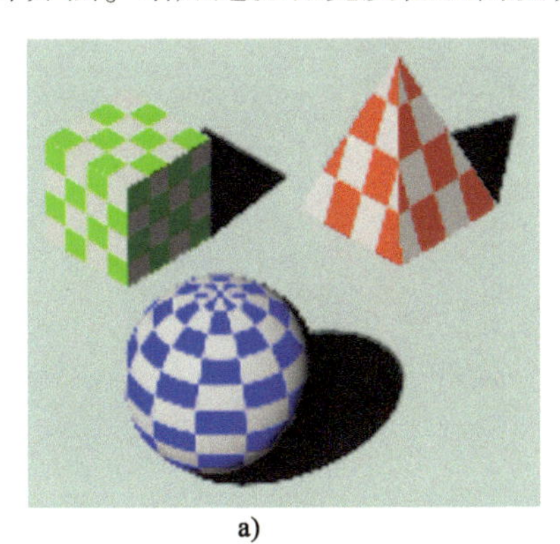

a)

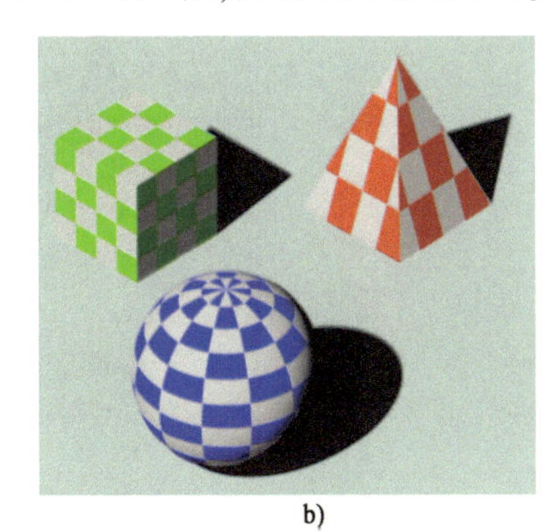

b)

图 17-36 最大、最小样例数取值不同的渲染图像

a)最小样例数 = 1/64,最大样例数 = 1/4;b)最小样例数 = 1,最大样例数 = 16

(4)阴影:用于设置阴影在渲染图像中显示的方式。当该标题栏右侧按钮为黄色亮显或灰色暗显时,表示渲染时启用或禁用阴影。

3.【光线跟踪】面板

当该标题栏右侧按钮为黄色亮显或灰色暗显时,表示渲染时启用或禁用光线跟踪。跟踪深度能控制光线发生反射或折射的次数,当反射和折射总次数达到最大深度值时,光线追踪将停止。增加反射、折射的次数,可以提高渲染图像的复杂程度和真实感,但会耗费更多的渲染时间。如图 17-37 所示为最大反射、折射和深度取值不同时得到的不同的渲染效果。

4.【间接发光】面板

间接发光技术是通过模拟场景中的光线辐射或相互反射来增强场景的真实感。如一张红色的桌子紧靠在一堵白色的墙边时,则白色的墙看起来会略带粉色。虽然这只是一个细节问题,但如果图像中缺少了这种粉色,就会显得不够真实。普通的光线跟踪计算是无法产生这种效果的，但【全局照明】则可实现这种效果。为计算全局照明，渲染器将会使用光子贴图，它是一种能生成间接发光和全局照明效果的技术。但使用光子贴图会产生渲染假象，如使光源中产生的深色角点和低频变化等。为了弥补这一不足，可以使用【最终聚集】来减少或消除这些假象。【最终聚集】是通过增加计算全局照明所使用的光线数量来达到这一目的，因此使用【最终聚集】会显著增加渲染时间，但它对于带有全局漫射光源的场景非常有用。

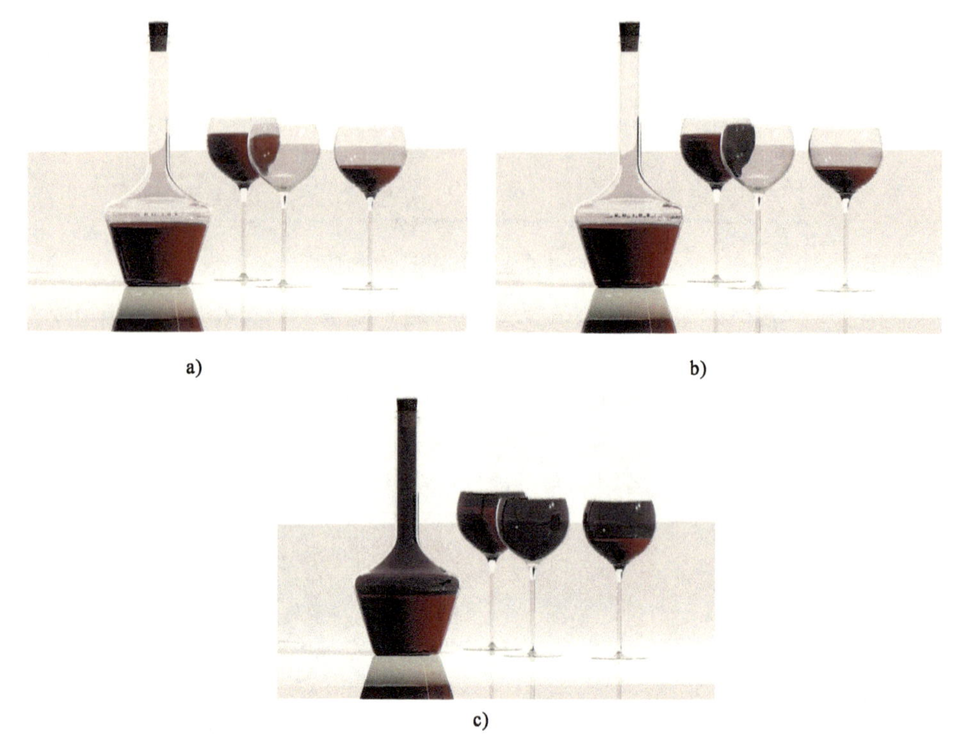

a)　　b)　　c)

图 17-37　最大深度、反射和折射取值不同的渲染图像

a)最大深度 =9，最大反射 =9，最大折射 =9；b)最大深度 =5，最大反射 =4，最大折射 =4；c)最大深度 =4，最大反射 =2，最大折射 =2

(1)全局照明：设定用于计算全局照明强度的光子数量、确定光子的大小、使用光子的区域半径、光子的反射和折射次数。

(2)最终聚集：用于控制最终采集的启用或禁用、设定用于计算最终采集中间接发光的光线数是以及设定最终采集处理的半径。

(3)光源特性：【光子/光源】是设定每个光源发射的用于全局照明的光子数。增加该值将增加全局照明的精度，但同时会增加内存占用量和渲染时间。

5.【诊断】面板

用于帮助了解图像没有按照预期效果进行渲染的原因。

6.【处理】面板

用于确定渲染的平铺尺寸、指定渲染图像时色块的渲染次序及确定渲染时的内存限制。

三、渲染环境的设置

用户可以通过设置雾化效果或添加背景来增强图像渲染的效果。

1.【渲染环境】对话框及其选项设置

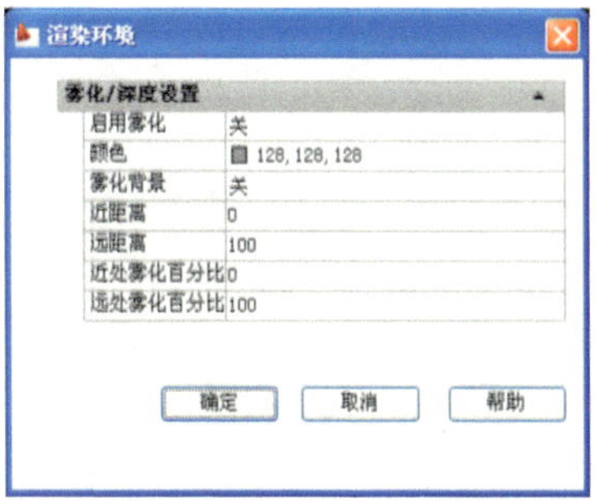

单击菜单浏览器按钮【视图】菜单列表【渲染】中的 渲染环境(E)... 菜单项;单击渲染工具栏中的【渲染环境】按钮;或在命令行输入“renderenvironment”命令均可打开【渲染环境】对话框(图17-38)。

利用此对话框可以启用或关闭雾化、指定雾化颜色、指定雾化开始处和结束处到相机的距离、指定近处和远处雾化的不透明度。

图 17-38 【渲染环境】对话框

2. 渲染背景的设置

单击菜单浏览器按钮【视图】菜单列表【视口】中的 命名视图(N)... 菜单项或在命令行输入“view”命令,可打开【视图管理器】对话框(图17-39)。点击【新建】按钮弹出【新建视图/快照特性】对话框(图17-40),在【背景】选项的下拉列表中为渲染背景提供【纯色】、【渐变色】、【图像】和【阳光与天光】四种选项。如选择【阳光与天光】,将弹出【调整阳光与天光背景】对话框(图17-41)。如选择其他三项中任一项,则将弹出【背景】对话框,在对话框中可以选择作为背景的颜色或图像。背景设置好后将与命名视图或相机相关联,并且与图形一起保存。

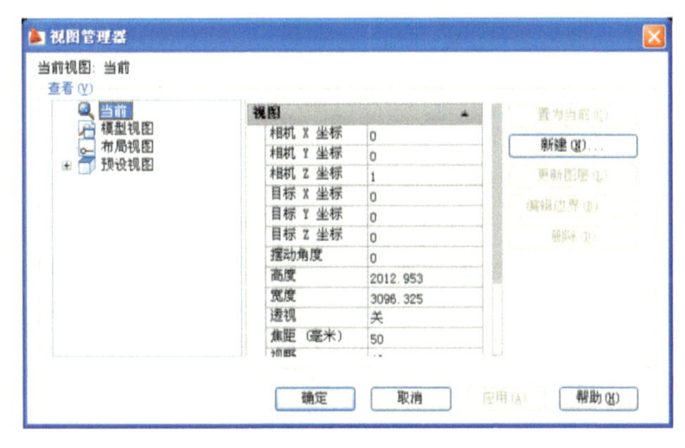

图 17-39 【视图管理器】对话框

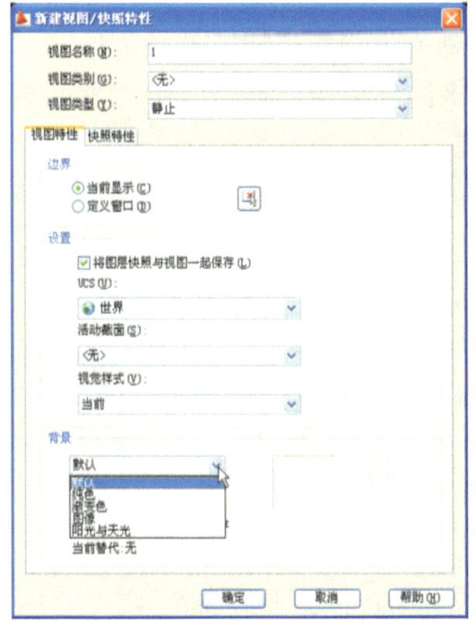

图 17-40 【新建视图/快照特性】对话框

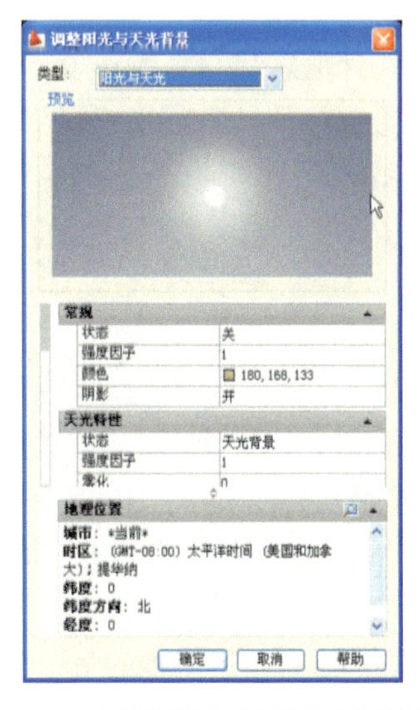

图 17-41 【调整阳光与天光背景】对话框

四、渲染及图像保存

1. 启动渲染

单击菜单浏览器按钮【视图】菜单列表【渲染】的 渲染(R) 菜单项；单击渲染工具栏中的【渲染】按钮；或在命令行输入“render”命令均可以对图像进行渲染。如果打开了【高级渲染设置】选项板，也可点击选项板上的【渲染】按钮进行渲染。

2.【渲染】窗口

如果在【高级渲染设置】中将【目标】选为【窗口】，那么渲染时会自动打开【渲染】窗口处理图像(图 17-42)。如果只需显示【渲染】窗口而不调用渲染任务，则可使用“renderwin”命令打开窗口。【渲染】窗口由以下四个部分组成。

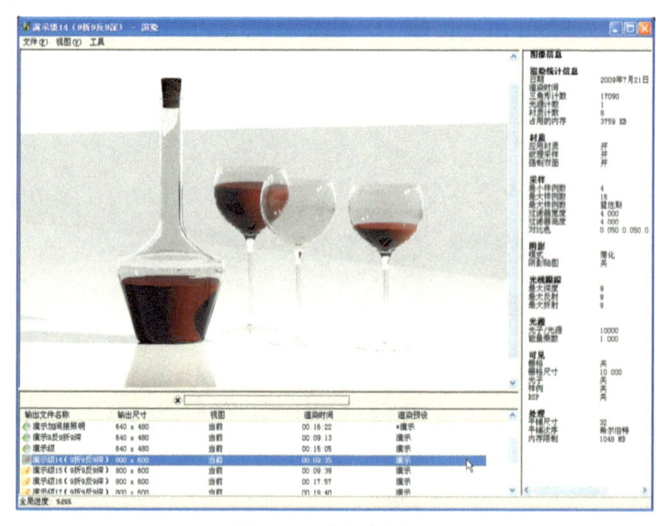

图 17-42 【渲染】窗口

(1)下拉菜单：用于提供保存渲染图像、控制是否显示【状态栏】和【统计信息窗格】及放大和缩小渲染图像。

(2)【图像】窗格：用于显示渲染图像。

(3)【统计信息】窗格：用于显示有关渲染的详细信息及当前使用的渲染设置。

(4)【历史记录】窗格：用于提供当前模型的近期渲染历史记录及显示渲染进度的进度条。在历史记录条目上单击鼠标右键，将显示快捷菜单，可进行再次渲染、保存渲染图像、加载与选定历史记录条目相关联的渲染设置、从历史记录中删除条目以及从【图像】窗格中删除渲染图像。

3. 渲染图像的保存

因为渲染是一个耗时的过程，所以用户可以将渲染完成后得到的图像保存下来，以便以后能随时查看。此外，保存的图像还可以作为纹理贴图用于已创建的材质。所有的渲染图像均可保存为多种文件格式，如 BMP、TGA、TIF、PCX、JPG 和 PNG 等。根据选定文件的格式，还可以选择保存的灰度级或颜色深度。保存渲染图像主要有以下三种方式。

(1)直接渲染到文件。

无论显示器是如何配置的，都可以跳过屏幕显示将渲染结果直接输出到文件。不渲染到屏幕的一个优点是可以按超出当前显示器允许的分辨率进行渲染，而以后就可以在高分辨率显示器的系统上查看该图形。通过在【高级渲染设置】选项板设置【输出文件名称】,可以指定文件名和存储位置。

(2)保存视口渲染的图像。

如果在【高级渲染设置】中将【目标】选为【视口】,将直接在活动视口中渲染和显示生成的图像。因其不能创建渲染历史记录条目,故要保留已渲染到视口的图像,需使用“saveimg”命令保存。

(3)保存【渲染】窗口渲染的图像。

如果将渲染【目标】选为【窗口】,则利用【渲染】窗口中的【保存】菜单可以保存图像或图像的副本。

第四节　上 机 实 验

为第十六章上机实验中已建好的房屋模型赋材质、添加灯光并进行渲染。

思 考 题

1. 如何为某一图层中的所有对象赋材质?
2. 漫射、反射、不透明和凹凸四个贴图频道分别有何作用?
3. 当贴图的大小、位置等不适合对象时,应该如何进行调整?
4. 如何选择标准光源流程和光度控制光源流程?
5. 如何创建自定义渲染预设?
6. 如何设置渲染背景?

第四篇　计算机绘图高级开发技术

第十八章　AutoLISP 开发环境

AutoLISP 是嵌套于 AutoCAD 内的一门程序设计语言，是一种能让人们将专业设计条件转换成图形的自动绘制方式。LISP 是表处理 LIST Processing 的缩写，它产生于 20 世纪 50 年代后期，其特点是擅长对表数据进行处理，因而被广泛应用于人工智能各领域的程序设计中；而 AutoLISP 正是采用传统 LISP 的语法，再融和 AutoCAD 本身特有的绘图命令功能所形成的，也就是说，它是 LISP 语言和 AutoCAD 的有机结合体。由于 AutoLISP 是一种解释性语言，而且非常贴近人类的自然语言，因此，LISP 的编程是比较容易的。

回顾 AutoCAD 交互式绘图，这种方式为半自动绘图方式，蕴涵丰富的绘图命令，并附有方便灵活的菜单命令供用户使用，同时，AutoCAD 还提供丰富的编辑命令对生成的图形进行编辑。这种绘图方式简单、直观，但是它在某些方面的应用非常有限，例如某些通用功能，AutoCAD 不含软件包，用户必须自己开发；而且，AutoCAD 的图形文件是一种描述图形信息的文件，对于图形上的每个点、线、面等对象的特征信息都必须保存下来。因此，占用的存储空间比较大。

为了克服这些弊端，便于用户在 AutoCAD 平台上的二次开发，进而形成专业化的计算机辅助设计系统，Autodesk 公司随后根据 AutoCAD 开发出了用户化的 AutoLISP 语言。

第一节　AutoLISP 开发环境的引入

一、AutoLISP 语言的特色

AutoLISP 程序设计与以往的绘图方式相比具有以下优势。

（1）由于 AutoLISP 既可利用 LISP 程序设计的优势，又可充分使用 AutoCAD 的绘图命令，使设计和绘图完全融为一体；而且，它还可实现对 AutoCAD 当前数据库的直接访问、修改。因此，AutoLISP 便于用户对屏幕图形的实时修改、参数化设计和交互设计，为绘图领域的人工智能提供了方便。

（2）AutoLISP 把数据和程序统一表达为表结构，即 S-表达式，既可以把程序作为数据来处理，也可以把数据当作程序来执行。

（3）图形以外部文本文件形式存放，占用内存小，对于参数化绘图来说这种优势体现的更为明显。

（4）AutoLISP 提供功能强大的函数库，除了一般性功能函数外，还提供不少能配合控制 AutoCAD 的特殊函数。此外，使用 AutoLISP 用户可开发出特定的函数和命令，并且可以把一些常用的命令添加到下拉菜单或屏幕菜单中，从而又实现了菜单的用户化。

（5）由于 AutoLISP 是一种解释性语言，程序可以不作编译，“即写即测，即测即用”，用户可立即在 AutoCAD 中装载运行，并得到结果。

但是,随着计算机技术的飞速发展及对工程 CAD 应用的不断深层要求,集成化、智能化的绘图系统已成为当今工程 CAD 的主流,CAD 程序设计和计算处理变得越来越复杂、程序规模也变得越来越庞大,AutoLISP 的不足也日益突显。

(1) 缺乏集成开发环境。

AutoLISP 的运行只能依托 AutoCAD 环境,不具备一般程序设计语言的跟踪、断点、单步等程序调试手段,难以胜任大型系统的开发。

(2) 综合处理能力不足。

AutoLISP 缺乏对系统文件操作及访问外部数据库的能力,也不具备当今流行的编程手段(如可视化编程),进而难以开发出高层次的绘图系统。

(3) 程序运行速度不高。

AutoLISP 的程序须逐条解释执行,这样就会减缓程序的执行速度,当程序计算量大时,这个矛盾显得更为突出。因此,AutoLISP 不能适应大型 CAD 图形的计算要求。

(4) 保密性差。

由于 AutoLISP 程序展现给人们的是 ASCⅡ 源代码或易于还原的译码,容易被人改动、抄袭,致使程序的保密性差,开发者的合法权益得不到保障。

(5)可读性差,调试困难。

AutoLISP 的符号表达式给编程带来简洁的同时,也给程序编译查错带来了麻烦。由于可读性差,系统难以自动检查源程序的语法结构、符号匹配,因此给程序调试带来了诸多不便。

二、Visual LISP 集成开发环境的引入

由于 AutoLISP 自身存在的诸多弊端,为了适应深层次用户化 CAD 系统的要求,Autodesk 公司早在 AutoCAD R11 就推出了基于 C 语言的开发环境 ADS(Advance Development System),借助 C/C + + 语言的强大功能和手段,来完成许多 AutoLISP 无法完成的任务。而后,随着 Windows 操作平台、面向对象程序设计等的日渐成熟和普及,Autodesk 在 AutoCAD R13 之后又推出了直接面向对象的二次开发工具 ARX(AutoCAD Runtime Extension)及更时兴的 AutoCAD R14 ObjectARX SDK 开发工具包,为开发高自动化、高集成化及高性能的用户化 CAD 系统提供了高效平台,成为当今 AutoCAD 用户极为青睐的开发工具。

但是,不论是 ADS 还是 ARX 或 ObjectARX SDK 开发环境,均是基于 C/C ++/VC 等编程语言环境,对于非专业编程人员来说,短时间内熟练掌握 C 语言并应用于 AutoCAD 系统的程序开发,是非常困难的。而且,自从引入 AutoLISP 以来,全球软件开发商和用户已经使用 AutoLISP 开发出不计其数的绘图系统和应用程序,这对 AutoCAD 来说,无疑是一笔巨大的财富和资源,也是其赖以发展的基础。为了合理利用现有资源,并谋求 AutoCAD 的不断发展,Autodesk 公司于 1998 年 3 月底推出了新一代可视化编程工具——Visual LISP。

Visual LISP 集成开发环境的特色如下。

1. 与 AutoLISP 基本兼容

Visual LISP 采用与 AutoLISP 兼容模式,用户使用 AutoLISP 编写的程序基本上可在 Visual LISP 环境中运行,这样便于用户合理利用现有资源,避免不必要的重复投资和劳动。而且,Visual LISP 把面向对象的编程方式设计成 AutoLISP 语言的编程方式,并增加了许多函数和系统变量,这使得 AutoCAD 的用户化和二次开发工作变得更为容易。

由于 Visual LISP 采用的是与标准 LISP 基本一致的标准,因此由 LISP 语言开发出来的其他

人工智能系统与它是兼容的。很显然,Visual LISP 的应用显得比 AutoLISP 更为灵活、广泛。

2. 面向对象的编程技术

Visual LISP 采用的是当今流行的面向对象编程技术,由 Autodesk 公司开发推出的 Visual LISP ActiveX 接口,使得 AutoCAD 对象模型在交叉应用集成方面具有更好的适应性,用户开发出的应用程序不仅与 AutoCAD 兼容,而且和其他 ActiveX-Compliant 应用程序一样可以通过联合库的方式来调用,这使得应用程序的开发也逐步趋于智能化、集成化。

Visual LISP 允许用户调用 AutoLISP 应用程序,或转换成 ADS 或 ARX 模块,从外部加载或更新 AutoCAD 软件。AutoCAD 的这种结构化合成模式,使得用户对 AutoCAD 的更新显得更为方便、快捷。

3. 开发环境功能强大

Visual LISP 集成开发环境的功能是非常强大的,它集成了 AutoLISP 程序开发期间所需的几大工具和功能,这些功能如下。

(1)与 AutoLISP 兼容。

Visual LISP 采用 Compile-during-Load 技术实现了对 AutoLISP 的模拟,从而实现与 AutoLISP 的兼容。

(2)全功能文本编辑。

Visual LISP 采用 AutoLISP 和 DCL 彩色编码及其他 AutoLISP 语法支撑的全屏幕文本编辑器,用户可以方便、快捷地输入 AutoLISP 源代码。而且,彩色编码技术对于源程序不同的功能元素赋予不同的颜色加以区分,这使得 AutoLISP 源程序的可读性得到极大地改善。

(3)多种检查器。

Visual LISP 提供的语法检查器可检测出 AutoLISP 程序结构的错误和内部函数中的变元错误,同时提供了对数据结构中变量和表达式值的浏览和编辑功能。

(4)动态调试。

Visual LISP 为 AutoLISP 提供了非常灵活方便的程序调试手段,它允许 AutoLISP 可以在一个窗口单步执行源程序,同时在 AutoCAD 窗口显示该程序的执行效果。

(5)先进的编译器。

Visual LISP 提供的文件编译器可以将 AutoLISP 源代码编译成二进制格式文件,这样,不仅提高了程序运行的速度,而且增强了程序的安全性。Visual LISP 的源程序文件(.lsp)或编译好的文件(.fas)还可使用系统提供的 Application Wizard 软件打包成 ADS 或 ARX 模块。

总之,Visual LISP 是秉承了 AutoLISP 语言的优点、克服其缺点,并结合当今最新编程技术的一种集成开发系统,它的引入无疑给广大 AutoCAD 用户和开发商带来了福音。Visual LISP 不仅使现有的 AutoLISP 资源可以得到合理利用,还避免了不必要的重复投资和劳动,而且凭借功能强大的 Visual LISP 开发平台,可以实现更深层次或更复杂的绘图系统的开发。从 AutoLISP 到 Visual LISP,体现了对 AutoCAD 二次开发的层次和要求的不断提升。

第二节　AutoLISP 的基本函数

一、赋值函数——setq

赋值函数为 LISP 的内部函数,用来给变量赋值,函数表达式为:

(setq　变量1　值1　变量2　值2　…)

例:(setq　A　1.0　B　2.0　C　10)

这个表达式实现了将变量 A 赋值为1.0,变量 B 为2.0,变量 C 为10,然后系统将最后一个表达式的计算结果返回给到外部表达式(此例返回值为10)。如不存在外部表达式,则 AutoLISP 将沿结果回送 AutoCAD。此外,还可以直接在 AutoCAD 的命令行键入 AutoLISP 的表达式,用以检验运算结果。

例如:

comand:(setq B 5.0)

5.0　　(回送结果)

又如:

command:(* 2 (setq A 5.0))

10.0　　(回送结果)

setq 也可用来对字符串变量、表变量赋值。

例如:(setq c "NAME")

例如:(setq pt '(2,3))或(setq pt (list 2 3))

上式表示将表数据(2,3)赋给点 pt,则 pt 点的 x 坐标值为2,y 坐标值为3。读者一定注意到了表达式中的"'"号和"list"函数符号。事实上,两者功能相同,而"'"号是一种简略表达方式。"list"为 AutoLISP 的内部函数,它实现的功能为将其后的数据项串起来,返回它们组成的表,例如:(list 1 1 1)返回一个表示三维点的表(1,1,1)。

二、算术运算函数

AutoLISP 能进行如表18-1所示的各种运算。

AutoLISP 算术运算函数　　表18-1

名　称	运 算 符	表 达 式	运 算 功 能
加	+	(+ xy)	$x+y$
减	-	(- xy)	$x-y$
乘	*	(* xy)	$x*y$
除	/	(/ xy)	x/y
加1	1 +	(1 + x)	$x+1\rightarrow x$
减1	1 -	(1 - x)	$x-1\rightarrow x$

表达式中参加运算的数据可以是实型数也可以是整型数。如果表达式中这两种类型数据共存,那么表达式返回值为实型。当然,如果表达式中只存在一种类型数,则表达式计算结果类型保持不变。

下面是一些运算实例:

(+ 2 8)　　返回10

(+ 2 3 1)　　返回6

(- 8 2 4)　　返回2

(- 10)　　返回 -10

(* 8 5.0)　　返回40.0

(* 2 - 2)　　返回 -4

(/ 10 2)　　返回 5

(1 + 5.0)　　返回 6.0

(1 - -20)　　返回 -21

(/ 60 15(+ 1 3))　　返回 1

从上面这些实例中,可以看出 +, -, *,/运算表达式中可包含有两个以上的参数。需要补充说明的是在 AutoLISP 的赋值表达式中可含算术表达式。

例如:(setq x (+ 1 2))

三、代数、几何关系函数

AutoLISP 蕴涵着丰富的内部函数,能实现参数的代数几何关系运算,各函数表达式如下:

(max x y)　　返回 x,y 当中的最大值

(min x y)　　返回 x,y 中的最小值

(abs x)　　返回 x 的绝对值

(sqrt x)　　返回 x 的平方根

(expt x p)　　返回 x 的 p 次幂

(log x)　　返回 x 的自然对数

(float x)　　将 x 转化为实数

(fix x)　　将 x 转化为整数

(sinθ)　　返回 sinθ,θ 单位为弧度

(cosθ)　　返回 cosθ,θ 单位为弧度

(atanθ)　　返回 θ 的反正切值,单位为弧度

(angle $p1$ $p2$)　　返回 $p1$ 与 $p2$ 间的夹角,单位为弧度

(distance $p1$ $p2$)　　返回点 $p1$ 与 $p2$ 间的距离

(polar $p1$ θ d)　　返回一个与 $p1$ 点相距为 d,且与 $p1X$ 轴方向夹角为 θ 的点 p

(type a)　　返回 a 的数据类型

四、关系、逻辑运算函数

关系运算指对两个参数进行大小关系的比较,而逻辑运算则表示参数间的逻辑关系。AutoLISP 能进行如下所示的各种关系、逻辑运算:

(= a b)　　$a=b$ 时,返回 T,否则 nil

(/ = a b)　　$a\neq b$ 时,返回 T,否则 nil

(< ab)　　$a<b$ 时,返回 T,否则 nil

(> a b)　　$a>b$ 时,返回 T,否则 nil

(eq ab)　　a,b 相同时,返回 T,否则 nil

(equal a b)　　a,b 相等时,返回 T,否则 nil

(minusp a)　　a 为负数或负整数时,返回 T,否则 nil

(zerop a)　　a 为实数 0 或整数 0 时,返回 T,否则 nil

(numberp a)　　a 为整数或实数时,返回 T,否则 nil

(and a b)　　返回 a,b 的逻辑“与”,当且仅当 a,b 均为 T 时,表达式为 T,否则表达为 nil

(or a b)　　返回 a,b 的逻辑“或”,当且仅当 a,b 均为 nil 时,返回 nil,否则表达式返回 T

(not a)　　返回 a 的逻辑“非”

(listp a)　　若 a 为表数据,则返回 T,否则 nil

(null a)　　若 a 为一空表,则返回 T,否则 nil

以上各式中除了仅含一个参数的函数,其他函数的参数可扩展到两个以上。

例如:(>x y z)

五、流程控制函数

所谓流程控制指的是控制程序中语句的执行顺序,流程控制函数可以改变程序走向的方式为分支和循环。

AutoLISP 具备有下列函数实现分支和循环

if	函数	实现分支	repeat	函数	实现循环
progn	函数		while	函数	
cond	函数		foreach	函数	

1. IF 函数

这个函数根据测试条件来计算表达式。它的表达式为:

(if <测试条件> <表达式 1> [<表达式 2>])

若<测试条件>成立,则计算<表达式 1>(称为<then 表达式>),否则,计算<表达式 2>(称<else 表达式>)。其中<表达式 2>为任选项。if 函数返回所计算的那个表达式的值。

有的分支结构比较简单,只包含<then 表达式>。

例如:(if (< 2 4) "yes") 返回 "yes"

这个 if 表达式中只含<then 表达式>("yes"),<测试条件>成立,程序直接执行<then 表达式>,且返回它的结果。

现在,假设上式中<测试条件>变为(>2 4),则<测试条件>为 nil,程序不作任何响应,表达式返回 nil。

事实上,许多分支结构都包含<else 表达式>。

例如:(if (> 25 5) "yes " "No") 返回"yes"

这个表达式中<测试条件>为 T,则计算<then 表达式>。

又如:(if (< 4 2) "yes " "No") 返回"No"

这个表达式<测试条件>为 nil,程序执行<else 表达式>。

2. Progn 函数

这个函数按顺序计算每一个<表达式>,返回最后一个表达式的计算结果。用户可以利用 progn 同时完成多个表达式的计算。它的表达式为:

(progn <表达式 1> <表达式 2>…)

progn 函数的流程图为(图 18-1):

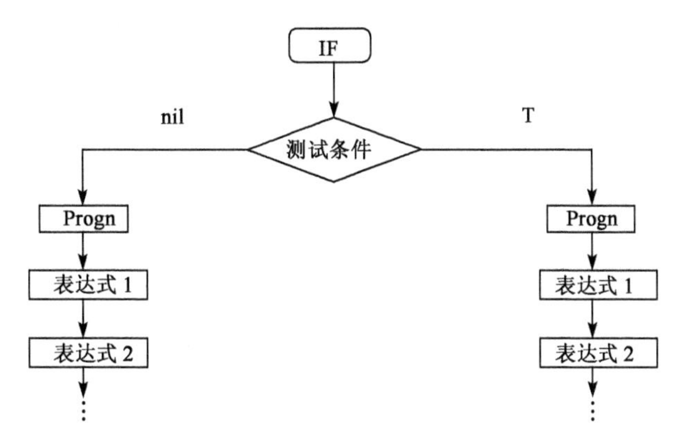

图 18-1 progn 函数的流程图

下面例举一个程序实例：

```
(if ( > x 0)
    (progn (setq d1 ( * d 0.5))
        (setq pt0 '(2 3))
        (setq r ( * d1 0.5 ))
    )
)
```

从上面这个实例可以看出 progn 一般嵌套在 if 结构中。与单纯的 if 结构相比，它具有可以一次处理多条表达式语句的优势。

3. Cond 函数

cond 函数是 AutoLISP 中最基本的一个条件函数，它的函数表达式为：

```
(cond ( <测试 1 > <结果 1 > )( <测试 2 > <结果 2 > )…)
```

这个函数将 <测试> 和 <结果> 看作一个表，它可接受任意数目的表作为变元。函数将逐个测试每个表的第一项(<测试>)值，直到有一项 <测试> 非 nil。然后，它将计算 <测试> 成功的那个子表的 <结果> 项。函数返回最后计算的那个表达式的值。如果子表中只含 <测试> 项，则函数返回 <测试> 表达式的值。

值得注意的是 cond 函数中，一旦某项子表中 <测试> 非 nil，则程序仅执行位于此表中的那些 <结果> 表达式。之后，退出 cond 函数转而执行其下的表达式。因此在编程时尽量将希望执行的条件放在前面。

例：试用 cond 函数求出两数中的较小者

```
        (cond (( > = x y) (setq min y))
        (( < x y) (setq min x))
      )
```

若此例中 <测试 2> 用恒真量"t"代替，上例可改写为：

```
    (cond (( > = x y) (setq min y))
        ("t" (setq min x))
    )
```

下面编程来实现以上功能：

```
    (defun c:gmin (/ x y min) (函数定义头,函数名为 gmin,x、y 、min 为内部参数)
```

```
    (setq x (getreal "x = ")
              y (getreal "y = ")              (输入 x、y)
    )
    (cond (( > = x y) (setq min y))
       ("t" (setq min x))                     (将 x、y 中较小者赋给 min)
    )
    (print min)          (输出 min)
  )
```

4. Repeat 函数

repeat 函数用于循环结构。当它给定的条件成立时,反复执行某个程序段(表达式序列)。repeat 函数的表达式为:

```
(repeat <数> <表达式>…)
```

其中,<数>为一个任意正整数。repeat 函数将每一个<表达式>计算<数>次,返回最后计算的那个表达式结果。

下面是一个程序实例:

```
(setq a 10)
(setq b 100)
(repeat 4 (setq a( + a 10))
(setq b( + b 10))
)
返回值:140
```

5. While 函数

while 函数也是循环控制函数。它先测试<测试条件>是否成立,如果非 nil,则计算 while 结构中的那些表达式。之后,再次测试<条件>。这样循环往复直到<测试条件>为 nil。函数返回最后计算的那个<表达式>的值。

与 repeat 相比,while 更适用于子循环次数不确定,且用<条件>来控制循环次数的情形。

例如:

```
(setq x 1)
(while ( < x 10)
        (areal x)
        (setq x (1 + x))
)
```

在 while 段执行过程中,*x* 从 1 变到 10,9 次调用自定义函数 areal,最后,程序返回值 10。它是最后一次执行(setq x (1 + x))后表达式的值。

6. Foreach 函数

这个函数也是用于循环控制,它的表达式为:

```
(foreach <变量名> <表> <表达式 1>…)
```

foreach 函数将<表>中的每个元素赋给<变量>,然后再将变量值代入后面的<表达式>串中进行计算。<表达式>数目不限。函数将返回最后一个<表达式>的计算结果。

例如:

```
(foreach r '(1 2 3 4 5)
        (setq areal ( * pi r r ))
        (print areal)
)
```

程序将1,2,3,4,5分别赋给r,然后将r的这些不同取值代入后面的各个<表达式>中,得到圆面积 areal:3.14159, 12.5664, 28.2743, 50.2655, 78.5398。最后,程序返回值为78.5398。

以上表达式可直接在命令行输入来验证结果。

使用 foreach 函数,可将数据以表的形式存放,便于进行批量计算。

第三节 AutoLISP 的输入、输出函数

一、Getangle 函数

这个函数等待用户输入一个角度。它的表达式为:

(getangle[<pt>] [<prompt>])

式中,<pt>为一任选的基点;<prompt>为一任选字符串数据,为提示信息。

用户可使用系统当前单位格式输入一个数,表示角度。当前的角度单位格式可能是度、弧度或其他单位,但最终都将转化为相应的弧度值。

用户还可以通过在绘图屏幕上指定两个2D点来表达某个角度值。实际操作时,AutoCAD 将从第一点拉伸出一条橡皮线,帮助用户观察这个角度。

下面列举一些 getangle 函数的应用实例:

```
(setq A1 (getangle))
(setq A2 (getangle '(1 1))
(setq A3 (getangle "which way?"))
(setq A4 (getangle '(1 1) "which way"))
```

二、Getdist 函数

这个函数等待用户输入一个距离值。它的表达式为:

(getdist [<pt>][<prompt>])

式中,<pt>为一任选的基点;<prompt>为一任选的提示信息。

用户可使用系统当前的距离单位格式键入一个数,以指定距离。同样,不管当前距离单位是英尺还是英寸,函数返回的都是实型数。

此外,用户还可通过直接在绘图屏幕指定两个点来表达距离。操作时,AutoCAD 将自动从第一点拉出一条橡皮线供用户参照。若指定了<pt>点,它将作为两点中的第一个点,则用户只需指定另外一个点就能表达出距离。

下面是 getdist 函数的一些用法:

```
(setq dist (getdist))
(setq dist (getdist '(1.0 1.0))
(setq dist (getdist "How far"))
```

(setq dist (getdist '(1.0 1.0) "How far"))

三、Getint 函数

这个函数等待用户输入一个整型数,并返回这个整型数。它的表达式为:

(getint [<promtp>])

例如:

(setq n1 (getint))

(setq n2 (getint "input a number:"))

四、Getkword 函数

这个函数等待用户输入一个关键词。有效的关键词表在调用函数前,已由 initget 函数指定。函数最终返回和用户输入相匹配的关键词。它的表达式为:

(getkword [<prompt>]

如果用户输入的不是关键词,AutoCAD 会要求重新输入。空的输入(null)返回 nil。如果事先未建立关键词表,函数也返回 nil,例如:

(initget 1 "YES NO") (1)

(setq s1 (getkword "Are you sure? (YES or NO)")) (2)

表达式(1)使用 initget 拟定了关键词表("YES" "NO");表达式(2)提示用户相关信息并根据用户的输入给 s1 赋值。若用户输入不与任一关键词匹配,或用户给予空响应,则系统将要求用户重新输入。

五、Getpoint 函数

这个函数等待用户输入一个点。它的表达式为:

(getpoint [<pt>] [<prompt>])

式中,<pt>是一个任选的基点;<prompt>为一任选的提示信息。用户可使用当前单位格式指定或键入一个点。如果<pt>基准点被指定,系统将自动从<pt>拉出一条橡皮线供用户参照。

例:(setq pt1 (getpoint))

(setq pt2 (getpoint " which point? "))

(setq pt3 (getpoint '(1 1) "point:"))

在没有特殊指明的情况下,getpoint 函数返回一个 2D 点(表形式)。但如果用 initget 确定了 3D 点控制标志,则 getpoint 函数返回一个 3D 点(表形式)。

六、Getreal 函数

这个函数等待用户输入一个实型数,并返回这个值。它的表达式为:

(getreal [<prompt>])

例如:(setq x (getreal))

(setq y (getreal "input data:"))

七、Getstring 函数

这个函数等待用户输入一个字符串,并返回这个字符串。它的表达式为:

(getstring [<cr>] [<prompt>])

式中,<cr>为任选项,若被指定,且非 nil,那么输入字符串中允许包括空格(即必须用 Enter 键来结束串);否则,输入的空格被认为是回车符。

例如:

(setq c1 (getstring))

(setq c2 (getstring "who are you?"))

(setq c3 (getstring T "who are you? "))

如果用户输入必须是几种选择之一(关键词),则可使用 getkword 函数。

八、Getvar 函数

这个函数用于获取 AutoCAD 系统变量的值。它的表达式为:

(getvar <varname>)

式中<varname>为一系统变量名,须大写,且必须用双引号引起来。

例如:

(getvar "ACADVER") 返回 "17.2s (LMS Tech)"(求取 AutoCAD 的版本号,此例为 AutoCAD2009 的求取值)

九、Prin1 函数

这个函数将在显示屏上输出某个<表达式>,并返回这个<表达式>。它的表达式为:

(prin1 <expr> [<file-desc>])

式中,<expr>为任意表达式,不一定是字符串。如果任选项<file-desc>(文件描述符)被指定,那么<expr>将按照在屏上显示的格式写入到相应的文件中去。显示<expr>时不含换行符和空格。

例如:

(setq x 13)

(setq c '(m))

(prin1 'b)　　显示 b,并返回 b

(prin1 x)　　显示 13,并返回 13

(prin1 c)　　显示(m),并返回(m)

(prin1 "who")　　显示"who",并返回"who"

以上实例均没指定<文件描述符>,只局限于屏幕显示。现在假设 f 是一个打开的可写文件描述符,那么:

(prin1 "How are you? " f)

将把"How are you? "写到 f 描述的文件中去,表达式返回"How are you? "。如果<expr>为含有控制字符的字符串,那么 prinl 将使用引导符"\"来编辑这些字符。

\e　　代表 ESC

\n　　代表换行

\r　　代表回车

\t　　代表 tab

\nnn　　代表八进制码为 nnn 的字符

例如：

(prin1 (chr 10)) 屏幕显示"\n",并返回"\n"

(prin1 (chr 4)) 显示"\004",并返回"\004"

注：(chr <number>)为 AutoLISP 的内部函数，它将 ASCⅡ码为 number 的整数转换为相应的字符。例如：(chr 65) 返回"A"

十、(princ <expr> [<file-desc>])

不计算控制字符，打印并返回<expr>。如果指定了<file-desc>选项（文件描述符）且文件以写的方式打开，则输出将按屏幕显示格式写到文件中。若无<file-desc>选项，则输出直接在屏幕上显示出来。

例如：

(princ "who") 打印出"who" 返回 "who"

十一、(print <expr>[<file-desc>])

这个函数除了在显示<expr>之前换行和在<expr>之后显示空格外，其他同 prinl 函数。

例如：

(print "who") 打印出"who" 返回 "who"

十二、(read <string>)

函数返回从<string>中取得的第一个表或元素。字符串中的空格为表或元素的分隔符。

例如：

(read "How are you ")	返回"How"
(read "you")	返回"you"
(read " (b) ")	返回"(b)"

十三、(read-char [<file-desc>])

函数将从键盘输入缓冲区或<file-desc>表示的打开文件中读取一个字符，并返回读取字符的 ASCII 码（整型数）。

若未指明<file-desc>且键盘输入缓冲区中无字符，则函数将等待用户输入信息。

若此时键入“BCD”回车，那么 read-char 将首先接收字符“B”，且返回其 ASCII 码 66。对于 read-char 的后三次调用表达式返回值分别为：67，68，10（换行符的 ASCII 码）。若再次调用 read-char，它又将等待用户的输入。

十四、(read-line [<file-desc>])

函数将从键盘或<file-desc>表示的打开文件读取一个字符串。若遇文件结束符，函数返回 nil；否则它返回读取的字符串。

例如：假设 f 为有效的打开文件指针，那么：(read-line f)将返回这个文件的下一个输入行，若遇文件结束符，则返回 nil。

第四节　AutoLISP 编程基础

一、AutoLISP 的数据类型

AutoLISP 数据类型非常丰富，它包含：整型（INT）、实型（REAL）、字符串（STR）、表（LIST）、文件描述符（FILE）、AutoCAD 的图原名（ENAME）、AutoCAD 的选择集（PICKSET）、子程序（内部函数）。

1. 整型

整型就是整数。整数的范围和使用的计算机位数有关，如用户输入数据超过计算机所能表达范围，系统将自动将整型转换为实型。但是，如果对两个有效整数进行算术运算时，如果数据溢出，所得结果将是无效的。

2. 实型

实型数据就是带小数点的正数或负数，又称浮点数。实型数用双精度的浮点数表示，在 AutoLISP 中，实数的书写不能以小数点打头或结尾，如果数值小于 0.1，那么必须在小数点之前加个 0，例如数据“0.8”不能被识别为实数，“0.8”才是正确的书写方式；同样，“8”也不能被识别为实数，“8.0”才是正确的书写方式。

实数也可用科学计算法表示，即数字后有一个 E 或 e，其后跟着数字的指数。值得注意的是 E 或 e 之前必须有数字，且指数必须为整数，如 e10、0.135E12 均为书写不合法的实数表达形式。下列为书写合法的实数：

0.18，2.0，-2.56，8.23E+13，-9.07E-8。

实型数的范围比整型数大得多，不容易溢出，故建议用户尽量使用实型数。

3. 字符串

字符串是由一对双引号"　"定界的一组字符组成。字符串可包含 ASCII 表中的任何字符，大小写字母和空格符在其中都是有意义的。

字符串中字符的个数（不含双引号）称为字符串的长度。字符串可以为空，即空串"　"，其长度为 0，字符串长度最大可达 100 个字符，如果超过上限，后面的字符将失效。下列为书写合法的字符串：

"98"，"Welcome to Beijing"，"D6C"。

此外，在字符串中可包含反斜杠（\），表示其后紧跟的为控制字符，例如：\n，\t

4. 表数据

表是 AutoLISP 特有的数据类型，它是指放在一对匹配的左、右括号中的一个或多个元素的有序集合。表中的元素可以是内部函数或用户自定义函数，也可以是上述三种数据类型中的任意一种，还可以是表元素本身。

表可以为空，也可包含若干元素，各元素间用逗号或空格分隔，最外层用一对圆括号（）包括起来，表示数据为一个表。

表中元素的个数称为表的长度，例如（A R T M +），表中有五个元素，因此表的长度为 5；而表（3 4 （2 3）5）中只有 4 个元素，表（2 3）只能算其中一个元素，因此此表的长度为 4。表是可以任意嵌套的，如刚才的表例中就嵌套了一个子表（2 3），而且表可以嵌套很多层。前面所说的表中元素指的是表的顶层元素，表中元素都是有序的，为了便于对表中元素的存取，每个元素都编有相应的序号。从最左边开始，第一个元素的序号为0，第二个为1……以此类推，第 n 个元素的序号为 $n-1$。

表有两种类型，一种是用来储存数据的，称为引用表；另一种是用来做表达式求值的，称为标准表。

(1)引用表：这种表的第一个元素不是函数，常用来储存数据，它的一个重要应用是用来表示图形中点的坐标。一般地，用二元表来表示二维点坐标；用三元表来表示三维点的坐标。例如，(0 8)表示二维空间的一个点，其 X、Y 坐标值分别为0和8；又如(-1 0 -1)则表示三维空间的一个点，其 X、Y、Z 坐标值分别为-1、0和-1。在这里，表就是为特定数据定义的一种储存格式，是用来储存数据的。

(2)标准表：这种表相当于一个求值表达式，是AutoLISP程序的基本组成形式。标准表用于函数调用，它的第一个元素必须是函数，其他元素为该函数的参数。例如，(setq n 0.4)是一个标准表，它的第一个元素setq为系统内部赋值函数，第二个元素为被赋值变量，第三个元素则为赋值常量。

5. 文件描述符

文件描述符是在打开一个文件时，AutoLISP赋予该文件的标识名，它是由字母数字组成，类似文件指针。当系统需要访问一个文件时，首先都是通过该文件描述符去识别该文件并建立链接的，然后再对该文件进行读写操作。

例如：(setq k (open "myfile.dat" "r"))，表示打开文件"myfile.dat"进行读操作，并赋予该文件的描述符为k。

值得注意的是，在完成对文件的读写操作后必须启用内部函数close关闭它，即：Close (k)

6. 图原名

图原名是AutoCAD为图形对象指定的十六进制的数字标识。换句话说，图原名就是指向图形对象的指针，通过它可以找到对应实体的数据库记录和图形实体，以便对其进行访问或编辑。

7. 选择集

选择集是一个或多个图形对象的集合。可以通过AutoLISP程序建立选择集，也可以通过交互方式向选择集添加或删除图形对象，而且，使用选择集操作函数还可以构造选择集，求出选择集中主实体的个数，通过选择集可以对其内部的成员进行访问或编辑。

二、AutoLISP程序简介

和其他程序设计语言不太一样，AutoLISP具有自己独特的语法规则和表现形式。

1. AutoLISP程序格式

下面给出了一段AutoLISP程序用来绘制任意一个正方形，程序中语句的功能暂不解释，我们目前只需了解AutoLISP的程序格式。

```
(defun c: draw1()
(setq pt1 (getpoint "\n input the start point: "))
(setq R0 (getreal "\n input the length of square : "))
(setq pt2 (list ( + (car pt1) R0) (cdr pt1)))
(setq pt3 (list (car pt2) ( + cdr pt2) R0)))
```

```
(setq pt4 (list car pt1) ( + (cdr pt1) R0)))
(command "line" pt1 pt2 pt3 pt4 "c")
(command "redraw")
)
```

从这段 AutoLISP 小程序,我们可以总结出 LISP 程序的格式特点如下。

(1)AutoLISP 程序最外层由一对( )包裹起来,整个程序可以简单地表示为:

```
(defun 函数名(参数表)
    表达式 1
      ⋮
    表达式 n
)
```

(2)AutoLISP 程序的语句是由一对对括起来的表达式所组成的。

例如:(setq pt2 (list (+ (car pt1) R0)(cdr pt1)))

(3)一般用户习惯于把 LISP 中单个语句书写成一行。事实上,AutoLISP 并未规定行的概念,即程序的书写格式无任何限制,一行中可书写多个语句,而一个语句也可占用任意多个行。AutoLISP 区分一个语句是根据配对的圆括号。

例如,上述程序也可以写成:

```
(defun draw1( ) (setq pt1 (getpoint "\n input the start point: "))
(setq R0 (getreal "\n input the length of square: "))
(setq pt2 (list ( + (car pt1) R0)
(cdr pt1)))
    ⋮
)
```

但是,为了讲求程序结构清晰,一般都力求程序书写规整,行首对齐和缩进处理。

(4)AutoLISP 使用 DEFUN(define function)来建立函数。值得注意的是 defun 后面的函数名内部不能含有空格。

(5)AutoLISP 程序对大、小写英文字母不加区分,习惯上语句用小写,主函数名为了醒目,一般使用大写字母。

总而言之,AutoLISP 程序的书写格式还是比较方便、灵活。在书写程序时,用户在保证程序语法完整无误的前提下,应尽量使程序书写显得层次分明、结构清晰,便于阅读。

2. AutoLISP 程序的结构

一个完整的 AutoLISP 程序可以只含一个函数(主函数),也可包含多个功能相对独立的函数。下面给出的就是一个含有子函数的 AutoLISP 程序。

```
1;求取直线中点
2 ;pt1 and pt2 are End point of the line
3 (defun mid (pt1 pt2)
```

```
4 (setq pt0 (list (/ ( + (car pt1) (car pt2)) 2)
5            (/ ( + (cdr pt1) (cdr pt2)) 2)
6         )
7      )
8 )
9;绘制正方形
10 (defun c:square (pt1 len1)   (pt1,len1 接收调用程序传过来的正方形左下角点和边长)
11   (setq pt2 (list ( + (car pt1) len1) (cdr pt1)))  (计算正方形各顶点坐标值)
12   (setq pt3 (list (car pt2) ( + (cdr pt1) len1)))
13   (setq pt4 (list (car pt1) ( + (cdr pt1)len1)))
14   (command "line" pt1 pt2 pt3 pt4 "c")  (绘制正方形)
15   )
16;绘制正方形和内接菱形(main program)
17   (defun c:main1()
18    (setq pt0 (getpoint"\n input the First point:"))
19   (setq LEN0 (getreal"\n input the length of edge:"))
20   (square pt0 LEN0)
21;绘制内接菱形
22   (setq mid1 (mid pt1 pt2))
23   (setq mid2 (mid pt2 pt3))
24   (setq mid3 (mid pt3 pt4))
25   (setq mid4 (mid pt4 pt1))
26   (command "line" mid1 mid2 mid3 mid4 "c")
27   (command "redraw")
28 )
```

上述程序用来绘制正方形的内接菱形,由 mid、square 和 main 三个函数组成,其中 main 为主函数,mid 和 square 是子函数。

程序首先定位到主函数 main,获取正方形的左下角点和边长值,程序运行至第 20 行,调用 square 函数,描绘出正方形。然后,返回主函数,程序第 22、23、24、25 行,四次调用子函数 mid,求取正方形各边中点,最终利用 line 命令描绘出正方形的内接菱形。AutoLISP 程序和其他程序语言一样,子函数是通过主函数的嵌套调用得以实现的。AutoLISP 提供了丰富的系统函数,如 getreal,getpoint,list 等函数供用户使用,再加上用户自己建立的函数,用户便可享有一个功能强大的函数库。

程序中行首以";"开始的语句是注释语句,它不能执行任何操作,仅作为说明语句来提高程序的可读性,如本程序中第 1、2、9 行及第 16、21 行。注释语句原则上可放在程序的任意位置,为了便于阅读,一般放在函数的最前面。

AutoLISP 函数的一般格式为:

```
(defun 函数名(参数表)
    语句 1
      ⋮
    语句 n
)
```

三、编辑和调用一个 AutoLISP 程序

编辑和编译一个 AutoLISP 程序，根据的是集成开发环境 Visual LISP。早期的 AutoLISP 一般不提供专用的编辑器或编译器，用户大多使用文本编辑器；而 Visual LISP 提供的集成开发环境给用户提供了专用的程序编辑器、格式编排器、语法检查器、源代码调试器、检验和监视工具、程序编译器、工程管理系统、上下文相关帮助与自动匹配功能以及智能控制台等，而且 Visual LISP 用户界面友好，简单易学，用户可在短时间内就能掌握它，然后便可熟练地编辑和编译一个程序。

(一) Visual LISP 集成开发环境简介

Visual LISP 集成开发环境的启动方式有两种：单击菜单浏览器按钮中【工具】菜单列表下的【AutoLISP】子菜单下的【Visual LISP 编辑器】菜单项；或在 AutoCAD 命令行直接输入命令“vlisp”后回车。

Visual LISP 集成开发环境由标题栏、菜单栏、工具栏、文本编辑器窗口、跟踪窗口、控制台窗口、状态栏等几部分组成，如图 18-2 所示。下面简述其中的几个重要组成部分。

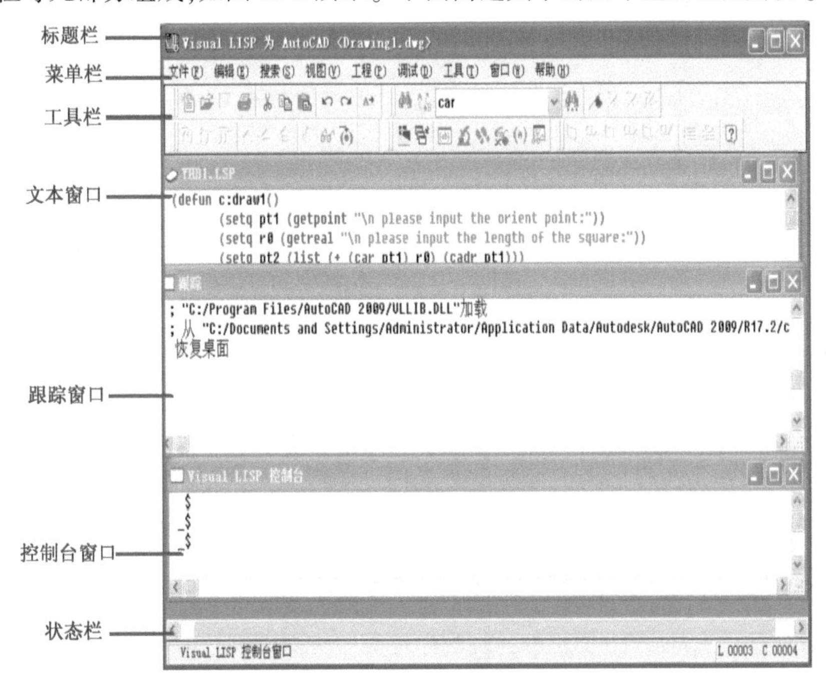

图 18-2 Visual LISP 集成开发环境

1. 菜单栏

用户可以通过单击不同的菜单项来调用 Visual LISP 命令，其中主要菜单项功能说明如下。

(1)【文件(F)】菜单：用于文件操作，包括新建、打开、保存、加载、打印文件等内容。

(2)【编辑(E)】菜单：用于文件的编辑，包括剪切、复制、粘贴、括号匹配等内容。

(3)【工程(P)】菜单：能实现应用程序的工程功能，它不仅可以将相关的不同文件组合到一个工程项目中，而且还可以对项目的管理和程序的编译进行实施。

(4)【调试(D)】菜单:可用来监视程序运行中变量的状态和表达式值,设置或删除程序运行断点,还可用于对跟踪的控制。

2. 工具栏

Visual LISP 有 5 组工具栏,分别为:标准工具栏、搜索工具栏、调试工具栏、视图工具栏、工具工具栏,它们实际上是将菜单栏的各菜单项的次级菜单按功能分组罗列出来,由于使用的是图标形式,所以对用户来说就显得更为形象生动。

3. 控制台窗口

它是用来给用户输入命令控制操作的地方,在此窗口直接输入 AutoLISP 或 Visual LISP 命令马上就能看到运行结果。

4. 跟踪窗口

显示 Visual LISP 当前的版本信息以及启动或运行时遇到的一些错误信息。

5. 文本编辑器窗口

用来编辑 Visual LISP 源程序,同时还可调用文件菜单与编辑菜单的多种操作。而且,为便于查找程序代码和拼写错误,Visual LISP 将程序中的内部函数、数字、字符串等程序基本元素赋予不同的颜色加以区分,以便尽量减少编程中不必要的错误。

(二)编辑 AutoLISP 程序

编辑一个 AutoLISP 源程序可按以下步骤进行。

(1)在 AutoCAD 命令行直接输入命令"vlisp"后回车。

(2)单击菜单栏中【文件(F)】菜单列表下的【新建文件】子菜单项;或点击工具栏【新建文件】菜单按钮。

(3)系统弹出一个文本编辑窗口,此时,可在此窗口中输入 LISP 源程序。

(三)编译 AutoLISP 程序

使用 Visual LISP 编译器提供的编译功能,可以将一个文本文件形式的 Visual LISP 源程序. LSP,编译成一个后缀名为. FAS 的二进制的可执行文件。

编译一个 Visual LISP 源程序的具体步骤为。

(1)在 AutoCAD 命令行输入命令"vlisp",进入【vlisp】开发环境,打开源程序. LSP 文件。

(2)单击菜单栏中【工程】菜单下的【新建工程】菜单项,系统将弹出如图 18-3 所示的【新建工程】对话框。从对话框中选择工程文件的存储路径,输入工程名,并单击【保存】按钮存盘。

(3)系统弹出【工程特性】对话框,从列出的文件中选取需编译的源程序文件,如"yhb1",单击【 > 】按钮,加载 ghbl. fas 源程序到工程中,如图 18-4 所示。

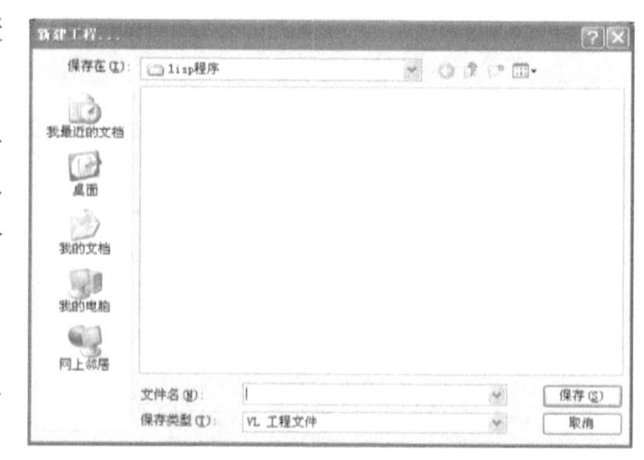

图 18-3 【新建工程】对话框

(4)单击【工程特性】对话框中【编译选项】选项卡,在【编译模式】设置下选取【优化】选项,并在【FAS 目录】下指定存取编译文件的路径,如图 18-5 所示。

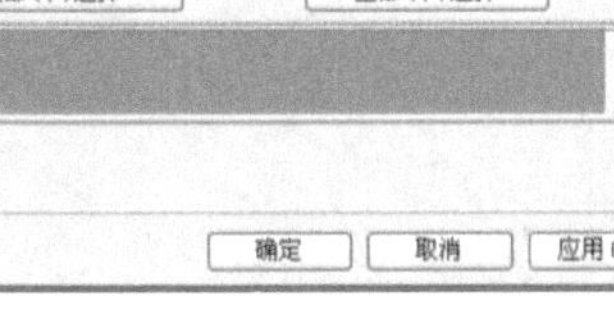

图 18-4 【工程特性】对话框

图 18-5 【编译选项】的设置

(5)单击【确定】按钮,系统弹出如图 18-6 所示的工程特性小窗口,点击【编译工程 FAS】按钮开始编译。

(6)编译完成后,生成带后缀. FAS 的编译文件就被存储在指定的路径中去了。

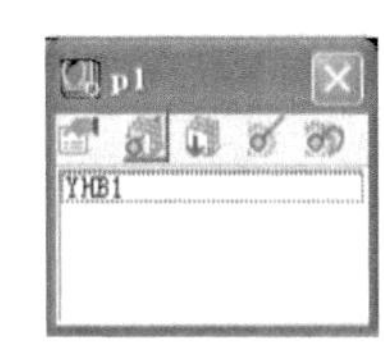

18-6 工程特性小窗口

(四)调用 LISP 程序

程序编译完成后,就可以加载并调用它了。返回 AutoCAD 作图状态,单击菜单浏览器按钮中【工具】菜单列表下的【加载应用程序】子菜单选项,系统弹出如图 18-7 所示的【加载应用程序】对话框,选取需加载的“. fas”文件,单击【加载】按钮,便完成对编译文件的加载。应用程序的调用可直接在 AutoCAD 的命令行输入源程序的主程序名即可,本例中可在 AutoCAD 的命令行直接输入“draw1”。

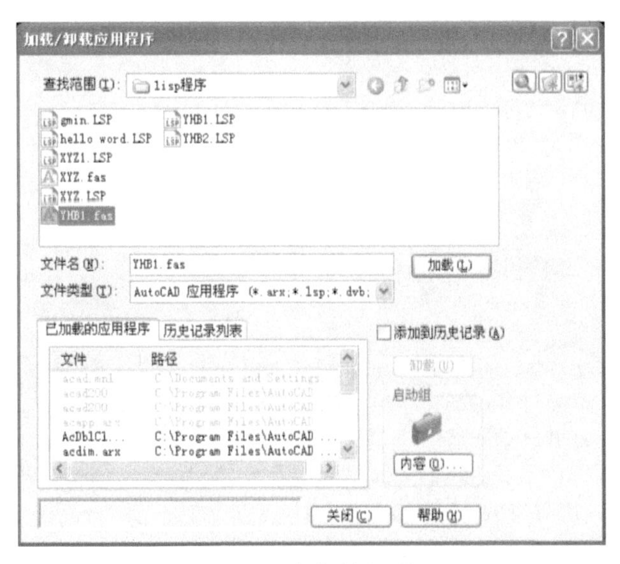

图 18-7 加载编译文件

draw1”并不是 AutoCAD 的一个标准命令,而是成功加载 yhb1. lsp 后新增给 AutoCAD 的命令。一般经 AutoCAD 检测并成功装载的 LISP 程序,它第一行 defun 后定义的函数名可作为一个 AutoCAD 的命令使用,例 yhb1. lsp 中的(defun c:draw1()…)。

第五节　AutoLISP 编程实例

本节将结合组合体三面投影的绘制实例来介绍 AutoLISP 在工程绘图实际中的应用，组合体模型如图 18-8 所示。

本例编程的思路为：以模型的各边为基本元素，将模型的所有边的信息储存在表 Tedge 中，画三面投影时将 Tedge 中的边逐个取出，分别投影到三个投影面上。为了实现这些功能，程序需编写四个功能模块，有赋初值程序 inputp、正面投影程序 drawx-z、侧面投影程序 drawy-z、水平投影程序 drawx-y。还有就是要熟悉一些特定函数的使用及功能。

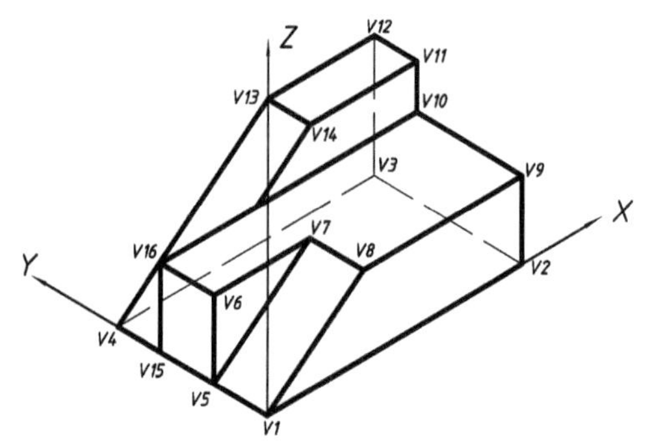

图 18-8　组合体模型(一)

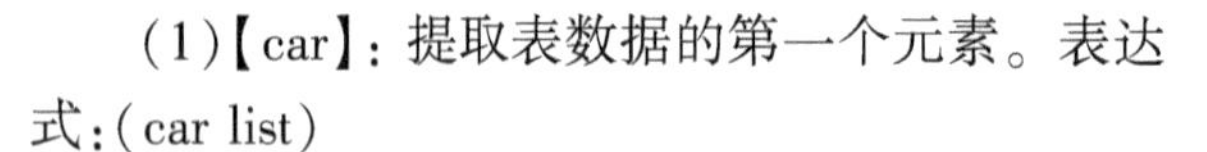

(1)【car】：提取表数据的第一个元素。表达式：(car list)

(2)【cdr】：返回表数据中除第一个元素外的所有元素组成的表。表达式：(cdr list)

(3)【cadr】：提取表数据的第二个元素。表达式：(cadr list)

(4)【caddr】：提取表数据的第三个元素。表达式：(caddr list)

(5)【command】：命令函数，它等价于在 AutoCAD 命令行发送命令。表达式：(command 命令 1 参数 1 参数 2…命令 2…)

表达式中命令使用“" "”定界，字符串内的命令字同 AutoCAD 的命令字，命令参数可使用字符串或数字，参数的书写顺序同在 AutoCAD 下命令的执行顺序。(command" ")等价于回车命令。

```
;input point data (初始化程序，给组合体顶点坐标赋值，形成边信息总表)
(defun inputp()
    (setq v1'(0 0 0) v2'(24 0 0) v3'(24 14 0)   (组合体顶点赋初值)
        v4 '(0 14 0) v5'(0 5 0) v6'(0 5 7)
        v7'(9 5 7) v8'(9 0 7) v9'(24 0 7)
        v10'(24 10 7) v11'(24 10 11) v12'(24 14 11)
        v13'(14 14 11) v14'(14 10 11) v15'(0 10 0)
        v16'(0 10 7)
)
        (setq Tedge (list (list v1 v2) (list v1 v4) (list v1 v8)   (形成边信息总表 Tedge)
            (list v2 v3) (list v2 v9) (list v3 v4)
            (list v3 v12) (list v4 v13) (list v5 v6)
            (list v5 v7) (list v6 v7) (list v6 v16)
            (list v7 v8) (list v8 v9) (list v9 v10)
            (list v10 v11) (list v10 v16) (list v11 v12)
            (list v12 v13) (list v13 v14) (list v14 v15)
            (list v11 v14) (list v15 v16)
            )
    )
)
```

```
;draw the x_z face  (绘制模型的正面投影)
(defun drawx_z(e0)
    (setq pt1 (car e0))
    (setq pt2 (cadr e0))
    (setq pt1 (list (car pt1) (caddr pt1)))
    (setq pt2 (list (car pt2) (caddr pt2)))
    (setq pt1 (list ( + (car pt1) (car bpt0))
                ( + (cadr pt1) (cadr bpt0))
        )
    )
    (setq pt2 (list ( + (car pt2) (car bpt0))
                ( + (cadr pt2) (cadr bpt0))
        )
    )
    (command "line" pt1 pt2 "")
)
;draw the y_z face  (绘制模型的侧面投影)
    (defun drawy_z(e0)
    (setq pt3 (car e0))
    (setq pt4 (cadr e0))
    (setq pt3 (list (cadr pt3) (caddr pt3)))
    (setq pt4 (list (cadr pt4) (caddr pt4)))
    (setq pt3 (list (_ (car bpt1) (car pt3))
              ( + (cadr pt3) (cadr bpt1))
        )
    )
    (setq pt4 (list (_ (car bpt1) (car pt4))
                ( + (cadr pt4) (cadr bpt1))
        )
    )
      (command "line" pt3 pt4 "")
)

;draw the x_y face  (画模型的水平投影)
(defun drawx_y(e0)
    (setq pt1 (car e0))
    (setq pt2 (cadr e0))
    (setq pt1 (list (car pt1) (cadr pt1)))
    (setq pt2 (list (car pt2) (cadr pt2)))
    (setq pt1 (list ( + (car pt1) (car bpt2)) ( + (cadr pt1) (cadr bpt2))
               )
    )
        (setq pt2 (list ( + (car pt2) (car bpt2))
                    ( + (cadr pt2) (cadr bpt2))
        )
    )
```

```
        (command "line" pt1 pt2 "")
    )

    1:;main program  (主程序)
    2:(defun c:mainp() ;(函数定义头)
    3:(inputp);(调用初始化程序)
    4:(setq bpt0'(5 30)) ;(定义三面投影的三个基准点)
    5:(setq bpt1'(45 30))
    6:(setq bpt2'(5 5))
    7:(command "-layer" "M" 3 "C" 4 3 "S" 3 "");(设置图层基本参数)
    8:(while Tedge ;(while 循环体,将 Tedge 中的边逐条取出,分别投影到三个投影面)
    9:(setq edge 0 (car Tedge))
    10:(drawx_z edge 0) ;(正面投影)
    11:(drawy_z edge 0);(侧面投影)
    12:(drawx_y edge 0);(水平投影)
    13:(setq Tedge (cdr Tedge));(去除表中第一条边)
    14:          )
    15:    )
```

程序包含了五个功能模块:1 个主程序(mainp)和 4 个子程序。

主程序(mainp)的第 1 行以“;”号开头的为说明语句,第 2 行为函数头,指明函数名和内部参数,其后紧跟的表达式串为函数执行体。主程序中第 3 行调用的是子程序 inputp,它是一个初始化子程序,用来给组合体的顶点坐标赋值和形成边信息总表。该程序使用的数据结构为表,三维顶点坐标使用三元表来存储,而边则使用多重表(表中表,边对应的两个端点)来存储。子程序 lnputp 执行完毕返回主程序,并返回一个组合体的边信息总表 Tedge。

程序第 4 ~6 行定义了三面投影的三个基准点 bpt0、bpt1、bpt2。第 7 行调用命令函数 command,创建新层并设置层的颜色,作好绘图前的各项准备工作。第 8 ~ 14 行为一个 while 循环体,是主程序的主体部分,它实现的功能为:将边信息总表 Tedge 中的边逐条取出,分别投影到 *xoz* 平面(正面投影,调用子程序 drawx_z)、*yoz* 平面(侧面投影,调用子程序 drawy_z)和 *xoy* 平面(水平投影,调用子程序 drawx_y)。

第六节　上 机 实 验

编程绘制如图 18-9 所示的组合体模型的三面投影。

1. 目的要求

熟悉 AutoLISP 中的函数诸如 car、cdr、cadr、command 等的用法,领会编程绘图的思路及技巧,熟悉 AutoLISP 在工程绘图中的应用及优势。

2. 操作指导

(1)根据图 18-9 给定的组合体顶点坐标值,按绘图者平时手工绘图的作图顺序,以 LISP 语言的表的形式拟定一个边信息总表

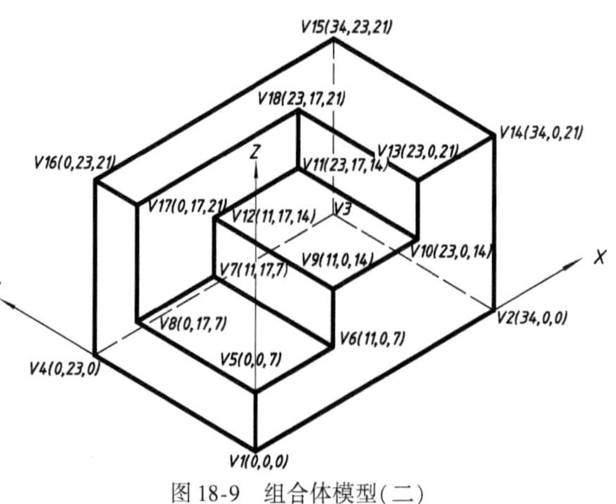

图 18-9　组合体模型(二)

Tedge。

(2)将组合体各顶点坐标值及边总表代入第五节的程序实例的初始化部分。

(3)沿用第五节中程序实例的编程思路与格式,编程绘制组合体的三面投影。

(4)手工草绘组合体的三面投影,并与编程绘制出的三面投影仔细比对,及时修正程序中可能出现的纰漏。

思 考 题

1. 简述 AutoLISP 语言及 Visual LISP 开发环境的主要特点,两者相比,后者有什么优势?

2. 简述从编辑到调用一个 AutoLISP 程序的全过程。

3. 使用 command 函数创建一个新图层:假设图层名为 m1,颜色为蓝色,线型为 center,线宽为 0.15,则 AutoLISP 表达式该如何表达?

参 考 文 献

[1] 袁果,张渝生. 土木工程计算机绘图[M]. 北京:北京大学出版社,2006.

[2] 尚守平,袁果. 土木工程计算机绘图基础[M]. 北京:人民交通出版社,2001.

[3] 郭克希,袁果. AutoCAD 2005 工程设计与绘图教程[M]. 北京:高等教育出版社,2006.

[4] 薛焱. 中文版 AutoCAD 2009 基础教程[M]. 北京:清华大学出版社,2008.

[5] 袁果,胡庆春,陈美华. 土木建筑工程图学[M]. 长沙:湖南大学出版社,2007.

[6] 路纯红,胡仁喜,刘昌丽. AutoCAD 应用教程[M]. 北京:清华大学出版社,北京交通大学出版社,2007.

[7] 李瑞,董伟,王渊峰. AutoCAD2006 中文版实例指导教程[M]. 北京:机械工业出版社,2006.

[8] 徐建平,盛和太. 精通 AutoCAD2005 中文版[M]. 北京:清华大学出版社,2006.

[9] 郑玉金,谢海霞,徐毅. AutoCAD2005 中文版建筑施工图设计[M]. 北京:电子工业出版社,2005.

[10] 宋琦,莫正波,王晓阳. AutoCAD2004 建筑工程绘图基础教程[M]. 北京:机械工业出版社,2005.

[11] 何斌,陈锦昌,陈炽坤. 建筑制图[M]. 5 版. 北京:高等教育出版社,2005.

[12] 詹友刚. AutoCAD 2005 中文版教程[M]. 北京:清华大学出版社,2005.

[13] 高志清. AutoCAD 建筑设计培训教程[M]. 北京:中国水利水电出版社,2004.